U0276333

系统工程：

分析、设计与开发

上　册

System Engineering

Analysis，Design，and Development（Second Edition）

[美] 查尔斯·S. 沃森（Charles S.Wasson） 著
牛文生 牟 明 田莉蓉 陆敏敏 等 译

内容提要

本书从基本概念、开发实践和分析决策三方面对系统工程的核心思想和关键内容进行了深入解读和讨论，为系统工程分析、设计和开发实践提供了全面的指南，强化了“工程系统”所需的多学科融合和结构化方法，弥补了用户对系统、产品和服务的抽象愿景与其满足任务以及个人需求与目标物理实现之间的差距，有助于将系统工程的概念、原理和实践应用于任何类型的系统、产品和服务。本书在介绍系统工程理论的同时，与 INCOSE 系统工程手册建立了追溯性，以便工程技术人员从全局的视角，更好地理解本书。

图书在版编目(CIP)数据

系统工程:分析、设计与开发/(美)查尔斯·S. 沃森(Charles S. Wasson)著;牛文生等译. —上海:上海交通大学出版社,2024. 2

(大飞机出版工程)

书名原文:System Engineering: Analysis, Design, and Development (Second Edition)

ISBN 978-7-313-29481-4

Ⅰ.①系… Ⅱ.①查…②牛… Ⅲ.①系统工程 Ⅳ.①N945

中国国家版本馆 CIP 数据核字(2023)第 177346 号

This edition of *System Engineering: Analysis, Design, and Development (Second Edition)* by Charles S. Wasson is published by John Wiley & Sons, Inc. 111 River Street, Hoboken, New Jersey, United States of America, NJ 07030, (201) 748-6011, fax (201) 748-6008. ISBN: 978-1-118-44226-5

系统工程:分析、设计与开发
XITONG GONGCHENG: FENXI SHEJI YU KAIFA

著 者:[美]查尔斯·S. 沃森(Charles S. Wasson)
译 者:牛文生 牟 明 田莉蓉 陆敏敏 等
出版发行:上海交通大学出版社
地 址:上海市番禺路 951 号
邮政编码:200030
电 话:021-64071208
印 制:上海颛辉印刷厂有限公司
经 销:全国新华书店
开 本:710mm×1000mm 1/16
印 张:87. 25
字 数:1417 千字
版 次:2024 年 2 月第 1 版
印 次:2024 年 2 月第 1 次印刷
书 号:ISBN 978-7-313-29481-4
定 价:698. 00 元

译者序

20世纪20年代，我国航空产业进入快速发展阶段，民用航空器、机载系统、发动机等复杂系统研制项目全面推进。系统设计、实现、验证均面临复杂度激增、风险加大、周期不可控等重大风险，需要一支具备系统工程思维和能力的人才队伍，运用系统工程方法降低系统研制的不确定性，提高系统的经济性。

系统工程是一门跨学科的方法和手段，可支持系统实现的全生命周期，包括问题形式化、解决方案开发、系统实现、运行、维护和退役，实现系统的技术成功、项目成功、商业成功。它可以应用于单一问题情况，也可以应用于商业或公共企业中复杂项目的管理。

本书由查尔斯S. 沃森先生编著，通过一套集成的概念、原则、实践和方法，为系统工程分析、设计和开发提供了全面且详尽的指南，适用于任何类型的人类系统——小型、中型和大型，能够为各类业务领域（如医疗、运输、金融、教育、政府、航空航天和国防、公用事业、政治和慈善等）提供工程系统或系统性服务。本书详细描述了基于模型的系统工程（MBSE）、模型驱动设计（MDD）、统一建模语言™（UML™）/系统建模语言™（SysML™）、敏捷/螺旋/V模型以及技术决策关键阶段的各种实践活动。书中的每一章都提供了关键术语的定义、指导原则、示例、作者笔记，这些定义突出并强化了关键的系统工程与开发（SE&D）概念和实践，为系统用户、系统工程师、项目经理、职能管理者和公司高级管理者在系统、产品或服务开发等问题的认识方面“弥合差距”提供了共同的焦点。

中航机载系统共性技术有限公司是中航机载系统有限公司的下属公司，是从事机载系统共性技术研究的专业机构，秉承“笃行航空强国使命，助力机载产业发展”的理念。面向国内航空企业需求，公司征得原作者授权，组织专家翻译了本书，旨在促进对相关标准的理解，推动形成国内民用飞机企业合作共享的文化氛围，助力我国民用飞机产业发展。

本书是中航机载系统共性技术有限公司组织编译的“大飞机出版工程·商用飞机系统工程系列”规划丛书之一。本书对在产品研制过程中系统工程知识推广和思想统一有较大的参考价值，可作为工程技术人员的参考资料，也可以作为相关院校的教材使用。

本书主要由牛文生组织翻译，牟明和田莉蓉审定，陆敏敏统稿。参加本书译校的人员：第 1~6 章由牛文生译校；第 7~11 章由牟明译校；第 12~14 章由田莉蓉译校；第 15~17 章由陆敏敏译校；第 18~20 章由杨爱民译校；第 21~24 章由周琰译校；第 25~26 章由谭伟伟译校；第 27~29 章由戴攀译校；第 30~34 章和附录由李浩、徐振中译校。全书由牛文生统校和终校。在编译过程中，我们力求做到术语统一、语义准确，但由于水平所限，疏漏和差错在所难免，敬请各位读者批评和指正。

第二版序

欢迎阅读《系统工程：分析、设计与开发》的第二版。第二版具有里程碑意义，旨在将系统工程带到21世纪系统思维的新水平，超越了“过时、老派、狭隘”的范式，如机构和企业发布的“（硬件/软件）盒子工程”[engineering the (hardware/software) box] 设计思维范式。

使用传统的“（硬件/软件）盒子工程”思维模式，我们无法实现基于用户能力和局限性的系统工程化的产品设计与开发。与公众的感觉相反，系统故障通常可归因于糟糕的系统设计——“盒子工程”设计——使得人为错误经常成为公开的根本原因。现实情况是系统故障通常是由系统“盒子”设计中存在一系列潜在缺陷导致的。这些缺陷处于休眠状态，直到一组适当的使能事件出现，并通过一系列事件扩散，最终导致事件或事故发生。本教材超越了传统的“盒子工程”设计，旨在培养系统思维，拓展关于如何进行“系统”和“盒子”的工程化设计的深刻见解。

本教材中介绍的系统工程的概念、原理、实践以及问题求解和解决方案开发（problem-solving and solution development）方法适用于任何类型的学科，包括如下几个：

（1）系统工程师。

（2）多学科工程师——电气、机械、软件、生物医学、核工业、化学、土木等。

（3）专业工程师——制造、测试、人为因素（HF），可靠性、可维护性和可用性，安全，保障，环境等。

（4）系统和业务分析师。

（5）质量保证（QA）工程师和软件质保工程师。

(6) 项目工程师。

(7) 项目经理。

(8) 职能经理和执行主管。

《系统工程：分析、设计与开发》一书旨在填补工程教育中系统工程教育的空白，提供从事系统工程工作所需的概念、原理和实践。本教材第一版十分畅销并获得国际奖项，第二版是建立在第一版的基本概念、原理和实践基础之上的。本教材有如下三个主要目标：

(1) 通过课程指导或自学，帮助培养那些希望成为系统工程师或者成为更好的系统工程师的工程师。

(2) 为各学科工程师和系统分析师（电气/电子工程师、机械工程师、软件工程师等）提供系统工程的问题求解和解决方案开发方法，帮助他们更好地理解他们在其所设计的系统、产品或服务的整体框架内的工作背景。

(3) 使项目经理理解系统工程与开发（SE&D），促进项目与工程的更好结合。

在过去的70年里，系统工程从起源的航空航天和国防（A&D）等领域逐渐扩展到新的领域，如能源、医疗产品和医疗保健、陆海空交通运输、电信、金融、教育等许多其他商业领域。

世界范围内对系统工程及其应用和益处的认识和认可，使系统工程成为最受欢迎的研究和就业领域之一。2009年，《财经》杂志将系统工程列为美国最佳工作排行榜的第一名，未来10年就业增长预测为45%。除了排名第一之外，这一职业的重要性与排名第二的工作形成鲜明对比，后者的未来10年就业增长预测仅为27%。

尽管系统工程的增长潜力迅速扩大，但它在方法论、学科和用户应用方面仍在不断发展。系统工程在许多企业中的应用往往是散乱的、试验性的，其重要性和方法往往仅限于营销手册中和网站上。但也有有限的客观证据表明已经实施了系统工程。根据作者的经验：

(1) 一般说来，大多数工程师平均花费总职业时间的50%~75%来做系统决策，而他们很少或根本没有接受过正式的系统工程课程教育。

(2) 在大多数企业的系统工程组织中，不到3%的人员具备本教材中指出的概念、原理和实践的基础知识。

（3）大多数人和企业所说的系统工程实际上是一个散乱的、反复试错的、无止境循环的定义—设计—构建—测试—修复（SDBTF）范式。使问题更加复杂的是，隐含在SDBTF范式中的是另一个在20世纪60年代记录的反复试错、无止境循环的设计过程模型（DPM）。SDBTF－DPM范式的用户承认，在开发系统、产品或服务时，该范式存在不一致、低效率、无效果和混乱问题。然而，尽管事实上该范式不适于扩展应用到中型或大型的复杂系统项目，但人们还是选择继续使用这种范式。

（4）人们使用SDBTF－DPM范式的基本理由是，既然已经用它来开发系统，根据定义，它就必须是系统工程。基于这些误解，SDBTF－DPM范式成了系统工程包装中的“核心引擎”。当SDBTF－DPM范式用于系统开发时，若交付系统失败或客户不喜欢该系统时，他们则会将根本原因合理地归咎于系统工程。

（5）在这些企业中，任何人只要在电气、电子或机械方面集成了两个硬件部件或编译了两个软件模块，无论他们是否在本专业中展示了系统工程师的技术和能力，他们的经理都会授予他们系统工程师的头衔，这使得每个人都成了“系统工程师”。

很可怕，不是吗?! 遗憾的是，高管和经理往往不知道或拒绝承认SDBTF－DPM范式已经存在并成为他们企业内部实际上的系统工程过程。

这类企业很容易被识别出来。忽视或无视这个问题，高管和经理将面临SDBTF－DPM范式导致的项目绩效方面的挑战。他们会列举说明各种量化指标，比如他们在过去一年中如何在一个系统工程短期课程中培训了XX、YY获得了系统工程师硕士或更高的学位、ZZ获得了系统工程专业人员认证等。老话说得好，“拥有一支画笔并不意味着就是艺术家”。

尽管他们如此对外宣称，但由于缺乏真正的系统工程教育或工程教育中缺乏系统工程课程而引起的项目绩效问题，却驳斥了这些证据。但是也有一些企业和专业人士确实了解系统工程，并且表现得相当好。那么，系统工程方面表现良好的企业与SDBTF－DPM范式盛行的企业之间有什么不同呢？

第一，系统工程知识通常是通过个人自学和在职培训（OJT）并不断实践获得的。尽管系统工程作为工作中的一项关键工程技能具有重要意义，但在大多数本科工程类课程中，系统工程的基础知识并没有作为一门课程来教授。标为系统工程的本科或研究生课程通常侧重于系统采办和管理，或是基于专业工程方面的课程。这些课程很好……课程均按阶段和顺序编排……之后……能够打下坚实、必要的基础，了解什么是系统，并且能够执行问题求解和解决方案开发，从而能够真正开发一个系统。

第二，工程总是涉及各种公式。这也是许多人对工程的看法。21 世纪，工业和政府的 SE&D 要求将问题求解和解决方案开发决策的软技能和基于公式的硬技能结合起来。这些软技能优先于硬技能，并且可以支持和促进硬技能。一些工程师被错误地赋予系统工程师的称号，他们花了很多时间来代入和求出公式：要么做过一个高度专用的系统工程实例，但把工作的优先级放错了位置，要么根本不理解在预算内按时开发一个符合技术要求的系统到底需要什么！他们所缺少的是工程师和系统分析师所必需的知识。

大多数系统工程师会强调这是他们的工作。然而，他们对系统工程的错误认识和行动表明，他们通常会从需求直接跳到物理解决方案和实现（见图 2. 3）。由于缺乏真正的求解系统问题和开发解决方案的方法和技能，这些工作通常会导致失败或达不到技术性能，尤其是在复杂系统中，还会导致不符合规范要求。

系统工程基础知识要求具备以下领域的能力：①理解和应用系统工程的概念、原理和实践；②应用经过验证的问题求解和解决方案开发方法；③按比例调整系统工程实践，满足项目资源、预算、进度和风险约束条件；④构建和组织项目的技术工作；⑤领导多学科工程和其他类型的系统开发决策团队。在缺乏真正系统工程知识和技能的情况下，工程演变成了一个散乱的、无止境循环的构建—测试—修复过程，其理念是“如果我们创建了一个设计并对其进行了足够的调整，那么我们迟早会把它做好”。

为了解决这些问题和其他问题，行业、政府和专业企业在建立标准、企业能力评估、认证计划等方面取得了重大进展。这些对于任何类型的学科而言都必不可少。但却没有解决缺乏系统工程基础知识相关的根本问题。具体来说，就是转变—纠正—由于缺乏从本科开始的实质性系统工程教育而渗透到企业、项目和个人思维中的 SDBTF－DPM 范式。我们该如何解决这个问题呢？

本书第二版基于作者的经验，并结合了读者和讲师的反馈以及系统工程的发展，包括如下内容：

(1) 增强读者的前沿知识和方法。

(2) 提供了一个框架，支持获得系统工程国际委员会（INCOSE）等组织的职业资质认证、企业级能力成熟度模型集成（CMMI）的评估和企业组织标准流程（OSP）到国际标准化组织（ISO）标准的追溯。

主要特点

一般教材经常包含一个原理的副标题，作为营销宣传手段来吸引读者。当读者从头至尾阅读这些教材后，却不能找到所谓原理的明确表述。本教材第二版具有以下特点：

(1) 包括大约365个原理、231个示例、148个作者注和21个小型案例研究，举例说明了如何在实际工作中应用系统工程。

(2) 基于图标视觉辅助工具，有助于阅读和快速定位关键信息点。这些视觉辅助工具旨在强调原理、启发、作者注、小型案例研究、注意、警告等。

(3) 包括本科和研究生两级课程指导的章末练习：1级为章节知识练习；2级为知识应用练习。

教材通常是一次性阅读，读完后会处理掉——捐赠给图书馆、卖给书店或者送人。作者希望随着系统工程标准的演变、更新等，让本教材成为读者整个职业生涯中的案头参考书。职业、行业和个人会随着时间的推移而变化，这是不可避免的，但是经典的系统概念经得起时间的考验。

总之，《系统工程：分析、设计与开发》提供了作者在一些世界领先的系统工程企业中积累的40多年行业经验的系统工程基础知识，以及向中小型和大型企业客户的私人咨询经验。如何利用这些概念、原理和实践来实现更高水平的工作绩效，取决于您本人和您的企业。您需要学习如何将这些知识与个人经验有效地结合起来，去满足每个项目的技术、资源、工艺、预算、进度和风险要求。

致谢

编写本书需要大量的时间、灵感和致力于推进系统工程实践的专业人士的支持。在此衷心感谢为第一版和第二版的出版做出贡献的同事、讲师、作者、导师、朋友和家人。

(1) 诺曼·R. 奥古斯丁博士。感谢他在世界工程领域的远见卓识，并撰写了本教材的序。

(2) 读者、同事、讲师和作者——布莱恩·缪尔海德-海因斯·斯托沃教授、斯文·比伦博士、里卡多·皮内达博士、阿黛尔·哈立德博士、卡姆兰·莫格达姆博士、乔·史蒂文斯、迈克尔·维纳契克、马克·威尔逊、丽贝卡·里德、玛丽塔·奥布莱恩博士、巴德·劳森博士、尼尔·雷德克、克里斯托弗·恩格尔、马修·伊斯、凯文·福斯伯格博士、大卫·沃尔登、詹姆斯·海史密斯、巴利·玻姆博士、里克·达夫博士、埃里克·昂纳博士、波丹·奥本海姆博士、斯塔夫罗斯·安德鲁拉卡基斯、科克·海宁、大卫·斯文尼、约翰·巴图奇、查尔斯·安丁、艾琳·阿诺德、多萝西·麦金尼、威廉·D. 米勒、加里·罗德勒、詹姆斯·斯特格斯、桑迪·弗里登塔尔、迈克尔·W. 恩格尔、特里·巴希尔博士、赫尔曼·米格里奥博士和埃里克·D. 史密斯博士。

(3) 导师——查尔斯·科克雷尔博士、格雷戈里·雷德基博士、鲍比·哈特威、丹尼·托马斯、威廉·H. 麦坎伯博士、沃尔特·J. 法布里基博士、本杰明·S. 布兰查德、汤姆·泰图拉博士、威廉·F. 巴克斯特、丹·T. 里德、蔡斯·B. 里德、鲍勃·琼斯和肯尼斯·金。

(4) Wasson Strategics, LLC 的许多重要客户及其他们对系统工程与开发追求卓越的远见。

(5) 行政和文书支持——吉恩·瓦森和桑德拉·亨德里克森，感谢他们的杰出工作和表现、系统思维和对追求卓越的专注。

(6) 研究支持——大卫·摩尔和亨茨维尔阿拉巴马大学（UAH）图书馆的工作人员迈克尔·马纳斯科和道格·博尔登、克莱姆森大学图书馆维多利亚·汉密尔顿、奥本大学图书馆帕姆·惠利。

(7) 约翰威立出版有限公司——布雷特·库兹曼（第二版编辑）、卡里·卡彭（内容获取、表达经理）、亚历克斯·卡斯特罗（高级编辑助理）；维斯鲁·普里亚（制作编辑）；林西·普里亚（项目经理）及其团队成员；妮可·汉利（营销）；乔治·特莱克斯基（第一版编辑）。

最重要的是……在这个充满挑战的项目中，如果没有我的妻子提供审查、评论和坚定的支持，就不可能出版本教材的第一版和第二版。

对于简，我的爱妻，我表示非常真诚的感激和感谢……永远永远！

总之，感谢各位读者、讲师和专业人士给我这个机会，将传统、狭隘的工程和系统工程范式提升到21世纪多学科系统思维的新水平。

查尔斯 S. 沃森

Wasson Strategics, LLC

2015 年 8 月

序

诺曼·R. 奥古斯丁

可以这样说，在工程公司里最受欢迎的员工就是系统工程师。在我管理公司时，情况就确实如此。我认为目前这种情况在所有公司不会有太大改变。在8.2万名工程师中，只有一小部分可以归类为“系统工程师”。尽管如此，系统工程师是为产品制造提供“黏合剂”的人，所以往往会晋升到管理岗位。

但是，考虑到他们在其所在领域的影响，人们不禁要问为什么这类人才如此稀缺？一个原因是很少有大学提供“系统工程”学位（正因如此，大多数高等院校甚至不会开设所谓“工程”课程）。另一个原因是，只有天赋异禀才能掌握各种学科的知识——其中一些学科甚至不被归类为“技术”。此外，根据我的经验，最好的系统工程师是那些在进入系统工程之前已经对至少一个核心学科有了相对深刻理解的人。这似乎为他们应对复杂系统时的各种挑战奠定了一定基础——但也增加了接受教育的时间。

更为复杂的是，对于系统工程的构成，甚至在行业内部也存在着普遍的分歧。它是管理的一个方面吗？它与可靠性、可维护性和可用性有关吗？它与主要系统的采办有关吗？它是为了实现某种功能或产生设计结果而在不同方法中的权衡过程吗？它是用来计算某样东西的价格的吗？它是确定某个需求解决方案的过程吗？……或者，它是否决定了首要需求？

答案为“是”。以上都是，甚至还有更多。

我自己对系统工程的定义相当简单：它是将两个或更多相互作用的元素结合起来以满足一种需求的学科。在这本书里，对这个问题的答案将会有更深刻的阐述。系统工程师还会使用许多工具来解决设计和分析中的各种问题——本书中对这些工具的介绍进行了精心编排，通俗易懂。

人们可能会得出这样的结论：有了我提供的这样一个简单的定义，系统工程一定是一个相当简单的工程。然而，事实并非如此。原因如下：在所有系统中，最简单的系统只有两个元素，而每个元素都相互影响。典型的例子就是氢原子（暂且不论夸克及其表亲）。此外，如果将系统元素之间的交互作用限制为二元（“开”或“关”）但为全交互，则很容易看出两元素系统只有四个可能的状态。但是，若把元素的数量扩大到七个或八个，则状态的数量几乎呈爆炸式增长。

更糟糕的是，许多系统都将人类作为其元素之一，从而增加了不可预测性。所有这些使得我们不可能对一个复杂系统的所有状态进行完全测试，这使得系统工程师的工作变得更加关键。此外，影响系统的人通常是工程师，他们中的许多人似乎信奉“如果想不出问题……就需要更多的功能！”

对于一个部件设计者来说，比如燃料控制的设计者，燃料控制就是一个系统。事实也是如此。但是对于包含燃料控制的喷气发动机的设计者来说，发动机才是系统。

而对于航空工程师来说，系统则是整架飞机，而且还远不止如此……对于负责设计航线的工程师来说，系统包括乘客、代理、机场、空中交通管制、跑道等——通常称为“系统体系”。好在有技术能用于处理这些系统体系中的难题。这些技术在书中进行了详细的说明。

在大量的系统工程实践中所蕴含的科学可对系统的效用产生重要影响。例如，几年前的一项市场调查发现，航空公司的乘客都希望比预期更快到达目的地。对一个空气动力学家（我早期所在的领域）来说，这意味着（至少在那个时候，在陆地上空超声速飞行是不切实际的）飞机需要飞得更快。换言之，这意味着当接近声速时，要进一步抑制突然出现的阻力上升。于是人们开始努力开发一种近声速飞机……这是一个困难且昂贵的解决方案。

但是，系统工程师对乘客的期望却有着完全不同的理解。他们推断，乘客真正想要的是更快地从家飞到遥远城市的办公室。他们将乘客所用时间分解成几个部分：开车去机场、找地方停车、通过安检、飞行、取行李、开车去目的地。最终得出的结论是，任何可能的飞行速度增加对乘客总旅行时间的影响都微不足道，因此应关注的问题并非具有挑战性的空气动力学问题，而是应如何加快安检、搬运行李和加速地面运输等问题。于是，尽管略有迟疑，但人们还是明智地放弃了开发近声速飞机的想法。

如上所述，本书为那些对系统工程感兴趣的人提供了处理此类问题的技术。过去，系统工程师需要花费很大代价才能学到这些技术（这是我在职业生涯中通过在职训练“进化”出来的成果）。

本书将提供针对诸多重要任务的解决方案，包括定义需求、分解需求、管理软件、分析根本原因、识别单点故障模式、建模、权衡、控制接口和效用性测试等，而不止针对仅简单满足相关规范的任务。

美国面临的许多重要挑战，在大多数情况下也是全世界面临的挑战，实际上是大量的系统工程问题。这些问题包括提供医疗保健服务，生产清洁、可持续、可负担的能源，保护自然环境，发展经济，维护国家安全，重建国家物质基础设施等。

在《系统工程：分析、设计与开发》一书中，查尔斯 S. 沃森为实践者提供了相关指导。这不是一篇哲学论文或抽象的理论阐述，而是专门为那些每天面对系统工程各方面实际挑战的人编写的。它不仅是一个重要的教学工具，还是一本具有持久价值的参考书。

逻辑和技术始终贯穿着系统工程的应用。无论你是从事工程、风险投资、运输、国防、通信、医疗保健、网络安全还是其他领域的工作，了解系统工程的原理对你来说非常有好处。毕竟，生活中有什么东西不涉及两个或两个以上相互影响的因素呢？

诺曼·R. 奥古斯丁

洛克希德·马丁公司退休董事长兼首席执行官

前陆军副部长

曾任职于普林斯顿工程学院

简介——如何使用本教材

由于系统工程方法广泛适用于任何类型的企业或工程系统、产品或服务，因此，《系统工程：分析、设计与开发》是专为努力在系统工程与开发（SE&D）方面追求卓越的硬件、软件、生物医学、测试、化学、核工程师以及系统分析师、项目工程师、项目经理、职能经理和高管编写的。在这些人中，有些工程师和分析师可能是系统工程方面的新手，他们只是对学习更多的系统工程方法并应用到自己的学习中感兴趣，也有经验丰富的专业人士，希望通过学习来改进和提高他们现有技能的实践表现。

本教材是为适应广泛的读者群体而编写的。为满足不同学科读者的需求而编写教材是一项充满挑战的工作。对系统工程不熟悉的读者要求进行详细论述，而经验丰富的专业人士的需求则相反。为了适应不同知识和技能水平的读者，本教材试图在充分讲解系统工程概念、原理和实践的基础知识与由于页数限制而不得不控制知识深度之间达到合理的平衡。因此，我们的讨论将深入到一个特定的层次，并提供资源获取方式，便于读者自学。

1. 教材范围

由于 SE&D 需要广泛的技术和管理活动，加上需要限制页数，本教材的内容范围主要集中在系统工程的技术层面。

正如书名所传达的，本教材是关于系统工程的分析、设计与开发：概念、原理和实践。本教材没有下面的内容：设计集成电路或电子电路板或选用物理部件——电阻、电容等或其降额；机械结构和装置的设计；软件的设计和编码；建模与仿真（M&S）；开发数学算法等。相反，教材提供了系统工程的概念、原理和实践。这些概念、原理和实践对于执行系统工程任务的各学科工程师和分析师来说是必不可少的，有助于他们更好地理解与他们工作相关的场景，包括用户、需求、架构、设计、权衡等。

2. 一级结构

《系统工程：分析、设计与开发》分为三个部分：

第 1 部分——系统工程和分析概念；

第 2 部分——系统设计和开发实践；

第 3 部分——分析决策和支持实践。

请注意：每个部分都有特定的目的和内容范围，与其他部分的相互关系如图 I. 1 所示。但是，为了理解编写第 1 部分的目的，我们需要首先了解第 2 部分和第 3 部分的内容范围。

1）第 2 部分——系统设计和开发实践

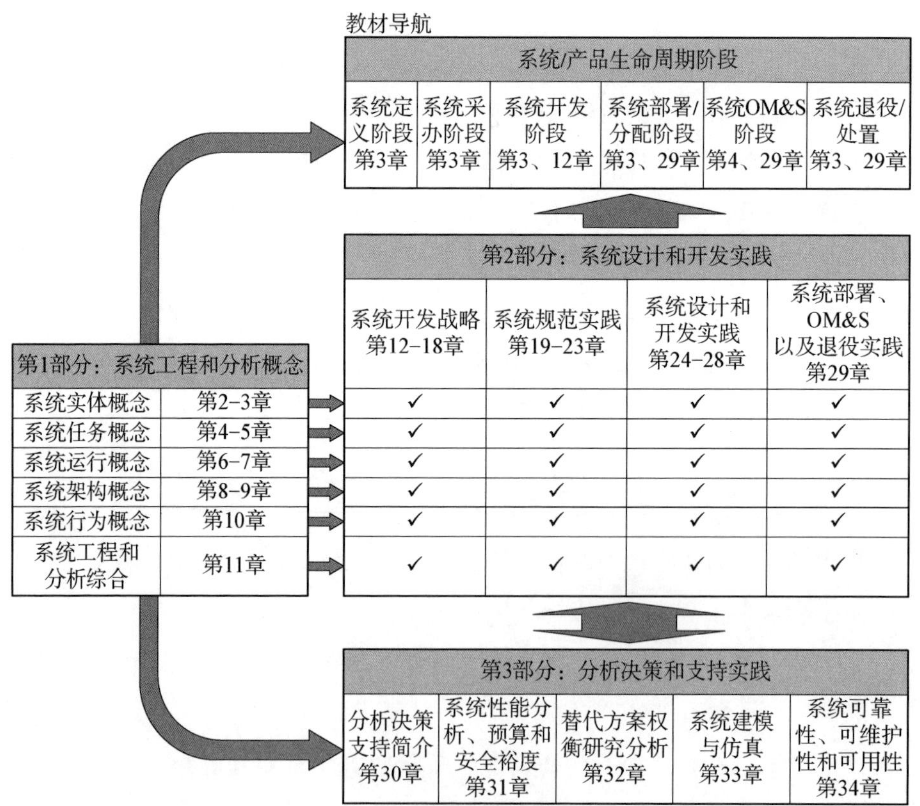

OM&S—运行、维护和维持。

图 I. 1　本书结构及各部分相互关系

第 2 部分介绍了设计、开发和交付系统、产品或服务所需的多学科系统工程工作流程活动和实践。

第 2 部分包括四组系统工程实践，说明了系统工程在开发期间以及交付后用户使用期间［系统部署，运行、维护和维持（OM&S），退役/处置］是如何实施的。其中包括如下内容：

(1) 系统开发策略。

第 12 章“系统开发战略简介”；

第 13 章“系统验证和确认战略”；

第 14 章“沃森系统工程流程”；

第 15 章“系统开发过程模型”；

第 16 章“系统构型标识和部件选择战略”；

第 17 章“系统文档战略”；

第 18 章“技术评审战略”。

(2) 系统规范实践。

第 19 章“系统规范概念”；

第 20 章“规范制定方法”；

第 21 章“需求派生、分配、向下传递和可追溯性”；

第 22 章“需求陈述编制”；

第 23 章“规范分析”。

(3) 系统设计和开发实践。

第 24 章“以用户为中心的系统设计”；

第 25 章“单位、坐标系和惯例的工程标准”；

第 26 章“系统和实体架构开发”；

第 27 章“系统接口定义、分析、设计和控制”；

第 28 章“系统集成、测试和评估”。

(4) 系统部署、运行、维护和维持以及退役实践。

第 29 章“系统部署，运行、维护和维持，退役及处置”。

2) 第 3 部分——分析决策和支持实践

第 3 部分介绍了多学科系统工程实践，如为第 2 部分决策实践提供及时有效决策支持所需的系统分析、可靠性、可维护性、人为因素、安全性等。包括

快速原型的开发和评估、M&S；概念验证、原理验证和技术验证演示，从而获得数据，支持系统工程与开发决策，确认模型和模拟。第3部分包括以下几章：

第30章“分析决策支持简介”；

第31章“系统性能分析、预算和安全裕度”；

第32章“替代方案权衡研究分析”；

第33章“系统建模与仿真”；

第34章“系统可靠性、可维护性和可用性”。

这就引出了第1部分的目的。

3）第1部分——系统工程和分析概念

大多数企业、组织和项目都在执行第2部分和第3部分中提到的实践。问题是，他们采用的是被公认为自定义的、低效率且无效果的SDBTF-DPM工程范式，正如在执行第2部分和第3部分时表现不佳所证明的那样。现实就是，这是一个问题空间。第1部分“系统工程和分析概念”提供了一个解决方案空间框架，用于替代SDBTF-DPM工程范式，纠正这些缺点，并作为能够胜任第2部分和第3部分中实践所需的基础知识。

第1部分包括几个主要概念：什么是系统，它为什么存在——任务；用户如何设想系统的部署、运行、维护、维持、退役和处置；系统是如何架构化构建的；用户如何预见系统在其运行环境中对任务交互的行为响应。第1部分具体包括以下内容：

(1) 系统实体概念。

第1章“系统、工程和系统工程”；

第2章“系统工程实践的发展状况——挑战和机遇”；

第3章“系统属性、特性和特征”。

(2) 系统任务概念。

第4章“用户组织角色、任务和系统应用”；

第5章“用户需求、任务分析、用例和场景”。

(3) 系统运行概念。

第6章“系统概念的形成和发展”；

第7章“系统命令和控制——运行阶段、模式和状态”。

(4) 系统架构概念。

第 8 章“系统抽象层次、语义和元素”;

第 9 章“相关系统的架构框架及其运行环境”。

(5) 系统行为概念。

第 10 章“任务系统和使能系统操作建模”。

(6) 系统工程与分析综合。

第 11 章“分析性问题求解和解决方案开发综合”。

3. 如何使用本教材

如果您是第一次阅读这本教材——无论您的系统工程经验如何，建议您按 3 个部分和各章节的顺序阅读。理解第 1 部分“系统工程和分析概念”是理解第 2 部分和第 3 部分的重要基础。图 I. 1 展示了快速定位和导航章节的路线图。

读完本教材后，您将执行第 2 部分“系统设计和开发实践”或第 3 部分“分析决策和支持实践”中提到的项目工作。图 I. 1 作为本教材的导航，使您能够轻松回顾书中各部分的详细论述。

4. 本科和研究生课程教学

本教材的知识结构适合高年级本科生和研究生水平的工程类和其他专业课程。

根据学员和讲师的知识、技能和行业经验，本教材还旨在尽量达到讲师希望达到的技术深度。讲师可将本教材视为入门级教材，亦可深入教授更具挑战性的课题。

5. 章节特征

《系统工程：分析、设计与开发》按特定的章节格式编写，便于读者阅读与检索。总体来说，本教材各章采用统一的大纲：

- 简介
- 关键术语定义
- 引言（如必要）
- 本章内容分节详述与讨论

- 本章小结
- 本章练习
- 参考文献

下面对这些章节中的一些细节进行详细解释。

6. 关键术语定义

各章的引言均包含与本章所讨论主题相关的关键术语的定义。一些定义摘自相关军用手册与标准。若您从事能源、医疗、交通、电信领域的工作，请不要认为这些定义不适用于您的工作。真正的系统工程专业人员的标志是能够跨业务领域工作，作为一名系统工程师、系统分析师或工程师，应理解这些定义的使用背景、应用以及需完成的任务。若您的业务领域或企业有自己的标准和定义，请您务必在工作中采用这些标准和定义，除非有其他令人信服且权威的理由让您采用其他标准和定义。

7. 按图标分述原理、启发、作者注、示例和小型案例研究

与大多数学科一样，系统工程的特点在于具有很多值得思考的要点，包括原理、启发、作者注、示例和小型案例研究。

为了便于阅读，本教材使用分类名称对要点予以划分。这些分类名称也可作为易识别的导航标，用于引用其他章节。例如，分类名称使用 XX. Y 引用标识符进行编码，其中 XX 表示章号，Y 表示本章开头的序列号。原理 12.4 表示第 12 章的原理 4，依此类推。下面列出了使用此方法标识原理、启发、示例、小型案例研究、注意和警告的例子。作者注采用脚注的形式。

原理 I.1 原理表示一种支配着推理并作为行动指南的真理或规律。

启发 I.1 启发表示一种“经验法则”，这些法则并不是非常严格，而是可以提供值得参考且有见地的指导。因此，视具体情况，启发会有例外。

示例 I.1 示例是对一项原理、启发或系统工程实践的某种情况或实际应用的举例说明。

小型案例研究 I.1 小型案例研究简要概述与主题讨论相关的原理、启发、示例或要点予以说明的某一现实情况、事项或事件。

作者注（脚注形式） 作者注旨在提供观察结果，其强调概念、原理或实

践的背景、解释或应用相关讨论中一些细微或值得注意的方面。读者的经历可能各有不同。您本人、您的团队、项目和企业都对您做出决策与否及其后果全权负责。

8. 保留字

保留字具有独特的语境，使其区别于一般用法。对于这类术语，本教材使用小型大写字母表示。例如，在引用"SYSTEM"（系统）（小型大写字母）与引用"generic systems"（通用系统）、"products"（产品）或"services"（服务）（常规字体）时，存在语境差异。保留字有三种用法：

1）系统抽象层

SYSTEM（系统）、PRODUCT（产品）、SUBSYSTEM（子系统）、ASSEMBLY（组件）、SUBASSEMBLY（子组件）和PART（零件）层。

2）系统类型

由一个或多个任务系统和一个或多个使能系统组成的相关系统（SOI）等系统类型。

3）环境

由NATURAL ENVIRONMENT（自然环境）、INDUCED ENVIRONMENT（诱导环境）或PHYSICAL ENVIRONMENT（物理环境）组成的OPERATING ENVIRONMENT（运行环境）。

注意 I. 1 注意事项是关于存在需要特别考虑的潜在风险的情况的通知。请记住——您本人、您的团队、项目和企业都对您做出决策与否及其后果全权负责。

警告 I. 1 警告是基于风险的情况，需要特别注意、认识和承认与安全有关的决定或状况以及国际、国家、州和地方政府以及组织制定的对违法行为进行严厉处罚的法规、条例、道德规范等。

请记住——您本人、您的团队、项目和企业都对您做出决策与否及其后果全权负责。

9. 章节练习

章节练习以两种形式提供：

（1）1 级：章节知识练习——展示您应该从本章中学到的基本知识。

（2）2 级：知识应用练习——展示高年级本科生和研究生水平的练习，挑战读者将章节知识应用于实际系统、产品或服务的能力。2 级练习参见本教材的同步网站：www. wiley. com/go/systemengineeringanalysis2e。

10. 附录

本教材包括三个附录：

（1）附录 A“缩略语”：提供了本教材中使用的缩略语（按字母顺序）。

（2）附录 B“INCOSE 手册可追溯性”：提供了一个可追溯性矩阵，将本教材中的各章节链接到 INCOSE 的《系统工程手册》（SEHv4，2015）。

（3）附录 C“系统建模语言（SysML™）结构”：简要概述了本教材中使用的 SysML™ 结构。系统工程采用对象管理组织（OMG）的 SysML™。该语言是对象管理组织 UML™ 的扩展，用于对企业和工程系统、产品和服务进行建模。本教材使用了 SysML™ 的一些特性来说明系统工程和分析概念。

正如书名所传达的，本教材是关于系统工程的分析、设计与开发，而不是 SysML™。SysML™ 是一个单独的教材和课程。但是，为了便于理解，附录 C 简要概述了本教材的图中使用的 SysML™ 结构。有关 SysML™ 的更多详细信息，请访问 OMG 的网站。

注：UML™ 和 SysML™ 是对象管理组织在美国和/或其他国家的注册商标。

11. 总结

既然已经确定了如何使用本教材，那现在就开始介绍第 1 章“系统、工程和系统工程”。

目　录

第 I 部分　系统工程和分析概念

第Ⅱ部分　系统设计和开发实践

1　系统、工程和系统工程*

原理 1.1　系统工程 Alpha-Omega 原理

系统工程从系统、产品或服务的用户开始，结束于系统、产品或服务的用户。

你是否购买过商业硬件和/或软件产品，签约外包开发系统、产品或服务合同，或者使用过一个网站并发现：

（1）可能符合其规范要求，但不是你想要的、需要的或期望的。

（2）难以使用，对用户的输入要求严苛，对输入错误不宽容，并且没有反映你的使用方式背后的思维模式。

（3）由大量非必要功能组成，这些功能会让人分心，很难找到需要的功能。

（4）将常用功能隐藏在多层可链接结构下，需要多次点击鼠标才能找到并调用。

（5）存在与标准操作系统不兼容的软件更新，系统开发商的客服回应是在一个在线“社区论坛”上发布一个问题，然后等待（可能永远等待）其他“社区用户”提供解决方案，说明他们是如何解决系统开发商的问题的。

然后，在沮丧中，你和数以百万计的其他用户一样开始质疑系统开发商及其设计人员是否曾用心地与用户或市场沟通，并倾听他们的意见，从而理解：

（1）为了向客户交付系统的成果，用户期望执行的工作或任务。

（2）用户期望如何配置、运行、维护、维持、退役或完成这些工作或任务

---

*《系统工程：分析、设计与开发》第二版，作者是查尔斯 S. 沃森。

同步网站：www. wiley. com/go/systemengineeringanalysis2e。

所需的系统、产品、服务或副产品。

欢迎来到系统工程（SE）——或者更恰当地说，系统工程的缺失。如果你与上面例子中的用户交谈，那么经常会听到这样的评价：

(1) XYZ 公司需要更好地“工程化”它们的系统、产品或服务！

(2) ABC 系统需要一些“系统工程”！

从系统工程的角度来看，从用户评论中提炼出来的问题包括：什么是系统工程？回答这个问题需要理解两个问题：①什么是系统；②什么是工程。那么，工程和系统工程之间的相互关系是什么呢？

对于这些术语的定义及其使用语境，各方存在很大的分歧。各个行业、政府、学术界、专业人士和标准组织多年来一直致力于达成术语定义的一致。为了达成共识——在某些情况下是达成全球性的共识——定义的措辞变得泛化和抽象，以至于对组织所服务的用户团体的效用有限。在某些情况下，抽象性扭曲了用户对术语真正含义的理解。系统的定义就是一个经典的例子。

由于普遍缺乏真正的、侧重于问题求解和解决方案开发方法及工程开发的系统工程与开发（SE&D）课程，这个问题因此变得更加严重。遗憾的是，许多所谓的系统工程课程侧重于：①系统采办和管理——如何管理系统的采办；②基于公式的课程——“盒子工程”设计，而非系统。这导致了工程知识和技能的严重不足，而这些知识和技能是将用户抽象的操作需求实际转化为满足这些需求的物理系统、产品或服务的工程过程所必需的。那么，用户会对上面强调的系统、产品或服务感到失望，就不足为奇了。

基于这种背景，第 1 章给出了基础定义，便于读者理解第 2～34 章中提到的执行系统工程过程的含义。

1.1 关键术语定义

(1) 能力（capability）——由外部刺激、提示或激励启动或激活的明确、固有的特征，以特定的性能水平执行动作（功能），直到因外部命令、定时结束或资源耗尽而终止。

(2) 工程（engineering）——使用通过学习、经验和实践而获得的数学和自然科学知识，来判断如何经济地利用自然物质及其力量造福于人类的专业

（Prados，2007：108）。

（3）实体（entity）——一个通用术语，用于指代系统中的操作、逻辑、行为、物理或基于角色的对象。例如，物理实体包括人员、设备（如子系统、组件、子组件或由硬件和/或软件组成的部件）、过程数据（如用户指南和手册）、任务资源［如消耗品（水、燃料、食物等）和消耗件（过滤器、包装等）］、系统响应（基于性能的输出，如产品、副产品、服务或设施）。

（4）环境（environment）——一个通用的与上下文相关的术语，表示相关系统或实体必须在其中运行和生存的自然、人类系统或诱导环境。

（5）XX 性（-ilities）——专业工程学科，如 RMA、可持续性、安全性、安保性、保障性、处置等。

（6）系统（system）——一组集成的可交互的元素或实体，每个元素或实体都具有特定的和有限的能力，以各种组合方式进行配置，使得能够针对用户的命令和控制（C2）表现出特定的行为，从而在规定的运行环境中以一定的概率成功实现基于性能的任务结果。

（7）系统工程（SE）——分析、数学和科学原理的多学科应用，用于制定、选择、开发和完善具有可接受风险、满足用户运行需求、在平衡利益相关方利益的同时，最大限度地降低开发和生命周期成本的解决方案。

1.2 引言

本章侧重于定义系统工程。由于“系统工程”术语由系统和工程组成，我们将首先确定这两个术语的定义，作为定义系统工程的前提。

系统的大多数定义通常过于抽象，对用户的帮助有限。本教材根据系统的属性和达成使命的标准对系统进行了定义——什么是系统、系统为什么存在、系统的组成结构、系统的使命任务、系统所处的环境条件以及用户对系统使命的期望。虽然系统以多种形式出现，如企业、社会、政治和设备，但本书主要关注企业和工程化的系统。

讨论系统的挑战之一是需要区分系统、产品或服务，本教材介绍了它们的差异和关系，并进行了举例说明。当开发系统时，系统、产品或服务可能是基于新技术或新兴技术的新创新（以前不存在的系统），或对现有系统或技术的

改进（以前存在的系统）。本教材介绍了以上两种系统的相关背景。

在了解系统定义的基础上，引入了一个普遍接受的工程定义，并推导出本教材中使用的系统工程的定义。由于人们经常混淆系统和系统工程的用法，因此本教材描述了这些术语的使用背景。

如果不对其背景进行某种形式的描述，那么对系统工程的介绍就是不完整的。

与其重复其他文献中记载的一系列日期和事实，不如去理解是什么推动了系统工程的演变。为了回答这个问题，本教材为那些需要了解更详细信息的读者提供了一个非常好的系统工程的背景介绍并将在第 2 章进行详细阐述。

在第 1 章的结尾讨论了系统工程师的一个关键特质——系统思维。

在开始之前，我们对个人和团队编制正式文书（定义、规范要求和目标）并达成一致意见，简要说明如下：

当个人或组织编制正式文书时，尝试同时定义内容和语法通常会导致可接受程度较低的结果。人们通常用在语法上的时间过多，而用在实质性内容上的时间相对较少。当然，语法很重要，因为它是表达和交流的基础。但是，语法只是传达内容和语境的一种机制，如果缺乏实质性的内容或背景，那么“舞文弄墨”的语法几乎没有任何价值。

我们会惊讶地发现，有些人在语法的“舞文弄墨”练习中变得异常活跃。经过长时间的讨论，其他人干脆摒弃了这种混乱的定义。对于系统等具有多种解释的术语，一个好的定义可以从简单的、关于术语是什么或不是什么的叙述语分项列表开始。如果个人或团队试图创作一个定义，可以一次执行一个步骤先就实质性内容的关键要素达成共识，然后按照逻辑顺序构建语句，并将实质性内容转化成语句。

接下来我们首先讨论什么是系统。

1.3 什么是系统

韦氏词典（2014 年）指出，术语“系统”来源于“晚期拉丁语 *systemat-*、systema，希腊语 *systēmat-*、*systēma*，从 *synistanai* 演变到 combine（结合），再从 *syn-+histanai* 演变到 cause to stand（使成立）”。该术语在 1603 年被首次

使用。

各方的观点有多少，就有多少个系统的定义。几十年来，工业界、政府、学术界和专业组织一直致力于在他们所处的背景下定义系统。在对许多不同的定义进行分析后，人们发现，大部分的定义已经因“舞文弄墨”而泛化，以求达到用户团体的共识，剩下的实质性内容几乎为零。这是现实，不是批判！这是一项非常具有挑战性的任务，因为愿意参与的人的观点和经验水平参差不齐。

从不同的实践中得出的定义实现了不同的目标——在用户团体认为系统是什么、系统实际上是什么以及用户期望它完成什么等方面达成共识。此外，这些定义通常是抽象的，并且混合了不同类型的信息和不同层次的细节，可能会给不知情的用户留下深刻但在技术上不正确的印象。请思考以下示例。

示例 1.1　做出部分真实但技术上不正确的陈述

多年来，人们给出的定义大致上可以推断出系统是人、硬件、软件、流程和设施（如实体）的集合。系统确实包含了这些实体。然而，像这样为达成共识而精心设计的定义并没有表达出系统是什么、系统为什么存在、系统为谁服务、系统的运行条件、系统要求的结果和性能、系统达成使命的标准等。

这里不是要批判既定的定义。若只是服务于某个人或某个组织，那没问题。这里，我们来确定一个表达系统本质是什么的定义。这是为理解第 2~34 章而奠定基础的关键一步。因此，我们确定的系统定义如下：

系统——一组集成的共用元素或实体，每个元素或实体都具有特定且有限的能力，以各种组合进行配置，能够针对用户的 C2 出现特定的行为，从而在规定的运行环境中以一定的概率成功实现基于性能的任务目标。

上述“系统”的定义抓住了定义系统的许多关键论点。一个系统由两个或两个以上集成在一起的实体组成。集成后的实体集能够实现每个实体不能独立实现的、更高层次的目标。然而，不存在某一种能够衡量是否成功的标准（结果和性能水平）的目标对用户或其利益相关方的价值是有限的。以这个主题的建立为背景，让我们分别探究每个定义的词汇，从而更好地理解它们所包含和要传达的意思。

1.3.1 系统定义："集成的可互操作的元素或实体的集合……"

系统以多种形式出现，包括组织和工程系统——设备硬件和软件、社会系统、政治系统和环境系统。本教材重点介绍两种类型的系统：组织系统和工程系统。首先定义每个术语：

(1) 组织系统：正式或非正式的工业、学术、政府、专业和非营利组织，如公司、部门、职能组织——会计和工程部、项目部和其他部门。

(2) 工程系统：为内部使用、面向市场的商业销售或依据合同而开发的物理系统或产品，需要一个或多个工程学科和技能，将数学和科学原理用于设计和开发解决方案。

工程系统是家庭生活和工作不可或缺的一部分，所以就从工程系统开始介绍。

1.3.1.1 工程系统

工程系统通常由包含了硬件和/或软件、流体（润滑剂、冷却剂等）、气体及其他实体的设备组成。

(1) 硬件实体包括多个层级，如产品由子系统→子系统由组件→组件由子组件→子组件由零件组成（第 8 章）。

(2) 软件实体包括多层级的术语，如计算机软件构型项（CSCI）由计算机软件部件（CSC）组成、计算机软件部件由计算机软件单元（CSU）组成（第 16 章）。

1.3.1.2 组织系统

组织系统是高阶系统（第 9 章）——政府、公司和小型企业——它们利用工程系统（制造系统、车辆、计算机、建筑和道路）来：

(1) 生产和分销消费产品和交付合同约定的系统。

(2) 提供零售等服务。

(3) 陆、海、空或太空运输。

(4) 电力、天然气、电话、水、卫生和垃圾等公用设施服务。

(5) 医疗、保健、金融、教育及其他服务。

正如我们将在第 8 章和第 9 章中看到的，解析性的定义如下：

(1) 组织系统由抽象层（分处、部门、分支机构等）组成，其抽象层由

系统元素（见图 8.13）——人员、设备（硬件和软件）、程序、资源、行为结果及设施组成——它们相互集成以实施组织任务。

（2）工程系统由抽象层（见图 8.4）——区段（segment）、产品（products）、子系统（subsystems）、部件（assemblies）、子部件（subassemblies）及零件（parts）组成。

请注意术语“组织系统元素”和“工程系统实体”。在后续章节中，这些术语的应用将更加重要。这些术语意味着这些是离散对象。但是，请记住前一个系统定义中……包括两个或多个集成的实体，它们能够实现每个实体不能单独实现的更高层次的目标。术语集成意味着系统元素或实体必须集成——连接在一起。

集成元素和实体是开发或利用能力组合的必要条件。不过，若实体不兼容呢？假设，可以将柴油或煤油加入——集成——汽油车的油箱中，但这并不意味着发动机会运转。由于不兼容，加油站泵喷嘴和车辆油箱端口会进行特别设计，防止意外混合的情况发生。

兼容可能是刚性机械接口或系统元素等某些系统实体的必要指标，如设备（硬件和软件）和用户或操作员手册之间应保证数据一致性。但是，兼容并不意味着它们可以用一种易懂的语言交流，这就要求一些系统可交互信息。以电子金融交易为例。在这种交易中，借记卡或信用卡、读卡器及计算机不仅必须在电子协议方面兼容，还必须遵循可理解的格式化语言，以使每个人都能够理解和解释交流的内容——交互性。对于这类系统，兼容性和交互性是成功运行的必要和充分条件。

总之，系统的基础始于一组集成的可交互（组织系统）元素（人员、设备、过程、资源、行为结果及设施）或（工程系统）实体（产品、子系统、组件、子组件等）。我们通常将被分析或研究的系统称为“利益相关系统”（SOI）。

1.3.2 系统定义：“……每一个都具有特定和有限的能力……”

如果系统需要兼容和可交互的元素或实体，我们如何确保它们既兼容又可交互？这就需要多学科工程——系统工程——来定义和约束这些操作、行为和物理的能力——属性、特性和特征（第 3 章）——以规范要求作为起点。

注意术语能力的用法。传统上，术语“功能”如形式（form）、匹配

（fit）和功能（function）中的功能通常被工程师用来描述期望系统完成的使命。然而，功能的真实定义和用户期望系统完成的目标之间存在着巨大的差异。区别如下。

注意 1.1　形式、匹配和功能：隐含着失败的常用短语

“形式、匹配和功能”这一短语是工程日常中根深蒂固的一个范式，也是一个很好的概念，但却容易被误解。根据三个术语的顺序，人们有时会将该短语解释为工作步骤，如图 2.3 所示。

(1) 第 1 步——设计物理系统（形式）。

(2) 第 2 步——找出如何将各部分配合在一起（匹配）。

(3) 第 3 步——决定系统必须做什么（功能）。

请从思维定式中清除形式、匹配和功能范式。这个短语只是简单地指出了必须考虑的系统、产品或服务的三个关键属性，仅此而已。

简单地说，功能表示要执行的动作，如执行导航。功能是一个没有单位的术语，它不能表示要达到的性能水平。总的来说，通过功能分析“识别功能”很容易——对不知情的客户来说，这听起来令人印象深刻，困难的是定义和规定一项功能必须达到的性能水平。虽然功能和功能分析在它们自己的语境中肯定是有效的，但是从当前系统工程角度来看，功能分析作为系统工程活动主要驱动力的概念已经过时。实际上，功能分析仍然有效，但只是作为辅助类系统工程活动。那么，我们应该如何解决这个难题呢?

解决方案在于术语“能力”（capability）。能力定义如下：

能力——由外部刺激、提示或激励激活，按指定性能水平执行一个动作（功能），直到按外部命令、因定时结束或因资源耗尽终止的一种明确的、固有的特征。

从工程角度来看，可以将能力类比为向量。能力（向量）的特征是功能（向量的方向）和性能水平（向量的幅度）。

总之，本教材将用更合适的术语能力和能力分析来代替功能和功能分析。

1.3.3　系统定义：“……以各种组合进行配置，使系统表现出特定行为……”

通过系统元素和实体能力的各种组合形成的配置，对给定的一组系统输入

（刺激、提示和激励）产生系统响应，配置意味着一种系统架构。不过系统响应会因任务期间用户在不同时间的操作需求而有所不同。请思考以下关于飞机的示例。

示例 1.2　飞机构型和执行任务能力

对于执行任务的飞机来说，它必须能够装载乘客和货物；滑行；执行飞行阶段（起飞、爬升、巡航、保持和着陆）；卸载乘客，飞机能适应各种用例和场景（第 5 章）。这些活动均需要（组织系统）元素和（工程系统）实体提供的特定的能力集合（架构的各种构型），才能实现基于性能的任务结果和目标。

观察短语“……使系统出现特定的行为……”涌现行为是系统的一个关键属性，它使系统能够实现单个元素或实体无法实现的更高层次的目标。一般来说，涌现行为意味着仅仅通过分析其单个元素或实体的行为并不能完全预测系统的行为。请思考以下涌现行为示例。

示例 1.3　涌现行为

作为人类，我们有行走、奔跑等能力，但我们还需要在更短的时间内更高效地行动。

为达到这一更高层次的目标，有人发明了自行车使人们能够更有效地长途出行。然而，人们是如何得知：

（1）一组物理部件可以组装成自行车系统，作为能够滚动和转向的运动装置（涌现行为）。

（2）一个人是否可以同时命令和控制——平衡、脚踏并转向控制（涌现行为）——自行车系统？如果我们单独分析人类或自行车，它们是否展示或展现能力——突现行为——使它们作为一个集成系统来完成更高层次的任务（在更短的时间内更高效地出行）？类似的涌现行为还有喷气发动机或能抵消地球重力影响和空气阻力飞行的飞行器。

突现行为更多讨论见第 3 章。

1.3.4　系统定义：“……用户命令和控制实现基于性能的任务成果……”

请注意，这句话的主旨是期望完成某件事——具有一定水准的结果。具体

来说就是取得基于绩效的任务成果。非 A&D 从业人员习惯性地把任务这个术语与军事系统联系起来。实际上这并不正确！组织、项目和个人——医生、教育工作者等——均在执行任务。

任务代表组织或工程系统的工作成果，并支持达到希望实现的基于绩效的目标。请思考以下任务示例：

示例 1.4

（1）医疗任务——改善患者的健康状况，找到疾病的治疗方法、根据医生的指示给患者静脉注射药物等。

（2）运输任务——通过飞机、火车或公共汽车将乘客安全地从一个城市运送到另一个城市、递送包裹等。

（3）服务任务——为客户的企业或家庭提供有线电视和互联网服务、应对火灾和医疗紧急情况等。

（4）教育任务——提供认证的［EE、机械工程（ME）、软件工程（SwE）、化学工程（ChemE）、工业工程学（IE）等］工程学位课程。

不过，任务的概念不限于组织系统。有趣的是，几十年来，组织一直在宣扬愿景和使命宣言。然而它们往往没有认识到，他们为市场生产的工程系统是为了执行任务（组织系统任务），为客户（用户和最终用户）提供支持。当一个系统、产品或服务执行一项任务时，当它对其用户要取得的成果（最终用户满意度、股东价值和收入）而言没有价值时，很可能会被淘汰或处置。

任务和任务分析详细说明见第 4 章和第 5 章。

1.3.5 系统定义："……在规定的运行环境中……"

人类和设备在完成任务的运行环境方面常常存在局限性。这需要了解和理解以下两点：①在什么地点执行任务——陆、海、空、太空或其各种组合；②在什么样的条件下执行任务。了解外部运行环境后，就必须根据性能要求（如温度、湿度、冲击、振动以及盐雾）对其进行规定和限制。

1.3.6 系统定义："……有成功的概率"

最后，为支持用户的任务，系统必须随时可用，确保可靠地执行任务，并在成功概率范围内产生基于性能的结果。如果一个系统、产品或服务不能满足任务成功的最低要求，那么任务很可能失败，此时就要考虑替代系统。

1.3.7 系统的其他定义

国家和国际标准、专业组织以及不同作者对系统的定义都有所差异。分析发现观点很多，且所有观点均受个人知识和经验的影响。此外，标准组织实现“一刀切”的趋同和共识往往会导致出现许多人认为的定义不够、不充分的措辞不力现象。有关系统的其他定义，请参考以下标准：

（1）INCOSE（2015）——系统工程手册：系统生命周期流程和活动指南（第4版）。

（2）IEEE 标准 1220™ - 2005（2005）——电气和电子工程师协会（IEEE）。

（3）ISO/IEC 15288：2015（2015）——国际标准化组织（ISO）。

（4）DAU（2011）——国防军需大学（DAU）。

（5）NASA SP 2007 - 6105（2007）——美国国家航空航天局（NASA）。

（6）FAA SEM（2006）——美国联邦航空局（FAA）。

这些组织鼓励人们拓宽知识面，积极探索定义。根据读者的视角和需要，本书中的定义应提供更明确的描述。

1.4 学会识别系统的类型

系统有多种形式。高级别系统包括

示例 1.5 系统示例

- 经济系统
- 通信系统
- 教育系统
- 娱乐系统
- 金融系统
- 政府系统
- 环境系统
- 立法系统

- 医疗系统
- 司法系统
- 公司系统
- 收入系统
- 保险系统
- 税收系统
- 宗教系统
- 许可系统
- 社会系统
- 军事系统
- 心理系统
- 福利系统
- 文化系统
- 公共安全系统
- 食品分配系统
- 公园和娱乐系统
- 运输系统
- 环境系统

请注意，以上所列许多系统都是其他系统的子集，并且可以在不同的级别上相互连接形成系统体系（SoS）。当分析这些系统或系统体系时，我们会发现它们会产生基于性能的结果组合，如产品、行为、副产品或服务。作为系统实例，它们示范了前文所述系统的定义。

1.4.1 有先例系统与无先例系统

一般而言，组织和工程系统要么是有先例系统，要么是无先例系统。

(1) 有先例系统——存在早期版本的系统，为技术和性能改进等系统升级提供基础。

(2) 无先例系统——代表创新和突破传统设计的全新设计的系统，如混合动力汽车。

下面以汽车为例对这些术语进行说明。

示例 1.6　汽车行业应用：有先例系统与无先例系统

汽油动力汽车是典型的有先例系统。几十年来，汽车均由车架、车身、车门、发动机、充气轮胎、转向系统等组成。

随着100多年来汽车技术的发展，制造商增加了以前没有的新功能和能力，如加热器、空调、动力转向、电子点火、电动门窗、缓冲器、安全气囊、娱乐系统、卫星无线电、电话数据通信，以及混合动力发动机等。

1.4.2　作为系统的产品

至此我们讨论集中在通用术语系统上。消费产品和服务在系统中处于什么位置？根据定义，产品是由两个或多个实体集成在一起形成的，能提供基于性能的能力，产品是系统的实例。请注意，产品只提到“能力”，但不提结果。为什么？因为除非预先设定为自动运行，否则产品这种无生命物体需要依赖人类将它们应用于特定情景，然后才实现预期用途。举例如下：

（1）铅笔是一种产品——一个系统实例——它由一根铅芯、一个木制或复合固定器、一个附带的橡皮擦组成，可以提供能力，但自身没有结果。

（2）计算机显示器是一种产品——一个系统实例——它由机箱、触摸屏显示器、主板、处理器、声卡及接口端口（电源、视频、音频和如USB的通信端口）组成：

a. 计算机处理器向显示器发送命令和数据，向用户显示格式化信息。

b. 响应显示数据时，用户可以选择通过触摸屏显示器提供输入激励，以选择要执行的动作——命令和音量——其显示结果是对接受命令和完成后续动作的验证反馈。

1.4.3　工具环境

组织等高阶系统会使用一些系统或产品作为工具。首先定义工具：

工具——用户使用的有形产品或软件应用程序，这样用户可以利用其能力更高效、更有效地执行任务，并取得超越用户自身优势（能力）和局限的基于性能的结果。

请思考以下工具示例。

示例 1.7　工具——软件应用

利用支持工具——统计软件程序，统计学家能够在短时间内有效地分类和分析大量数据和偏差。

那么，木头是实体，但它是系统吗？不是。但木头是一种工具，当操作人员在特定条件下使用时，能够提供基于性能的结果。

1.4.4　服务系统

通过前面的讨论可知，系统产生的结果可能有以下两个：

(1) 物理的，如产品和副产品。

(2) 行为反应——服务。什么是服务？

服务指为产生有利于用户的结果，由组织或工程系统提供和执行的活动。

请思考以下服务示例。

示例 1.8　消费产品服务

(1) 体重秤是一种消费产品，是将多个零件集成为一个系统的一个实例。响应用户刺激，以磅或千克为单位提供体重测量信息，作为服务响应。请注意，体重秤的服务只提供一个结果——显示重量，并没有生产有形产品。

(2) 作为消费产品的数字闹钟在启动和设置特定时间后，通过提示和显示当前时间提供服务。

既然已经确定什么是系统，接下来讨论下一个问题：什么是系统工程？

1.5　什么是系统工程

定义系统工程需要理解其两个组成术语：系统与工程。既然上文已经对系统进行了定义，那么下一步就是定义工程，这样就能定义系统工程。

1.5.1　工程定义

工程专业的学生毕业时，通常并未真正了解他们所接受的正式教育的各种基础术语。我们用会话的方式进行说明。

示例 1.9　工程师的困境

- 您的职业是什么？

- 我是工程师——系统工程、机械工程、电子工程、软件工程、化学工程、测试等。
- 工程师做什么？
- 工程设计。
- 那么，什么是工程？
- (沉默) 这个说不清楚。老师和课程没有涉及这个话题。
- 所以，即使已经获得了工程学位，你也不知道你的专业如何定义工程？

“工程”一词源自拉丁语“*ingenerare*”，意思是“创造” （Britannica，2014），其首次使用可追溯到 1720 年（Merriam-Webster，2014）。现在让我们一起了解一下工程一词的几种示例定义：

（1）工程——工程是一种职业，它利用通过学习、经历、实践所获得的自然科学知识来寻求合理地利用物质和自然力量的方法，以造福人类（Prados，2007：108）。

（2）工程——工程是科学和数学的某种应用，通过这一应用，使自然界的物质和能源的特性对人类有用（Merriam-Webster，2014）。

普拉多斯（2007）对工程的定义源自工程与技术认证委员会（ABET）的早期定义，该委员会对美国的工程项目进行认证。从 1932 年成立到 1964 年，工程与技术认证委员会对工程的定义不断演变。从 1964 年到 2002 年，工程与技术认证委员会出版物中均有对工程的定义（Cryer，2014）。

在介绍这些定义时，有两个关键点：

（1）需要理解个人职业的定义和范围。

（2）仔细研究发现，这些定义貌似一场平淡无奇的学术讨论，但事实上，它们代表了传统工程观。也就是说，导致系统、产品或服务失败的“（设备硬件和软件）盒子工程”设计范式，或将失败的原因归于“人为错误”的“盒子工程”设计（第 24 章），或被用户认为是缺乏可用性而导致失败的“盒子工程”设计。这是区分系统工程范围的一个关键环节——“（用户-设备）系统工程”设计，包括（设备）范式与传统“盒子工程”设计。系统工程就是老生常谈的例证，“学会跳出（盒子工程）思维定式”，开发用户实际需要的、可以使用的系统、产品和服务，并减少会导致系统故障的人为错误。因此，这会影响组织声誉、营利能力、客户满意度、市场认知，甚至股东利益。

现在我们已经比较明确系统和工程的定义。

接下来继续定义系统工程。

1.5.2 系统工程的定义

原理 1.2 内容语法原则

实质性内容必须总是优先于语法，才能获得正确的结果。应避免为了语法优美和修辞而牺牲内容，除非这样做能消除误解。

定义系统工程的方法有很多，每种方法都依赖个人、项目或组织的业务领域、观点和经验。系统工程对不同的人来说意义不同。你会发现，甚至个人对系统工程的理解也会随时间而发生变化。所以，如果有不同的观点和定义，个人应该怎么做？重点是，个人和个人所在的项目团队或组织应做到：

（1）一致定义系统工程。

（2）在组织官方媒介中载明或引用系统工程定义，为所有用户提供指南。

对于那些喜欢包含简短、高级，但是又包含系统工程关键特征——“设计系统”——的定义的人而言应考虑以下定义：

系统工程是对分析的、数学的和科学原理的多学科应用，进而从一组风险可接受、满足用户运行需求并能在平衡相关方利益的同时，最大限度地降低开发和生命周期成本的可行备选方案中制定、选择、开发一个最佳解决方案并使其成熟化。

为更好地理解系统工程定义的关键要素，接下来我们将其各个击破。

1.5.2.1 系统工程定义：“……多学科应用”

系统、产品和服务开发通常需要多个工程专业领域来将用户的运行需求和愿景转化为可交付的系统、产品或服务，从而产生用户所需要的基于性能的结果。转化过程的实现需要硬件、软件、测试、材料、人为因素、可靠性、可维护性和物流工程的多学科的集成应用。

1.5.2.2 系统工程定义：“……分析、数学和科学原理……”*

虽然没有明确说明，但依据工程与技术认证委员会（Prados，2007：108）

* **建设性评估**

以下讨论旨在对传统工程的现状、当今对系统工程的看法以及 21 世纪工程和系统工程的需求进行建设性评估。是时候转变教育模式了！

对工程的定义可以推断：工程的工作范围集中于设备、机械装置和建筑的创新和开发，以产生一个或多个基于性能的结果，以造福人类。事实上，我们将系统、产品或服务的边界抽象为一个“盒子（箱子）”，如图 3.1 和图 3.2 所示。从心理学角度讲，建立这些边界的简单行为会自动形成一种“箱壁内工程和箱间连接”范式。因此，各学科的工程课程和教学侧重于以下方面：

（1）开发使用材料、技术的系统、器具和机械装置，以利用、改造、转移、存储、转化、转换和调节“自然力”，如能源、力、信息和运行环境条件，产生基于性能的结果，进而造福人类。

可惜这种基于物理实体的科学和数学范式进一步加深了误解，让很多人认为系统工程仅限于工程和设计。

（2）能够承受、耐受、转变、转化、转移、转换及存储物理“自然力”的机械结构、外壳和机制。

（3）响应电气、电子、光和声刺激、激励或提示，从而产生特定输出和特性；存储和检索能量和信息；选择和定位印刷电路布局上的元件；执行自检和诊断；实现将布线以及电缆都与可兼容并可交互操作的组件互联的电气设备、部件和机制。

（4）对 C2 系统和产品，以及数学模型、模拟组件、物理特性和其他现象执行算法决策和计算，并提供场景评估。

系统工程的范围实际上包含这些多学科工程活动，如图 1.1 右侧所示。总的来说，从官方认可的机构毕业的工程师受过良好的教育，能够胜任这些工作。不过，系统工程不仅仅包括与“分析性的问题求解与解决方案开发”相关的这种传统系统工程观点（见图 1.1 左侧），需要的也不仅仅是简单的“代入求出”等式来驾驭“自然力”。因此，大多数工程师并没有准备好进入行业和政府执行这些活动。我们将在第 2 章中详细讨论这一点。

最后，工程与技术认证委员会（Prados，2007：108）在末尾定义了词语“人类”——工程设计工作的受益者。问题是谁能决定什么会“造福”全人类，从而激发参与和启动工程行动的需求？总的来说，我们可以说全人类代表市场。但是，是谁决定市场或细分市场的需求呢？答案有两种情况：消费产品开发和合同约定的系统开发（见第 5 章图 5.1 或服务支持）：

（1）消费产品开发——商业行业希望通过为消费者开发系统、产品和服务

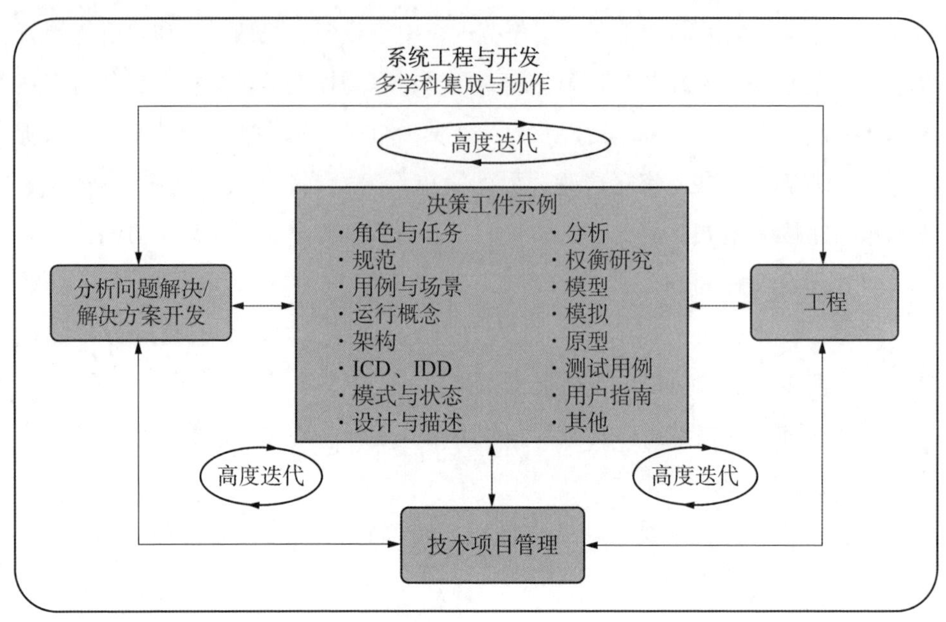

图 1.1　系统工程范围及其与传统工程的关系

来获利作为投资回报（ROI）。因此，他们必须了解和预测系统、产品或服务的潜在消费者想要什么、需要什么、能买得起什么，以及愿意支付什么（原理 21.1）。

（2）合同约定的系统开发和支持服务——行业和政府分析自己的需求，在内部自行开发系统和服务，或者从外部承包商或供应商处采购/外购。

原理 1.3　智能控制原理

系统工程的一个关键作用是保持“对问题解决方案的智能控制”（McCumber 和 Sloan，2002）。

回到前面的问题，谁决定市场需要什么？在消费产品或合同开发案例中，答案是有技术背景的人（最好是有工程背景），只有同时具备与用户（消费产品或合同）合作的人际交往技能，才能做到以下几点：

（1）理解、分析、识别、记录他们的运行需求和基于性能的预期结果。

（2）指定并限定需要解决或缓解的问题、机会或问题空间（见图 4.3）。

（3）指定并限定解决方案空间（见图 4.6 和图 4.7），空间代表用户想要、需要、负担得起并愿意支付（原理 21.1）要获取或开发的内容。

（4）与多个工程专业协作，将解决方案空间基于性能的结果和特征转化为一组架构驱动的多层次规范要求。

（5）选择在所有用户解决方案空间场景和条件下最佳的整体系统、产品或服务。

（6）作为项目或首席系统工程师（LSE）或作为开发团队系统工程师，规划、实施和协调项目的技术战略。

（7）保持对不断发展和逐步成熟的系统设计解决方案的智能控制（McCumber 和 Sloan，2002），确保它与用户解决方案空间的源需求或原始需求保持一致并可追溯。

这些要点解释了为什么图 1.1 右侧所示的传统系统工程观的范围很小，准确地说系统工程不仅仅包括物理系统、设备和组件的设计。

根据前面的讨论，系统工程的范围集中在以下三个领域（见图 1.1）：

（1）分析性的问题求解与解决方案开发——示例活动包括与外部和内部用户协作，识别、指定和限定其操作需求与能力；监督多级设计开发与集成；评估系统集成和测试结果是否符合规范要求；开展替代方案分析（AoA）并实施审查。

（2）多学科工程——示例活动包括与工程师在需求开发与理解、设计完整性、分析与权衡、原型开发以及 M&S 方面进行协作。

（3）技术项目管理——示例活动包括规划、定制、协调和实施技术项目（含基线和风险管理），进行技术评审、专业工程集成，执行 V&V 监督，维护项目的技术完整性。

作为一个项目开发“系统”，这些活动并非分散实施，而是必须集成在组织系统和工程系统两个层面进行，通过组织系统开发工程系统。图 1.1 所示为一个项目执行多学科系统工程的组织系统。与任何类型系统一样，其接口必须具有兼容性和交互性，以便协调各接口的交互与双向通信，从而成功实现系统功能。

因此，系统工程不仅要用到普拉多斯（2007）工程定义中所述的数学和科学原理，而且还要用到分析性原理，应用在包括系统、产品或服务的内部和外部以及组织系统内部系统的开发商之间。

1.5.2.3　系统工程定义：“……从一组可行的候选方案中制定、选择、开发一个最佳解决方案并使其成熟化……”

工程师及其团队往往倾向于从需求（见图 2.3）到单点设计解决方案的量子式飞跃，而并未适当考虑以下问题：

（1）用户希望如何部署、运行、维护、维持、退役和处置系统或产品。

（2）对一组可行的候选解决方案进行评估并作出选择。

（3）用户系统生命周期成本和风险。

因此，系统工程的一个关键目标是确保每一个设计都是通过使用多元分析或 AoA 方法从一组可行的替代方案中制定、评估和选择而产生的。这种选择可能不够理想，然而，对于给定的一组约束和运行环境条件来说，这可能是可以实现的最佳状态。

1.5.2.4 系统工程定义："……可接受的风险……"

如果问系统工程师一个系统、产品或服务的风险等级如何，回答毫无疑问是低风险。但现实是，客户的预算、时间表、技术要求及技术水平在某些情况下会产生限制，导致低、中或高风险情况的发生——不管发生什么，用户都是可以接受的。这假定系统开发商已经与用户合作，使用户能够就可选项和后果做出明智的风险决策。因此，在某些情况下，用户可以接受低、中或高风险。在理想情况下，系统工程试图通过快速原型、概念证明、技术演示验证以及建模与仿真等方法来减轻和降低风险。

1.5.2.5 系统工程定义："……满足用户运行需求……"

如果问工程师和分析师他们的需求来自哪里，答案是"来自我们签约的组织"。从组织协议角度看，这是事实。但是，我们如何得知我们签约组织传递的用户需求能准确而完整地描述用户的运行需求呢？假设工程师开发了符合这些要求的系统、产品或服务，但交付后用户确定系统、产品或服务不符合他们的运行需求，那么，从法律和职业的角度，应该指责哪一方？这就引出系统工程的一项关键原理：

当消费者或用户—系统购买者—购买系统、产品或服务时，总会期望系统、产品或服务能够实现基于性能的结果，即满足他们的运行需求。这些标准通常能反映他们完成任务需要什么。因此，从技术角度讲，系统工程既始于，也终于用户及其最终用户。在此时间范围内，作为用户的服务者，系统工程决策的焦点应以用户为中心焦点。象征性的说明如原理 1.1 所述。

1.5.2.6 系统工程定义："……最大限度地降低开发和生命周期成本……"

许多年前，组织和工程师经常认为他们的目标是在项目合同或任务订单的三重约束（成本、进度和技术）条件下开发系统或产品。这一直是事实，尤其是固定价格（FFP）合同。但是，应重点关注用户响应。系统交付后，往往并未关注客户或用户如何部署、操作、维护、维持系统或产品及其相关成本。事实上，一些公司所持的态度是“我们按报酬开发系统。运行、维护和维持（OM&S）成本是用户自己考虑的问题。”这类公司要么破产，要么被竞争对手打败，要么被迫改革以求生存。

如今，由于存在预算限制——以更低的成本做更多的事情——用户在处理系统 OM&S 成本和作为资产的系统总拥有成本（TCO）等现实问题时也面临重重挑战。因此，在系统开发过程中，系统工程的一个非常重要的目标是最大限度地降低开发和用户生命周期成本。

1.5.2.7　系统工程定义：“……在平衡相关方利益的同时”

从系统或产品采购到其处置的整个流程中，组织和工程系统要满足各种利益相关方的要求。对系统开发商——股东和供应商来说也是如此，因此系统工程的另一目标是不仅在自己的企业实现利益平衡，而且要为用户谋利。那么，如何实现这一目标呢？多学科系统工程如何在用户运行需求与系统、产品或服务设计所需工程学科之间起“桥梁”作用，如图 1.2 所示。

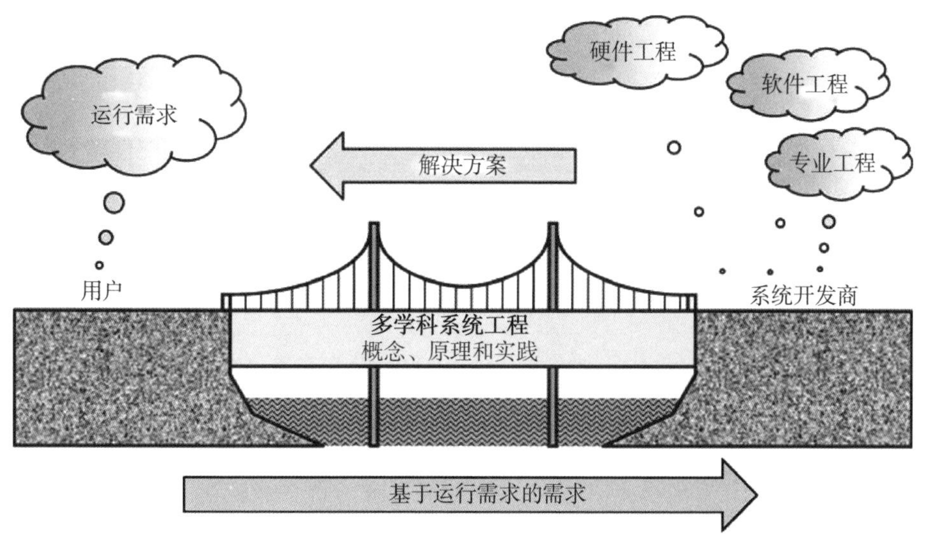

图 1.2　用户与系统开发商工程学科之间的“桥梁”——多学科系统工程

此外，利益相关方（见第 3 章）包括在系统、产品或服务的成败中拥有相关权益的竞争者和对手。

1.6 系统与系统工程

人们有时会争论什么是系统，什么是系统工程，正确答案究竟是什么？从项目系统工程或组织系统工程角度来看，答案取决于使用环境。

1.6.1 项目系统工程

例如，客户——系统购买者或用户——签订“系统”开发合同。从项目管理角度来看，一个项目有项目经理和系统、产品或服务开发和交付的开始、结束时间限制的工作范围。负责系统工程的项目组织元素被标记为项目 XYZ 系统工程（单数）。

对于需要开发多个系统的大型复杂系统，通常将项目分配给项目经理。项目经理按自己分管的项目计划（program）组织一系列相关项目。在这一层面，系统工程的项目计划组织标签为计划 ABC 系统工程（复数）。

1.6.2 职能系统工程

大多数组织会建立职能部门为项目配备电子工程、机械工程、软件工程等工程专业人员。企业的组织结构图常常包括系统工程部（systems engineering department），注意其中系统（systems）是复数形式。基于矩阵的组织，如部门，为多个项目配置执行特定任务且具备很多经过明确定义的技能的工程师。因此，术语系统工程（systems engineering）（复数）通常用于职能组织。

1.7 系统工程：历史

系统应用的最早形式始于早期人类发明木制、石制和骨制工具，如杠杆和支点、长矛和轮子。系统不断发展并逐渐复杂，如地面车辆和船只运输系统、武器和堡寨。“工程系统”需求演变出响应威胁对抗、大型物体移动、产品开发等需求。18 世纪后期，物品量产需求引发工业革命。近几十年来，系统和产品大型化、复杂化，需求可预测并可靠地开发、生产系统。

大部分教科书试图用按照日期叙述事实的方式概述系统工程的历史。我们鼓励读者阅读这类书籍。但是，要理解系统工程，仅靠阅读、记忆历史资料和日期远远不够。重点在于弄清现代系统工程如何、为何能够发展成为一门学科。需要注意的关键点如下：

(1) 20 世纪上半叶出现了一个新的系统管理领域，其原因是（项目或系统）故障被归因于系统管理不善。因此，采用了严格的管控措施和僵化、不灵活的流程（Johnson，2002：1，227－231）。

(2) 不过，由于二战时期系统的复杂性不断增加和应用于军事系统之外等原因，故障仍然不断发生。随后，行业和政府开始意识到故障是因为系统可靠性差，而不仅仅是因为管理。因此，重点逐渐转移到 RMA 技术的开发与演进，系统性能为此得到改善。

(3) 在此期间，系统复杂性不断增加，需要开发新的系统化方法。为满足行业和政府需求，各种系统工程流程和方法不断出现。

若想更好地了解相关资料，建议阅读约翰逊（2002）。本章练习将深入比较 20 世纪 40 年代以来最新的系统工程流程和方法。

1.8 系统思维和系统工程

在通常情况下，系统工程等同于系统思维，系统工程师等同于系统思考者。什么是系统思维？从作者的角度来看，系统思维是一种能力，即能够完成下列任务：

(1) 把任何类型的系统——自然系统、工程系统或企业系统——及其所有组成级别和组件、相互关系，以及与其运行环境的操作交互形象化或概念化。

(2) 对系统状况和紧急程度进行态势评估，以便及时采取适当的纠正措施。

(3) 制定、开发和综合一套响应用户运行需求和满足限制条件的解决方案。

(4) 进行替代方案分析，评估和选择风险可接受，满足用户运行需求和约束且生命周期总成本最小的最佳解决方案。

（5）根据用户的运行需求、优先级和可接受风险，优化选定的解决方案，为用户提供最大价值——性价比。

（6）观察系统性能及其不足，理解可观察到的事实，建模并分析形成原因和影响。

注意上面系统思维描述中的几个关键术语：形象化、概念化、评估、制定、开发、综合、评估和选择、优化、理解、建模及分析。为说明在各种压力下进行的系统思维，请考虑小型案例研究 1.1 和 1.2。

小型案例研究 1.1　行动中的系统思维：阿波罗 13 号事故（见图 1.3）

1970 年 4 月 11 日，美国国家航空航天局发射“阿波罗 13 号”执行载人登月任务。

任务构型包括一个指挥舱和一个包含月球着陆器的服务舱（SM）。在月球轨道上，两名宇航员将进入与指挥舱分开的登月舱（LM）并在月球表面着陆，任务结束后返回载有第三名宇航员的环绕月球的指挥舱。在返回地球的途中丢弃登月舱。

发射后两天，服务舱的氧气罐爆炸，导致登月计划流产。由于无法直观地评估损害，宇航员和地面工程师不得不进行态势评估，以决定①如何将一艘远离地球飞往月球的航天器改向飞回地球；②如何管理有限的机载电力、水、热以及可供呼吸的空气资源；③机组人员如何安全返回。

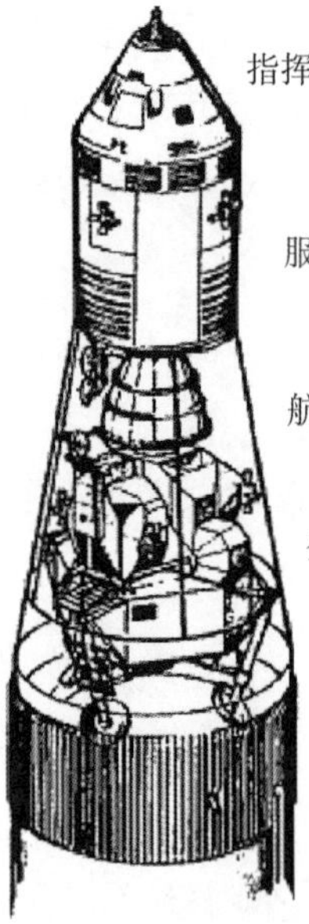

指挥舱
服务舱
航天器登月舱适配器
登月舱

图 1.3　阿波罗宇宙飞船

［资料来源：美国国家航空航天局（1970 年）］

此时系统思维需求变得至关重要。在这种情况下，你会如何利用集成指挥舱——服务舱和附加登月舱中的资源，综合多种动力、水、热、空气及其他解决方案确保宇航员生命安全？登月舱的设计支持两名宇航员进行为期两天的月球表面探险。为支持三名宇航员在四天时间内返回地球，指挥中心（mission control）对水、氧气和电力的使用率进行了重大调整（NASA 1970：5－33）。此外，为了节约能源，指挥舱和服务舱关闭，宇航员不得不将登月舱作为“救生艇”以顺利返回地球。然而，为确保安全返回，指挥舱和服务舱必须加

电，但这种操作不宜在飞行过程中进行，因为宇航员需要多次再进入这两个舱体。

详细解决方案见美国国家航空航天局（1970）和维基百科（2014），其中介绍了美国国家航空航天局如何应用系统思维创新和创造实时解决方案，让宇航员维持生存并安全返回地球。

小型案例研究 1.2　行动中的系统思维：关键软件系统测试

某时，一个项目正在开发大型软件密集型系统来替代现有系统。

为实现有序过渡和替代，新系统在现有系统的替代者“影子模式”下运行，以验证和确认新系统是否具备“运行准备就绪”的能力。最初测试计划在凌晨进行，因为凌晨时段对主系统的需求较低。由于系统作为控制中心的重要性，因此测试过程中的政治审查、工艺审查和技术审查均非常严格。

为满足不切实际的开发计划，经过几个月的努力奋战，软件还是在测前检查活动中“锁死”。尽管许多人为解锁而不懈努力，企业高管和客户不断施压，要求采取纠正措施，因为这关系到他们的职业生涯，但锁定的根本原因仍无法确定。

失望之下，首席软件系统工程师离开控制中心，在停车场里徘徊，试图根据软件架构的心智模型来形象化和充分理解可观察到的事实，并概念化纠正措施及解决方案。走着走着，他灵光闪现，突然想起有一个关键软件标志可能没有记入或设置到测前程序中。工程师返回控制中心，设置好标志，使软件在关键测试前不到 30 分钟时实现了全面运转。

系统思维是系统工程和工程师独有的吗？绝对不是！系统思维属于个人特质，与系统工程和工程无关。由于工程师给很多人的印象是喜欢“修修补补和理解事物如何运作”，因此经常被家人和老师称为“系统思考者”。汽车修理、家庭食品制作、PM 及许多其他技能也是如此。不过，机械、电气、电子或软件思维——系统思维的一种形式——与在更大概念范围内看待事物的能力（如爱因斯坦创立相对论）是有区别的。生物、化学、物理、医学、政治、教育、建筑、银行、军事、通信、汽修等各个领域均有擅长系统思考的人，而不仅是在工程领域！

1.9 本章小结

对系统、工程和系统工程的讨论到此结束。本章的要点如下：

（1）我们是从系统是什么、系统为什么存在、我们期望系统完成什么功能以及系统能让谁受益的角度定义系统的。

（2）为定义系统工程，我们引用了工程与技术认证委员会（Prados，2007：108）对工程的定义，并参考融合了系统的定义。

（3）我们强调了系统工程范围是包括“（设备）盒子工程”设计的“（用户-设备）系统工程”，而传统工程概念常常是引起系统故障和客户满意度差的原因所在。

（4）我们还探讨了系统类型的示例，区分了无先例系统和有先例系统，并考虑了系统、产品和工具的环境。

（5）由于人们经常交替使用术语“系统工程”和“系统工程师”，因此我们根据项目或企业环境描述了它们的用法。

（6）最后，我们探讨了系统工程的关键属性——系统思维。

完成背景知识介绍后，第 2 章将阐述系统工程实践的发展状况：挑战和机遇。

1.10 本章练习

1.10.1 1 级：本章知识练习

（1）建立你自己对系统的定义。基于本章所述的“系统”定义：

a. 阐明你对定义存在的缺点的看法。

b. 说明为什么你相信你的定义可以克服这些缺点。

（2）从历史角度，找出被无先例系统取代的三个有先例系统。

（3）什么是系统？

（4）产品是系统吗？

（5）服务是系统吗？

(6) 不同类型系统的示例有哪些?

(7) 与系统、产品或服务开发相关的两种主要系统是什么?

(8) 什么是工程系统?

(9) 什么是组织系统?

(10) 什么是工程?

(11) 什么是系统工程?

(12) 系统工程包括的三个主要方面分别是什么? 请描述三者之间的相互作用。

(13) 就系统工程设计和"盒子工程"设计而言, 工程的范围与系统工程相比如何?

(14) 系统、产品和工具之间有何区别?

1.10.2 2级: 知识应用练习

参考 www.wiley.com/go/systemengineeringanalysis2e。

1.11 参考文献

Britannica (2014), *Encyclopedia Britannica*, Chicago, IL: Encyclopedia Britannica, Inc. Retrieved on 1/14/14 from http://www.britannica.com/EBchecked/topic/187549/engineering.

Cryer, Keryl (2014), *Correspondence-ABET Definition of Engineering*, Baltimore, MD: Accreditation Board for Engineering and Technology (ABET).

DAU (2011), *Glossary: Defense Acquisition Acronyms and Terms*, 14th ed. Ft. Belvoir, VA: Defense Acquisition University (DAU) Press. Retrieved on 3/27/13 from: http://www.dau.mil/pubscats/PubsCats/Glossary%2014th%20edition%20July%20 2011.pdf.

IEEE Std 1220™ - 2005 (2005), *IEEE Standard for the Application and Management of the Systems Engineering Process*, New York: Institute of Electrical and Electronic Engineers (IEEE).

INCOSE (2015). *Systems Engineering Handbook: A Guide for System Life Cycle Process and Activities* (4th ed.). D. D. Walden, G. J. Roedler, K. J. Forsberg, R. D. Hamelin, and, T. M. Shortell (Eds.). San Diego, CA: International Council on Systems Engineering.

ISO/IEC 15288: 2015 (2015), *System Engineering-System Life Cycle Processes*, Geneva: International Organization for Standardization (ISO).

Johnson, Stephen B. (2002), *The Secret of Apollo: Systems Management in the American and European Space Programs*, Baltimore, MD: The Johns Hopkins University Press.

McCumber, William H. and Sloan, Crystal (2002), *Educating Systems Engineers: Encouraging Divergent Thinking*, Rockwood, TN: Eagle Ridge Technologies, Inc. Retrieved 8/31/13 from http://www.ertin.com/papers/mccumber_sloan_2002.pdf.

Merriam-Webster (2014), Merriam-Webster On-Line Dictionary, www.Merriam-Webster.com.

NASA (1970), *Report of Apollo 13 Review Board*, Washington, DC: NASA, Accessed on 5/19/14 from http://ntrs.nasa.gov/archive/nasa/casi.ntrs.nasa.gov/19700076776.pdf.

Prados John W. (2007), *75th Anniversary Retrospective Book: A Proud Legacy of Quality Assurance in the Preparation of Technical Professionals*, Baltimore, MD: Accreditation Board for Engineering and Technology (ABET).

Wikipedia (2014), *Apollo 13 web page*, San Francisco, CA: Wikimedia Foundation, Inc.

2 系统工程实践的发展状况——挑战和机遇

工业界和政府中的组织和专业人士经常错误地认为他们在使用系统工程，而实际上他们使用的却是传统的、无限循环的“代入求出”——SDBTF 工程范式。这种范式的根源可追溯到初中和高中科学课上教授的科学方法和 20 世纪 60 年代的 DPM。SDBTF－DPM 范式在系统开发中很常见，其特点是自定义、混乱、不一致、低效率和无效。本章的关键要点是学习、认识和理解影响系统工程和随后系统开发工作绩效的 SDBTF－DPM 范式。

范式只是一种根深蒂固的文化思维定式（趋同思维）或模式，旨在过滤或拒绝考虑采纳或采用可能影响现状的新方法和新思维。在某个外部事件或市场导致向新范式转变之前，大多数范式都会保持不变。就市场而言：要么与时俱进，积极参与竞争；要么屈服于内部保守的“救火”并最终停业；要么被竞争对手收购。

本章从历史角度审视系统工程实践的发展状况，探究影响整体项目绩效的各种组织系统工程范式。这预示着未来在推进系统工程实践方面的挑战和机遇。

从系统开发的角度来看，本章中系统工程实践的背景着重强调了对适用于所有工程学科而不只是针对系统工程的高效、有效问题求解和解决方案开发方法的需求。若工程学科中缺乏这些方法，该学科的工程师往往会将其忽略，因为它们毕竟不是电子工程、机械工程和软件工程实践本身的内容——非我所创综合征。因此，实现系统开发性能所需的多学科集成通常是不存在、自定义、低效能、无效果的。正如一位工程师所说的那样：“……如果我的大学老师们认为这很重要，他们就会教我……故事结束!”最终结果就是项目存在技术性能和符合性问题，导致超出预算和时间计划，降低客户满意度——这也是在项目管理中客户对工程师和工程感到失望的原因之一。

一般来说，除了因本质特性而排除在外的软件工程外，传统工程一直都侧重于基于物理的部件开发。相关推论参见第 1 章中对工程的定义：“……经济地利用……自然物质和力量……造福人类”（Prados，2007：108）。换言之，就是找出如何创新技术和部件，以利用和转换“自然物质和力量”来产生输出——设备盒子——在给定的运行环境条件下表现出特定的性能特征。

举例说明如下。

示例 2.1　“工程”捕鼠器

客户要求工程师“制造一个更好的捕鼠器”。于是，工程师设计、制造、测试捕鼠器，并将其交付给了客户。

过了一段时间，工程师遇到客户，问道：“捕鼠器运行状况怎么样？”客户回答：“非常好！它在抓老鼠方面做得很好。但是，我不得不花费大量时间想弄清楚如何设置诱饵和陷阱，然后移除老鼠。一定还有更好的设计！”工程师回答道：“您没说它必须容易使用……您只是让我做一个更好的捕鼠器！”

这个例子说明 21 世纪的工程在高度竞争的全球经济中面临着挑战和机遇。这就需要一种与以往不同的系统思维，这种系统思维要超越传统工程的“盒子思维”——更具体地说，即需要理解利益相关方的运行需求、技术、成本、进度和风险，需要考虑用户交互——可用性，外部系统接口，以及“自然力量”。这就是系统工程的领域，如图 2.1 所示。

20 世纪 70 年代，一个未经证实的谣言广为流传。业内人士告诉学术界，你们教工程师如何对方程进行“代入求出”，而我们将教他们如何开发系统。于是一些大公司开发了内部系统工程课程，一些主要大学也开始提供相关课程。然而，大多数工程师并没有机会参加这些课程或培训，结果导致工程师只能通过自学新兴的和不断发展的系统工程标准、期刊文章等，然后再经过在职培训（OJT），才能根据经验获得系统和系统工程的相关知识。

有史以来，工程教育一直是以电子工程、机械工程、软件工程等工程学科为重点，如图 2.1 所示。但是多学科集成是行业和政府系统工程的核心，学科工程师在哪里接受多学科集成的教育？尤其是通用的问题求解和解决方案开发方法方面的教育？

解决方案涉及多方面，需要一个集成的系统体系（SoS）——学术界、行

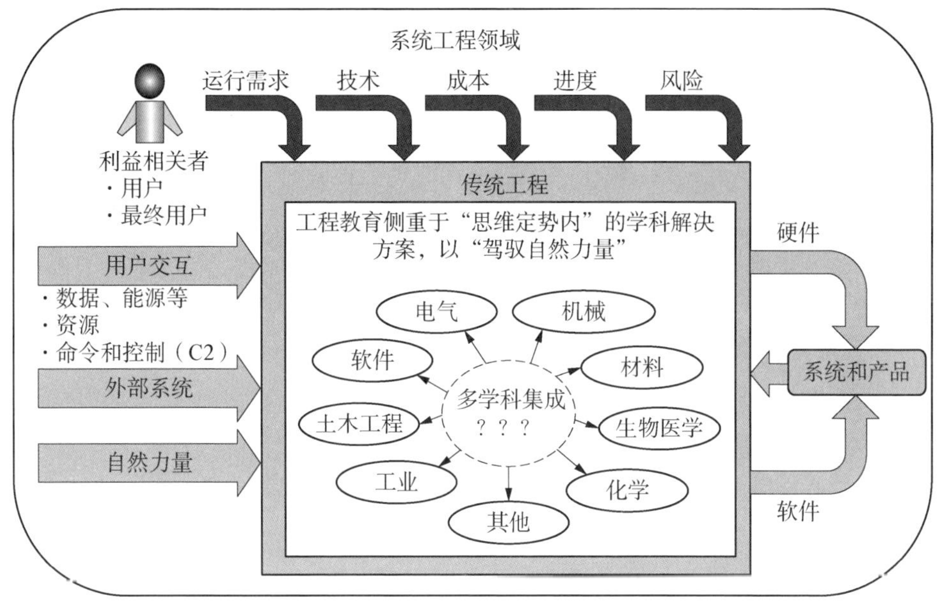

图 2.1 传统工程教育模式的空白

业、政府、专业人士和标准组织——环境。

对于这一过程，应首先确定系统工程课程是工程学位课程一个必不可少的要求。工程院校会说，系统工程课程已经存在，但不是学位要求。但是基于传统工程课堂教学模式（方程的代入求出）的系统工程课程，由于讲师的系统工程行业经验有限或没有相关经验，并不能填补图 2.1 所示的多学科集成的空白。

行业、政府、专业人士和标准组织已经解决了系统体系解决方案的其他非学术方面的问题，但却没有解决项目表现不佳的根本原因——源于工程教育的 SDBTF - DPM 范式。

这些观点为第 2 章的内容提供了背景。

2.1 关键术语定义

范式——一种根深蒂固的趋同思维定式或模式，旨在过滤或拒绝考虑采纳或采用可能影响现状的新创意和新想法。

（1）决策制品（decision artifact）——工作成果中记录的决策或结果的物

理、客观证据，如计划、任务、会议或评审记录、规范、设计、分析、模型、模拟、演示、质量合格检验、测试结果等。

（2）设计—建造—测试—修复（design-build-test-fix paradigm，DBTF）范式——此范式是一个自定义的、反复试错的、可追溯到工程师执行“烟囱式”工程所采用科学方法的教学模式：①设计一个实体；②在实验室中组装；③测试；④对设计或其物理实现进行修复、返工或修补。这些活动在看似无止境的循环中重复进行，直到最终解决方案或计划中实现了收敛，并且成本资源耗尽（Wasson，2012：1）。

（3）范式转变（paradigm shift）——一种由市场或技术外部驱动或通过有远见的领导推动实践而内部驱动的变革，或在计划的时间内从一种范式转变为另一种范式（Wasson，2012：2）。

（4）“代入求出”范式（plug and chug paradigm）——代表一种传统的工程教育课堂教学模式，旨在解决典型边界条件问题。在该模式中，学生将一个值代入一个方程，然后求出一个答案（改编自 Wasson，2012：1）。

（5）定义—设计—构建—测试—修复（system-design-build-test-fix paradigm，SDBTF）范式——“代入求出”——DBTF 范式课堂教学模式的扩展，纳入了需求定义（Wasson，2012：1）。

（6）系统采办和管理（SA&M）——系统购买者为购买系统、产品或服务而进行的活动；监控、跟踪和审查其开发；见证对其合同和技术规范要求的符合性验证；确认系统满足用户的运行需求。

（7）系统工程与开发（SE&D）——系统开发商按流程执行的活动，旨在

a. 确定系统的利益相关方——用户和最终用户。

b. 理解和分析利益相关方的运行需求——用户故事、用例和场景。

c. 将这些需求转化为性能规范要求。

d. 使用替代方案分析（AoA），从可行候选方案中逐步选出并记录多级系统设计解决方案。

e. 采购、开发或改良部件。

f. 集成和测试部件，验证符合规范要求。

g. 逐步进行技术评审，确保验证和确认（V&V）符合规范和任务要求。

h. 在整个开发过程中 V&V 系统。

确认（validation）：评价和评估多学科系统工程活动和工作成果的连续过程——根据预定义的运行需求、约束和预期性能，评估规范、设计或设备等决策制品是否满足各自用户的要求。

验证（verification）：在整个系统/产品生命周期中评价系统购买者、系统开发商、服务提供商或用户工作成果的连续过程，以评估系统是否符合预定义的合同或任务要求。

工作成果（work product）：①决策制品——文档；②可交付的系统、产品或服务等计划过程结果已经完成的物理客观证据。这并不意味着工作成果符合规范、计划或任务订单，只是完成和交付的证据。工作成果符合性正式验证的客观证据是一个单独的问题，应作为完成和交付的强制性条件。*

2.2 引言

前面首先举了几个例子，说明当今许多组织中的系统工程实践的状态。对于这些组织的客户来说，项目绩效通常的特点是：超出预算和进度、技术性能差。本章介绍美国国防工业协会（NDIA）关于五大系统工程问题的结果，并将这些结果与组织的工程范式联系起来。

另一个关注点与项目的系统工程工作应用水平（资源和资金）有关。由于预算有限，并且难以量化系统工程有效性的 ROI，项目的系统工程资金往往不足。本章介绍相关研究数据，说明拥有最佳系统工程工作应用水平的项目，其成本和进度是如何提高满足成本和进度要求的成功机会的。

基本的 SDBTF－DPM 工程范式可追溯到三个源头：

（1）在初中和高中科学课上介绍的科学方法。

（2）学术课和实验课上学到的“代入求出”——DBTF 范式。

（3）阿彻（1965）设计过程模型。

---

* 以上确认的定义是一个通用描述，适用于

（1）系统购买者的采购文件，如合同、工作说明书（SOW）、规范和其他文件。

（2）系统开发商的系统、产品、子系统、组件、子组件和零件规范、设计、图纸、测试程序和设备。

（3）供应商的规范、设计、图纸、测试程序和设备。

（4）系统购买者——用户的系统评价。

（5）用户——部署、运行、维护和维持已部署的系统。

第 4 章将介绍问题空间和解决方案空间的概念。若以一个字谜游戏作比，则问题空间代表字谜和要解答的外部边界（见图 4.7），字谜的各个部分代表独特的解决方案空间，这些解决方案空间通过紧密连接的边界实现整合，从而解决更高级别的字谜——问题空间。

如果将系统开发绩效视为一个多方面的问题空间，行业、政府、学术界、专业人士和标准组织都曾试图实施不同类型的解决方案空间。在某些情况下，问题空间是动态的，并随着时间的推移而演变。例如，作为新兴和成熟的学科，系统工程和软件工程不仅彼此之间高度依赖，而且与更成熟的硬件工程学科（如电子工程、机械工程、计算机工程、土木工程、化学工程、核工程、材料工程等）也高度相关。

另外，多学科工程集成挑战还因其他因素而加剧，如支持系统决策的技术和分析工具的不断发展、不断演变的标准和能力评估方法的创建、工程教育认证标准的改进、组织标准流程（OSP）的文件化、精益系统工程和思维等。但是，系统开发性能仍是一个难题。这就引出了一个关键问题：行业、政府、学术界、专业人士和标准组织是否一直关注的是企业流程的“症状解决”，而没有意识到工程教育中需要“问题解决”的潜在缺陷？

作者提出，所有这些解决方案都是实现一致、可靠和可预测项目绩效所必需的。但是，它们不足以解决系统开发绩效问题的根本原因。该问题源于缺乏系统工程基础课程。此类课程介绍了所有工程项目中常见的系统问题求解和解决方案开发方法。例如，大多数工程师需要完成工程静力学和动力学、工程经济学、材料学、热力学等课程，但他们却不了解常见的多学科问题求解和解决方案开发方法、词汇和含义等——这些方法、词汇和含义可使他们在毕业后能够立即有效地开展工作。

工程计划会辩称说，已经提供了多年的工程基础课程。然而，这些课程的大部分侧重系统采办和管理，监督其他人应该如何执行系统工程，或基于方程的教学，即工程舒适区。在有效学习了本教材中提到的系统工程概念、原理和实践的系统工程基础课程后，适当引入这些课程是很好的。

教育问题因缺乏课程讲师而进一步恶化。这些讲师需具有 20 多年或更长时间的深入行业经验，并能够认识、了解和鉴别 SDBTF－DPM 工程范式以及为什么抽象、无限循环的方法是导致系统开发技术性能不佳的关键因素。

根据以上概述，本章首先介绍系统工程和系统开发绩效的现状。

2.3 系统工程和系统开发绩效的现状

介绍系统工程实践现状最好的方法之一就是举例说明。

由于系统开发绩效问题的两个主要因素是系统开发商和工程教育，我们将分别举例说明。

小型案例研究 2.1 雄辩自负的提案

利益相关方（用户或系统购买者）向潜在合格报价人发布投标邀请书（RFP）。报价人准备并提交其提案。

系统购买者的来源选择评估小组（SSET）对每份提案进行审查和评分。每份提案均包括以下主题：

尊敬的客户：

感谢贵公司给予我方机会对________号采购进行投标。我们的企业是您的最佳选择。我们拥有最好的、训练有素的、执行力强的系统工程团队，各种流程均记录在案，且符合标准 X。企业的每个人都理解并严格遵循这些流程。

另外，我们的企业在大多数评估领域中被评为拥有最高水平的系统工程能力。我们的工程流程是可定制的，并旨在指导规范的创建、开发设计、构建部件、集成和测试部件。系统交付前，我们将严格执行验证和确认。若贵公司授予我们合同，请放心，项目将顺利开展（见图 2.2①部分），按时交付，且风险会被控制在可接受的范围内……一切都在预算之内。

系统购买者会通知其管理层，他们有信心选择一个能够执行范围内所有工作的系统开发商。于是，购买者将合同授予系统开发商。

从第一次技术评审开始，并贯穿整个合同，系统购买者开始担心图 2.2①部分中的“请放心，项目将顺利开展”承诺，实际上变成②部分中的扰动。随着时间的推移，开始出现随意决策和潜在混乱现象，于是错过了关键节点，预算也开始超支。然后，系统开发商高调声明，他们现在正在进行系统集成和测试（SI&T）并且将“回到进度上”。

然后……有了一个惊人的发现：系统购买者了解到系统开发商实际上是在

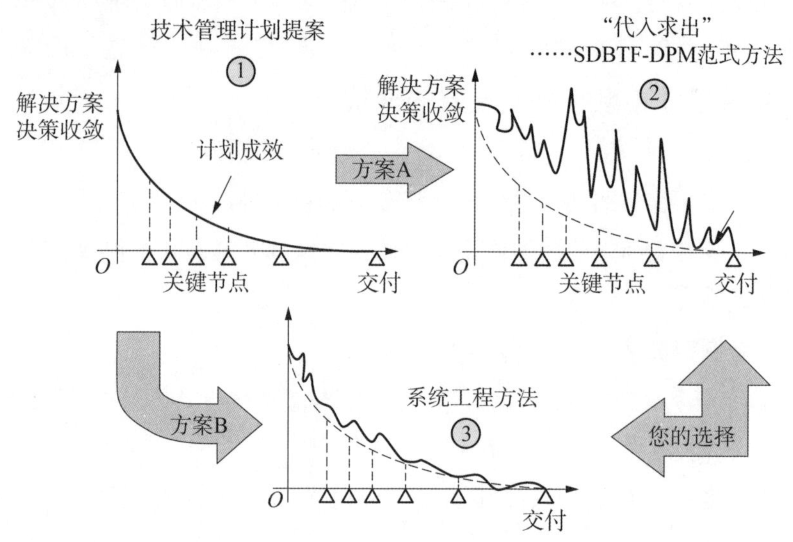

图 2.2　企业和组织系统工程能力对比

系统集成和测试中重新设计系统……（NDIA，2010 年第 4 期，后文介绍）。子系统团队 A 和 B 未能建立其接口控制文件（ICD）的基线，并且在未通知其他团队的情况下进行了更改。

虚构？若作为一个案例研究，这确实是虚构的！但是，案例研究中的关键节点每天都在发生。当你分析这些案例时，你会发现企业执行的是他们真正认为的系统工程的范式。他们认为系统工程就是执行以下环节：

（1）编写需求规范。

（2）开发架构和设计。

（3）开发或采购部件。

（4）执行系统集成与测试。

（5）验证是否符合规范要求。

现实情况是，这些环节代表的是项目级系统开发流程（见图 15.2）的一般工作流程。

它们不是系统工程！虽然系统工程包括这些环节，但它是一种问题求解和解决方案的方式开发通用方法，可用于系统或系统内的任何实体。此外，上面的流程意味着一个环节必须在下一个环节之前完成。这也是错误的！一些企业、项目和工程师把这些环节作为检查清单，他们相信系统工程会生成文档来检查（见图 15.2）每个文本框的工作内容。然后，当他们的系统或产品出现故障或计划或成本超支时，他们会将结果归咎于系统工程。与这个无知的观点相反，系统工程并非用于生成文档，而是用于决策！

沃森（2012）指出，这种工作模式是一种称为“代入求出”……SDBTF工程范式，无限循环地使用这种范式，会导致技术和程序风险、成本超支、耽误进度以及部署系统的潜在缺陷。举例来说，SDBTF 企业、职能组织、项目和工程师通常认为“给我们一些需求，我们可以设计和开发硬件和软件部件——无论您需要什么”，如图 2.3 所示。如果观察他们的工作模式就会发现：工程师通常会过早地完成从需求（要完成什么）到唯一的设计实现解决方案（如何在不考虑中间步骤的情况下去物理实现解决方案）的量子飞跃或走捷径。这种做法会创造出一个单一的设计解决方案。该解决方案可能是最优的，也可能不是最优的。这样的方案很少或根本没有考虑以下因素：

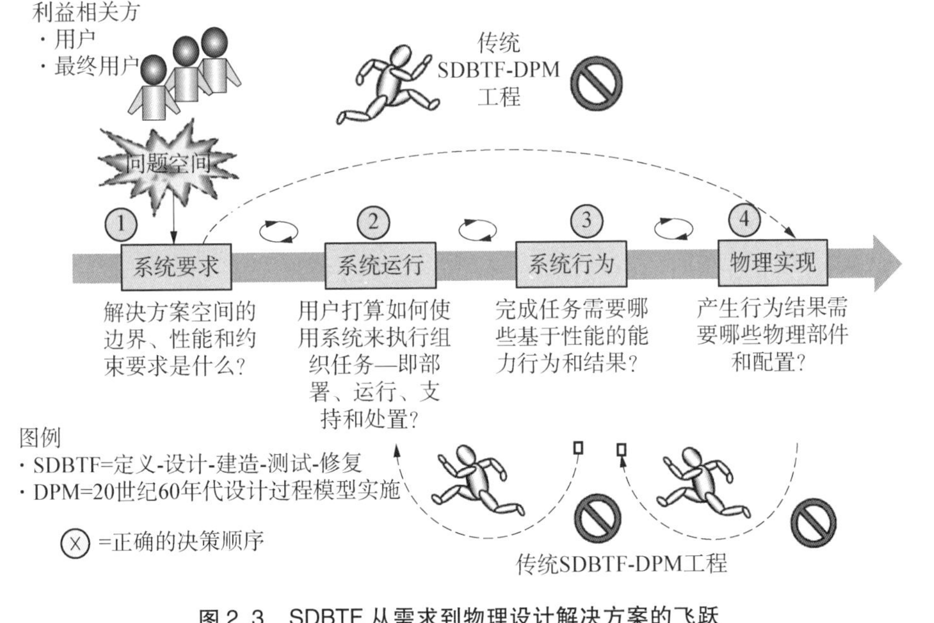

图 2.3　SDBTF 从需求到物理设计解决方案的飞跃

（1）用户如何设想系统的部署、运行、维护、维持和退役/处置。

（2）用户期望在设计和物理实现之后，系统或产品如何对外部刺激、激励或提示作出回应。

(3) 用户可以从一组可行的候选方案中选择备份方案。

像这样的大多数工作通常会导致大量返工或故障，超出预算和进度，产生风险。后文第 11 章和第 14 章介绍的真正的系统工程流程方法可用有效及高效的方式提供一个符合逻辑的决策过程——需求→运行→行为→物理实现。这一过程聚焦于决策的收敛和决策产生的结果，同时可以最大限度地减少返工。

这就引出了一个关键问题：如果典型的 SDBTF 工程方法会导致返工、故障、风险和其他影响，那么为什么要以这种方式进行系统开发？答案在于工程教育。我们来看小型案例研究 2.2。

小型案例研究 2.2　项目工程师与工程教育案例

大型复杂系统开发项目的首席系统工程师（LSE）不仅要面对系统的技术和工艺挑战，还要面对那些被其经理授予系统工程师头衔但却未接受过任何必要教育也没有任何经验的人员。

这是一个重大挑战，分散了项目主要工作的精力和时间。

由于面临的挑战包括下面两点：①在工作时间实时培训这些所谓的系统工程师，这本是他们的职能系统工程经理的工作；②监督技术项目的系统工程工作。因此首席系统工程师决定联系当地一所工程课程质量排名靠前的大学，在下班后开展系统工程的继续教育课程。首席系统工程师安排了一次与继续教育学院院长（DCE）的会议，介绍了课程提案，并提供了一个双方都理解的课程大纲。然而，继续教育学院院长认为，既然“工程”是提议的系统工程课程名称的一部分，就应该与工程学院院长协调。很有道理！

几周后，首席系统工程师与继续教育学院院长举行了后续会议。继续教育学院院长面带微笑地指出，工程学院院长没有发现与其他工程课程的矛盾。事实上，继续教育学院院长引用了工程学院院长的话：“……在课程中根本找不到工程学”，并“自豪地背诵了受人尊敬的研究机构的演讲”。

会议结束后，首席系统工程师返回办公室，思考工程学院院长的回应。巧合的是，桌子上放着一个绿色的工程记事本，其背面网格朝上。盯着网格，首席系统工程师有一个惊人的发现，如图 2.4 所示。记事本的外部边界代表了首席系统工程师必须解决的复杂系统开发问题。每个单元表示一个未定义边界条件的问题，这些问题即将设置边界和定义边界条件（通过工程开发过程）。

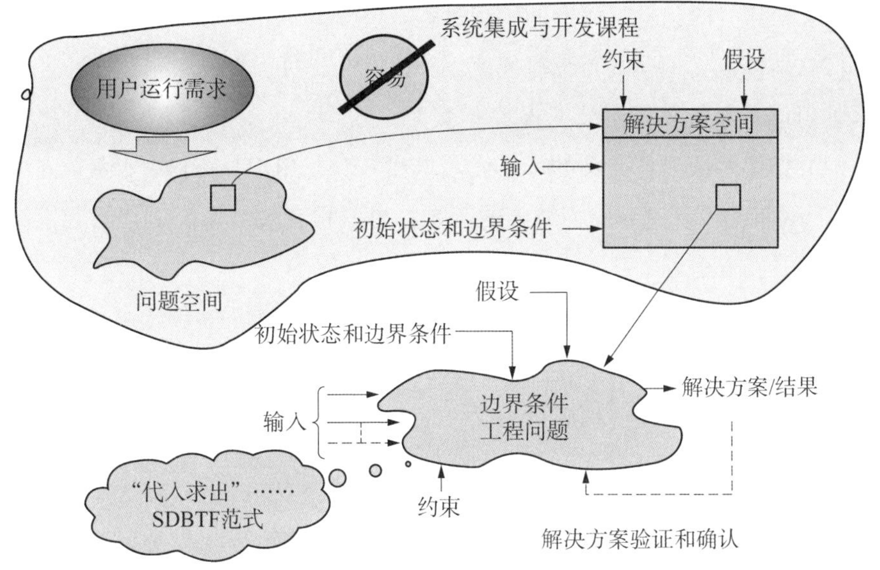

图 2.4 行业和政府系统工程挑战和工程教育成果

与此相反，工程学院院长正在教育工程师们如何解决"代入求出"式的工程边界条件问题，而其中的初始条件、假设等是已知的。毕业后，这些工程师进入行业和政府部门，等待有人给他们明确定义的边界条件问题，从而使用"代入求出"……SDBTF 范式解决这些问题。首席系统工程师对工程毕业生进入劳动力市场需要掌握的必备技能与当今工程教育成果现实之间的差距感到非常失望。但这也无助于首席系统工程师解决当前的问题。

总的来说，这两个例子说明了当今一些企业的系统工程和系统开发实践的现实状态。

2.4 理解问题：根本原因分析

导致系统开发绩效问题的因素很多，如组织管理、职能管理、项目管理（PM）以及缺乏工程教育，尤其是系统工程基础课程和培训等。

要了解企业和项目中发生的情况，不仅需要了解系统开发的技术情况（特别是系统工程），还需要了解组织开发和教学系统开发（ISD）情况，并要了解人们如何学习和执行。沃森（2012）指出了企业中影响绩效的几种行为：

（1）自定义的、自下而上的工程过程。

（2）根据定义，误以为编写规范、开发设计、执行集成和测试、验证并确认（如可能）系统就是系统工程。

（3）错误地认为自定义的、“代入求出”……SDBTF 范式（科学方法和 20 世纪 60 年代设计过程模型结合的产物）是一种有效的系统工程问题求解和解决方案开发方法。

（4）系统开发流程被错误地描述为系统工程流程。

（5）错误地假设系统工程流程只适用于系统级别。

（6）未能认识和理解到规范不仅仅是按照标准大纲结构编排的、由诸多形式为“应该……”的陈述组成的文件。

（7）错误地认为系统工程是创建文档。

（8）未能认识和理解系统及其内部的每一个层级实体都是由四个领域解决方案（需求、运行、行为和物理）来表征的，而这四个领域解决方案在集成时构成了整个系统设计解决方案。

（9）未能认识到系统工程能力需要两个级别的知识和经验：①了解与系统工程相关的系统工程概念、原理和实践（本科级别）；②了解如何高效且有效地调整系统工程实践，以实现技术、工艺、成本、进度和风险约束下的项目目标，同时不破坏学科的完整性（研究生级别）。

（10）未能认识到，在未得到正式的系统工程教育、培训和领导支持的情况下，指导人员应遵循严格的组织流程和检查清单——“数字填色（paint by number）工程”（Wasson，2008：33）将使企业和项目成功（Wasson，2012：4－5）。*

僵化的“数字填色”过程将系统工程师、系统分析师和工程师变成过程机器人，而不是系统思考者。例如，NASA 前局长迈克尔·格里芬博士曾说，在不理解动态交互的情况下，要注意过程接口定义和验证（Warwick 和 Norris，2010）。每个项目和系统都是不同的；文件规定的流程应提供一个共同的参考框架，同时促进思维、行动和明智决策的灵活性和敏捷性。

这些情况的客观证据反映在 NDIA 的系统工程问题调查中。

---

* 组织标准流程整合了最佳实践、经验教训和检查清单，作为规划灵活性和执行任务的指南。通过教育和培训，真正的系统工程师能够本能地了解并理解这一过程，并将其作为决策的心理参考模型。

2.4.1 NDIA 系统工程问题调查

NDIA 系统工程部系统工程有效性委员会（SEEC）会定期对其成员进行调查，评估前五大系统工程问题以及之前调查中确定的纠正措施的进展情况。最近一次调查于 2010 年进行，确定了以下问题（排序不分前后）：

NDIA 2010 年系统工程问题 1——系统工程专家的数量和质量不足以满足政府和国防工业的需求。

NDIA 2010 年系统工程问题 2——已知有效的系统工程实践未得到持续应用或缺乏适当的资源支持，无法实现早期系统定义。

NDIA 2010 年系统工程问题 3——技术决策者在正确的时间没有正确的信息和洞察力来支持明智和主动的决策，或者可能无法根据所有可用的技术信息来采取行动，从而无法确保有效、高效地规划、管理和执行计划。

NDIA 2010 年系统工程问题 4——缺乏技术权威会影响开发系统的完整性，并导致成本/进度/系统性能受到影响，因为技术解决方案会在开发的后期阶段反复迭代和返工。

NDIA 2010 年系统工程问题 5——对作战人员日益迫切的需求要求比传统采办流程和开发方法更快地部署有效能力。

—NDIA，2010：4－5。

你可能会认为这些问题是国防工业独有的，与你所在的行业无关。例如，商业行业由于其竞争性、所有权和知识产权特性，不会公开披露其自身暴露出的问题。以软件为例，斯坦迪什集团编制了 *CHAOS* 报告，确定了信息技术（IT）项目的绩效问题和度量标准。商业行业也存在类似的问题。

系统工程师和其他人认为，系统工程项目绩效不佳的原因之一是缺乏足够的系统工程资源。标志性资源通常按项目分配，以提供执行了系统工程的证明材料。

2.4.2 系统工程项目资源挑战

每个技术项目都面临一个共同的问题：为确保合理的成功机会，项目中系统工程的最低资金门槛是多少？一般来说，答案取决于企业或项目，人员所受的教育、培训和其自身能力，项目的复杂性，客户，以及许多其他因素。

通常，在项目经理提取10%以上作为应急和风险措施的管理准备金后，质量保证（QA）和偶尔的构型管理（CM）会“提前”自动分配一定比例的项目预算。项目经理在回应企业的指令性要求时，经常通过“打勾”和提供的资源或资金不足来象征性地敷衍系统工程。在设计系统或产品时，系统工程通常不被视为“技术工种”，而被视为“间接成本”或税收。

系统工程有效性和投资回报率的量化是一项挑战。销售工程就像质量保证，很难衡量质量成本。然而，当质量保证缺失时，质量差的成本是可以量化的，如产品召回、不满意客户退货等。

为了解决系统工程的有效性和投资回报率问题，昂纳（2013）根据他的研究（包括不同的意见）提出了以下几个要点：

（1）系统工程工作量投入水平和项目成功之间存在可量化的关系（Honour，2013：177）。

（2）系统工程的投资回报率显著且可量化。……对于几乎没有开展系统工程工作的项目，投资回报率高达7∶1，项目成本降低幅度是增加的系统工程成本的7倍。对于在受访项目中间值附近运行的项目，投资回报率为3.5∶1（Honour，2013：178）。

（3）为保证项目成功，要确定一个系统工程最佳的投入值。

对于整个系统工程来说，中间值项目的最佳工作量是项目总成本的14.4%。对于非中间值项目，根据不同的项目特征，该值可以在整个项目的8%到19%之间变化（Honour，2013：179）。

（4）项目的系统工程工作量通常要比成功所需的最佳工作量少。

系统工程工作量和满足预估的实际/计划的项目成本之间有关联吗？

昂纳（2013）的研究表明有关联。他指出：“……对于系统工程工作量为8.5%的1400万美元的中间值项目（最佳系统工程工作量为14.4%），观察到的成本超支约为150万美元；对于一个类似项目，系统工程工作量多投入20万美元，成本超支仅为100万美元”（Honour，2013：180）。图2.5为根据等效系统工程工作（ESEE）占项目成本的百分比（%）归一化为1.0的实际/计划成本的关联图（Honour，2013：110，图37）。实际/计划成本大于1.0表示成本超支。

系统工程工作量和满足计划的实际/计划的进度目标之间有关联吗?

昂纳（2013）的研究表明有关联。图 2.6 为与根据等效系统工程工作量占项目成本的百分比（%）归一化为 1.0 的实际/计划进度结果关联图相关的结果（Honour，2013：110，图 38）。实际/计划进度大于 1.0 表示进度超限。

系统工程工作量和全面成功之间有关系吗?

第一，要了解什么是全面成功。昂纳（2013：43）指出，全面成功是一个主观的衡量标准，要求受访者主观地估计利益相关方的满意度。图 2.7 为根据等效系统工程工作量占项目成本的百分比（%）归一化为 1.0 的全面成功的关联图（Honour，2013：111，图 39）。全面成功小于 1.0 代表一定程度的成功。*

第二，观察图 2.5~图 2.7 中的弓形曲线可以发现，就满足实际/计划成本和进度目标而言，在项目系统工程工作成本的最佳值 14.4%的基础上减少或增加资源都会产生负面的绩效影响。

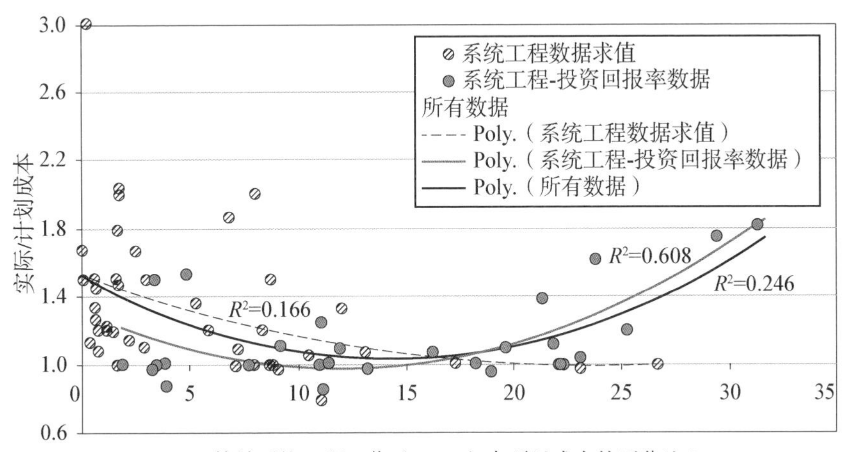

图 2.5　关联图：根据等效系统工程工作（ESEE）（占项目成本的百分比）的（归一化）成本超支

［资料来源：Honour（2013）。经许可使用］

* **昂纳的研究（2013）**

请注意，昂纳的研究并没有区分数据是从采用本书介绍的自定义的“代入求出”……SDBTF 范式或本书中真正的系统工程的项目中采集的，还是从企业/项目系统工程中采集的。

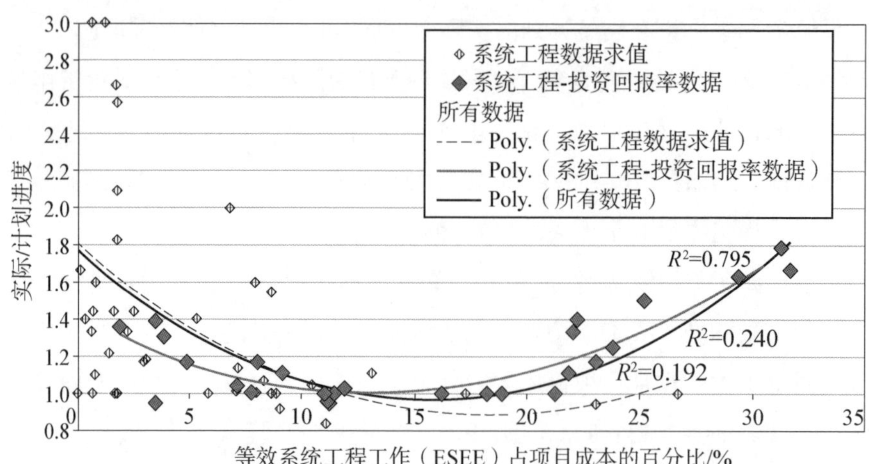

图 2.6　关联图：根据等效系统工程工作（ESEE）（占项目成本的百分比）的（归一化）项目进度超限

［资料来源：Honour（2013）。经许可使用］

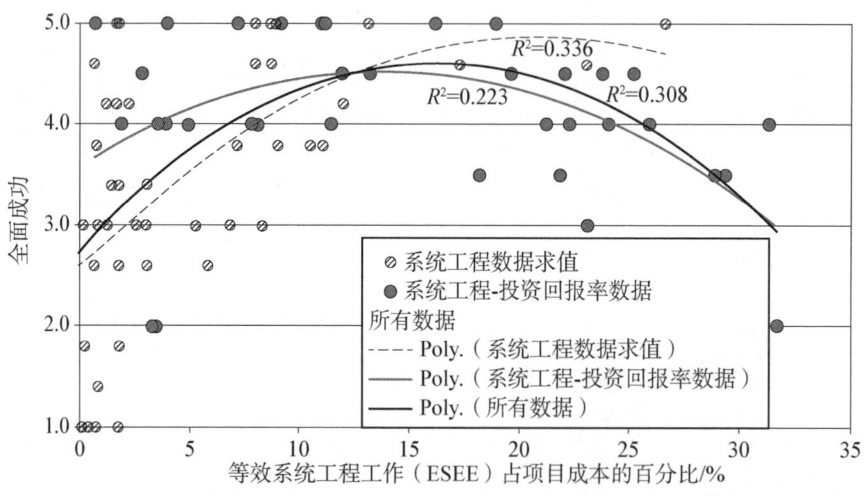

图 2.7　关联图：根据等效系统工程工作（ESEE）（占项目成本的百分比）的（归一化）项目全面成功

［资料来源：Honour（2013）。经许可使用］

参考　有关项目系统工程资源最佳水平的更多信息，请参阅昂纳（2013）关于其研究的详细论述。

我们如何解决这些问题？这就引出了下一个主题：行业、政府、学术界、专业人士和标准组织的解决方案。

2.5 行业、政府、学术界、专业人士和标准组织的解决方案

原理 2.1 用户问题空间原理

彻底了解用户需要解决的问题，而不只是无法揭示根本原因及其成因的表面现象。

大多数人通常认为系统工程的概念、原理和实践只适用于工程系统，如计算机、智能手机和飞机，却未能认识到相同的系统工程概念、原理和实践还适用于开发工程系统的组织系统——分部、部门和项目。

当组织系统出现项目绩效问题时，系统工程会将每个问题视为问题空间（第 4 章）。该问题必须通过一个或多个解决方案空间优先采取纠正措施。本节介绍近 50 年来，行业、政府、学术界、专业人士和标准组织如何提供解决方案空间纠正措施来处理各种类型的系统开发、系统工程、软件工程和其他绩效问题（问题空间）。

自第二次世界大战期间出现现代系统工程以来，行业、政府、学术界、专业人士和标准组织都曾试图了解系统工程有效性与项目绩效问题空间之间的关系。上文所述昂纳（2013）的研究说明了企业一个的理解——将资金资源应用到问题空间，希望问题消失。

总的来说，项目绩效问题的碎片式解决方案空间已经有所扩展，例如，……我们需要更好的标准……我们需要更多的流程……我们需要评估我们系统工程的能力。解决方案一直是建立在标准、流程、能力评估等层面上。因此，数据表明企业绩效得到了提升……直至收益递减。然而，在所有这些投入之后，系统开发绩效问题依然存在。

尽管不断发展解决方案是必要的，但它们不足以解决至少一个关键问题，即如何理解和应用系统工程。而且解决方案空间研究的缺陷是，根深蒂固的“代入求出”……SDBTF 范式是如何被允许通过高等教育未经检查且未经纠正地迁移，并进入行业，与另一个 DPM 范式合并（Archer，1965）。

为了更好地理解行业、政府、学术界、专业人士和标准组织解决方案的演变，我们首先来探究一下历史。

2.5.1 系统工程标准的解决方案

自20世纪50年代以来，系统工程标准一直在发展和演变，为持续开发能够提供所需结果和性能水平的系统奠定了基础。最值得注意的是各种标准的初始发布版本，包括

（1）AFSCM 375－5（1966）空军系统司令部手册375－5《系统工程管理程序》。

（2）MIL－STD－499（1969）军用标准：《系统工程管理》。

（3）FM－770－78（1979）美国陆军战地手册：《系统工程》。

（4）EIA/IS 632－1994（1994）临时标准：《系统工程流程》。

（5）IEEE 1220－1994（1995）IEEE试行标准《系统工程流程的应用和管理》。

（6）ISO/IEC 15288：2015（2015）《系统和软件工程——系统生命周期过程》。

对于现在的一些高级系统工程师来说，这些标准的发展成了系统工程教育的一个源头。当时除非住在少数几个主要机构之一附近，否则许多人根本无法获得或接触到系统工程课程。约翰逊（2002）在谈到系统工程的发展时指出，20世纪上半叶的系统故障是由于未能“管理”开发造成的。因此，系统管理过程和标准成了系统开发的焦点。这一点在上文列表中的系统工程标准名称中有所体现。如今，教育和培训持续侧重于系统采办和管理以及专业工程课程，而业界传闻证据表明，大多数系统工程师在工作中利用这些课程的时间不足5%；但是，系统工程与开发（见图1.1）课程却被忽略，而这些课程的应用占据了剩余95%的系统工程工作时间。

企业经常声称它们的系统工程流程（SDBTF）是一种问题求解和解决方案开发的方法。在某些方面，尤其是在研发（R&D）方面，这是事实。但是，科学方法的核心是一个科学探究和调查的过程，需要确定、检验、提炼和确认假设。由于人类决策中的不确定性和弱点，系统工程与开发并不总是一门精确的科学。系统工程与开发包括将技术应用于系统、产品或服务，而不包括研发。当一个项目需要一个侧重于假设检验的系统工程问题求解和解决方案开发方法时，要么是没有充分理解问题，要么是技术需要进一步完善和成熟才能用

于应用开发。*

参考 关于棘手问题的更多信息，请参考高曼（2013：6）、里特尔和韦伯（1973）、彼得·罗（1998：41）和维塔塞克（2014）。

例如，军事组织经常发布一系列合同。在这些合同中，每份合同的执行结果和工作成果（规范和设计）会成为下一阶段工作的基础，直到规范要求足够成熟到能够支持开发出一个可靠、成熟的系统。

上述假设检验指的是不视为棘手问题和烦恼问题的一般日常工程问题。基于技术和解决方案的成熟，这些问题通常属于研发的范畴。

2.5.2 当前的系统工程流程范式

企业通常声称有一个问题求解和解决方案开发流程，并且该流程是依据起源于 MIL－STD－499B 草案（1994）的系统工程流程。该流程的关键步骤包括需求分析、功能分析/分配、综合以及系统分析和控制（平衡）。这一流程一直很好地服务于军队，并经常被教科书和企业组织标准流程引用。

商业企业和工程师一般会拒绝这一流程，他们认为这是官僚文书工作的表现。就推进系统工程知识和最佳实践而言，流程作为一种范式，系统工程需要转变为新的系统工程流程范式（第 11 章和第 14 章），以弥补诸多不足，并反映新的系统工程方法。

如今，企业和项目需要一个全面适用于多种行业（公私行业）的系统工程流程——反映当前的思维，易于学习，并克服 MIL－STD－499B 草案（1994）中系统工程流程的缺陷。举例如下：

（1）需求分析：假定需求存在并且是可以分析的。实际工作中这种情况很少见，尤其是当客户可能不知道他们的需求或目标是什么的时候。事实上，企业可能只有一个抽象的愿景或问题。需求分析是一种“下游”活动，在理解用户需要解决的问题空间时，需要以客户为中心的系统思维取代需求分析。

（2）功能分析/分配：在 20 世纪 80 年代已经过时。如果你质疑这一点，

---

* **工程问题类型**

一些复杂工程问题的本质极具挑战性，其特点如下：

（1）棘手问题——里特尔演讲（1967 年以前），丘奇曼（1967）。

（2）烦恼问题——这些确实需要设计解决方案的迭代。

可以询问软件开发商。然而，系统工程企业似乎始终坚持功能分析这一概念。如第 1 章所述，一个功能只是表示系统要执行的一个动作（无衡量单位的）。用户期望系统、产品或服务产生基于性能的结果，而不是功能！功能分析和分解是工程中最简单的部分。系统工程面临的挑战是以基于性能的指标来约束、指定和分配能力。我们应该认识并理解其中的差异！关于这个主题的更多内容参见第 21 章。

（3）综合：虽然作为一个标签是有效的，但它是一个很少人能够理解的抽象术语。应有更好的方式来表达解决方案的概念化、制定、选择和开发，而不是使用“综合”这样的抽象术语。

（4）系统分析和控制：清晰简洁。然而，系统控制是一个技术管理问题，而不是一个技术过程，因此，还缺少一部分过程元素。需求→功能→综合流程已经过时，它有缺陷，并且没有清楚地反映系统工程是如何执行的（第 11 章和第 14 章）。具体来说，SDBTF 企业过早地采用了需求→功能→综合的飞跃式流程（见图 2. 3），却忽略了流程中的两个关键元素：

（1）运行——用户计划如何部署、运行、维护、维持、退役和处置已部署系统会引出系统行为定义的想法。

（2）行为——用户期望看到系统或产品如何对外部刺激、激励和提示作出行为响应，而这会影响系统物理实现的构想、开发、评估和选择。

我们已经尝试用系统的各种视图（view）来表达这些缺失要素：①运行视图；②功能视图；③物理视图。问题是现在有：

（1）一个包含一组活动的系统工程流程——需求分析、功能分析、综合以及系统分析和控制。

（2）另一组视图——运行、功能和物理。

另一个范式曲解了对 MIL – STD – 499B 草案（1994）中系统工程流程的理解。企业、职能部门、项目和工程师通常会认为系统工程流程只在系统级别执行一次。第 12 章和第 14 章将这一范式转变为新的系统工程流程。

总之，是时候接受系统工程流程的新概念了。我们需要的是一个基于问题求解和解决方案开发方法的系统工程流程，该方法适用于任何类型的组织系统或工程系统、产品或服务。在了解了第 I 部分“系统工程和分析概念”之后，我们将在第 11 章和第 14 章中介绍新系统工程流程的基础。

2.5.3 系统中软件的出现

在 20 世纪 80 年代，系统开始利用微处理器和其他技术来适应快速修改变化的需要，否则在硬件方面会花费相当长的时间——零件采购：制作、装配、集成和测试（FAIT）。然而，随着软件工程作为一门学科出现以及软件密集型系统的快速增长，挑战也随之出现——如何高效和有效地开发高质量的软件，尤其是在任务关键型和安全关键型系统中，如载人航天飞行、医疗系统等。在早期，电子工程师和其他工程师经常为一些硬件编写软件。

为了应对这些挑战，美国国防部于 1984 年在卡内基梅隆大学建立了软件工程研究所（SEI），并将其作为一个联邦研究中心。1987 年，SEI 发布了软件能力成熟度模型（CMM）（SEI，2014），用于评估企业开发软件的能力。CMM 持续发展了几年后，丁 1991 年发布了 SW　CMM 1.0 版。

开发高质量的软件只是一个方面，美国国防部更感兴趣的是需要与有能力开发、生产和交付高质量软件的企业签订合同。这些软件在技术上应是合规的、并能按时交付，且在预算范围内。于是它们在软件培训、流程开发和评估方面投入了大量资源，软件的质量也因此显著提高。然而它们却发现，为了满足来自系统工程的质量低劣的需求，软件工程师总在不断地改进软件。

从 20 世纪 50 年代到 80 年代，通常由系统工程师（通常是电子工程师）负责编写软件需求。因为系统工程师和电子工程师是硬件设计师，他们编写了规范要求，并选择了计算机硬件处理器，无论其是否适合软件应用。这些决策被“抛给了软件工程师”，并在很少或没有协作以及很少或没有机会审查、验收或批准的情况下执行。幸运的是，在大多数企业中，许多旧的工程范式已经发生了转变。

认识到软件在当今系统中的重要性和关键性及其对项目失败的影响后，业界做出了回应，并成立了系统和软件工程部门等机构，负责向客户清楚地传达他们正在解决 SE－SW 集成问题。硬件是每个系统不可或缺的部分，但在上述部门名称中却明显缺失。这个部门名称引起了许多人的质疑，对他们来说这个名称显得有些奇怪，尤其是当作为“多学科系统集成”的公共关系信息发布时。例如，它是指系统（工程）和软件工程吗？如果是这样，硬件不是“多学科系统集成”的一部分吗？还是指系统（硬件）和软件工程，系统（工程

和硬件）和软件工程？等等。

2.5.4 组织标准流程解决方案的演变

面对全球竞争，汽车行业在20世纪80年代开始通过文件化的过程、执行统计过程控制如六西格玛和其他方法来重塑自身。由于系统故障和项目绩效不良，其他行业也开始着手解决系统开发项目的自定义性和混乱性问题。这些行业认为它们应该能够像汽车制造商设计和大规模生产汽车那样开发系统、产品或服务。从企业的角度来看，该解决方案变成了“把每个人的（SDBTF）流程文件化”。因此，各种工程手册开始出现。这些手册记录了（SDBTF）工程流程，其中也包括系统工程流程。

令人遗憾的是，由于缺乏系统工程教育和企业对培训资源的投入，这些流程中的大多数变成了“数字填色工程”（Wasson，2008：33）练习——按照流程执行。大部分流程并没有改变SDBTF范式。一旦出现问题，就会出现另一个补丁和修复流程。

2010年，沃里克和诺里斯（2010）向包括NASA前局长迈克尔·格里芬博士在内的业界领袖提出了一个有趣的问题：现在是时候改进系统工程了吗？他们发表的文章阐述了系统工程需求分解方法在复合的（complicated）和复杂（complex）（动态变化）系统中的应用和有效性。一些人认为，由于系统工程分解方法的自主性以及它们的演变和动态性，系统工程分解方法只适用于复合系统，而不适用于复杂系统，如系统体系（SoS）。格里芬博士得出了重要结论，似乎更适用于“补丁和修复流程”，即系统工程实践的当前状态：

（1）“我们怎么会不断遇到重要而复杂的系统的故障？在这些系统中，所有认为是过程控制所必需的东西都完成了，然而尽管做了努力，系统还是出现了故障？”格里芬问道。答案不能是继续做更多同样的事情，同时期待不同的结果（Warwick和Norris，2010）。

（2）他认为，增加流程并非正确答案。我们需要的是一种新观点，即系统工程核心功能并不主要关注元素之间的相互特征，并验证它们是否符合预期。他说，“更重要的是理解这些相互作用的动态行为”（Warwick和Norris，2010）。

为了解决这些问题，行业、政府和专业组织几十年来一直试图建立标准作为保障，以确保系统工程流程的一致性、可重复性和可预测性。正如图 2.2 中第 3 部分的波纹所示，系统工程无论如何都不是完美的。毕竟人类决策的模糊性和不确定性仍然是任何系统开发项目及其性能的决定因素。

是的，正如格里芬博士所说“增加流程并不是解决方案”，阿尔伯特·爱因斯坦博士还观察到以下情况：

“**精神错乱**：一遍又一遍地做同样的事情，却期待不同的结果。”

——爱因斯坦。

随着时间的推移，行业和政府开始认识到组织标准流程需要追溯到全球系统工程标准，如 ISO/IEC 15288 系统标准和 ISO/IEC 12207 软件标准。尽管这些标准是向前迈进的一大步，但并没有解决可追溯到 SDBTF－DPM 工程范式的项目绩效问题。

2.5.5 系统工程能力评估解决方案的发展

20 世纪 90 年代早期，一些组织开发出各种能力评估模型（CAM）并不断对其进行优化，包括如下内容：

（1）1994 年，SEI 发布系统工程能力成熟度模型（SE－CMM）1.0 版（SE－CMM，1994）。在认识到 SE、SW、人员及其他驱动因素在项目绩效中的相互依赖性后，SEI 又发布了以能力成熟度模型集成®（CMMI®）命名的其他模型。CMMI® 现在由卡内基梅隆大学的 SEI 能力成熟度模型研究所负责管理。

（2）1994 年，系统工程国际委员会（INCOSE）发布了 SECAM 初稿。同年晚些时候，SECAM 1.2 版发布（SECAM，1996：6）。

（3）1994 年，电子工业协会、系统工程国际委员会及企业过程改进协作联盟（EPIC）合作发布了 EIA 731－1 SECM（EIA 731.1，2002：1）。

最终，能力成熟度模型集成（CMMI）成为评估企业能力的参考模型。

参考 有关上述模型的更多信息，请参考 EIA 731.1 SECM（2002：1）、INCOSE SECAM（1996：132－139）、保尔克（2004）及斯卡奇（2001）等。

那么，什么是能力成熟度模型集成呢？能力成熟度模型研究所对能力成熟度模型集成的定义如下：

能力成熟度模型集成“……是一种流程改进的方法，为组织机构提供有效流程的基本要素，从而提高绩效。基于能力成熟度模型集成的流程改进包括识别组织机构的流程强项和弱项，并进行流程变革，将弱项转化为强项”（CMMI，2014b）。

能力成熟度模型集成由以下三个模型组成：

（1）**CMMI 采购模型（CMMI－ACQ）**——为管理供应链的组织提供指导，以获取和整合产品和服务，满足客户的需求。

（2）**CMMI 开发模型（CMMI－DEV）**——用于产品开发组织的流程改进。CMMI 开发模型为提高产品开发工作的有效性、效率和质量提供指导。

（3）**CMMI 服务模型（CMMI－SVC）**——为建立、管理和交付满足客户和最终用户需求的服务的组织提供指导（CMMI，2014a）。*

但流程假设：工程学科具有“在不同学科之间共享的多学科系统工程方法基础上高效、有效设计系统”的坚实基础。当基础缺失时，流程就变成了前面讨论过的“数字填色工程”（Wasson，2008：33）。相反，应授权训练有素的专业人员领导技术项目，因为他们反应灵敏，能够理解多学科系统工程流程，且能够本能地知道如何高效、有效应用和定制流程。

一些组织和项目错误地认为，只要通过符合 CAM 的评估就会成功。从理论上看，这并不算错，但还要认识到 CAM 是根据阈值能力标准对多个层级的执行能力进行评估，CAM 评估并不能保证项目成功。项目人员需要谨记 CAM 并没有告诉企业如何开展业务——定义—设计—构建—测试—修复和系统工程与开发，它只是根据 CMMI 模型评估企业的“执行能力”。

这就提出了一个假设性问题。首先，我们假设组织所做的事情均正确无误：

（1）组织标准流程（OSP）文件化。

（2）验证组织标准流程是否符合标准，如系统适用的 ISO/IEC 15288 标准、软件适用的 ISO/IEC 12207 标准以及 ISO 9000 系列标准等。

（3）在所有或部分过程域达到 CMMI 成熟度评估等级。

那么，为什么系统开发问题仍然存在？显然，答案最终归结到人——工程师、分析师等——他们/她们知道如何高效、有效地应用系统工程问题求解和解决方案开发方法。不过，工程师、分析师等人具体是做什么工作呢？答案是

* 观察发现，能力成熟度模型集成主要关注**流程**，因为流程是确保组织绩效一致性、可重复性、可预测性及质量的关键。

他们接受过的教育和培训——SDBTF。

在能力评估过程中，评估人员通常会抽样评估两到三个“代表性”项目。在此请注意“代表性”一词。假设被评估的项目能够代表企业的所有项目。评估包括访谈项目人员和企业管理人员，评审组织标准流程，评审工作成果（如计划、规范和需求可追溯性），作为符合要求的客观证据。SDBTF 范式企业是否会接受访谈并为评估提供所需的客观证据——换言之，做所有正确的事情——但仍然存在项目绩效问题或失败？能否将潜在 SDBTF 范式视为出现问题或失败的根本原因，但从未明确为弱点？答案为“是”！

2.5.6 系统工程工具解决方案

20 世纪 80 年代，随着性能更好、速度更快、成本更低的各种技术不断发展，如出现了基于微处理器的计算机和软件工程方法，系统工程工具也得以迅速扩充。

利用技术，工程师能够链接和管理多个层次的规范要求、架构、建模与仿真（M&S）等。在某些方面，我们会发现：

> 我们对系统数据进行建模和管理的能力超过了大多数 SDBTF 企业实施系统工程的能力。

如今，模型驱动设计或模型驱动开发概念，如基于模型的系统工程（MBSE），已经迅速扩展。沃森（2008）概述了模型驱动开发的动机。人们常常错误地认为，MBSE 的基本概念的出现基于近年来对该术语的推广。然而，MBSE 概念的出现可以追溯到 20 世纪 50 年代。

尽管方法低效甚至无效，但 SDBTF 企业仍常常认为自己很成功。因此，他们认为系统工程根本没有必要。这些企业倾向于绕过系统工程培训，而不是学习系统工程方法。他们会购买 MBSE 工具，毕竟，如果有 MBSE 工具，根据定义，就必须执行系统工程。沃森（2011）认为，这种情况非常切合一句谚语——拥有一把画笔并不能使一个人成为艺术家。

注意 2.1

除非企业理解本文和其他文章中讨论的系统工程概念、原理和实践，否则

MBSE 工具只不过是用于创建漂亮图片的图形拖放应用程序。

请记住，MBSE 工具只有在工程师有能力创建模型、输入数据和链接信息的前提下才有效。

2.5.7 系统工程认证解决方案

从20世纪90年代开始，系统工程认证需求开始增长。2004年，系统工程国际委员会启动专业认证计划（INCOSE，2014）。自该计划实施以来，系统工程国际委员会已将其扩展至包括以下类型在内的认证：

（1）ASEP——助理系统工程师。

（2）CSEP——认证系统工程师。

（3）ESEP——专家系统工程师。

申请人必须具备相应的资格和经验，包括经验验证和参加指定版本《INCOSE 手册》的相关考试。此时面临的挑战与机遇是：参加认证考试是否能解决教育中的 SDBTF－DPM 范式问题？

2.5.8 解决方案小结

总之，文件化组织标准流程、跟踪是否符合标准、评估企业能力及认证对实现性能一致性、可重复性及可预测性绝对有必要，挑战在于他们不能纠正可能深深嵌入企业文化的、有缺陷的 SDBTF 范式。

在此背景下，需要我们明确核心问题。

2.6 定义问题

沃森（2012）将项目绩效问题总结如下：

> 尽管已经开发出了各种系统工程能力评估和能力素质模型以及认证、教育和培训课程等，但系统开发项目仍然存在与系统工程有关的技术绩效问题。
>
> ——Wasson，2012：4。

我们要如何解决这个问题并克服 SDBTF 工程范式的缺陷？答案在于系统工程教育和组织范式——具体讲，即系统工程是什么，有哪些方法，以及系统工程如何应用，在哪里应用等。正如一句谚语所言：

> 要了解老虎，必须深入丛林。（匿名）

要理解基本的 SDBTF 范式，需要与开发系统和产品的工程师和分析师进行直接的日常接触（包括工作、领导和交流），并观察他们的行为和行为模式。

在观察工程如何执行时，能够从他们的日常工作习惯和对系统工程的认知中发现他们的行为模式。具体来说，对系统工程的认知如下：

阅览规范要求，创建单一的设计解决方案，用一些方程确定标称组件数值或性能，研究目录找出满足或通过修改可以满足设计要求的组件，创建原型，并进行一些实验室测试，无限循环反复调整和迭代设计，直到满足规范要求。

若用图形描述这一过程，则会得到图 2.8。

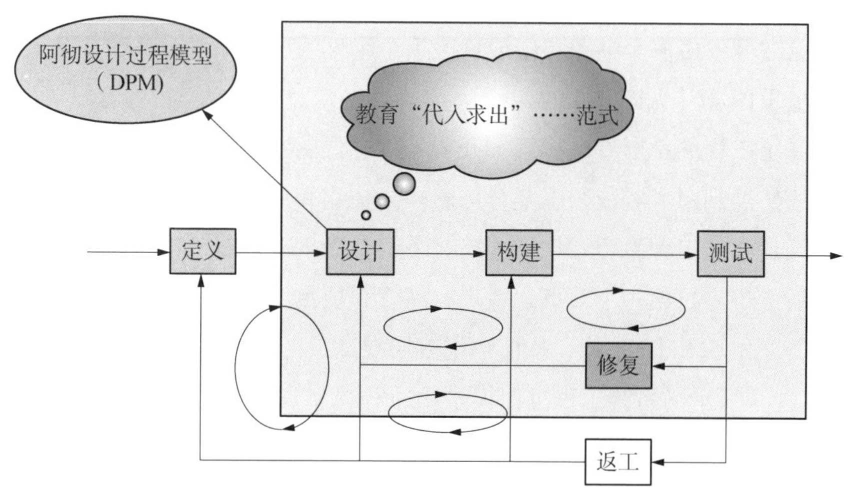

图 2.8　图示“代入求出”……SDBTF 工程范式——阿彻 DPM

工程专业毕业生初入职场时，会很快发现系统工程本质上就是简单的“代入求出”……DBTF 范式扩展成“代入求出”……SDBTF 范式。系统或产品开发似乎陷入无限循环，直到不断变化的设计解决方案符合——通过系统验证——客户要求。

作为单一的设计解决方案，可能已经或还未利用替代方案分析方法进行选择（第32章）。此外，符合客户规范要求（这是合同的约束条件）并不一定意味着系统或产品是满足用户运行需求的正确解决方案（系统确认）（Wasson，2012：13）。这仅仅意味着系统或产品符合技术规范要求，更像示例2.1中介绍的“工程捕鼠器”。

有人也许会问：SDBTF工程范式存在什么问题？这就是工程师的工作。依赖人类决策的工程学并不是一门精确的科学。系统开发流程（见图15.2）确实有一套通用的“定义—设计—构建—测试”工作流程，并且不可避免地需要一定程度的返工，这具体取决于工程师应用系统工程流程及时做出有效决策的效率。不过，SDBTF范式不属于这种情况。其核心问题如下：

SDBTF工程范式（见图2.8）是一系列工程活动的无限循环。这种范式被错误地用作问题求解和解决方案开发方法，除“按预算设计组件、集成并按时交付”外，没有其他的明确结果。

对于部件层，工程师承认他们的自定义、无限循环（SDBTF）方法常常低效或无效。想象一下，在没有通用问题求解和解决方案开发方法情况下，多学科团队在开发由多个抽象层中成百上千个组件组成的中度至高度复杂系统时面临的重重困境（见图8.4）。

从系统工程的角度看，尽管SDBTF方法可能会对设备开发起到一定作用，但其无法扩展到中大型复杂、复合系统。当企业和项目拟采用系统工程方法并在没有经过系统工程教育和培训的情况下将其用于项目时，这种情况就相当明显。然后，当错过第一个节点，客户、高管和项目经理就会恐慌，项目会立即恢复到其原始SDBTF本能，从而加剧多层混乱。

图14.1所示的系统工程过程模型是一种可扩展的问题求解和解决方案开发方法，适用于系统或系统内部任何层次的实体。系统工程流程纠正了图2.3所示的从需求直接跳到物理实现的这种业余方法。应注意两个关键点：

第一，要明白系统工程不是一个线性顺序的SDBTF流程。事实上，其步骤之间相互依赖。正如我们将在第Ⅱ部分“系统设计和开发实践”中介绍的那样，要评估实现系统或实体规范需求的合理性，必须理解较低抽象层的原始设计含义。此外，认为SDBTF范式是连续步骤的这种推论反映了20世纪60年代给系统开发商带来主要问题的僵化、不灵活的瀑布模型（见图15.1）。

第二，问题源于 SDBTF 中“设计”的内涵——一些系统工程课程的焦点。具体来说，大多数设计方法（假设教过）通常都过于抽象。例证如下：

前面讨论过，目前许多工业企业和政府组织广为采用的 MIL－STD－499B 草案（1994）系统工程流程实际上就是把设计简单标记为综合（synthesis）。

事实上，大多数设计方法将设计作为对未知事物的探索和发现——以前，制图师会使用标签“龙出没”标识未知领域。企业或项目告知客户有“发现”规范需求的工作计划就是这种情况的客观证据。探索未知（如用户的抽象运行需求）需要一种能够得出设计解决方案结果的问题求解和解决方案开发方法，而非自定义、无限循环的方法。

由于在初中和高中阶段会学习科学调查方法，学生自然会先入为主地被这种方法吸引，成为其日后问题求解和解决方案开发方法。结果，工程设计变成假设试错迭代过程——概念设计——通过实验室原型、模型和模拟进行测试，然后再不断返工并逐步改进。该过程无限循环迭代，直到：①找到符合购买者规范或衍生规范要求的最终解决方案；②客户因受挫或资源枯竭，“为方便而终止”。可惜在大多数本科工程课程中，这种范式可以在不被纠正的情况下不受约束地传播。这是为什么呢？原因有以下两个：

原因 1——学术讲师往往缺乏行业系统工程实操经验，因而对问题的理解不足。奇怪的是，在行业和政府中能够直接接触到这个问题的高管、经理和工程师通常也没有意识到该问题。

原因 2——SDBTF 范式与学术研究和科学探究方法一致，这是许多学术机构的一个重要工作方法（见小型案例研究 2.2）。

那么 SDBTF 工程范式是如何产生的？这就引出了我们的下一个话题——阿彻设计过程模型。

2.6.1 阿彻设计过程模型

1963 年至 1964 年，阿彻发表了一系列有关设计的文章，对设计师使用的设计方法进行了总结。1965 年，其文章汇编成册，名为《设计师的系统化方法》（Archer，1965）。阿彻的这些文章不仅将这些模式整合到设计过程模型，而且最终形成了可作为参照标准的设计方法学。

阿彻设计过程模型（见图 2.9）包括规划——获取知识、数据收集、分析、综合、开发与沟通。高度迭代循环给出了以下的纠正和反馈：

（1）数据收集和分析对概要和规划的反馈。

（2）分析、综合和开发对数据收集等的反馈。

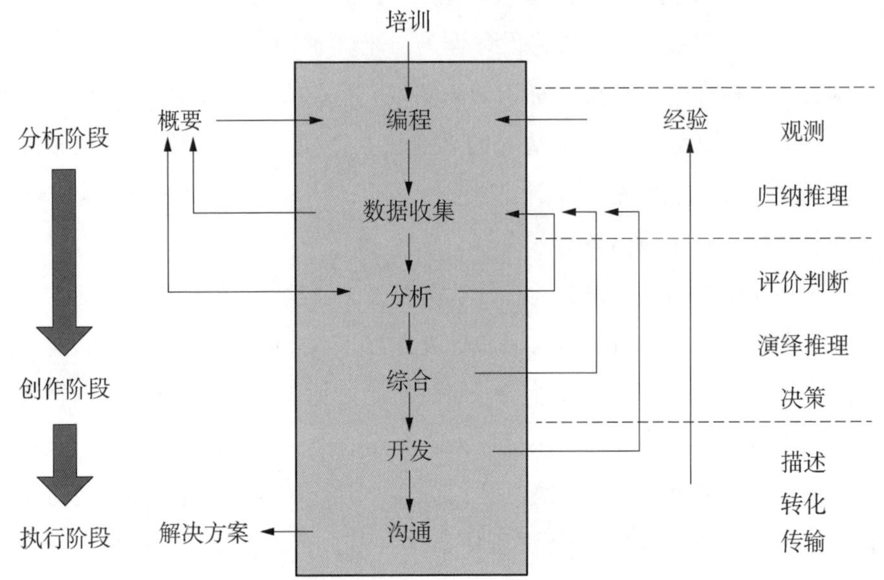

图 2.9　阿彻设计过程模型

［资料来源：转载自彼得·罗（1998），《设计思维》，麻省理工学院出版社出版，根据阿彻（1965）的原始陈述修改］

通过观察可以发现，图 2.9 的右侧描述了每个阶段的属性，如归纳推理、评价判断及演绎推理。虽然肯定有效，但是这些属性太抽象，特别是对新手而言，以至于他们无法正确地进行系统工程与开发。由于抽象，企业或项目中的每个人都有自己对设计过程模型的一套理解。原则上，设计过程模型是一种很好的探究性问题求解和解决方案开发方法。不过请注意，这并不排除工程师过早地从需求直接跳到物理实现，如图 2.3 所示。有人也许会问：SDBTF－DPM 工程范式是如何在企业中演进的？

几十年来，SDBTF－DPM 工程范式已经深深扎根于很多企业，成为其工程文化的一部分。对 SDBTF 文化耳濡目染的高管和职能经理得到提升，但常常不会意识到企业存在范式或范式对系统开发绩效的影响，并且不知不觉地让其成为企业文化的一部分而长期存在。“这对我们很管用……如果它没坏，就不要修理它。”

约翰逊（2002：1）指出，工程系统绩效问题被认为是缺乏（严格）系统管理所致——通过流程和其他方法管理大学培养出来的“知识工作者”——德鲁克（1959）首次提出。但是，“知识工作者”对僵化的系统管理不感兴趣。德鲁克补充道，“知识工作者”使用“没有人能常规化的未定义过程”来促进新思想的产生。实际上，这会让那些本以为能解决工程系统性能问题的科学管理手段失效。

在一个企业中，SDBTF 工程范式存在的客观证据来自那些合理抗议工程师“似乎永远不能完成系统或产品设计”……的项目经理。他们抱怨如果项目成本和进度限制成问题，工程师将“永远不会完成设计”。

对此，工程师回应说，项目经理根本不理解设计（SDBTF）系统或产品究竟需要什么。具有讽刺意味的是，他们及其经理提交了成本估算作为提案的一部分。他们补充道：“这就是我们一直以来开发系统的方式。是的，系统开发混乱又低效……但是我们在熬过一个又一个夜晚、周末和假日之后，最终建立了这个系统。工程设计就是如此……至少我们公司是这样。”

然后，当项目最终完成并交付时，高管会主持颁奖仪式，表彰杰出人员的专业精神和奉献精神，“他们熬过一个又一个夜晚、周末和假日，最终圆满完成任务”（基于自定义、低效、无效的 SDBTF－DPM 范式）。设想一下，如果企业有非特殊且能解决图 2.3 所示问题的高效、有效问题解决和解决方案开发系统工程流程（见图 14.1），那么这些团队能完成什么？

讽刺的是，企业总是千方百计地提高市场份额、股东价值和盈利能力，却似乎对企业绩效影响因素视而不见，如 SDBTF－DPM 范式及其对项目和系统、产品或服务质量和绩效的影响，因为这些会影响利益相关方的满意度和盈利能力。对此，经理们宣称他们有派××系统工程师参加系统工程培训课程。那么有如下问题：

（1）课程讲师是否了解 SDBTF－DPM 范式及设计过程模型？

（2）系统工程课程是否突出并修正了 SDBTF－DPM 范式？

（3）作为职能经理，其是否通过培训淘汰了 SDBTF 范式？

所有这些问题的答案很有可能都是否定的！

这就引出了一个关键问题，SDBTF－DPM 范式是如何在行业和政府机构中扎根的？答案是行业和政府的行为：为各自对口市场设计生产产品和服务的系统。图 2.10 为其中一个示例。

从初中和高中开始，学生就会学习科学调查方法，作为问题求解和解决方案开发方法。毕业后，他们进入高校获得工程和其他技术类学位。在接受教育的过程中，他们通常会接触到两种类型的教育范式：

(1)“代入求出”范式——用于工程课堂教学模式和家庭作业问题解决模式。

(2) 通过在实验室做实验不断改进和修正他们所获得的 DBTF 范式。

为更好地了解这些范式的起源，我们先研究一下这些范式是如何发展到工作场所的。图 2.10 为参考模型。

取得工程学位后，毕业生进入行业或政府部门工作，将他们的知识和工具——“代入求出”……DBTF——应用到工作岗位上。工作过程中，他们会参与项目，并接触经过修改的“代入求出”……即根据过去的项目演化而成的 SDBTF 范式。

随着时间的推移，工程人员可能会决定提升自己的系统工程知识水平，于是去攻读硕士或博士学位，如图 2.10 上部所示。和在本科阶段课程中一样，“代入求出”……SDBTF 范式的本质没有明确教授。然而，其基本科学方法和设计过程模型方法可能会在研究生院不受约束地发展，且不被纠正。完成硕士或博士课程后，这些人员继续在行业和政府工作，应用他们掌握的知识……SDBTF 范式，包含阿彻嵌入式设计过程模型。

观察灰色的企业版 *Wrapper* 带——组织标准流程，ISO 15288、12207、9001，CMMI 评估等——围绕当前项目思考：为何企业遵守这些标准和评估，但系统开发绩效仍然存在问题？事实是它们有必要存在，但它们没有、也不应修正 SDBTF - DPM 范式——范式是每个工程师和项目的核心问题求解和解决方案开发方法。

如上所述，标准既没有告诉企业如何进行工程设计，也没有告诉企业如何开发系统、产品或服务。它们只是用来确定能够表征企业成功执行项目的执行能力等级的过程域。企业诸多项目是否符合这些标准属于其内部管理问题。不符合这些标准可能需要重新评估，除非通过企业计划的持续流程改进进行缓解。

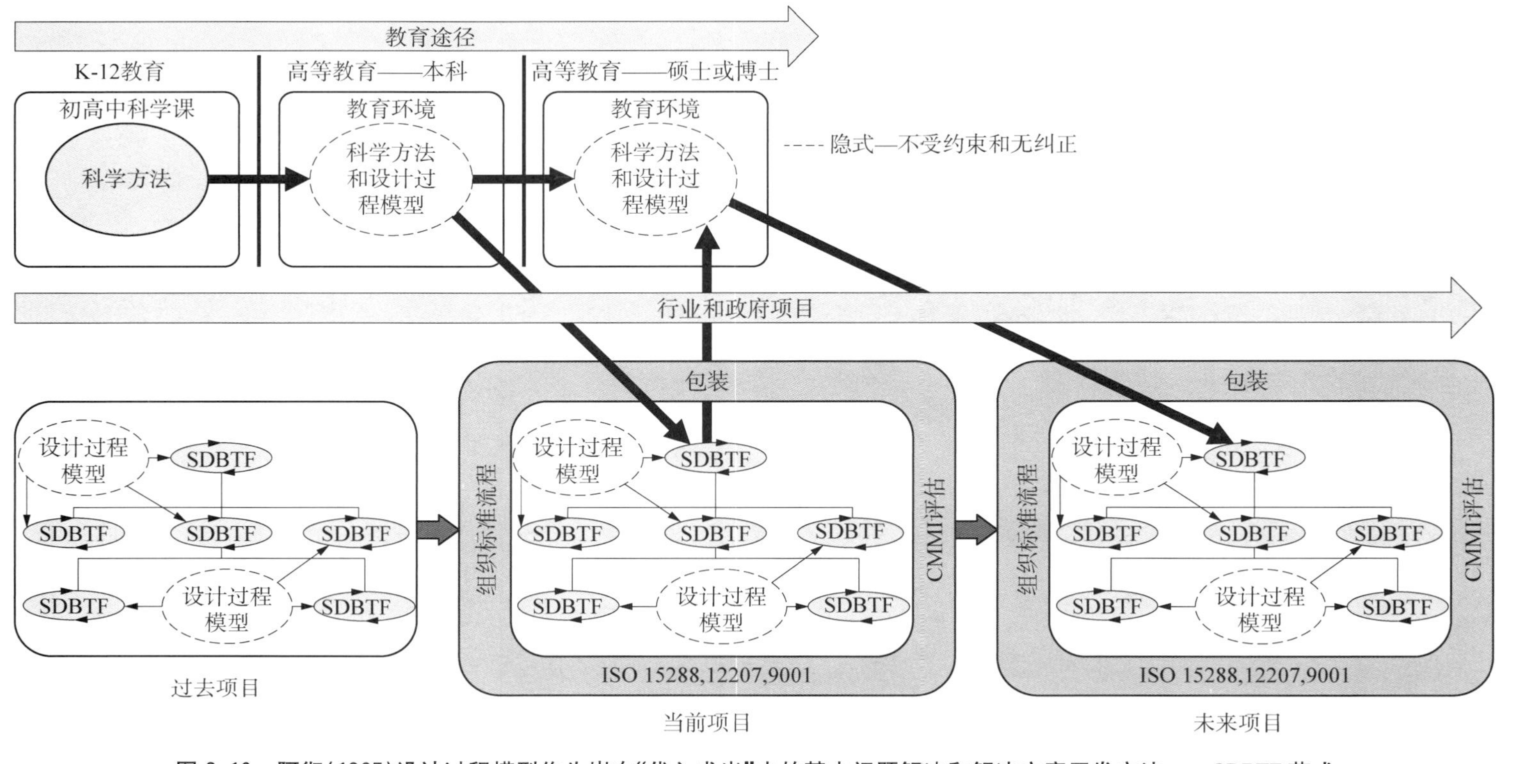

图 2.10 阿彻(1965)设计过程模型作为嵌在"代入求出"中的基本问题解决和解决方案开发方法——SDBTF 范式

如今，我们生活在一个心理“颠旋”的世界里，企业试图把不足或缺点描述成积极正面的，而这有悖常识，也不尊重客观证据。有趣的是，在与SDBTF企业高管和经理交谈时，有时会问到他们如何实施系统工程……“我们有不同类型的系统工程……我们的SDBTF不同！”

首先，从专业实践角度看，系统工程只有一种“类型”。

其次，追求卓越系统工程服务的企业通常会有不同的反应和兴趣……“我们正在努力克服组织面临的这些挑战……请多多告知”。

鉴于以上两种截然不同的回答，你很快就会发现，那些抗议最多的人——“我们有不同类型的系统工程”——清楚地表明，企业内部仍然存在SDBTF范式。通常，他们并没有意识到项目中存在SDBTF范式，也不知道这种范式会影响项目绩效。

职能经理常常认为，SDBTF－DPM范式可能隐含在他们的工程流程中。但是，他们会声明他们采用的是MIL－STD－499B草案（1994）系统工程流程。这就引出了一个有趣的问题：MIL－STD－499B草案（1994）系统工程流程与阿彻（1965）设计过程模型有何不同？要回答这个问题，我们首先要进行比较，如表2.1所示。我们需要观察阿彻（1965）设计过程模型与MIL－STD－499B草案（1994）系统工程流程的相似之处。为说明这一点，请思考表2.1与图2.3之间的相似性：

表2.1　阿彻（1965）设计过程模型与MIL－STD－499B草案（1994）系统工程流程比较

阿彻（1965）设计过程模型	MIL－STD－499B草案（1994）系统工程流程
培训	
编程（常识）	
数据收集	需求分析
分析	需求分析
	功能分析
	系统分析和控制
综合	综合
开发	系统分析和控制
沟通	系统分析和控制

（1）MIL－STD－499B 草案（1994）系统工程流程与阿彻（1965）设计过程模型中的步骤存在关联。

（2）MIL－STD－499B 草案（1994）：

a. 不排除过早地从需求直接跳到物理实现，如图 2.3 所示。尽管提供了非常高层次需求→功能→综合工作流程，但没有提供纠正图 2.3 所示问题的逻辑序列。我们会在图 14.1 中介绍的系统工程流程模型中纠正这一问题。

b. 隐含地假设其用户理解如何执行系统工程。对于那些不熟悉系统工程的人员而言，流程不应对其用户做出假设。

通过这次讨论，可以引出一个重点：如何转变 SDBTF 范式？这取决于行业、政府、学术界、专业及标准组织如何通过意识、教育和培训项目通力合作。行业和政府需要的是将当前的系统工程流程范式转变为新范式。例如，系统工程国际委员会、电气与电子工程师协会、国际标准化组织等正在朝着协调各自的多学科系统工程标准和手册方向大步迈进。这需要做到以下两点：

（1）从工程教育开始，纠正自定义的、无限循环的 SDBTF－DPM 范式，使工程专业毕业生能够更好地为就业做好准备。

（2）企业通过针对工程师、项目经理、职能经理及高管的教育和培训课程，转变当前的 SDBTF－DPM 范式。

为更好地理解如何应对挑战，我们调查了大多数工程师是如何学习系统工程的。

2.6.2 许多企业和组织的系统工程学习模式

工程专业课程需要满足各自依据认证机构制定的具体标准，如工程与技术认证委员会（ABET）负责制定美国相关专业标准。

毕业时，经认证机构认证的工程专业毕业生有望通过达到或超过图 2.11 左上角所示的最低能力阈值的课程，展现其基于知识的能力。

毕业后，学生进入劳动力市场（见图 2.11 的下部）。入职后他们会很快发现，他们不仅要学习如何在行业中使用自己学到的知识，还要学习在企业中如何开发系统和产品。20 世纪 70 年代，一个未经证实的范式流传开来，业内人士告诉学术界："你们教工程师如何对方程进行'代入求出'，而我们将教他们如何构建系统。"这需要学习图 2.11 右下角所示的系统分析、设计与开发

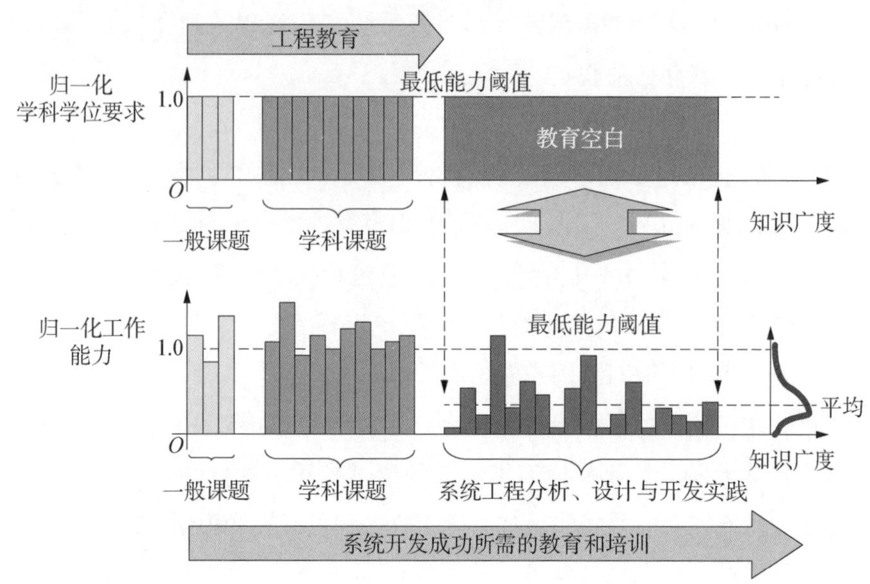

图 2.11　系统工程——本科工程教育的空白

中的概念、原理和实践。如果我们将毕业时的工程教育水平（见图 2.11 左上）与完成工作所需的水平（见图 2.11 右下）进行比较，就会出现一个教育空白（见图 2.11 右上）。“教育空白”代表工程教育在确保学生毕业时进入劳动力市场和工作中能够取得成效之间的不足。

随着时间的推移，由于工作任务的分配，毕业生在某些领域的工程能力和技能逐步提高，并超过毕业时的水平，而在其他领域（见图 2.11 左下）则会降低。

由于工程教育的不完善，学习变成了一个潜移默化的过程——在此过程中：时而会听会议讨论的内容，而这种讨论的内容可能准确也可能不准确；时而读读标准，而一些标准有时比较抽象；时而在走廊、在饮水机旁交流并间或参与培训。假以时日，他们积累了不同层次的非正式的和经验知识（见图 2.11）。加剧这一问题的是管理者，他们以同样的方式，不恰当地给工程师贴上系统工程师的标签，间接扩散了这种文化。

随着高级系统工程师退休，企业如何在这种环境下将系统工程知识传授给新的系统工程师？正式工程教育是针对获得工程学位所需要的一系列课题而设计的，而非正式系统工程知识是不完善的，是作为经验获得的信息片段而存在的（见图 2. 12）。

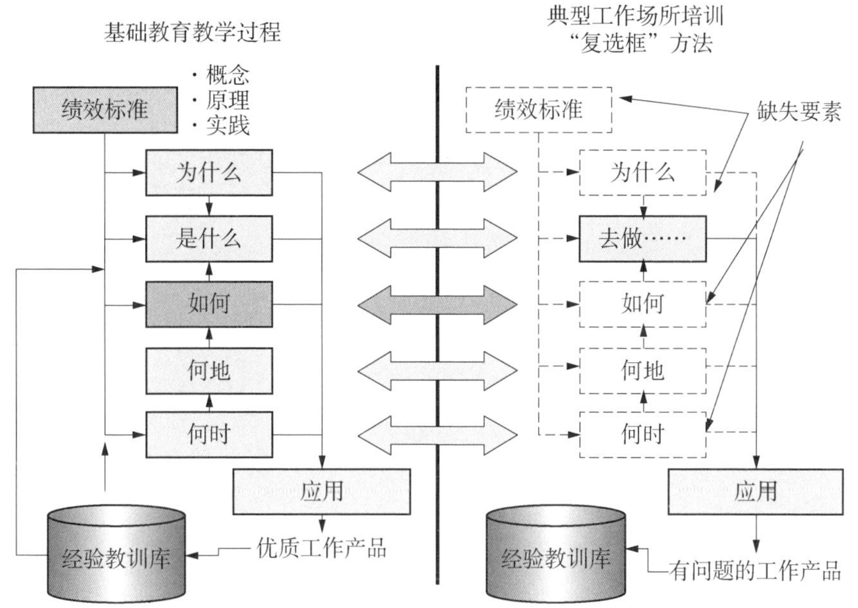

图 2. 12　正式教育与企业和组织体验式学习

正式教育基于教学系统开发（ISD）原理，教授是什么、为什么、何时、何地以及如何理解系统工程概念、原理和实践等主题，如图 2. 12 左侧所示。正式学习应基于通过案例研究、问题练习和其他方法获得最佳或首选实践和经验教训。现在我们仔细看看一些企业是如何获得非正式的系统工程知识的。

2. 6. 3　通过“去做”任务体验式学习系统工程

观察图 2. 12 的右侧可以发现，正式教学系统开发中的“whats”（是什么）被“去做”任务取代。那就是去做一个规范、去做一个架构、去做一个设计、去做一个测试程序。虚线所示的缺失要素是为什么、何地、何时以及如何去做。那么，为什么项目中的工程任务绩效特殊、混乱、不一致、低效甚至无效？

这也提出了一个与提交提案的企业相关的有趣问题——小型案例研究 2. 1——这类企业声称他们定制了（SDBTF－DPM）流程。如果员工对是什么、为什么、何地、何时以及如何去做缺乏了解，那么在不明了这些活动的后果和风险的情况下，企业能否有效地从整体上打造一个关键的组织标准流程？

2.6.4 系统工程与开发和系统采办及管理课程

对于图 2.12 右侧所示的情况，企业和职能经理会大肆宣称他们每年会通过课程和在职培训（“去做”）对××名工程师进行系统工程培训。

如果是这样的话，那么为什么我们仍然可以看到经过工程师验证的 SDBTF 范式影响项目绩效的客观证据呢？

注意 2.2

在讨论中，很明显，将一门课程命名为“系统工程”并不意味着它提供了对执行系统工程与开发所需的系统工程概念、原理和实践的必要指导。*

在一个典型的 30 人系统工程企业中，每个人都被随意地贴上了“系统工程师”标签，但常常只有一两个人真正懂得本文所述的必要的系统工程概念、原理和实践。贴上系统工程师标签的大部分人员实际上是负责系统分析、建模、专业工程、人为因素（HF）、后勤、安全、安保等其他任务的专业工程师。

沃森（2012：20）指出，大多数被贴上“系统工程”标签的课程的主旨都集中在系统采办和管理——关键语义、系统工程原理以及你应该做什么来监督那些声称自己在执行系统的人——或方程。监督和管理其他工程师或承包商的工作和实际了解如何执行系统工程与开发之间有着明显的区别。但很讽刺。现在，一些系统采办和管理专业的系统工程师负责监督那些也完成了系统采办和管理课程的人员。在正确安排教学顺序并匹配特定岗位说明时，系统采办和管理以及基于方程的课程确实很好。然而，这两者都需要坚实的系统工程与开发基础作为先决条件。

2.6.5 理解教育空白的后果

为更好地理解图 2.11 中的“教育空白”，让我们再进一步进行分析。参

* 在企业中只有不到 3%的系统工程师是货真价实的系统工程师。

根据作者的经验和佐证——当然，你们也许不同——在大多数自称系统工程的企业中，不到 3%的工程师能理解并应用系统工程。

考图 2. 13，大部分工程师的职业生涯平均持续 40 年。在最初的 5~10 年，电子工程师、机械工程师、软件工程师等运用他们的 SDBTF - DPM 范式技能，根据他们从工程教育中学到的 SDBTF 方法执行被分派的项目任务。

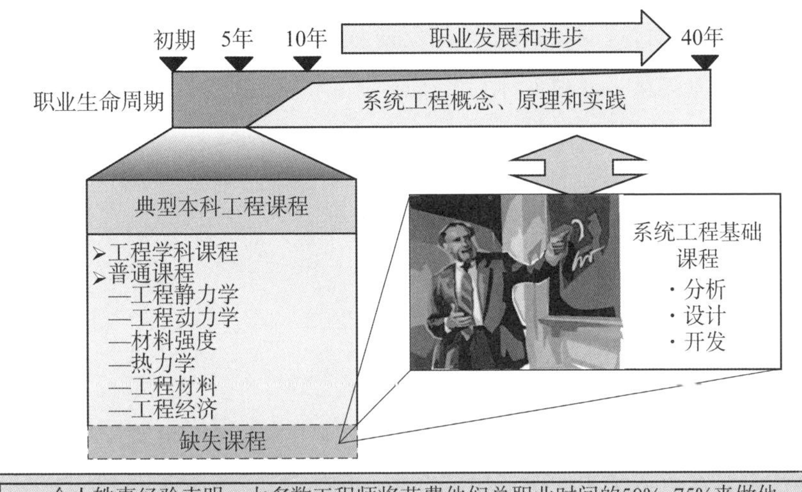

图 2. 13　系统工程——工程教育中缺失的课程

从第五年开始，他们的雇主希望他们能够负责项目，承担更多的项目职责。

这意味着他们要接受更复杂的项目任务，包括领导团队，而团队中常常有工程专业的应届毕业生。因此，工程师会花较少的时间在特定学科的任务上，更多的时间用在领导一个需要与其他多学科团队协作和互动的多学科团队。

根据笔者的经验，从职业时间的角度来看，工程师平均要花费 4 年时间才能获得工程学位，在行业和政府部门的实际应用期限为 5 ~ 10 年。沃森（2012）指出，大多数工程师花费他们总职业时间的 50% ~ 75%来做他们没有受过正规系统工程教育的系统工程与开发决策工作。这种“教育空白”（见图 2. 11）是影响项目绩效的因素之一。

如今，一种新的系统工程范式——精益系统工程广受行业和政府青睐。为更好地理解这个概念及其对应用的影响，我们先简要探讨这个话题。

2.6.6 精益系统工程

例如，20 世纪 80 年代，汽车行业引入零缺陷、全面质量管理（TQM）、六西格玛设计（DFSS）等质量控制理念，企业努力变得更加高效、有效，以提高客户满意度和自身的盈利能力。其他行业采用了这种方法，认为系统、产品和服务可以像汽车一样被设计和开发。

自 20 世纪 90 年代以来，汽车行业在消除浪费和消除非增值过程方面取得了明显的进步。同样的原理可以通过多学科系统工程应用于系统、产品和服务的创新和创造。由此演变而来的概念称为精益系统工程。那么什么是精益系统工程？

2.6.6.1 什么是精益系统工程？

精益系统工程的概念起源于 2004 年麻省理工学院（MIT）的精益航空航天倡议（LAI）联盟（Reben-tisch 等，2004）。2006 年，倡议移交给系统工程国际委员会 LSE 工作组（INCOSE，2010：4）。

工作组对精益系统工程作了如下定义：

精益系统工程指“将精益智慧、原理、实践及工具应用到系统工程中，从而提升向系统利益相关方交付价值的能力”。

奥本海姆（2011：3）指出：“精益系统工程中的‘精益’应视为用精益思维的智慧来修正既定的传统系统工程流程过程，而不是用新的知识体系来取代系统工程。”

那么精益思维又是指什么呢？穆尔曼等（2002）给精益思维作了如下定义：

精益思维（精益）“……精益思维是一种动态的、知识驱动的、以客户为导向的过程，通过这一过程，企业中的所有人都会在创造价值的前提下不断地消除浪费”（Murman 等，2002：1）。

奥本海姆（2011：3）提出了一项补充意见：“着重强调：……精益系统工程并不意味着‘更少的系统工程’，而是更多的系统工程，对企业流程、人员和工具有更好的准备、更好的程序规划和前装准备、更好的工作流程管理和更好的项目管理和领导能力，以及更高层次的职责、权力和责任。”

2009 年，奥本海姆（2009）根据系统工程国际委员会 LSE 工作组完成的工作，发表了一篇关于系统工程精益使能工具的文章（Oppenheim，2009）。对研究所得的产品说明如下：

……由 194 个实践和建议组成，这些实践和建议被表述为系统工程师“应该做”和“不该做”的内容，并包含关于如何使用精益思想准备、计划、执行和实践系统工程和相关企业管理的集体智慧（Oppenheim，2009：1）。

由于系统工程国际委员会 LSE 工作组、麻省理工学院（MIT）以及项目管理协会（PMI）正在进行的工作，MIT – INCOSE – PMI 联合实践社群（CoP）同意合作并制定精益使能工具指南。

2.6.6.2　工程项目管理精益使能工具指南

自 2011 年开始，MIT – INCOSE – PMI 联合实践社群发起了一个为期一年的项目，开始制定精益使能工具综合指南。

2012 年，工作组发布《工程项目管理精益使能工具指南》。指南“通过实践社群和从业者的反馈、系统工程国际委员会和项目管理协会大会上的多次研讨会、精益航空航天倡议联盟主持的基于网络的会议以及对扩展专业社群的调查进行了广泛验证”[MIT – PMI – INCOSE（2012）]。

MIT – PMI – INCOSE（2012：ⅵ）精益使能工具指南解决了“工程项目中精益使能工具有助于解决的主要挑战”。其中包括下列几项：

（1）“灭火”——反应式项目执行。

（2）不稳定、不清楚和不完整的需求。

（3）企业扩展后的一致性和协调性不足。

（4）流程只是局部优化，而不是面向整个企业整合。

（5）角色、职责和责任不明确。

（6）项目文化、团队能力和知识管理不善。

（7）规划不足。

（8）不正确的度量、度量系统和关键绩效指标（KPI）。

（9）项目风险管理不够主动。

（10）项目采办和承包工作不尽人意。

有人也许会问：精益使能工具、系统工程和 SDBTF – DPM 范式之间存在什么关系与联系？这就引出我们的下一个话题。

2.6.6.3　将精益原理应用于组织工程流程

组织要么正确进行系统工程，要么采用自定义、无限循环 SDBTF – DPM

范式，要么综合使用两种。关于精益原理在工程流程中的应用，面临的问题是：我们如何应用精益原理来消除浪费并为客户创造更多价值？如果你正在执行本文中提到的系统工程，那么显然，你正在着手一个持续过程改进的项目，并准备应用精益原理。如果不是这样，那么阅读注意 2.3。

注意 2.3　SDBTF－DPM 范式组织

如果你所在的组织或参与的项目正在使用 SDBTF－DPM 工程范式，你会面临一个重大挑战。将精益系统工程原理应用于自定义、无限循环 SDBTF－DPM 范式会产生另一种特别、无限循环的 SDBTF－DPM 范式，除非转换到真正的系统工程范式，如图 14.1 所示。

精益系统工程需要有能力、有远见且及时规划，需要人员培训、组织和项目指挥体系更新，以及有管理层承诺和资源充分支持的其他措施。改变企业文化是一个长期的过程，每个企业的情况各有不同。雇用企业自主选择的有能力、有资质的专业人士，可以为范式转换助力。

基于上述讨论，我们如何解决 SDBTF－DPM 工程范式问题？解决方案从 K－12 教育，特别是工程学位课程开始。这就引出下一个话题：工程教育的挑战和机遇。

2.7　工程教育的挑战和机遇

与大多数其他工程学科从业人员不同，系统工程师需要具有在许多小型、中型和大型复合系统开发项目中多年的深入经验。这是许多工程教育者面临的一大难题。

拉图卡等（2006：6，12）指出：

“20 世纪 80 年代，雇主普遍对工科毕业生的专业技能表示不满。”

“应届毕业生在技术上准备充分，但缺乏在竞争激烈、富有创新精神的全球市场中取得成功的专业技能。”

“到 20 世纪 90 年代中期，工程与技术认证委员会开始推行一种基于学生学习和持续改进能力评估的新认证理念。”

一位教育工作者在评论系统工程教育面临的挑战时曾说，有能力的系统工程课程讲师需要 25 年以上的深入行业系统和产品开发经验。问题是，他们从行业离职进入学术界后，会由于缺乏终身职位和对所教授课程的掌控，又在短期内离开。相反，应届博士毕业生毕业后如果成为讲师，就可以获得终身职位，但却缺乏行业系统和产品开发经验。

为说明这一点，美国国家工程院“培养 2020 年的工程师”报告（NAP，2005：21）指出，“绝大多数工程系教师没有行业经验。行业代表指出，在他们看来，造成这种脱节的原因在于，工程专业的学生并没有充分准备好进入当今的劳动力市场。”

维斯特（NAP，2005）曾提到，“学术界在工程科学领域处于领先地位，但我不认为我们在现有的所谓‘系统工程’领域领先。事实上，当我们观察行业、政府和社会的发展时，我们会自问到底应该教授学生什么内容……毫无疑问，现在和未来的工程师必须构思和指导极其复杂的项目，而这些项目需要工程师对工程系统有全新、高度综合的认知”（NAP，2005：165）。为在竞争激烈的全球环境中拥有竞争优势，有些措施必不可少。

欧文（1998）提到，工程学校的项目往往侧重于系统实现方面。当项目参与评级时，大部分评估都是针对工件的完成而做，而设计就显得不那么重要。他指出，这种方法通常被合理地解释为鼓励学生发挥“创造性”。因此，学生很少或根本不会得到关于设计过程的指导或指示（Erwin，1998：6）。

通过这样的工程教育，工程师自然会关注以部件为中心的设计解决方案。考德威尔（2007）在着手进行工程课程改革时，将传统的工程课程呈现描述为自下而上的顺序：组件—交互—系统。他认识到工程课程侧重于工程组件分析而不是集成系统的分析（Caldwell，2007：92－93）。

为解决这个问题，工程项目利用高水平顶点项目（capstone project）将工程学科的学生引入多学科设计团队环境，促进跨学科合作和决策。一些顶点项目的论文通常将系统工程描述为编写规范要求、创建设计、识别和组装组件、集成和测试组件以及执行验证和确认。如前所述，这些是系统工程环节，而不是系统工程问题求解和解决方案开发。事实上，这种连续流程既不正确，也存在缺陷。

工程项目和讲师经常抱怨课堂或实验室时间有限，无法涵盖全部要求的内容。因此，人们开始尝试将系统工程概念实时注入顶点项目的主体中。显然这些尝试是积极正面的。施密特等（2011）、内梅斯等（2011）以及科恩斯和达勒（2011）提供了研究和建议，说明了为什么应该在顶点项目课程之前引入系统工程的概念（Wasson，2012：9）。

尽管具有任何程度的系统工程意识都比没有意识强，但从教学系统开发的角度来看，基于“知识碎片”（即活动）的学科的善意描述属于负面教育。系统工程就是这种情况。为进入职场做准备，准确、全面理解系统工程是什么，不是什么对工程师而言至关重要，这样才有助于工程师在可交付系统、产品或服务的工作场景中，准备好恰当地应用系统工程方法并理解他们所接收到的工作。

为解决教育问题，工程与技术认证委员会的董事会在1996年批准了工程标准2000（EC2000）——这也是我们接下来要讨论的内容（Latucca 等，2006：6）。

2.7.1 ABET 工程变更 2000（EC2000）

EC2000 确定了工程与技术认证委员会关于学生成果的标准3（2012：3）。标准3指出，“学生学习成果是以下（1）到（11）的成果加上可能与该计划有关联的其他附加成果。

（1）运用数学、科学和工程知识的能力。

（2）设计和进行实验，以及分析和解释数据的能力。

（3）在经济、环境、社会、政治、道德、健康和安全、可制造性、可持续性等现实约束条件下，**设计系统**、部件或流程以满足需求的**能力**。

（4）在多学科团队中发挥个人职能的能力。

（5）识别、定义和解决工程问题的能力。

（6）对职业和道德责任的理解能力。

（7）有效沟通的能力。

（8）理解工程解决方案在经济、环境和社会等领域的影响所需的广泛教育。

（9）认识到终身学习的必要性和参与终身学习的能力。

（10）对当下问题的理解能力。

（11）运用工程实践所必需的各种技术、技能和现代工程工具的能力。”

观察（3）中“设计系统、部件或流程”中**系统**一词可以发现，这是一种显著的、积极的变化。但是，请回看以上清单并思考：这个清单中是否有任何内容承认存在和需要学生成绩纠正“代入求出”……即持续影响行业和政府系统开发绩效的 SDBTF－DPM 范式？关键是现在是时候把本科工程教育提升到更高的水平来纠正这种“代入求出”……即通过工程教育在无纠正情况下不受约束地迁移的 SDBTF－DPM 范式。

我们需要做的不是培养仍然使用“代入求出”……SDBTF－DPM 范式设计系统的工程师。如今，工程教育面临着挑战，要在已经超负荷的课程中增设更“软”的课程，如通信、哲学和其他课程，这些知识对 21 世纪的工程而言无疑是至关重要的。那么问题如下：

一名工程师如果能够很好地沟通并理解理念，但却不知道系统到底是什么、系统在架构上是如何构建的，或者不了解他们在整个系统或产品中的工程任务背景，以及背景对整个系统性能的贡献，那么工程师的相对价值是什么？

学生成绩——工程毕业生必须实现平衡，即毕业生能够在他们就业的第一天就能满足行业和政府系统开发的需求，并产生工程定义所指出的成果“……为了人类的利益”（Prados，2007：108）。

2.8 本章小结

本章我们讨论了系统工程的发展状况，并提出了提升系统工程实践水平所面临的挑战和机遇。系统工程实践当前面临以下重要挑战：

（1）拥有特定工程专业学位的应届毕业工程师存在图 2.11 中所示的教育空白，具体表现如下：

a. 与工作中所需的多学科问题求解和解决方案开发方法相关的指导甚少或没有。

b. 缺乏进行多学科系统工程与开发所需的系统工程课程教育。

（2）笔者总结的如下经验：

a. 大多数工程师将花费他们总职业时间的 50% 到 75% 来做他们没有受过正规教育或上过相关课程的系统工程决策（见图 2.13）。

b. 尽管组织中很多人拥有系统工程师头衔，但只有不到 3% 的系统工程师真正具备本文所述的系统工程概念、原理和实践的相关知识。整体系统工程能力存在于组织层面。然而，当组织系统工程能力分散到多个项目时，一个项目的系统工程能力水平就将取决于那些拥有“系统工程师”头衔但教育、知识和经验仅停留在非正式、体验式层面的人员。

c. 大多数工程师的系统工程知识来自在职培训，通过“去做”的方式从非正式和体验式学习中获得（见图 2. 12）。

d. 系统工程师是最容易被滥用的企业工作工种之一——管理人员随意地将工程师称为“系统工程师”，而不考虑他们是否满足教育要求，是否在应用系统工程概念、原理和实践中表现出了应有的知识和能力水平。

(3) 一些所谓的系统工程课程其实应定性为系统采办和管理——监督和管理其他人员执行系统工程工作。需要开设系统工程与开发课程，以指导学生如何实际开发系统、产品或服务。

(4) 行业、政府、学术界、专业及标准组织制定了一系列系统的工程标准，并不断对其进行更新，目的如下：

a. 纠正系统工程和项目绩效存在的问题。

b. 促进项目绩效一致性、可重复性和可预测性。

(5) 范式是一种根深蒂固的趋同思维定势或模式，旨在过滤或拒绝考虑采纳或采用可能影响现状的新创意和新想法。

(6) 项目和工程绩效问题通常可追溯到“代入求出”……基于科学调查方法的 DBTF 范式：

a. 源于初中、高中教育。

b. 通过工程教育在无纠正情况下不受约束地迁移，传到行业和政府。

c. 演化成“代入求出”……SDBTF 范式及其嵌入的无限循环设计过程模型（见图 2. 8）并在行业和政府中传播。

(7) 行业“代入求出”……SDBTF 范式是：

a. 经常与系统开发策略混淆，随着时间的推移，逐步形成泛化的“定义—设计—构建—测试”工作流程（见图 12. 3）。

b. 被视为一种系统工程问题求解和解决方案开发方法。但实际上，SDBTF 范式是一个自定义的、无限循环活动集，它缺乏完成收敛性，并使那些面临成本、进度和技术约束挑战的项目经理感到困难重重。

(8) 企业、项目和工程师经常错误地将系统工程理解如下：

a. 编写规范，创建设计，构建或获取部件，集成和测试系统，并在交付前执行系统验证和确认。

b. 以文档为中心——即生成文档。但实际上，系统工程是以方法为中心、以结果为基础，侧重于收敛技术决策，从一系列可行的方案中选择最佳解决方案。决策工作，如输入、约束和建议，是通过文档来获取的。

(9) 系统工程属于自上而下的工程。但实际上，属于多学科系统工程：

a. 垂直——自上而下和自下而上。

b. 水平——从左到右和从右到左。

(10) 精益系统工程：

a. 专注于消除系统工程中的浪费，消除非增值流程。

b. 应用于企业“代入求出”……SDBTF 工程流程通常会引起另一种“代入求出”……SDBTF 工程流程并未能纠正图 2.3 所示的从需求直接跳转到物理实现的方法。

原理 2.2　决策工件原理

如果一个关键的决策或事件及其促成的输入、约束和它们的来源没有记录在案，那么这个决策或事件就从未发生。

如果将 SDBTF－DPM 范式转变为新的系统工程范式，它会起作用吗？

首先，建立一种新的系统工程范式需要愿景式领导，要长期承诺，并通过更新组织标准流程、教育和培训课程增量推新，还需要具有基于丰富系统工程经验的全新管理视角。

其次，在埃尔姆和戈登森（2012）正在进行的一项研究中，相关数据验证了系统工程绩效。例如，图 2.14 展示了按系统工程能力低、中、高划分的三类组织，在执行两类项目时应用系统工程最佳实践的有效性：低项目挑战和高项目挑战（Elm 和 Goldenson，2012：xiv，图 3）：

(1) 低项目挑战类项目（见图 2.14，A 部分）具有较高系统工程能力的企业在 52%的时间内可实现最高水平绩效，相比之下，具有中、低系统工程能力的企业实现高水平绩效的时间占比平均为 23%。

(2) 高项目挑战类项目（见图 2.14，B 部分）具有较高系统工程能力的企业在 62%的时间可实现最高水平绩效，相比之下，具有中、低系统工程能力的企业实现高水平绩效的时间占比分别为 26%和 8%。

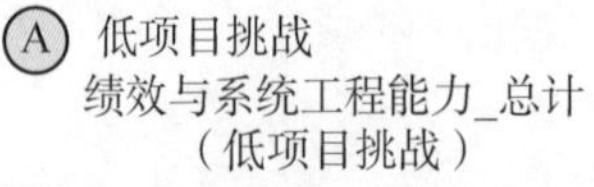

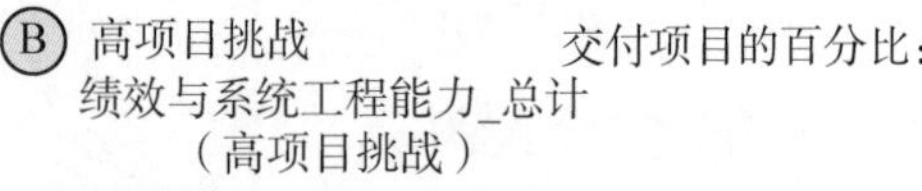

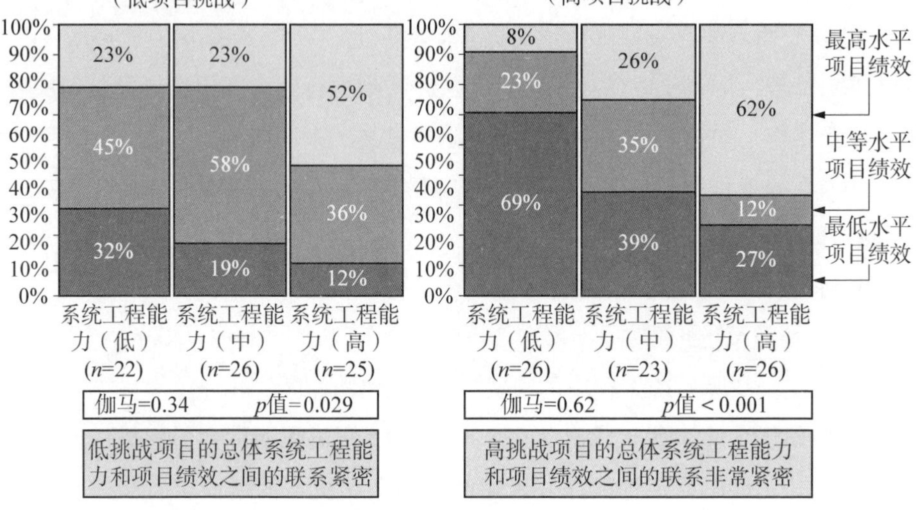

图 2.14 系统工程最佳实践的有效性——与项目挑战相关的项目绩效和总体系统工程能力之间的关系

（资料来源：Elm 和 Goldenson，2012：xiv，图 3。经许可使用）

底线：与具有中、低系统工程能力的企业相比，具有较高系统工程能力的企业更有可能持续实现更高水平的绩效，不论项目有怎样的难度。*

真正的非 SDBTF、具备系统工程能力的企业的绩效结果会更好吗？昂纳（2013）及埃尔姆和戈登森（2012）的研究和行业调查显示：

> “正确应用系统工程最佳实践的项目比不应用系统工程最佳实践的项目绩效更优。”
>
> ——Elm 和 Goldenson，2012：xiv。
>
> “系统工程能力水平和项目成功之间存在可量化的关系。”
>
> ——Honour，2013：177。

最后，为克服当前系统工程范式的扩散问题，行业、政府和学术界要抓住

* 请注意，埃尔姆和戈登森（2012）对受访者调查数据的分析没有对所使用的系统工程流程的类型进行区分——基于 MIL - STD - 499B 草案（1994）的 SDBTF - DPM 范式或第 14 章所述能够解决绩效问题的系统工程流程。

机会纠正根本问题及其原因，而不仅是在问题的外围设立“包装”（见图 2.8）并期望结果会有所不同。

直到 20 世纪 80 年代，还有很多企业认为质量保证以及验证和确认是在系统或产品完成后才开展的活动。这种观念导致的问题是废品率高、返工成本高、废料堆大。之后，在全球竞争、组织生存压力及更高盈利能力等重重挑战下，高管们开始认识到系统、产品或服务质量和性能是从第一天而非最后阶段开始保障的。企业和项目的绩效和成功依赖新选择：是继续 SDBTF 范式，还是转向本文所讨论的新的系统工程范式。

企业绩效、各种质量活动的宗旨、六西格玛设计等的关键内容均涉及一个重点——图 4.1 所示的供应链管理（SCM）。优质产品和服务的交付依赖于供应链各环节遵循的质量原则。系统工程实施和教育供应链简直支离破碎！行业、政府和学术界需要认识到并承认存在“代入求出”……SDBTF 范式及其嵌入的设计过程模型。然后通力合作以共同转变 SDBTF 范式。那么问题如下：

（1）组织上，我们以及我们所在的企业是否会：

a. 继续使用“代入求出”……SDBTF－DPM 范式，即便所有人承认这种范式特殊、混乱、低效、无效，并且不能扩展到中大规模复合项目中。

b. 将这种范式转换成一种真正的系统工程范式（第 34 章）。

（2）学术上，我们是否会：

a. 继续当前课程体系，允许科学方法和 SDBTF－DPM 范式通过工程教育在无纠正情况下不受约束地迁移。

b. 转向新的工程教育范式，消除教育空白（见图 2.11），即

• 培养本科生和研究生，为进入行业和政府机构工作准好准备。

• 是基于问题求解和解决方案开发与工程之间的平衡，而不是基于系统采办和管理或基于方程的课程——其可作为后续课程。

这并不意味着创建新的课程，基于系统采办和管理或基于方程的，在课程上贴上系统工程标签，并将其分配给没有行业经验的讲师来教授。例如，美国工程与技术认证委员会通过其 EC2000 表示，已经认识到需要除系统工程通用标准之外的专用标准（ABET，2011：3）。尽管已多年在其年度认证标准中涉及，“系统和类似命名工程项目的项目标准”部分继续声明，“除通用标准之外，没有（系统工程）项目专用标准”（ABET，2014：20）。

基于上文对系统工程实践发展状态及其挑战与机遇的讨论，应该有助于读者更好地理解第 34 章中阐述的系统工程概念、原理和实践。

2.9 本章练习

2.9.1 1 级：本章知识练习

(1) 什么是范式？

(2) 范式转换是什么意思？

(3) 什么是验证？

(4) 什么是确认？

(5) 什么是“代入求出”……SDBTF 范式？它起源于何处？为什么在工程教育中纠正 SDBTF 范式很重要？

(6)“数字填色工程”指的是什么？这种工程有何优缺点？

(7) 什么是精益思维？

(8) 什么是精益系统工程？

(9) 精益系统工程的目标是什么？

(10) 为什么将精益系统工程原理应用到 SDBTF - DPM 工程流程会产生另一种 SDBTF - DPM 工程流程？

2.9.2 2 级：知识应用练习

参考 www. wiley. com/go/systemengineeringanalysis2e。

2.10 参考文献

ABET (2012), *Criteria for Accrediting Engineering Programs-Effective for Reviews During the 2013 - 2014 Accreditation Cycle,* Baltimore, MD: Accreditation Board of Engineering and Technology (ABET) Engineering Accreditation Commission.

AFSCM 375 - 5(1966), *Air Force Systems Command Manual No. 375 - 5, System Engineering Management Procedures, Andrews AFB*-Washington, DC: Headquarters Air Force Systems Command (AFSC).

ANSI/EIA 632 (1998), *Processes for Engineering a System,* Arlington, VA: Electronic Industries Alliance (EIA).

Archer, L. Bruce (1965), *"Systematic Methods for Designers," Design*, London: Council on Industrial Design.

Caldwell, Barrett S. (2007), *"Teaching Systems Engineering by Examining Educational Systems," Proceedings of the Spring 2007 American Society for Engineering Education (ASEE) Illinois-Indiana Section Conference,* March 30 – 31, 2007, Indianapolis, IN: Indiana University-Purdue University Indianapolis. Retrieved on 10/6/14 from http://ilin. asee. org/Conference2007program/Papers/Conference%20Papers/Session %201B/Caldwell. pdf.

Churchman, C. West (1967), "Guest Editorial," *Management Science*, Vol. 14, No. 4, 1967, pp. B – 141 – 142. Retrieved on 10/6/14 from http://pubsonline. informs. org/doi/pdf/10. 1287/mnsc. 14. 4. B141.

CMMI (2014a), *Solutions webpage,* Pittsburgh, PA: Carnegie Mellon University Capability Maturity Model Institute (CMMI). Retrieved on 1/12/13 from http://cmmiinstitute. com/cmmi-solutions/.

CMMI (2014b), *FAQs: CMMI Product Suite—What Is CMMI? webpage,* Pittsburgh, PA: Carnegie Mellon University Capability Maturity Model Institute (CMMI). Retrieved on 1/12/13 from http://cmmiinstitute. com/cmmi-getting-started/frequently-asked-questions/faqs-cmmi-product-suite/.

Corns, Steven, and Dagli, Cihan H. (2011), *"SE Capstone: Integrating Systems Engineering Fundamentals to Engineering Capstone Projects: Experiential and Active," American Society for Engineering Education (ASEE) 2011 Annual Conference Proceedings,* June 26 – 29, 2011, Vancouver, Canada. Retrieved on 1/9/13 from http://www. asee. org/public/conferences/1Zpapers/1211/view.

Drucker, P. F. (1959), *The Landmarks of Tomorrow,* New York: Harper and Row-Harper Collins.

EIA/IS 632 – 1994 (1994), Interim Standard: *Processes for Engineering a System*, Arlington, VA: Electronic Industries Alliance (EIA). Retrieved on 1/9/14 from http://www. acqnotes. com/Attachments/EIA-632%20%93Processes%20for%20 Engineering%20a%20System%94%207%20Jan%2099. pdf.

EIA 731. 1 (2002), *EIA Standard: System Engineering Capability Model (SECM)*, Arlington, VA: Electronic Industries Alliance (EIA).

Elm, Joseph P. and Goldenson, Dennis R. (2012), "*The Business Case for Systems Engineering Study: Results of the Systems Engineering Effectiveness Survey*", Special Report: CMU/SEI – 2012 – SR – 009, Pittsburgh, PA: Carnegie Mellon University (CMU) CERT Program. Retrieved on 1/4/13 from http://www. sei. cmu. edu/library/abstracts/reports/12sr009. cfm.

Erwin, Ben (1998), "K – 12 Education and Systems Engineering: A New Perspective," Session 1280, Proceedings of the American Society of Engineering Education (ASEE) National Conference, Seattle, WA.

Schmidt, P., Zalewski, J., Murphy, G., Morris, T., Carmen, C., van Susante, P. (2011), *"Case Studies in Application of System Engineering Practices to Capstone Projects/'* American

Society for Engineering Education (ASEE) Conference and Exposition. June 26 – 29, 2011. Vancouver, Canada. Retrieved on 1/11/14 from http://www.asee.Org/public/conferences/1/papers/1537/download.

SE – CMM (1994), Bate, Roger; Reichner, Albert; Garcia-Miller, Suzanne; Armitage, James; Cusick, Kerinia; Jones, Robert; Kuhn, Dorothy; Minnich, Ilene; Pierson, Hal; & Powell, Tim (1994) *A Systems Engineering Capability Maturity Model, Version 1.0 (CMU/SEI – 94 – HB – 004)*. Pittsburgh, PA: Carnegie Mellon University (CMU) Software Engineering Institute (SEI), Retrieved on 1/5/13 from http://resources.sei.cmu.edu/library/asset-view.cfm?AssetID=12037.

SEI (2104), *SEI Statistics and History webpage*, Pittsburgh, PA: Carnegie Mellon University (CMU) Software Engineering Institute (SEI), Retrieved on 1/5/13 from http://www.sei.cmu.edu/about/statisticshistory.cfm.

The Standish Group, (Periodic) Chaos Reports, Boston, MA: The Standish Group.

Vitasek, Kate (2014), *"Churchman, Rittel, and Webber: The 'Wicked Problem'," Outsource Magazine*, Issue #35, Spring 2014, London: EMP Media, Ltd. Retrieved on 4/25/14 from http://outsourcemagazine.co.uk/churchman-rittel-and-webber-the-wicked-problem/.

Warwick, Graham and Norris, Guy (2010), *"Designs for Success: Calls Escalate for Revamp of Systems Engineering Process"*, Aviation Week, Nov. 1, 2010, Vol. 172, Issue 40, Washington, DC: McGraw-Hill.

Wasson, Charles S. (2008), Systems Thinking: Bridging the Educational Red Zone Between System Engineering and Program Management Education, 2nd Annual INCOSE Great Lakes Conference (GLC), Mackinac Island, MI, September 7 – 9, 2008. Retrieved on 1/11/14 from http://www.destinationmi.com/documents/Systems_Thinking_Government-Industry-Academia_WASSON.pdf.

Wasson, Charles S. (2011), Model-Based Systems Engineering (MBSE): Mirage or Panacea, Dearborn, MI: 5th Annual International council on Systems Engineering (INCOSE) Great Lakes Conference (GLC). Retrieved on 1/8/14 from http://www.omgwiki.org/MBSE/lib/exe/fetch.php?media=mbse:wassonmb sepanaceaormirage.pdf.

Wasson, Charles S. (2012), *System Engineering Competency: The Missing Course in Engineering Education, National Conference, San Antonio, TX: American Society for Engineering Education (ASEE)*, Retrieved on 1/8/13 from http://www.asee.org/public/conferences/8/papers/3389/view.

Watson, John C. (2008), *Motivations for Model Driven Development*, Moorestown, NJ: Lockheed Martin MS2. Retrieved on 1/11/14 from http://www.omgwiki.org/MBSE/lib/exe/fetch.php?media=mbse:motivation_for_model_driven_development_e.pdf.

第 I 部分

系统工程和分析概念

3　系统属性、特性和特征

如果询问工程师、分析师、教育工作者等大多数人，他们是如何认识系统的，答案通常集中在设备、硬件和软件上。

如果让这些人列举系统，答案会包括计算机、汽车、宇宙飞船等实体系统。

这两个现象佐证了教育和培训系统中的范例和空白，特别是对于工程师、科学家和分析师而言的范例和空白。工程师是工程系统中“造福人类”的关键因素，人们会认为“系统”和“系统思维”概念是工程教育的组成部分。

本章开启帮助读者理解什么是系统的“旅程”。在第 1 章中给出系统定义的基础上，我们探索作为对象或实体的“系统是什么”。我们可以把系统想象成一个多层建筑，它有着令人震撼的建筑结构和玻璃幕墙，但却没有提供用途提示。办公楼？公寓楼？高科技制造工厂？还是医院？本章我们的讨论将集中在系统上——系统的属性、特性和特征。

3.1　关键术语定义

（1）命令和控制（C2）——闭环过程，包括如下内容：①持续监控系统、产品或服务的任务计划与实际执行状况；②对执行状况予以评价以确定纠正措施；③向系统发出命令以实现任务目标。

（2）涌现（emergence）——系统或实体的一种行为特性。涌现是系统或实体通过配置和集成其构成组件的性质和特征而出现的特性，单个组件并不具备此特性。例如，在完全拆卸后，飞机的零部件可能不会显示出具备飞行能力。

（3）实体（entity）——通用术语，表示作为规范的主题的系统、项目、软件、过程或材料（MIL－STD－961E：4）。

（4）匹配性（fit）——部件在规定限制范围内与其他部件轻松、无干扰配合的机械兼容性。

（5）首件系统（first article system）——参见第12章中“关键术语定义”。

（6）形状（form）——为满足一个或多个接口边界约束条件所需的部件的几何形状、材质或表面特征。

（7）形状、匹配性和功能（form fit and function）——在构型管理中，构型包括作为实体的部件的物理特征和功能特征，但不包括组成该部件的元素的任何特征（© 2014 版权所有，ISO/IEC/IEEE，经许可使用）（ISO/IEC/IEEE 24765，2010：127）。

（8）功能（function）——为实现特定目标而执行的无单位的运算、活动、过程或动作。功能表示诸如将物体移动一段距离、分析和处理信息、转换能量或物理属性、做出决定、进行通信以及与其他运行环境系统互操作等行为。由性能水平限定的功能就是能力。

（9）潜在缺陷（latent defects）——由于以下原因造成的残余、未发现的缺陷或危险：①规范或设计缺陷、错误和不足；②不良工艺实践；③可能影响系统性能或降低系统美学价值的材料成分杂质、瑕疵或污损。

（10）性能水平（level of performance）——一个客观、可测量的参数，表示用于限制系统根据一系列场景假设、初始条件和运行条件进行操作的能力的阈值性能。例如：物理特征——力、频率、变化率等，人员熟练程度，系统有效性和效率，等等。

（11）性能（performance）——系统或组件在速度、精度、存储器使用率等给定约束条件下完成其指定功能的程度（2012 版权所有，IEEE，经许可使用）（ISO/IEC/IEEE 24765，2010：219）。

（12）性能/绩效影响因素（performance effector）——系统或实体基于性能/绩效的工作成果的影响因素。

（13）先行计划产品改进（pre-planned product improvements）——对系统、产品或服务进行新能力或技术更新以满足特定任务目标（如有效载荷、成本、重量或性能，系统漏洞缺陷纠正等）的分阶段战略。

(14) 物理属性（physical attribute）——材料（包括接口）的定量和定性特征，如成分、尺寸、光洁度、公差、源代码和目标代码、编译信息、复杂程度、数据结构、平台、驱动程序（ANSI/EIA－649－1998：8）。

(15) 阶段性点或控制点（staging or control point）——预先定义的程序化决策事件，如会议、评审或验证，旨在评估工作成果（如计划、规范和设计）的进度、状态、成熟度和风险，然后再决策是否投入资源进行下一步或进入系统/产品生命周期阶段。

(16) 维持（sustainment）——基本任务资源［耗材和消耗品（第 8 章），如燃料、润滑剂、零件、食物、水、药品和医疗用品等］的后勤输送，以维持任务系统和使能系统运行与维护的日常需求，确保任务不间断地持续进行。

(17) 系统设计解决方案（system design solution）——不断发展的技术文档集——系统规范，设计，图纸，系统描述，分析和权衡研究，模型、模拟及其结果，测试程序，会议记录，等等。技术文档集中采集了可交付系统/产品或特定模型或版本的开发构型。

(18) 系统元素（system element）——赋予利益相关系统任务系统、高阶系统或物理环境域中的一类实体的标签。按照约定，本教材中，特定系统元素名称（如人员、设备）通常首字母大写，以方便识别和使用上下文。参见第 8 章。

(19) 系统最终用户（system end user）——直接或间接受益于系统、产品或服务的成果或结果的个人或企业。最终用户通常不需要系统操作培训，如飞机上的乘客是受益于从一个机场到另一个机场的运输系统的最终用户。

(20) 利益相关系统 SOI——实体，如系统、产品或服务，其边界范围为上下文分析、研究或学习，其任务是在指定的时间框架、可用资源和指定的操作约束条件内，执行一个或多个基于结果绩效目标的企业或组织任务。

(21) 系统利益相关方（system stakeholder）——在系统、产品或服务执行其指定任务时产生的结果中，拥有友好、竞争或敌对既得利益的个人或企业。

(22) 系统用户（system user）——在执行指定任务时负责系统、产品或服务的命令和控制的个人或组织。系统用户可能需要得到一定程度的培训和认

证。例如，作为系统用户，飞机的飞行员需要经过严格的训练和认证才能安全地操纵和控制飞机。

（23）传递函数（transfer function）——将输出表示为输入函数的数学模型。例如，$y=f(x_1, x_2, x_3 \cdots)$，其中 y 表示随 x_n 变化的输出。

（24）确认（validation）——参见第 2 章中提供的定义。

（25）验证（verification）——参见第 2 章中提供的定义。

3.2 系统的分析表示法

从分析的视角来看，可以将一个系统简单地表示为用矩形框表示的实体（见图 3.1）。一般来说，将刺激、激励、提示等输入反馈系统，系统通过增值处理（传递函数）转换输入，产生产品、副产品、服务、行为等输出。作为一项构造（construct），矩形框可以象征性地接受，但我们需要更明确地理解系统做了什么。也就是说，系统必须有效地增加其输入的价值，以产生更满足用户操作需求的输出响应。

图 3.1 所示为系统概念的简单图示，很容易理解。但从分析的角度来看，图中没有与系统在运行环境中如何运行和执行任务相关的关键信息。因此，我们对图进行了延伸，识别缺失的元素，结果如图 3.2 所示。构造的属性包括期望/非期望输入、利益相关方和期望/非期望输出。以这些属性作为关键检查表，确保在定义、设计和开发系统时，所有涉及的行为影响因素都能得到适当的考虑。

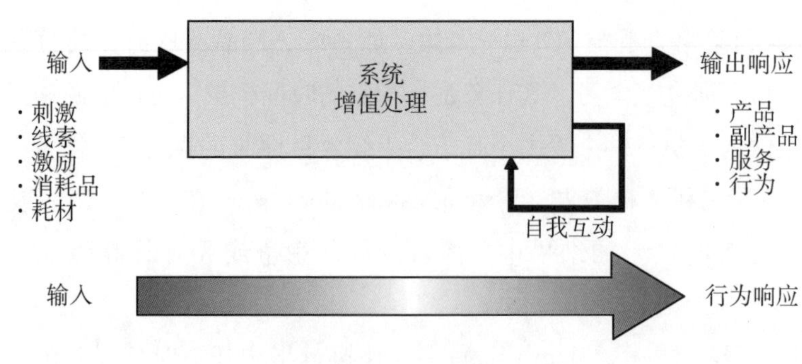

图 3.1　系统简图

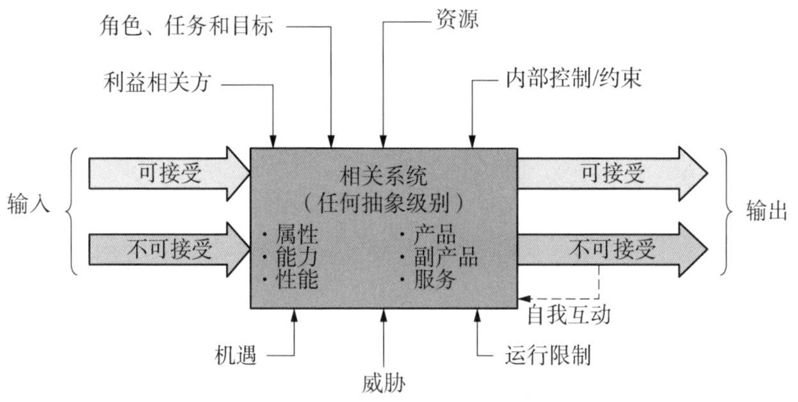

图 3.2 分析系统实体构造

3.2.1 系统能力

增加输入价值并产生输出的转换处理（传递函数）称为能力。经常会听到人们将其称为系统的功能（function），这样的说法只是部分正确。功能表示要执行的动作，而不是性能的好坏。本文使用能力作为术语，它包括了系统的功能和性能属性。

3.2.2 系统分析构造

所有自然和人类系统（组织系统和工程系统）都存在于我们称为系统运行环境的一个抽象概念中。许多系统的生存最终取决于它的能力，即物理属性、性质、特征、战略、策略、安全性、时机和运气。

如果通过观察和分析这些系统及其行为模式来理解它们是如何适应环境的，很快就会发现这些系统有一个描述系统与其运行环境之间相互作用的共同构造或模板。我们将被研究或分析的系统称为相关系统。图 3.2 给出了构造的图形描述。以汽车为例，和背景相关的相关系统可以是轮胎、转向系统、发动机、收音机或整车。

当相关系统（如系统、产品或服务）与其运行环境相互作用时，会出现多种行为模式。作为关键的系统工程（SE）原理，有如下几下。

原理 3.1　系统相互作用原理

系统、产品和服务必须能够在其运行环境中接触、参与和响应外部系统和

动态条件。

原理 3.2　互动原理的类型

外部系统接触和相互作用的特征是合作、支持、友好、竞争、苛刻、攻击性、敌对和防御，或这些特征的组合

原理 3.3　系统反应性和适应性行为原理

系统、产品和服务必须能够以反应性和适应性行为对外部系统在运行环境中产生的刺激、激励和提示做出响应（无响应、攻击性行为、保护机制或防御对策）。

原理 3.4　系统响应原理

系统产生产品、副产品、服务、行为，或其组合来实现基于任务结果的行为目标并在其运行环境中生存。

原理 3.5　意外后果定律原理

系统、产品、副产品或服务响应可能会导致其自身的不利或灾难性状况甚至产生负面影响，从而影响其性能、任务或生存。

当分析相关系统与其运行环境的相互作用时，会出现以下两种基本的相互作用：

（1）对等级别的一对一相互作用。

（2）层级相互作用［即在企业或组织管理等高阶系统命令和控制下的纵向相互作用，或受自然力和定律（如重力）影响的纵向相互作用］。

原理 3.6　高阶系统原理

每一个系统都服务于或隶属于高阶人类系统和自然环境系统，对这个系统、系统运行及其任务的执行进行权威控制。

当相关系统与其运行环境相互作用时，系统会：

（1）执行上级指挥决策机构指定的任务。

（2）在任务期间，与外部运行环境系统（如人类系统、自然系统和诱导系统）相互作用。*

相关系统与其运行环境的相互作用包括两类实体：高阶系统域和物理环境域。

---

* 运行环境由三种类型的物理环境组成，即人类系统、自然环境和诱导环境，这将在第 9 章中具体讨论。

识别运行环境域使我们能够扩展图 3.1 和图 3.2 所示的系统分析构造。

3.3 系统利益相关方：用户和最终用户角色

原理 3.7 系统存在原理

每个系统都是基于其利益相关方感知到的运行需求而存在的。

每一个系统都是为其利益相关方服务，基于利益相关方的利益和运行需求而存在的。当这种关系减弱、结束或系统被破坏时，系统、产品或服务也就没有了存在的理由。在市场营销中也有这种现象，就如所谓的消费产品或技术采用“*S*”曲线及其细分（早期采用者、大众市场采用、成熟市场和后期采用者）所展现的（Rogers，1962）那样。

系统有两种利益相关方角色——用户和最终用户。注意术语“角色”的用法。某些系统可能有操作员来同时担任系统用户和系统最终用户两种角色。下面我们来探索并描述每种角色类型，然后讨论系统用户如何成为最终用户。

3.3.1 系统用户角色

系统用户角色操作并执行系统、产品或服务的命令和控制，完成任务或指令序列。通常，系统用户需要接受一定程度的基础和熟练度培训，并可能需要认证和取得执照。飞机等系统也可能需要一个或多个系统用户（飞行员）来驾驶飞机。例如，一架商用飞机有一名飞行员、一名大副（副驾驶）、一名乘务长和多名乘务员，执行通信、航空、导航、乘客安全、食品准备、乘客餐食服务等各种飞行操作的命令和控制。在执行各自的飞行职责时，他们操纵控制装置和机制来实现任务的目标。例如，作为系统用户，飞机乘客只需要经过很少的培训或不经过培训就能学会命令和控制照明、风向/气流和座位上方的乘务员呼叫按钮。相比之下，作为飞机系统的系统用户，飞行员需要具备专业的航空和飞机驾驶的知识和经验，经过专业的航空和飞机驾驶培训，并取得安全指挥和控制飞机的认证和执照。

3.3.2 系统最终用户角色

系统最终用户角色直接或间接受益于系统基于行为的任务和结果。最终用

户角色可能需要也可能不需要经过一定的培训。例如，商业航空公司的乘客作为飞机系统的最终用户，从由一个机场到另一个机场的运输中受益。

前面列举的系统用户和最终用户要有特定的基于角色的相关背景。那么，就有了一个关键问题：系统操作员或维护人员可以是系统用户和系统最终用户吗，反之亦然？答案是肯定的。下面来进一步探讨这一点。

3.3.3 系统用户作为最终用户

为了说明系统用户也可以是最终用户，反之亦然，对下面这些例子进行扩展。观察在每种情况下，人员如何以系统用户和最终用户的双重角色执行任务。

3.3.3.1 飞行员/副驾驶作为系统用户和最终用户

作为飞机系统的系统最终用户，飞行员/副驾驶受益于飞行品质、驾驶舱性能显示、告诫、警示、警告等实时飞行操作。

作为系统的最终用户，在消化和评估这些信息后，飞行员/副驾驶作为飞机的系统用户进行命令和控制，采取纠正措施（上升、下降或转向），并采取与天气或其他飞机与相关的回避行为。

3.3.3.2 航空公司乘客作为系统用户和最终用户

作为系统用户和最终用户，航空公司乘客激活（命令和控制）飞机的乘务员呼叫按钮作为服务请求（RFS）。当乘务员响应服务请求时，乘客作为飞机系统的最终用户受益于乘务员提供的服务。

3.3.3.3 乘务员作为系统用户和最终用户

作为飞机系统的系统最终用户，乘务员受益于通过座位呼叫按钮的乘客服务请求接收，确定需要服务的特定乘客。乘务员响应乘客的服务请求。到达乘客座位时，乘务员作为飞机的系统用户关闭（命令和控制）乘客座位上方的呼叫按钮。作为反馈，关闭会使呼叫按钮灯熄灭，使作为系统最终用户的乘务员受益。

前面的讨论介绍了系统用户和最终用户作为系统利益相关方的概念。第 4 章中将进一步延伸对用户和最终用户的讨论。

目标 3.1

将属性、特性和特征作为术语的一部分。但这些术语是什么意思呢？对于研究这些术语定义的旁观者来说，大多数词典通过引用其他术语（即循环引用）来定义这些术语。

系统属性、特性和特征的总和可以将系统、产品或服务唯一标识并与其他同类系统、产品或服务区分开来。下面先从系统属性入手。

3.4 系统属性

属性描述系统的质量特征或物理特征，可以是客观（可观察、可测量）特征，也可以是主观特征，如系统/产品名称、型号、序列号、合同号、单位成本和固定翼飞机与旋翼飞机的对比等。

所有自然和人类系统（企业系统和工程系统）都有独特的属性（特征），如角色、行为模式、气质和外观/外貌等，甚至在同一个物种内。一般来说，具有唯一性的关键属性包括表 3.1 中列举的项目。

表 3.1 多数人类系统（组织和工程系统）的共有属性

编号	属性	描　述
3-1	系统利益相关方	每个系统都至少有一个或多个支持者（benefactor），如所有者、管理员、操作员、维护人员、培训讲师和最终用户，他们促进并受益于系统的行为、产品、副产品或服务
3-2	系统生命周期	每个系统、产品和服务都由一个生命周期组成
3-3	系统运行域	每个系统都有一个运行域或“影响范围”，限制其运行范围、覆盖范围、运行动作和有效性。人类已经学会通过使用其他资产使特定系统“放大”运行范围，扩大覆盖范围。 **示例：** 飞机在燃料、有效载荷、天气等特定运行条件下有特定的运行范围，沿着任务飞行路线部署加油站、空中加油机和维护设施可以延伸航程
3-4	系统参考系	任何时间点的每个系统都有一个参考系，作为其 （1）运行域的永久或临时运行基地。 （2）永久或临时导航基准。 **示例：** （1）可以为一架飞机指定一个永久总部基地，作为飞机的运行中心，也可以命令飞机从世界其他地区的基地执行特殊（临时）任务。

（续表）

编号	属性	描　述
		(2) 阿波罗太空计划以肯尼迪太空中心和地球作为发射操作的参考系
3-5	高阶系统	每个系统都在一个高阶系统（第9章）中运行，高阶系统可权威地管理、指导、约束或控制系统的运行和性能
3-6	基于目的的角色	将宇宙视为一个成体系系统，每一个人类系统都基于其最初系统用户设想的存在理由为其利益相关方服务
3-7	系统任务	每个系统都执行任务，以实现其目的，达到高阶系统和用户确定基于性能/绩效的结果目标
3-8	任务目标和性能/绩效目标	每个系统都有一套目标，最好有文档记录，由一个或多个可量化、可测量、可测试和可验证的具体目标支持。目标为系统所有者和利益相关方基于一系列计划的多方面成果和预期投资回报的资源支出和投资提供了基本依据
3-9	系统运行限制和条件	每一个执行指定任务的系统都受到一系列由高阶系统控制的运行限制和条件的制约
3-10	运行实用性	每个系统都必须产生与其应用、易用性、触感、有用性有关的基于性能/绩效的结果
3-11	运行适用性	就适应或满足任务需求和系统应用而言，每个系统对用户都有一定程度的运行适用性
3-12	运行易用性	每个系统都用能够使用户以最少的人为误差执行任务的易学性和易用性来表征
3-13	运行可用性	每个系统都要具备一定的可用性，以便在用户需要时按需启动
3-14	系统成功标准	每个系统和任务都要有系统所有者和利益相关方同意的一套标准，表示任务成功的目标和以结果为导向的目标
3-15	系统可靠性	对于给定的一组运行环境条件、场景和任务持续时间，用有助于实现任务目标的成功概率表征每个系统
3-16	系统容量	每个系统都需要具备一定的容量来储存人员、能量、燃料、食物、数据、设备、工具等
3-17	系统能量	人类系统（企业系统和工程系统）需要能量源来对输入的刺激、激励或提示做出响应。能量来源可以是可替换、恢复性和再生来源
3-18	运行有效性	每个系统都有成本、技术有效性和完成任务的成功概率 **示例：** 思考教育系统、医疗保健系统的系统有效性的挑战在于从哪个利益相关方的角度考虑有效性

（续表）

编号	属性	描　　述
3－19	系统效率	每个系统在能量转换、原材料处理、信息处理或对刺激、提示的响应方面都有一定程度的效率。作为工程师，我们指定一个效率指标，以数学公式表示已知输入量产生输出量的比率
3－20	系统维持	每个系统、产品或服务都需要人力、资金、耗材和消耗品等资源，通过纠正和预防性维护，备件、供应品、培训等支持，确保成功完成任务
3－21	系统推广	一些系统（即企业）通过演示和广告预测未来的销售，从而推广其系统
3－22	系统隐蔽性	一些系统可能采用伪装或暗装方法来避免被发现、可见或存在
3－23	系统威胁	每个系统及其任务都可能受到其运行环境中的竞争者或对手的威胁，这些竞争者或对手可能表现出友好、善意、侵略性或敌对的意图或行为
3－24	系统保护	每个系统都需要一定程度的保护，以最大限度地降低其应对外部威胁时的脆弱性
3－25	系统安全性	人类系统（企业系统和工程系统）可能需要具备一定的安全级别，如物理安全（PHYSEC）、通信安全（COMSEC）、运行安全（OPSEC）和信息安全（INFOSEC）
3－26	系统架构	每个系统都由能为其形式、匹配性和功能提供框架的一个多层次可运行逻辑（功能）物理结构或架构组成
3－27	系统能力	根据定义，每个系统都具有处理、强化或精准传递函数等固有能力，使系统能够处理或转换原材料、信息、刺激等输入，并以行为模式、产品和副产品的形式做出响应 可以使用工具或其他系统扩展系统的能力，如运行域
3－28	系统运行概念（ConOps）	每个系统都需要一个由系统所有者、系统开发人员和/或系统维护人员架构的运行概念，以传达系统将如何部署、运行、维护、维持、退役和处置
3－29	系统应用	每个系统都设计为一次性使用、重复使用、多用途使用等应用
3－30	运行规范、标准和惯例	每个系统都采用一系列规范、标准和惯例来管理系统操作、行为、道德、伦理和容错
3－31	系统描述	每个系统都需要有运行、行为和物理描述，描述系统架构、系统元素、接口、行为响应和物理实现的特征。 其中每个特征都采用系统能力和工程性能参数来表示，必须采集和阐明这些参数作为系统性能规范（SPS）的要求
3－32	系统运行限制和条件	每个系统都有运行限制和条件，可能是国际、政府、环境、社会、经济、金融、心理等高阶机构施加的物理（能力）约束和条件

（续表）

编号	属性	描　述
3-33	运行模式	每个系统都由运行模式组成。运行模式使系统用户能够安全地执行命令和控制（C2），实现基于性能/绩效的目标和结果
3-34	运行状态	每个系统都包含与其部署、运行准备状态或物理条件相关的运行状态
3-35	当前运行条件	每个系统都用影响系统能否成功执行任务的物理条件来表征
3-36	运行状态	每个系统及其组件都有与其当前操作相关的运行状态。当前操作如开/关、启用/禁用、激活/停用、通电/断电、打开/关闭、故障、降级、标定和校准
3-37	系统就绪	每个系统都有运行健康状态，用来表示系统当前执行或支持用户任务的就绪状态
3-38	系统传感器	人类系统（组织系统和工程系统）需要某种形式的感受器，使系统能够检测外部刺激、激励或暗示，并处理输入、内部状态或运行条件
3-39	系统行为模式	每个系统都用行为模式来表征其对与系统运行环境和条件相互作用的响应
3-40	系统响应能力和灵敏度	每个系统都拥有基于时间和性能/绩效的行为能力，表征系统对本体、刺激、激励或提示的响应或处理能力，并做出响应
3-41	系统接口	每个系统都有内部和外部接口，使系统能够与其运行环境及自身相互作用
3-42	系统谱系	每个系统都有一个源于已有系统设计、技术和对这些设计的改进的谱系，纠正设计瑕疵、不足、缺陷和错误
3-43	任务资源（系统输入）系统技术	每个系统都需要资源输入，如任务、消耗品、耗材和操作员动作。这些输入可以转化为刺激、激励、机动、推进、处理及输出行为和物理响应所需的特定动作。每个系统都采用一种基于性能/绩效的有效期和功能的技术来实现
3-44	系统产品、服务和副产品	每个系统都会产生下列情况： （1）增值产品和/或有利于利益相关方的服务。 （2）可能影响系统性能和/或系统运行环境的副产品。 **示例：** 副产品包括热量，以及残次品、废气、废物、热信号、染色等废物
3-45	操作程序	每个人类系统都需要描述与设备、服务、操作界面，以及外部系统界面相关的安全操作过程的程序
3-46	系统漏洞	每个系统都有各种漏洞，证明系统运行、行为和/或物理特征的不确定性或缺陷。这些漏洞有物理的、心理的、社会的、经济的、安全的、隐私的和其他方面的

（续表）

编号	属性	描　述
		示例： 军用坦克有额外防护层来最大限度地减少被直接击中的损伤； 互联网网站容易受到计算机“黑客”的攻击
3-47	系统杀伤力	进攻性军事系统用杀伤力来表征——摧毁、破坏、解除、抑制威胁或攻击目标，或以其他方式对威胁或攻击目标造成伤害的潜力
3-48	系统生存性	每个系统都由运行策略和物理特征组成，使系统能够在运行环境中应对外部系统时生存下来
3-49	系统容错	每个系统都有一定程度的容错能力，使系统能够执行任务并实现预期目标，同时在给定的一系列内部或外部诱发故障状态下能够降低性能运行以自保
3-50	系统灵活性	每个系统都需要一定程度的灵活性来应对系统环境中的挑战和威胁，确保系统能够生存和达成某些目标
3-51	系统命令和控制	每个系统都需要命令和控制其运行状态、处理能力、行为方式和行动结果
3-52	系统稳定性	每个系统都需要一定程度的稳定性来确保其达成目标
3-53	系统操作员	每个系统都需要至少一名操作员发挥其某（多）种能力来完成既定任务和过程控制
3-54	系统维护人员	每个系统都要求维护人员执行预防性和纠正性维护措施，确保任务实现
3-55	系统培训讲师	一些系统，尤其是复杂系统，需要配备培训讲师以确保用户能够熟练安全地操作系统
3-56	系统美学	每个系统都应具备美观的或对利益相关方具有吸引力的心理或外观特征
3-57	系统潜在缺陷	每个系统的开发过程中都是独立的，通常会有残留的、不易被发现的或潜在的缺陷——设计瑕疵、不足和错误，工艺和材料缺陷等可能会影响系统性能或降低系统的美观程度
3-58	系统风险	每个系统、产品或服务都有与任务操作及其运行环境相关的风险因素，包括发生概率和失败的后果
3-59	系统环境、安全和健康	每个人类系统都会给系统相关人员（运行人员和维护人员）、私有和公共财产带来一定的健康和安全风险，也会造成一定的环境污染
3-60	系统总成本	每个人类系统都拥有在其生命周期内累积的总成本，包括非重复工程和重复工程开发成本以及部署、运行、维护、维持和退役/处置成本

3.5 系统特性

特性表示系统或产品独特的可观察和可测量特征，可能是物理、涌现或无形特征。下面我们定义每一类特性。

物理特性表征系统或组件的物理状态，如尺寸、几何形状和表面。示例如表 3.2 所示。

表 3.2 系统特性示例

物理性质	示 例 参 数
尺寸	长度、宽度或深度、高度、面积
几何形状	正方形、矩形、不规则形状、球形
光学性质	亮度、反射率、辐照度、不透明度、光谱频率、强度
热性质	色温、吸收、隔热、膨胀/收缩系数
力学性质	质量、密度、硬度、脆性、力、速度、加速度/减速度、动量、压力
电气性质	电荷、电压、电流、电阻率
空气动力性质	飞行力——升力、阻力、重量、推力

(1) 识别物理性质（尤其是颜色）的一大挑战是人类如何感知颜色，以及基于物体表面性质的反射率的影响。

(2) 质量特性是系统或产品表征其物理实现的性质。除了前面讨论中提到的物理性质（材质、重量和尺寸）之外，示例还包括重心（CG）、参考轴、重量与平衡、惯性矩、密度等。有关计算的示例请参考博因顿和威纳(2000)。

涌现性质是系统或产品的行为性质，只有在系统或产品集成、配置和可用之后，才能从较低级别的性质中衍生出这些性质。下面进一步阐述。

想象一下，拆卸了一架喷气式飞机，把成千上万个独立零件放在停机坪上。根据对这些部件的检查和研究思考，如果将这些部件集成在一起并进行配置，使人能够驾驶、命令和控制飞机，这一点是否明显？涌现是一个关键概念，描述了人类如何利用实物部件的能力来创建一个系统，系统所展现的特性比单个部件基于其自身行为的结果的特性更大。请思考以下示例。

示例 3.1　自行车涌现特性示例

基于自行车的机械特性和人类的机械特性，谁会想到我们能设计出自行车，让人类学会平衡自行车——骑手集成系统，达到并保持足够的稳定性，在道路上以超过人类在给定能量消耗下所能跑得更快速度、更长持续时间和更远距离行驶？

在任何情况下，集成系统都表现出在单个部件特性分析中不明显的涌现特性。

关于什么是涌现特性的讨论还有一个没有解决的问题：涌现性质是设计出来的还是被发现的？有时候可以是其中的一种情况。

回到飞机的例子。我们可以说，人类一直着迷于能够对抗重力和在地球上飞行，以及飞到距离地球很远的行星甚至飞出太阳系。尽管作为人类，我们自身不能飞行，但我们有能力运用系统思维（第 1 章），即观察、想象、推理、解决问题及理解物体特性，确保人类能够利用这些特性来达到比某个人单独所能达到目标更高层次的目标。因而在这种情况下，可以说，我们最终可以“设计”表现出涌现特性的系统。

注意这里说的是“最终”设计。这就是系统设计变得至关重要的地方。

综合分析工程与技术认证委员会对“工程”的定义和第 1 章中沃森对“系统工程”的定义：

（1）工程与技术认证委员会对“工程”的定义——“利用通过学习、经历和实践所获得的数学和自然科学知识来判断如何经济合理地利用自然物质和力量造福于人类”（Prados，2007：108）。

（2）沃森系统工程是“分析、数学和科学原理的多学科应用，依据制定、选择、开发和完善具有可接受风险、满足用户运行需求、在平衡利益相关方利益的同时最大限度降低开发和生命周期成本的解决方案，解决问题和开发解决方案。”

我们可以说，人类可以应用工程和系统工程方法来创新和构建具有涌现性质的解决方案。

这里体现了涌现性质吗？体现了。请看以下示例。

示例 3.2　因果涌现行为

医学界有时会发现，最初为某种疾病开发的药物可能会对其他疾病产生积极或消极的影响。

在这种情况下，积极的涌现性质会为进一步的医学研究和治疗创造新机遇。

示例 3.3　校园人行道——涌现行为

设计新校园的建筑师有时会为了在潜在大流量区域设置人行道，等待几周或几个月，评估穿过草地的小路，然后在这些地方设置人行道。方式很好，但有局限性。因为学生用户在初始分析或计划中不甚具有明显的涌现性质。

无形性质是对利益相关方有内在心理价值的系统或产品的性质。例如，核武器、生物武器和化学武器系统会对敌人起到威慑作用。相反，市场营销会设计网站、产品特征等，具有吸引用户注意，使用户不去选择其他系统或产品的无形性质。

3.6　系统特征

特征指的是可观察、可测量并能唯一识别系统性能的操作、行为和物理性能。

当我们描述系统特征时，特别是出于市场营销或分析目的时，应考虑四种基本特征：①一般特征；②操作或行为特征；③物理特征；④系统美学。

每个系统都由高阶的一般特征组成，这些特征使我们能够描述系统的关键特征。我们经常看到营销手册中所陈述的一般特征，它通过强调关键特征来吸引顾客的注意。在系统的多个实例或模型中，一般特征通常有一定的共性。请思考以下示例。

示例 3.4

(1) 汽车的一般特征。操纵性能（如转向和转弯），双门或四门车型，敞篷车或轿车，空调舒适度，独立悬架，贴膜车窗，22 英里/加仑（城市）、30 英里/加仑（高速公路）。

(2) 飞机的一般特征。飞行或操纵性能，如稳定性和操纵性；载客 50 人；

2000 海里航程；仪表飞行规则能力。

（3）企业或组织的一般特征。200 名员工，拥有 20 名博士学位、50 名硕士学位和 30 名学士学位工作人员，5 亿美元年销售额。

（4）网络的一般特征。客户端—服务器架构、个人电脑和 Unix 平台、防火墙安全、远程拨号访问、以太网主干网、网络文件结构（NFS）。

在一般特征以下的细致层次上，系统具有描述与规定运行环境中可用性、脆弱性、生存性和性能相关的系统特征的操作特征。请思考以下示例。

示例 3.5

（1）汽车的操作特征。机动性、18 英尺转弯半径、6 秒内加速到 60 英里/小时。

（2）飞机的操作特征。全天候应用、速度。

（3）网络的操作特征。授权访问、访问时间、延迟。

每个系统都可以用非功能物理属性描述，如尺寸、重量、颜色、容量和接口属性。请思考以下示例。

示例 3.6

（1）汽车的物理特征。2000 磅整车质量、14.0 立方英尺载货量、43.1 英寸（最大）前排腿部空间、17.1 加仑燃油容量、转速 6250 r/min、240 马力发动机、涡轮增压、10 种颜色可选。

（2）企业或组织的物理特征。20000 平方英尺办公空间、300 个博士生、300 台联网计算机、10 万平方英尺仓库。

（3）网络的物理特征。1.0 MB 以太网主干网、拓扑、路由器、网关。

注意上一段和上面例子中“非功能”一词的使用。回想一下，“功能”表示要执行的动作。“非功能”表示未执行某个动作，如尺寸、重量、颜色等。

总之，一般操作、行为和物理特征是可观察、可测量的客观性能参数。那么，主观特征呢？我们将这些称为系统美学特征，因为它们与系统的“外观和感觉”有关，能够得到用户或系统所有者的青睐。因此，在与社区或公司地位、形象等相关的事务中，一些购买者可以做出独立的决定，而其他购买者则受到外部系统（即其他购买者）的影响。

3.7 系统的平衡状态和势力均衡

原理 3.8 系统平衡原理

根据系统条件，每个系统都与其运行环境处于平衡状态，确保系统生存。

总的来说，系统的属性、特性和特征组合在一起，创建了系统的独特特征，并使系统能够在给定的运行环境中运行和生存。当系统确实存在时，接下来的生存取决于系统与其运行环境在“平衡状态”下生存、进化和演变的能力。通常，我们称之为“势力均衡”。

平衡状态取决于系统如何通过系统本身的主导地位及从属于其他系统并受其他系统保护的情况而存在。在系统运行环境中融入或接触其他系统之前、过程中和之后的任何时间。

系统具有初始状态、运行状态、优势、弱点或稳定性，以及最终状态，都是由“势力均衡”和相互作用结果决定的。

3.7.1 导致接触的先决条件

系统的稳定性、完整性和性能一致性要求系统阶段、操作和任务之间的转换清晰、明确，不会产生意外后果。因此，设计者假设系统具有先决运行条件，将系统引至当前时间或产生需要在系统运行环境中与外部系统接触并相互作用的运行需求。

3.7.2 初始运行条件和状态

系统的初始运行条件和状态包括系统组件的物理完整性和在特定时刻的运行准备状态。由于分析通常需要建立基本假设来调查系统阶段、运行或任务的某些方面，初始条件充当获得假设的“快照”或起点。要说明这个概念，请思考以下示例：

示例 3.7

飞机以 15 节的侧风起飞。

暴风雪以每小时 30 英里的速度横扫该地区时，早高峰时段开始。

3.7.3 静态条件

当我们分析系统时，分析的关键依据通常是系统在给定“实例时间”的物理状态。采用工程静力学描述系统的当前方向，如状态向量或在更大系统内的方向。从整个系统的角度来看，机库内的飞机、车道上的汽车、没有信息流量的网络计算机系统，以及处于开/关状态的照明系统都代表静态系统。相反，当整个系统处于动态状态时，低级系统组件也可能处于静态状态，反之亦然。例如，尽管飞机在动态风况下着陆时，必须由其他飞行控制面板控制飞行状态，但可能还是会将飞机襟翼和起落架设置为静态着陆模式。

3.7.4 动态条件

每个自然和人类系统都在其运行环境中以特定形式的动态物理状态执行任务（第7章）。我们用规定时间段内和运行环境条件下无限数量的时间相关系统静态快照表征“动态”。动态的范围从缓慢变化（岩石固定在山坡上的演示）到中度变化（温度变化），再到突发的剧烈变化（风切变、地震或火山爆发）。

动态条件还包括局部或全局环境中势力均衡的不一致、扰动和不稳定。人类一直对研究动力学及其对地球、天气、海洋、股市及人类自身行为模式的影响充满兴趣。在当今世界，研究方向转向动态复杂系统，侧重于预测动态行为及其对经济和政治选举的影响。因此，主要研究课题是预测经济、消费者偏好、市场趋势、技术、社交网络的动态以及这些动态如何相互影响，具有巨大的市场潜力。

3.7.5 系统稳定

原理 3.9 系统稳定原理

每个系统都表现出一定程度的稳定性，要求用户和系统监控、命令和控制系统行为，以便顺利地完成任务目标。

所有自然和人类系统必须保持一定的稳定性，以确保系统的生存和寿命。否则，系统很容易变得不稳定，还可能对自身、运行人员、维护人员以及公众构成威胁。因此，系统应该具有固有的设计特征（即鲁棒性），使系统能够稳

定并控制对动态、外部刺激、激励或提示的反应。

稳定性最终取决于具有特定形式的稳定、依赖且可靠的校核基准。对于系统、产品等人类系统，通过使用惯性导航陀螺仪、全球定位系统（GPS）卫星、电子表用石英晶体、稳压器用基准二极管等设备来实现系统稳定。在每种情况下，都通过检测当前的自由体动态来实现系统稳定，将动态与已知校核基准源进行比较，并且启动系统反馈控制动作来纠正即时变化，从而实现系统稳定。

3.7.6 势力均衡

考虑到所有这些因素，系统的存在和生存取决于下列因素：

（1）系统能否应对系统运行环境的静态和动态。

（2）系统能否保持与其相邻系统相协调的能力和稳定水平——势力均衡或平衡状态。

系统的势力均衡，加上人类对和平与和谐的普遍渴望，要求系统符合社会要求的标准。此处，标准指的是社会明示和暗示的自我期望，如法律、法规、法令、行为准则、道德和伦理。因此，系统的生存、和平与和谐通常受系统遵循这些标准的影响。系统对这些标准的遵循涉及两个通常互换且需要定义的术语，即合规性和一致性。

3.7.6.1 不合规的后果

如果系统不符合既定的社会标准，其自身可能面临风险。社会对不合规情况的回应通常包括正式或非正式通知、证实不合规情况的发生、对不合规程度的裁决，以及按照规定的后果或处罚条例做出判决。

对于船舶、飞机、汽车等系统，有意或无意地不遵循人类系统、人工环境和自然环境会造成严重影响，甚至更糟，可能是灾难性的。

3.7.6.2 系统相互作用层次

系统与其运行环境之间存在两个层次的相互作用：战略相互作用和战术相互作用。下面我们来详细研究这两种相互作用。

3.7.6.2.1 战略相互作用

人类系统的行为层次更高，反映了以改善当前状况作为实现更高层次愿景方式的愿望。为了实现更高层次的愿景，人类必须基于从运行环境中提取的刺激和信息，实施定义明确的战略，通常是长期战略。我们将长期战略的实施称为“战略相互作用”，这些战略相互作用实际上是通过一系列有特定任务目标的预先安排的任务（战术相互作用）来实现的。

3.7.6.2.2 战术相互作用

所有的生命形式都表现出不同类型的战术，使系统能够生存、繁殖和自我维持，我们将系统在其运行环境范围内对这些战术的实施称为“战术相互作用”。总的来说，这种响应机制在短期内将所有现存的生存需求集中于获得“下一餐”的任务中。

3.7.6.3 系统相互作用分析和方法

根据接口的兼容性和互操作性，接触或融入外部系统可能产生积极、中性或消极的后果。系统工程师或系统分析师的任务如下：

（1）全面了解参与者（系统）。

（2）通过应用自然和科学的物理定律来分析系统用例（UC）和场景（第5章），彻底理解潜在效果、结果和后果。

（3）规定系统接口要求，确保在成本、时间表和技术限制范围内的参与相互作用的系统成功兼容和互操作。

系统对其运行环境的适应

大多数系统是指定并设计用于规定的运行环境。在某些情况下，系统会转移到新的地球物理位置或环境。当发生这种情况时，系统必须适应新的运行环境。请思考以下示例。

示例 3.8 系统适应示例

作为攀登高峰战略的一部分，登山者会前往一个个营地，以满足自己的后勤保障需求，给身体几天时间适应稀薄的空气环境。

由于人类只能在特定的地球环境中生存，系统工程必须了解这些条件和限制，并重新创建类似的环境，使我们能够扩大我们的行动基地和行动范围，例如改变所在地理位置以适应外敌入侵或恶劣的条件，甚至进行太空旅行。

一些工程系统设计为自适应控制模式，从而能适应变化的参数条件。例如，自动驾驶仪作为控制器，需要有一个控制律，使其能够基于参数估计（如飞行中的燃油消耗导致的飞机质量变化）来控制飞机。

目标 3.2

在了解了系统的属性、特性、特征及其利益相关方（用户和最终用户）后，我们接下来讨论系统/产品生命周期。

3.8 系统/产品生命周期概念

原理 3.10 系统生命周期原理

每个自然系统和人类系统都有系统生命周期，表征了系统从概念到处置的分阶段演化过程。

组织和工程系统、产品或服务用系统/产品生命周期表征。生命周期表示从概念到采办、开发、部署、生产、运行、维护、维持、退役再到处置的系统演变过程。

系统/产品生命周期是理解和传达自然系统和人类系统如何通过连续生命周期阶段的发展演化的路线图。对于人类系统，路线图提供了框架，以便实现：①评估与威胁和机遇相关的现有系统能力和性能；②定义、采购和开发新的升级系统、产品或服务，以应对威胁和机遇；③实施新系统或进行系统升级，实现对抗或利用威胁和机遇的任务目标。

工程系统、产品和服务源于创新的概念，并在系统维护成本过高、过时或不再满足运营需求时终止生命。由于本文主要侧重于根据合同约定开发的系统和产品或面向市场的商业合同和产品，我们使用图 3.3 所示的系统/产品生命周期概图。

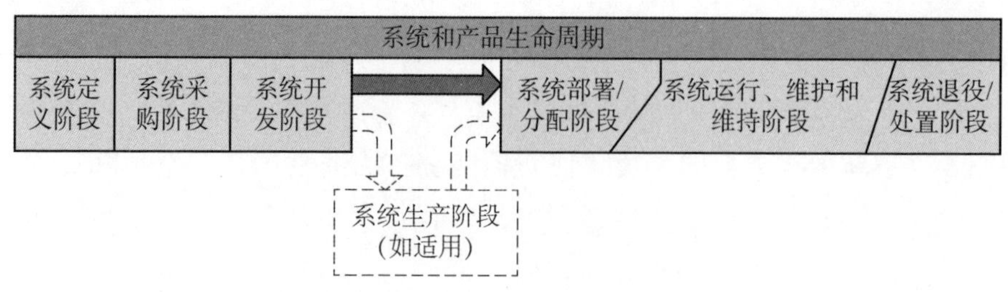

图 3.3 系统/产品生命周期概图

系统/产品生命周期表示组织如何将系统、产品或服务的从概念到处置的整个生命周期视为用于执行任务的资产。例如，工程系统就是使用这个框架安排概念化、计划、组织、安排、评估、采购、部署、运行、支持和退役的工作，系统的开发是由控制点或阶段性事件来标记的，如授权并允许进展到下一阶段的关键决策。自然系统具有相似的生命阶段构造。*

几十年来，许多政府和专业企业开发了生命周期模型，举例如下：

（1）美国国防部（DoD）。

（2）系统工程国际委员会（INCOSE）。

（3）电气和电子工程师协会（IEEE）。

（4）美国国家标准学会（ANSI）。

（5）电子工业协会（EIA）。

（6）国际标准化组织（ISO）。

在20世纪90年代后期，世界范围内的政府和行业开始意识到并理解接受对生命周期过程的共识标准的需要。例如，国际标准化组织/国际电工委员会（IEC）发起了标准开发活动，其标准为ISO/IEC 15288《系统和软件工程——系统生命周期过程》。

因此，系统工程国际委员会等组织建立了工程过程标准，并将这些标准与ISO/IEC 15288联系起来。

大多数组织习惯将生命周期的各个“部分”称为阶段。相比之下，ISO/IEC 15288：2008生命周期确定了概念、可行性、开发、生产、利用、支持、退役等阶段。

建立生命周期的一大挑战是在实践社群（CoP）中使用系统、硬件、软件和利益相关方等术语。例如，根据命名惯例，ISO/IEC 15288：2008阶段名称从明确名称（如开发、生产、支持和退役）到不明确名称（如概念、可行性和利用）不等。**

本书采用沃森系统/产品生命周期和生命周期阶段（见图3.3），表3.3给出了两个生命周期模型之间的对照。请注意：如果需要使用ISO/IEC 15288：2008生命周期模型，就应该这样做。

一般地，生命周期模型用作规划项目管理活动和开发工程系统的组织框

---

* 有许多种定义系统/产品生命周期的方法，10个人会有10种不同看法。你和你的企业或组织应该选择最能代表你的企业需求的那一种。

** 有关ISO/IEC 15288：2008生命周期模型阶段的更多信息，请参考劳森（2010）第3章。

架。多年来，系统工程已经创建了各种生命周期模型框架。从系统工程的角度来看，生命周期模型的语义和价值不仅是简单描述如何像生产线一样构建端到端的工作流。模型框架为系统工程分析和后续规范需求的开发提供了基础架构。因此，在创建具有语义和分段工作流的生命周期模型时，必须协调项目管理和系统工程这两者的需求。

表 3.3　ISO/IEC 15288：2008 与沃森系统/产品生命周期模型对照表

ISO/IEC 15288：2008	沃森系统/产品生命周期模型
概念阶段	系统定义阶段
可行性阶段	系统采办阶段
开发阶段	系统开发阶段
生产阶段	系统生产阶段
	系统部署/分配阶段
利用和支持阶段	系统运行、维护和维持阶段
退役阶段	系统退役/处置阶段

例如，ISO/IEC 15288：2008 生命周期模型从开发或生产阶段直接过渡到并行的使用和支持阶段。现实情况是，完成开发或生产的商用市场产品和合同约束的工程系统必须部署或分配到现场或市场。完成部署后，也可以进入可选的储存作业（见图 6.4）。

此外，“使用”引出了“由谁使用”这个问题。是系统利益相关方还是运行人员？抑或是维护人员？因此，出于教育目的，沃森系统/产品生命周期模型包含了系统运行、维护和维持阶段。

为了简单起见，组织习惯并经常使用“支持”一词。但“支持”是一个抽象术语，限制了相应的活动范围。这也得出了一种学习范例。这种范例可能会忽略关键活动，即近年来得到认可并理所当然应存在的“维持”活动。重点是，尽管用户企业有在现场维护和支持系统、产品或服务的要求，并作为必要条件，但如果没有可持续的供应链，这也是难以实现的。军事行动就体现了这一点。因此，沃森系统/产品生命周期模型包括系统运行、维护和维持阶段，以提出更明确、更完整的要求。

商业和其他组织通常建立进化的门径（gate）管理生命周期，侧重于新技术的产品化及系统、产品或服务的成熟化，确保做好进入消费市场的准备。例如，美国能源部（DOE，2007：3）确定了“通过项目决策管理风险”的5个阶段，如图3.4所示。基于对沃森系统/产品生命周期模型的介绍，我们来界定构成各个阶段的活动。

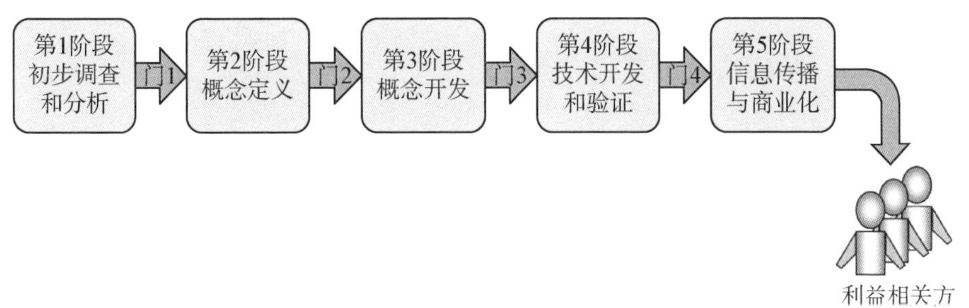

图3.4 美国能源部门径管理流程示例

［资料来源：能源部（2007），门径管理创新管理指南］

3.8.1 系统定义阶段

系统定义阶段最开始是用户企业认识到需要新系统或升级现有（旧）系统、产品或服务来满足运行需求。运行需求可能源自任务机会、威胁或预计的系统能力和性能“差距”或缺陷。

当决定采购新系统时，用户分析现有系统的运行需求，并定义新系统、产品或服务的要求。在某些情况下，用户可使用系统购买者（角色）的服务来采购系统，系统购买者在系统采购和开发期间充当用户的技术和合同代表。系统购买者角色可以由用户承担，也可以外包给外部服务提供商。系统购买者在系统采购过程中以合同和技术为载体代表用户利益。

用户之所以接受系统购买者的服务，有如下几个原因：

（1）用户企业可能为非技术企业，又需要采用高科技系统，但不具备内部开发新系统或升级旧系统的专业知识。

（2）用户企业可能为技术企业，但没有现成的人力资源来开发新系统或升级旧系统。

（3）用户企业可能为技术企业，但不具备开发新系统或升级旧系统所需的专业知识或技术。

系统购买者（若使用）作为用户的技术代表，帮助用户分析产生需求的机会或问题空间（见图 4.7）。系统购买者与用户合作，以一组系统性能规范（SPS）要求的形式限定解决方案空间，作为系统开发合同的基础。

当系统定义阶段足够成熟时，购买者启动系统采购阶段。

3.8.2 系统采购阶段

系统采购阶段包括正式采购新系统或升级现有系统所需的活动。这些活动包括下列内容：

（1）根据指定能力资质、技术方法及对候选报价人名单后续筛选要求的信息征询书（RFI）对潜在系统、产品或服务供应商进行资格审查。

（2）发出投标邀请书（RFP）或合格供应商（报价人）报价邀请书（RFQ）。

（3）选择首选供应商（报价人）。

（4）与供应商签订开发系统、产品或服务的合同。

在合同签署时，会发生以下两种变化：

（1）系统/产品生命周期模型从系统采购阶段转为系统开发阶段。

（2）选定的供应商从报价人角色转变为系统开发商、系统集成商或服务提供商角色。

3.8.3 系统开发阶段

系统开发阶段（见图 12.2）包括将合同约定的系统性能规范要求转化为可交付实体系统所需的活动。系统开发阶段的关键活动包括如下几方面：

（1）系统工程设计。

（2）组件采购和开发。

（3）系统集成、测试和评估（SITE）。

（4）系统验证。

（5）系统基线批准。

（6）系统验证——运行测试和评估（OT&E）。

在整个开发阶段，多个级别的系统设计解决方案（规格、设计、图纸等）通过多个成熟化阶段的推进不断发展演变。每个成熟化阶段通常由主要技术设计评审（第 18 章）组成，还有分析、原型和技术验证所支持的进入和退出条件。评审最终形成设计基线，捕捉不断成熟的开发构型（第 16 章）的演化过程和快照。系统设计解决方案得到正式批准后，开发构型为组件的采购和开发提供了基础。我们将初始系统称为开发构型的首件。

对照不同集成级别的设计要求和性能规格，对采购和开发的组件进行检查、集成和验证。验证的目的（第 13 章）是为了回答下面这个问题：我们开发的系统符合规范要求吗？集成的最后是系统验证测试（SVT）（第 18 章），证明系统、产品或服务完全符合合同约定的系统性能规范。由于系统开发阶段的重点是从合同授予到系统验证测试的系统、产品或服务创建，因此我们称为“开发测试与评估”（DT&E）（见图 13. 6）。

商用和消费产品的开发测试与评估（见图 5. 1）不仅仅是验证是否符合系统性能规范。从使用和人类消费行为的角度来看，消费产品安全性是一个关键问题。因此，可能需要由美国保险商实验室（UL®）、欧洲合格评定等独立测试机构进行额外检验，确保产品符合政府机构和标准规定的产品安全性“基本”要求。组织和标准的例子包括以下各项：

（1）2008 年美国消费品安全改进法案。

（2）美国食品药品监督管理局（FDA）。

（3）美国农业农村部（USDA）。

（4）美国国家环境保护局（EPA）。

（5）欧洲联盟（2001），欧洲理事会通用产品安全指令（2001/95/EC）。

开发构型的首件系统通过验证后，根据合同要求，至少有两个选择。可将系统部署到：

（1）用户或代表用户利益的独立测试机构（ITA）进行验证测试的其他地方。

（2）用户指定的安装、检验和现役试运行现场。

验证测试（第 13 章）即 OT&E，使用户能够确定自己是否指定和采购了正确的系统或产品来满足自己的运行需求。根据合同条款和条件解决所有缺陷。

运行现场使用的初始阶段纠正残余潜在缺陷（设计瑕疵、不足、错误和差异）等并收集现场数据来检验系统性能，如果通过检验，就进入系统生产阶段。如果用户不打算将系统或产品投入生产，系统购买者和用户将正式接受系统交付，从而启动系统运行、维护和维持（OM&S）阶段。

3.8.4 系统部署/分配阶段

系统、产品或服务完成系统开发阶段后，下一步是将其部署或分配给用户或消费者。总的来说，具体如下：

（1）将根据两方或多方合同开发的系统部署到用户指定现场或暂存区进行储存或安装和检验（I&CO）。

（2）由制造商将消费品系统交付给分销商，分销商作为分销点或渠道，随后交付给零售店和折扣店，并售卖给消费者。

系统最终安装好并做好运行准备或消费者购买系统后，系统即进入其生命周期的系统运行、维护和维持阶段。

3.8.5 系统生产阶段

系统生产阶段包括小批量到大批量生产系统或产品所需的活动。初始生产通常包括初始小批量生产（LRIP），以便验证和确认：

（1）生产文件和制造流程成熟且完整。

（2）消除了潜在缺陷，如设计错误、设计瑕疵或不良工艺。

这里需要注意的是，在系统开发阶段简单地验证和确认首件系统表示符合系统购买者的规范，并满足用户的运行需求。但这并不意味着经过验证的开发构型可以经济高效地批量生产。

系统生产阶段是开发增强的一种形式，产品开发团队（PDT）研究改进系统/产品开发构型的设计和组件选择的方法，实现成本最低的解决方案，且不牺牲原始开发构型的可靠性、可维护性和安全性。这可能需要根据生产规范（生产设计验证）进行再次验证和确认。

一旦生产设计通过验证，系统特定实例的后续验证包括生产测试在内，简单验证系统可操作，并且消除了所有潜在缺陷，如不良工艺或故障组件。生产系统随着时间的推移而老化，项目通常会通过签订新生产合同的方式对已部署系统进行一系列增量式的先行计划产品改进升级和改造。

生产用的设计通过基于系统生产样品的现场测试完成验证和确认后，如果适合，就可以开始全规模生产。由于系统和生产工程设计已经通过验证，每个生产系统均已经：

（1）通过了检查。

（2）根据关键系统性能要求进行了验证。

（3）部署（部署阶段）到用户指定现场使用——运行、维护和维持阶段或存储阶段（可选）。*

3.8.6 系统运行、维护和维持阶段

系统运行、维护和维持阶段包括运行、维护和维持系统所需的用户活动，包括执行系统操作任务的系统用户培训。如果要求系统改变物理位置或地理位置，为下一次任务做准备，则需重新部署系统。部署后，系统、产品或服务开始工作。

在系统的整个运行期间，可以采购和安装升级产品改进和增强系统，提高系统能力和性能，支持企业或组织的任务。初始交付和验收时的系统配置代表初始运行能力（IOC）。发布系统升级，称为“增量构建”（即构建#1、构建#2），并将其整合到已部署系统或产品中，直至系统达到计划成熟水平，即全面运行能力（FOC）。

尽管大多数系统都能有计划地在使用寿命期间运行，但通过升级以及采用新技术对现有系统进行升级来维护系统的成本并不总是划算的。因此，用户可能不得不采购新系统、产品或服务来替换现有系统。在这种情况下，会开始新的系统生命周期，而既有系统仍处于服役状态。

随着新系统首件的服役，由于旧（即现有）系统和新系统在现场同时运行，会出现一个过渡期，最终会做出停用和淘汰旧系统的决定。当旧系统逐步被淘汰时，其退役阶段开始。

* 系统设计验证和生产系统验证是有区别的。一旦设计通过验证，就表示有效地完成了设计，不考虑可能随着时间的推移而出现的任何未知潜在缺陷（设计瑕疵、不足或错误，或材料成分缺陷或退化）。唯一剩下的变量是消除生产系统特定实例所特有的不良工艺、劣质材料和故障组件。更多详细讨论请参见第 13 章。

3.8.7 系统退役/处置阶段

系统退役/处置阶段包括退役现有或旧系统所需的活动。在退役期间，可能会出售、租赁、储存或处置每个系统或一批系统。处置备选方案包括储存以备将来重新投入使用、拆卸、销毁、焚烧和掩埋。系统处置还可能需要环境修复和复原，即将系统现场或处置区域恢复到原有状态。

3.8.8 在实时运行中的生命周期模型

如前所述，生命周期模型为随时间推移的通用项目管理工作流提供了基本策略。但生命周期模型并不反映实时系统运行的框架，而实时系统运行是系统工程确定和衍生将会转化为系统性能规范要求的运行能力的分析基础。图 3.5 对此进行了说明。

我们假设系统、产品或服务已经做好了准备，可以进入系统开发/分配阶段。有两个用气泡标识符标出的选项：

选项 1——将通过验证的系统、产品或服务交付到系统部署阶段，以便交付给用户。

选项 2——开发构型转入系统生产阶段。

3.8.8.1 系统生产阶段运行

开发生产系统并进行初始小批量生产或大批量生产。系统生产阶段完成后，系统过渡（选项 6）到系统部署阶段。

3.8.8.2 系统部署阶段运行

将系统、产品或服务从系统开发商处运输（选项 3）到用户指定现场进行存储、运行和消费品分销。

3.8.8.3 系统运行、维护和维持阶段运行

一旦系统、产品或服务开始服役，即进行运行、开展维护工作并持续工作。在服役期间，用户有多个选项可选择：

选项 4——转回系统部署阶段，重新部署到其他用户点，并重新引入（选项 3）服役。

选项 5——经过一段时间的现场使用和验证后，将已部署系统（开发配置）转入系统生产阶段。

选项7——退役和淘汰，转入系统退役阶段。

3.8.8.4　系统退役/处置阶段

在系统退役阶段，可能会储存系统、产品或服务或将其搁置在仓库中，直到决定重新让其服役（选项8）或作为企业资产进行处置。

目标 3.3

根据前面的讨论，很明显，系统生命周期模型不仅仅是简单地确定通用项目管理工作流程。

作为整体项目成功的统一框架，系统生命周期模型应该支持所有类型项目的技术使用，如系统工程和系统分析。图 3.5 所示的基础架构为系统工程和系统分析员提供了获得第 7 章“系统命令和控制运行阶段、模式和状态”中提及的系统生命周期运行能力的基础。

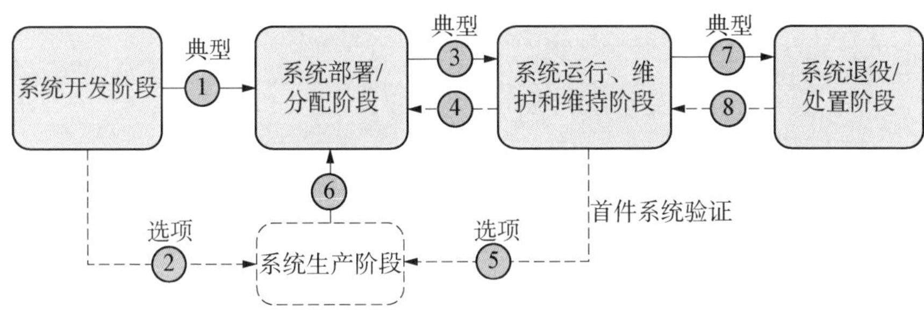

图 3.5　系统生命周期中的系统使用路径选项

3.8.8.5　系统淘汰与退役

一些企业将系统淘汰称为系统退役阶段，也就是系统、产品或服务等服役寿命的终结。注意，我们说的是服役寿命，而非系统寿命的终结。有几种可能发生系统退役情况的场景。

场景 1——经济下滑可能会导致企业资产库存过多，需要将系统搁置起来，直至经济情况好转。在这种场景下，如图 6.4 所示，可将系统储存。例如，商用和军用飞机有时会存储在干燥的沙漠地区，直至重新需要它们为止。然后就会重新启用。

场景 2——不再需要该系统或产品，企业会加以处置。

以上两种场景代表了系统、产品或服务向新状态（存储或处置）的过渡。

3.8.8.6 嵌套运行生命周期

我们已经对系统或产品的生命周期有了基本的了解，接下来我们就把注意力转移到了解系统的生命周期如何适应企业环境上。

3.8.8.7 了解系统生命周期如何适应企业环境

系统、产品或服务属于高级别企业系统的一部分，高级别企业系统也有生命周期。因此也存在多个层次的嵌套系统生命周期，如图 3.6 所示。

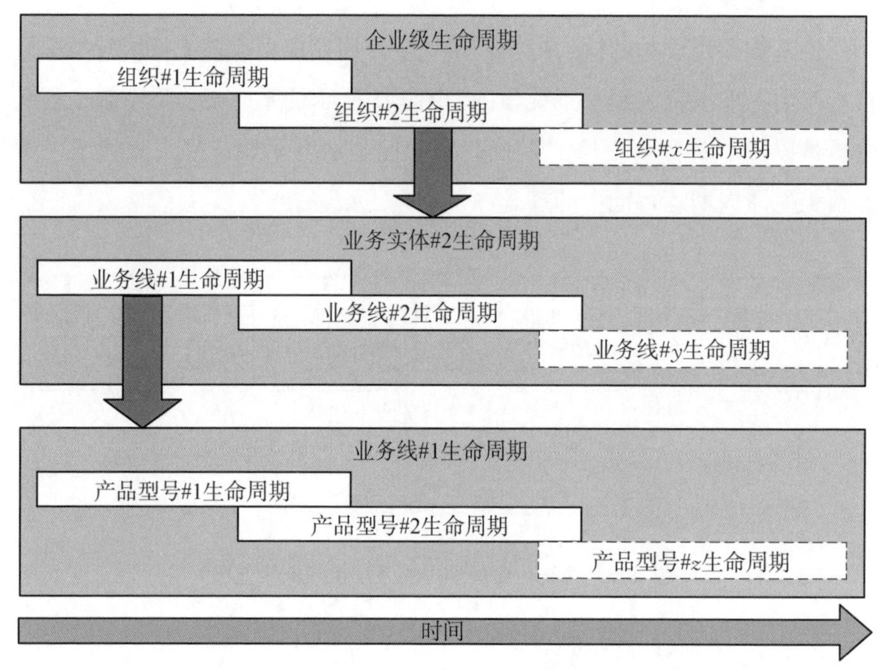

图 3.6 企业组织、业务线和产品型号生命周期

为了更好地理解，我们假设用户有一定数量的产品或系统，包括库存中的各种系统版本，在某个时间点，用户可能决定更换特定的产品或产品组。

示例 3.9

例如，航空公司可能决定按机尾编号替换特定飞机，或者在一段时间内替换整个机队的飞机。每架飞机都有其自己的生命周期，属于机队所从属的更大航空系统的一部分。

为了重点说明，图 3.6 提供了一个例子。假设有一个经过多年发展的企业，从历史上看，我们可以说该企业是作为企业实体#1 而存在的。随着业务实体的增长，其名称改变，成为企业实体#2。

如果观察企业实体#2 的系统生命周期，我们可能会发现组织的发展会经历多条业务线（LOB）：业务线#1、业务线#2 等。在每个业务线中，组织都有一条核心产品线，由产品型号#1 组成，产品型号#1 会发展成为产品型号#2。注意产品型号#1 和产品型号#2 的生命周期有重叠。这条产品线的发展会一直持续到组织决定终止该产品或业务线为止。这个概念是如何应用到现实当中的呢?

3.8.8.8 系统生命周期的应用

我们可以将系统生命周期中的系统生命周期概念应用到小型发动机开发商等例子中。组织有生命周期，组织的发展可能会经历小型企业、中型企业等许多生命周期阶段。在企业生命周期#2 期间，组织可能会开发多条业务线（两冲程发动机、四冲程发动机等）来支持割草机、轧边机、小型拖拉机等产品的市场机会。企业四冲程发动机业务线的发展可能会经历产品型号#1 和产品型号#2。每种产品型号都建立在其前身产品（先例系统）之上，新型号的产品要提高能力和性能来满足不断变化的市场需求。

前面有关系统/产品生命周期的讨论与项目管理工作流程和系统、产品或服务的开发有关。但是，生命周期模型不限于工作流程。这样的类比也适用于系统、产品和服务的用户。用户企业的发展也会经历相似的生命周期。当产品型号#1 有以下现象时情况会有所不同：

（1）出现故障。

（2）运营、维护和维持成本过高。

（3）预计其易受系统威胁影响。

（4）不具备特定能力或性能水平来满足企业的未来需求。

为什么这会与系统工程有关？作为系统工程师，你需要了解以下各项：

（1）你的用户涉及的业务线。

（2）你的用户经特许作为其业务线一部分要解决的机会、问题或事项。我们将此称为机会空间，将特定目标称为机会目标（TOO）。

（3）你的用户为支持业务线而执行的任务（称为“解决方案空间”）。

（4）你的用户现在和将来支持解决方案空间任务所需的能力。

（5）你的用户用来提供这些能力的现有系统、产品或服务。

(6) 当前的系统、产品或服务中存在缺陷差距或机会，以及你和你的企业如何利用新技术和新的系统、产品或服务来经济高效地消除这些缺陷。

基于这些问题，系统工程师作为问题解决者和解决方案开发者的角色变得至关重要。此时的挑战在于系统工程师如何与用户和购买者合作：

(1) 协作确定机会空间并将其划分为一个或多个解决方案空间。

(2) 在技术上限定并指定每个解决方案空间在法律上足以支持采购系统、产品和服务的能力和性能要求。

(3) 验证新系统符合这些要求。

(4) 确认开发的系统满足用户的最初运行需求。

本书的后续内容旨在回答这些问题。

目标 3.4

在即将结束本章时，还有一个对系统的使用至关重要的话题，那就是系统利益相关方（用户和最终用户）对系统的接受度。

如果利益相关方不想使用经过最优设计的系统，那么该系统的价值就很有限。这就引出了下一个话题——系统可接受性。

3.9 系统可接受性：取得成功的挑战

任何工程系统及其任务的成功程度最终取决于四个因素：

(1) 成功因素#1：市场引入和时机。

(2) 成功因素#2：系统可行性和可承受性。

(3) 成功因素#3：用户的利益认知（投资回报率）。

(4) 成功因素#4：总拥有成本（TCO）。

上面列出的 4 个成功因素很少同时作为最佳因素。虽然看起来它们是同等重要的，但心理上的主观指标往往优先于系统成功的客观指标。简言之，系统的成功最终取决于用户和利益相关方决策机构是否“喜欢”该系统，并是否愿意使用和维持系统运行。例如：

(1) 主观美学包括外观、感觉和感知——在对等社群（peer community）中，经常会促使用户接受可能只是部分成功的系统。

(2) 出于同样的主观原因，用户可能会拒绝客观上成功的系统。

成功因素#1：市场引入和时机

以往有很多过早或过晚交付给市场的系统或产品的例子。比如你可以创新和开发最好的小工具或电子捕鼠器（示例 2.1），但是如果市场在心理上或技术上还没有准备好或负担不起，你的努力和投入可能是徒劳的——时机对于用户是否接受至关重要！向用户推荐新系统或新能力也是如此。用户可能想要并需要一个系统，但他没有足够的资金（见图 21.4）。在其他情况下，由于对系统定义的成熟度、对系统需求的理解或技术没有达成共识，决策者可能会将资金“搁置”。基于这个原因，大多数企业开发一系列决策“门”（见图 3.4），用来限定业务机会的成熟度，并逐渐提高承诺水平（如资金）。这样做的目的是确保在正确的时间以正确的价格引入正确的系统或产品解决方案，在准备好采购时随时可以采购到。因此，企业必须主动与利益相关方（用户和最终用户）开展研究、协作和合作，确保时机正确。这就引出了下一个成功因素：用户系统/产品的可行性和可承受性。

成功因素#2：系统可行性和可承受性

如果确定系统、产品或服务的时机正确，那么下一个挑战便是确定按照目前的定义是否可以在用户或系统购买者可接受风险的前提下，在计划的开发和生命周期预算范围内采用现有技术切实可行地开发和生产系统。

作为一名系统工程师，你可能需要为从事新系统或产品采购工作的业务开发团队提供技术支持。如果你不是系统工程师，你可能要支持这样的系统工程师。从技术角度来看，多学科系统工程团队更有望概念化、成熟化并提出技术解决方案，满足前面提到的系统可行性问题。

如果你选择避开业务开发支持，那么你企业中的其他人可能会提出你之后必须接受的有风险或不符合需求的解决方案或承诺。相反，如果其他人寻求工程支持，而你选择忽略，那么你可能会因自己的不作为而遇到困难。因此，积极支持并在技术上影响业务开发活动和决策对所有利益相关方而言都是双赢。

成功因素#3：用户的利益认知——投资回报（ROI）

原理 3.11　用户利益原则

每个系统、产品或服务都必须为利益相关方提供以下六方面的利益，才值得利益相关方去考虑开展任务：

(1) 运行实用性。

（2）运行适用性。

（3）运行可用性。

（4）运行易用性。

（5）运行有效性。

（6）运行效率。

任何系统、产品或服务的最终测试是其在执行用户任务和完成任务目标方面的任务和系统有效性。若不能在规定运行环境条件和约束条件下执行，会给用户、用户企业和公众带来运行、财务和生存的风险。系统工程对系统工程师最大的挑战之一是能够将运行和系统有效性目标转化为开发人员理解并能够实现的、有意义的能力和性能要求。没有接受过正规的工程教育和培训会使这一挑战变得更为严峻（见图2.11~图2.13）。

对系统、产品或服务的最终测试在于产生满足企业和任务目标的基于性能/绩效的结果的能力。开发系统时，用户、购买者和系统开发商需要回答以下六个基本问题：

（1）利益相关方决策#1——运行实用性：如果我们投资开发该系统、产品或服务，它对用户完成其企业任务是否具有实用价值？

（2）利益相关方决策#2——运行适用性：如果系统具有运行实用性，它是否在运行上适合用户的任务应用，并容易集成到业务模型中？

（3）利益相关方决策#3——运行可用性：如果系统具有运行实用性，并且在运行上适合有关应用，那么在执行任务时，它是否能够在有任务时“按需”运行，以便执行任务？

（4）利益相关方决策#4——运行易用性：如果系统具有运行实用性，并且在运行上适合有关应用，那么对用户而言它是否容易使用（易于理解和操作）而不会导致人为错误（第24章）？

（5）利益相关方决策#5——运行有效性：如果系统对用户具有运行实用性，在运行上适合有关应用，并且在运行上可用于执行任务，那么在实现任务目标时是否能有效运行？

（6）利益相关方决策#6——运行效率：如果系统对用户具有运行实用性，在运行上适合有关应用，在运行上可用于执行任务，并且在实现任务目标方面具有运行有效性，那么它是否具有较高的运行效率？

下面我们来进一步探讨以上六个决策。

3.9.1 运行实用性

原理 3.12 运行实用性原则

每个系统、产品或服务都必须在运行上有用，使其用户能够命令和控制系统，并以最少的人为错误进行情景评价（situational assessments）。

用户希望系统和产品具有一定的运行实用性，使他们能够完成企业任务并实现既定目标。这样的表述很完美，但是运行实用性到底是什么意思呢？

具有运行实用性的系统、产品或服务指

（1）作为企业或组织任务中使用的正确解决方案的系统、产品或服务。

（2）实现任务结果和目标的系统、产品或服务。

那么，如果系统满足这些运行实用性条件，我们该如何确定其运行适用性？

3.9.2 运行适用性

原理 3.13 运行适用性原则

每个系统、产品或服务都必须在运行上适合用户的任务应用，是相应工作的合适工具。

运行适用性这样描述系统或产品：

（1）在给定的运行环境和条件下，适合用户的特定应用的程度，即适用于执行的作业或任务的正确系统、产品或服务。

（2）在用户企业系统中的集成和性能如何。

（3）如何才能不会对运行人员、公众或环境造成任何不可接受的安全、环境或健康危害或风险。

一些系统和产品可能对某些应用具有运行实用性，但在运行上并不适合特定用户的预期应用和运行环境。请思考以下示例。

示例 3.10 运行适用性示例

从运输的角度来看，汽车的交通工具对于通勤上班和接送孩子上学的用户来说可能具有运行实用性。

但是，如果用户计划在崎岖、恶劣的环境中使用车辆，则只有特定类型的

车辆（越野车）在操作上适合该类型的任务应用。如果用户打算搬运重物，只有另一种特定类型车辆（卡车）才在操作上适合该类型的任务应用。

3.9.3 运行可用性

原理 3.14 运行可用性原则

每个系统、产品或服务都必须在用户需要的时候，能够根据需要运行，以执行任务。

运行可用性是指系统、产品或服务在有任务时能够执行任务且“按需”做好任务执行准备。运行可用性成为评估任务执行准备水平的一个重要指标。系统可用性与系统可靠性和可维护性有关（第 34 章）。请思考以下示例：

示例 3.11 运行可用性示例

发生事故、火灾等紧急情况时，拨打报警电话，消防部门和紧急医疗响应人员会测试各自组织的系统可用性（人员、设备等），以便在最短的时间内对紧急情况和灾难做出响应。“需求的”时机在危及生命的情况下至关重要。开汽车上班情况也是如此。

3.9.4 运行易用性

原理 3.15 运行易用性原则

根据用户的心理模型、知识和技能水平，每个系统、产品或服务都必须易于运行（易于理解和操作），才不会引起影响任务或系统性能的人为错误。

工程师可以基于心理模型设计和开发拥有所有正确的技术运行属性（运行实用性、适用性、可用性、有效性和效率）的系统、产品或服务，但前提是用户必须对使用系统、产品或服务感到满意。如果系统设计人机界面（显示、舒适性、易操作性等）不符合用户的心理模型（第 24 章）和技能水平，也不能最大限度地减少人为错误，则系统的价值有限或没有价值。要学会基于用户心理模型思考，而不是基于工程设计师的心理模型思考。

3.9.5 运行有效性

原理 3.16 运行有效性原则

每个系统、产品或服务都必须运行有效，产生所需的任务结果。

企业和用户有特定的目标、任务和目的。例如：

（1）一种新疫苗在消除特定类型病毒方面的功效达到99%。

（2）新型外科医疗设备（见图25.9）使外科医生能够进行微创手术，从而加快患者的康复。

如果系统、产品或服务未能实现有效运行或仅在一定程度上有效运行，那么对用户来说就是价值有限或没有价值。

3.9.6 运行效率

原理3.17 运行效率原则

每个系统、产品或服务必须高效运行，在最短的时间内以最低的成本提供所需任务结果。

你可以开发出具有运行实用性、适用性、可用性和有效性的最佳系统、产品或服务，但是，如果从成本效益的角度来看，系统若不能高效运行，则价值亦非常有限。例如，如果开发出了系统、产品或服务，但用户却无力购买、运行和维护，那么对用户来说这个系统就完全没用了。

成功因素#4：总拥有成本

开发具有运行实用性、适用性、可用性、有效性和高效率的系统、产品或服务侧重于系统、产品或服务的结果和目标。但是，如果根本承担不起系统、产品或服务生命周期的总拥有成本，会出现怎样的结果？举例来说，你可能有能力奢侈一次，租一辆豪华汽车来一次短暂的家庭旅行，但却买不起豪华汽车，因其成本太高，不能在多年的拥有期内进行长期运行和维护。生命周期成本的概念出现在20世纪60年代，当时美国国防部开始意识到系统运行和支持成本比系统购买成本还要高。

人们常常惊讶地发现，一个系统大约70%的总拥有成本发生在其生命周期的系统运行、维护和维持阶段。艾森伯格和洛登（1977：103）指出，运行、维护和支持成本占总拥有成本的72%。达洛斯塔和西姆契克（2012：35）指出，军事系统在30多年的生命周期内的成本具有如下概率分布：

（1）系统采办成本占总拥有成本的20%~40%。

（2）运行和支持成本占总拥有成本的60%~80%。

运行、维护和支持指标的有趣之处在于，基于两个不同的来源，即艾森伯格和洛登（1977：103）以及达洛斯塔和西姆契克（2012：35），标称值在 35 年的时间内持续在总拥有成本的 70%左右徘徊。

3.10 本章小结

本章我们介绍了定义系统、产品或服务属性、特性和特征的关键概念。主要包括以下内容：

（1）系统与其自身，以及其运行环境中的外部系统相互作用（见图 3.1 和图 9.2）。

（2）系统利益相关方（包括命令和控制系统）或产品的系统用户及受益于系统任务结果的最终用户：

a. 如果“任务系统和使能系统”（第 3 章）的运行人员命令和控制系统、产品或服务来实现任务结果和目标，则将其定义为系统用户。

b. 如果“任务系统和使能系统”（第 3 章）运行人员从系统中受益，如舒适性（环境控制、照明、休息或娱乐）和系统性能（速度、电池电压、油压等）等情景评价信息，则将其定义为最终用户。

（3）系统属性、特性和特征使我们能够描述系统、产品或服务的独特特征。

（4）系统在其运行环境中处于平衡和稳定状态，运行环境决定了系统在势力均衡和最终生存环境中的地位。

（5）系统/产品生命周期模型描述了系统从概念到处置的发展阶段。

（6）在所有者和用户眼中，可承受性、运行实用性、适用性、可用性、易用性、有效性和效率，以及总拥有成本是最终决定系统的可接受性和系统成功的主要驱动因素。

3.11 本章练习

3.11.1 1 级：本章知识练习

（1）什么是相关系统？

（2）什么是能力？

（3）能力和功能有什么区别？

（4）什么是顶层系统分析构造？

（5）系统与什么交互？

（6）系统属性是什么？

（7）系统特性是什么？

（8）系统特征是什么？

（9）什么使系统、产品或服务独一无二？

（10）什么影响系统及其结果？

（11）有哪些类型的系统特征？

（12）什么构成了系统的平衡和稳定状态？

（13）什么是系统生命周期？

（14）从系统工程的角度来看，生命周期应该满足什么条件？

（15）什么是系统定义阶段，何时开始，何时结束？

（16）什么是系统采购阶段，何时开始，何时结束？

（17）什么是系统开发阶段，何时开始，何时结束？

（18）什么是系统生产阶段，何时开始，何时结束？

（19）什么是系统运行、维护和维持（OM&S）阶段，何时开始，何时结束？

（20）什么是系统退役和处置阶段，何时开始，何时结束？

3.11.2 2级：知识应用练习

参考 www. wiley. com/go/systemengineeringanalysis2e。

3.12 参考文献

ANSI/IEEE 649 – 1998 (1998), *National Consensus Standard for Configuration Management,* Electronic Industries Alliance (EIA).

Boynton, Richard and Wiener, Kurt (2000), *How to Calculate Mass Properties,* Berlin, CT: Space Electronics, Inc.

Dallosta, Patrick M. and Simcik, Thomas A. (2012), Designing for Supportability, Defense

AT&L: Product Support Issue, March-April 2012. Accessed 3/10/13 http://www. dau. mil/pubscats/ATL%20Docs/Mar_ Apr_ 2012/Dallosta_ Simcik. pdf.

DOE (2007), *Stage-Gate Innovation Management Guidelines,* Version 1. 3, Figure 3, p. 3, Industrial Technologies Program, Washington, DC: Department of energy (DOE). Accessed 5/19/14 from http://www1. eere. energy. gov/manufact-uring/financial/pdfs/itp _ stage _ gate_ overview. pdf.

Eisenberger I. and Loreden G. (1977), DSN Progress Report, *Life Cycle Costing: Practical Considerations,* NASA JPL, May and June 1977. Accessed 3/10/13 http://ipnpr. jpl. nasa. gov/progress_ report2/42-40/40M. PDF.

European Union (2001), *the European Council Directive on General Product Safety 2001/95/EC.*

ISO/IEC 15288: (2008). *System Engineering—System Life Cycle Processes. International Organization for Standardization (ISO).* Geneva, Switzerland.

ISO/IEC/IEEE 24765: 2010(2012), *Software and Systems Engineering Vocabulary,* New York, NY: IEEE Computer Society. Accessed on 5/19/14 from www. computer. org/sevocab.

Prados John W. (2007), *75th Anniversary Retrospective Book: A Proud Legacy of Quality Assurance in the Preparation of Technical Professionals*, Baltimore, MD: Accreditation Board for Engineering and Technology (ABET).

Rogers, Everett M. (1962), *Diffusion ofInnovations*, Glencoe, NY: Free Press (now Simon and Schuster) US Consumer Product Safety Improvement Act of 2008.

4 用户组织角色、任务和系统应用

每年都有工程专业学生毕业，他们获得工程学位，然后在工业领域或政府部门工作。如第 2 章所述，工程师从参与系统开发项目开始他们的职业生涯，他们往往接受过很少的，甚至没有接受过与这些项目相关的系统工程教育和培训。

（1）如果问工程师一个开放性问题：“你的需求源自何处?”大多数人都会提到以项目为中心的协议，并说：“源自我的签约组织。”

（2）如果问他组织的需求源自何处，他会回答“源自我们的客户。”

（3）如果问他客户的需求源自何处，他会回答“客户在规范中写下一些要求，然后将规范与投标邀请书（RFP）一起发出。”

如果仔细看这些回复，就会发现大多数工程师并不明白他们的系统需求是如何产生的，而认为是某一天客户坐在文字处理软件前，随便写出的一些新系统需求。

实际情况是：客户不会像变魔法一样决定在某一天购买新系统、产品或服务并写出需求。令人遗憾的是，对于那些没有完全理解如何开发系统的工程师来说，他们有时就是这样认为的。

设想有一家拥有运送岩石的大型运输机、推土机、前端装载机和运水车的大型建筑公司。你认为车主会仅仅因为他们对车辆感兴趣就武断地决定购买这些车辆吗?绝对不会!这些车辆之所以存在是因为这家公司有支持客户业务的使命（mission）。组织任务需要执行多种多样的任务（task），每一项任务都需要不同类型的系统——车辆——来产生有助于这家公司完成整体业务使命的结果。

本章介绍组织角色、任务和系统应用概念。我们探讨的话题内容和顺序如下：

（1）用户组织角色和任务。

（2）组织作为任务系统和支持系统的双重角色。

（3）问题、机会和解决方案空间概念。

（4）系统能力和要求的演变。

4.1 关键术语定义

（1）对策（countermeasure）——系统采用的一种作业能力或策略，用于伪装其身份，欺骗或打击对抗或敌对系统，或保护自身免受未经授权访问的能力。

（2）对抗对策（CCM）——系统用来消除另一系统的威胁或对抗的作业能力或策略。

（3）任务（mission）——有目的的行动或活动，旨在实现基于特定目标的结果并达到特定的性能水平。

（4）任务需求声明（MNS）——对开发的新系统、产品服务或其升级为满足任务要求所需的作业能力的一般描述。

（5）任务目标（mission objective）——一项任务在规定时间期限和作业限制内实现的基于性能的结果。

（6）任务剖面（mission profile）——对一个系统或产品从特定任务开始到结束所经历的运行事件和环境的分时段描述。它描述了系统在各任务阶段的分任务、事件、持续时间、运行条件和环境（MIL - HDBK - 1908B：23）。

（7）机会空间（opportunity space）——系统、产品或服务能力方面的差距或漏洞，代表竞争对手或对手可以利用的机会，或供应商提供解决方案的机会。

（8）问题空间（problem space）——系统运行环境中的一种抽象概念，代表现有能力面临的实际的、感知到的或不断变化的差距、风险或威胁。潜在威胁会给用户带来一定程度的财务、安全、健康或情感风险，或者已经对个人或企业以及取得成功产生了不利影响。一个或多个较低级别的解决方案空间中的系统、产品或服务可以化解问题空间。

(9) 问题陈述（problem statement）——简单明了的事实陈述，清楚地描述不良事件、问题、状态或状况，但不指出问题源头或解决问题所需的措施。

(10) 情景评价（situational assessment）——针对运行条件和基于结果的目标，对相关系统当前的优势、劣势、机会和威胁（SWOT）的客观评价。情景评价结果记录了组织对任务执行优先顺序的需求。

(11) 解决方案空间（solution space）——有边界的抽象概念，代表一种能力，实现这种能力能够解决更高级别的问题空间的全部或部分问题。

(12) 目标陈述（SOO）——对任务、系统、产品或服务实现的用户绩效目标的陈述。

(13) 战略计划（strategic plan）——基于结果的全局或业务领域文件，说明企业愿景、任务和目标：①在某个时间点想要到达的水平；②想要实现的长期目标，通常是五年或五年以上的目标。大多数组织面对的问题如下：目前从事什么行业或业务？五年后想成为怎样的企业？应该从事什么业务？

(14) 战略威胁（strategic threats）——具有长期计划，开拓利用或提高企业声誉或权益的机会来实现长期愿景并打破“势力均衡”局面的外部系统，如一家企业有主导软件市场的长期愿景。

(15) 系统适应性（system adaptation）——系统在能力降至最低程度的情况下，在物理层面和功能层面适应新运行环境的能力。

(16) 系统威胁（system threat）——可能对另一实体及其任务、能力或性能造成或导致不同程度伤害的外部实体。系统威胁是敌对或对抗外部系统的相互作用结果，妨碍系统在完成计划任务时的运行和性能。

(17) 战术计划（tactical plan）——短期的、依任务而定的计划，说明组织领导如何部署、运行和支持人员、产品、流程和工具等现有资产，以便在有时间（通常为一年或更短的时间）和资源限制的情况下实现根据战略计划制定的组织目标。

(18) 战术威胁（tactical threats）——对另一组织或系统及其任务造成潜在短期风险的外部系统，如企业应对竞争对手的广告活动。

4.2 引言

原理 4.1 客户需求原理

在竞争激烈的全球市场，想要成功提供系统、产品或服务解决方案需要了解两个层次的需求：

(1) 了解用户（客户）的运行需求。

(2) 了解用户的客户对他们的期望。

第4章的标题可能看起来和人们所想象的工程学相差甚远。用户组织角色、任务和系统应用与创建系统设计和选择组件有什么关系呢？实际情况是，系统、产品或服务之所以存在，是因为用户需要在满足组织或个人消费者需求的基础上满足作业需求，实现一个或多个基于性能的结果，并且，如果投入了资源来获得系统、产品或服务，就可以获得某种形式的投资回报（ROI）。用户可能是寻求新的平板电脑或智能手机的消费者、升级会计系统的企业、计划火星任务的太空机构等。

要想成功为组织开发系统、产品或服务，需要了解组织将从哪家机构采购、采购什么、何时采购、何地采购以及如何采购。对于进行重大资本投资支出的组织来说，这一过程通常以某种预算过程的形式提前几年开始。当决定采购新系统或升级现有系统时，需要了解如何满足这些需求，设定有竞争力的价格，然后履行承诺。但是这一过程并不是由此开始的。你需要根据客户对该组织的期望，了解是什么激发或推动了该组织的运营需求。

我们从介绍采购系统、产品或服务的组织类型开始讨论。每个组织，无论其业务领域是什么，都是一个相关系统，担任两个角色：①任务系统角色，生产有形产品或执行服务；②使能系统角色，提供满足客户（用户）运营需求的系统、产品或服务。但是，用户必须满足其客户（最终用户）的运营需求，这些客户受益于你和你的组织面向市场开发的系统。

为了满足客户的运营需求，你需要了解组织如何评价他们的运营需求，以确定他们的组织或系统、产品或服务在能力方面的“差距”，并了解他们打算如何消除这种差距。每个差距实际上变成了需要一个或多个解决方案空间的问题空间，每个解决方案空间都变成了其自身情景下的问题空间，在较低的抽象层次上分成较低层次的解决方案空间等。

在第 4 章结尾，我们会探讨企业需要对新系统、产品或服务的开发时间进行安排，以确保在新出现的能力差距扩大到业务受到竞争或对手威胁不复存在之前交付。

4.3 用户角色和任务

原理 4.2 系统存在原理

每个系统、产品或服务都有其存在的目的：让利益相关方——用户和最终用户——完成任务。任意一方或双方的失利表示系统已经过时，会导致系统退役和处置。

每个人类系统——组织系统和工程系统——都有存在的目的或原因：让用户能够实现基于性能的任务结果和辅助目标。因此，每一种类型的组织系统和工程系统都是为了让用户完成其任务。当系统出现以下问题时，将不能为任何人带来好处，也不能提供价值：①不再有任务在身；②运行、维护和维持（OM&S）成本过高；③在实现基于组织绩效的任务结果方面不再高效或有效。于是，系统将退役并被处置。

本节介绍组织角色和任务、系统角色和利益相关方（用户和最终用户）、企业能力差距和问题/机会-解决方案空间的概念。我们将探讨使用系统、产品和服务的组织角色，以及如何获得物理系统（即资产）来支持组织系统发挥作用，完成任务和目标。

人类系统——组织系统和工程系统——能否取得成功取决于如何定义、设计、开发、集成、验证、证明、操作、支持和维护系统。这要求系统利益相关方——用户和最终用户——在任务结果的运行效益和成本效益方面可以获得利益。在本章结尾，我们将确定主要系统利益相关方的角色及他们对系统任务执行和结果的促进作用，这些促进作用有时是积极的，有时是消极的。

4.3.1 用户和最终用户组织角色和任务

用户和最终用户组织及其系统扮演的角色反映了它们的使命任务和目标。系统角色和任务示例如表 4.1 所示。让我们进一步探讨组织角色的相关背景。

表 4.1 系统角色和任务示例

系统	基于角色的任务描述
立法系统	以地方、州和联邦法律、法规、规章、条例和政策的形式制定管理个人、组织或企业的社会合规指导条款和约束条款
司法系统	裁定个人、组织或企业遵守现行法律、法规、规章、条例和政策的情况
军事系统	在合作、应急、和平维持、威慑和作战方面发挥作用，确保国家生存并维护国家宪法、安全和主权
运输系统	提供运输服务，使用户、客户和产品能够通过陆运、海运、空运或航天运输或其组合，安全、高效地从一个地点移动到另一地点
市政系统	提供公共服务，促进实现社区组织的目标和目的
教育系统	为人们提供获得专业知识和提高技能的教育机会，让他们成为对社会有贡献的人
医疗系统	提供医疗咨询、治疗、诊断、手术和治疗服务
资源系统	提供与绩效和风险相称的资源（如时间、金钱、燃料、电力），支持个人、组织或企业完成任务，实现目标和目的，并带来 ROI
生产商	根据市场需求和标准，提供大批量的系统设计或产品
建设系统	提供建设服务，使系统开发人员能够建造设施或站点，让用户能够完成系统部署、操作、支持、培训和处置
农业系统	向市场提供可供人和动物安全食用且环保的营养食品和农副产品
食品系统	满足客户日常食品消费需求，如杂货店、集市、餐馆、零售商
公共设施系统	提供公用自来水、下水道、垃圾收集、电力、天然气、通信和其他服务
零售或批发业务系统	向市场提供消费品和服务
咨询和技术服务系统	监控其他系统的性能，根据既定标准评价性能，记录客观证据，并控制系统性能
研发系统	研究系统新技术的研发、产品化或应用

4.3.1.1 企业系统角色背景

原理 4.3 客户和客户的客户原理

为了充分了解你的客户并支持你的客户作为一个系统用户，你必须了解他们的客户（系统的最终用户）对他们的期望，以及你的系统、产品和服务对实现这些期望所起的作用。

正如多恩（1623）的《没有人是一座孤岛》诗中所写的那样，组织系统和工程系统依赖于其他系统而存在。系统工程师必须了解用户/客户需求，从而成功开发出其所需的系统、产品或服务。这一点隐含着这样的认识：组织系统和工程系统依赖于完整的“供应链”。供应链的每一步都需要交付符合适用性准则（如规范）的系统、产品和/或服务，以确保其存在和生存。下面来进一步探讨这一点。

4.3.1.2 了解组织供应链角色

原理 4.4 生产商-供应商双重角色原理

每个系统、产品或服务均承担两种情景角色：任务系统（生产商）角色和使能系统（供应商）角色。

人类系统——组织系统和工程系统——包含了系统的集成化供应链。在供应链中，企业提供系统、产品和服务，支持另一“下游”系统（见图 4.1），其中的两个关键点如下：

(1) 任务系统（生产商角色）的存在是为了完成根据合同、任务或个人动机设定的特定目标，并产生作为基于性能结果的系统、产品、副产品和/或服务。

这就引出了一个后续问题：谁能受益于这些目标的实现？于是引出了第二个情景角色。

(2) 每个任务系统（生产商角色）对执行其任务系统角色的用户来说都是一个使能系统（供应商角色）。

如果我们研究任务系统和使能系统的双重角色，就会发现每个组织系统和工程系统的相关系统（如分部、部门、子系统、组件、子组件和零件）都具有生产用户 SOI 所需的增值产品、副产品和/或服务的能力。图 4.1 展示了供应链的双重角色。*

在图 4.1 中，系统#1 作为增值产品、副产品和服务的生产商，履行任务系统角色，以满足消费市场或合同要求。市场或合同设定适用性标准和验收标

* **增值处理**

“增值处理”一词出现于 20 世纪 80 年代。由于在营销文献中过度使用或误用，这个词成了毫无意义的陈词滥调。系统、产品或服务的每个过程都必须产生基于性能的“结果”，这是必需的。然而，即使是“结果”一词也往往会使生产什么变得模糊，从而构成不充分的条件。这是为什么？流程中的每个过程和步骤都必须“增加”前一步骤的价值。如果不能增加价值，应取消这些过程或步骤。请记住：“流程”一词具有由人类管理和制造的隐含意义。操作人员与设备（如汽车）的交互也是如此。基于模型的系统工程（MBSE）代表系统中的逻辑和计算，是取消非增值流程的关键点。

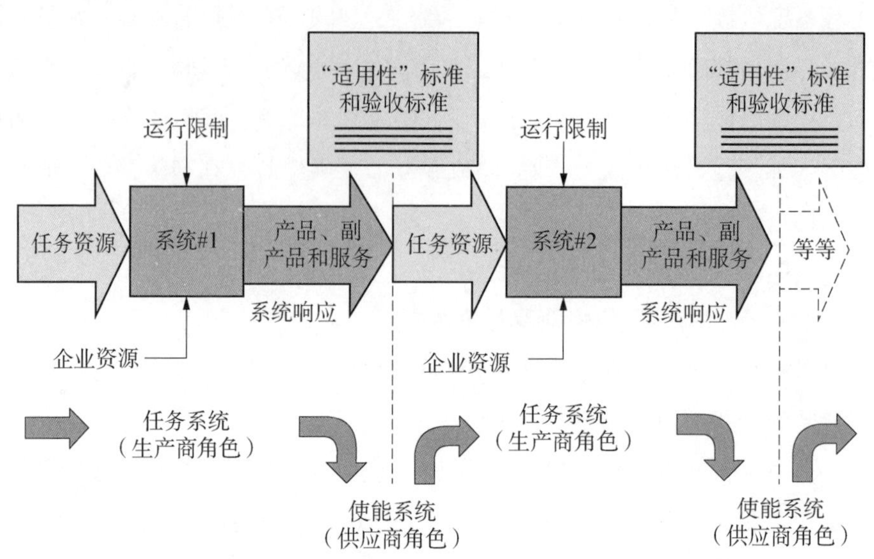

图 4. 1　了解任务系统（生产商）和使能系统（供应商）角色

准，以满足系统#2 的需求。作为产品、副产品和服务的供应商，系统#1 是系统#2 执行其使命系统角色的使能系统。

4. 3. 1. 2. 1　“适用性”标准和验收标准

原理 4. 5　系统输入/输出（I/O）适用性原则

各系统 I/O 都必须符合预先确定的由利益相关方（用户和最终用户）制定的适用性性能标准和验收标准。

根据经确认的运营需求，客户、用户或系统购买者都有最低要求和期望，必须满足这些最低要求和期望，以确保他们购买的产品、副产品和服务“可接受，满足用途”。“可接受”指在技术能力、质量和安全方面可接受，并且对环境、人类安全和健康无害。想要在合同或任务完成时通过验收，可交付的系统、产品或服务必须符合合同、规范等中规定的适用性标准。

请注意，适用性标准也适用于系统输入和系统输出。图 3. 2 按可接受和不可接受输入以及可接受和不可接受输出说明了这一概念。

4. 3. 1. 2. 2　系统生产商—供应商关系

图 4. 1 所示的结构显示了基本的生产商—供应商供应链关系。如果我们分析供应链中的每个系统，就会发现每个系统都有要实现的任务目标。任务目标侧重于相关系统实现的基于性能的结果（性能、产品、副产品和服务），以满

足客户运行需求，并为供应商的企业利益相关方带来投资回报。因此，系统执行以下两个角色：

(1) 任务系统角色——生产增值产品、副产品和提供服务。

(2) 使能系统角色——向其他系统交付这些产品、副产品和服务。

4.3.1.2.3　组织任务系统（生产商角色）

原理 4.6　任务系统（生产商角色）原理

在执行任务系统（生产商角色）时，每个系统完成任务或工作，以产生基于性能的结果（如系统、产品、副产品、服务或其组合），从而使用户及最终用户受益。

任务系统角色由人类系统——组织系统和工程系统——执行，人类系统分配有特定任务，以产生符合任务目标的系统、产品和/或服务结果和可交付的成果。举例说明如下。

示例 4.1　作为任务系统（生产商角色）的 NASA 的航天飞机

作为任务系统（生产商角色），NASA 的航天飞机执行太空作业，以完成基于任务结果的目标——部署卫星，执行科学实验任务，运送宇航员、食品、物资和垃圾进出国际空间站（ISS）。

4.3.1.2.4　用户组织使能系统（供应商角色）

原理 4.7　使能系统（供应商角色）原理

作为使能系统（供应商角色），每个系统都交付产品、副产品或服务，以满足利益相关方（用户和最终用户）的需求和适用性标准，执行他们的任务系统角色。

使能系统——组织系统和工程系统——确保用户和最终用户的运行持续不断，执行任务。举例说明如下。

示例 4.2　作为使能系统的 NASA 的航天飞机供应商角色

作为使能系统（供应商角色），NASA 的航天飞机为用户在太空部署卫星，为科学研究人员收集实验数据，并在肯尼迪航天中心（KSC）和国际空间站之间运送宇航员和货物，执行任务系统角色。

示例 4.3　作为使能系统的飞机系统

作为使能系统（供应商角色），飞机为乘客提供安全舒适的运输服务，在两个机场之间运送货物，执行任务系统角色。

为了支持飞机执行任务系统（生产商）角色，使能系统［如行李搬运工、机械师、票务员和检票员、地面保障设备（GSE）和其他人员］执行自己的任务系统（生产商）角色，让飞机做好安全飞行准备，补充消耗品和耗材，让货物和乘客安全地上、下机。

4.3.1.3　为什么用户组织和工程系统角色对系统工程师非常重要

你可能会问到为什么组织系统和工程系统角色对系统工程师和系统工程很重要以及重要程度如何。物理系统（如硬件、软件和课件）之所以存在是因为更高级别的企业系统，要在预算成本和时间限制内利用物理系统的能力完成组织目标和任务。

系统工程师需要知道、了解并理解用户打算如何在规定的运行环境中部署和使用系统。问问你自己：系统、产品或服务对组织的运输角色有何贡献？例如，如果你从事航空业务，那么你提供或承包的服务包括订票和票务服务、登机和行李搬运、飞机设施、登机口设施、特殊服务或安全服务。所有这些都需要物理系统，以及集成的硬件和软件才能发挥组织的作用。航空公司可以选择：

（1）开发系统、产品或服务。

（2）从外部供应商处采购系统、产品或服务。

（3）将系统、产品或服务外包（如承包、租赁）。

在任何情况下，企业的每个组织要素（分部、部门等）都会分配有目标、任务或绩效要求，以有助于实现其任务和目标。

当一个组织（如航空公司）开始运行时，需要大量人员参与到规划、实施、OM&S 活动中来。每个利益相关方——飞行员、空乘人员、检票员、行李搬运工和餐饮服务人员，都对航空公司及其嵌入的系统的基于性能/绩效的结果和成功做出了贡献并从中受益。

4.3.1.4　任务系统—使能系统供应链与工程的相关性

生产商—供应商供应链概念可能给人留下这样的印象：它只适用于组织。并非如此！生产商—供应商供应链适用于工程及其学科的方方面面，如流程。在以下示例中，我们看看组织及其工程系统是如何充当任务系统和使能系统角色的：

（1）电子设备设计供应链——作为任务系统（生产商），数字电路设计师将一系列规格要求转变成物理设备，如电路板，该电路板针对一系列的给定输入和操作环境条件产生规定的输出和特征响应。作为使能系统（供应商），设备的输出通过电缆或线路传送到下游电子设备，再传送到其他内部/外部系统作进一步处理。

（2）机械设备设计供应链——作为任务系统（生产商），机械工程师设计一种有助于安装用户系统的装置，以便在不同的风力载荷和运行环境条件下运行。作为使能系统（供应商），机械设计师与用户合作，确保生产的装置能够满足他们的任务系统运行需求。

（3）软件设计供应链——作为任务系统（生产商），软件应用程序由一种算法组成，该算法计算一系列给定输入和条件的结果。作为使能系统（供应商），软件应用程序将结果存储在存储单元中，供其他软件应用程序以后检索。

（4）化学工艺设计供应链——作为任务系统（生产商），化学品用作催化剂，在特定条件下产生结果——反应。

目标 4.1

介绍任务系统—使能系统供应链概念需要讨论每个相关系统及其任务系统和使能系统角色的责任。

每个系统都有自己的利益相关方——用户和最终用户——他们对相关系统的性能或基于性能的结果的应用负责。

4.3.2 利益相关方的用户和最终用户角色

工程系统，从构想到退役，都需要一定程度的直接或间接人工操作、干预和支持。从系统、产品或服务中获得既得利益的利益相关方（用户和最终用户）期望对每个系统的构想、融资、采购、设计、开发、集成、运行、支持和退役有所贡献。利益相关方可能是个人、组织或更高级别的企业，这取决于系统规模和复杂性以及风险和对用户而言的重要程度。系统利益相关方角色的举例说明如下：

（1）系统拥护者或支持者。

（2）系统利益相关方。

（3）系统所有者。

（4）系统用户。

（5）系统最终用户。

（6）系统购买者。

（7）系统开发商。

（8）系统架构师。

（9）服务提供商。

（10）独立测试机构（ITA）。

（11）系统管理员。

（12）任务计划者。

（13）系统分析师。

（14）系统支持。

（15）系统维护人员。

（16）系统培训讲师。

（17）系统批评者。

（18）系统竞争对手。

（19）系统对手。

（20）系统威胁。

首先介绍并定义这些角色。表 4.2 简要说明了系统每个利益相关方角色。

表 4.2　系统每个利益相关方角色

角色	角色描述
系统拥护者或支持者	支持系统的目标、任务或存在理由的个人、组织或企业 系统拥护者可能从他们对系统的支持中获得有形或无形的好处，或者他们只是简单地认为系统有助于实现他们所支持的更高目标
系统利益相关方	直接或间接“拥有”系统及其开发、运行、产品和副产品相关的所有股份或权益股份的个人、组织或企业
系统所有者	在法律和管理上对系统及其开发、运行、产品和副产品、成果和退役负责的个人、组织或企业
系统用户	操作、命令和控制系统或提供输入（数据、消耗品和耗材、原材料或预处理材料）的个人、组织或企业。由于系统使用情况受用户的控制，因此用户可以控制系统输出，提供信息、数据、报告等结果，让最终用户能够执行任务或做出决策。用户可能需要接受能力培训和通过相关认证

（续表）

角色	角 色 描 述
系统最终用户	直接或间接从系统和/或其产品、服务或副产品中获得利益的个人、组织或企业。最终用户可能需要也可能不需要接受培训
系统购买者	用户所选的代理人或代理机构，作为用户的采购和技术代表，应： (1) 定义和指定系统。 (2) 选择系统开发商或服务提供商。 (3) 提供技术援助，以评估系统开发商或系统服务提供商的表现、进度、完备程度、状态和风险。 (4) 根据合同，对合同履行情况以及向用户交付经验证系统的情况进行监督
系统开发商	负责根据系统性能规范（SPS）规定的运行能力和性能开发，以及交付经验证的系统方案的个人、组织或企业
系统架构师	设想、构想和制定系统、系统概念、任务、目标和目的的个人、组织或企业。由于系统工程跨多个学科，因此系统架构师可以是硬件架构师、软件架构师和教学架构师
服务供应商	特许或签约提供服务以操作系统或支持系统运行的个人、组织或企业
ITA	负责验证和/或确认系统满足用户对预期和规定运行环境的文件化的操作任务需求的个人、组织或企业
系统管理员	负责系统的一般操作、配置、访问和维护的个人、组织或企业
任务计划者	负责以下事宜的个人、组织或企业： (1) 根据境况分析和与 SWOT 相关的系统能力和性能，将任务目标转化为详细的策略实施计划。 (2) 制定行动方针、对策和所需资源，从而完成任务，实现目标
系统分析师	应用分析方法和技术（如科学、数学、统计、财务、政治、社会、文化等方面的方法和技术）来提供分析数据和有用数据，支持任务计划者、系统操作员和系统维护人员做出明智决策的个人、组织或企业
系统支持	负责持续支持系统、其能力和/或性能的个人、组织或企业，以确保完成系统任务和目标。系统支持活动包括维护、培训、数据、技术手册、资源和管理等
系统维护人员	负责通过预防性和纠正性维护以及系统升级来确保设备系统部件得到适当维护的个人、组织或企业
系统培训讲师	负责培训系统操作员或维护人员的个人或组织，让操作员或维护人员的能力表现达到标准水平，从而完成系统任务并实现系统目标
系统批评者	存在竞争、对立或敌对动机的个人、组织或企业，宣扬系统以经济有效、提升价值的方式完成分配的任务以及实现目标方面的缺点和/或认为系统对其拥护的其他系统构成威胁

（续表）

角色	角 色 描 述
系统竞争对手	其任务、目标和目的就是为了开展竞争从而获得相似任务结果的个人、组织或企业。 示例：市场份额和物理空间
系统对手	行为或行动存在敌意的个人、组织或企业，其兴趣、思想观念、目标和目的如下： （1）不赞成另一系统的任务、目标和/或目的。 （2）采取具有威胁性的行为方式和行动
系统威胁	积极计划和/或执行可能与另一系统的任务、目标和/或目的相反的任务、目标和目的的个人、组织或企业，它们存在竞争关系，怀有敌对情绪

利益相关方角色的背景取决于相关系统的背景。注意，承担这些角色的人员（操作人员和维护人员）、组织或企业也可能是利益相关方，并且承担的角色不同于其他系统，如一个系统的拥护者可以是其他几个系统的所有者。

4.4 了解和定义用户任务

用户组织角色、任务和目标推动着对任务和系统能力的需求以及性能要求。每个角色、使命和目标都是确定和界定与组织任务相关或不相关内容的基准参考框架。

了解用户试图解决的问题或要利用的机会是理解系统存在的原因及其在系统所有者的企业中存在目的的关键。我们先简要探讨一下某些类型的组织任务。

4.4.1 组织任务类型

组织执行各种需要系统、产品或服务等资产的任务来实现任务目标。高级别任务类型包括如下几种：

（1）教育任务。

（2）人道主义任务。

（3）医疗任务。

（4）运输任务。

（5）政府服务。

（6）教育任务。

（7）配送服务。

例如，军事组织执行以下任务：

（1）搜寻和协助。

（2）搜寻和救援。

（3）搜寻和回收或恢复。

（4）搜寻和销毁。

这里的关键点是要充分理解企业目标、角色和任务、基于绩效的结果目标、紧急程度、资源和时间限制以及机会窗口。尽管这些方面看起来平淡无奇，但它们却是本书其他部分探讨的系统、产品或服务开发的关键决策点。我们首先对每一方面进行简要介绍。

4.4.2 针对工程系统的企业战略规划

我们从组织角度对战略和战术规划过程建模，运营需求识别流程如图 4.2 所示。总的来说，这一过程包括战略规划环节和战术规划环节。这两个环节是我们展开讨论的基础。

4.4.2.1 战略规划环节

企业长期发展和生存的种子从组织愿景萌芽。如果没有愿景和以结果为导向的行动计划，组织创始人将面临许多挑战，比如要从一开始或不断地吸引和留住投资者、投资资本。

4.4.2.2 企业运营环境

对于大多数组织来说，要想取得发展首先需要对运营环境进行领域分析，运营环境由机会目标和威胁环境构成。分析任务由组织愿景决定，形成市场和威胁评估报告。报告与组织要实现的长期愿景共同为制定组织战略计划提供依据。

作为组织的高级规划文件，战略计划确定企业在未来五年或更长时间内的预期目标。

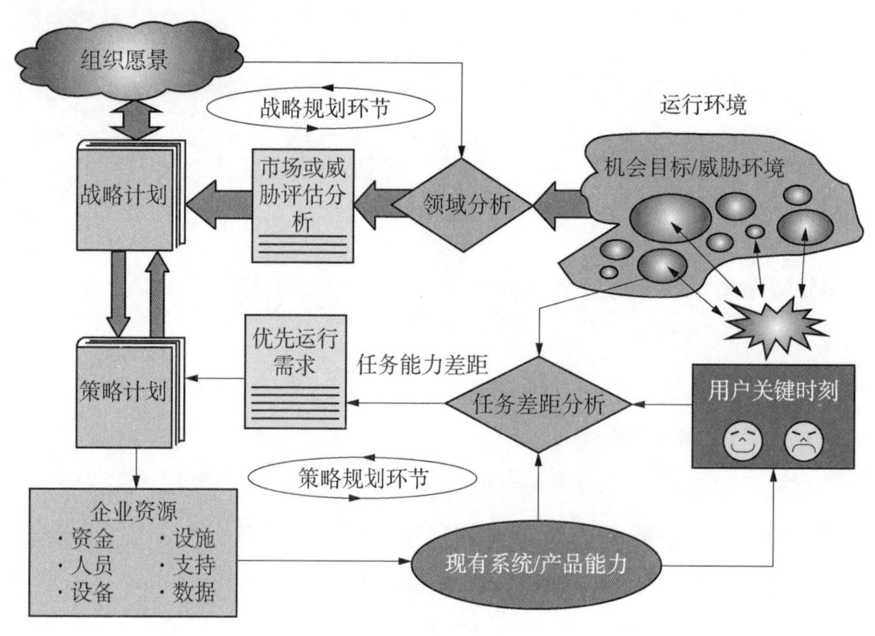

图 4.2　运营需求识别流程

计划确定一系列长期目标，每个目标都应该是具体的、现实的、可衡量的、可实现的和可验证的。与任何系统一样，战略规划目标需要绩效指标，这些指标作为评价计划与实际的绩效和进度的基准。*

4.4.2.3　策略规划环节

制订了战略计划后，需要考虑的关键问题是：我们如何在当前境况下实现五年后目标？答案在于制订和维持渐进的短期策略计划，这些计划应详细阐述实现战略规划目标所需的近期（一年）目标和行动。

执行管理层将战略目标分解为策略目标，并将目标分配给各组织要素。绩效指标或绩效衡量标准衡量每个策略目标的完成情况。绩效衡量标准是评估实现目标的计划进展和实际进展的基准。

4.4.2.4　策略计划

为了响应策略目标，每个组织要素需制订策略计划；策略计划应描述每个企业的领导计划如何实现与作为基准的性能度量（MOP）相关的目标。就方

* **战略计划的全局性**

必须强调战略计划的全局性，经批准的文件构成启动年度组织策略计划的参考框架，计划侧重于依据业务而定的任务及资产（系统、产品或服务）目标。

式而言，策略计划描述需要、采购、部署、运行、维护、维持、退役和处置何种类型的组织系统、产品或服务等资产。因此，各组织分部、部门等需要具备规定水平的能力和绩效来支持策略目标的实现。以下示例说明了策略计划的一个方面。

示例 4.4　车队可用性

假设一家企业需要一支由 10 辆运输车辆组成的车队，车队运行可用率为 0.95（第 34 章），然而由于需要大修，只有 6 辆车辆可以运行。

策略计划说明这家企业计划如何开展下列事宜所采取的战略：

（1）另外获得至少四辆车辆（通过购买、租赁、租用等方式）。

（2）运行车辆，从而实现组织目标。

（3）维护车辆，使运行可用率达到 95%。

4.4.2.5　系统资源

库存资源等系统资产及其当前运行状况代表当下的企业能力。假设企业有切实可行的战略计划和支持性策略计划，而这些文件和使能系统都有有效期。随着时间的推移，竞争或敌对威胁以及机会都会发生变化。因此，会出现两种情况：

（1）威胁能力开始超过企业的组织能力。

（2）随着新机会的出现，各组织资产都需要达到预计绩效水平来抵御威胁或利用机会。

鉴于组织系统、产品或服务都会因材料退化或产品过时而具有一定的有效期，企业可能会面临运营需求和当前能力之间的差距，在运营上需要应对外部威胁或利用机会。

随着实现具体任务的策略计划逐渐成熟并通过批准，组织系统（如人员系统和工程系统）需要获得资金以实现任务目标。需要进行的更新可能包括以下方面：

（1）部署新系统、产品或服务。

（2）升级、增强和改进现有系统、产品或服务。

（3）更新组织原则和调整管理体系。

（4）人员培训和技能提升。

（5）调整运营策略。

根据这些能力需求的紧急程度，策略计划可能需要数天、数周、数月或一年的时间使组织能力达到所需的绩效水平。举例说明如下。

示例 4.5　系统能力随时间推移的变化

企业部署具有初始运行能力（IOC）的系统或产品，并通过一系列“构建”逐渐升级系统或产品，直到在未来某一时间达到全面运行能力（FOC）（见图 15.5 和图 15.6）。

原理 4.8　任务结果原理

任务结果确定需要完成哪些工作来消除、最小化或控制新出现的问题空间或利用机会空间。

另外，在牢固建立所需能力之前，可以采用临时运营策略来表达对可能只存在于虚拟空间的能力对抗或竞争威胁的看法。迷惑系统或产品的例子在历史上比比皆是，这些系统或产品会影响竞争对手、对手或客户对实际情况的看法，直到实际的系统、产品或服务能力部署到位。

目标 4.2

在这一点上，要认识到成立企业是为了利用市场上的机会目标。企业在运行环境中交付或使用这些产品或服务时，必须不断评估系统的运行效用、适用性、可用性、有效性和效率。要分析收集并分析依据用户访谈、观察、经验教训、故障报告和缺陷的数据，包括任务能力差距等。分析内容至少包括下面几个：

（1）产品和服务要实现的目标。

（2）产品和服务在市场上的表现。

（3）客户对我们的系统、产品或服务的看法以及满意程度。

（4）绩效结果记分卡。

4.4.2.6　现有系统/产品能力

要对任务差距进行有效分析就需要对现有企业系统、产品或服务能力进行真实、内省的评价。企业利用媒体关系向市场展示积极形象，结果就产生了这样一种“感觉”：企业可能看起来比现有能力、行动和绩效所表现的要强大得多。根据具体的情况，严谨的企业理念可能引起争议，并带来严重后果。

对内部评价而言，要想生存就需要对系统、产品或服务能力进行客观、公正、真实的评价。否则，组织会因为相信自己的华丽说辞而将自身和任务置于危险之中。这一范例包括一个称为“群体思维”的概念。在这个概念下，组织管理人员将他们的思维过程协同到一定程度的信念中，而这种信念忽视并否认基于事实的现实。

4.4.2.7 组织和利益相关方关键时刻

原理 4.9 利益相关方关键时刻原理

系统利益相关方（用户和最终用户）与组织及其系统、产品或者服务接触和互动的每个时间点为“关键时刻”，会带来对未来业务有影响的积极或消极经历、结果和后果。

卡尔松（1989）将客户与企业及其系统、产品或服务的每次接触和互动称为“关键时刻”。因此，这些物理接触和互动可能是积极的、良性的，也可能是消极的，是日常业务运作的正常流程部分。

从运营层面讨论利益相关方在利益相关方“关键时刻”中的作用。上一段从用户和最终用户的角度讨论了这一主题。如果你的企业开发的系统、产品或服务获得的利益相关方“关键时刻”不多，想象一下市场直接或通过股价下跌向你的股东、执行领导和其他人员反映出的不满和其他信息。

企业如何了解利益相关方对系统、产品或服务的运行需求和期望？用户对你的系统、产品或服务做出的任何公正评价（如喜欢、不在乎或不喜欢），以及与市场上其他系统、产品或服务的比较，都会提供与你自身能力差距和市场机会相关的宝贵信息。现场工程师和用户访谈及反馈或更广泛的用户群体调查是收集关键时刻数据的关键环节。通过访谈可以了解用户体验，获得经验教训，了解基于与机会目标或威胁环境的直接物理交互的最佳实践。利用这些信息和知识可以确定和创建新的系统、产品、服务，或进行系统、产品或服务升级。

4.4.2.8 企业能力差距分析

任务差距分析更深入地进行 SWOT 或分析现有系统、产品或服务能力、运行准备状态和机会目标或威胁之间的差距。分析包括进行情景假设、评估运行优势以及定义有效性度量（MOE）和适用性度量（MOS）（第 5 章）和得以充分利用的能力。根据任务差距分析结果，记录首要运行需求，作为策略计划的输入信息。这里需要注意的是，差距分析应该反映两种类型的信息：

（1）纸面上的分析比较。

(2) 基于现有系统或产品与机会目标或威胁环境之间的实际物理交互的实际现场数据。

纸面上的分析仅仅是一种基于行业刊物中的“宣传册”、客户反馈、调查、情报和问题报告等书面证据的抽象分析和比较。分析可由各种经验证的模型和模拟来支持，这些模型和模拟可模拟现有系统、产品或服务能力与机会目标或威胁之间的交互作用的影响。尽管可能缺乏实物和验证，但该分析法应反映可能对组织、有形资产、人员生命、财产或环境产生影响的风险级别。

4.5 了解用户的问题空间、机会空间和解决方案空间

原理 4.10 问题空间、机会空间和解决方案空间原理

了解用户的问题空间/机会空间和解决方案空间，最坏的情况是为错误的问题编制完美的规范要求。识别和界定问题空间和解决方案空间的概念就是你偶尔在专业术语词汇表中听到的概念。这些概念听起来不错！能给客户留下深刻印象！然而，如果让同样的人来区分问题空间和解决方案空间，要么得到模棱两可的答案，要么得到一大堆生动的、未经证实的说辞。

大多数成功的任务都是从充分确定和理解问题、机会和解决方案空间开始的。一个系统的问题空间可能是另一个希望利用潜在的或新出现的缺陷的系统的机会空间。

4.5.1 了解运营环境机会

原理 4.11 问题/机会空间原理

一个企业或系统的问题空间是竞争对手或对抗系统的机会空间。从企业角度来看，人类系统利用机遇，应对威胁。企业分配任务和绩效目标（财务、市场份额和医疗目标），以支持创始人或系统所有者利用机会或消除威胁的愿景。

生存机会和威胁动机在整个企业的运营环境中都很常见。根据个人观点，有些人把这称为“系统的自然排序”。非洲平原上的动物王国就是一个例证。

示例 4.6 非洲平原寓言（轶名）

在非洲平原上，狮子醒来后想知道这一天它能否吃到东西——这是狮子的

问题空间。在别处，瞪羚醒来后想知道这一天它能否在不被狮子吃掉的情况下生存下来——这是瞪羚的问题空间。从狮子的角度来看，瞪羚代表了机会空间，如果瞪羚在跟踪距离内被狮子看到，它就成为狮子生存的解决方案空间。

为了更好地理解问题、机会和解决方案空间的概念和它们之间的关系，请查看图 4.3。

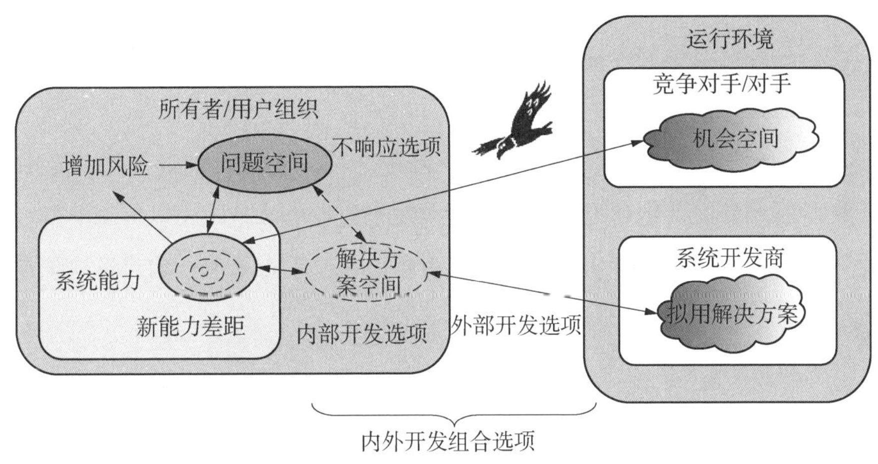

图 4.3　了解问题、机会和解决方案空间

假设企业系统（如航空公司）拥有一系列资产，如飞机、航班、订票系统、行李搬运系统等。随着时间的推移，如果企业不能不断提高自身能力，为客户提供更新的、更有竞争力的服务，竞争就会出现。其结果就是，新出现的能力差距开始变化，差距可能不明显或公开程度有限。

工程系统是无生命的物体，感觉不到企业的困境。然而，用户的企业应该引起越来越多的关注。随着新出现的能力差距不断扩大，这种差距被视为问题空间，需要用户的企业采取在一定程度上紧急的纠正措施来填补。有时“差距”以系统或产品故障的形式出现，需要公开确认、通知用户和最终用户以及召回产品，以便立即采取纠正措施来降低风险和消费者安全顾虑。

这种情况发生时，用户企业的竞争对手可能会注意到、了解到或预测到这种新出现的能力差距。所有者/用户组织将新出现的能力差距视为问题空间，而其竞争对手将这一差距视为机会空间，如猛禽图标所示的那样。

可以从两个视角看待“问题空间”，即用户—购买者视角和系统开发商

视角。

(1) 用户—购买者的问题空间代表系统开发商的机会—解决方案空间。

(2) 系统开发商寻求设计解决方案的问题空间成为分包商、供应商和顾问提供解决方案的机会空间。

当发生这种情况时，用户企业有三种可能的选择：

(1) 通过内部系统或升级开发来填补差距。

(2) 与外部系统开发商签约，开发新系统或升级现有系统。

(3) 内外开发相结合。

在竞争激烈的情况下，在可以填补差距之前，企业可能需要掩盖这种差距。在召回产品等其他情况下，企业必须发布公告承认差距，以提高消费者的形势意识，并建立消费者信心，让消费者相信企业正在采取行动纠正缺陷或安全问题。

4.5.1.1 系统机会类型

机会通常分为以下三种基本类型：

(1) 基于时间（即等待合适的时间）。

(2) 基于技术（即等待技术成熟）。

(3) 基于位置（即等待租约到期）。

下面我们进一步探讨这三个问题。

4.5.1.2 基于时间的机会

基于时间的机会的出现可以是随机的，也可以是可预测的。随机的机会有时被视为“运气”。可预测的机会取决于周期性或可重复的行为模式（如应用于实践的知识），这些模式可以让对手系统对情境弱点加大投资。

4.5.1.3 基于技术的机会

用户可以抓住机会的其中一个方法是通过内部研发（目前在市场上可用）或通过与其他组织建立战略伙伴关系来利用新兴技术。

4.5.1.4 基于位置的机会

顾名思义，基于位置的机会是指在正确的时间出现在正确的地点。在商业界，人们常说成功的推动要素是“位置！位置！位置！”显然，虽然仅仅依靠好位置并不能让企业成功，但是，位置是企业能否成功的潜在决定因素。

4.5.2 了解问题空间

原理 4.12 运营需求原理

进行系统分析需要识别和确定三种利益相关方（用户和最终用户）的运营需求：实际需求、感觉性需求和预计需求。

系统工程的第一步是了解用户试图解决什么问题。问题空间一词是相对的。想一下商业市场或军事对手之间的竞争。企业可能将竞争对手或对手及其经营领域视为问题空间。假设，如果你问竞争对手他们是不是另一企业的“问题”，他们可能很明确地回答“是”或者断然否定说“不是”因此，看待问题空间的视角在于感知到情况的人的看法和想法。有时毫无疑问，侵略或敌对行为，如侵犯一个国家的领空或恶意的企业收购，恰恰证明了这一点。

注意，可以从两个视角看待问题空间：

(1) 威胁视角——消除系统、产品或服务能力抵抗外部威胁的弱点。

(2) 机会视角——抓住机会空间，创建新的系统、问题或服务，使你的企业能够在竞争激烈的市场中增加市场份额。

4.5.2.1 机会空间与问题空间语义

在竞争激烈的市场上和对手无处不在的环境中，许多组织要想生存就必须主动将系统漏洞降至最低。主动发现机会的企业采取措施，降低风险，防止危险发生及变成问题，或成为未来的领军企业。相反，因循守旧的企业处理问题时往往是保守的“救火员”，即使他们意识到了潜在的危险也没有减小其影响；他们似乎永远也不会获得成功良机。由于“问题空间”一词为通用语，而系统工程的一个方面是解决问题，因此本文使用“问题空间”这一术语。

4.5.2.2 解决问题还是解决症状？

原理 4.13 解决问题-症状的原则

解决方案开发活动分为两种类型：解决问题和解决症状。要认识到两者之间的差异。

企业常常使自己及其执行管理层相信他们能解决问题。在许多情况下，解决问题实际上是解决症状。这个问题对用户、购买者和系统开发商抛出了关键问题：这是要解决的正确问题还是未知或更大问题的下行（downstream）

症状？

4.5.2.3　动态问题空间

对大多数组织系统来说，问题空间是动态的和变化的。它们随着时间的推移以多种方式不断变化。有些以瞬间发生的灾难性事件形式出现，有些则在数年后才出现——比如地球大气层的臭氧层空洞。系统功能和性能的问题空间的根本原因源于几个潜在源头，例如：

（1）系统疏漏。

（2）不当监控或维护。

（3）正常磨损导致的系统退化。

（4）用户操作人员培训效果不佳。

（5）使用不当、滥用或误用。

（6）产品或技术过时。

（7）预算限制。

从组织上来说，管理人员有义务追踪问题空间。面临的挑战在于，一些管理人员因为政治原因不愿意披露问题空间，以致延误解决问题的时机。在其他情况下，管理层对看似琐碎的问题没有给予适当关注并安排优先次序，以至于这些问题成了成熟的问题空间——众所周知的“鸵鸟政策”。当这种情况发生时，可能出现四种潜在结果：

（1）在运行方面，问题空间的源头消失。

（2）企业管理层被其他优先事项分散注意力或迷惑。

（3）企业目标发生改变。

（4）发生灾难性（最坏情况）事件，迫使采取纠正措施。

一般来说，人们倾向于认为问题空间是静态的。事实上，问题空间的主要问题在于它是动态的，尤其是在试图界定和定义问题空间时，如图 4.3 所示。从动态上来说，差距可能随着时间的推移而迅速出现或缓慢变化。

4.5.2.4　预测问题空间

大多数组织面临的挑战是：他们如何带着某种自信将对潜在问题空间的预测转化为系统能力？答案在于组织和系统层面的战略和策略计划、系统任务和目标。

企业战略和战术计划确立了评价潜在组织弱点的参考框架——现有的能力

与计划的能力。以这些目标为基础，将情景评价和差距分析用作比较现有的和计划的系统能力和性能与竞争对手的计划能力和性能的工具。结果可能表明能力和/或性能水平存在潜在的或新出现的“差距”，如图 4.3 所示。确定差距为企业采取行动奠定了基础。

有时你无法预测问题空间。充其量，你可能需要未雨绸缪……但是这需要花费一些成本，而有些人可能认为这是一种浪费。举例说明如下。

示例 4.7　小行星问题空间示例

地球数次险些被小行星撞击。自人类开始探索太空以来，国际科学界就一直讨论在小行星撞击地球之前向太空发射一种装置来摧毁或转移小行星等解决方案的必要性。

就这种情况而言，在天文学家发现小行星之前，你并不知道小行星处于碰撞轨道上。然后，响应时间就成了一个关键问题。这就引出了一个问题：如果你开发出了这样一种装置，并且没有小行星，会出现什么情况？这个设问就变成了：与不开发这种装置的成本和风险相比，开发的成本和风险是什么？

4.5.2.4.1　“能力差距”何时成为问题?

从技术上来说，构成潜在风险的危险以事故或事件形式发生之前，问题并不存在（第 24 章）。那问题真的来了！“阿波罗 13 号”指挥官吉姆·洛威尔说：“休斯敦，我们出现了点问题……”就是这种情况的最佳例证之一。

这也许是最棘手的问题，尤其是从预测角度来看。显然，当发生故障、紧急情况或灾难性事件等问题时，你知道问题出现了。一种方法是确定具有一定风险的潜在危险是否造成不可接受的基于结果的后果。实际上，你会要确定评估问题重要程度的等级或阈值。

4.5.2.4.2　确定问题空间边界

系统工程面临的挑战之一是界定问题空间边界。讨论问题空间的概念、依赖性和动态性是非常容易的。然而，问题空间通常是模糊、虚构的概念，很难界定和表达。

打个比方，问题空间就像传说中的大脚怪。每个人都在谈论大脚怪的存在，有些人还说他们记录了各种各样的客观证据，但似乎没有人能够捕捉到一个大脚怪。罗维（1998：56）通过引入他所描述的问题空间问题——定义和界定问题空间——说明了这一点。

在概念上，我们用象征性表示问题空间边界的实线来说明问题空间。对于草坪等一些系统，明确界定了所有权责任的财产边界。在其他情况下，边界可能是难以捉摸的、模糊的，想想那些人们发生分裂但是外貌、穿着和交流方式却相似的国家发生的内乱和战争。如何区分是友还是敌？今天到底是星期几？

围绕意识形态、政治和宗教等抽象概念所画的线通常是模糊的、不清晰的和不明确的。示例如图 4.4 所示。图的左侧以灰色模糊边缘显示问题空间边界。“质心”以黑暗区域表示，但是，区域边缘是模糊不清的。在某些情况下，问题空间有连接其他问题空间的触须，它们相互影响。模糊程度可能不是一成不变的，而是连续不断发生动态变化，就像云或雷暴一样。

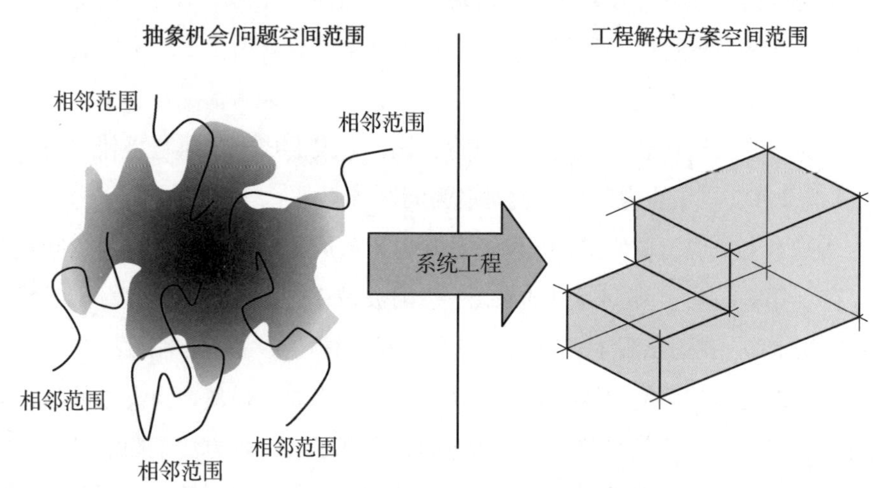

图 4.4　系统工程——将抽象机会/问题空间转化为系统工程解决方案空间

4.5.2.5　消除/控制问题空间

原理 4.14　消除/控制问题空间原理

如果你无法消除问题空间，那就尝试控制它，直到你能够解决并消除它。

根据问题空间的源头或根本原因以及系统或其任务目标的风险程度，假设问题在控制、资源或影响范围内，大多数企业的自然倾向是消除问题。然而，现实是你可能无法消除问题空间，你最多只能管理和控制它。

一旦将新出现的能力差距视为问题空间，我们如何向他人阐明问题？这就引出了下一个话题——定义问题陈述。

4.5.2.6 定义问题陈述

原理 4.15 问题陈述原理

每个问题或机会空间都应通过清晰的问题陈述明确而简洁地界定，但是问题陈述不能确定原因、划定责任或提出解决方案。

原理 4.16 确定促成原因（contributory cause）的原理

调查小组根据问题陈述的分析，确定可能原因并推荐解决方案。*

在第 24 章中，你将了解到大多数事件和事故问题空间不是单一的根本原因的结果，而是同一执行管理人员权限内发生的不安全行为（操作员、管理人员和设备潜在缺陷）、设计错误、缺陷和不足等一系列促成原因（见图 24.1）的典型结果。当潜在危险攻破防止危险发生的组织系统和工程系统的保护措施、屏障或防御措施时，其轨迹将在事件或事故中达到顶点。

我们对这一点的讨论集中在抽象意义的问题空间上。需要具体提出的设问是：用户试图解决什么问题？在界定和定义解决方案空间之前，你和你的开发团队（最好是与用户合作）简单记录用户试图解决的问题是至关重要的。你需要定义问题陈述。最终，这就引出了一个问题：应如何编写问题陈述？虽然界定问题陈述的方法有很多，但有一些通用指导原则。问题陈述应该如下：

（1）用一句话清晰、简洁、扼要地定义问题。

（2）避免确定问题的源头或根本原因。

（3）确定问题发生或导致问题发生的运行场景或运行条件。

（4）避免陈述任何明示或暗示解决方案。

（5）避免划定职责或责任。

举例说明如下。

示例 4.8 简单的问题陈述

病毒正在破坏连接到我们的局域网（LAN）的计算机。

请注意，该示例没有说明病毒来源、问题的源头或根本原因、有什么影响以及如何解决问题。

还要注意，我们说过问题陈述应该是一句话。人们倾向于就一个问题写一段话，让读者去弄清楚真正的问题到底是什么。应编写单一、独立的问题陈

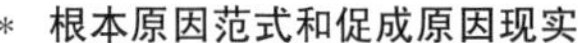

* **根本原因范式和促成原因现实**

问题空间的源头之一通常是事件和事故。管理人员和新闻媒体大胆要求确定“根本原因”。

述。如果需要附加说明信息，就将其从问题陈述中分离出来，并标记为“讨论”或“说明信息”。

4.5.2.7　划分问题空间

随着你对问题空间的理解越来越全面，下一步是将其划分为一个或多个解决方案空间。与系统利益相关方合作，将复杂的问题空间划分为更易于管理的解决方案空间。要确定一个或多个解决方案空间需要高度迭代的协作、分析和决策。我们以尝试划分图 4.4 左侧所示的模糊问题空间面临的挑战为例。通过划分，我们的目标是区分问题的关键属性、性质和特征，以便开发解决方案。

原理 4.17　降低问题复杂性的原理

将问题空间划分为一个或多个可管理的解决方案空间，是降低复杂性和管理风险的一种手段。

人们倾向于相信一个问题空间有一个解决方案空间。对于一些问题空间可能的确如此。这里假设所有的问题空间都可以通过市场上现有的硬件和软件轻松解决。面临的挑战在于有些问题——相对而言——是小问题，有些复杂，有些过于复杂。

要解决问题就需要制定可能成为多个解决方案空间（solution spaces）的基础的概念性解决方案。解决方案空间可能会在整个流程中不断发展，并且在流程结束时，可能无法根据其初始状态加以识别。

一种方法是收集关于问题空间的事实信息，并创建基于概念或假设的解决方案空间边界条件。然后，随着分析进行，调整边界，直到关于解决方案空间边界的决策成熟或稳定。关键是，由于复杂性、动态性和无法有效解决，一些复杂的问题空间被形容为“邪恶的”（第 2 章）。一般来说，你可以做如下选择：

（1）纠结于抽象概念。

（2）做出决定，进入下一决定，然后在必要时重新审视并修改最初的决定。

4.5.2.8　解决当前系统的能力差距

系统、产品和服务都有有效期，最终都会失去时效，随着时间的推移，对系统利益相关方的效用越来越小，并最终过时。假设能力差距不大且解决方案可行，用户可决定进行能力升级并改造现场现有系统。如果差距很大，用户需要在差距出现之前提前预测其程度。在这些情况下，开发新系统可能是备选方案。

大多数系统、产品和服务都有先例可循（第 2 章）。因此，许多所需的运行能力可能已经存在——实现方式可能不同。对于前所未有的系统，系统购买者或用户可能不得不连续签署数个合同，从而开发原型，满足关键的运行需求。为了更好地理解系统功能是如何获得的，接下来我们一起看看图 4.5 的示例。

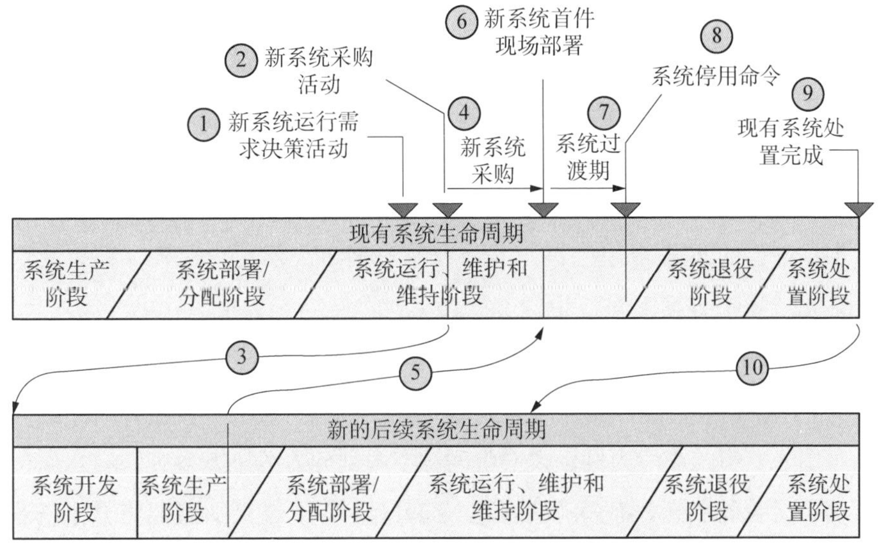

图 4.5　新系统采购和现有（传统）系统淘汰

在系统#1 的系统运行、维护和维持阶段，做出替代系统#1 的决定。采购策略是使新系统#2“在线”或投入使用，正如首件现场交付活动所示的一样。

在检验系统#2 并将其集成到更高阶系统的系统过渡期后，发布现有系统退役命令。此时，系统#2 成为主要系统，系统#1 进入其生命周期的系统处置阶段。一段时间后，系统#1 的处置标记为现有系统处置完成事件。

那么，我们如何在不中断组织运营的情况下，通过计划的新系统首件现场交付活动来采取行动，从而将系统#2 投入使用？我们来探讨这一问题。

当做出新的系统运行需求决策时，采购行动开始，启动系统#2 的生命周期。因此，系统#2 生命周期的系统定义阶段开始了。必须完成系统#2 的系统开发阶段，并准备好通过新系统的首件现场交付活动进行现场集成。系统#2 随后进入其生命周期的系统运行、维护和维持阶段。

在发出现有系统停用命令时，系统#2 应“在线”并处于有效服务状态。因此，系统#1 在现有系统处置完成活动中完成其生命周期，从而完成过渡。

4.5.2.9 问题空间紧急程度

问题空间风险水平和紧急程度可能整体或部分地影响或推动解决方案空间决策，尤其是在预算或技术受限的情况下，最终结果可能是决定对解决方案空间和其中的能力级别进行优先排序。

通过在系统交付和验收时构建初始运行能力来应对这一挑战。然后，在预算或技术允许的情况下，在构建初始运行能力之后进行一系列增量“构建”或升级（见图 15.5 和图 15.6）。最后，系统随着“构建”的集成而成熟，实现整体能力，即全面运行能力。

根据前面的问题/机会空间讨论，用户如何解决问题？答案存在于我们的下一话题“解决方案空间”中。

4.5.3 了解解决方案空间

以图 4.6 中的图形为例，说明将问题空间划分为解决方案空间。从象征意义上而言，我们从大方框表示的问题空间开始讨论。然后，我们将方框任意划分为五个解决方案空间，每个解决方案空间专注于满足分配给解决方案空间的一系列问题空间的能力和性能要求。最初，我们可以从四个甚至六个解决方案空间开始。通过分析，我们最终决定应该有五个解决方案空间，也可能是四个或六个解决方案空间。

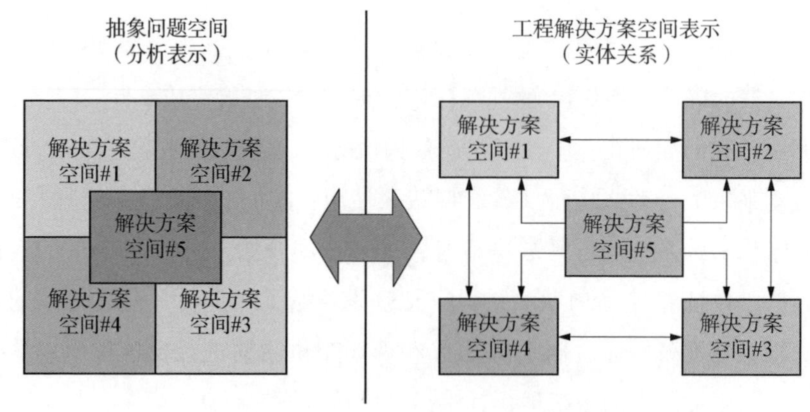

图 4.6 将问题空间划分为系统工程解决方案空间表示

那么，这与系统开发有什么关系呢？大方框表示整个系统的解决方案。我们用系统的多级架构作为框架，将系统解决方案的复杂性分解为多级解决方案空间。下面来进一步探讨。

4.5.3.1　划分和分解问题-解决方案空间

原理 4.18　问题空间分解原理

将每个问题空间划分或分解为一个或多个解决方案空间。

如图 4.7 所示，问题空间的复杂性是通过划分和多级细化——分解的过程来解决的。我们将整个问题空间划分为四个解决方案空间 1.0~4.0。解决方案空间 4.0 成为下一较低级别的问题空间 4.0，并划分为解决方案空间 4.1~4.4。划分和分解过程到最低级别才结束。图的右上角显示缩小过程的最终结果。

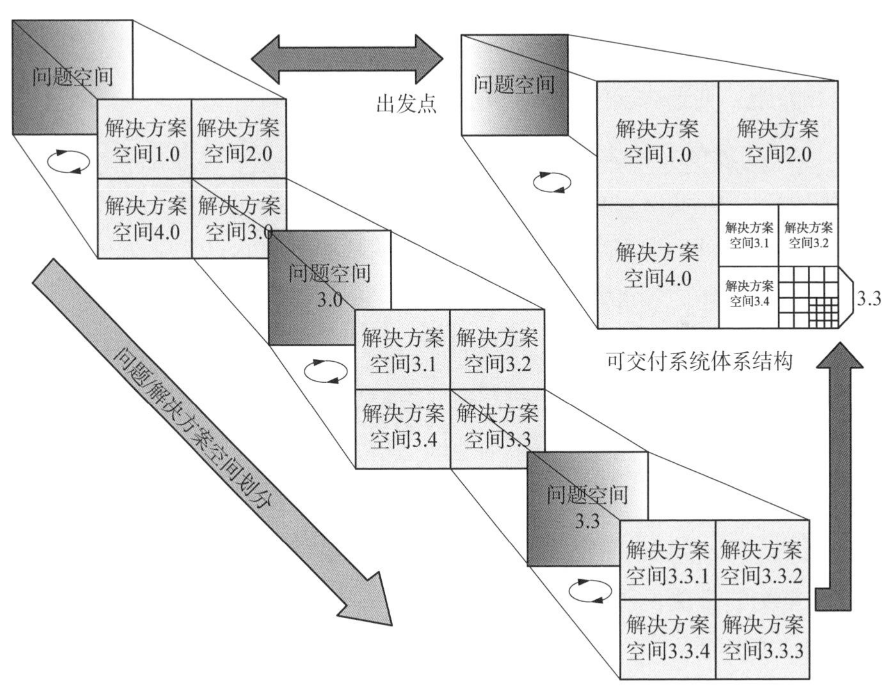

图 4.7　将问题空间划分（分解）为可管理部分

一般来说，解决方案空间以各种边界条件为特征：

(1) 清晰严格的边界。

(2) 模糊不清的边界。

(3) 重叠或冲突的边界。

解决方案空间的填充程度取决于所需能力、分配给问题空间“区域”的优先级和分配给问题空间“区域”的资源。高阶系统（第9章）会在合同和组织上施加资源和运行限制，这些限制可能最终限定解决方案覆盖度。

参考 沃里克和诺里斯（2010）提出了一个颇具争论性的系统工程话题，他们认为飞机和汽车等复杂系统是可分解的，而由于动态性和不断变化，社交网络系统和互联网等复合系统不容易被分解。

4.5.3.2 消除问题空间

发现企业系统或工程系统、产品或服务存在能力差距时，通常需要在有限的时间内解决这些差距，尤其是在涉及系统开发的情况下。如果差距是防御性的，系统或产品可能容易受到竞争对手的攻击和敌对行为的影响。如果差距代表攻击能力不足，则必须通过升级系统能力和性能来消除差距。

根据系统或产品的应用，运行策略（如诱饵、伪装和运行模式）也可以用来弥补差距，直到有新的系统、产品或服务可用。

4.5.3.3 解决方案能力力量倍增器

解决方案空间需要具有经济适用的能力，但这种能力可能无法完全满足用户的所有运行需求。在用户看来，基于能力的解决方案具有完成任务目标所需的有限的力度、能力和可靠性：

(1) 力度——接受特定任务挑战的能力。

(2) 稳健性——抵御威胁攻击和适应内部故障的能力。

(3) 项目能力——在规定范围内使能力倍增。

(4) 可靠性——在特定运行环境和规定时间内完成任务的概率。

问题是：用户如何扩展系统有限的解决方案空间来填补空白？答案在于战略性利用能力。举例说明如下。

示例 4.9

开发具有规定运行范围和有效载荷的高性能飞机可能需要高昂的成本。你该如何解决这个问题？

你需要做的是弄清楚如何建造价格合理的飞机，并能够利用其他系统及其能力将这种能力“扩展到”10的幂次方平方英里的范围内。利用加油机或后勤基地的空对空加油能力是一种方式。于是，运行范围明显扩大。

4.5.3.4 为解决方案空间选择候选解决方案

4.5.3.4.1 企业

每个解决方案空间都受到技术、科技、支持、成本、进度和可接受风险约束的限制。面临的挑战在于确定和评估数个满足技术要求的可行性候选解决方案，然后推荐首选解决方案。进行选择需要建立预先定义的客观标准，然后执行备选方案分析（第 32 章），从而选择推荐的解决方案。

注意，解决方案空间只是解决方案开发的边界空间，而不考虑如何开发系统解决方案。在默认情况下，为了降低风险和将成本降至最低，系统工程师应实时确定如何利用或改造现有的用户资产，或者找到市场上已经存在的解决方案。只有在用尽所有其他替代手段之后，万不得已才研究并执行新的开发方案（原理 16.7）。

4.5.4 了解问题空间，促进界定解决方案空间

原理 4.19 现场调查原则

现场调查期间，务必指派一名合格的系统工程师陪同业务开发人员了解、分析并记录机会/问题和解决方案空间。

企业中的每个人都应该直接接触和了解用户的问题空间，因为它们关系到企业的机会和解决方案空间。遗憾的是，差旅预算和用户接受大量人员的愿望和能力妨碍了企业人员直接观察到他们开发的系统是如何部署、运行和得到支持的。和任何科学技能一样，观察对于系统工程师来说是一项重要的系统思维技能。在整个系统开发过程中，观察、接触、感受、操作、聆听和研究现有系统对系统工程解决问题和解决方案开发有着深远影响。举例说明如下。

小型案例研究 4.1 了解问题和解决方案空间

一家公司签约设计一台大型计算机设备。在到用户现场调查之前，业务开发部拒绝工程人员参与工厂现场调查。由于面临的挑战之一是总在门口和走廊操纵设备，业务开发人员到现场调查，并对通向房间入口的门口和走廊做一些记录。工程部门深信他们可以开发出一种可以穿过狭窄门道的机柜，于是继续设计。

当系统交付时，安装团队遇到了大问题。他们发现，除了一个“不重要

的细节”——一个被忽略的约束条件，那就是机柜可以沿着狭窄的走廊穿过门，但却无法在走廊和门道之间转过90°。

启示 4.1 对用户的现场调查

在现场调查期间，务必指派一名合格的系统工程师陪同业务开发人员了解、分析和记录机会/问题和解决方案空间。

4.5.5 总结性见解

原理 4.20 反应性应对原理

界定解决方案空间时，预测竞争对手对解决方案空间的短期和长期反应和对策。

由于运行环境是动态的，因此了解问题解决空间需要不断进行评估。系统工程师常常错误地认为，开发新系统、产品或服务来填补解决方案空间是最终解决手段。就像牛顿第三运动定律一样，用户采取的每项措施都有可能受到竞争对手的程度相同的应对。因此，界定解决方案空间时，界定过程还必须考虑下列因素：

（1）竞争对手的可能反应。

（2）新系统、产品或服务如何最大限度地降低容易受到这些威胁的影响的程度，至少在一段合理时间内如何降低，直至在现有系统上部署和改造应对能力。

4.6 本章小结

本章介绍了问题、机会和解决方案空间的概念。要点如下：

（1）确定并界定问题或机会空间及其利益相关方——用户和最终用户。

（2）了解并理解解决问题和解决症状之间的区别。

（3）问题陈述应简单明了地描述必须解决的问题、事宜或状况。避免确定根本原因或可能原因，避免划定职责、责任或根本原因。

（4）将问题空间分解为一个或多个级别的一个或多个解决方案空间来管理其复杂性。

（5）将整个问题空间分解或划分为多个级别的一个或多个解决方案空间，

每个解决方案空间作为下一较低级别解决方案空间的问题空间。

(6) 每个解决方案空间代表一系列基于性能的结果和能力，这些结果和能力是解决用户问题空间所必需的。

(7) 在开始设计新系统之前，利用现有资产、传统系统设计和市场解决方案。

4.7 本章练习

4.7.1 1级：本章知识练习

(1) 任务系统（生产商）的角色是什么？

(2) 使能系统（供应商）的角色是什么？

(3) 什么是问题空间？

(4) 什么是机会空间？

(5) 问题空间和机会空间存在怎样的关系？

(6) 什么是解决方案空间？

(7) 问题/机会空间和解决方案空间之间存在怎样的关系？

(8) 如何编写问题陈述？

(9) 简述编写问题陈述的三个原则。

(10) 如何预测问题空间？

(11) 企业如何解决问题空间和解决方案空间之间的差距？

(12) 用户从哪里以及如何获得系统开发需求？

(13) 列举解决方案空间工具，使房主能够利用他们的时间、资源和技能来维护他们的草坪。

(14) 列举两个人类系统的例子——组织系统和工程系统——这些系统通过利用其他系统的能力来拓展或扩大它们的影响范围。

4.7.2 2级：知识应用练习

参考 www. wiley. com/go/systemengineeringanalysis2e。

4.8 参考文献

Carlzon, Jan (1989), *Moments of Truth,* New York, NY: Harper Business.

Carroll, Lewis (1865), *Alice's Adventures in Wonderland,* London: Macmillon.

Donne, John (1623), Meditation #17-Devotions Upon Emergent Occasions.

Rowe, Peter G. (1998), *Design Thinking,* Cambridge, MA: The MIT Press.

Warwick, G. and Norris, G. (2010), *"Is It Time to Revamp Systems Engineering?" Aviation Week,* Washington, DC: Aviation Week & Space Technology.

5 用户需求、任务分析、用例和场景

任何系统、产品或服务的主要目的都是实现消费者或组织的目标，并按照利益相关方（用户和最终用户）的定义，实现预期的有形或无形投资回报（ROI）。目标涵盖了从幸福感、娱乐、教育和健康等生活质量目标到组织生存、获利能力、食物和住所等基本生活所需目标等。识别、界定并定义实现这些目标的能力集的行为覆盖系统/产品生命周期的系统定义阶段（见图 3.3）。

系统、产品或服务的形式、匹配性和功能由利益相关方（用户和最终用户）、任务应用、性能目标和将要实现的结果以及操作环境条件来定义。例如，将外形或形式视为一种独特的应用特征，如汽车与高性能赛车、飞机与航天器、台式电话与智能手机、台式电脑与平板电脑。

人类利用系统、产品或服务作为使能系统来弥补有限的能力和局限性，从而实现超出个人或集体能力的成就，包括在短时间内进行长途旅行、太空旅行、通过互联网认识世界、获得来自很远地方的新鲜食物以及远程通信。选择或获取使能系统功能首先要了解对象、内容、时间、地点、原因以及系统用户计划如何完成任务。

相较于开发“小部件”的传统设计观点（即设计盒子，从工程师的角度让用户弄清楚如何使用），会出现相反的情况。如第 24 章“以用户为中心的系统设计”所述，设计需要改变传统范式来了解系统、产品或服务的用户的能力和局限性。然后，将设备设计成使能系统，使系统操作人员和维护人员能够完成指定任务。反之，则不成立。这是系统定义中的关键环节。从这一点来看，每一个系统定义决策，包括任务的成功，都是从传统范式转变为新的范式。

本章介绍了系统定义的关键元素——用户需求分析和任务分析。任务分析成为基于任务应用定义系统、产品或服务的分析基础框架和模型的关键工具。讨论引入了一种任务方法，该方法利用快速开发的用户故事、用例（UC）等概念，以及使系统工程师和分析师能够完成下述的工作场景：

识别并理解用户对能够提高客户期望和满意度的关键性能参数（KPP）或质量属性（性能、可用性和可靠性）的重视程度。

使用以系统为中心的系统设计（UCSD）方法（第 24 章）来开发符合用户能力和局限性的系统、产品或服务，并使开发的系统、产品或服务能够实现任务效果，反之则不成立。

5.1 关键术语定义

（1）参与者（actor）——参与者指用户或与主体交互的任何其他系统承担的角色［本节中术语“角色”（role）非正式使用，并不一定指本规范其他部分的术语的技术定义］（OMG，2006：230）。

（2）人体测量学（anthropometries）——对人体变化的定量描述和测量。这些定量描述和测量在人为因素设计中有用（MIL－HDBK－470A：G－2）。

（3）补偿措施（compensating provisions）——操作人员为消除或减轻故障对系统的影响可以采取的措施（Mil－Std－1629A：3）。

（4）成本效益（cost-effectiveness）——系统根据生命周期成本（LCC）而增加的运行能力的度量（DAU，2012：B－49）。

（5）成本作为独立变量（CAIV）——这一概念为决策者提供一系列可行的替代方案，以权衡运行能力和成本，从而选择最有价值的解决方案来满足组织需求。

（6）关键运行问题（COI）——在系统、产品或服务的运行、维护和维持部署以及停用或处置或运行限制等问题中，用户、系统购买者或系统开发商关心的问题。

（7）关键技术问题（CTI）——在规范要求的实现、技术限制、应用或实施或与另一规范要求的矛盾之处等问题中，用户、系统购买者或系统开发商关心的问题。

（8）有效性（measure of effectiveness）——系统目标实现的程度，或者系统能够被选择用于实现一组特定任务要求的程度……（DAU，2012：B－75）。

（9）互动（engagement）——两个系统之间友好、合作、良性、竞争性、对抗性或恶意交互的单一实例。

（10）关键性能参数（KPP）——用来表示质量特性的属性，具有用户确定的最小可接受值，对于成功完成任务和确保客户满意至关重要。质量特性示例包括性能、可用性、耐久性、安全性、可靠性和保存期限。

（11）有效性度量（MOE）——一种量化度量，表示系统、产品或服务需要达到的效果和性能水平，以及完成任务后达到的水平。

（12）性能度量（MOP）——一种量化度量，表示利用指定功能达到的性能水平，通常以规范规定的需求陈述的形式表示。

（13）适用性度量（MOS）——对项目在预期操作环境中提供支持的能力的度量。适用性度量通常与就绪度或操作可用性、可靠性、可维护性及项目支持结构相关（DAU，2012：B－140）。适用性度量是运行适用性的关键因素。

（14）任务（mission）——一项预先计划的活动，包括一系列顺序的或并行的操作（operation）或任务（task），期望达到具有可量化的性能目标的基于结果的成功标准。

（15）任务事件时间线（MET）——时间线能够：①识别关键任务事件；②事件何时必须发生以确保成功完成任务。

（16）任务可靠性（mission reliability）——系统在任务剖面规定的条件下，在指定任务期间执行所承担的任务关键型功能的概率（DAU，2012：B－143）。

（17）任务关键型系统（mission-critical system）——一种系统，其运行有效性和运行适用性对成功完成任务或聚合剩余（任务）能力至关重要。如果系统出现故障，将无法完成任务。这种系统可以是辅助或支持系统，也可以是主要任务系统（DAU，2012：B－144）。

（18）运行有效性（operational effectiveness）——在考虑组织、理论、策略、可支持性、生存性、脆弱性和威胁的情况下，在计划或预期系统操作部署的环境中，由代表人员使用时，完成任务的总体能力的度量（《国防采办手册》）（DAU，2012：156）。

（19）运行场景（operational scenario）——一种假设叙述，说明系统或实体在规定的条件或“最坏情况”条件下可能出现的交互、假设、条件、活动和事件。

（20）运行适用性（operational suitability）——考虑可靠性、可用性、兼容性、可移植性、互操作性……使用率、可维护性、安全性、人为因素、可居住性、人力支持、后勤支持、文件、环境影响和培训要求，系统能够按要求投入现场使用的程度（《国防采办手册》）（DAU，2012：B－156）。运行适用性的特征指标是一个或多个适用性度量。

（21）运行阶段（phase of operation）——一种高层次的、基于目标的抽象概念，表示支持完成系统任务所需的一些相关系统操作的集合。举例而言，一个系统有任务前、任务中和任务后三个阶段。

（22）交付点（point of delivery）——指定用于交付任务产品、副产品或服务的一个路径点或几个路径点中的一个。

（23）起点或出发地（point of origination or departure）——任务的初始起点或位置。

（24）终点或目的地（point of termination or destination）——任务的最终目标。

（25）场景（scenario）——说明行为的特定动作序列。场景可以用来说明交互作用或用例实例的执行（OMG，2006：244）。另请参见“用例场景”。

（26）序列图（sequence diagram）——通过关注交换的信息序列以及生命线上发生的相应事件来描述交互作用的图表。不同于通信图，序列图包括时间序列，但不包括对象关系。序列图能够以通用形式（描述所有可能的场景）和实例形式（描述实际场景）呈现。序列图和通信图表达类似的信息，但以不同的方式显示（OMG，2006：244）。

（27）系统有效性（system effectiveness）——对系统实现指定任务效果和性能目标的能力的量化度量。

（28）任务单（task order）——一份文件，能够：①作为启动任务的触发事件；②定义任务目标；③定义性能效果。

（29）时间要求（time requirement）——在机会窗口（如目标在特定时段易受攻击）内为完成某项操作所需的功能能力。通常为了任务成功、安全、系统资源可用性以及生产和制造能力而定义（MIL－STD－499B 草案：41）。

（30）时间线分析（timeliness analysis）——为确定两个或多个事件之间的时间顺序，并定义任何由此产生的时间需求而进行的分析任务。可以包括任务/时间线分析。示例包括：①显示关键日期和计划事件的计划；②详细说明武器和打击目标之间沿时间轴的位置变化概况；③机组人员与一个或多个子系统的交互（MIL－STD－499B 草案：42）。

（31）用例（UC）——一种陈述，表达用户希望从系统、产品或服务中获得的、能够完成特定任务或任务目标的基于结果的能力。

用例是描述系统执行的一组动作的规范，将产生通常对系统的一个或多个参与者或其他利益相关方有价值的、可观察的结果（OMG，2006：248）。

（32）用例图（use case diagram）——显示参与者和主体（系统）之间的关系以及用例的图表（OMG，2006：248）。

（33）用例场景（use case scenario）——任务系统用例在其操作环境中可能遇到的一种情境，需要一组独特的能力来产生预期的结果或效果。场景包括对用户或威胁如何应用或误用、滥用或错用系统、产品或服务的考虑。另请参见“场景”。

（34）航点（waypoint）——一种地理参考点或目标参考点，用于沿着任务步骤的顺序来标记进度并沿着任务事件时间线（MET）来度量性能。

5.2 引言

第 5 章重点“任务”是为系统、产品或服务的概念化、公式化和开发提供基本概念。虽然术语“任务”因其应用而具有军事方面的含义，但它仍适用于任何类型的人类系统（第 9 章）。

组织系统由组织元素（分部、部门、分支机构）构成，如医院、高校和政府。汽车、交通、能源、医疗、通信、金融、航空航天和国防（A&D）等工程系统则用于执行任务。

从概念上讲，系统工程与开发（SE&D）的概念、原则和实践通常适用于所有类型的系统、产品或服务开发，只有一个关键例外。虽然大同小异，但是

面向用户开发的系统/产品与合同约定的系统/产品之间在如何识别并分析用户运行需求方面存在差异。由于识别并分析用户运行需求是系统定义的关键第一步，我们将从这一点开始讲起。

考虑面向用户的开发与合同约定的开发在用户运行需求的识别方面存在差异，我们将讨论重点转移到建立系统、产品或服务的任务定义方法上。该方法定义了用户期望的企业系统任务执行方式，引入用户故事、用例和场景的概念，这些概念使人们能够识别、推导并阐述系统功能，并将之作为系统、产品或服务规范要求的基础。最后，我们将重点讨论如何开发用例和场景。

下文将浅谈商业开发与合同约定开发的区别。

5.3　商业/消费产品与合同约定系统开发

一般而言，系统开发工作流程（第 12 章）遵循随时间进展的基本工作流程：用户运行需求分析→制定设计规范→构建→集成和测试。然而，对应行业内两种主要的开发类型：消费产品开发和合同约定系统开发，出现了两种不同的模型，如图 5.1 所示。

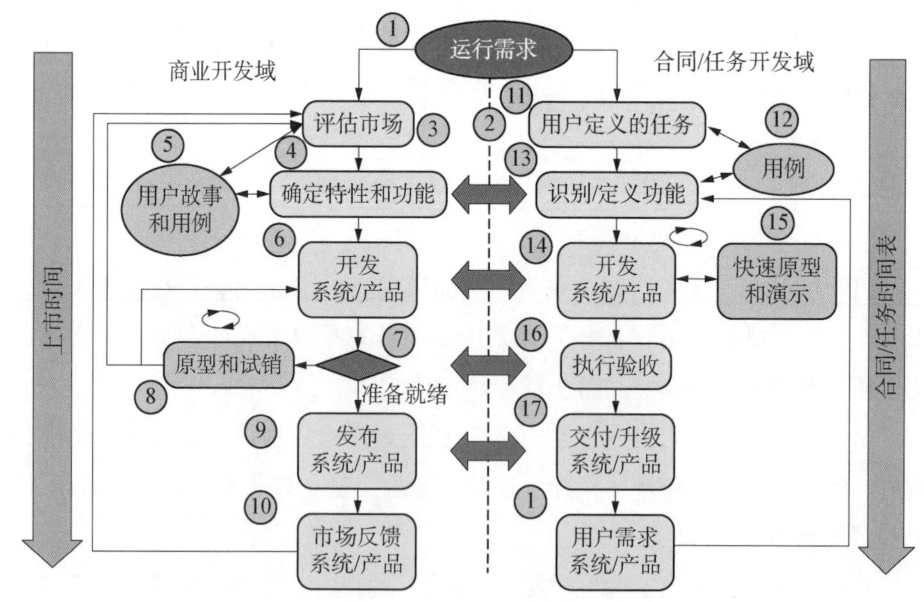

图 5.1　商业与合同系统开发的一般比较

请注意图 5.1 左侧所示的商业/消费产品开发如何评估消费者市场，识别产品功能和特性，并开发系统/产品，以获得投机性投资回报，然后通过一系列试销周期迭代，不断开发并“成熟化”开发构型（第 16 章），从而获得最终的系统设计解决方案。这最终会导致大规模或大批量生产，生产规模可达到数百万套设备，如智能手机。

相比之下，合同约定系统开发分析用户运行需求和任务，识别、界定并指定功能，开发系统/产品，并执行用户验收。基于合同标准的用户验收并不意味着可以高效率且低成本地生产系统/产品的开发构型。因此，可能会通过初始小批量试生产（LRIP）来生产一些设备供现场使用。在初始阶段的现场使用之后，可能会被授予合同来改进设计，实现高效率且低成本、大规模或大批量生产，生产规模可达到几十到几千套设备，如军事系统。

在以上两种情况下，消费产品的市场反馈或未来用户对合同约定系统的运行需求变化可能导致结束对系统/产品的升级。消费产品会出现的新模型，合同约定的产品也会以升级形式出现，以改装到合同约定开发的系统/产品现有的现场单元中。从系统工程的视角来看，两者都采用相同的系统开发工作流程（见图 12.2），但是基于各自不同的市场，两者有细微差别。

商业/消费产品与合同约定的系统、产品或服务开发都需要创新和创造力，但需要两种不同的系统思维应用（第 1 章）。

5.3.1 商业/消费系统或产品开发

商业/消费系统或产品的开发旨在投资开发新的系统/产品或服务，以期为其利益相关方带来投资回报并增加市场份额。这需要做到以下两点：

（1）了解全球市场、细分市场和利基市场，以及促使用户和最终用户购买的情感趋向——使用环境、市场竞争及法律/法规限制。

（2）在竞争对手抓住机会空间之前，在快节奏、快速上市的环境中，预测、创新、研发并应用新技术或新兴技术来开发新产品。

第 4 章介绍了问题空间、机会空间和解决方案空间的概念。商业/消费系统或产品开发包括将客户感知的或实际的问题空间视为机会空间，并用价格合理的系统、产品或服务来满足用户需求。

商业/消费系统、产品或服务通常被称为商用现货（COTS）供应商产品，可通过目录、网站或营销组织订购。如果供应商愿意提供现有产品的定制服务以满足用户（客户）的需求，则定制产品就会被政府机构称为非开发项（NDI）。

要了解有关 COTS 和 NDI 的更多信息，请参考第 16 章“系统构型识别和部件选择策略”。

商业/消费系统、产品或服务是由客户满意度、销售额、价位、性能、盈利能力等指标驱动产生的。

当商业行业或政府机构开发和安装特定的系统、产品或服务（如建筑、机械、车辆、飞机等）时，可能无法在市场上买到。这类需求的问题空间、解决方案空间是基于合同的系统开发。

5.3.2 合同约定的系统开发

相比之下，基于合同的系统开发源于购买系统、产品或服务的某个购买者。这类购买者可以是实际用户、用户组织内的采购代表，也可以是为用户提供技术服务和采购服务的外部组织。采购大型资本投资项目的基于合同的系统开发可在商业组织内进行，如建筑和机械设备。

基于合同的系统开发：

(1) 通常由任务驱动来开发设施、机械、制造设备和网络等工程系统，以支持企业系统任务的完成。

(2) 取决于客户对基于性能的结果（如本章随后介绍的 KPP、MOE 和 MOS）的满意度。

(3) 注重设备的实用性和易操作性。

了解了商业系统开发和合同系统开发这两个背景，下面我们开始讨论系统的开发工作流程策略。

5.4 用户运行需求识别

系统规定的第一个关键步骤是识别并理解谁是系统、产品或服务的主要利益相关方——用户和最终用户（第 3 章），以及他们的使用角色、决策角色和相互关系。

一旦识别出主要的利益相关方，下一步就要搞清楚他们的具体运行需求。运行需求经常被滥用，这是人们的固有印象。识别出的所谓的运行需求实际上是潜在问题或问题空间的症状。利益相关方多次明确要求基于需求的解决方案，如新型计算机、新款软件和新型车等，而不是通过可能促成其中任一解决方案的问题陈述来识别关键问题，使难度加大。因此，“运行需求”是一个抽象术语，其潜台词与利益相关方相关，需要进一步界定。那么，该术语有何含义？下文将从区分一些语义开始讲起：

第 1 步——利益相关方面对着诸如问题或机会空间之类的挑战，如威胁和需要克服的障碍。

第 2 步——系统工程师和其他受过培训的专业人员与用户群体协作进行需求分析，了解用户的担忧或问题能够被解决的概率、深层原因以及需要的时间。

第 3 步——需求分析的结果以问题或问题陈述（第 4 章）的形式表现出用户真正的运行需求，并得到利益相关方的一致认可，确定这就是要解决问题的根本动机。

第 4 步——问题陈述以解决方案空间的形式提出一系列建议，其中包含基于绩效的结果以及所要达到的目标。

第 5 步——一些组织创建能力开发文件（CDD）——即以前的运行需求文件（ORD）（DAU，2014）和目标陈述（SOO），以表达要开发或获取解决方案空间的能力。

上述步骤说明了为什么采用定制的定义—设计—构建—测试—修复（SDBTF）——设计过程模型（DPM）工程范例（第 2 章），因为那些采用非专业方式创建的诸如“愿望清单”之类的需求说明书往往会使用户的系统、产品或服务无法满足利益相关方的运行需求——系统确认失败。

一般来说，运行需求代表的可能有基于绩效的结果、系统/产品特征、适用性和其他要素。问题是如何将之转化为一系列系统、产品或服务的能力，而这些能力构成了提炼规范要求的基础。系统工程师通过本章后面讨论的任务分析、用例和场景以及第 10 章和第 33 章讨论的 MBSE 等工具对结果进行了详细说明。这些章节的核心思路是基于任务的结果→用户故事→用例和场景→运行任务→执行能力→任务完成的必要条件→运行规范。

上述讨论引出一个问题：系统工程师应该用什么方法来识别用户的运行需求？

5.4.1 运行需求识别方法

识别运行需求的方法有很多种，包括正式和非正式的匿名调查、私人会谈和名义群体技术（NGT）等。以“复选框”这种不专业的处理方法可能会识别出“症状”，却无法找到实际的潜在问题。受过培训的专业人员进行需求分析的优势之一是能够聚焦在真正的需求或问题上。

第 4 章介绍了问题/机会空间和解决方案空间的概念。有运行需求不一定意味着存在难题。这很简单，就像“想知道为何没有人发明一个（小部件）来……”也可能需要关注机会空间。还有一种可能性是某些“需求”实际上是用户非必需的“需求”或只是一种“设想”（见图 21.4）——当超出预算值时，“采购清单”就会消失。

5.4.1.1 用户故事

第 15 章提到的敏捷开发采用了一个称作“用户故事”的概念。用户故事允许用户使用以下句法，用自己的话在索引卡上写下具体需求：

> “作为<用户类型>，我想要<目标>，以便<原因>”。
>
> ——（科恩，2008）。

然后，在索引卡的反面用自己的话写上满足条件（COS）（科恩，2008），说明将如何验证需求是否得以满足。系统工程师在查看时，很容易“原封不动地”接受用户故事并开始识别需求。但是，利益相关方（用户或最终用户）在卡片上写下的内容可能并不是他们需要解决的核心问题。这就引出了下一个话题——五问法分析（five why’s analysis）。

注意 5.1 对实际用户和行政管理事务人员（administrative paper pushers）进行资格认证

注意“用户故事”中的有效用语“用户”一词。运行需求分析的失误之一是未能对真正的用户进行资格认证。

很多时候，作为利益相关方而非用户经理和执行主管是为了识别需求而受访的人员是经理和执行主管，他们是利益相关方，却不是真正的用户，他们可能完全有资格提出需求，也应该受访。但是，如果访问了声称是决策用户而实际上并非决策用户的错误人选，可能会对真正的用户造成毁灭性的打击，他们才是实际运行、维护部署或发布系统、产品或服务的人。

5.4.1.2　五问法分析

五问法分析是一种解决实际问题的方法。如果从事件、活动、已知需求等条件开始，在每个回答后问原因，最终会找到问题的根源。请思考以下示例。

示例 5.1　五问法分析

使用科恩（2008）的用户故事句法，假设一个用户故事：作为<用户>，我需要一台 XYZ 计算机，这样就可以拥有一间高科技办公室。

——系统工程师问题#1：为什么需要一台 XYZ 计算机？

——用户回答#1：需要创建/审阅文档并与客户互传文件。

——系统工程师问题#2：为什么不使用邮箱或传真机？

——用户回答#2：办公室已经无纸化，没有文件柜。

——系统工程师问题#3：为什么没有文件柜？

——用户回答#3：租用空间的成本和维护纸质复印件的人工成本庞大。

——系统工程师问题#4：为什么成本会增加？

——用户回答#4：创建和接收的纸质文件数量正在增加。

——系统工程师问题#5：纸质文件的数量为什么增加？

——用户回答#5：有新的规定，要求在开发的系统、产品或服务之外保留更多的文书工作。

示例中，用户声明需要一台 XYZ 计算机。通过检查索引卡，可以肯定地将用户故事理解为指向运行需求。然而，应用“五问法分析”揭示了实际问题——规定要求增加文书工作，但同时需要减少纸质文件的存储空间——文件柜。反过来，讨论提出几个问题：

——如果办公室里有××个人时，只购买一台计算机如何解决整个办公室的问题？

——如果其中一个人需要 XYZ 计算机，而其他人都需要 ABC 计算机，怎么办？

总之，要了解需要解决的核心问题或问题解决的可能性。用户故事可以很

好地识别需求/期望，但是应通过“五问法分析”来验证每个用户的需求/期望。只有这样，才能识别出真正的运行需求。

如前所述，术语“运行需求”是抽象的，可能有许多潜台词。例如：

运行需求潜台词#1——消费者基于其视为购买决策标准的关键特性购买系统、产品或服务（电视、智能手机、电脑、冰箱、冰柜）。

运行需求潜台词#2——企业购买需要匹配任务目标预算的系统、产品或服务。例如，开发一个持续时间为 *XX*（时间）的航天器，将宇航员送往火星进行科学研究，并使其安全返回地球。

可以使用什么工具来鉴别这些结果和关键特性？这就引出我们的下一个话题——质量功能配置（QFD）。

5.4.1.3　质量功能配置

质量功能配置是确定用户运行需求的一种有用工具。什么是质量功能配置？质量功能配置联合创建者之一赤尾洋二博士（1990：5）将质量功能配置定义如下：

从每个功能部件的质量开始，系统地配置需求和特性之间的关系，然后将配置扩展到每个部分和过程步骤的质量，将消费者的需求转化为质量特性并为成品开发设计质量。

质量功能配置特别强调客户呼声（VOC）、优先级以及客户对购买并用于完成工作或任务的系统、产品或服务的关键特性的重视。在上文中，质量表示系统、产品或服务的属性，如第 3 章所述。示例包括性能、美观性、耐用性、保存期限、可用性、可靠性和可维护性。

遗憾的是，今天的人们经常把质量功能配置与源自 20 世纪 80 年代的、被称为质量屋（HoQ）的屋顶矩阵联系在一起。屋顶矩阵使用诸如“什么”“如何”“多少”和“为什么”等术语来描述客户价值关系。这种范例被继续将质量屋作为质量功能配置重点的工程专业教科书广为传播。马祖尔（2014）指出，现在不再使用被称为“传统质量功能配置”的质量屋图表。现代质量功能配置采用电子表格等七种管理和规划工具，与用户共同确定系统、产品或服务开发的关键特性。

5.4.1.3.1　质量功能配置和用户需求

与用户群体协作识别潜在的需求时，可以收到各种各样的用户需求

（needs），而不是需要的、期望的、必须具备的和想要具备的规格和需求。有些需求对某些用户而言很重要，但对其他人来说却不重要。最后，当我们为系统、产品或服务制定规范要求时，在用户的时间表、预算、技术和风险条件约束下，每个用户需求可能都是不切实际的（见图 21.4）。最后，需要将最终的需求列表精简为基本需求。

注意 5.2　要求（needs）与需求（requirements）

注意措辞"……与用户群体协作识别潜在要求……"说的是要求，而非需求。

一般而言，要求在需求中界定并确定。这是一个关键点。如果询问用户需求（requirement），而用户告知了需求，那么用户将期望在规范中看到这些需求。

我们的日标是通过用户故事（第 15 章）以及分析和同化的方法简单地收集用户要求作为输入，用于获得真正的运行需求——问题、争议或机会空间。然后，将诉求作为识别使我们能够获得系统、产品或服务规范要求的能力的依据。

5.4.1.3.2　用户基本需求

基本需求通常是识别到的用户需求整体数据集的子集。图 21.4 和原理 21.1（用户想要、需要、负担得起并且愿意支付）中的图示表达了这一过程。

讨论提出一个关键问题：如何将所有的用户需求精简为基本需求？传统上，系统工程师经常使用诸如"强制""期望""想要拥有""不在意"和"不需要"等术语对用户需求进行分类。质量功能配置提供了类似的方法。

狩野纪昭博士在 20 世纪 70 年代末 80 年代初开发了客户满意度 Kano 模型。早期的质量功能配置研究集中在预期需求和刺激需求的概念上。

2006 年，祖尔特纳和马祖尔（2006）讨论了 Kano 模型的最新发展，如图 5.2 所示。图形关联表价值标度使分析师能够评估系统、产品或服务的特定质量属性的客户价值。该图显示了两个相交的轴，分别表示：

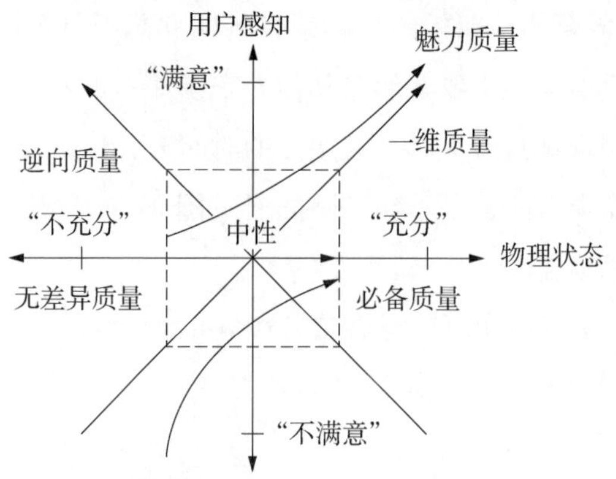

图 5.2　客户满意度 Kano 模型——最新发展

［资料来源：祖尔特纳和马祖尔（2006：3），经许可使用］

物理状态（横轴）——质量属性，如完成任务时的性能、可用性和可靠性，以及用户对其充分性的看法（不充分或中间状态）。

用户感知（纵轴）——质量属性，用户对产品特定物理状态的感知。

识读图 5.2 需要注意以下几点：

（1）刺激性需求：

a. 客户通常不了解……，通常也不会提及……，但是当客户看到……时，会十分喜欢（祖尔特纳和马祖尔，2006：4）。

b. 某种“与众不同”的产品或服务功能或特点会引起顾客“哇”的反应。刺激需求通常不显眼，只有在得以满足并使顾客满意时才会变得明显。刺激需求未得以满足时，不会让客户感到不满（QFD 研究院，FAQ，2013）。

（2）预期（expected）需求：

a. 由客户假设，所以除非很失望，客户不会提及预期需求。预期需求是客户的“交易破坏者”。客户通常不会考虑不满足预期需求的产品（祖尔特纳和马祖尔，2006：4）。

b. 预期需求本质上是客户一般期望的产品或服务的基本功能或特性。预期需求通常不显眼，只有在客户需求未得到满足时才会变得明显（QFD 研究院，FAQ，2013）。

（3）必备需求为强制性需求。

（4）期望（desired）需求：

a. 当询问用户想要什么时，这些是否被识别出来？客户愿意降低一种性能来换取另一种性能（祖尔特纳和马祖尔，2006：4）。

b. 这些需求的满意度（或不满意度）与需求在产品或服务中的存在（或缺乏）成比例。快速交付就是一个很好的例子。交付得越快（或越慢），客户就越喜欢（或不喜欢）（马祖尔：5）。

（5）无差异（indifferent）需求——无差异需求是客户不在意的需求。

（6）一维质量——随着物理状态质量的提高，用户感知度也在提升。

（7）反向（reverse）需求：

a. 反向需求是客户不想要的需求……

b. ……不满意，缺乏反向需求将令人满意（祖尔特纳和马祖尔，2006：4）。

参考 上文的描述非常简短，水平很高。有关质量功能配置在相关领域应用的更详细讨论，请参考马祖尔（2003）、祖尔特纳和马祖尔（2006）的技术论文。*

总之，采用质量功能配置或其他方法将初始用户需求精简为基本需求，即代表利益相关方（用户和最终用户）的共识，以及在其开发计划、预算、现有技术和风险水平范围内切实可行的需求。

参考 请记住——上文的讨论只是质量功能配置方法和工具为用户提供由 VOC 驱动的质量和价值的一个示例。有关质量功能配置的更多信息，请参考：

（1）质量功能配置研究院——www. qfdi. org。

（2）质量功能配置案例研究——www. mazur. net。

目标 5.1

截至目前我们的讨论主要集中在商业/消费产品开发和基于合同的系统开发的利益相关方诉求分析的相似性和差异性上。

本章其余部分将重点讨论系统定义，这些定义最终将引导识别系统、产品

* **用户诉求分析应用背景**

上文所述的用户诉求分析和讨论有两个应用背景：

（1）应用背景#1——商业/消费产品开发人员在内部进行诉求分析，或聘请专业机构或顾问提供服务，帮助确定并界定对内部开发或由外部系统开发商进行开发的市场诉求。

（2）应用背景#2——用户通过系统购买者、专业组织或顾问的服务来帮助确定并界定任务和系统诉求，这些任务和系统诉求为系统开发投标邀请书（RFP）中使用的系统需求文件（SRD）或能力开发文件（CDD）提供了依据。

或服务能力。

5.5 任务分析

原理 5.1 任务成功原理

任务的成功需要五个关键因素：目的、及时并且可持续的资源、可合理实现的基于结果的性能目标、任务事件时间线（MET）和执行任务的意愿。

如无意愿执行任务，则系统会被忽视，在技术上过时并荒废。

"成功总是在准备遇到机会的时候到来"（哈特曼）是亨利·哈特曼的一句名言，例证了任务成功的基石。任务的成功需要有见解深刻的计划，并在正确的时间用正确的系统解决对应的问题。

每一个系统、产品或服务都是作为一个使能系统而存在的，目的是满足用户完成企业系统任务的运行需求（原理 3.7）。系统、产品或服务的利益相关方（用户和最终用户）计划如何为完成任务而部署、运行、维护和维持系统、产品和服务为系统定义构建了分析框架。

因此，我们从任务分析及其方法开始。*

5.5.1 任务分析方法

组织和工程系统的任务范围很广，从简单的任务（如写信）到执行高度复杂的国际空间站（ISS）操作和管理政府。无论哪种应用，任务分析都需要一种方法，使我们能够界定并确定解决方案空间及其关键性能参数。该方法包括以下步骤：

第 1 步：定义企业或工程系统任务。

第 2 步：推导任务运行需求。

---

* 任务分析常常向许多人传达军事内涵。任务分析是一个范例，不要屈从于其本身的内涵。示例系统任务包括开发如下方面内容：

(1) 医疗设备——静脉给药、磁共振成像（MRI）和心脏监护仪。
(2) 公共服务——治安维持、消防、供水、污水管道铺设和垃圾收集。
(3) 能源——勘探和开采、地震仪、石油钻塔和管道等。
(4) 电信。
(5) 运输——联合运输、地铁、车辆和航空运输。
(6) 互联网——网站。
(7) 商业中心、餐馆、电影院和购物中心。

第 3 步： 确定任务剖面。

第 4 步： 识别并定义任务运行阶段。

第 5 步： 进行任务用例分析。

第 6 步： 形成任务事件时间线。

第 7 步： 识别任务资源。

第 8 步： 识别系统品质因素。

第 9 步： 评估并缓解任务和系统风险。

第 10 步： 根据需要重复第 1~9 步。*

任务的实际执行可能需要一个或多个任务系统和一个或多个使能系统。举例来说，如果任务是保持草坪的美观性，你（任务系统）将需要工具，如草坪修剪机（使能系统）、草坪修边机（使能系统）和风机（使能系统）。

请注意，任务分析方法以系统、产品或服务开发为出发点。如果系统已经存在，第 1~10 步仍然适用。但是，决策过程变成为任务选择正确的系统、产品或服务的过程。

下面我们来详细探讨这些步骤。

5.5.1.1 第 1 步：定义企业或工程系统任务

原理 5.2 任务陈述原理

任务陈述应指定唯一一个需要实现的结果，并由一个或多个基于性能的目标来支持。

原理 5.3 任务目标原理

每个任务都应由一个或多个基于绩效的目标来界定并确定。

规划任务的第一步是消除或最小化问题空间或探索机会空间。一旦识别了任务，就需要建立实现任务结果的任务目标。

任务目标代表基于用户行为的结果，有助于在规定的时间、规定的运行环境下实现任务结果。任务目标也是选择或购买系统、产品或服务以支持特殊任务或不同类型任务的依据。请思考以下示例：

---

* **任务与系统**

注意“任务”和“系统”这两个术语的用法。请记住：可能需要一个或多个任务来消除企业的问题空间或抓住机会空间。

示例 5.2　家庭用车任务目标

一个家庭需要一辆汽车来支持他们的许多活动——不同类型的任务——包括普通的交通、购物、骑车、皮艇运动，或在各种道路状况和特殊天气条件下把家庭成员送到学校。

家庭建立基于性能的任务目标（如 6 名乘员、置物空间和燃油经济性），作为购车来满足其运行需求的依据。

请注意，该家庭并未确定具体的车型，只是确定了任务目标。

“任务目标”这一术语具有人文内涵。由于人是规划、组织和执行任务的主体，任务目标或任务直接适用于相关系统及其人员元素。回想一下，作为一个执行实体，相关系统由几种类型的系统元素组成——人员、设备、任务资源、工艺规程和系统响应。为了说明这一点，我们看一下小型案例研究 5.1“大型建筑公司”。

小型案例研究 5.1　大型建筑公司

一家大型建筑公司有几个相关系统，如推土机、重型岩石运输机、前端装载机和运水车。

作为执行实体，每一个相关系统，如推土机系统、重型岩石运输机系统等被分配到任务，其中包括人员元素、人员负责操作设备元素，按照与设备安全相关的工艺规程，消耗使用并处理燃料等任务资源，生成系统响应元素，实现基于行为的结果。

作为执行实体，每个相关系统都需要协调地整合各自的系统元素来完成指定的任务。相关系统“生产线”供应链及其工作成果使建筑公司能够从采石场开采岩石，并将岩石运至加工厂，加工厂将不同大小的岩石压碎，销售并供应给用户。

政府组织（如军方）制定任务需求声明（MNS）或目标陈述，购买系统来填充与一个或多个任务相关的解决方案空间（问题空间）。例如，美国国家航空航天局与主要研究人员合作，建立科研目标（任务目标），开发将由美国国家航空航天局展示并部署到太空的实验和系统。

原理 5.4　任务运行限制原理

每个任务都应受到限定其许可用途的运行限制的约束——安全性、运行范围、可负担性和环境条件。

在整个任务过程中，相关系统（任务系统或使能系统）与运行环境中的外部系统相互作用。这些系统可能包括友好、良性、敌对、对抗性的威胁、遭遇、相互作用以及从良性到恶劣的运行环境条件。确定至少一个或多个运行限制目标，建立限制任务运行的边界条件。例如当日时间、当周时间，以及一次性和多用途应用。

原理 5.5　任务可靠性原理

每个任务都应该在任务可靠性方面受到限制。

尽管经过精心规划并执行，但是人类系统也不是绝对正确的。问题是：在资源有限的情况下，为获得指定的投资回报，你愿意接受的最低成功程度是什么？从系统工程师的角度来看，我们把成功程度称为任务可靠性。任务可靠性受内部设备故障或正公差/负公差条件、操作人员表现（判断、错误、疲劳）以及与运行环境实体和威胁的相互作用的影响。

任务可靠性定义为具备给定运行条件的系统在规定的运行环境中和在规定的时间内成功完成规定的任务而不发生故障的条件概率。根据系统的应用情况，100%的任务可靠性可能需要过高的费用，而 95%的任务可靠性可能负担得起。*

你可能认为任务可靠性指的是设备元素的可靠性——这是不正确的。任务可靠性为推导任务系统和使能系统可靠性提供了依据，任务系统和使能系统可靠性最终将分配至对应的系统性能规范（SPS）并在系统性能规范中明确说明。任务系统和使能系统中设备元素的可靠性源于系统性能规范的可靠性。图 5.3 说明了这些依赖关系。请注意整体任务可靠性随以下各项而发生变化：

（1）任务系统可靠性，随以下系统元素可靠性而变化：

a. 人员元素可靠性。

b. 设备元素可靠性。

c. 任务资源可靠性。

d. 工艺过程可靠性。

---

* **运行限制权衡**

由于增加可靠性最终会产生成本，所以需要建立初步的可靠性评估，作为简单的起点并计算成本。一些购买者可能会索要随能力变化的 CAIV 图，确定在预算限制内可承受的能力或可靠性水平。图 32.4 给出了示例。

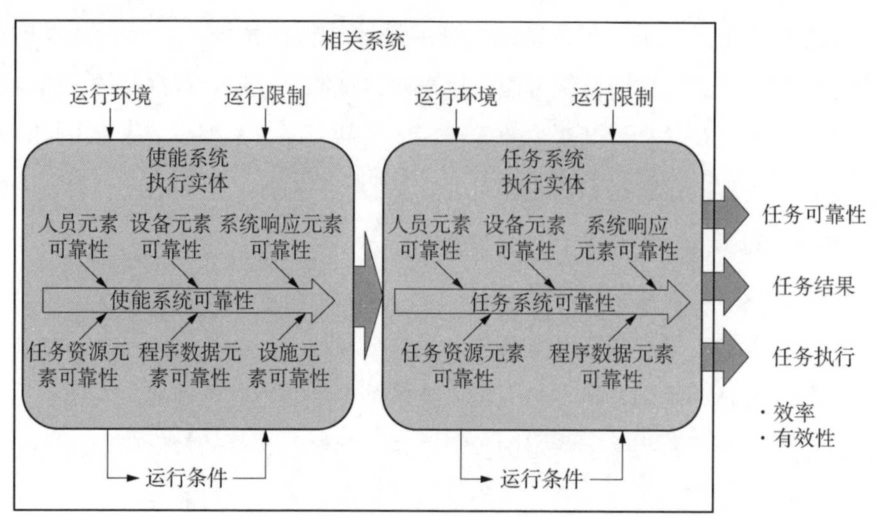

图 5.3　利用任务系统和使能系统性能影响因素理解相关系统任务可靠性

e. 系统响应可靠性。

(2) 使能系统可靠性，随以下系统元素可靠性而变化：

a. 人员元素可靠性。

b. 设备元素可靠性。

c. 任务资源可靠性。

d. 工艺过程可靠性。

e. 设施元素可靠性。

f. 系统响应可靠性。

每个系统元素可靠性均依赖于其他可靠性，如培训和信息的准确性。

总之，至少应该有：

(1) 用于实现每个任务结果及其预期性能水平的一个或多个性能目标。

(2) 一个任务可靠性目标。

(3) 一个运行限制目标。

5.5.1.2　第 2 步：推导任务运行需求

一旦确定了任务结果和目标，下一步就是推导任务需求。每种类型的企业任务都记录在企业的战略计划和支持性战术计划中。这些计划确定、定义并记录了具体的任务需求。

任务需求有时被称为运行需求。一般来说，运行需求表达了用户的意图：

（1）将拟定的系统、产品或服务作为资产整合到组织系统中，完成任务。

（2）为特定任务应用部署、运行、维护、维持、退役和处置系统、产品或服务。

充分体现运行需求的文件包括明确地被称为 ORD 的文件（现在是 CDD）和其他类型的文件。

5.5.1.3　第 3 步：确定任务剖面

原理 5.6　用户任务剖面原理

每个系统、产品或服务都应包括对其用户任务剖面的描述。

一项任务从起点开始，在终点结束。作为端到端的边界约束条件，挑战问题是：如何从起点 A 到达终点 B？首先要建立一种策略，生成任务剖面，如图 5.4 所示的商用飞机任务剖面示例。请注意图中的起飞、爬升、巡航、下降、进近/保持和着陆被视为飞行阶段。在后文所述的系统用例中，任务剖面是执行任务的飞机的系统用例的图解说明。用例有一个主成功场景，其中起飞、爬升、巡航、下降、进近/保持和着陆等都按照计划执行（考克伯恩，2001）。

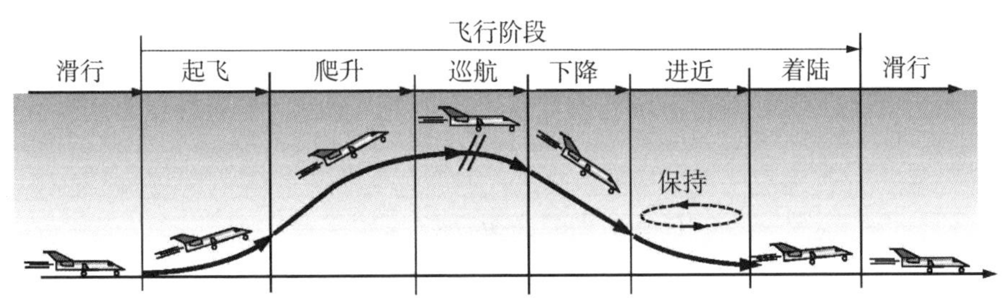

图 5.4　商用飞机任务剖面示例

5.5.1.4　第 4 步：识别并定义任务运行阶段

原理 5.7　任务运行阶段原理

人类系统（组织系统和工程系统）至少有三个主要的运行阶段：任务前、任务中和任务后。任务之间某些系统可能需要过渡阶段，如储存。

人类系统，特别是循环运转的系统，通过三组基于目标的行动来完成任务：①为任务做准备；②执行任务；③执行任务后行动并进行处理。我们将这些目标描述为任务前、任务中和任务后各运行阶段。对于需要在任务结束后储

存的系统，可以增加过渡储存阶段。

在任务定义过程中出现了一个关键问题：任务前、任务中和任务后各运行阶段分别在何时开始和结束？为了有助于讨论，参考代表任务剖面的图 5.4：

（1）当乘客开始登机时，飞机的任务前阶段开始了吗？前一趟航班何时到达？

（2）任务中运行阶段何时开始？何时离开航站楼？何时起飞？

（3）任务中阶段何时结束？任务后阶段何时开始和结束？何时着陆？何时到达航站楼登机口？何时下客并卸下行李？

现在如何确定图 5.4 所示的飞行阶段是在任务前、任务中还是任务后运行。我们可以说：

（1）任务前阶段开始于飞机准备好开始下一次飞行时——存放行李、加满燃料、乘客登机。

（2）任务中阶段开始于：①乘客到位，行李存放完毕；②完成所有维护措施；③飞机放行。

（3）任务后阶段开始于飞机到达航站楼登机口并且登机口工作人员和飞行机组报告乘客安全离开飞机时。

5.5.1.5　第 5 步：进行任务用例分析

在任务前、任务中和任务后这三个阶段，都必须完成特定的任务用例和场景及其对应的操作和任务，实现阶段任务目标。因此，任务分析应做到：

（1）识别需要完成的基于结果的高级任务。

（2）将任务与任务事件时间线同步。

（3）确定基于性能的任务目标。

（4）将每个运行任务转化为系统或产品所需的运行能力。

5.5.1.6　第 6 步：形成任务事件时间线

原理 5.8　任务事件时间线原理

每一个系统、产品或服务都应有一条任务事件时间线，该任务事件时间线确定了代表任务操作开始和完成的时间事件，以及成功完成任务所必需的一些中间航路点。

一旦建立了整体任务剖面图，就会确定一条或多条任务事件时间线的分段、控制或航点，规划关键操作步骤。如图 5.5 所示，一个航点代表一个地理位置、时间点或作为向目的地靠近的过渡步骤而要实现的目标。

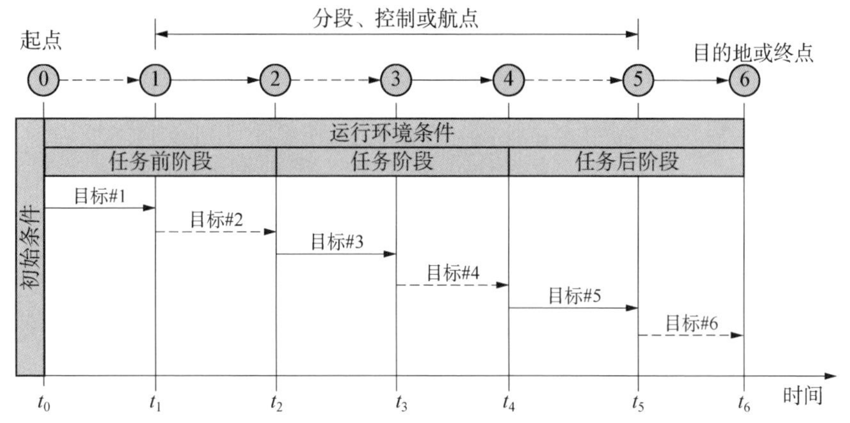

图 5.5　任务事件时间线示例

作为任务事件时间线的一个示例，图 5.6 和 5.7 说明了美国国家航空航天局“火星探测漫游者”的发射和下降、进入大气层和着陆概念。请注意发射和着陆操作是如何被划入带时间里程碑的关键控制或分段事件中的。

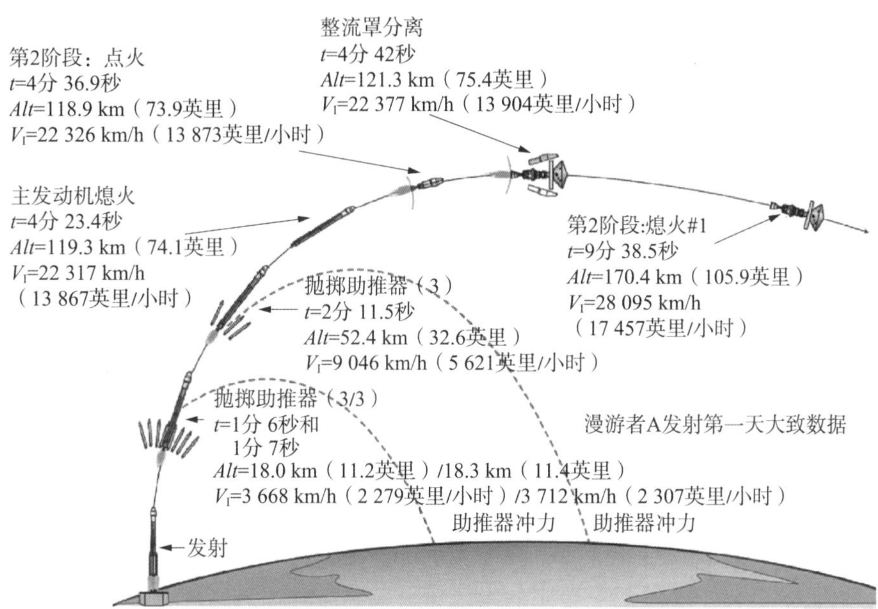

图 5.6　任务事件时间线示例——美国国家航空航天局“火星探测漫游者”发射阶段

［资料来源：NASA（2003：26）］

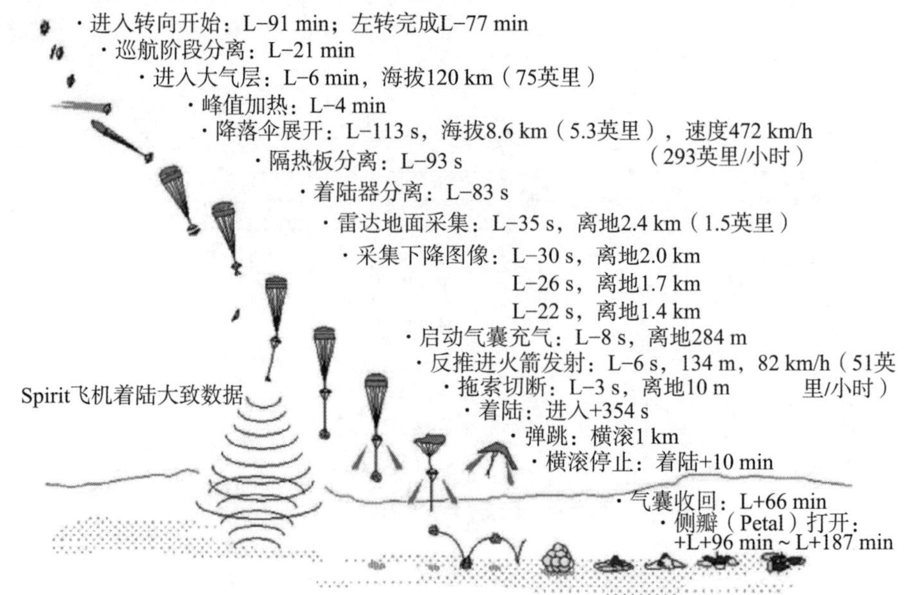

图 5.7　任务事件时间线示例——美国国家航空航天局“火星探测漫游者”进入、下降和着陆阶段

［资料来源：NASA（2004：33）。http：//marsrover. nasa. gov/newsroom/merlandings. pdf］

5.5.1.7　第 7 步：识别任务资源

原理 5.9　任务效率和有效性原理

每个系统、产品或服务任务都应该根据其效率和有效性来定义。

人类系统（组织系统和工程系统）资源能力有限，需要有效而高效利用、补充并更新。根据系统在当前任务应用中的任务运行范围，任务分析必须考虑如何使用、补充、替换和添加系统消耗品。从操作层面来讲，问题是组织如何从头到尾维持任务？

解决方案从任务剖面的定义和任务事件时间线及其航点的开发着手。然而，这并不一定表明任务执行是有效而高效的。因此，需要研究如何改进任务效能。为什么如果同时安排前一趟航班和下一趟航班将节省时间并提高效率？作为另一个示例，考虑下文所述的商用飞机燃油效率和有效性。

示例 5.3　飞机燃油效率和有效性示例

如何提高飞机燃油效率和有效性。

一般而言，如果飞机在地面上消耗燃油而不飞行，就是低效甚至无效地使用资产。性能改进可能包括提高飞机发动机效率、缩短停靠在航站楼到起飞的时间、缩短保持模式时间，以及根据飞行距离减少燃油装载。就飞机燃油装载而言，在两个机场之间飞行时，每增加一磅的燃油（不超过安全限制），就会增加运输的重量，降低燃油的经济性。

现在，考虑小型案例研究 5.2 所述的任务策略如何影响企业效率和盈利。

小型案例研究 5.2　包裹递送服务示例

美国联合包裹运送服务公司（UPS）发现可以改进递送系统的行为并降低燃料消耗。等待车辆左转会消耗宝贵的燃料和时间（问题空间），同时车辆处于怠速状态，在穿越车道时会带来潜在的事故风险，使递送延时。UPS 发现，以右转为基础为每辆车制定路线策略，可以降低油耗并改进运输性能（UPS, 2012）。

5.5.1.8　第 8 步：识别系统品质因素

在任务的所有阶段，相关系统可能都需要产生一系列行为响应、产品、副产品和服务，以满足内部和外部要求：

（1）内部要求的示例包括性能监测、资源消耗和负载/载货清单。

（2）外部要求的示例包括制定互动规则、通信协议、探测和规避策略以及回避策略。

基于上文对任务结果、目标和需求的讨论，可以得出每个系统元素的结果、目标和需求。从分析的角度来看，可以将每个系统元素视为对等项。然而，执行任务和实现结果由人员元素全权负责。

工程系统作为无生命的物体，如果用户（操作人员或维护人员）未进行某种形式的推论和干预，无论是通过遥控还是通过预先编程的脚本和要执行的任务，都无法实现任务目标。机器人、计算机和飞机自动驾驶仪就是这样的例子。

随着技术的发展，工程系统最终将拥有越来越多的执行能力和推理能力。任何情况下，系统必须具备执行使操作人员能够实现相关系统任务目标的特定行动（用例）的能力。将这一职责分配给人员元素，进而监控、命令和控制（MC2）设备元素，生成实现任务结果的系统响应。这就引出了一个问题：为了响应人员元素 MC2，需要给设备元素分配哪些目标？

设备元素目标源自相关系统（任务系统或使能系统）目标，与人员 MC2 目标同步。例如，任务可能需要以下设备元素能力：

（1）可用性。

（2）一次性/多用途应用。

（3）舒适。

（4）互操作性。

（5）可运输性。

（6）移动性。

（7）机动性。

（8）便携性。

（9）增长和发展。

（10）可靠性。

（11）实用性。

（12）可维护性。

（13）可生产性。

（14）任务支持。

（15）部署。

（16）培训。

（17）脆弱性。

（18）致命性。

（19）生存性。

（20）安全和保护。

（21）效率。

（22）有效性。

（23）可重构性。

（24）集成、测试和评估。

（25）验证。

（26）可维护性。

（27）处置。

（28）安全性。

诸如此类的能力为获得系统或较低层次实体能力并将其转换为系统性能规范要求提供了依据。

5.5.1.9　第9步：评估并缓解任务和系统风险

有些任务要求系统在恶劣的运行环境中工作，这可能会使系统在完成任务甚至安全返回基站时面临威胁。

任务评估包括对系统脆弱性、敏感性、生存性和可维护性的考量。大多数人往往从可能外部系统对系统构成威胁的良性、敌对或对抗性的角度考虑。然而，由于系统与本体相互作用，也可能对本体构成威胁，如图3.2所示。举例说明如下。

示例5.4　风险缓解示例

制定风险缓解程序并展开培训，检测以下情况并采取纠正措施：

(1) 会导致驾驶员在驾驶时控制不住车辆的失效车用部件，如爆破的轮胎。

(2) 飞机飞行控制系统（FCS）故障或喷气发动机风扇叶片断裂会导致紧急着陆或灾难性后果。

内部故障和/或性能下降也会对系统性能产生负面影响，最终使任务失败或影响任务成功的程度。也许最值得注意的示例之一就是阿波罗13号。任务分析应确定系统的关键能力，这些能力可能容易受到外部或内部威胁的影响。*

5.5.1.10　第10步：根据需要重复第1~9步

第1~9步的次序是基于一组顺序依赖的次序。尽管这些步骤看起来可能是线性的，但可以根据需要循环重复，直到任务解决方案成熟。

目标5.2

到目前为止，讨论集中在理解、分析和构建系统任务，如由问题空间到解决方案空间。这就引出了一个关键话题——系统执行任务的有效性。

* **失效模式和影响分析（FMEA）与失效模式、影响和危害性分析（FMECA）**

内部故障分析通常通过FMEA进行。对于任务关键型部件，FMEA可扩展为评估危害程度的FMECA（第34章）。

5.6 任务运行有效性

系统、产品或服务必须能够支持用户的任务达到一定的绩效水平，使其在实现企业系统目标（即结果、成本、进度和风险）方面具有运行有效性。

示例 5.5 系统运行有效性示例

就军事系统而言，系统的运行有效性取决于环境因素，如操作人员培训指令和战术、系统脆弱性和生存性，以及威胁的特征。

如果分析运行有效性，就会发现两个关键问题：

(1) 问题#1——系统完成任务目标的程度——运行有效性。

(2) 问题#2——系统在用户的企业结构和运行环境中整合和执行任务的能力——运行适用性。

因此，需要建立能够分析、预测和衡量任务运行结果的指标。通过两个关键指标可以做到这一点：有效性度量和适用性度量。有效性度量和适用性度量是基于结果的运行有效性指标，它们“确定满足系统层任务目标的最关键性能要求，并在运行需求文件中反映关键的运行需求”（DAU，2001：125）。

5.6.1 有效性度量

原理 5.10 有效性度量原理

任务和系统的成功需要建立一个或多个有效性度量，根据基于性能的结果量化任务目标。

有效性度量使我们能够评估系统完成任务目标的情况。有效性度量是客观指标，代表了最关键的指标（性能影响因子），有助于整个任务的成功。有效性度量描述了系统、产品或服务的运行有效性，以实现特定的基于绩效的结果。图 5.8 给出了影响汽车燃油效率有效性度量的变量图解。

举例说明如下。

示例 5.6 有效性度量示例

企业必须不断回答下列问题：

(1) 新疫苗是否降低了 Y 岁以下年龄组的 XYZ 发病率？

(2) 航空公司 XYZ 航班的准点率如何？

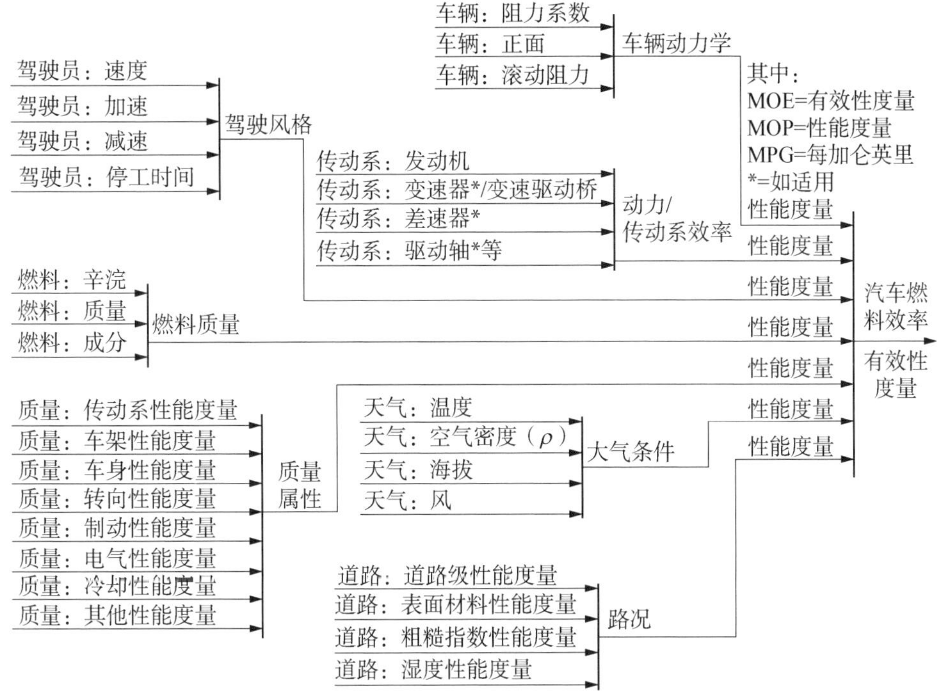

图 5.8　汽车燃油效率有效性度量和性能度量

［资料来源：与密西西比州立大学先进车辆系统中心（CAVS）马修·杜德（2012）的合作］

(3) 系统是否在预测范围内检测到目标?

示例 5.7　办公室复印机有效性度量示例

假设一家企业决定为购买复印机这需要对每个办公室的印刷需求进行调查。

由于人工成本至关重要，因此企业决定建立以下有效性度量：

(1) 有效性度量#1——以 30 ppm（每分钟页数）的速度复印彩色副本。

(2) 有效性度量#2——每份 *XX* 分钱。

(3) 有效性度量#3——能耗：每小时 *XX* 瓦特。

(4) 有效性度量#4——最大散热：每小时发热 *YY*。

(5) 有效性度量#5——碳粉颗粒尺寸过滤。

请注意实现有效性度量的意义。有效性度量代表了为达到要实现的特定结果，相关系统层需要达到的执行性能水平。为了达到这一性能水平，整套相关系统元素（人员、任务资源、设备以及工艺过程）必须作为一个系统共同发挥作用。作为辅助的性能影响因素，每个系统元素都具备有助于实现相关系统层有效性度量的有效性度量指标。我们将在第 21 章更详细地讨论有效性度量和性能度量（见图 20.1 和图 20.2）。

5.6.2 任务有效性度量与系统适用性度量

现在，假设你是一名系统开发人员，签订了开发系统、产品或服务（如设备元素）的合同。你无法控制相关系统中用户（人员元素）的驾驶习惯。因此，假设任务资源和过程资料元素准确且适当，那么设备和人员元素是相关系统任务有效性度量的主要性能影响因素。由于人员元素在任务中与设备元素相互作用，因此人员元素有特定的有效性度量。这一讨论引出了一个关键点：识别相关系统任务有效性度量与设备元素有效性度量、人员元素有效性度量之间的差异（见图 10.13~图 10.16）。

5.6.3 适用性度量

原理 5.11 适用性度量

为确保任务和系统的成功，需要建立一个或多个适用性度量，量化系统执行任务的能力品质。

开发系统、产品或服务的挑战之一是为特定的任务应用和运行环境条件开发正确的系统（确认）。如果系统、产品或服务不适合于任务应用——不可靠、不可信并且难以使用或维护，显然它将影响任务的执行并实现基于结果的有效性度量的能力。例如，专用的笔记本电脑和设备是为恶劣的工作场景（如键盘上可能会有滴落物或洒落的液体）而制造的。可以说，这类设备是为了在指定类型的环境中完成特定任务而制造的。

适用性度量是描述系统、产品或服务的运行适用性的尺度。美国国防采办大学（2001）指出“……运行适用性是指系统在现场使用时能够令人满意的程度，考虑实用性、兼容性、可运输性、互操作性、可靠性、使用率、可维护性、安全性、人为因素、文件、培训、人力、可支持性、后勤和环境影响……”（美国国防采办大学，2012：156）。

美国国防采办大学（2001）还暗示，适用性度量指标包括“……指示可生产性、可测试性、设计简单程度和设计稳健性方面的改进的度量。例如，跟踪零件数量、相似件数量和易损件数量可提供可生产性、可维护性和设计简单性指标”（美国国防采办大学，2011：126）。

举例说明如下。

示例 5.8

基于上文所述的办公室复印机示例，企业认识到，复印机不仅应在实现指定有效性度量方面具有运行有效性，而且应对规划的办公区域有运行适用性。这包括办公室设施背景噪声、无卡滞可靠性和节能。因此，以下适用性度量最适合作为代表办公室人员关注点的关键指标：

（1）适用性度量#1——最大噪声级—*XX* dB（分贝）。

（2）适用性度量#2——无卡滞复制份数。

（3）适用性度量#3——供暖、通风和空调（暖通空调）成本的增加/减少。

示例 5.8 举例说明了通过考量适用性度量来购买系统、产品或服务的过程。虽然这是一个介绍适用性度量概念的简单例子，系统开发商在开发基于合同的系统或面向商业市场产品时会做出怎样的决策？此外，还需考虑以下与人员-设备元素交互相关的适用性度量决策。

示例 5.9　人员-设备元素交互示例

（1）为了实现以特定的性能水平操作和维护系统，哪些用户技能、工具和设备的考虑会影响系统设计？

（2）控制面板是否包含最大限度地减少操作人员疲劳程度和出现错误的人机工程学设计和设备（第 24 章）？

我们没有提到的一点是：适用性度量和有效性度量的关系是什么？有效性度量是描述系统完成基于任务执行的结果的运行有效性指标，显然，运行适用性会影响有效性度量的实现。因此，适用性度量是一个或多个有效性度量的辅助性性能影响因素。

5.6.4　系统有效性

作为客观因素，系统有效性代表了基于结果的行为和结果的物理现实。系统有效性需要了解诸如可靠性、可维护性和性能等因素。

基于结果的行为和结果以两种基本形式呈现：预期行为和实际行为。系统开发启动时，系统开发商依赖于分析、构建模型和模拟来提供技术见解，揭示系统如何计划完成任务。数据用于：

(1) 界定、确定并模拟系统行为或其中一个项目。

(2) 将实际行为与预期行为或预期结果进行比较。

采用快速原型、概念证明原型和技术演示等技术来确认模型和模拟的有效性。其目的是“在早期”收集客观的经验证据，获得一定程度的信心，相信系统或其部分将按照预期完成。最终结果是对验证和确认系统有效性的预测。

实际系统或产品准备好用于现场测试时，将收集实际性能数据，以便：

(1) 验证需求的实现。

(2) 确认系统或产品模型。

5.6.5 成本效益

系统成功的客观度量最终取决于成本效益。从组织的角度来看，系统是否会产生基于结果的行为和结果，从而提供能够证明其继续使用的合理性的投资回报？是否有其他可以产生更具成本效益的类似结果或可比结果的替代系统？

工程师受其技术背景所限往往难以理解成本效益的概念，他们凭借经验、教育和技术培训来理解系统有效性。现实情况是，总拥有成本（TCO）和从系统应用获得的利润推动企业决策。可以利用卓越的系统有效性来创造最精妙的系统、产品或服务。然而，如果用户无法维持经常性运行和负担成本，系统在系统交付时就可能是“到货即损”（DOA），尤其是在商业环境中。

作为一个指标，成本效益根据两个元素计算得出：生命周期成本——总拥有成本和系统有效性。需要注意的是，可以根据系统有效性来描述系统、产品或服务。然而，具备系统有效性并不意味着具备成本效益，如难以负担的实验药物和工程设计。

5.7 定义任务和系统用例及场景

用例及场景的主题适用于组织任务、相关系统任务，以及由子系统和组件组成的设备系统元素。尽管对把组织和任务关联起来存在争议，但我们可以认为，系统、产品或服务的任何设备部件都有需要执行的任务。*

从系统工程师的角度来看，用例有助于确定用户的运行需求。用例详细说明了完成任务需要执行的操作任务的序列。

操作任务的序列使我们能够使用 MBSE 等方法模拟系统操作。反之，操作需要基于性能的能力来实现用例目标和结果，以便转化为规范要求。

5.7.1 用例的基本理念

本节侧重于理解利益相关方需求的必要性。系统购买者和开发商通过编写工程规范来做出回应，其中包括满足其需求的系统、产品或服务的高度技术化的要求陈述及条款。由于利益相关方群体可能是工程师，也可能不是工程师，这个过程涉及一定程度的信任和由于理解而带来的风险，因此利益相关方的表达和阐明需求的能力之间存在空白。如何解决这个问题？

雅各布森认识到解决这个问题的必要性，并在 1987 年向公众介绍了用例的概念，并发表了一篇被 OOPSLA'87 接受的论文。该论文基于 16 年的工作积累描述了软件和建模功能需求的开发（雅各布森，2003：1－2）。

雅各布森（2003：2）就“功能”（系统工程师的传统关注点）与“用例”提出了非常重要的观点。从 20 世纪 60 年代开始，雅各布森开始注意到功能“没有接口”，而是有界实体，有一组输入、一个传递函数和一个输出（见图 3.1）。作为问题空间，其挑战在于：既然系统、产品或服务的结果依赖于有独特“连接”的功能（能力）集（构型），那么我们如何完成这项任务？

这一挑战促使雅各布森从 1967 年开始逐步开发用例（雅各布森，2003：1）技术。作为解决方案空间，用例提供了链接机制，将一组“功能”（能力）“连接”到集成化的输入/输出（I/O）响应线程中。此时，每个用例代表一个更高层次的系统、产品或服务“能力”，这种能力能够产生用户所要求的基于行为的结果（原理 5.14）。

* **系统用例（UC）和敏捷开发用户故事**

敏捷开发使用术语“用户故事”，通过用户自己的语言充分捕获用户的运行需求。请注意，我们说的是“用户自己的语言”。

在此情况下，可以说用户故事是确定用例的依据。我们将在第 15 章的“敏捷开发”讨论中讨论用户故事，包括用户故事与用例的关系。可能需要考虑了解第 15 章中关于用户故事及其与用例的关系的见解。

用例的概念很简单。使用日常会话英语或其他适当的语言就可以清晰地描述利益相关方如何使用系统、产品或服务来执行任务。每个描述都应该有其他相关信息支持，如“谁”“什么”“何时”“何地”“如何”以及“多久”。用例最初作为一种非正式的方法来“弥合”利益相关方和规范开发人员之间的差距。多年来，用例已逐渐被转化为正式文件。

用例与系统工程师有什么关系呢？用例填补了空白，使系统工程师能够与利益相关方沟通、合作，而不管他们的技术能力如何。该方法使系统工程师能够将抽象概念分解成一系列由用户和系统、产品或服务执行的步骤，从而实现用户期望的结果。

5.7.2 什么是系统用例？

用例是一种方法，允许系统开发商、系统工程师和分析师与用户合作，用简单的日常语言识别并记录希望通过系统、产品或服务实现的关键任务活动和结果。

用例是系统工程师和分析员的一个极具价值的工具，特别是在识别使我们能够对系统建模并制定规范要求的系统能力方面。我们讨论的范围不是关于用例的论述，而是论述用例概念中的关键元素，这些元素能支持我们识别系统、产品或服务能力。

参考 有关用例的更深入的讨论，请参考考克伯恩（2001）。

5.7.3 用例应用

用例适用于用户组织系统任务、相关系统层任务、设备（如实体系统、子系统）以及硬件或软件任务。

5.7.4 用例文件

用例通常以非正式工作文件开始。从专业角度来讲，用例应该由项目的首席系统工程师（LSE）来格式化和控制。一般而言，用例文件应该包括一个大纲，其中包含一个章节——第 3.0 节“用例描述”——用于识别并描述系统、产品或服务的用例。

第 3.0 节应该从介绍用例图开始。每个用例描述都应包括描述序列图，描述期望的被称为“参与者”的系统用户与系统元素之间与时间相关的交互操作序列。

参考 有关系统建模语言（SysML™）及其示意图的简要概述，请参考附录 B。

5.7.5 用例表示

用例表示采用对象管理组织（OMG®）建立的标准的系统建模语言（SysML™）及其图形工具。系统、产品或服务的用例由用例图表示，如图 5.9 所示。其关键点如下：

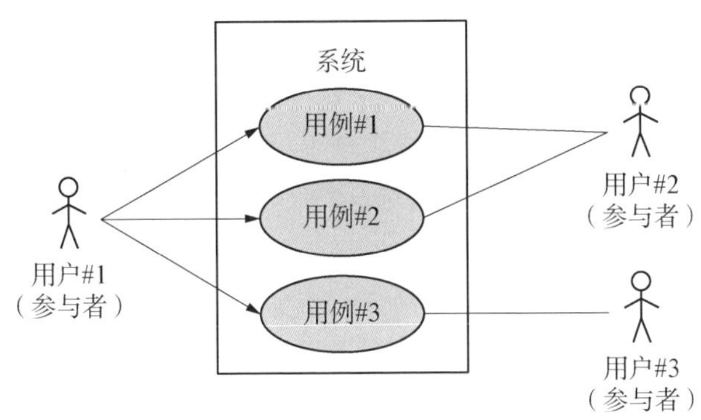

图 5.9 SysML™ 用例图示例*

（1）每个用例在系统、产品或服务中是唯一的，由一个椭圆形符号表示。

（2）每个用例标题的句法由一个主动动词和一个基于结果的、用户（参与者）期望系统、产品或服务完成的动作（而非系统特性）组成。

（3）每个用例可为一个或多个被称为“参与者”的利益相关方（用户和最终用户）所用，并用简笔画表示。

（4）每个用例可以有一个或多个代表用例变化的扩展。

基于对用例基本原理的基础理解，接下来确定一些属性来帮助我们开发用例。

* SysML™ 是 OMG® 的注册商标。

5.7.6 用例描述

用例的特性在用例描述中说明。用例描述说明了描绘用户如何部署、运行、支持、维持、退役和处置系统、产品或服务的用例属性。以下是在开发系统层用例时有用的特定用例属性一览。如果你正在开发软件用例，我们鼓励你使用可能更适合软件开发的用例属性：

（1）UC#_ 标题。

（2）UC#_ 标识符。

（3）UC#_ 结果和基于行为的目标。

（4）UC#_ 描述。

（5）UC#_ 参与者。

（6）UC#_ 假设：

a. 初始状态。

b. 最终状态。

c. 环境条件。

d. 运行限制。

e. 可接受和不可接受的输入。

f. 资源。

g. 基于事件的时间线。

h. 用例的出现频率和效用优先级。

（7）UC#_ 前置条件：

a. 前导事件。

b. 系统/实体运行状态和运行状况。

（8）UC#_ 触发。

（9）UC#_ 主成功场景。

（10）UC#_ 后置条件。

（11）UC#_ 扩展点。

（12）UC#_ 场景和影响：

a. 出现概率。

b. 用例场景参与者。

c. 刺激、激励和提示。

d. 场景影响。

e. 补偿/缓解措施。

(13) UC#_ 人工制品。

根据属性一览，接下来简要地描述每个属性及其对特性的贡献。

5.7.6.1 属性 1：UC#_ 标题

原理 5.12 用例标题原理

每个用例都包含一个标题，从用户（参与者）的角度来表达需要实现的结果。

每个用例有一个简短的、包含两到三个词语的标题，表示需要实现的结果。标题句法包括一个表示要执行的动作的主动动词，后面跟一个表示结果的名词。有一个经常让人困惑的关键点。标题充分体现了参与者要求系统、产品或服务完成的任务。

人们可能会错误地将用例误解为系统、产品或服务的特性或能力。系统或产品的最终成功取决于是否满足用户的运行需求，而不是满足系统开发商企业中的某个人认为可能有趣的特性。这些是非常不同的概念，需要认识并领会其中的差异。

5.7.6.2 属性 2：UC#_ 标识符

原理 5.13 用例标识符原理

每个用例必须有一个唯一的标识符。该标识符：将该用例与其他用例区分开来且便于引用。

每个用例都应该有唯一的标识，不与系统、产品或服务的其他用例重叠、冲突或重复。因此，每个用例都应该使用唯一的标识符来标记，如系统用例#1和系统用例#2。由于可能存在不同抽象层次的用例，因此添加相应的字首，如S#1 UC#1（表示子系统#1 用例#1），或任何对个人以及团队最有效的命名约定。

5.7.6.3 属性 3：UC#_ 结果和基于行为的目标

原理 5.14 用例结果原理

每个用例都表达了用户要求系统、产品或服务实现的结果，而不是系统执行什么操作以完成任务。

用例的成功取决于能否产生及时的、基于行为的结果。因此，每个用例都应明确地说明需要实现的结果和基于行为的目标。

5.7.6.4　属性 4：UC#_ 描述

原理 5.15　用例描述原理

每个用例都应包含一个简短的概要，说明用例如何实现所需的结果。

为了帮助用户理解用例，用例描述给出关于参与者如何使用用例的行动纲要的简短的叙述性描述。有时描述的长度可能是几页，但最佳实践表明，这种陈述应该简明扼要，长度从一两句到一整段不等。该段的结构应反映用例的三个阶段：准备阶段、执行阶段和完成阶段。

5.7.6.5　属性 5：UC#_ 参与者

原理 5.16　用例参与者原理

每个用例（UC）代表一个或多个用户（参与者）在执行分配的任务时所需的系统、产品或服务能力。

每个用例应确定参与并与用例描述的系统、产品或服务交互的参与者名单。参与者可以是一个人、一个地方、一件事或一个角色，并且包括使用该用例的实体。最后这句话是用例实现的关键。考虑下面的商用飞机用例示例。

示例 5.10　用例参与者示例应用

(1) 飞行机组（参与者）在飞行的所有阶段与飞机交互。

(2) 飞行机组（参与者）由一名飞行员（参与者）、一名副驾驶（参与者）和多名乘务人员（参与者）组成。

(3) 飞行员（参与者）和副驾驶（飞行员）扮演以下角色：通信员（参与者）、飞行员（参与者）和领航员（参与者）。

请注意，在上面的示例中飞行员或副驾驶员在履行用例中描述的职责时是如何担任多种角色的。

5.7.6.6　属性 6：UC#_ 假设

用例的制定和开发要求系统工程师做出描述用例特征的假设。假设包括以下类型的属性。

5.7.6.6.1　初始状态

用例的初始状态表示当用例启动时系统、产品或服务的假定物理构型状态（第 7 章）。

5.7.6.6.2 最终状态

最终状态表示达到预期结果时系统的预期物理状态或运行状态。

5.7.6.6.3 环境条件

当前环境条件，规定并约束系统、产品或服务用例启动时存在的运行环境条件。

5.7.6.6.4 运行限制

对于某些用例，系统、产品或服务可能有运行限制，如组织政策、程序和任务单、地方、联邦、州和国际法规或成文法，以及公众舆论或者任务事件时间线。因此，运行限制用来约束或限制用例所允许的可接受的组织、道德、伦理或精神行为。

5.7.6.6.5 可接受和不可接受的输入

每个系统、产品或服务过程都有外部可接受和不可接受的输入，用于增加价值，以实现指定的结果。

5.7.6.6.6 资源

原理 5.17 用例事件时间线原理

如适用，每个用例都应受事件时间线的约束并与之同步。

每个系统、产品或服务都需要任务资源来执行任务。任务资源通常是有限的，因此受到限制。资源属性记录了维持系统或实体运行所需的资源类型，如消耗品。

5.7.6.6.7 基于事件的时间线

用例可能需要任务事件时间线来同步系统用户（操作人员或维护人员）的计划行动或干预，或系统、产品的预期响应。

5.7.6.6.8 出现频率和效用优先级

原理 5.18 用例频率原理

每个用例的开发都有成本、风险以及时效。评估用例的使用频率并根据关键程度来确定用例开发的优先级。

每个用例都有开发、培训、实现和维护的成本和进度。成本和进度预算的现实状况限制了实际可以实现的用例的数量。因此，需要确定用例开发的优先级，并实现对用户来说最大化应用、系统安全性和效用的用例。

请注意我们所说的最大化应用、系统安全性和效用。确定用例的优先级时，应急能力和程序应该出现频率极低。然而，应急能力和程序可能是最关键的，可能需要用乘积因子从分析的角度表达效用。不必为每个用例分配 1（低）到 5（高）的加权系数优先级，而是将系数乘以 1（低）到 5（高）的关键程度，从安全的角度确保适当的可见度。

对用户而言，企业系统、产品和服务必须是安全的，以便进行部署、运行、维护、维持和处置。假设可以将所有资源都集中在安全特性上，那么会生产出具有安全特性的但对用户而言无任何应用效用的产品。

尽管讨论集中在产品或服务的开发上，但请记住，系统除了设备以外，还有其他元素（人员、任务资源和工艺数据）。因此，面对不断增加的设计成本时，可能会采用同样有效的替代方法来提高安全性，例如操作人员认证、培训和定期进修培训、警示和警告标识，以及符合要求的、可能无须产品实现的监管。

5.7.6.7　属性 7：UC#_ 前置条件

原理 5.19　用例前置条件原理

确定每个用例的前置条件。

对于某些应用，需要确定导致用例启动的情况或事件序列。前置条件为记录用例建立了背景基础。应记录与用例相关的前置条件，如前导事件以及运行健康和状态（OH&S）。

5.7.6.7.1　前导事件

一些用例依赖用例启动前已经完成的事件，因此，应列出实现用例的任何前导事件，如所使用的电源和开关设置。

5.7.6.7.2　系统/实体运行健康和状态

用例的另一个前置条件是该用例适用的系统或实体的一般 OH&S。运行状态或条件（第 7 章）决定了用例的事件流或对备选流的需求，如“关闭”时可能需要象征性的操作。

5.7.6.8　属性 8：UC#_ 触发

原理 5.20　用例触发原理

每个用例都需要一个触发条件或事件来激活工作状态。

用例需要一个或多个触发条件或事件作为使能工具来激活。一般而言，人类系统（组织系统和工程系统）需要某种形式的人类用户干预来激活/停用系统，从而执行任务。根据系统设计，下面几种方法可以实现这一点：

（1）人工干预系统——要求人工手动启动或停止系统运行，如用软管给花园浇水。

（2）半自动系统——在系统超时、删除资源或完成单个任务的处理前，执行需要人工干预来激活运行序列的操作，如办公室复印机。

（3）自动系统——满足特定条件时，自动检测启动操作的需要，执行并完成操作，然后等待重复该过程的条件。例如，每周 7 天、每天 24 小时运行的工厂安全系统。

用例触发最终取决于系统运行概念。

5.7.6.9 属性 9：UC#_ 主成功场景

原理 5.21 用例主成功场景原理

每个用例都有一个主成功场景（考克伯恩，2001），当一切都完美地运作时，正常的行为序列就会产生所需的结果。

用例的核心侧重于针对特定条件的主要刺激/响应处理场景，以产生期望或需要的结果。有些领域将其称为传递或响应函数。

考克伯恩（2001）的主要成功场景展现了系统参与者启动、执行并完成用例所需的步骤和交互序列。这一系列步骤为开发 SysML™ 活动图提供了依据，根据这些活动图可提取并推导系统或实体能力。

编写主成功场景时，避免假设硬件或软件存在极其重要。请记住，在系统层面，系统只是一个有输入和输出的盒子（见图 3.2），子系统和组件的内容是抽象的（未知的）。所以，存在的只是系统。在下面的示例中，办公室复印机被视为具有输入和输出的盒子。

示例 5.11 办公复印机事件流示例

第 1 步：复印机（参与者）显示复印准备就绪。

第 2 步：用户（参与者）将待复印的文件放入复印机的（参与者）送纸器中。

第 3 步：复印机感应送纸器中的纸张。

第 4 步：复印机等待用户输入。

第 5 步：操作人员选择份数。

第 6 步：复印机读取用户输入——份数。

请注意，上面的“事件流”并未明确说明如何设计复印机（显示屏、键盘和送纸器），只说明了操作人员期望复印机如何响应他的输入。

线性步骤序列的另一种替代方法基于参与者之间的交互，如表 5.1 所示。

表 5.1 办公复印机事件流和参与者交流示例

用例步骤	用户（参与者）	复印机（参与者）
第 1 步		复印准备就绪
第 2 步	在复印机中放置原件	
第 3 步		复印机感应送纸
第 4 步		复印机等待用户输入
第 5 步	选择份数	
第 6 步		复印机读取用户输入
第 7 步		复印机显示份数选择
第 8 步		复印机等待用户选择输入
第 9 步	选择彩色或黑白复印	
第 10 步		复印机读取用户输入
第 11 步		复印机显示黑白复印选择
第 12 步		复印机等待用户选择输入
第 13 步	选择纸张尺寸	
第 14 步		复印机读取用户输入
第 15 步		复印机显示纸张尺寸选择
第 16 步		复印机等待用户选择输入
第 17 步	选择双面复印	
第 18 步		复印机读取用户输入
第 19 步		复印机显示双面复印选择
第 20 步		复印机等待用户选择输入
第 21 步	启动复印	
第 22 步		复印机读取页面
第 23 步		复印机复印
第 24 步		复印机为用户分配复印件
第 25 步		复印机显示“复印完成”
第 26 步	拿起复印件	
第 27 步		复印机等待用户输入
第 28 步		复印机启动倒数计时器
第 29 步		复印机等待用户输入
第 30 步		复印机倒数计时器时间到
第 31 步		复印机切换到节能模式

5.7.6.10 属性 10：UC#_ 后置条件

原理 5.22 用例完成原理

每个用例要求定义为最终结束用例用户或系统需完成的动作。

当一个用例达到规定的结果时，后置条件会描述参与者执行管理任务并将系统置于下一个用例就绪状态所需的动作。这包括数据存储、打印输出以及任务或动作完成通知。

5.7.6.11 属性 11：UC#_ 扩展点

用例可以细化为扩展点，表示用例的一个独特的实例。例如，“餐厅”的用例可以是“点单”。用例“点单”可以通过扩展点扩展为：①点单-饮料；②点单-主菜；③点单-甜品。

5.7.6.12 属性 12：UC#_ 场景和影响

原理 5.23 用例场景原理

每个用例都应考虑最有可能的场景，当出现问题时，需要从主成功场景中选择备选流来恢复并避免系统或产品故障。

上文的讨论提出了一个理想的场景，在这个场景中，一切都按照计划完美运作。人类往往是乐观的，相信一切都会成功。虽然这在大多数情况下是正确的，但不确定性确实会出现，这就为操作产生了计划以外的条件。一旦确定了用例，就要思考以下问题：用户使用用例时

（1）有什么事情是没有预料到会出错的地方？

（2）失败有什么影响？如何减轻影响？

我们将这些实例称为用例场景和影响。请思考以下示例。

示例 5.12 CD 播放机用例场景示例

假设正在设计一个光盘（CD）或数字视频光盘（DVD）播放机。理想情况下，高级 CD/DVD 播放机用例描述了一个用户将光盘插入播放机的行为——神奇的事情发生了！播放机产生期望的结果，如实播放音乐或电影。

现在，如果用户将 CD/DVD 倒过来插入播放机，会发生什么？用户将拥有带负面结果的用例场景——没有音乐或视频。这就引出了一个问题：当设计 CD/DVD 设备时，应该如何告知用户这种情况？如果通过显示或警告为设备添加自动通知功能，则开发成本就会增加。相比之下，低成本的解决方案可能是通过产品手册或用户指南告知用户始终以标题朝上的方式插入

CD/DVD。

用例场景包括出现概率、场景参与者、刺激、激励和提示等主题，以及相关的补偿/缓解措施。接下来简单地讨论每个主题。

5.7.6.12.1　出现概率

一旦确定了用例场景，就需要确定每个场景的出现概率。正如上文对用例优先级的讨论一样，场景也有出现的概率。由于附加的设计特性可能会增加成本和风险，因此应根据最有可能出现的情况或出现的可能性来确定场景的优先级，并将用户安全作为主要的考虑因素。

5.7.6.12.2　用例场景参与者

到目前为止，讨论集中在最有可能出现的用例或场景上。那么关键问题是：在用例和场景中谁/什么是交互实体?

统一建模语言（UML®）及其子集 SysML（附录 C）将这些实体描述为参与者。参与者可以是人、地点、角色、真实或虚拟的物体或事件。参与者用人形简笔画图标表示，用例用椭圆形表示，如图 5.9 所示：

(1) 用户 1（参与者)，如系统管理员/维护人员，通过 UC #3 与 UC #1 交互。

(2) 用户 2（参与者）与 UC #1（功能）和 UC #2（功能）交互。

(3) 用户 3（参与者）与 UC #3（功能）交互。

5.7.6.12.3　刺激、激励和提示

系统是基于操作人员、外部系统或系统触发的一组动作来启动的。考虑以下刺激反应动作：

(1) 用户或外部系统启动一个或多个基于用例的触发条件/事件，使系统在指定时间段内做出行为响应。

(2) 系统通知用户执行某项操作，做出决策或输入数据。

(3) 用户干预或中断系统正在进行的操作。

这些示例都是代表用户或系统刺激彼此采取行动的实例。图 5.10 用 UML 序列图举例说明了这种行为序列。

5.7.6.12.4　场景影响

每个用例和场景产生的结果可能会对系统或产品性能或任务成功产生积极或消极的影响。请思考以下示例。

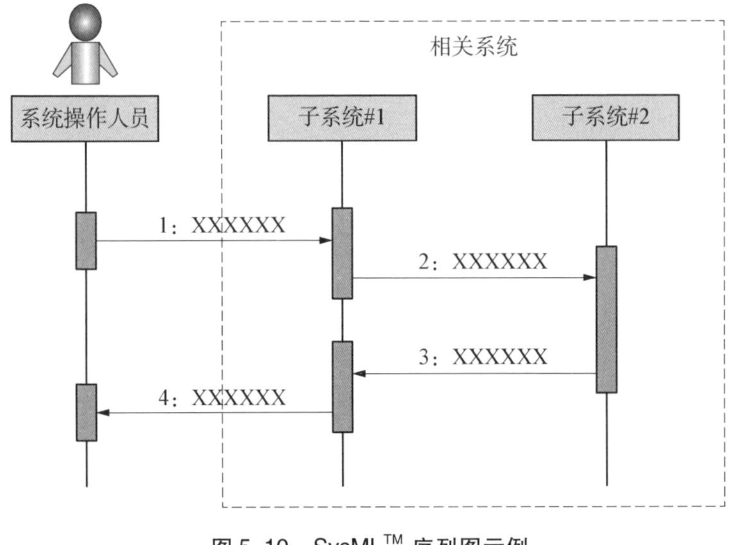

图 5.10 SysML™ 序列图示例

示例 5.13 场景影响示例

如果场景 X 出现，并且操作人员或系统以指定的方式响应，可能具有负面影响的不稳定性和扰动会被引入系统。

因此，每个用例和场景都应该识别正确使用/误用、应用/不当应用或滥用的潜在影响。

5.7.6.12.5 补偿措施/缓解措施

鉴于确定的用例和场景影响，我们需要确定应纳入系统、产品或服务中的补偿措施/缓解措施，消除或最小化负面影响。

补偿措施可能包括设计变更和以适当的方法培训操作人员。考虑以下与过去 100 年里汽车设计的发展有关的示例。

示例 5.14 不断发展的汽车缓解措施示例

假设要设计一辆汽车。由于汽车可能会与其他车辆、墙壁或树木碰撞，因此车身到外部系统的通用接口解决方案是不够的。

对用例和用例场景的分析表明，乘客可能在碰撞中丧生或受伤。因此，在车架上增加了由保险杠组成的专用接口，作为补偿/缓解措施。然而，冲击试验表明保险杠并不合适，需要更专业的解决方案，包括以下设计活动序列：

设计行为 1：规定适用的车辆操作程序。

设计行为 2：在汽车保险杠上安装减震器。

设计行为 3：安装并要求使用安全带。

设计行为 4：安装安全气囊系统。

设计行为 5：安装防抱死制动系统（ABS）。

设计行为 6：提高驾驶员的安全驾驶意识和防御意识。

设计行为 7：安装防撞系统。

补偿措施还包括系统操作人员或维护人员为避免可能产生负面的或灾难性的影响而可以采取的行动。小型案例研究 24.1 举例说明了试飞员查克·叶格在一架飞机上采取的补偿措施——该飞机曾发生过几次无法解释的事故，导致人员伤亡。

5.7.6.13 属性 13：UC#_ 人工制品（artifact）

用例需要产生基于输出的结果，这些结果：①具体、可实现、可观察、可测量、可测试并且可验证；②满足下一个下游客户的生产商-供应商“适用性”性能标准，如图 4.1 所示。这意味着当系统、产品或服务执行用例时，必须以行动报告的形式提供客观证据，记录用例的结果和完成情况。本节定义并规定满足可观察、可验证标准的客观证据。

5.7.7 用例分析

每个用例及其最有可能的场景代表了参与者之间预期的一系列交互。一旦确定了场景和参与者，系统工程师和系统分析师需要了解以下两者之间最有可能的交互：①系统用户和设备；②相关系统或实体及其运行环境内的外部系统。

UML 工具有助于理解交互系统之间的刺激、提示和行为反应。UML 序列图作为表示与用例交互的关键工具，包括

（1）参与者——由人、地点、事物、角色和其他目标等实体组成，这些实体互相影响或向别的参与者提供信息、能量或其他输入。每个泳道顶部的标记标明了参与者。

（2）生命线——由一条垂直线组成，表示与时间相关的处理。沿着生命线设置激活框，表示外部输入、刺激或提示的处理以及行为反应，从而产生特定的输出，以便与其他下游参与者进行交互。

（3）泳道——由参与者生命线之间的区域组成，用于说明操作和任务的顺序控制流以及每个参与者之间的数据交换。

附录 C 对这些工具及其他 SysML 工具进行了简要概述。

为了说明如何使用这些工具，请考虑以下示例。

示例 5. 15　用例泳道示例

假设用户（参与者）有进行数学计算并报告结果的任务。

为了完成任务，用户（参与者）与计算器（参与者）交互，如图 5. 11 所示。请注意，观察发现该图在结构上与图 5. 10 相似，并扩展了细节层次。在图 5. 11 中，激活框（见图 5. 10）被转换为参与者活动。简单起见，假设计算器由两个子系统——子系统#1 和子系统#2 组成。

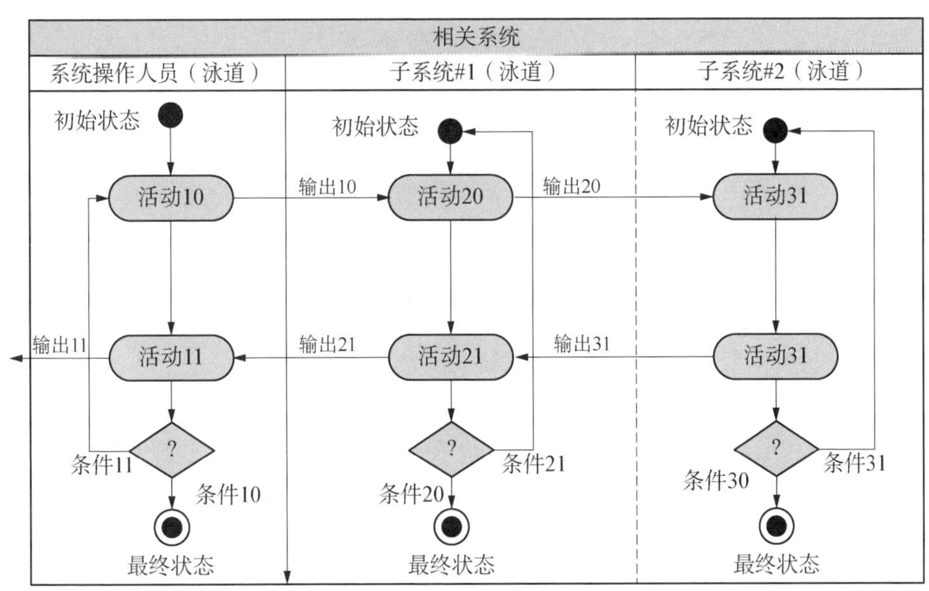

图 5. 11　SysML™ 活动图示例

用户和每个子系统都有一个初始状态、最终状态以及在满足终止运行的具体决策标准前一直循环的条件循环。假设每个子系统活动都包括输入“等待状态”。输入到达时，将执行处理，并将控制传递至下一个活动。以下为潜在用例场景描述：

（1）系统操作人员（参与者）打开计算器（参与者），计算器从初始状态开始激活并初始化子系统#1 和子系统#2。

（2）子系统初始化，然后进入活动20和活动30，等待系统操作人员输入。

（3）系统操作人员（参与者）将数据（活动10）输入产生输出10的计算器。

（4）活动20接受系统操作人员键盘输入，处理信息，并将输出20发送至活动30。

（5）活动30处理信息并将控制转移到活动31。

（6）活动31执行所需的计算并产生输出31。

（7）在此期间，子系统#1活动21进入输出31结果“等待状态”。

（8）收到输出31后，活动21将结果转换成有意义的操作人员信息，并向系统操作人员显示输出21。

（9）收到输出21后，系统操作人员记录结果（活动11），并传达结果（输出11）。

（10）子系统#1和子系统#2继续循环（条件11、条件21和条件31），等待输入，直到系统操作人员决定关闭计算器。

（11）在断电条件10、20和30下，子系统#1和子系统#2进入最终状态。

5.7.8 将用例与操作任务相关联

用例代表一种可追溯到任务目标的能力，使系统用户（参与者）能够监控、命令和控制系统、产品或服务。将用例的事件流细化为一系列交互步骤（见表5.1和示例5.1）时，每个步骤代表一项操作任务，这些操作任务使用户（参与者）或复印机（参与者）能够完成任务目标（复印文件）。反过来，每一项活动（能力）都可以转化为一项系统性能规范能力要求。最终结果如下：

用例→操作任务→运行能力→系统性能规范能力要求。

5.7.9 有多少个系统用例？

人们经常问的一个关键问题是：一个系统需要多少个用例？答案并不特别，平均值可能在10~30个用例。一些高度复杂的系统可能只有5个或6个用例，其他系统可能有10~20个用例，这完全取决于所涉及的个人和组织。有些个人和组织希望简化，保持较少的数量，而其他个人和组织需要明细单。一般而言，一个系统可能有 5~8 个主要用例，其余的可能是次要用例或主要用例的扩展用例。

从系统工程师的角度来看，用例分析应该是所有系统开发工作的关键工具。然而，工程师通常认为这种活动对用户和产品而言是非增值的、官僚的文书工作，并认为时间应该花费在构思精巧的设计上。现实情况是，精巧的设计可能是无用的——除非用户能够利用现有技能以可理解的方式轻易地实现。这就是系统操作人员的“及时”培训必须在系统验收和交付之前进行的原因。

鼓吹官僚文书工作的人，也是系统在集成和测试中失败后认输并发表以下评论的人“我怎么知道用户想要什么？我只是个凡人……况且，用户也无法确定自己想要什么。我搞不懂用户的心思！”

记录用例是一件简单的事情。这需要专业性，而这在当今的非规范化工程工作中往往会被忽略。如果对此表示怀疑，请问问自己，有多少产品令你失望，并让你怀疑系统开发商团队中是否有人咨询过用户、了解过用户期望如何使用系统？如果咨询过，系统开发商组织将很容易了解到这一步对于用户的成功和对系统、产品或服务的接受是至关重要的。

5.8 本章小结

对任务分析、用户故事、用例和场景的讨论到此结束。讨论强调了为避免用户设想的需求与系统或产品设计之间的大幅跳跃（见图 2.3）而使用用例作为方法的必要性。我们还注意到，用例和场景提供了强大的工具，使用户、购买者和系统开发商可以使用简单语言来改善沟通并了解系统、产品或服务的部署、运行、维护、维持、退役和处置方式：

（1）每个任务都必须建立在被称为“任务剖面”的操作策略上。

（2）每个任务从起点开始，在目的地或终点结束，中间会有基于特定目标和任务事件时间线事件的分段、控制或航点。

（3）在起点和终点之间，有些任务可能需要满足特定任务目标的临时航点或交付点。

（4）每个任务至少有三个任务运行阶段：①任务前；②任务中；③任务后。

（5）每项任务都以结果为特征，支持代表系统、产品或服务用例的基于行为的目标。

（6）每个任务都需要考虑执行用例过程中可能出现的任务场景。

（7）用例提供了一种方法，用于识别代表较低层次能力的关键顺序或并行操作任务，这些任务最终将转换为系统性能规范要求。

（8）必须根据项目技术、成本和进度限制，以及开发最可能出现的情况，确定开发用例的优先级。

（9）用例场景为理解以下内容提供了依据：①用户期望如何使用系统、产品或服务；②误用或滥用如何导致带有需要设计补偿或缓解措施的影响的风险。

（10）必须在用例技术、成本和进度限制范围内确定用例场景的优先级。

（11）用例属性提供了一个标准框架来统一并一致地描述每个用例。

（12）SysML™ 序列图是理解参与者互动和行为反应顺序的有效工具。

（13）每个用例及其属性应记录在系统 XYZ 用例和场景文件中，并置于基线管理控制下进行决策。

5.9 本章练习

5.9.1 1级：本章知识练习——任务分析

（1）消费产品开发和合同系统开发的系统定义有何不同？

（2）什么是任务？

（3）术语“任务”是否仅限于军事应用？为什么？

（4）消费产品和服务能执行任务吗？

（5）如何规划任务？

（6）什么是任务事件时间线（MET）？任务事件时间线的关键属性有哪些？任务事件时间线是如何形成的？

（7）如何进行任务分析？

（8）系统、产品或服务的主要运行阶段有哪些？还有其他运行阶段吗？

（9）在任务前、任务中和任务后分别执行什么系统操作和决策？

(10) 系统工程师如何界定每个任务运行阶段并建立触发下一阶段的标准？为什么界定运行阶段很重要？如果不界定每个运行阶段，会发生什么？

(11) 什么是用户故事？

(12) 什么是用例？

(13) 一个系统、产品或服务需要多少个用例？

(14) 哪些类型的系统采用用例？组织、系统、产品或服务？子系统或是组件？

(15) 用例的属性有哪些？

(16) 什么是用例分析？如何进行用例分析？

(17) 什么是参与者？参与者与用例有什么关系？

(18) 每个用例是否仅限一个参与者？

(19) 用例描述的结构是什么？用例描述的最佳长度是多长？

(20) 用例记录在哪里？

(21) 什么是用例场景？

(22) 为什么用例场景对定义系统、产品和服务很重要？

(23) 用例和系统能力要求有什么关系？

(24) 请列出从本章学到的关键系统工程原理。

5.9.2 2级：知识应用练习

参考 www. wiley. com/go/systemengineeringanalysis2e。

5.10 参考文献

Akao Yoji ed. (1990), *Quality Function Deployment: Integrating Customer Requirements into Product Design.* (Translated by Glenn H. Mazur) Cambridge, MA: Productivity Press.

Cockburn, Alistair (2001), *Writing Effective Use Cases,* Boston, MA: Addison-Wesley.

Cohn, Mike (2008), *Advantages of the "As a user, I want" User Story Template,* Blog Post, Broomfield, CO: Mountain Goat Software. Retrieved on 9/12/13 from http://www. mountaingoatsoftware. com/blog/advantages-of-the-as-a-user-i-want-user-story-template.

DAU (2001). *Systems Engineering Fundamentals,* Ft. Belvoir, VA: Defense Acquisition University Press. Retrieved on 1/16/14 from http://www. dau. mil/publications/publicationsDocs/SEF Guide%2001-01. pdf.

DAU (2012). *Glossary: Defense Acquisition Acronyms and Terms*, 15th ed., Ft. Belvoir, VA: Defense Acquisition University (DAU) Press. Retrieved on 4/12/15 from http://www.dau.mil/publications/publicationsDocs/Glossary_ 15th_ ed.pdf.

DAU (2014), *Capabilities Development Document (CDD)* webpage, ACQuipedia, Ft. Belvoir, VA: Defense Acquisition University. Retrieved on 3/11/13 from https://dap.dau.mil/acquipedia/Pages/ArticleDetails.aspx?aid=99320318-1216-4566-9aea-e44966c5ee32.

Hartman, Henry, *Success*. Accessed on 5/20/14 from http://think exist.com/quotes/henry_hartman/.

Jacobson, Ivar, (2003), *Use Cases—Yesterday, Today, and Tomorrow, Rational Software*.

Mazur, Glenn (2003), *Voice of the Customer (Define): QFD to Define Value,* Kansas City, MO: Proceedings of the American Society for Quality (ASQ) Annual Quality Congress Retrieved on 5/24/14 from http://www.mazur.net/works/qfd_ to_ define_ value.pdf.

MIL-HDBK-470A (1997), *DoD Handbook: Designing and Developing Maintainable Systems and Products,* Vol. 1, Washington, DC: Department of Defense (DoD).

MIL-STD-499B Draft (1994), *Military Standard: Systems Engineering,* Washington, DC: Department of Defense (DoD).

MIL-STD-1629A (1998), *Military Standard; Procedures for Performing a Failure Mode, Effects, and Criticality Analysis*. Washington, DC: Department of Defense (DoD).

NASA (2003), *Mars Exploration Rover Launch Press Kit,* Washington, DC: National Aeronautics and Space Administration (NASA). Retrieved on 1/16/14 http://www.nasa.gov/pdf/44804main_ merlaunch.pdf.

NASA (2004), *Mars Exploration Rover Landing Press Kit,* Washington, DC: National Aeronautics and Space Administration (NASA). Retrieved on 1/16/14 from http://marsrovers.jpl.nasa.gov/newsroom/merlandings.pdf.

OMG (2006), *SysML™ Glossary (Draft), ad/2006-03-04,* Needham, MA: Object Management Group (OMG®). Retrieved on 3/16/13 from http://www.sysml.org/docs/specs/SysML-v1-Glossary-06-03-04.pdf.

QFD Institute (2013), Frequently Asked Questions (FAQ), Retrieved on 7/6/13 from http://www.qfdi.org/what_ is_ qfd/faqs_ about_ qfd.html.

Zultner, Richard E. and Mazur, Glenn H. (2006), *"New Kano Model and QFD," Proceedings of the Eighteenth Symposium on Quality Function Deployment,* Austin, TX. Retrieved on 5/24/14 from http://www.mazur.net/works/Zultner_ Mazur_ 2006_ Kano_ Recent_ Developments.pdf.

UPS (2012). *"When in doubt: UPS avoids left turns: How a simple rule increased our drivers' efficiency," UPS Compass, July 2012,* Louisville, KY: United Parcel Service (UPS). Retrieved on 5/17/15 from http://compass.ups.com/UPS-driver-avoid-left-turns/.

6 系统概念的形成和发展

第5章介绍了任务定义方法的概念及其支持基础：任务和系统用例以及场景的概念。这些概念形成了系统工程、分析与开发的框架。使用任务定义的方法定义了组织任务，确定了相关系统，并建立了使能系统后，下一步就是制定和开发用户是如何设想部署、运行、维护、维持、退役和处置系统、产品或服务的概念。

本章首先介绍性概述系统运行模型。该模型为系统运行结构化提供“源头”分析框架，从而确定系统能力以及随后的系统性能规范（SPS）能力要求。该模型说明传统、自定义的“代入求出”……定义—设计—构建—测试—修复（SDBTF）范式的缺陷。该范式通常侧重于正常任务操作的“盒子工程设计”。任务前、任务后、储存、维持以及系统、产品或服务部署后出现的其他操作通常被忽视。

在对系统运行模型概念的基本理解的基础上，介绍系统运行概念（ConOps）文件。该文件描述设想系统、产品或服务是如何部署、运行和维护的。请注意，这里不包括维持、退役和处置。这是为什么？

一般来说，运行概念是由系统开发商或服务提供商组织与用户合作制定的，作为开发系统、产品或服务的共同愿景。一旦系统被用户以合同方式接受并部署，它就属于用户及其使能系统。开发商能够并且应该纳入维持、退役和处置的概念。然而，一些用户会非常明确地告诉你，这是他们的事，不属于你作为系统开发商的职责范围。这确实给“智慧”系统工程带来了一个难题，因为其中包含了与处置相关的工作内容，特别是要易于去除有毒和有害物质，如重金属。因此，请咨询系统购买者和用户，了解他们对此的立场。

本章提供了一个运行概念的纲要性示例，然后介绍了有关部署、运行、维护和维持（OM&S）、退役和处置概念的相关信息。

6.1 关键术语定义

（1）运行概念（ConOps）——作为系统开发早期的核心项目文件，运行概念用于传达系统、产品或服务运行概念描述（OCD）的愿景，系统背景和接口，运行架构，系统运行模型，任务阶段、模式和运行状态，顺序和/或并行操作工作流，以及其他实现任务行为目标所需的信息。

运行概念应由项目的关键技术愿景领导者（项目工程师、系统架构师或首席系统工程师）专门制定。由于运行概念代表了项目负责人的愿景，因此不得委托他人定义！这不是由下属执行的“猜猜项目工程师今天的愿景是什么”练习！

（2）控制点或阶段性点（control or staging point）——一个重大的决策门，阻止工作流程进到下一组基于目标的操作，直到满足一组“是否继续”的决策标准。

（3）纠正性维护（故障维修）（corrective maintenance）——将失效设备还原到规定状态而执行的所有操作。故障维修可包括以下任何或所有步骤：定位、隔离、拆卸、互换、重新组装、校准、校正和检验（DAU，2012：B－48）。

（4）部署概念（deployment concept）——说明系统、产品或服务将如何从系统开发商的设施部署到指定用户的场所、设施或分配系统，或重新部署到新的场所（如适用）。

（5）处置概念（disposal concept）——说明：①系统、产品或服务的处置方式，如销售、所有权转让、租赁或销毁；②关键部件的回收和再循环；③环境补救和修复（如适用）。

（6）进入条件（entry criteria）——作为执行下一个生命周期阶段、运行阶段、模式、状态、任务或活动的准入条件，必须单独或共同满足的一个或多个阈值。

（7）退出条件（exit criteria）——为了能够过渡到下一个生命周期阶段、运行阶段、模式、状态、任务或活动而必须单独或共同满足的一组基于绩效的结果。

（8）维护概念（maintenance concept）——说明在每次任务之前、期间和之后，剩余生命周期内，系统、产品或服务将如何通过预防性和纠正性维护措施、培训、升级和改造等来维护。

（9）运行概念（operations concept）——说明系统、产品或服务将如何在任务前、任务中和任务后运行。

（10）运行概念描述（OCD）——描述已部署系统、产品或服务生命周期的特定方面，如部署、任务运行、任务支持运行、维护、维持、退役或处置。在一般情况下，部署、运行、维护、维持及退役/处置 OCD 应作为一个部分纳入系统运行概念。但是，如果给定的 OCD 对于系统运行概念发布前的技术决策至关重要，那么 OCD 有时会以过渡形式发布。

（11）操作任务（operational task）——工作流程指令，包括基于结果的目标和基于绩效的完成标准。

操作任务是根据企业组织标准流程（OSP）、方法和程序活动来实施的。

（12）预防性维护（preventive maintenance）——通过提供系统检查、检测和早期故障预防，试图将项目保持在特定条件下的所有行动（DAU，2012：B－167）。

（13）退役概念（retirement concept）——说明：①系统、产品或服务将如何退役并从现役过渡到非现役；②人员再培训和再分配。

（14）维持概念（sustainment concept）——说明系统、产品或服务将如何由其使能系统，通过任务资源（耗材和消耗品）、维护、人员培训（基础、熟练、补救和技能增强）进行后勤维持。组织有时对维持和维护有不同的看法。有些组织认为这两种活动统一的、组合的，维护是维持的一部分，或维持是维护的一部分。通常认为维护和维持是独立的同级活动。

（15）系统运行（system operations）——一组独特的多层次、相互依赖、增值的任务和活动，共同满足给定系统/产品生命周期和运行模式的任务前、任务中或任务后阶段的任务需求。

（16）系统运行词典（system operations dictionary）——一份项目文件，作为核心文件，负责界定和定义执行或支持任务前、任务中和任务后各阶段以及在部署、运行、维护和维持以及退役/处置生命周期阶段内各自运行模式所需

的基于活动的任务。

（17）系统运行模型（system operations model）——系统运行的通用模板，可用作识别和定制大多数系统从系统/产品生命周期的系统开发阶段到系统退役/处置阶段的操作工作流程的初始框架。

6.2 系统运行的概念化

系统工程的第一个关键步骤就是描绘系统、产品或服务将如何部署、运行、维护、维持、退役和处置。虽然这可以通过文本来完成，但人类本能地更容易被图形吸引，例如：①框图、时间线、艺术效果图等；②3D 木制或纸板模型；③3D 打印。目的是通过一个共同的关注点来表达外观、感觉和情感，使系统开发人员沉浸在用户的“心理模型”中（第 24 章），并吸引激励他们采取行动。

建筑和景观设计师通过艺术效果图传达他们的愿景。工程师倾向于使用草图、架构框图（ABD）、原型、模型和模拟来表示系统视图。公司的出版艺术家绘制车辆、基于设备的产品等在用户预期的运行环境中应用的艺术效果图。

在 21 世纪，创造能激发灵感的愿景更为关键，这导致了在使用架构框图时需要“跳出思维定式”。沃特迪士尼通过其遍布全球的游乐园树立了灵感榜样。或许一篇题为《设计迪士尼》（Hench，2009）的文章，是说明新系统、产品和服务的愿景的最好例子。本书采用了情节串联图板，通过顾客（用户和最终用户）的眼睛来表达未来迪士尼世界的概念化形象。

要点：当制定系统概念时，考虑可以使用的各种方法，在最小的空间内概念化、传达和启发。正如一句老话所说：“一幅画胜过千言万语。”

6.3 系统运行模型

图形模型为系统购买者、用户和系统开发商组织内的系统工程师、工程师、分析师等提供了一种极好的方式来建立系统、产品或服务的共同愿景。在这方面，有两种视角：

（1）组织视角——用户打算如何部署、运行、维护和维持相关系统。

（2）工程视角——如何设想相关系统来支持任务运行的能力。

本书将在第 7~10 章介绍工程视角。这里侧重介绍组织视角，为工程视角的讲解奠定基础。

图 6.1 所示为一个通用系统运行模型，一个可以适用于人工系统（组织系统和工程系统）的结构，是描述其部署、运行、维护、维持、退役和处置的基础模板。系统运行模型提供了一个高级别运作流程，代表“任务生命中的一天”。它描述了系统、产品或服务如何：

（1）为任务配置资源和能力（任务前）。

（2）执行任务（任务中）。

（3）在任务完成后得到支持（任务后）。

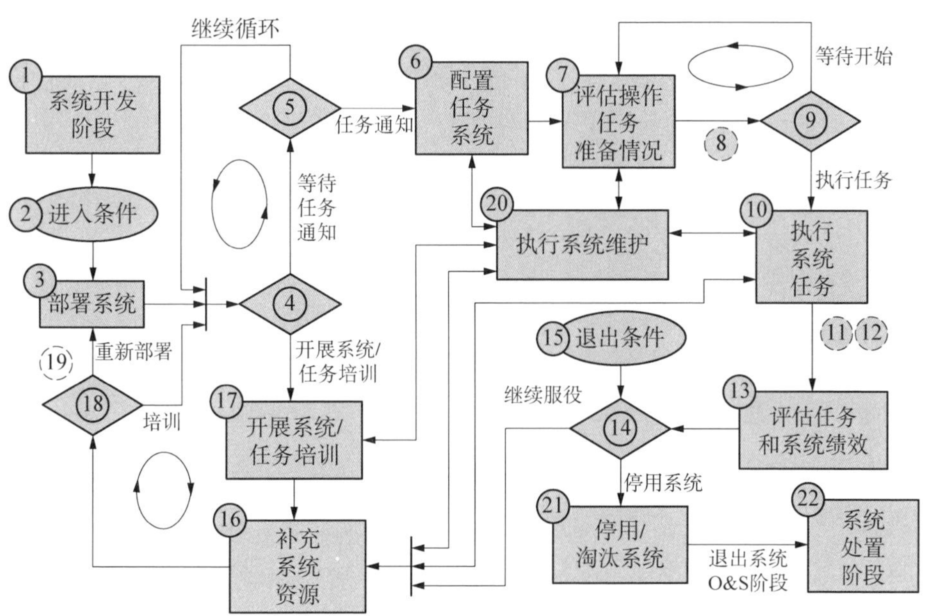

其中：(XX)=保留给图 6.2 中的就绪决策（8）、使能系统（11）和继续任务决策（12）。

图 6.1　通用系统运行模型

该模型的结构由一系列顺序和并发的操作和任务组成。这些操作和任务可以转化为规范能力需求。

原理 6.1　系统运行模型原理

每个人工系统（组织和工程系统）的特征是与用户协作开发的关于系统、产品或服务将如何部署、运行、维护、维持、退役和处置的通用系统运行模型。

原理 6.2　操作能力原理

每个系统操作都代表一种必需的操作能力，在应对一个或多个可能的或最有可能的运行环境场景时，必须产生特定的基于行为的结果。

首先是关于图形内容的说明。图 6.1 中的每个方框代表了实现总体任务目标所需的基于利益相关方用例的操作的综合的、多层次的集合。我们将把其中的每一个用例操作分解或扩展成一系列顺序和并发的任务和活动（流程），以实现基于用例行为的结果。最终，这些任务转化为能力，它们各自的性能水平分配给一个或多个系统元素，如人员、设备和设施（第 8 章）。几个关键点如下：

(1) 每块都由一个唯一的标识符（编号的圆圈）组成，作为叙述性描述参考的导航辅助工具，如运行概念文件中的 OCD。

(2) 图中的每个决策块都叫作控制或阶段门，要求决策机构根据一组预定义的退出或进入条件作出“是否继续”的决定。

(3) 操作 8.0、操作 11.0、操作 12.0 和操作 19.0 保留在图 6.1 中，供本章后续讨论使用。

6.3.1　系统运行模型描述

图 6.1 描述了适用于大多数人工系统（组织系统和工程系统）的系统运行模型。当系统完成并从系统/产品生命周期的系统开发阶段过渡时，开始进入该模型。评价进入或进入条件，从而评估现役的系统准备情况。接下来分别探讨每一个操作。

6.3.1.1　操作 3.0：部署系统

操作 3.0“部署系统”说明了在用户要求的目的地交付和安装系统、产品或服务所需的系统功能和活动。随着每个系统完成系统开发阶段或系统生产阶段，系统将被打包并装运，以便部署或分发给用户。操作活动包括运输，装载/卸载，装箱/拆箱，初始设置、安装和组装，系统检验，验证，集成到更高层次的系统，验证在该层次上的互操作性。完成操作 3.0 后开始操作 4.0，“开展系统/任务培训决策”。

6.3.1.2　操作 4.0：开展系统/任务培训决策

操作 4.0“开展系统/任务培训决策”是一个决策控制点，确定系统是否要投入现役或保留用于操作员培训或演示：

(1) 如果“系统/任务培训决策”为“是”或“真”，工作流程将进入操作 17.0“开展系统/任务培训”。

(2) 如果“系统/任务培训决策”为“否”或“假”，工作流程将进入操作 5.0“等待任务通知决策”。

6.3.1.3　操作 5.0：任务通知决策

操作 5.0“任务通知决策”是一个决策控制点或门，必须等待通知，才能启动执行任务的准备工作。根据系统及其任务应用，操作 4.0 和操作 5.0 实际上都是循环的“继续直到等待状态”，直到更高层次的决策机构发出执行任务的命令：

(1) 如果“任务通知决策”为“是”或“真”，那么工作流程将进入操作 6.0“配置任务系统”。

(2) 如果“任务通知决策”为“否”或“假”，那么工作流程将继续循环回到操作 4.0“开展系统/任务培训决策”。

6.3.1.4　操作 6.0：配置任务系统

操作 6.0“配置任务系统”包括为任务准备和配置系统所需的操作任务和活动。在收到任务指令时，系统会针对任务进行配置。根据系统的类型，任务前配置的资源可能需要在执行任务前进行长期保有，例如，医院的外科手术室在危机发生前需进行长期保持，而飞机只需在商业飞行前配置。

操作活动包括任务前分析和规划、物理硬件和软件更新（如需要）、人员元素培训、消耗性任务资源补充。系统配置/重新配置活动包括系统元素的同步调配，例如：

(1) 人员元素——操作人员、维护人员、管理人员等。

(2) 过程资料元素——操作程序、介质等。

操作 6.0 完成后，将执行“系统验证”，确保系统针对任务进行了正确配置：

（1）如果验证成功，则工作流程将进入操作 7.0“评估操作任务准备情况”。

（2）如果在系统任务前的检查中发现系统潜在缺陷（设计错误、缺陷或不足），则工作流程将进入操作 20.0“执行系统维护”。

6.3.1.5　操作 7.0：评估操作任务准备情况

操作 7.0“评估操作任务准备情况”包括审查执行指定任务总体准备情况所需的系统能力和活动。当为任务配置好系统，且所有系统元素资源都已完全集成并投入运行后，开始评估任务准备情况。评估集成的系统元素集（如设备、人员和设施）的准备状态，以便按要求执行分配的任务。

如果准备状态评估为“否”，则系统识别为“操作缺陷”，贴上颜色编码的标签或标语牌，如红色或黄色。作出任务影响风险评估决策，确定缺陷是否需要使用备用系统替换系统/实体或延期：

（1）如果系统需要维护，则工作流程将进入操作 20.0“执行系统维护”。

（2）如果决定为系统提供支持任务所需的能力，则工作流程将进入操作 9.0“等待任务继续决策”。

6.3.1.6　操作 9.0：等待任务继续决策

操作 9.0“等待任务继续决策”是一个决策控制点，确定是否已发布执行任务的任务指令：

（1）如果“等待任务继续决策”为“是”或“真”，则工作流程将进入操作 10.0“执行任务”。

（2）如果“等待任务继续决策”为“否”或“假”，则循环回到操作 7.0“评估操作任务准备情况”来定期检查系统准备情况。

6.3.1.7　操作 10.0：执行系统任务

操作 10.0“执行系统任务”包括执行系统主要任务和次要任务所需的系统操作任务和活动。任务期间，系统在执行任务目标时，可能会遇到外部系统威胁和机会，并参与和与之互动。

如果系统在操作 10.0 期间需要维护，在可行的情况下，可执行操作 16.0“补充系统资源”或操作 20.0“执行系统维护”。举例说明如下。

示例 6.1　任务期间系统维护的比较

（1）作为地面车辆，大多数汽车维修都可以在其使命任务期间的合理时间内完成。

(2) 作为一种天基运载工具，卫星在地球轨道上维护可能是不切实际的，除非能够制定出一个维修解决方案，并在未来的可用飞行中得到证明。

6.3.1.8　操作 13.0：评估任务和系统绩效

操作 13.0“评估任务和系统绩效”，根据任务的主要目标和次要目标以及对成功实现目前任务程度所需的任务系统和使能系统的行为表现，评估任务和系统，包括任务活动的绩效。审查活动示例包括任务后数据简化和分析、目标影响评估、优势和劣势，威胁，任务汇报观察和经验教训，任务成功。这些操作还提供了机会来审查和评估综合人员-设备元素的相互作用和性能、任务执行期间的优势和劣势，以及所需的纠正措施。

6.3.1.9　操作 14.0：停用/淘汰系统决策

操作 14.0“停用/淘汰系统决策”是一个决策控制点，决定系统是否要继续当前操作、升级、退役或淘汰。该决策根据为系统确立的操作 15.0“退出条件”作出：

(1) 如果“停用/淘汰系统决策”为“是”或“真”，则工作流程将进入操作 21.0“退役/淘汰系统”。

(2) 如果决策为“否”或“假”，则工作流程将进入操作 16.0“补充系统资源”。

6.3.1.10　操作 16.0：补充系统资源

操作 16.0“补充系统资源”包括重新储存或补充系统资源（如人员和任务资源——耗材和消耗品）所需的使能系统操作任务和活动：

(1) 如果在系统中发现缺陷，则工作流程将返回操作 20.0“执行系统维护”。

(2) 操作 16.0“补充系统资源”完成后，工作流程将进入操作 18.0“重新部署系统决策”。

6.3.1.11　操作 17.0：开展系统/任务培训

操作 17.0“开展系统/任务培训”包括培训用户（系统操作人员、维护人员和其他人员）如何正确操作系统所需的任务和活动。培训包括教室、模拟器和实际系统的使用。对于更大、更复杂的系统，在系统部署到现场之前，有时会在系统开发商的工厂进行初始操作人员培训，其中包括正常操作、异常操作和紧急操作。补救和技能增强培训在系统已经投入现场使用后进行。

在操作 17.0“开展系统/任务培训”期间，指导新系统操作人员安全、正确地使用系统，培养其基本技能。经验丰富的操作人员还可以接受补救、熟练或技能增强培训，这些培训是基于从以前的任务中吸取的经验教训或对抗或竞争威胁所采用的新战术。

培训课程结束后，工作流程将进入操作 16.0“补充系统资源”。如果系统在培训期间需要维护，则启动操作 20.0“执行系统维护”。

6.3.1.12 操作 18.0：重新部署系统决策

操作 18.0“重新部署系统决策”是一个决策控制点，确定物理系统是否需要重新部署到新的部署站点以支持组织的任务目标：

（1）如果操作 18.0“重新部署系统决策”为“是”或“真”，则工作流程将进入操作 3.0“部署系统”。

（2）如果操作 18.0“重新部署系统决策”为“否”或“假”，则工作流程将进入操作 4.0“开展系统/任务培训决策”，循环重复回到操作 18.0“重新部署系统决策”。

6.3.1.13 操作 20.0：执行系统维护

操作 20.0“执行系统维护”包括通过预防性或纠正性维护措施升级系统能力或纠正系统缺陷所需的系统能力和活动。系统标有易于识别的颜色标识符，如红色或黄色，表示纠正任何可能影响任务成功的缺陷或不足所需的纠正性或预防性维护措施（第 34 章）。

成功完成“执行系统维护”后，系统将通过维护所需的下一个操作返回现役状态——操作 6.0“配置系统任务”，操作 7.0“评估操作任务准备情况”，操作 10.0“执行系统任务”，操作 16.0“补充系统资源”，或操作 17.0“开展系统/任务培训”。

6.3.1.14 操作 21.0：退役/淘汰系统

操作 21.0“退役/淘汰系统”包括系统从现役状态退役、终止和移除，储存或拆卸系统，以及适当处理其所有部件和元件所需的操作任务和活动。一些系统可能储存或“封存”，直到将来需要时，支持现有系统无法支持的任务行动的激增。退役完成后，系统进入系统/产品生命周期的系统处置阶段。

6.3.2 系统运行词典

原理 6.3 系统运行词典

每个项目都应该有一个系统运行词典，明确定义每个系统操作及其范围和活动。

获得团队对运行概念图形描述的一致意见只是第一步。当与更大、更复杂的系统和开发团队一起工作时，此级别的图表需要为每个任务和活动定义范围，确保团队成员彼此之间达成共识。例如，根据系统的应用，你和你的团队可能会定义和界定不同于另一个业务领域团队的特定操作任务或活动。

一个解决方案是创建一个系统运行词典。该词典定义和限定了每个功能，类似于以前的系统运行模型描述，该词典应在系统的整个生命周期中维护。

就责任而言，在项目工程师或首席系统工程师领导下的系统工程和集成团队（SEIT）应组织计划和协调系统运行词典的制订。这项工作应在合同授予前的系统、产品或服务的建议阶段开始，当然也应在合同授予后（ACA）的第 1 天开始。

6.3.3 小结

系统运行模型提供了一个初始的分析框架，用于定义系统、产品、组织、服务等将如何部署、运行、维持和退役/处置。我们可以将此模型作为大多数（若非全部）人工系统（第 9 章）（组织系统或工程系统）的初始起点，如公司、部门、项目、汽车公司、航空公司、医院、企业、消防和救援部门等。每个模型的每个操作都表示一个通用的结构，可以作为适用于大多数系统的初始起点。

提醒 作为系统工程师，你的工作是与利益相关方（用户和最终用户）合作，定义系统运行模型，从而在合同、法律和法规要求的约束下反映他们的需求。每个操作都应通过系统运行词典来确定范围和界限，确保购买者、用户和系统开发商团队的所有成员都清楚地了解特定操作中包含/不包含的内容——这样不会发生任何意外！

原理 6.4 增值操作原理

每个系统运行模型的操作或任务及其系统元素的执行要么增加价值，要么

有助于实现基于任务的行为目标。如果没有，则消除!

从某个人的角度来看，系统运行模型可能看起来非常简单。然而，若仔细研究，即使是简单的系统也常常需要预先考虑，充分定义操作顺序。如果你质疑此说明的有效性，请考虑以下几点：

（1）为汽车和驾驶员开发系统运行模型。

（2）与不熟悉该模型的三名同事进行类似的练习，同事意见的多样化可能会有所启发。

（3）作为一个团队，重复练习，重点是为最终图表达成唯一的协作共识。

现在考虑这样一种情况：系统运行模型涉及一个更复杂、利益相关方群体更大的系统的定义。如果你考虑了前面的汽车和驾驶员练习，你应该理解让来自不同学科、政治派别和组织的不同人群就特定系统的系统运行模型达成共识所面临的挑战。

你会发现，特定的、无限循环的“代入求出”……SDBTF 工程范式（Wasson，2012：2）的工程师经常将系统运行模型称为“教科书式的东西”。由于缺乏系统工程教育和培训，他们：

（1）不承认花时间关注这个概念的必要性。

（2）自然倾向于立即关注物理硬件和软件设计（见图 2.3），如电阻、电容、数据速率、软件语言和操作系统。

注意 6.1

如果你的项目、客户和用户群体没有就这种顶层概念及其底层分解的某种形式达成一致，那么历史上更下游的系统开发问题就可以追溯到这一基本概念。

更糟糕的是，部署一个未通过客户预期用途确认的系统，不仅在技术上，而且对你的企业的声誉来说，都会面临更大的挑战和风险。

请思考以下几点：

（1）在为系统开发投入资源之前，要先获得系统购买者和用户群体的一致意见，然后再“购买”。调查用户如何设想运行计划的系统来实现组织任务目标，避免过早开始特殊的“代入求出”……SDBTF 工程范式下的硬件和软件开发工作，直到这些决策得到批准，并向下传递，分配到硬件和软件规范。

（2）将系统运行模型作为基础来识别和定义由操作任务组成的用例。这些任务代表可转化为系统性能规范要求的操作能力。

（3）当审查和分析其他人准备的规范时，使用系统运行模型来评估顶层系统性能要求，确保系统运行的完整性。

6.3.4 开发更稳健的系统运行模型

前面的系统运行模型使我们基本了解了用户如何使用系统。作为一个高级模型，它是一个有用的教学指南。然而，该模型有一些领域需要加强，才能适应更广泛的应用。图 6.2 所示为一个扩展的系统运行模型。为了保持与前一个模型的连续性，保留了原始的编号惯例，简单地添加了以下操作：

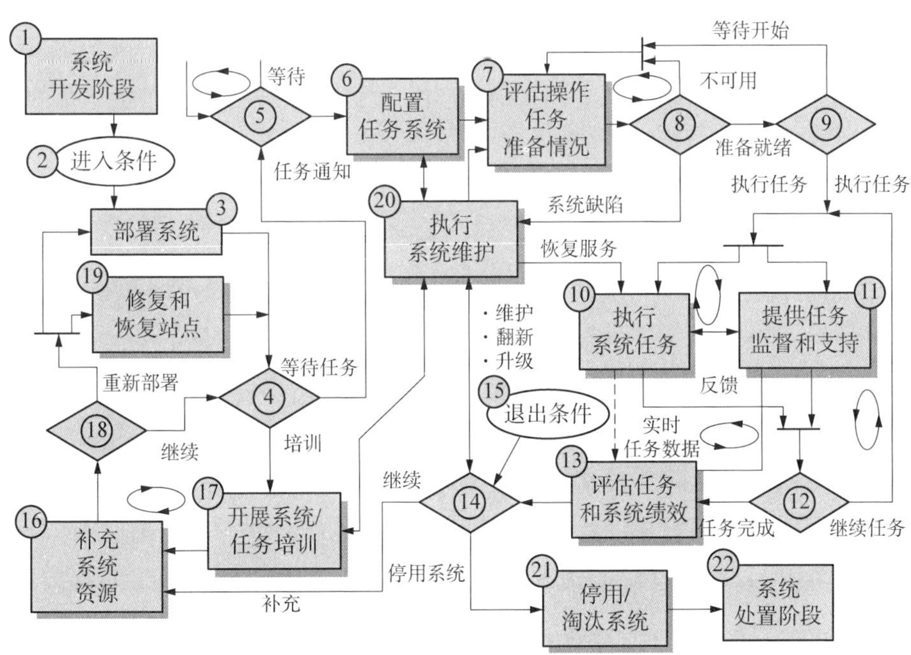

图 6.2　稳健系统运行模型

（1）操作 8.0：任务就绪决策。

（2）操作 11.0：提供任务监督和支持。

（3）操作 12.0：任务完成决策。

（4）操作 19.0：修复和恢复站点。

6.3.5 通用系统运行模型的重要性

原理 6.5 同步运行原理

每个系统运行模型活动都应与系统、产品或服务的任务事件时间线（MET）同步。

系统运行模型（见图 6.1 和图 6.2）作为一个高级框架，有助于协调整个系统与基于时间的计划（如 MET）同步。模型中的操作代表用例（UC），需要能力以及相关系统的任务系统和一个或多个其使能系统之间基于时间的相互作用。

6.3.5.1 规范制定人员视角

从规范制定人员的角度来看，系统运行模型结构为与利益相关方、用户和最终用户协作捕获、组织和创建分析框架提供了基础，使我们能够确定要执行的操作任务。代表利益相关方用例的操作任务为识别任务系统和使能系统的能力提供了基础。然后，这些能力将转化为规范能力要求，并纳入系统性能规范。

6.3.5.2 规范分析师视角

从系统分析师的角度来看，系统运行模型结构可用于将第三方提供的系统性能规范要求与特定操作相关联。如果每个系统运行模型中的操作都被分解为子操作的层次，系统分析师可以很容易地找到代表系统性能规范中缺失或错位要求或需要澄清的漏洞。*

作为工程教育过程、电气、机械和软件学科的产物，工程师通常立即关注他们的“舒适区”——物理系统硬件和软件的需求和解决方案。他们的规范往往达不到完整的系统要求，因为操作 3.0 至操作 13.0 和操作 16.0 至操作 19.0 没有任务要求。即使在操作 10.0“执行任务系统”中，规范编写人也只关注特定的物理特征。结果导致关键要求缺失或错位（见图 20.1）。

尽管前面提到了这种缺点，但系统规范大纲标准（如前 MIL－STD－490A）仍倾向于指导规范制定人员在规范部分（如设计和建造约束、支持、培训等）

* 许多未经培训的规范编写人员只关注操作 10.0“执行任务系统”。更糟糕的是，他们采用第 20 章“方法”中基于特征的方法，即为操作 10.0 定义系统的特征。

至少部分考虑这些缺失的步骤——操作 3.0~13.0 和操作 16.0~19.0。*

这一事实是自称系统工程师的工程师和系统分析师的培训和成熟水平的关键标志。系统运行模型的应用使你能够从“杂乱的系统工程师”中挑选出真正的系统工程师，而风险级别与他们在项目中的职位相关。

6.3.6 评估任务操作范围

你和你的团队必须解决的一个关键问题是：你怎样获知任务系统和使能系统之间相互作用所需的所有操作都已得到适当处理?

一种解决方案是构造一个简单的矩阵，如图 6.3 所示。注意，矩阵列出了图 6.2 中的主要操作，并根据运行阶段将它们与任务系统和使能系统操作联系起来。具体来说，每个气泡标识符代表任务系统和使能系统必须完成的特定操作。任务系统和使能系统操作是成对的——气泡标识符 1 - 2、3 - 4 等——代表相互作用和结果，如图 7.4 所示。该矩阵可以定制，以满足系统的特定需求。灰色填充区域表示不适用的操作。例如，操作 3.0“部署系统”显然不适用于任务运行阶段。

其中：
(#) = 描述参考
□ = 通常不适用

	系统运行阶段					
	任务前		任务中		任务后	
任务系统操作	任务系统元素	启用系统元素	任务系统元素	启用系统元素	任务系统元素	启用系统元素
3.0“部署系统”	1	2	3	4	5	6
6.0“配置任务系统”	7	8	9	10	11	12
7.0“评估操作任务准备情况”	13	14	15	16	17	18
10.0“执行系统任务”	19	20	21	22	23	24
11.0“提供任务监督和支持”	25	26	27	28	39	30
13.0“评估任务和系统绩效”	31	32	33	34	35	36
16.0“补充系统资源”	37	38	39	40	41	42
17.0“开展系统/任务培训”	43	44	45	46	47	48
19.0“修复和恢复站点”	49	50	51	52	53	54
20.0“执行系统维护”	55	56	57	58	59	60
21.0“停用/淘汰系统”	61	62	63	64	65	66

图 6.3　将任务系统和使能系统操作映射到运行阶段的矩阵

* 根据作者的经验，有能力的系统工程师通常以系统运行模型或某个专门为系统应用和用户需求定制的版本开始他们的系统分析工作。

注意 6.2

定制此矩阵时，避免移除气泡标识符。只需用灰色标出矩阵中每个标识符后面的背景。这样做的原因有两个：

（1）它向评审者传达你已经评估了某项操作对你的系统的适用性，并发现它“不适用”。

（2）在设计评审期间，系统要求可能会改变，或者评审者可能会质疑你的适用性评估，并确定某个气泡标识符适用，应该将其恢复并描述。

（3）由于参与者使用了适用于不同操作的词语，会议和评审通常会变成热烈的讨论。该矩阵使评审负责人或协调人能够将焦点限制在特定的气泡标识符上并做出决策，同时在会议或审核会议记录中记录要点。图 6.3 实际上是图 10.21 所示的更全面图形的基础。

6.3.7 小结：系统运行模型

上文讨论了用户计划如何使用系统的初步概念性观点。通用系统运行模型结构如下：

（1）提供初始起点模板，用于确定适用于大多数系统、产品或服务的高层次操作。由于每个系统都是独一无二的，所以此处讨论的目的是提供一个基本的方向和意识，来激发你的“系统思维”思考过程，并使你能够计划、转化和编排这些方法到你自己的系统运行模型中。

（2）转变“代入求出”……SDBTF－DPM 工程范式（第 2 章、第 11 章和第 14 章），重点在于了解准备任务系统、执行任务和任务后维护系统所需的所有操作，而不仅仅是任务操作。

6.4 构想和发展系统概念

当任务分析确定系统的用例和场景时，最好是与利益相关方（用户和最终用户）直接协作，下一个挑战是与用户一起构想和概念化他们打算如何部署、运行、维护、维持和退役/处置系统。记录概念化过程的方法之一就是系统运行概念。本节介绍系统运行模型，为制定运行概念提供结构框架。

本节讨论如何将模型的操作任务和活动分配给系统元素，如设备、人员和设施。这些讨论将为第 7 章奠定基础。

6.4.1　定义系统运行概念

一旦完全理解和界定了系统的问题空间和解决方案空间，下一步就是了解用户打算如何使用系统、产品或服务作为组织解决方案空间资产来解决全部或部分问题空间的任务。大多数系统都是有先例的（第 1 章），只是在现有的操作、设施和技能基础上使用新技术。然而，这并不意味着不会出现前所未有的新系统。

如果我们扩展问题-解决方案空间的概念（见图 4.7），则可以通过分析得知，解决方案空间基于时间的交互，即实体关系（ER），可以通过一组操作推广到系统运行模型中。反过来，该模型为制定系统运行概念提供了一个框架。该框架描述了部署、运行、维护、维持、退役和处置系统、产品或服务所需的顶层的顺序和开发操作。

原理 6.6　运行概念原理

每个项目都应该包含一个系统运行概念文件，通过运行概念描述说明如何部署、运行、维护、维持、退役和处置正在开发的系统、产品或服务。

示例 6.2

NASA 的航天运输、航天飞机等系统的运行概念描述了任务系统与准备和执行将有效载荷送入外太空、部署有效载荷并进行实验、将货物和宇航员安全送回地球的任务所需的使能系统的操作顺序和相互作用。

我们可以根据一组反映用户希望如何使用系统、产品或服务来完成其组织任务的共同目标来概括运行概念。这些目标如下：

（1）部署系统、产品或服务。

（2）配置系统，供任务使用。

（3）评估系统进行任务前、任务中和任务后各操作的准备情况。

（4）执行纠正措施，实现任务准备状态。

（5）执行系统任务。

（6）为下一次任务恢复、补充、翻新和/或存储系统。

（7）在适当的时间停用或处置系统。

制定组织相关的系统运行概念有多种方法。表 6.1 所示为系统运行概念文件大纲示例。

表 6.1 系统运行概念文件大纲示例

章节	章节标题	子章节示例
第 1.0 节	引言	• 范围 • 系统目的 • 通用系统描述 • 关键术语定义
第 2.0 节	参考文献	• 用户文件 • 国际标准和规范 • 国家标准和规范 • 接口系统文件 • 项目文件
第 3.0 节	系统任务	• 系统角色和任务 • 任务目标 • 任务运行和概况 • 任务事件时间线 • 系统利益相关方：用户和最终用户 • 系统用例和场景等 • 系统目标
第 4.0 节	系统概念	• 系统部署概念 • 系统运行概念 • 系统维护概念 • 系统维持概念（可选） • 系统退役概念（可选） • 系统处置概念（可选）
第 5.0 节	系统架构	• 外部系统 • 系统环境图 • 运行架构
第 6.0 节	系统运行模型	模型运行描述
（其他主题）附录		视情况而定

根据该运行概念大纲概述，我们来探索一下系统运行概念的描述中应包含的内容。

6.4.2 运行概念责任

就责任而言，在项目工程师或首席系统工程师领导下的系统开发团队（SDT）或系统工程和集成团队（SEIT）应领导计划和协调系统概念的制定。这项工作应在合同授予前的系统、产品或服务的建议阶段开始，当然也应在合同授予后的第1天开始。每个系统运行概念的制定和发展责任应分配给每个概念领域的主题专家（SME）领导，然后由SEIT和其他利益相关方进行协调、整合和审查。批准后，在正式的配置管理控制下，对文件进行基线化和发布。

6.4.3 系统概念集成

运行概念大纲和前面关于系统概念的制定和发展的论述可能会给人留下这样的印象：这些概念是作为独立的静态概念而存在的。要避免这种逻辑！

实际情况是，这些概念是相互关联的，并根据部署/重新部署系统、产品或服务、执行任务、执行维护和在任务之间储存的动态变化而从一个概念过渡到另一个概念，如根据图6.2推导出的图6.4所示。

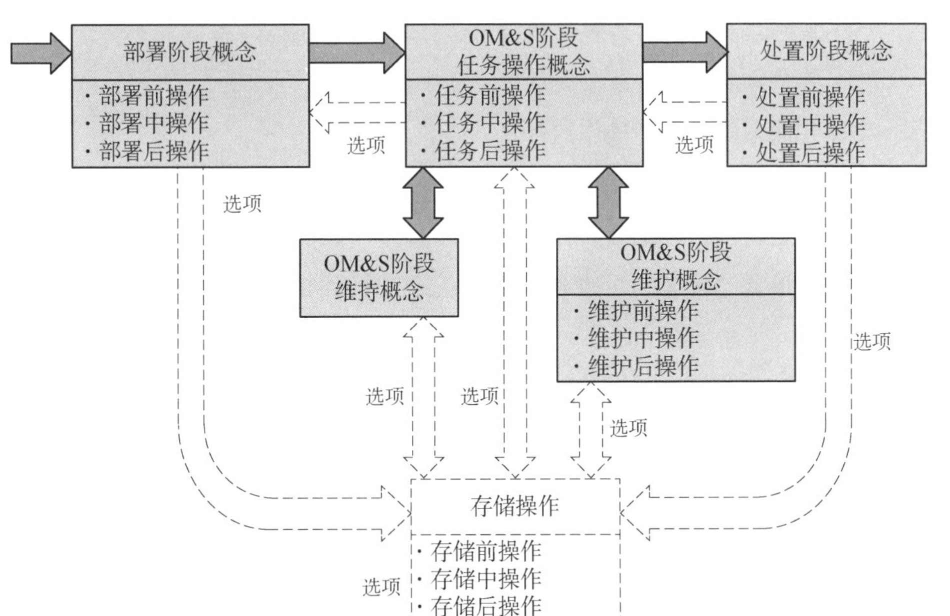

图6.4 部署系统/产品生命周期概念和操作

一般来说，系统/产品生命周期阶段过于抽象，无法支持完整的分析，需要进一步分解和细化。每个生命周期阶段进一步划分为 XXXX 前操作、XXXX 中操作和 XXXX 后操作，XXXX 代表任务操作的一个独特部分。表 6.2 所示为结构的应用。

表 6.2　XXXX 前操作、XXXX 中操作和 XXXX 后操作结构的应用

生命周期阶段	XXXX 前操作	XXXX 中操作	XXXX 后操作
部署	部署前操作	部署中操作	部署后操作
运行	任务前操作	任务中操作	任务后操作
维护	维护前操作	维护中操作	维护后操作
存储选项	存储前操作	存储中操作	存储后操作
退役/处置	处置前操作	处置中操作	处置后操作

为了说明 XXXX 的句法语境，举例说明如下。

示例 6.3

(1) 飞机的运行阶段包括飞行前、飞行中和飞行后。

(2) 医疗器械的操作阶段是注射前、注射中和注射后。

(3) 足球比赛的运行阶段是赛前、赛中和赛后。

下面我们来确定每种操作的背景。

6.4.3.1　XXXX 运行前阶段目标

XXXX 运行前阶段的目标至少是确保实体（相关系统、任务系统和使能系统）充分准备、配置、可操作，并准备好在接到指示或任务时执行其组织任务。

6.4.3.2　XXXX 运行中阶段目标

XXXX 运行阶段的目标至少是执行实体的主要任务。除了实现相关系统的任务目标外，还必须降低任务风险，确保系统的安全运行和返回。

6.4.3.3　XXXX 运行后阶段目标

XXXX 运行后阶段的目标至少应包括下列各项：

(1) 分析实体的任务结果和绩效目标结果。

(2) 适时补充系统耗材和消耗品。

（3）翻新系统。

（4）获取经验教训。

（5）分析和汇报任务结果。

（6）提高未来系统和任务性能。

要想更好地了解运行阶段如何应用于系统，请思考以下汽车旅行任务的示例。

示例 6.4

在驾驶汽车之前的任务前阶段，驾驶员应该：

（1）维修车辆（更换机油和滤清器、新轮胎、修理等）。

（2）给油箱加满油。

（3）检查轮胎压力。

（4）检查车辆。

（5）个人物品装车（行李箱、外套等）。

在任务中阶段，驾驶员应该：

（1）从出发地出发。

（2）根据车辆安全操作程序进行驾驶。

（3）遵守车辆法规。

（4）导航到目的地。

（5）途中定期检查并补充燃油和冷却液供应。

（6）到达目的地。

在到达目的地后的任务后阶段，驾驶员应该：

（1）将车辆停放在规定的车位上。

（2）卸载物品。

（3）保护车辆安全，直到需要再次使用。

请注意，在示例中，每个带项目符号的活动表示汽车驾驶员的用例，其方式与表 5.1 中办公室复印机的示例相同。这是接下来讨论的重点。请记住，用例操作任务是分配给人员和设备元素，并由人员和设备元素执行的。

6.4.3.4 系统部署概念开发

系统部署概念是与用户合作开发的，描述了部署系统、产品或服务的愿景。部署包括运输、存储、安装、检验和验证系统执行任务的准备状态。部署

操作由用户或签约执行部署的供应商执行。表 6.3 所示为部署概念用例示例列表。系统开发阶段之前制定系统、产品或服务的能力要求时，这些用例需要系统用户或购买者考虑。*

表 6.3 部署阶段操作示例

部署概念用例		
部署前操作用例	**部署中操作用例**	**部署后操作用例**
(1) 拆卸（可选）	(1) 运输	(1) 卸载
(2) 拆解（可选）	(2) 跟踪位置	(2) 拆开
(3) 存货	(3) 检查	(3) 拆箱
(4) 包装	(4) 存储（可选）	(4) 存货
(5) 打包	(5) 隐藏	(5) 装配
(6) 装箱		(6) 安装
(7) 装载		(7) 检验
(8) 存储和保护		(8) 核实
		(9) 存储（可选）

例如，检验用例可扩展（第 5 章）为检验传感器、检验计算机、检验系统等。

为了说明表 6.3 如何应用于任务系统和使能系统开发，请思考以下示例。

示例 6.5 重型工程起重机部署示例

假设我们正在开发一种用于建造高楼的大型起重机，特别要考虑如何将起重机运送到新的工作地点。

为了完成部署操作（运输用例），起重机必须能够压缩成一个较小的形状，以适应某种形式的运输车辆；要提供吊钩和孔眼系紧装置，用于将起重机固定到车辆上；还要考虑在尺寸、重量和标记等方面有限制的道路上行驶。

关于表 6.3 和之后的表格，需要考虑的几个要点如下：

* 请注意，表 6.3 和随后的表格使用了适用于系统的主动动词来表示要执行的动作。该动作可能适用于多种类型的活动。

（1）请注意，任务流程列表既包含需要拆除和拆卸的大型复杂系统，也包含需要进行包装、打包等操作的商用产品。

（2）尽管一些商用产品被部署并分发到商店作为现货出售，但其他产品和更大、更复杂的系统可能需要设置，如电视、医院设备等。

（3）在某些情况下，系统、产品或服务可能会存放或“搁置”，直到任务需要时再启用。

（4）“操作”代表相关系统（任务系统和使能系统）必须能够提供的东西。其他操作可能是任务系统或使能系统独有的。有些可能要求任务系统运行，有些则不需要。

（5）请注意，每个操作在给定的单元内按顺序编号，它们都可以分配到一个唯一的代码，用作估算 SSE 成本、与工作分解结构（WBS）相关联的依据，并用于在系统开发期间收取人工费和其他费用。

6.4.3.5　系统运行概念开发

系统运行概念是与用户合作开发的，描述了运行系统、产品或服务以实现组织级任务目标的愿景。这些操作通常由系统用户执行，或者可以与服务提供商签订合同。表 6.4 所示为系统运行概念用例的示例列表。系统开发阶段之前规定系统、产品或服务的能力要求时，这些用例需要系统用户或购买者考虑。

表 6.4　系统运行概念用例示例

系统操作用例示例		
任务前操作用例	任务中操作用例	任务后操作用例
（1）通电	（1）正常操作	（1）安全可靠
（2）初始化	（2）降级操作	（2）恢复
（3）配置	（3）紧急操作	（3）分析
（4）对准	（4）断电	（4）报告
（5）校准		（5）翻新
（6）培训		（6）断电
（7）补充		
（8）断电		

要点如下：

（1）任务操作，如正常操作、降级操作、紧急操作，代表执行任务所需的系统、产品或服务的核心能力。

（2）MBSE 的概念适用于部署阶段、OM&S 阶段和处置阶段，而 OM&S 阶段的任务操作应是系统性能建模的关键点。

6.4.3.6　系统维护概念开发

系统维护概念是与用户合作开发的，描述了系统、产品或服务在任务前、任务中和任务后如何维护的愿景。维护操作通常由系统用户或一个或多个签约提供任务支持操作的供应商执行。表 6.5 所示为系统维护概念用例的示例列表。规定系统、产品或服务的维护支持能力要求时，这些用例需要系统用户或购买者考虑。

表 6.5　系统维护概念用例示例

系统维护概念用例示例		
维护前操作用例	**维护中操作用例**	**维护后操作用例**
（1）迁移 （2）检查 （3）故障检测 （4）分析 （5）记录 （6）订购零件 （7）接收零件	（1）预防性维护 （2）纠正性维护 （3）其他	（1）检查 （2）评估 （3）核实 （4）记录 （5）处置/回收 （6）发布

6.4.3.7　系统存储概念开发（可选）

系统存储概念可能适用于你的系统，也可能不适用于你的系统。它是与用户合作开发的，描述了系统、产品或服务在不同任务之间存储的愿景。存储阶段操作通常由系统用户或一个或多个签约提供存储操作的供应商执行。表 6.6 所示为系统存储概念用例的示例列表。规定系统、产品或服务的维护支持能力要求时，这些用例需要系统用户或购买者考虑。

表 6.6　系统存储概念用例示例

系统存储概念用例示例		
存储前操作用例	存储中操作用例	存储后操作用例
(1) 重新部署 (2) 检查 (3) 配置 (4) 安装仪器 (5) 保护 (6) 安全和保护	(1) 监控 (2) 检查 (3) 维护 (4) 补充（可选）	(1) 拆卸仪器 (2) 配置 (3) 补充 (4) 检查 (5) 重新部署

要点如下：

术语“存储”有几种不同的含义。我们通常认为存储是放置在环境受控的设施中；然而，飞机的存储可能包括停在停机坪上。由于机场的空间非常重要，因此商用飞机可能会被转移到干燥的沙漠环境，如美国加利福尼亚州莫哈韦的莫哈韦航空航天港。

6.4.3.8　系统维持概念开发

系统维持概念通常由用户开发，描述了关于用户或第三方如何建立后勤供应链，确保任务资源（第 8 章）（耗材和消耗品，包括零件）的持续供应，从而确保系统、产品或服务在现场持续供应，在最少中断的情况下执行任务的愿景。系统维持概念用例如下：

(1) 分析故障频率。

(2) 维护库存。

(3) 订购零件。

(4) 交付零件。

(5) 交付耗材。

(6) 交付消耗品。

6.4.3.9　系统退役和处置概念开发

系统退役/处置概念通常由用户开发，描述了退役和/或处置已退役或停用的系统、产品或服务的愿景。用户在组织上负责规划和安排资产的退役和处置。实际退役和处置可由用户或另一个组织执行，或者外包给具有相关能力的

服务提供商组织。表 6.7 所示为退役/处置用例的示例列表。在规定系统、产品或服务的任务系统和使能系统能力要求时，这些用例需要系统用户或购买者考虑。

表 6.7　系统退役/处置概念用例示例

系统退役/处置概念用例示例		
处置前操作用例	处置中操作用例	处置后操作用例
(1) 重新部署 (2) 消除有毒危害 (3) 配置 (4) 记录	(1) 毁坏 (2) 记录	(1) 恢复 (2) 捐赠 (3) 回收 (4) 再利用 (5) 改造 (6) 补救 (7) 记录

为了说明系统是如何退役和最终处置的，请思考以下示例。

示例 6.6　NASA 航天飞机机队退役示例。

在 NASA 航天飞机项目完成后，发现号、亚特兰蒂斯号和奋进号航天飞机机队在 2011 年 3 月至 7 月间退役（NASA，2011）。

在完成所有任务后，三架航天飞机都捐赠给了博物馆。每架航天飞机都由波音 747 飞机从着陆点运送到博物馆附近城市的机场，然后又通过陆路、航空或水路被运送到博物馆的最后安置点。除飞行器机体没有处置外，硬件部件都被捐赠、处置或再利用。三个多用途后勤模块（MPLM）中的一个为国际空间站（ISS）进行了改装。

图 6.3 根据图 6.2 中介绍的系统操作排序选项，总结了以上所有表中的操作。

6.5　本章小结

本章内容涉及系统概念的制定和发展，这些概念在系统运行概念文件中记录为运行概念描述。要点如下：

(1) 开发和定制系统运行模型，作为沟通系统、产品或服务将如何部署、运行、维护、存储、维持、退役和处置的愿景指南。

(2) 开发一份运行概念文件，记录系统运行模型和系统概念——部署、OM&S 等。

(3) 运行概念应该：

a. 由项目工程师与利益相关方（用户和最终用户）合作领导和开发。

b. 作为系统开发商、系统购买者、用户和最终用户群体的共同愿景，指导系统、产品或服务的开发。

c. 由于开发系统时所需操作能力的影响，侧重于系统部署、运行、维护、存储、维持、退役和处置的所有方面；但是，用户可以有选择地排除维持、退役和处置，并将其声明在系统开发合同的范围之外。

d. 描述系统概念是如何无缝集成以实现平稳过渡的。

6.6 本章练习

6.6.1 1 级：本章知识练习

(1) 什么是系统运行模型？

(2) 如何以图形方式说明系统运行模型？

(3) 如何描述每个模型的操作？

(4) 如何描述系统运行模型（见图 6.1）与其稳健版本（见图 6.2）的区别？

(5) 什么是系统运行词典？

(6) 什么是运行概念，它是如何促进系统开发的？

(7) 哪些利益相关方在运行概念中拥有既得利益？

(8) 运行概念涵盖哪些系统/产品生命周期阶段？

(9) 哪些系统/产品生命周期阶段可能不在运行概念范围内，为什么？

(10) 系统运行模型的目的是什么？它帮助开发运行概念过程起到了什么作用？

(11) 运行概念至少应该包括哪些主题？

（12）什么是系统部署概念？请确定相关用例示例。

（13）什么是系统运行概念？请确定相关用例示例。

（14）什么是系统维护概念？请确定相关用例示例。

（15）什么是系统存储概念？请确定相关用例示例。

（16）什么是系统维持概念？请确定相关用例示例。

（17）什么是系统退役/处置概念？请确定相关用例示例。

6.6.2 2级：知识应用练习

参考 www. wiley. com/go/systemeng-ineeringanalysis2e。

6.7 参考文献

DAU (2012), *Glossary: Defense Acquisition Acronyms and Terms,* 15th ed. Ft. Belvoir, VA: Defense Acquisition University (DAU) Press. Retrieved on 5/16/15 from http://www. dau. mil/publications/publicationsDocs/Glossary_ 15th_ ed. pdf.

Hench, John(2009), *Designing Disney,* New York, NY: Disney Editions.

NASA (2011), *NASA Announces New Homes for Space Shuttle Or-biters After Retirement*, Washington, DC: National Aeronautics and Space Administration (NASA), April 12, 2011, Accessed 3/16/13 http://www. nasa. gov/topics/shuttle_ station/features/shuttle_ homes. html.

Wasson, CHarlea S. (2012), *System Engineeing Competency: The Missing Course in Engineering Education, 119th Annual ASEE Conference and Exposition,* San Antonio, TX: http://www. asee. org/public/confefences/8/papers/3389/view.

7　系统命令和控制——运行阶段、模式和状态

第 4 章强调了将抽象系统复杂性划分为较低细化层次的重要性，因为细化可以提高清晰度和实现风险可管理（原理 4. 17）。要点有两个：

（1）将问题空间细分为更多的解决方案空间来管理风险——将是什么（what）转化为怎么做（how）。

（2）将细化的“部分”吸收、集成到更高的抽象层次中，表示必须做什么及其原因。

本章为我们“如何”解决问题提供了一个解决方案空间。然而，标题没有传达出第二点——他们解决了怎样的问题空间以及“为什么”我们需要系统运行阶段、模式和状态。因此，大多数组织和工程师都把这个话题当作“我们要做的事”，却不理解“为什么”。

如果从一开始追踪系统开发的演变，你会发现人类通过利用特定的能力创造杠杆、轮子和矛等简单工具，解决了运行需求——问题空间。早期问题求解和解决方案开发方法侧重于开发和提高能力。

随着系统的发展，人类开始认识到需要开发新的系统类型，这类系统不仅要适应多种多样的使用和运行环境条件，还要具备在某些情况下配置和控制系统的能力。具体来说，就是新的系统类型应包括在新站点部署和重新部署系统，配置和准备系统，并在使用后实施维护。随着时间推移，限制操作人员行为的需求变得越来越明显，尤其是在与危险条件和与安全相关的使用情况下。示例包括马车的刹车、枪支的安全机构等。结果，工程演变成问题求解和解决方案开发的构建—测试—修复范式。

随着系统变得越来越复杂和强大，人类面临的挑战是如何命令和控制一个系统和“自然力”——工程的定义（第 1 章）——来完成自己的使命，如枪

炮、军火、水轮机、水坝、蒸汽机等。如果存在问题，工程思维定式是“添加另一个功能”，防止另一个功能或场景发生。

然而，这些功能有其局限性，并且可能导致系统故障，尤其是当系统行为超过系统边界包络性能阈值时。系统性能监控成为操作人员直觉的产出结果。显然，不同操作人员的直觉不同，系统运行的结果也就不同。所以，下一个挑战是：我们如何监控系统的性能，才能够在其边界性能包络内可预测、可重复地命令和控制系统运行？

随着技术的发展，“监控”系统或产品性能的能力也在不断发展。例如：树木上的凹痕是早期测量河流和溪流深度的深度计，风车、涡轮机的旋转频率以及船速用拖绳上的绳结表示，导航用的六分仪及日晷。发展到现在，人类开始学习如何监控、命令和控制系统性能。

随着监控、命令和控制方法的发展，人类不仅需要描绘系统的构型，还需要描述系统当前的可用性和执行任务的准备就绪度、运行条件及运行状态。物理定律能够表征物体之间的物理交互作用和流体的变化状态——固体、液体和气体，物理学提供了表征系统状态和条件的词汇集。虽然状态机和状态转换概念是现代术语，但在早期它们也用于表征机器特征。

请注意讨论状态的背景。它侧重于系统的物理构型。不过，很快就面临这样一个现实——他们需要将系统重新部署到采用不同运输方式的不同地理区域，但不一定影响系统的物理状态，或需要拆卸和重新组装，以便通过其他系统跨越地理屏障（海洋、山脉、河流等）进行运输。

第 7 章介绍了系统运行阶段、模式和状态的概念，这些概念有助于操作人员和维护人员监控、命令和控制系统或产品，完成任务和系统目标。

7.1 关键术语定义

（1）相似性分析（affinity analysis）——一种数据研究和分析方法，用于发现数据集之间的相似性或相同现象。

（2）允许动作（allowable action）——在特定环境或条件下需要时可用或可启用供用户或系统选择的能力。

（3）运行模式（mode of operation）——用户可选用功能选项的一种抽象

标签，这样一组基于用例的功能能够与企业流程和程序结合使用，从而监控、命令和控制组织或工程系统、产品或服务，实现特定的任务结果、目标和绩效水平。

（4）监控、命令和控制（MC2）——分配给人员、设备和过程资料等系统元素的关键任务，用于监控系统性能、发布命令和控制所有系统运行行为，确保稳定性、安全性和任务的成功完成。

（5）运行健康和状态（OH&S）——系统或实体的当前运行条件和运行状态及其当前的使用状态。

（6）运行阶段（phase of operation）——参考第 5 章“关键术语定义”。

（7）阶段（phase）——划分系统/产品的生命周期或系统/产品的任务生命周期时间段的标签，如任务前、任务中和任务后。阶段可以由子阶段组成。例如，一架飞机的操作任务阶段可细分为各飞行阶段（子阶段），如起飞、上升、巡航、进近或着陆。

（8）禁止动作（prohibited action）——特定运行模式下不允许使用或禁用的以及特定环境或条件下用户或系统不可选用的系统能力。例如，除处于停车模式外，汽车车门不能打开。

（9）状态（state）——可观察和测量的物理属性，用于表征系统或实体的当前构型、状态或基于性能的条件。根据物理学原理，状态代表可观察、可测量和可验证的条件。我们可以根据四种情况对它们进行分类：系统状态、运行状态、构型状态及动态状态（Wasson，2014：4）。

a. 系统状态（system state）——一种属性，用于表征系统、产品或服务等组织资产的当前后勤保障、可用性或基于性能的状况。系统状态示例包括存储、部署、运行、维护、退役、处置（改编自 Wasson，2014：3）。

b. 运行状态（operational state）——一种属性，用于表征系统、产品或服务在特定时刻执行或准备继续执行任务的运行状况、就绪度、可用性或系统状况，例如：系统或产品处于激活或未激活状态，运行/开启或未运行（关闭）状态，故障状态，等待维修状态（改编自 Wasson，2014：3）。

c. 构型状态（configuration state）——一种属性，用于描述系统、产品或服务的多层次架构部件的物理布局和连接性，为一个或多个基于用例的目标和性能水平的实现提供支持（改编自 Wasson，2014：4）。

d. 动态状态（dynamic state）——一种属性，用于表征自我交互或与特定类型运行环境条件外部交互引起的短暂、随时间变化的响应、不稳定性或变动，如姿势、动作或性能（Wasson，2014：4）。动态状态是运行状态的特殊条件，是正在进行的状态，如初始化、熔融、着陆或加速。

（10）状态图（state diagram）——描述系统或部件可能假设的状态，并显示从一种状态变化到另一种状态时引起或导致的事件或情况的图（© ISO/IEC/IEEE 2014 版权所有。经许可使用）。状态图也称“状态转换图”。

（11）运行状态（state of operation）——正在安全执行或继续执行任务的相关系统的运行健康状态或运行状况。

（12）触发事件（triggering event）——外部运行环境刺激、激励或提示，如命令或中断，促使系统、产品或服务从当前模式或状态转换到下一模式或状态。

7.2 引言

由于工程教育中缺乏系统工程课程（第 2 章），并且在专业标准中的使用较为抽象，因此运行模式和状态的概念通常极具挑战性。因此，工程师、组织、行业及专业组织对模式与状态都有自己的一套认知、观点和应用方式。

当系统设计完成时，模式和状态常被视为“事后思考”，工程师争先恐后地编制合同或消费产品交付物要求的操作手册和用户指南。因此，模式和状态可能隐含在系统设计中，但当系统、产品或服务接近完成时，经常会被“发现”并“标记”。

一个不为人知的事实是：模式和状态作为一种分析型决策辅助框架，用于概念化用户——操作人员、维护人员、培训师等——如何监控、命令和控制系统、产品或服务，如图 7.1 所示。

当工程师应用自定义的、无限循环的定义—设计—构建—测试—修复（SDBTF）——设计过程模型（DPM）工程范式（第 2 章），并按照从需求直接跳到物理设计（见图 2.3）的方式直接跳到模式和状态时，结果可能是毁灭性的，甚至引发灾难。试想一下，不同的产品开发团队（PDT）独立地设计、构建和验证汽车驻车挡、空挡、倒挡、前进挡、低速 1 挡和低速 2 挡变速器部

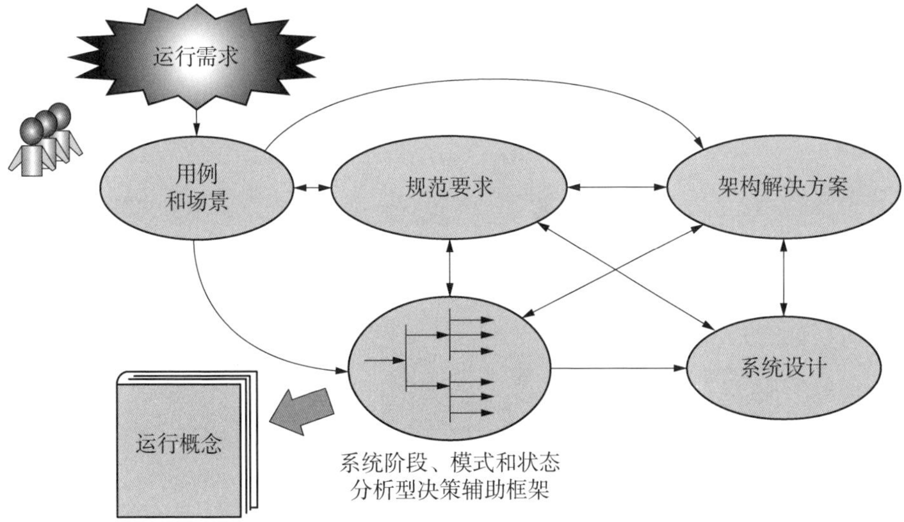

图 7.1　阶段、模式和状态：桥接用例、规范要求、架构解决方案及系统设计

件，再将所有部件集成到变速器总成。完成后，开发团队执行系统集成、测试和评估（SITE）。在系统集成、测试和评估期间，发现变速箱无法在两个挡位之间实现换挡，甚至出现啮合时零件发生机械分解的恶劣状况。原来是缺乏设计集成，无法在所有用户用例操作中实现车辆的命令和控制。

而系统运行阶段、模式和状态却使系统工程师能够在系统开发过程中“预先”概念化分析框架，从而命令和控制系统架构的构型和边界条件以及随后的系统设计解决方案。作为分析框架，系统运行阶段、模式和状态是关键技术决策的连接机制，决策会影响规范要求、运行概念文档的编制、系统架构以及随后的系统设计的开发。在系统运行阶段，模式和状态分析框架为 MBSE 提供基础架构，详见第 10 章和第 33 章。

本章讨论以下普遍存在争议的问题：

（1）什么是模式和状态？它们有什么不同？

（2）模式是否包含状态？状态是否包含运行模式？

由于系统模式和状态的复杂性和争议性，本章首先会定义术语，并基于它们的实体关系（ER）进行定义。有助于指导我们进行讨论的实体关系如图 7.2 所示。

首先，我们从系统运行阶段开始。

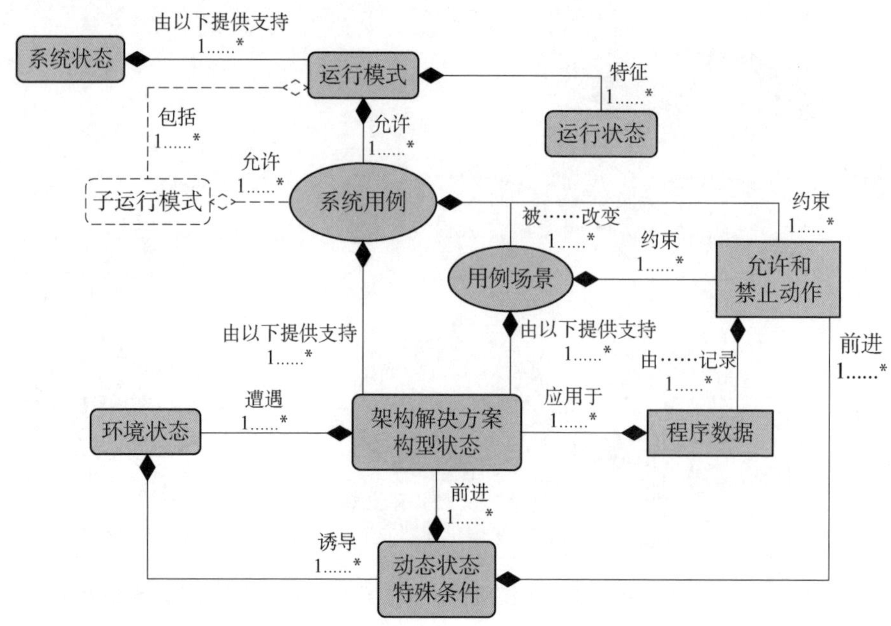

图 7.2　模式和状态的实体关系图

7.3　系统运行阶段

因为系统、产品或服务是面向任务的，且最高级别的特征是系统/产品生命周期（见图 3.3），包括可以作为系统分析和开发的分析基础的系统运行阶段。在运行阶段，我们建立了由任务前、任务中和任务后各阶段组成的任务生命周期（见图 5.5）。

在讨论系统运行模型（见图 6.1 和图 6.2）时，我们介绍并描述了操作任务的工作流程——人工系统（如组织和工程系统）如何准备、执行和事后跟踪任务。接下来我们会在表 6.2 中将这些操作任务划分为任务前操作、任务中操作和任务后操作。表 6.3 ~ 表 6.7 列出了不同系统/产品生命周期阶段的用例。

在一般情况下，系统/产品生命周期阶段和任务生命周期——任务前、任务中和任务后——使我们能够建立系统分析的基础架构。然而，对于更为复杂的系统，这些术语可能过于抽象。这就引出了我们的下一个话题——运行子阶段。

7.3.1 运行子阶段

原理 7.1 运行子阶段原理

当组织或工程系统、产品或服务的任务生命周期运行阶段变得过于抽象时，宜将其划分为较低层次的运行、结果和目标子阶段。

任务生命周期运行阶段——任务前、任务中和任务后——以基于绩效的结果和目标为特征。当这些结果和目标比较抽象时，系统工程师需要将它们划分为较低层次的结果和目标，以便实现更高层次的结果和目标。我们以飞机操作为例说明这一点。

根据表 6.2 中所述的命名惯例，飞机的任务生命周期包括飞行前、飞行中和飞行后的运行阶段。那么各个术语分别是什么意思呢？众所周知，航空公司在机场之间运送乘客。因此，飞机需要能够支持和执行多种类型的连续操作——装载乘客、货物、燃油和食物；从航站楼推出；启动发动机；滑行至跑道；起飞；爬升；巡航并导航至目的地；下降着陆；接近机场；可能保持一种模式，直到可以着陆；降落在跑道上；滑行到航站楼；停在航站楼；卸载乘客、货物和垃圾；开始维护（见图 7.3）。那么，我们如何将抽象任务生命周期——任务前、任务中和任务后——与这些顺序操作联系起来呢？

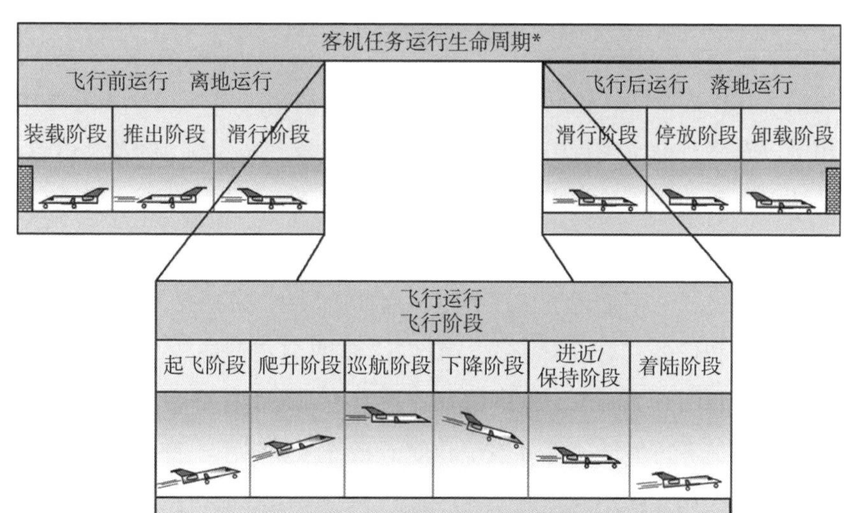

* 由于空间限制，未显示启动、保持和维护阶段。

图 7.3 示例——含嵌入飞行阶段的飞机任务生命周期阶段

既然飞机飞行是基于飞行阶段，那么我们可以构建一个矩阵来映射即链接两个数据集。因此，我们进行以下抽象：

（1）在飞行前阶段执行装载、推出、启动、滑行至跑道、离地运行操作。

（2）在飞行中阶段执行起飞、爬升、巡航、下降、进近、保持及着陆飞行操作。

（3）在飞行后阶段执行滑行、停放、卸载及维护操作。

抽象的结果如图 7.3 所示。请注意，由于图幅限制，图 7.3 中未显示启动、保持和维护操作。

上面是以飞机为例，那么我们如何分析医用输液泵等给病人用药的设备呢？根据表 6.2 中所述的命名惯例，我们将任务生命周期阶段分为输液前、输液中和输液后。

为简单起见，我们使用术语“XXXX 前”“XXXX 中”和“XXXX 后”来简单地对利益相关方——用户和最终用户——任务生命周期操作进行分类。表 6.3~表 6.7 提供了利益相关方用例清单。在特定的系统/产品生命周期阶段，一些系统或产品可能涉及其他运行阶段，如存储或翻新。例如，假设航空公司因旅客需求减少而库存飞机过多，一些飞机就会处在存储阶段，即封存，或处于闲置运行环境条件下，直到市场需求激发它们的投用需求。

7.3.2 基于阶段的任务系统和使能系统操作和任务

用图 7.3 作为参考，我们可以确定特定的利益相关方（用户和最终用户）及其用例以及飞行前、飞行中和飞行后运行的场景。然后各用例及其由各种场景驱动的主流程和备用流程为确定要完成的操作任务提供了基础。每个任务都需要特定的功能，这些功能可以转化为系统性能规范（SPS）要求。

注意：上一段文字描述了按任务生命周期阶段组织的用例和操作任务。为赋予这些用例和任务集合实际意义，我们需要使用它们构建一个系统运行模型，如图 6.1 和图 6.2 所示。这里的背景是相关系统由任务系统和使能系统组成。每个操作任务可能需要任务系统和使能系统相互作用，每个任务的描述将识别和描述这些相互作用（见图 7.4）。

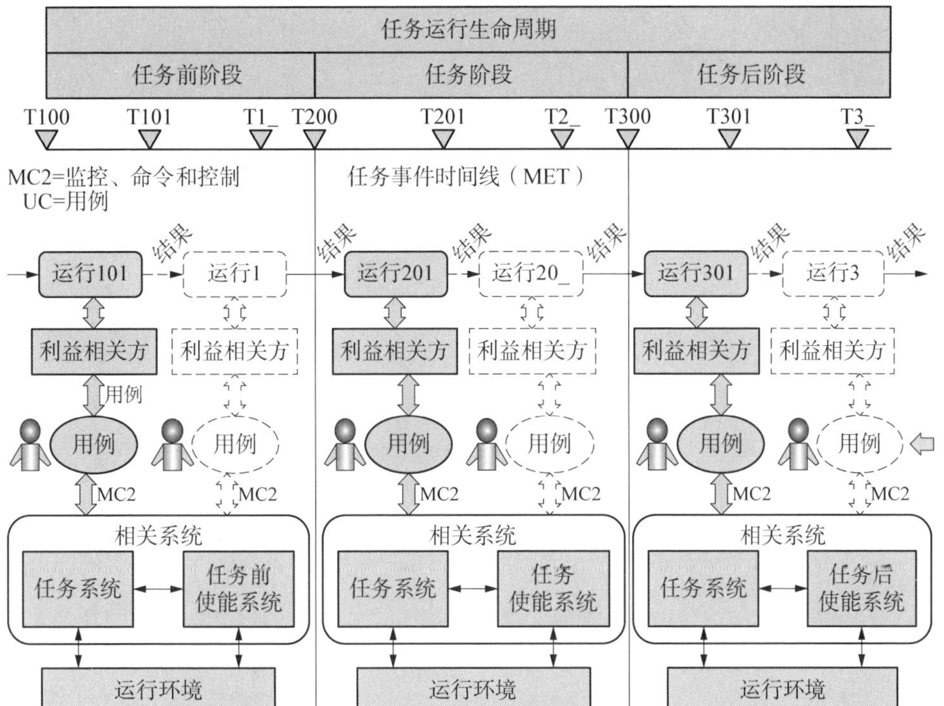

图 7.4　任务运行阶段概念——运行、利益相关方、用例之间的联系以及任务系统和使能系统交互

7.4　系统模式和状态

系统模式（modes）和状态（states）也许是工程和系统工程中最有争议的话题之一。各个行业、专业、组织和工程师对于模式和状态都有一套自己的看法。一些组织表现出根深蒂固的状态机范式，从而忽略了模式。在他们看来，模式只是状态的另一种说法。

（1）一般来说，状态是系统或实体的可观察和测量的物理属性。例如，汽车经销商想了解特许经销店的车辆库存状态，这就是一种简单的计数、分类和求和练习。

（2）然而，模式是系统开发商为用户提供命令和控制组织或工程系统所需可选选项时使用的抽象标签。对于计算机文字处理应用，其模式可能是创建、编辑、保存、打开及打印文件。模式作为抽象标签是不可见或不可测量的，它

们是一种认知状态。也许有人会争辩说可以观察它们如何使用，但是这实际上是用户执行的步骤。然而，运行模式可以实现这个目标，产生出可以观察和测量的结果。例如，你可以预先执行打开、创建、编辑、保存及打印文件的操作模式。

沃森（2014：5）指出，如果研究模式和状态的定义，那么会发现两个关键点：

（1）词典、标准和作者使用这两个术语来定义彼此——“循环”引用。“模式”用于定义“状态”，反之亦然。

（2）“条件”（condition）是大多数模式和状态定义的通用术语。

一般来说，条件这个术语适用于定义状态；然而，模式一词有不同的使用和应用环境。例如：交通方式——陆、海、空和太空，自动/手动模式，编辑模式，打印模式，等等。

模式表示用户可选择的选项，这些选项可以实现基于行为的结果和目标。相比之下，状态代表物理条件，表征“运行状态或健康状况”。一般而言，状态代表系统、产品或服务的运行健康状况和状态——物理运行条件。

模式和状态如何影响系统工程与开发？

在工程会议的讨论中你会发现，工程师和经理会混淆模式和状态。例如，大家会不断提及开/关、装/卸、打开/关闭、自动/手动模式、起飞、运行/未运行、途中、维护等术语。而与会者也点头表示同意。然而在会后却发现每个人对交流的东西都有不同的看法。那么，是否有人会想工程师为何会有这么多的困惑？

专业组织和标准通常将模式和状态视为抽象概念，就好像“每个人都清楚地理解它们的意思——听者当然也是如此”。而实际情况是：工程师很少或根本没有接受过这方面的教育（第2章）。在缺乏工程教育和统一标准的情况下，就会出现混乱和混淆。由于管理层通常只看到项目中存在不同意见，而不会意识到问题的真正所在，因此他们也无法发挥技术领导力并纠正问题。

如果收集并分析这些术语，那么你很快就会发现，按照定义，它们有些是模式，有些是状态。然而，你也会很快发现那些被视为状态的术语也和语境相关，需要进一步分析。分析的结果是进一步说明系统、产品或服务有四种状态：系统状态、运行状态、构型状态及动态状态。对这四种状态的分析又揭示了两种用法：组织视角和工程视角。

(1) 从组织的视角来看，如果已经获得了系统、产品或服务，那么组织关注的焦点是将系统、产品或服务作为“组织资产”来执行任务。一般来说，组织需要知道：①系统是否正在使用——系统状态；②系统当前运行条件如何——运行状态——运行健康状况和状态。

(2) 从工程的视角来看，用户需要知道：①如何命令和控制系统——模式和用例；②如何配置系统架构——构型状态；③如何适应时间和位置相关的扰动——动态状态——基于与运行环境的交互而产生。

动态状态由第五种类型的状态——环境状态引起的。环境状态表征外部运行环境。

总之，工程系统、产品或服务是人类开发的对象。作为无生命物体，除了系统开发商编程植入的“知识”外，系统、产品或服务对它们自己的模式或状态一无所知。作为刺激行为响应装置，它们只是控制电子流，吸收、引导、传递机械力，消耗和转换能量并通过光路进行通信。人类所指的模式对这些设备来说毫无意义。

模式就像虚拟交换网络，用户能够利用它来命令和控制系统的架构配置和能力。开发商将模式名称应用于面向用户而非系统的人机界面，如仪表板（XX 型仪表板）、控制面板和程序手册等。系统部件只是被配置为特定的操作模式，实现图 3.1 和图 3.2 中所示的功能。

总之，解决方案不像区分模式与状态那么简单。工程师不仅要考虑运行模式，还要考虑五种运行状态。在此基础上，可以从系统状态的组织视角开始讨论。然后再介绍运行模式，使我们能够从工程的角度来看待工程系统的运行、构型、环境及动态状态。

7.5 组织视角——工程系统状态

从组织的视角来看，用户需要回答两个关键问题：

(1) 作为组织资产的系统、产品或服务的部署或使用状态（系统状态）如何?

(2) 它目前的运行健康状况和状态（运行状态）如何?

要回答这两个问题，我们首先讨论系统状态。

7.5.1 系统状态

原理 7.2 系统状态原理

所有组织和工程系统、产品或服务都具有系统状态的特征，系统状态代表系统当前作为资产的流动使用状态。

系统状态是一种属性，用于表征系统、产品或服务等企业资产的流动使用状态和自身状态。了解系统状态的目的是了解下面的一些问题：

(1) 系统是否已经部署到位？

(2) 是否可以开始执行任务？如果回答是“否”，那么原因是什么？

(3) 系统正在维护吗？要重新投用，需要采取哪些措施？系统何时恢复正常服务功能？

如果我们使用域分析来分析基于任务生命周期阶段的操作，则可以识别代表“组织资产状态”的系统状态。根据系统/产品生命周期阶段，系统状态可简单地分为部署、运行、维护、维持、退役或处置。例如，维持指利用原料、燃料、润滑剂等易耗品以及代换滤器等消耗品保持“系统运行状态”和“系统维护状态”。

我们将每种系统状态进一步细化为关键用例。表 6.3～表 6.7 所列为系统状态用例的一些示例。

示例 7.1 系统状态示例

(1) 一般来说，消费产品需要从制造商运输到折扣店和零售商处，然后分销给消费者。凭借其“开箱即用”的能力，消费产品通常不需要安装。但是，计算机和电视机不仅需要运输，还需要消费者或技术服务人员安装。

(2) 运送到新地点的起重机、嘉年华游乐设施、制造机械等大型复杂系统需要拆卸、运输及安装用例。

如果我们用图形描述系统状态，就会出现图 6.4 的演化形状，即图 7.5。观察图 7.5 可知，系统状态用带有圆角的矩形框表示。有些矩形框包含带箭头的 270°圆弧，表示系统、产品或服务保持当前状态，直到外部触发启动切换到下一状态。

现在我们一起研究一下图 7.5 及其实现。

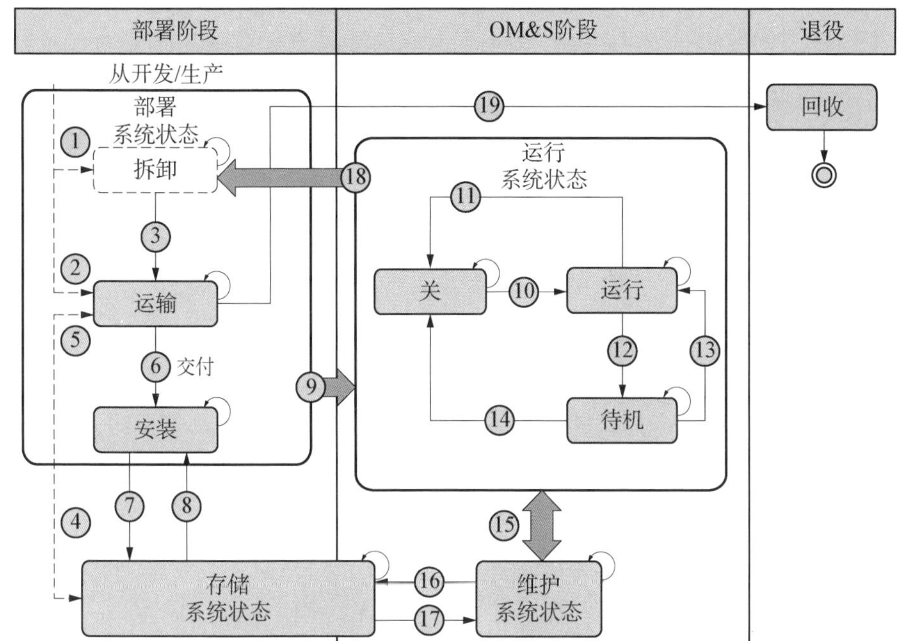

图 7.5　系统运行状态和切换与系统/产品生命周期阶段的关系

7.5.1.1　部署阶段系统状态

假设系统部署阶段包括拆卸、运输和安装用例。直接从系统开发商或制造商处转移到用户指定的位置，可以有以下几种选项：

（1）安装和切换到系统运行状态。

（2）从系统存储状态到安装的转换。

（3）从安装到系统运行状态的转换。

7.5.1.2　OM&S 阶段：系统状态

部署阶段安装用例测试完成后，系统或产品进入 OM&S 阶段。例如，假设 OM&S 阶段由系统运行和维护状态组成，那么系统可以停放或离线，并针对任务进行构型。系统运行状态代表系统存在的原因。此时，如果系统缺乏目标明确的任务，则可以切换到待机状态，以减少能耗。

示例 7.2　办公室复印机系统状态示例

例如，正常工作时间、下班后和周末，办公室的复印机在停止运行一段时间后会切换到待机状态以降低能耗。

为恢复正常运行，用户可按下启动按钮将复印机从待机状态切换到运行状态。

如果系统在运行或待机时需要维护，使能系统技术人员会将其切换为系统维护状态，以进行维修和升级。在系统处于维护状态时，有几个接续状态选项可用：

选项 1——将系统置于关闭状态（16）并保持原位。

选项 2——将系统切换（17）到系统存储状态。

选项 3——将系统切换到待机状态。

选项 4——将系统切换到运行状态。

当系统完成其任务并被转移至另一地点时，系统过渡到部署阶段——进行拆卸、运输和安装（如适用）。如果不再需要系统来执行任务，则可以将其转入运输阶段进行重新安置，并过渡到回收状态。

7.5.1.3 退役/处置：系统状态

当准备对系统进行退役/处置时，系统或产品可以：①出租、租赁或出售；②放入仓库进入存储状态；③按规定回收部件，清除有毒或危险物品并销毁。

目标 7.1

我们对系统状态的讨论从组织的角度出发，即“需要了解”系统、产品或服务的部署和使用状态。

上述情况一旦确定，我们就要解决下一个问题，即什么是运行健康状况和状态？这就引出我们的下一个话题——运行状态。

7.5.2 运行状态

原理 7.3 运行状态原理

所有组织或工程系统、产品或服务都具有运行状态的特征，运行状态表征系统执行或继续一项任务的当前工况、条件、就绪度或可用性。

由于组织用系统、产品或服务作为组织资产，因此必须对其进行维护和维持，确保其随时就绪并可开始执行新的任务或继续当前的任务。这就需要了解系统或产品的运行健康状况和状态。

组织和用户常常“需要了解和跟踪”相关系统、任务系统、使能系统执行任务或继续任务的运行状态、条件或就绪度。这意味着集成后的人机系统（personnel-equipment system）（见图 10.16）要符合以下条件：

（1）物理构型就绪——系统的架构和接口已经配置好，能够提供足以执行指定任务所需的基本任务能力。

（2）具备运行条件——系统处于良好工况，目前不存在关键运行或技术问题，并且满足最基本要求——能够安全、可靠地完成任务及其目标。

从组织资产用于执行任务的项目角度来看，任何不能运行的创收资产都是在消耗或浪费宝贵资源。例如，如果航空公司的某架飞机不能飞行，它自然就不能为公司创收。如果某一特定航班的客票已经售出，而该飞机无法按时起飞，则航空公司不得不在乘客等待时匆忙采取纠正性维护措施（第 34 章）或调度替补飞机。

航空公司的资源经理必须不断地调整飞机资产，确保乘客无缝衔接。

乘客与航空公司的每一次互动都是“关键时刻”（原理 4. 9），而结果有积极的也有消极的。因此，为确保运行连续性，资源经理随时“需要知道”库中所有飞机的运行健康状况和状态——运行状态。

根据讨论，用户“需要知道”系统、产品或服务的运行健康状况和状态是什么。完成运行健康状况和状态评估后，需要进行基于风险的态势评估（第 24 章）。例如，如果系统的运行健康状况和状态表明存在关键运行问题/关键技术问题，则需要通过态势评估告知用户以下相关情况：①状况对任务、用户、设备或公众的危害严重等级如何；②状况——故障是否可控制（见图 26. 8）、可纠正和/或可修复（见图 10. 17）。

那么，对于特定的系统、产品或服务，系统工程师如何将标签分配给运行状态？系统工程师应充分理解：①用户“需要了解”其库存中任何系统、产品或服务的哪些信息；②用户打算如何跟踪当前状态。由于用户和系统各有不同，因此应通过域分析确定正确的术语集，如操作、处理、导航和注入等术语。

与系统状态一样，运行状态可以进一步细分为四种情况：任务就绪度和可用性、操作状况及运行状况。请思考以下情况：

（1）任务就绪度（mission readiness），如已配置、已加载、人员就绪。

（2）任务可用性（mission availability），如等待命令或批准。

（3）操作状况（operating condition），如已升级、降级运行、加载、故障、校准、补充、翻新或校准。

（4）运行状况（operational status），如等待维护、待命、起飞、着陆、发射、接收、处理、存储、转换或报告。

运行状态的显著特征之一是它的正在进行状态。例如，如果医用输液装置正在向患者的身体输送药物，其运行状态就是“正在输药”。举例说明如下。

为更好地理解运行状态的识别和发展，现以办公室复印机为例进行说明。复印机正在运行，其相关的运行状态包括关机、暖机、空闲、复印、打印、传真、扫描、整理、待机、复位、断电或关机。*

例如，产品开发团队成员可能会尝试引入一些术语设定复印机的功能，如纸张尺寸、双面复印以及黑白与彩色复印，这些实际上是物理构型状态属性，而不是系统状态。此外，团队成员也会尝试使用诸如暖机、复制或整理等术语作为复印机的模式，而这些术语实际上是运行状态。相关介绍见后文。

7.5.3 组织视角小结

总之，前面的讨论解决了组织需要回答的关键问题，即系统、产品或服务作为组织资产的部署或使用。接下来我们将重点转移到从工程视角理解如何将模式和状态应用于系统开发，使用户能够命令和控制系统的能力和行为来完成组织任务目标。

7.6 工程视角——模式和状态

7.6.1 运行模式

原理 7.4 运行模式原理

所有组织或工程系统、产品或服务都具有用户可选的运行模式，这样用户就可以命令和控制一组基于用例的特定架构能力，实现特定的任务结果目标。

当任务系统用户或使能系统用户操作系统或产品时，早期人机交互如图 7.4 所示，后期如图 10.15 和图 10.16 所示。他们的任务要求用户对设备元素进行监控、命令和控制，元素会响应并对自己的部件进行监控、命令和控制

* 创建系统状态名称时，面临的挑战之一是产品开发团队成员按偏好选定自己“最爱的”名称，而未充分考虑上下文语境。这样也就难免将模式名称分配给状态，而将状态名称分配给模式。

并实现预期行为（见图 24. 12）。运行模式基于用例提供一组用户可选项，允许用户（操作人员或维护人员）安全地监控、命令和控制系统或产品，实现行为结果。请注意短语“用户可选项”。这是运行模式的一个关键属性，可以区分模式与状态。

汽车是运行模式最简单的示例之一。模式使用户能够监控、命令和控制汽车的性能，实现基于行为的目标，如向前行驶、向后倒车和怠速。从物理角度讲，汽车的变速器换挡功能，如驻车挡、空挡、倒挡、前进挡、低速 1 挡或低速 2 挡，代表用户可选择的模式，通过选挡，可以实现前进、倒车或怠速目标。

还要注意，为了确保安全以及相关功能的邻近性，模式切换以双向串行顺序发生——驻车↔空挡↔倒车↔前进↔低速 2↔低速 1。这一顺序说明了在当前模式和下一模式之间无缝切换的必要性。换言之，这些不仅仅是从驻车↔空挡↔倒车↔前进↔低速 2↔低速 1 的切换。这些序列是“接口”，需要控制流操作和交互，以实现从当前模式到下一模式的无缝切换。

这就引出了一个关键问题：系统、产品或服务在执行任务时如何从一种模式切换到另一种模式？也就引出下面关于“理解模式切换”的讨论。

7. 6. 1. 1　理解模式切换

运行模式可以用表（见表 7. 1）或图进行说明。图形方法为首选方法。现在，我们从描述模式的基本构造开始讨论，如图 7. 6 所示。创建模式图时，需要遵守一些基本规则和约定：

表 7. 1　办公室复印机的状态切换表

当前状态	事件	切换触发	下一状态
关	T10	通电命令	运行
关	T11	重新部署系统	拆卸
运行	T12	断电命令	关
运行	T15	需要维护	维护
运行	T13	待机命令	待机
待机	T14	重新激活命令	运行
待机	T20	断电命令	关

（续表）

当前状态	事件	切换触发	下一状态
待机	T17	实施维护	维护
维护	T16	待机命令	待机
维护	T18	转入存储	存储
维护	T20	断电命令	运行
存储	T19	转出存储	维护

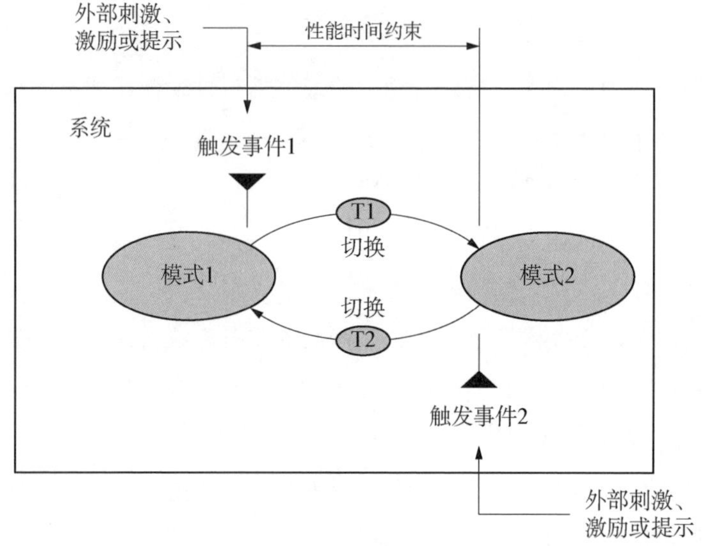

图 7.6　模式转换环路结构

规则 1：每种系统或产品的架构构型模式配置或其部件的互联，均能使用户能够实现特定的结果。例如，汽车的前进模式使驾驶员能够执行向前行驶用例。

规则 2：系统被设计为保持当前模式，直到触发事件迫使系统按命令和控制切换到下一模式。利用图形，我们将模式描绘成一个椭圆形或圆形的图标，它有一个 270°的圆弧，在椭圆或圆形的一端有一个箭头。

规则 3：模式切换规约——从当前模式到下一模式的切换路径用直箭头或弯箭头表示，其中箭头的头部指向下一模式。

我们举例说明模式及从一种模式到另一种模式的控制流（见图 10.9）。

图 7.6 所示为可以在模式 1 和模式 2 之间相互切换的一个简单的双模式系统。当触发事件 1 发生时，控制流从模式 1 切换到模式 2。

系统处于模式 2 时为闲置状态，直到触发事件 2 发生，启动控制流切换回模式 1。当从一种模式切换到另一种模式时，用户可以设置切换的具体时间和约束。

模式切换是控制流从当前模式切换到下一模式的接口。尽管模式是系统运行的特征，但也可能存在不同产品或子系统决定模式主要功能的情况。*

系统工程师面临的挑战是确保任何两种模式之间的兼容性和互操作性（第 27 章），以便为当前模式建立的初始化和运行条件可以为下一模式的处理做好准备。这样做的目的是保证模式无缝切换。请问如何确保一致性？答案是在运行概念文件中记录运行模式、任务事件时间线（MET）和模式切换。**

为更好地理解基于触发事件的切换，我们再进一步探讨这个话题。

7.6.1.2　基于触发事件的切换

原理 7.5　触发事件条件原理

组织或工程系统运行模式需要预先定义一组基于条件的触发事件条件，才能启动从一种运行模式到另一种模式的切换。

触发事件，如刺激、激励或提示，是相关系统外部产生的。所有触发事件均应由一系列预先定义的切换启动条件来表征。在任务系统或使能系统的内部人机交互的情况下，触发事件可能源于输入设备，如键盘、鼠标、触摸屏显示器、开关或按钮。外部系统产生外部刺激、激励或提示，如中断、数据信息、力、能量应用、光学运动、闪光灯或手势信号。

作为状态机，大多数系统被设计成无限循环——Do Until，直到外部刺激、激励或提示启动触发动作而从当前模式切换到下一模式。外部触发的事件称为

---

* 如果独立的系统或产品开发团队（SDT/PDT）正在开发用于特定模式的产品，应确保两个接口团队使用相同的假设、决策和切换标准，否则会出现不兼容的情况，而这种情况要到系统集成、测试和评估阶段才会被发现。如果潜在缺陷——设计错误、缺陷和不足——未被发现和未经测试，则可能引发系统故障（见图 24.1），甚至引发灾难性后果。

** 在第 5 章介绍用例时我们提到了几个属性，其中包括先决条件。当系统、产品或服务收到外部触发事件而从当前模式切换到下一模式时，当前模式的退出条件可以作为下一模式及其用例的先决条件。

“触发事件”，如数据驱动的触发事件可能是同步（周期）或异步（随机）事件。*

你们是为下一模式建立进入条件，还是为当前模式建立退出条件？按照规约，模式通常不会既有进入条件，又有退出条件。从当前模式 n 到下一模式 $n+1$ 的切换为一次切换。不要为当前模式定义退出条件，然后将其复制作为下一模式的进入条件。最佳实践建议要定义当前运行模式的退出条件。

7.6.1.3　运行模式类型

运行模式至少有两种形式：①基于结果的模式（outcome-based modes）；②基于任务剖面的模式（mission profile-based modes）。

7.6.1.3.1　基于结果的运行模式

工程系统、产品或服务，尤其是消费品，采用基于允许用例产生结果的运行模式。例如，办公室复印机的运行模式可能包括复印、传真、扫描、待机、重置及断电。这允许用户自行决定选择哪种模式以满足要求。智能手机或计算机等消费产品也是如此。

7.6.1.3.2　基于任务阶段的模式

基于任务阶段的模式是基于任务操作，任务操作必须经过从任务前、任务中、任务后到结束的任务生命周期阶段。基于任务阶段的方法的不同之处在于，任务生命周期阶段开始后，需要根据安全要求考虑决定是完成任务还是中止任务。例如，飞行中的飞机、火箭或导弹发射排除了随机切出任务生命周期运行阶段，失控导弹的超程安全自毁指令除外。

示例 7.3　基于任务的运行模式示例

航空将飞行运行划分为几个飞行阶段，如起飞、爬升、巡航、下降、进近、保持及着陆。尽管统称为飞行阶段，但每一阶段的运行模式均具有基于飞行质量的独特结果目标。

7.6.1.4　运行子模式

一些运行模式需要根据用户的任务结果、目标以及系统、产品或服务的应用进一步细化为子模式。请看以下示例。

---

* **模式切换规约的重要性**

在组织工程中应建立模式切换规约。

示例 7.4　基于任务的运行子模式示例

假设我们将汽车的运行模式分为驻车、空挡、倒挡和前进挡。

注意前进模式。对典型运行环境的行车条件分析表明，需要将“向前”操作划分为三个子模式：①向前——前进；②向前——低速 1 挡；③向前——低速 2 挡。回想一下我们在第 5 章中关于用例及其扩展的讨论。观察发现，每个子模式前面都有“向前”字样，表示可追溯到统一用例目标；前进、低速 1 挡和低速 2 挡表示用例扩展。

大多数汽车驾驶员都不是工程师，对“向前——前进”等冗长的工程术语并无兴趣。因此，我们用简单的术语简化用户模式选项，并将前进、低速 1 挡及低速 2 挡这些子模式提升到模式级别，从而产生了驻车挡、空挡、倒挡、前进挡、低速 1 挡和低速 2 挡。

前面的讨论概述了什么是运行模式。那么我们如何识别运行模式？这就引出我们的下一个话题——运行模式识别方法。

7.6.1.5　运行模式识别方法

系统工程师和分析师可采用以下两种基本方法识别运行模式：①抽象模式法；②广义模式结构法。接下来，我们分别加以讨论。

7.6.1.5.1　基于抽象用例的模式法

原理 7.6　抽象用例模式原理

组织和工程系统的每种运行模式都代表一个用户可选择的选项，用户可以选用选项执行一个或多个具有相似结果和目标的用例。

如果我们分析所有系统/产品生命周期阶段和子阶段的利益相关方用例数据集，就会发现数据集之间存在相似性和公共事件。使用相似性分析方法，我们可以挖掘和分析用例结果，对用例数据集进行分组或聚类。

进一步分析表明，这些数据集之间的共同联系是：它们代表运行模式更高抽象层次的细化。也许有人会发现一些模式（如子模式）可以进一步抽象成更高层次的模式。在这种情况下，我们建立一个模式层次，并在每种运行模式下指定其子模式。

有人也许会问：是否有运行模式识别指南？答案是“没有”，所以常常令人困惑，基本上各人有各法。假设由优秀系统工程师、分析师和开发人员组成的独立产品开发团队按用户的一系列能力和性能要求开发出相同的系统或产品，但在系统运行模式的命名上却有所不同。在这种情况下，不同名称的系统或产品都符合规范要求，且性能都可以达到用户预期。

当我们分析与特定任务生命周期阶段（任务前、任务中和任务后）匹配的用例时，会很快发现一些用例会共享或支持一个共同的目标或结果。当这些用例数据集或集群存在足够的共性时，我们将它们抽象成更高层次的运行模式。这一过程分为以下两个步骤。

第1步：根据从系统运行模型结构（见图6.1和图6.2）和表6.2~表6.7收集的用例，按照系统/产品生命周期阶段调整用例，即我们根据用例在任务生命周期——任务前、任务中和任务后各运行阶段的使用情况调整用例，如表7.2所示。

表7.2　用例与任务运行阶段的对应关系

运行用例	用例说明	任务前阶段	任务阶段	任务后阶段
UC#1	XXXXXXXXXX	X		
UC #2	XXXXXXXXXX	X		
UC #3	XXXXXXXXXX	X		
UC #4	XXXXXXXXXX		X	
UC #5	XXXXXXXXXX		X	
UC #6	XXXXXXXXXX		X	
UC #7	XXXXXXXXXX		X	
UC #8	XXXXXXXXXX		X	
UC #9	XXXXXXXXXX		X	
UC#10	XXXXXXXXXX			X
UC #11	XXXXXXXXXX			X
UC #12	XXXXXXXXXX		X	
UC #13	XXXXXXXXXX		X	
UC #14	XXXXXXXXXX			X

第2步：将用例抽象为模式。一旦将用例与任务阶段相结合，我们就可以使用相似性分析将具有共同目标的用例集抽象为更高层次的模式。图7.7所示为基于表7.2中确定的用例的抽象结果。

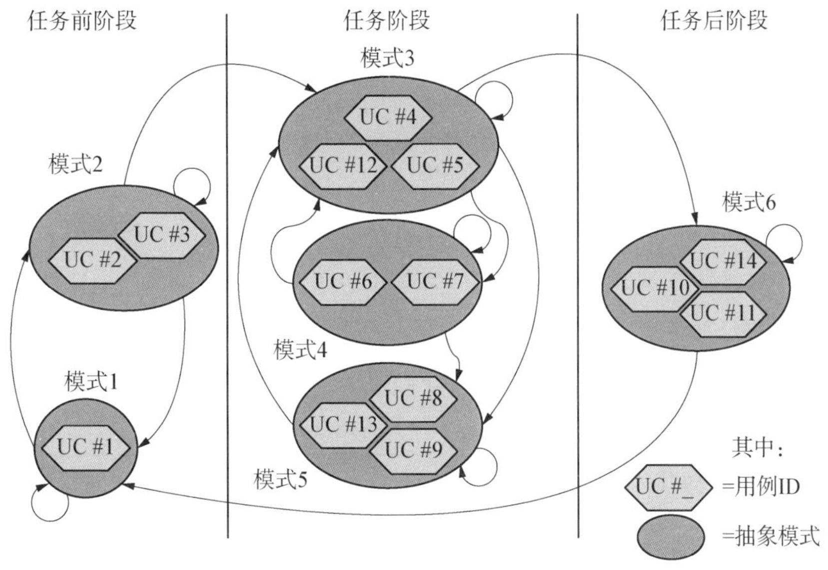

图 7.7　将用例抽象为更高层次运行模式的图示

在此，用以下示例说明如何抽象为模式。

示例 7.5　基于用例的模式抽象示例

假设：用例#1 代表系统通电这一目标；用例#2 代表在桌面模式下空闲等待用户指令之前，初始化系统并执行诊断自检这一目标。

由于从相似性分析得出的用例#1 和用例#2 目标的共同性，我们将用例抽象为更高层次的启动模式，这是一个用户可选择的选项，其总体目标是确保系统可操作，并准备好开始操作。

因此，每个抽象模式都用一个包含相关用例的椭圆来表示。某些模式可能只有一个用例，其他模式则有两个或多个用例。*

注意观察图 7.7 中连接模式的曲线，这些曲线表示启动模式切换（从当前模式切换到下一模式）的触发事件。

---

* 有如下两个关键点：

（1）在图 7.7 中，六边形图标代表嵌入各模式中的用例，注意图标对本图唯一，仅用于教学目的。是使用六边形还是其他形状，没有硬性规定。如果有助于增强对一种模式的交流和理解，则可以只使用六边形符号或只是附上一份适用用例的项目符号列表。

（2）在某些情况下，没有特定的运行模式识别指南。假设由能力相同的系统工程分析师和开发人员组成的不同的独立团队都可以设计和生产符合用户一系列能力和性能要求的系统或产品，但是每个团队设计的系统运行模式可能会有不同。关键是要学会以团队为单位识别、理解和建立关于系统运行阶段和运行模式的共识。然后，运用共识将用例抽象为运行模式。

上文讨论了如何从用例抽象出模式，还有一种更简单的方法可以作为识别模式的初始起点，也就是我们的下一个话题——广义运行模式结构法。

7.6.1.5.2　广义运行模式结构

理论上，我们可以花大量时间分析用例并将其抽象为运行模式。开发出多种类型的系统后，我们很快就会发现工程系统和产品的系统模式相似。在此过程中，你会逐步发现共同模式。这就引出了一个问题：广义模式是什么？

我们对任何类型的系统进行潜在模式的域分析，结果如表 7.3 所示。

表 7.3　广义运行阶段与运行模式结构

运行阶段	运行模式示例
任务前阶段	启动模式 构型模式 校准/对准模式 训练模式 断电模式
任务阶段	正常运行模式 降级运行模式
任务后阶段	安全模式 分析模式 报告模式 维护模式
存储阶段	可选——系统相关

进一步分析表 7.3 中确定的模式会发现，这些模式不仅仅是简单的离散模式。各模式之间存在顺序的相互依赖关系，如图 7.8 所示。那么这种结构是否适合作为所有系统的起点呢？大多如此，尤其是工程系统。注意：根据系统应用和客户偏好，系统、产品或服务各有不同并且有细微差别。这只是开始，而不是最终结果。

为便于实现从左到右的一般任务流程，该结构分为任务前、任务中和任务后三个运行阶段。不同于广义的从左到右的“任务前、任务中、任务后循环任务流程”，运行模式可能与时间相关，也可能不与时间相关。

商业航空公司和军用飞机等任务系统建立了任务事件时间线，用于约束以

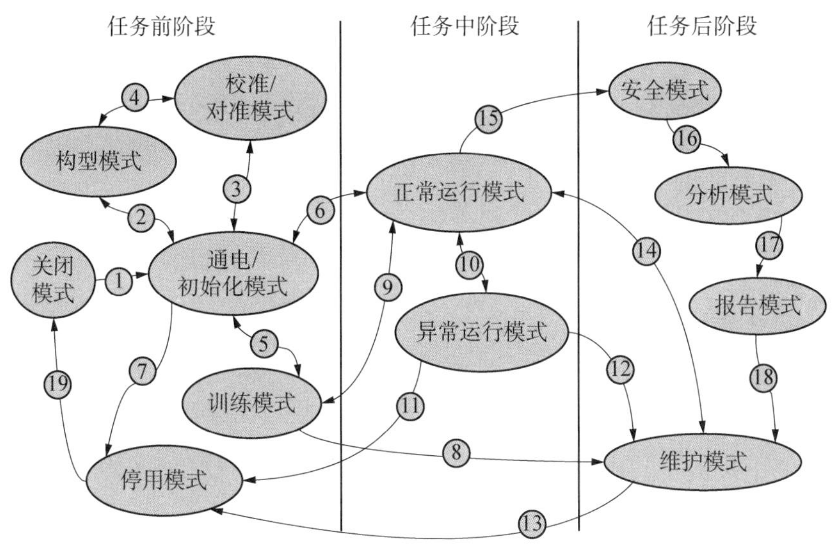

图 7.8　用作起点的广义运行模式结构

下过程：①任务前切换到任务中；②任务中切换到任务后；③系统周转期间（如商用飞机）任务后切回到任务前。在每种运行模式下，任务事件时间线事件约束均可以进一步细分。

7.6.1.5.3　大型复杂系统的运行模式概述

前面我们以简单产品为例对系统运行模式进行了介绍和说明。在研究大型、复杂、多用途、可重用系统的运行模式时，必须考虑其他因素，如大型复杂系统可能需要重新配置、重新校准、翻新或补充消耗品和耗材（第 8 章）。

7.6.1.5.4　模式切换相关总结性见解

在第 6 章讨论系统运行和应用时，我们强调过各种类型的系统应用——一次性、可再利用和可回收。大多数可重复使用的系统，如飞机、汽车和智能手机等，都具有循环任务运行特征。循环运行系统均有反馈回路，反馈回路通常会将工作流或控制流（见图 6.1 和图 6.2）返回到任务前运行阶段，要么关闭电源，要么为下一任务进行刷新和补充。

现在，我们再看一个系统，即之前的航天飞机外部燃油箱（ET）。从任务角度来看，外部燃油箱的燃油资源是一种易耗品，外部燃油箱本身是一种一次性消耗用品。在飞行和任务事件时间线事件的特定阶段，外部燃油箱从轨道飞行器（OV）上被抛出，坠向地球，并在进入大气层时烧毁。

对于外部燃油箱等一次性系统，有人可能会认为这类系统的运行模式是连续的，不会循环返回到以前的模式。然而，从系统工程设计的角度来看，由于“取消”了启动等用例场景，外部燃油箱运行可能需要循环回到初始模式。因此，一次性系统最终也需要切换到终止模式（如再入）到外部燃油箱冲击的多种运行模式。

7.6.1.6　运行模式图示

上文在讨论模式切换时，是按图 7.8 所示的任务生命周期——任务前、任务中和任务后各运行阶段进行划分的。虽然这种方法——椭圆和切换——可以传达内容，但也可以用其他方式展示模式图。

虽然航天飞机项目于 2011 年结束，但该项目为系统工程树立了一个极好的榜样。图 7.9 所示为航天飞机发射模式（NSTS，1988a）。其中包括

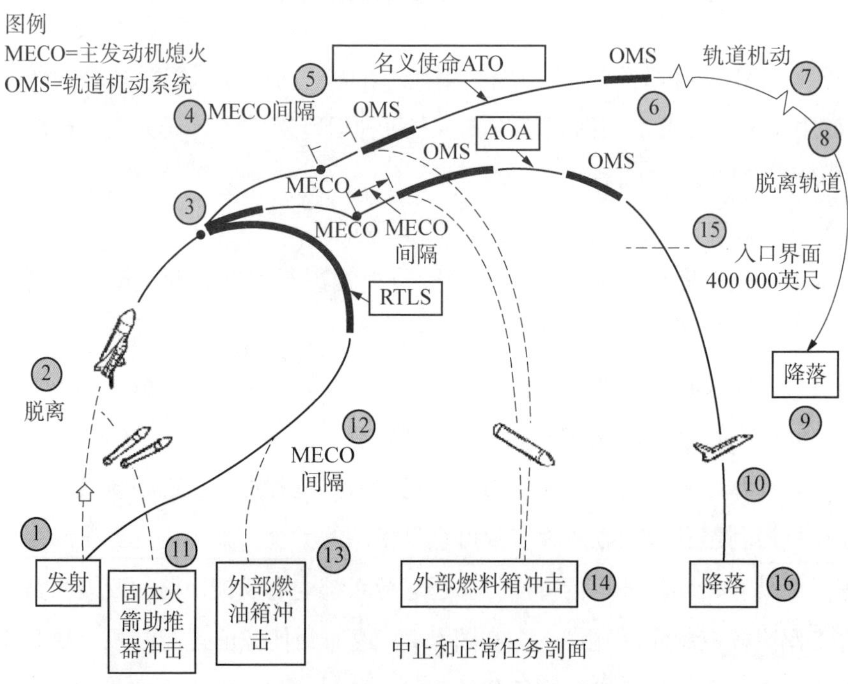

图 7.9　NASA 航天飞机飞行运行模式

［资料来源：NSTS（1988b）］

（1）冗余设置启动定序器（RSLS）中止。

（2）返回发射场（RTLS）。

(3) 中止，一旦复飞（AOA）。

(4) 中止入轨（ATO）。

(5) 越洋中断着陆（ATL）。

图 7.4 强调了为图 6.1 和图 6.2 中的每个操作任务定义任务系统和使能系统交互的重要性。图 7.10 所示为 NASA 航天飞机任务后阶段安全模式（见图 7.8）的示例。以运行概念文件为例，维护概念要描述确保任务结束时清除有毒气体后宇航员安全着陆所需的航天飞机任务系统和使能系统之间的相互作用。

图 7.10　NASA 航天飞机飞行后运行/安全模式

[资料来源：NASA（2012）]

目标 7.2

那么现在，我们已经了解模式和运行状态，我们如何将它们用于系统、产品或服务的命令和控制？这就引出下一话题——构型状态。

7.6.2　构型状态

原理 7.7　构型状态原理

所有组织或工程系统、产品或服务的运行模式命令和控制其架构配置的构型状态。

构型状态表示系统、产品或服务的架构部件和外部接口的独特物理布置

（构型或连接）。对于给定的运行模式，其配置目的是通过配置构建一个或多个基于用例的性能目标所需的基本能力集。举例说明如下。

示例 7.6　桌面打印机构型状态示例

计算机系统的打印模式要求其构型状态如下：

(1) 可通过电缆或无线网络访问打印机的计算机。

(2) 能通过计算机操作系统服务利用软件应用监控、命令和控制打印机的打印机驱动程序。

示例 7.7　重型工程起重机构型状态示例

用于架设高楼的起重机需要构型状态来支撑：

(1) 通过公路和高速公路运输。

(2) 卸载装载到运输载体上。

(3) 建造多层建筑。

(4) 平衡提升和转动，装载并传输建筑材料。

术语构型的语境是指影响整体性能的物理部件的状态。在此以商用飞机为例。

示例 7.8　飞机构型状态示例

飞机的：

(1) 起落架要么放下（起落架放下）并锁定以进行着陆或地面操作，要么收起准备飞行。

(2) 襟翼可以设置在多个位置，如0°、15°和22°。

(3) 机舱门要么打开，要么关闭并锁定。

(4) 燃油供应根据使用情况变化。

(5) 剩余燃油为 *XX* 磅。

(6) 着陆灯亮起或熄灭。

(7) 起飞重量为 *XX* 磅，着陆重量为 *YY* 磅。

当执行用户任务时，特定的运行模式可能要求用户动态地命令和控制系统的构型状态，以实现模式的目标。此处用下面的飞机示例进行说明。

示例 7.9　飞机着陆构型状态示例

在着陆模式飞行阶段，飞机必须降低空速，由于剩余着陆剖面的空速减小，还要增加升力，以保证能够在到达跑道末端前制动并安全停止。

为降低空速，飞行员会调低发动机推力（构型状态变化）使飞机减速，从而在抵达跑道时达到特定的着陆速度。由于空速降低，飞机会损失高度，因此需要在最终进近时逐渐增加升力，获得适当的下滑坡度。

为维持与下滑坡度相关的升力，飞机的操纵面会调整（构型状态改变）。着陆前，着陆灯激活（构型状态改变），起落架放下并锁定（构型状态改变）。当飞机着陆时，飞行员启动发动机反推力装置并制动（构型状态改变），直到飞机完全停止。

总之，用户可选择的运行模式命令和控制系统的架构配置，以完成特定的用例，并实现每个任务运行阶段的任务成果和目标。为什么我们需要命令和控制构型状态？这就引出下一个话题——环境状态。

7.6.3 环境状态

原理 7.8 环境状态原理

所有组织或工程系统、产品或服务必须能够在其运行环境中运行，并能与运行环境中各种类型的时间和位置相关的环境状态交互。

前面几节介绍了如何设计和建立可供用户命令和控制系统、产品或服务的各种可选模式。这些分析框架适用于概念设计，但是，系统、产品或服务仍然必须在各种类型的运行环境条件下实际执行任务。这些条件的典型特征如下（第 8 章）：①自然环境，如天气现象——云、风、雨、雪、雨夹雪、雾及大气状况；②物理环境条件，如道路和飞行条件——冲击、振动、速度及加速度；③诱导环境条件，如电磁干扰（EMI）。为描述这些条件，工程和物理学开始建立衡量重要性水平的量级尺度。举例如下：

（1）海军作战根据海况对海浪进行分类，如道格拉斯海浪分级表。

（2）地质学家根据对数里氏震级对地震进行分类。

（3）气候学家将飓风分为 1~7 级。

（4）安全组织根据威胁级别（1~5 级）对威胁条件进行分类。

因此，我们引入了表征运行环境条件的环境状态。由于运行环境包括自然环境、诱导环境和人类系统环境（第 9 章），因此环境状态应根据这些元素来描述。相关示例如表 7.4 所示。

表 7.4　环境状态示例

运行环境状态	种类	示例属性
自然环境状态	大气条件	温度、相对湿度和压力
		晴天、雨、雨夹雪以及雪
		雾和烟雾
		风和阵风
		空气密度
		雷暴、龙卷风和暴风雪
		飓风和热带低气压
		闪电
		高吹沙
		盐雾
		星体反照
		明暗光
		能见度
	地球物理条件	极地、沙漠、热带、山区
		地震、飓风和洪水
		滑坡和雪崩
		背景辐射
	海洋条件	波浪高度
		海啸量级
	空间条件	范艾伦辐射带
		太阳风暴和辐射
		小行星、流星
诱导环境状态	辐射条件	射频和微波
		电磁干扰
		核辐射
	污染状况	化学品泄漏
	空间条件	卫星、空间站
		太空垃圾和碎片
人类系统环境状态	交通状况	道路施工
		事故
		交通流量
	路况	国际平整度指标（IRI）
		泥土、碎石和路面
		冲刷排水
		结冰、洪水
		平坦、丘陵、弯曲和多山

目标 7.3

当系统、产品或服务的构型状态与环境状态交互时，结果可能是从良好到灾难性这一范围的任何一种情况。设计系统时，系统设计解决方案必须：①提供可靠完成任务所需的基本能力；②足够强大，能够适应任务期间各种运行环境。这就引出下一话题——动态或暂时状态。

7.6.4 动态或暂时状态

原理 7.9 动态状态原理

所有组织或工程系统、产品或服务都必须能够经受住与其运行环境交互时产生的各种动态或暂时状态。

动态或暂时状态是指系统、产品或服务在遇到其运行环境中各种条件并与之交互产生的状态。具体而言，在正常任务运行过程中，运行环境、条件或事件的任何扰动均有可能导致系统不稳定。工程挑战是通过建模、仿真和原型来识别和预测这些条件，确保系统稳定性和结构完整性不会导致异常或紧急情况(见图 19.5)。动态状态通常由外部因素引起。不过，飞行员和汽车驾驶员稍不注意就有可能引起系统不可控的不稳定性（动态状态），这种情况有时可以/有时根本无法恢复正常。举例说明如下。

示例 7.10 动态或暂时状态

外部诱发的飞机动态状态包括晴空湍流（CAT）、风切变、强烈侧风阵风或在起飞及着陆时与鸟群相撞。内部诱导的飞机动态状态包括失速和程序应用不当。

外部诱发的航天器动态状态如下：

（1）阿波罗 12 号发射后遭遇雷击（小型案例研究 11.1）。

（2）挑战者号航天飞机固体火箭助推器（SRB）O 型环故障（小型案例研究 26.2）。

（3）发射过程中，哥伦比亚号航天飞机的机翼前缘防热瓦受损（小型案例研究 26.3）。

计算机系统在动态状态情况下，补偿和减轻设计活动包括异常处理（见图 10.17）、硬件或软件重置或自动“看门狗”定时器重启、文件恢复及病毒检测程序。

动态状态说明可参见如图7.11所示的NASA航天飞机示例。

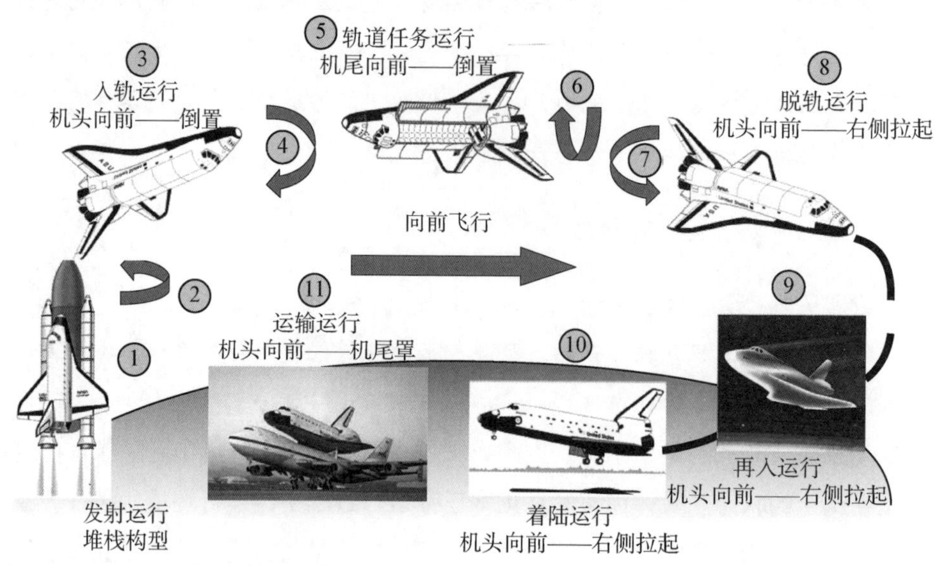

图7.11　动态状态示例：NASA航天飞机——太空自由体

这个小型案例研究有两个目的：①认识到动态状态事件会产生不稳定性，并且必须迅速抑制和控制这种不稳定性；②为工程师提供“预先”分析解决问题的空间，而不必在实际飞行测试或任务中发现：

（1）发射前操作——在发射前，航天飞机的外部燃油箱已装液氢燃料（动态状态）。

（2）发射时操作：

a. 在发射过程中，航天飞机堆栈——轨道飞行器、外部燃油箱及固体火箭助推器——在通过发射塔后执行滚转机动（动态状态）旋转堆栈，让轨道飞行器位于地球背面（见图7.11）。

b. 在发射过程中，因天气原因导致外部燃油箱燃料结冰，保护机翼的防热瓦存在折断和受损风险（动态状态）。不幸的是，由于这种情况，哥伦比亚号航天飞机在进入地球大气层时经历了一次灾难性事件（小型案例研究26.3）。

c. 上升过程中，根据任务事件时间线首先抛掉固体火箭助推器（动态状态），随后抛掉外部燃油箱（动态状态）。

（3）在轨运行：

a. 在到达轨道时，轨道飞行器的货舱门打开（动态状态）释放热量，并执行其他任务，如发射和/或回收卫星以及进行实验。

b. 由于存在头部首先被前几次发射留下的空间碎片以及陨石击中的风险，轨道飞行器执行偏航机动旋转 180°（动态状态）向后倒飞。这样会使与碎片相撞的横截面区域变小，并避免了头部与前缘热防护瓦表面首先受到冲击，因为热防护瓦对再入运行非常关键。

（4）脱轨运行——当轨道飞行器的飞行员执行飞行器返回地球的命令时，轨道飞行器的主发动机点火以降低其运行速度，导致重力将其拉向地球。推进器点火执行偏航和滚转机动，将轨道飞行器转到机头向前右侧上拉的位置，为再入做准备。

（5）再入运行——在再进入地球大气层的过程中，轨道飞行器下侧和前缘表面承受巨大的热应力（动态状态），导致通信暂时中断（动态状态）。

（6）着陆运行——在着陆过程中，轨道飞行器必须在各种大气条件下机动，以适应着陆时的载荷应力（动态状态）。

（7）轨道飞行器运输运行——如果轨道飞行器降落在离肯尼迪航天中心（KSC）基地很远的加利福尼亚州，则必须将其架在特殊构型的 747 飞机上跨州运回肯尼迪航天中心。尽管轨道飞行器当时没有运行，但架在 747 运输机上运载也属于“非常规”行为，需要专门考虑运输过程中空气动力学条件（动态状态）的影响，包括高度、空速和天气。

从多学科系统工程角度考虑：

（1）确定可能导致系统不稳定的场景和条件。

（2）用补偿设计措施减轻影响（第 24 章和第 34 章）。

（3）在过程数据元素中突出条件和合适的措施。

（4）培训系统用户如何识别条件以及如何安全、正确地响应这些条件。

如果系统、产品或服务设计得当，用户训练有素，动态状态通常应是可恢复的非事件操作。

7.6.5 工程视角小结

上面我们已经讨论了如何将模式和状态应用于系统开发。现在，我们以飞

机为例重点讨论模式和状态信息的应用。

7.7　运行阶段、模式和状态的应用

为说明如何应用运行阶段、模式和状态，我们继续以商用飞机为例。图 7.12 所示为供讨论用的参考框架。由于空间限制：①离地运行还包括推出模式（未显示）；②落地运行还包括停放模式（未显示）。

几个关键点如下：

（1）任务生命周期阶段分为飞行前运行、飞行中运行和飞行后运行。

（2）飞行前运行分为离地运行，包括两种模式——装载和滑行。

（3）飞行中运行分为飞行阶段（模式）——起飞、爬升、巡航、下降及着陆。

（4）飞行后运行即落地运行，包括两种模式——滑行和卸载。

（5）运行状态：源自运行模式特有的利益相关方用例。

a. 分为机组人员（人员元素）和飞机（设备元素）运行状态。

b. 代表完成用例所需的基于任务的运行和交互。

（6）环境状态表示由于自然环境、诱导环境和人类系统环境中的实体，飞机在地面滑行和飞行中可能遇到的条件类型。

（7）构型状态代表飞行机组和自动驾驶仪必须监控、命令和控制的一对多飞机架构配置，确保安全通信，驾驶和导航飞机。

目标 7.4

前一节介绍了模式的概念和工程师必须考虑的五种状态，但这些讨论缺少安全约束。

工程师倾向于考虑技术约束，例如，安全因素或设计裕度（第 31 章），以确保安全裕度。这些讨论缺少用户（操作人员、维护人员和培训师）、设备、公众及运行环境的操作/运行安全性。提及这些约束，就引出下一个话题——允许和禁止动作。

	系统/产品生命周期阶段								
	部署		运行、维护和维持					处置	
	飞行前运行		飞行运行					飞行后运行	
	离地运行		飞行阶段					落地运行	
模式 基于上下文的用例	装载	滑行	起飞	爬升	巡航	下降	着陆	滑行	卸载
构型状态	·构型A1 ·构型A_	·构型B1 ·构型B_	·构型C1 ·构型C_	·构型D1 ·构型D_	·构型E1 ·构型E_	·构型F1 ·构型F_	·构型G1 ·构型G_	·构型B1 ·构型B_	·构型A1 ·构型A_
运行状态 基于任务的条件	登机、装载、加油、检查、通信	滑行、通信、规避、除冰、转向	起飞、通信、飞行、规避	爬升、飞行、导航、通信、规避	巡航、飞行、导航、规避、通信、服务	下降、飞行、导航、通信、规避	着陆、导航、飞行、通信、制动、停止	通信、滑行、规避、转向	通信、下机、卸载、清洁、维护
环境状态遭遇	天气	地面交通、天气、跑道结冰	飞鸟、地面交通、跑道结冰、跑道异物、天气	·暴风雨 ·结冰 ·空中交通 ·湍流 ·风切变 ·侧风 ·跑道异物				天气、地面交通	天气
动态状态基于运动的条件	发射、接收、推出、初始化	加速、移动、机动、减速、制动、停止、发射、接收	加速、旋转、照明、发射、接收	爬升、平飞、转弯、加速、照明、发射、接收	爬升、转弯、平飞、加速、减速、照明、发射、接收	减速、平飞、下降、照明、发射、接收	减速、下降、盘旋、对准、照明、发射、接收	加速、移动、机动、减速、制动、停止、照明、发射、接收、停放	发射、接收、断电

图 7.12　飞机示例——任务生命周期运行阶段、模式和状态(由于空间限制,未显示飞行保持阶段)

7.8 模式和状态约束

原理 7.10 允许和禁止动作原理

所有组织或工程系统、产品或服务的运行模式都会受允许和禁止动作的约束，约束的目的在于确保用户安全，防止运行环境中的设备、公众、外部系统受伤/受损。

关键问题是，如果运行模式是属于用户可选择的选项，它们允许用户监控、命令和控制什么？通过运行模式，用户可以监控、命令和控制用例和场景，实现特定的任务结果和基于行为表现的目标。但是，存在一定限制和约束，也即我们所称的允许和禁止动作。

(1) 允许动作——代表允许或授权用户自行执行的动作——执行这些动作不会对以安全为重点的其他操作任务造成重大干扰。

(2) 禁止动作——出于人员元素安全相关后果考虑而被禁止的用户动作，这些后果可能导致用户或最终用户受伤或死亡、设备元素损坏或性能中断、运行环境实体损坏或被污染。

现在我们用图 7.13 所示的图形来说明这一概念。以用户对系统的命令和控制作为参考框架，任务生命周期阶段采用一种或多种运行模式。

(1) 每种运行模式适应多组用例。

(2) 各用例控制特定的构型状态。

(3) 各构型状态受允许和禁止动作的约束，这些动作作为约束被分配、下传给各种架构实体，如子系统和组件。

我们用以下示例来说明什么是允许和禁止动作。

示例 7.11 汽车示例——允许和禁止动作

图 7.14 所示为假想汽车系统示例。

在一般情况下，当用户驾驶车辆时，车辆有驻车、空挡、倒挡、前进挡及低速挡这几种运行模式。低速挡有低速 1 挡和低速 2 挡可选。图形通过带触点的开关符号象征性地表示车辆的模式——用户可选项。所有这些模式都允许用户命令和控制车辆的运动，并通过停车场或高速公路上的交通流来调整其行程，完成任务——如驾车去上班或去度假。

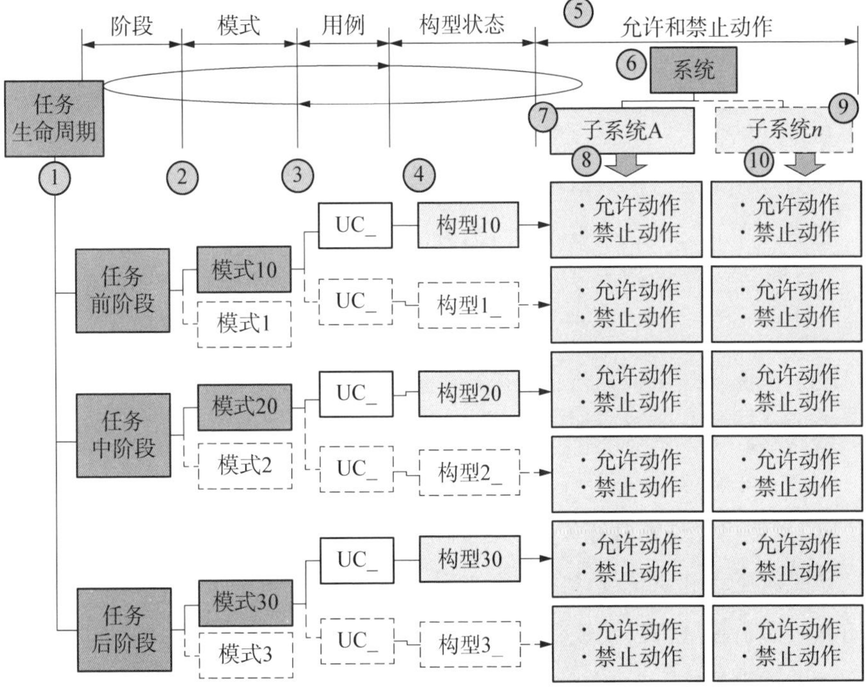

图 7.13　允许和禁止动作约束的系统命令和控制实体关系示意图

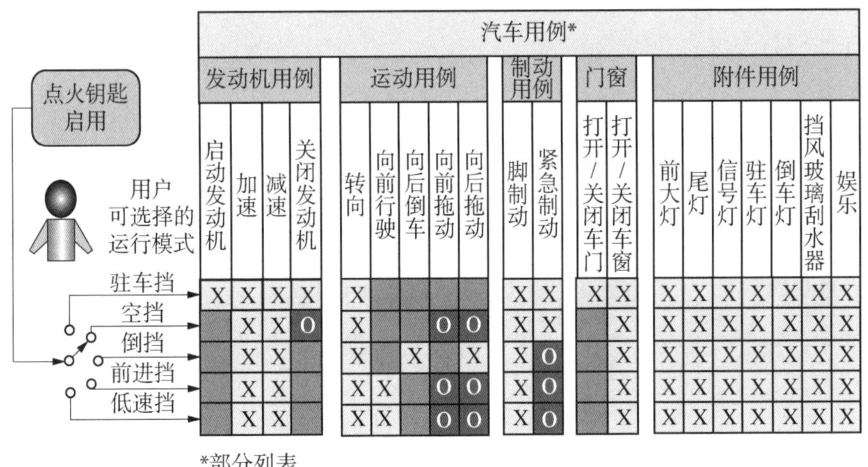

图 7.14　汽车示例——允许和禁止动作命令和控制与运行模式的关系

为确保驾驶员、乘客以及公众的安全，车辆的物理设计结合了各种类型的机械和电气安全联锁装置，能够限制驾驶员和乘客的动作，尤其是在行车过程中。我们称它们为允许和禁止动作。允许和禁止动作代表图 3.2 所示的可接受和不可接受的输入。关键点如下：

(1) 车辆的运行模式以矩阵中的行表示，各种类型的用例用矩阵中的列表示。各矩阵单元交叉点被编码为“允许动作”“不建议动作”或“禁止动作”。

(2) 汽车系统用例有发动机用例、运动用例、制动用例、门窗用例及附件用例。

(3) 因此，图示矩阵将车辆运行模式映射到其系统用例和用例使用的适用性——允许、不建议或禁止。

例如，车辆必须处于驻车模式才能执行启动发动机用例（允许动作）。开/关门用例仅允许在驻车模式下作为允许动作。

从系统工程和系统设计的角度来看，图 7.14 中的矩阵意味着什么？这意味着每种运行模式都需要能够安全地命令和控制车辆的行为反应，这些反应是由车辆的物理架构配置和部件性能产生的——如发动机、方向盘、制动器、电气系统、机械系统等部件。运行模式提供了概念框架，借此我们能够逻辑地命令和控制车辆的物理架构配置。反之，称为构型状态的物理构型控制着汽车基于性能的行为反应和结果。

系统工程面临的挑战之一是保护人类免受自身行为导致的后果——意外后果定律（原理 3.5）。假设，你可以设计系统或产品，通过安全机制和软件自动通知人员元素或设备元素允许和禁止动作。然而，这类通知可能会变得过于昂贵、负担不起且不具备成本效益。

遗憾的是，允许和禁止动作通常作为约束要求被强加，或者基于系统应用和使用的限制“事后”确定。尽管目标是“预先”识别“允许”和“禁止”动作，但不可避免的是，它们有可能在系统设计后才被发现，或由于潜在缺陷——设计缺陷、错误或不足——是在系统部署后由于发现未知模式才出现。发现潜在缺陷后，可能需要采取纠正措施，例如，产品召回、改造或通过对设备能力和过程资料的更新、人员培训或这些措施的组合进行升级。

我们如何建立允许和禁止动作？显然，我们可以在设备（硬件和软件）中嵌入功能，例如：①访问；②执行错误和范围检查；③提供通知，如听觉、振动或视觉提示。但这样做的成本可能非常高。备选方案包括过程资料中的注释（操作人员手册、培训手册、用户指南）和设备警告标牌以及人员培训。

这些动作必须来自规范要求，例如第 3.6 节“设计和构造限制”（见表 20.1）。此外：

（1）第 31 章将阐述建立标称设计极限阈值、警示极限阈值和警告阈值的需要（见图 30.1）。

（2）第 34 章将指出，应在系统设计的所有层面进行失效模式和影响分析（FMEA）（见图 34.17），以识别任何潜在的设计缺陷，并建议针对设计纠正采取补偿措施。

7.9 本章小结

本章我们介绍了系统运行阶段、模式和状态的概念，定义、描述并提供了各种类型及其 ER 的示例。最后，是模式包含状态还是状态包含模式？如图 7.2 所示，这两个说法都正确：系统状态由模式组成；模式命令和控制构型的状态。

只是这个问题的措辞给人的印象是只有一个正确。总结答案的逻辑如下：

（1）系统状态表示系统、产品或服务（企业组织资产）的部署和使用。

（2）运行模式：

a. 表示命令和控制系统、产品或服务用的用户可选选项。

b. 适用于一个或多个任务生命周期阶段的系统状态。

c. 控制系统、产品或服务架构的构型状态。

（3）构型状态：

a. 代表行为和物理架构元素的不同布局，以提供支持任务运行所需的能力。

b. 在执行任务期间与环境状态互动。

c. 在使用中受限制人员和设备元素可以利用的允许和禁止动作的约束。

（4）环境状态表征系统、产品或服务的运行环境中可能存在的条件。

（5）动态状态表征由以下因素造成的与时间和位置相关的不稳定性：

a. 由系统与表征其运行环境的环境状态的相互作用等外部因素引起的外部诱导扰动或中断。

b. 因用户未能按照系统、产品或服务的程序数据执行而导致的内部诱导问题。

(6) 总体而言，模式和状态的识别和分析要求系统设计解决方案（设备、人员、任务资源、程序数据及系统响应）在运行、行为和物理上必须足够强大，以确保能够耐受各种影响，并能在受到影响后幸存和恢复，从而成功完成任务。

7.10 本章练习

7.10.1 1级：本章知识练习

(1) 什么是运行阶段？

(2) 任务前运行阶段的目标是什么？如何界定它的起点和终点？

(3) 任务中运行阶段的目标是什么？如何界定它的起点和终点？

(4) 任务后运行阶段的目标是什么？如何界定它的起点和终点？

(5) 什么是运行模式？

(6) 什么是运行状态？

(7) 模式和状态有什么区别？

(8) 是模式包含状态还是状态包含模式？

(9) 项目中何时定义模式和状态？为什么？

(10) 如何推导模式和状态？

(11) 运行阶段、模式和状态三者之间有什么关系？

(12) 用例和运行模式之间有什么关系？

(13) 什么是模式触发事件？触发事件的特征是什么？

(14) 为什么模式和状态在系统工程问题解决和解决方案开发中发挥关键作用？

7.10.2　2级：本章知识练习

参考 www. wiley. com/go/systemengineeringanalysis2e。

7.11　参考文献

NSTS (1988a), *1988 News Reference Manual, National Space Transportation System (NSTS),* Kennedy Space Center (KSC), FL: National Aeronautics and Space Administration (NASA).

NSTS (1988b), *Mission Profile,* Information content from the NSTS Shuttle Reference Manual (1988), Washington, DC: National Aeronautics and Space Administration (NASA). Retrieved on 1/16/14 from http://science. ksc. nasa. gov/shuttle/technology/sts-newsref/mission_ profile. html#mission_ profile.

NASA (2012), *STS－114 Shuttle Mission Imagery,* Washington, DC: National Aeronautics and Space Administration (NASA). Retrieved on 1/16/14 from http://spaceflight. nasa. gov/gallery/images/shuttle/sts-114/html/sts114-s-047. html.

Wasson, Charles S. (2014), *System Phases, Modes, & States of Operation; Solutions to Controversial Issues,* 10/29/14 Rev. D, Originally presented at the INCOSE 2011 International Symposium, Denver, CO. www. wassonstrategics. com.

8 系统抽象层次、语义和元素

工程师经常会对其他人说，他们对系统架构概念有充分的了解，这可以从他们多年来开发的架构中得到证明。然而，回顾他们的工作成果会发现信息类型和层次混乱，没有连续性。对大多数人来说，创建架构这个概念就是使用演示软件将文本框“拖放”到幻灯片中，再用线条将文本框连接起来。这样做的最终结果是幻灯片开发人员知识和经验的随意组合。不幸的是，观众很多时候没有意识到令演示者的演示技巧变得模糊不清的原因——信息类型和层次的混乱。

如今，基于模型的系统工程（MBSE）方法和工具都在不断演化。那些自称了解架构的人正在拓宽视野——在更复杂的基于模型的系统工程工具中创建功能不良的自定义“拖放”图形并称之为架构。面临更大挑战的是采用“代入求出”……定义—构建—测试—修复（SBTF）工程范式的组织，这些组织认为系统工程是官僚文书工作，因此他们拒绝学习系统工程方法，并错误地认为，如果他们购买和使用基于模型的系统工程工具，就代表他们是在践行系统工程。当这些努力失败时，他们的理由是系统工程和基于模型的系统工程是错误的。所以，他们回归到传统的“代入求出”……SBTF 工程范式等他们自己也承认无效或低效的方法。

本章有一个非常重要的目的：介绍系统架构概念，了解如何思考、概念化架构信息，并将架构信息组织成支持分析连续性和实现一致性的行为模式。对于执行基于模型的系统工程的人员而言，这些基本概念对于实现 MBSE 的成功和避免上面所说的失败情况是绝对必要的。*

---

* 第 8 章和第 9 章介绍系统架构概念，并着重讨论了系统架构结构的分类。

这些信息是第26章“系统和实体架构开发”的基础知识。要将系统架构章节分为第1部分和第2部分的原因是：

（1）第1部分——理解系统任务、运行、行为和分类结构所必要的知识。

（2）第2部分——知识在架构系统、产品或服务中的应用。

8.1 关键术语定义

（1）实体关系（ER）——存在于两个或多个实体之间的逻辑或物理关联，用“一对一”“一对多”或“多对一”等术语表示。

（2）抽象层次（level of abstraction）——隐藏了低层次信息和细节（如属性、性质或特征）的实体的知识。例如，“家庭”是一个隐藏了家庭成员（父母、子女和其他人）的数量、性别、年龄等信息的抽象层次。

（3）动力地面设备（PGE）——机械组件总成，包括内燃机或发动机、燃气轮机或蒸汽轮机，作为一个整体安装在整体底座或底盘上。

设备可能泵送气体、液体或固体，或产生压缩、冷却、冷冻或加热空气，或者发电并生成氧气。此类设备有便携式吸尘器、过滤器、液压试验台、泵和焊接机、空气压缩机、空调等。这个术语主要适用于航空系统（MIL－HDBK－1908B，1999：14）。

（4）保障设备（support equipment）——执行保障功能所需的所有设备，但作为任务设备组成部分的设备除外。保障设备包括工具、测试设备、自动测试设备（ATE）（当自动测试设备完成支持功能时），组织、中间级别的和相关计算机项目和软件，不包括履行任务运行功能所需的任何设备（MIL－HDBK－1908B，1999：30）。

8.2 建立和界定系统环境

创建架构的第一步是在系统框架内建立系统的环境。此时关键点是表达什么是/不是系统的一部分，可以通过如图8.1所示的环境图看到这一点。

一般来说，环境图类似于一个轮子，位于中心的“轮毂”表示相关系统，用圆形表示，四周的“轮辐”表示相关系统和外部系统之间的接口，用椭圆形表示。

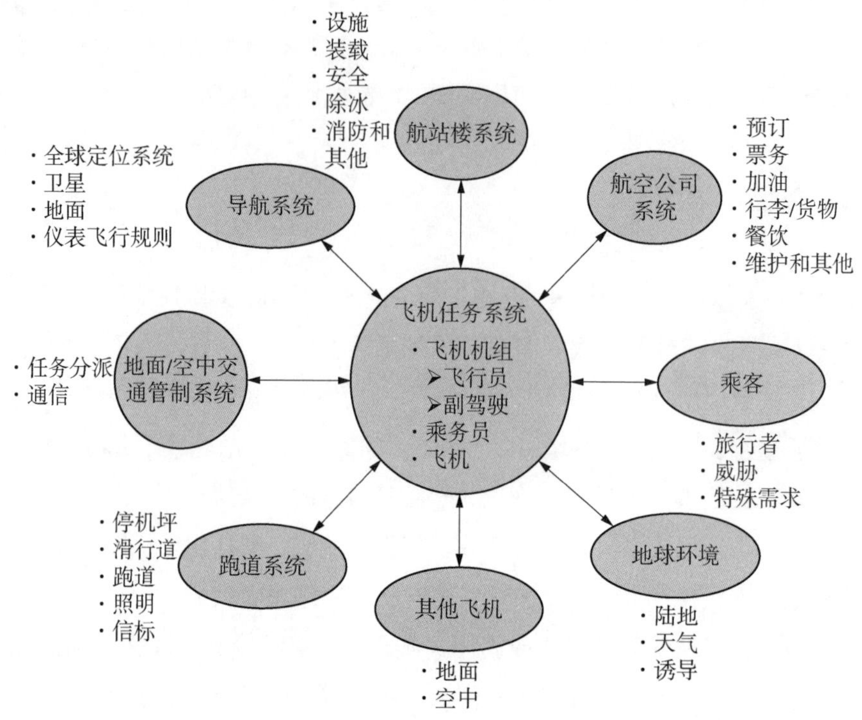

图 8.1　飞机任务系统环境图

外部系统表示在任务前、任务中、任务后和其他运行阶段，在运行环境中可能接触、融入及相互作用的其他相关系统。界面箭头指向表示刺激、激励、提示等交换的方向。由于每个椭圆都可能是抽象的，因此在每个椭圆外提供了项目符号列表，给出额外明确信息。*

在通常情况下，环境图缺乏这种明确的信息，并且通常在简报中呈现，只是为了让观众提出更多的问题，但这会影响展示的连续性。为了避免这种情况的发生，只需用带有项目符号且不会引出其他异议的词来注释每一个外部系统。

这就引出了下面的关键启示。

* **环境图注释**
项目符号列表在大多数环境图中并不常见，是基于作者经验的使用偏好。

启示 8.1 文档完整性

每份文档，即图片、表格、报告、演示文稿等：

（1）都有相应环境。

（2）传达的信息应清晰简洁，不需要进一步解释。

（3）明确回应推动文档开发的任务。

（4）确定原材料的引用来源。

如果没有，则可能失败。

为了说明环境图的应用，图 8.1 给出了商用飞机系统的例子。飞机系统和各外部系统都用澄清项目符号进行了标注。

环境图是界定属于或不属于相关系统、任务系统角色或使能系统角色的环境的有用工具。这些都是高层次系统，由多个包含低层次实体，如子系统、组件、子组件等的层次组成。

注意 8.1 多学科工程环境中基于学科的范式

工程教育和培训有时会无意中创建具有应用背景的范式。

由数据驱动的软件工程（SwE）就是这种情况。软件工程师有时会通过环境图来识别与相关系统及其软件交换数据的外部系统。

为了说明这一点，假设提升或指定一名软件工程师来领导某个含硬件系统的设备开发团队。在认识到需要基于信息/数据驱动范式创建一个环境图时，团队会被要求创建新系统的环境图来定义和建立系统边界。

他们没有意识到自己正处于以设备为基础的多学科硬件-软件系统中，而是要求删去环境表中与任何外部系统（如天气）的所有物理相互作用，理由是由于物理相互作用没有与相关系统交换数据，物理相互作用与环境图无关。这是错误的！

如果你认为系统相互作用仅限于数据交换，请参考图 8.2。图 8.2 是抓拍到 NASA 航天飞船发射前 39A 发射台遭遇雷击的照片。确定此例中的系统相互作用是一次“仅数据”交换，还是值得系统工程师在环境图中定为接口。

环境图包含与外部系统的任何类型物理相互作用——能量、力、数据等。确定自己学科和经验范式的背景，并做相应调整。如果想要取得系统工程师头衔，那么要学会“跳出你的学科框架来思考”。

界定系统范围的一大挑战与系统的用户和最终用户有关。系统用户和最终

图 8.2　2009 年 7 月 10 日 NASA 航天飞船 39A 发射台遭到雷击

［资料来源：肯尼迪航天中心（2009）］

用户是属于相关系统的内部部分还是外部部分？这是环境图中需要说明的非常关键的一点。对于图 8.1 所示的飞机系统，监控、指挥和控制飞机的飞机用户（飞行机组）属于系统内部部分。作为通过使用系统而受益的最终用户，飞机乘客属于系统外部部分。

一个任务系统或使能系统中存在多层次实体，这就引出了我们的下一个概念，即有关确定抽象层次和用来进行各层次交流的语义的概念。

8.3　系统抽象层次和语义

原理 8.1　抽象层次原理

每个相关系统、其任务系统、使能系统和设备（硬件和软件）都由一个或多个抽象层次组成，这些抽象层次具有标准化标题，按照相对于系统用户相关系统参考框架的级别或层次进行索引。

系统工程师或系统分析师的重要任务之一是为相关系统建立一个语义参考

框架。当大多数人提到系统时，他们的语境观以自己的观点（观察者参考框架）为基础。听一听用户、购买者和系统开发人员之间的交流，很快会发现一个人的“系统”等同于另一个人的“子系统”。作为系统工程师，当你担任领导角色时，你的工作是就抽象语义层次建立共识，采用通用参考框架将团队成员统一起来，以便交流。

缓解这个问题的一个方法是确立标准语义约定，使系统工程师、系统分析师和其他人能够使用通用语境语言进行易理解的交流。一旦约定确立，及时更新用于工程人员培训的组织官方文件（政策和程序）。

最好采用图表形式说明抽象层次。图 8.3 对此进行了说明。

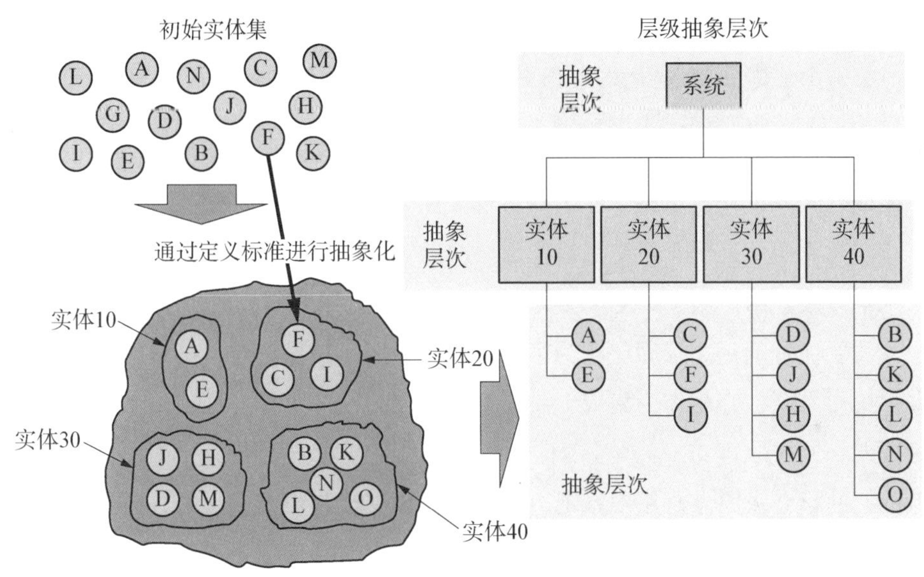

图 8.3　将实体抽象化为抽象层次

从图 8.3 左上角开始，系统、产品或服务由一组松散联系的初始实体组成，如想法、目标、概念和部件（即 A 项至 N 项）。如果分析这些实体或对象，我们可以确定不同的分组有共同的目标、特征、结果等，如图左下部分所示。我们可以确定如下几个项目分组：

（1）实体 10 由实体 A 和实体 E 组成。

（2）实体 20 由实体 C、实体 F 和实体 I 组成。

（3）实体 30 由实体 D、实体 J、实体 H 和实体 M 组成。

（4）实体 40 由实体 B、实体 K、实体 L、实体 N 和实体 0 组成。

在图 8.3 的右侧，我们建立了一个由三个抽象层次组成的层级框架。请注意，每个抽象层次的标题都隐藏了低层次细节。例如，“系统层”代表了系统层以下的所有信息，但是不会给出关于系统层次以下抽象层的数量、每一层的实体数量或其内容等细节。实体 10~40 也是如此。因此，我们创建了分析框架，用来表示系统及其抽象层次的层级结构或分类。

通用抽象层次的概念是简单系统的有用信息，但大型复杂系统涉及多个细节或抽象层次。事实上，根据相关系统，层次可以达到 10 个或更多。在这种情况下，系统工程师和系统如何将一个抽象层次与另一个抽象层次区分开来呢？我们通过建立观察者参考框架约定来做到这一点。

8.3.1　建立观察者参考框架约定

建立任何类型的观察者参考框架约定时，第一步都是确定原点。对于消费产品或合同系统开发来说，作为参考框架原点的是可交付系统（相关系统）。

图 8.4 所示是用于建立层级抽象层次约定的两种分析约定。其中一种约定采用第 0 级、第 1 级、2 级等层次，另一种则采用第 0 层、第 1 层等语义。

需要注意的是，最高层次为第 0 级或第 0 层。按照约定，第 0 级或第 0 层表示用户系统，它将作为集成 1 级或 1 层系统的相关系统（即你的系统）的参考框架。回顾原理 1.1，系统工程既始于、也终于用户及最终用户，因此，参考框架的第 0 级原点是用户系统。因为用负数交流是没有意义的，所以我们用正整数来表示低抽象层次。要记住，这是交流的参考约定，而不是数学的。

注意 8.2　抽象层次的内涵

通过子系统、组件、子组件和零件抽象层次的命名约定，可以推断出硬件的内涵。总的来说，因为工程师通常从可交付硬件的角度来考虑系统，因而此种命名约定是利用工程师心理的模型来实现思想连续性。

但本文将这些术语视为通用分层描述符。原因如下。正如你将在本章后面部分发现的那样，子系统、组件等实体可能包括人员、设备（硬件和软件）、任务资源、过程资料和系统响应等。因而该实体执行任务被视为执行实体（类似于硬件和软件）。

建立一个层级抽象层次命名约定作为框架是很好的方法。但是，我们仍然

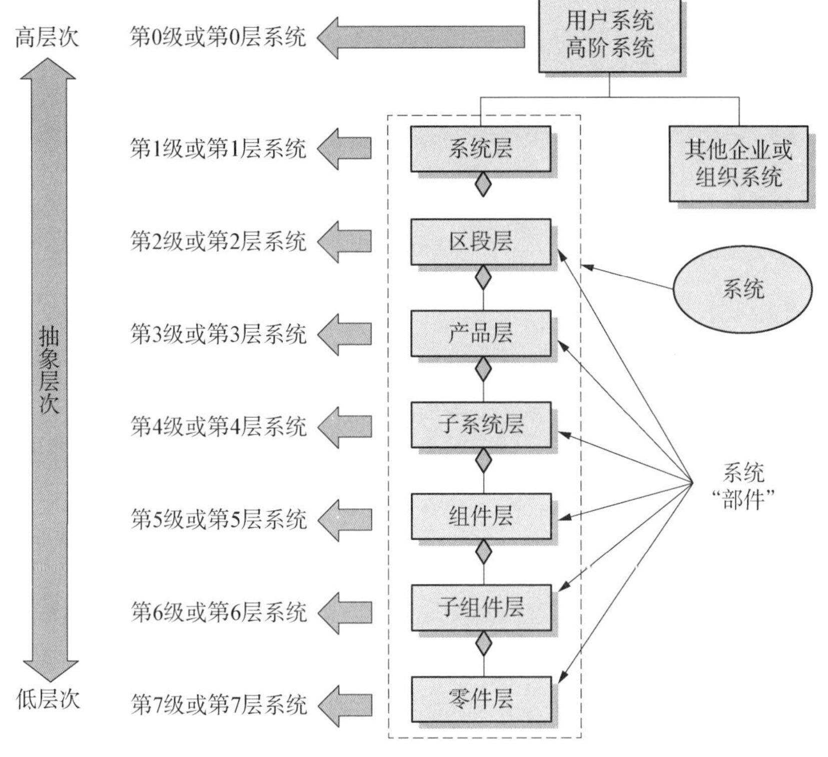

图 8.4　系统抽象层次和语义参考框架

需要解决有关处于不同抽象层次的实体的沟通问题。这就引出我们的下一个话题——建立表示系统命名层次的语义约定。

8.3.2　建立系统命名层次的语义约定

继续看图 8.4，观察图右侧的层级结构。我们从最高层次的系统开始，即用户系统，包括相关系统和其他组织系统。在这个层次之下，我们建立了系统、区段、产品、子系统、组件、子组件、零件等每个抽象层次的命名约定。这是一个 8 级约定，适用于大多数系统类型。例如，你的相关系统可能只有 3 级或 5 级。

请注意，实心 SysML™ 菱形符号（附录 C）表示聚合组合，说明抽象层次之间存在实体关系。例如，每个产品由一个或多个子系统组成，每个组件由一个或多个子组件组成，这具体取决于本节后面讨论的裁减问题。为了理解这种命名约定的起源和基本原理，下面我们来探讨一些行业背景。

8.3.2.1　语义命名约定的起源

一般来说，大多数组织认为他们的可交付系统由子系统组成。有趣的是，一些商业企业有时会将他们的1级系统称为“产品”，是由低层次“系统”组成，而不是子系统。在系统和子系统层次之下，组织可以使用术语“组件”或“子组件”。由于组织会创建零件清单，因此他们自然将“零件层”作为最低抽象层次。

8.3.2.1.1　部件（component）的语义起源和用法

注意，在图8.4中，没有抽象层次使用“部件”一词。“部件”是一个通用术语，具有明确和模糊的含义：作为物理实体时具有明确含义，适用于抽象层次时则具有模糊含义。作为本文的约定，我们使用的语境是：部件指任何抽象层次（产品、子系统、组件、子组件或零件）的任何实体。

8.3.2.1.2　区段（segment）层次的起源和用法

大型复杂组织系统通常有许多抽象层次，表示陆基、海基、空基和天基等系统或这些系统的组合。这方面的例子有NASA、军事和商业组织，如联合包裹运送服务公司、联邦快递公司等。为了适用于大型复杂企业系统，我们增加了一个区段层（第2层）来适应陆地、海洋、空中或空间应用。

8.3.2.1.3　产品抽象层次的起源和用法

如前所述，企业通常认为系统由子系统组成。如后文第2部分“系统设计和开发实践”所述，系统设计应该是在用尽所有方法寻找内部开发或市场上可买到的部件（原理16.6），以便直接使用或修改该部件来满足任何抽象层次的特定目的之后的最后手段（找不到可用的部件才开发）。在这种情况下，系统可能由内部开发部件和外部采购商品组成。为了说明这一点，我们来看下面的计算机系统示例。

示例8.1　计算机系统示例

通常，计算机系统由处理器（机箱）、键盘、显示器、打印机等部件组成。

计算机系统开发商可能决定内部开发这些部件，也可能从专门开发部件的供应商处购买。因此，计算机系统开发商从供应商目录中购买键盘、鼠标、电源等“产品”，标上名称装在机箱中，然后将这些产品作为替换部件列入自己的目录中出售。

此外，一些系统，如计算机系统，只是作为虚拟实体的分析抽象概念存在。从修辞角度来说，除非所有部件都独立放在单个外壳中，否则你真的能“触摸”计算机系统吗？答案是否定的。所谓的计算机系统是虚拟的分析抽象概念，如图 8.5 所示。你只能触摸其产品或子系统层次部件（键盘、机箱、显示器、打印机等）。根据计算机系统开发商的参考框架，将从供应商处购买的产品指定为其计算机系统内的子系统。鉴于一些系统的虚拟性质和商业领域对销售产品的定性，我们将低于区段层（第 2 层）的层次定义为产品抽象层（第 3 层）。

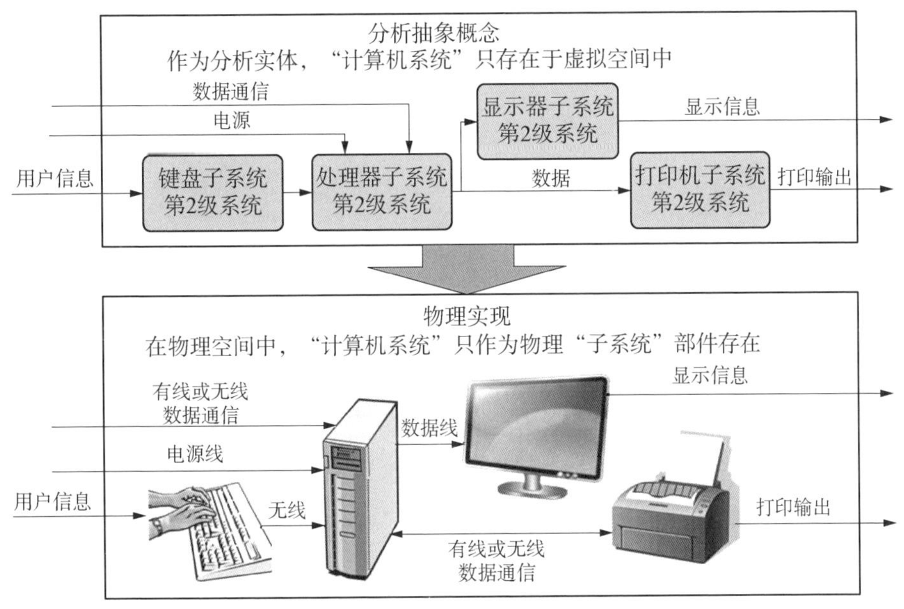

图 8.5　作为虚拟分析抽象概念的台式计算机系统

8.3.3　为系统应用调整抽象层次

前面介绍了应用于大型复杂系统的一系列语义。你和你的组织可能有，也可能没有 8 级系统，此时需要调整系统抽象层次的数量，来匹配你的系统应用。

图 8.6 说明了如何为特定组织应用调整系统抽象层次。图的左侧为本文中用于系统抽象层次的命名约定，右侧为组织对标准系统层次的调整。在这种情

况下，系统开发项目采用了以下语义：用户的第 0 级系统、系统层、子系统层、组件层和零件层，并按顺序使用参考层次编号（第 1 级、第 2 级等）来匹配这种调整。因此，去除了“区段层”“产品层”和“子组件层”虚线框，形成了 5 级系统。

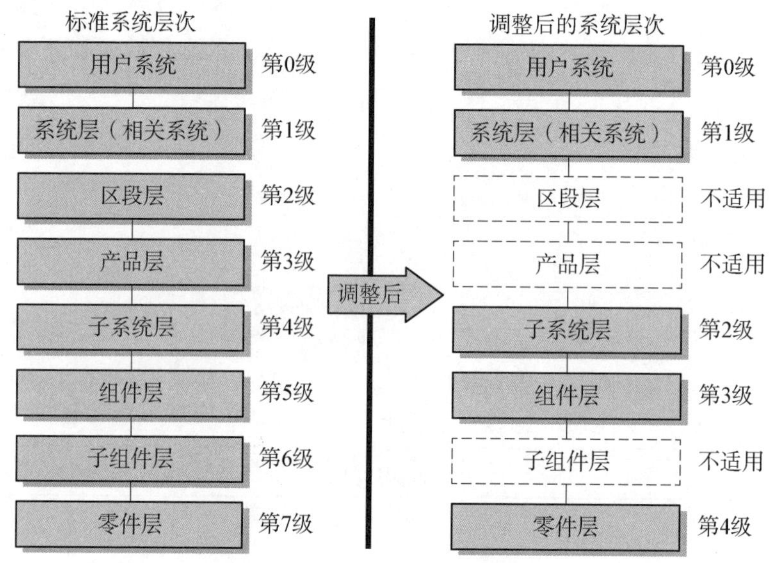

图 8.6　系统抽象层次调整示例

8.4　系统分解与集成实体关系

前面的讨论确定了分析性系统分解的命名约定。但是，当我们集成两个子系统时，可能需要由零件层部件（如支架、螺母和螺钉）组成的安装套件来将两个子系统物理集成。

从分析性分解的角度来看，我们期望系统的层级组成只包括子系统，事实也确实如此。但是为了将子系统集成到系统中，在系统层零件清单中给出了两个子系统和由物理零件层部件组成的安装套件。将零件集成到子组件、将子组件集成到组件以及将组件集成到子系统也是如此。

注意此处的两个不同的概念：部件的分析性层次分解（自上而下）和多层次物理集成（自下而上），即将部件分解为或集成为所谓的系统物理产品结构。集成通常会在物理系统设计的后期出现。为什么在系统的分析分解结构中可以找到低层次组件（组件、子组件或零件），但是在物理产品结构中这些组件却位于不同的集成层次呢？

为了协调分析分解和物理系统集成之间的差异，我们通过如图 8.7 所示的具体语境协调：

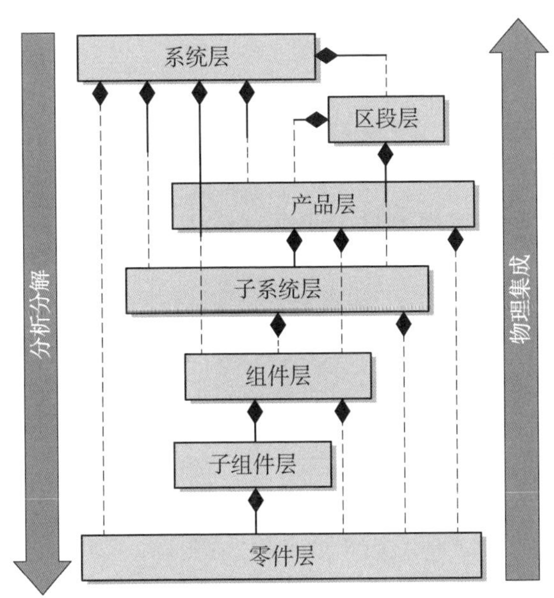

图 8.7　表 8.2 中定义的系统分析分解为抽象层次与物理集成实体关系

（1）自上而下的多层次分析分解实体关系。

（2）自下而上的多层次物理系统集成实体关系。

鉴于这两点，注意图形由图 8.4 所示的分析分解结构（抽象层次、语义和实体关系）组成。但是：由于可以按图 8.6 所示调整抽象层次，并且系统集成可以混合不同抽象层次的部件，因此系统层实体可包括也可不包括区段、产品、子系统、组件或零件。

可能图 8.6 看起来更像一个学术练习，但这是项目经理和项目工程师必须解决的真实案例。具体来说，项目工作分解结构（PWBS）通常描述系统的分析产品结构（由子系统等组成的系统）以及每个集成层次使用的系统集成和测试线的产品。

分析产品结构使项目经理能够收集每周项目工单（PWO）人工费用。通过项目备忘录，制定系统工程师、系统分析师及其他人员开发结构内的特定部件。然而，PWBS 分析分层产品结构并没有描述集成到多个子系统中时可能需要子组件#1（如标准接口或应用软件）的事实。因此，创建类似于图 8.7 所示的独立分析分解和物理系统集成结构对于项目规划至关重要。

层次分解采用与编制文档大纲相同的规则，以避免出现单个项目从属于高层次项目的情况。最佳实践表明，在从属组合层次中，应该始终有两个或更多个实体。若为系统，这并不意味着从属实体必须处于相同的抽象层次。例如，一个系统可能由两个子系统和一个连接两子系统的零件安装套件组成。

8.4.1 问题空间—解决方案空间分解

在前面的讨论中提出并描述了构成系统架构结构的抽象层次和语义的分析框架。那么问题是：这些层次和各层实体如何应用于智能手机或计算机等物理消费系统的开发？答案在说明了问题空间和解决方案空间概念的图 4.7 中引入的解决问题和解决方案开发概念。

从把系统任务作为抽象且可能复杂的问题空间入手，我们从分析角度将其分为多个解决方案空间（原理 4.18）的其中一个。分析实体，权衡成本、性能、风险等，以及做出决策时，解决方案空间的边界可能是模糊的或为概念上的边界，并且来回摆动，直至实体达到能够让我们确定稳固边界的成熟度。

在这种原始形式中，我们使用环境图来建立相对其关联解决方案空间和外部系统的环境。我们面临的挑战是如何处理抽象性和复杂性？从分析上来说，答案在从分析上将复杂性划分（分解）成递次的更低层次（原理 4.17），细化解决方案，使我们能够管理风险，并最终形成物理解决方案。我们称之为问题空间—解决方案空间分解。最终，系统将被分解为子系统、组件等。

8.4.2 问题空间—解决方案空间分解方法

问题空间—解决方案空间分解方法如图 4.7 所示。从图的左上角开始，抽象系统问题空间被划分并分解为一个或多个基于系统提供的一系列基于任务能力的低层次解决方案空间。采用替代方案分析（AoA）（第 32 章）、建模与仿真（M&S）（第 33 章）及其他系统工程方法概念化和评估一系列解决方案空间。随着每个解决方案空间决策的成熟，出现了子系统#1、子系统#2 等系统。

现在，新的问题出现了。子系统#1、子系统#2 和其他子系统也可能是抽象、复杂的实体。于是，子系统#1 解决方案空间就变成了必须分解为低层次组件层解决方案空间（组件#1、组件#2 及其他）的子系统#1 问题空间。继续分解下去，直到最终达到零件抽象层次。

有几个关键点：

(1) 上述概念化、公式化、权衡、选择过程所需的问题解决和解决方案开发方法是通过系统工程过程模型（见图 14.1）完成的。

(2) 注意，这里没有使用“功能分解”这个词。相反，我们将能力划分为概念上的解决方案空间，来实现传统上所称的“分解”，即因多重含义产生的另一个模糊术语。几十年来，“功能分解”作为一个概念，很好地服务于现代系统工程。但本书所讲的系统工程知识已经进入了一个新的理解阶段，它揭示功能分解的谬误，关注的是功能（即要执行的动作），而不是行为（如何）。最终分配约束这个抽象问题空间的规范要求（第 21 章）时，我们会基于能力，而不是基于功能来分配。

(3) 在图 8.7 中出现了“什么”与“如何”两个概念。请注意，自上而下的分解表示将会如何实现各抽象层次；相反，自下而上的集成则说明在每个更高层次要完成什么。

8.4.3　系统分解：复杂系统（complicated systems）和复合系统（complex systems）

复合系统的概念可能具有自定义、动态性、自主性等特征，如社交网络、政治制度、医疗保健体系、复合设备元素系统，以及产生系统分解相关问题的其他系统。系统分解的核心问题是“复合系统不能分解，而复杂系统可分解”这一观点。沃里克和诺里斯（2010）对这个问题展开了讨论。

8.4.4　小结：抽象层次

总之，本节的讨论引入了“系统抽象层次”和“语义”的概念。这种层级框架使得系统工程师能够就相关系统展开标准化的分析和交流。语义约定的目的在于在系统开发团队成员、购买者和用户之间建立通用术语参考框架，促

进复杂层次结构的交流。

在了解了系统分类后，我们引入系统元素概念。

8.5 逻辑—物理实体关系概念

在第1章中，我们强调了特定的、无限循环的“代入求出”……SDBTF-DPM 工程范式（第2章）的缺点。我们注意到，支持SDBTF-DPM范式的企业通常会从规范要求飞跃到物理层面，单点设计解决方案，而没有适当考虑通过替代方案（第32章）从多个可行替代方案中选择架构。

转变SDBTF-DPM范式时，需要先了解必须完成什么（任务、目的、运行概念、运行概念描述等），再确定如何设计系统（物理设计解决方案）。这个过程的一个关键步骤是认识到两个实体之间存在实体关系或关联关系（系统对系统、子系统对子系统等），我们称之为逻辑实体关系。具体来说就是，如果能够确定谁与谁互动，就可以采用系统工程方法将这种关系转化为物理实体关系。下面我们进一步探讨。

8.5.1 逻辑实体关系

确定逻辑实体关系的第一步是通过演绎推理简单地认识并承认两个实体之间存在某种形式的关联。你可能不知道这种关系的物理细节（即实体是如何联系在一起的），但却知道确实存在或将会存在某种关系。采用图形方式时，简单地用两个实体之间的一条线来描述这些关系。

第二步是用逻辑函数来描述逻辑关系（实体之间发生了怎样的交互），必须提供逻辑函数才能使两个实体相互关联。当将逻辑实体组合成用图形描述实体之间关系的框架时，我们把这个图形称为逻辑架构。我们以图8.8所示的简单室内照明情况来进行说明。

示例8.2 室内照明——逻辑架构实体关系

图8.8上半部分描绘了一个简单的室内照明系统，由一个想要控制室内光源（参与者）的用户（SysML™ 参与者——附录C）组成。

作为一种逻辑表示方式，我们在用户（参与者）和光源（参与者）之间画一条线来确认这种关系。于是，我们称用户（参与者）与光源之间有逻辑关联。

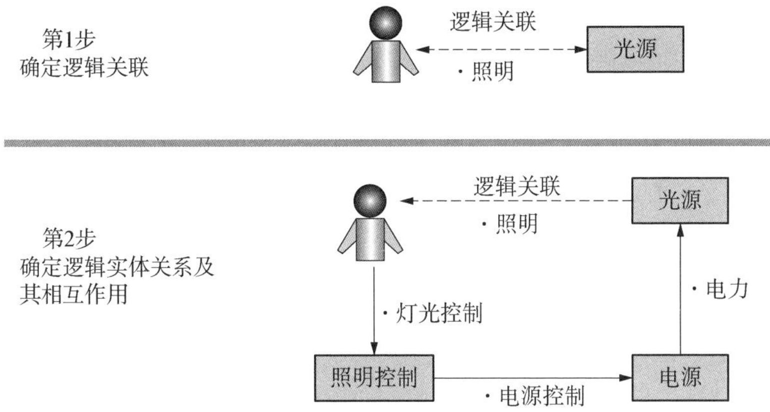

图 8.8　逻辑实体关系示例

然后，我们需要一个光源（参与者）控制机制，光源能量来源于电源（参与者）。我们通过连接用户（参与者）和照明控制来完成表示。照明控制使电流从电源流向光源。通电时，光源照亮房间，使用户能够走动或执行任务。

根据这个描述，应该注意到我们特意避免规定以下事项：

（1）用户如何与照明控制相连。

（2）照明控制如何控制电源。

（3）电源如何向光源提供电流。

（4）光源如何照亮用户。

图 8.8 只记录了关联关系。此外，我们还避免具体说明将会用什么物理机制，如光开关、照明设备、灯数和瓦特数等，来实现照明控制、电源或光源。我们将在后面讨论这些物理实现决策。

基于这种逻辑表示，我们来研究室内照明系统的物理实现。

8.5.2　物理实体关系

系统接口的物理实现需要进行更深入地分析和决策，因为通常成本、进度、技术、支持和风险都会成为实际实现中必须“平衡”的关键驱动因素。由于逻辑的实现应有许多可行的备选方案，因此可能进行替代方案分析（第 32 章）来实现物理部件的最佳选择和配置。采用图形方式时，我们将接口的

物理实现称为物理表征。

当设计师选择铜线和尺寸、灯开关、照明灯具等部件时，我们将其配置成系统框图（SBD）和描述物理实体关系的电气原理图。这些图是继续逻辑架构的物理系统架构的基础。请思考下面这个详细说明前述逻辑实体关系的例子。

示例 8.3　室内照明——物理架构实体关系

经过分析，我们开发了室内照明系统的物理表征或物理系统架构。

如图 8.9 所示，物理照明系统由以下物理实体组成：电源、电线#1、电线#2、灯开关、建筑结构、用户和含灯泡的灯插座。黑色实线代表电气接口；虚线代表机械接口。在物理方面，建筑结构为灯开关、电线#1、电线#2 和固定灯泡的灯具提供机械支撑。

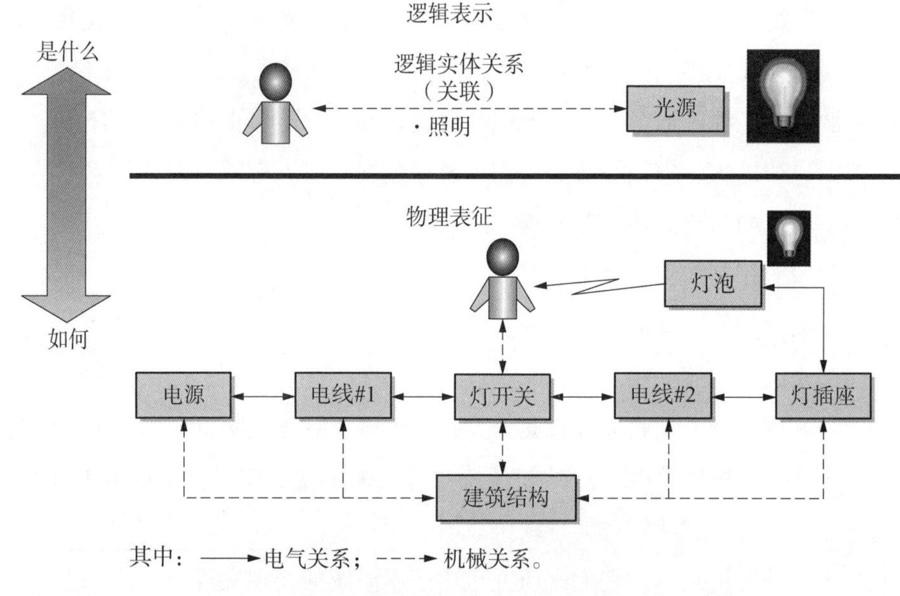

图 8.9　逻辑实体关系转化为物理实体关系的示例

当用户（物理实体）将灯开关（物理实体）置于“开”位时，交流电流（物理实体）从电源（物理实体）通过电线#1（物理实体）流向光开关（物理实体）。交流电流（物理实体）从灯开关（物理实体）通过电线#2（物理实体）流向灯插座（物理实体），继而流入灯泡（物理实体），然后向用户传播可见光，直到灯开关置于“关”位、灯泡烧坏或电源断开。

8.5.3 逻辑—物理架构方法

这些讨论的划分和排序提供了开发系统、产品或服务方法论的基本部分。如果观察和分析人类的行为，你会发现人类通常很难决定做出某些决定以及做出这些决定所需的战略步骤。人类通常需要大量的信息，但通常又无法在单个决策中综合个人或团队层面的所有数据，来得出全面的多层次设计解决方案。因此，决策过程的分支随着系统的规模和复杂性呈指数级增长。

鉴于这一特征，系统工程师、系统分析师、工程师和其他人员需要在决策路径上逐步前进，从简单的高层决策到基于高层决策的低层细节决策。从逻辑到物理的实体关系流程使我们能够逐步划分（分解）复杂性（原理 4.17）。

根据图 8.9，我们有了进步，从只承认关系的存在发展到关于如何物理实现逻辑实体关系的详细决策。

总之，我们将图 8.9 顶部室内照明系统的逻辑架构表示从抽象概念“什么”发展到了图 8.9 下部所示的详细物理架构表示“如何”。

8.6 架构系统元素概念

每个人工系统（组织系统和工程系统）以及自然系统都有支持和/或使系统组成元素能够提供任务执行能力和生存能力的结构和框架，我们把这种集成框架称为系统或实体架构。

8.6.1 系统元素简介

抽象地说，相关系统可能是任务系统（如系统、产品或服务）。任务系统与其使能系统集成，以便与高阶系统（权威命令和控制等）及其运行环境交互。任何一个抽象概念都由所谓系统元素的分析构件组成。当系统元素集成到架构框架中时（见图 10.14），就形成了系统架构，作为系统工程、分析和开发的关键构造。

如果只是观察系统及其相互作用，很快就会发现成功的系统结果和性能需要人工系统（组织系统和工程系统）的综合努力。系统的属性如下：

（1）组织任务等任务——由高阶系统提供充足的资金，作为授权、执行和

完成工作的使能者。

(2) 用户（运行人员或维护人员）——通过利用系统、产品或服务资产等组织工具或者人员来执行任务，实现基于行为表现的结果。

(3) 执行任务所需在正确时间可用的正确工具（企业系统、产品或服务资产）。

(4) 过程和方法——使用户能够安全、高效、有效地使用工具来完成任务，不会产生不利或灾难性后果以及后续影响，如伤害用户、损坏工具、影响公共安全或破坏环境。

(5) 有利于执行任务的设施或场所。

如果我们对这些属性进行领域分析，企业任务或任务的完成需要以下条件：任务资源、人员、设备、过程资料、系统响应和设施。我们将这些类别指定为系统元素，在英文中用小号大写字母格式表示。为了便于理解系统元素，请思考以下示例。

示例 8.4　系统元素示例

这里采用汽车——驾驶员系统的系统元素，每个系统元素都有一些例子：

(1)“人员”元素——驾驶员和乘客。

(2)“设备”元素——汽车。

(3)“任务资源”元素——任务、燃料、油液、地图、收音机等。

(4)“过程资料”元素——汽车使用手册。

(5)“系统响应”元素——预见性驾驶和防御性驾驶。

(6)“设施”元素——家用车库、汽车经销店、维修店。*

的确是这样，传统工程结果应该是可观察、可测量、可验证的，等等。然而，要如何测量外部系统响应，如无意给出反应的人？而实际情况是：人工系统可能会也可能不会产生输出来避免被发现、存活等。由于系统工程决策的范围不仅仅包括传统工程（见图 1.2），因而特意将系统响应提升为系统元素，确保做出适当考虑。

前面的系统元素示例说明需要精确描述系统元素的应用来描述以下内容：①汽车—驾驶员系统作为任务系统运行；②汽车需要通过使能系统（如汽车经

* 注意，确实存在“系统响应”元素。但工程师认为系统响应是他们可以用数字电压表、示波器或其他类型的仪器测量的。

销店）进行定期预防性维护。在本书中，汽车—驾驶员系统的运行不需要“设施”元素。因此，我们改进了系统元素的应用描述，进行如表 8.1 所示的比较。

表 8.1　系统元素比较：任务系统与使能系统

任务系统—系统元素	使能系统—系统元素
人员元素	人员元素
设备元素	设备元素
• 硬件	• 硬件
• 软件	• 软件
任务资源元素	任务资源元素
过程资料元素	过程数据元素
“系统响应”元素	“系统响应”元素

设施元素

从任务系统的角度来看，“设施”元素是使能系统角色所特有的。例如，作为任务系统运行的飞机不需要设施就能从一个城市飞到另一个城市。总的来说，我们习惯将设施看成建筑物。但正如后文将要详细定义的那样，设施不仅包括建筑物，还包括车辆和结构，如可能暴露于天气条件下的平台或框架。举例说明如下。

示例 8.5　作为飞机使能系统设施的机场飞机库

航空公司可以指定特定城市的飞机库作为“使能系统设施”元素，对任务系统飞机进行大修大检。

设施为各种天气条件下的维护作业提供保护。

同样，机场航站楼充当“使能系统设施”元素，为中转飞机、上/下乘客和货物等提供服务。

示例 8.6　作为空中加油使能系统设施的加油机

在履行任务系统角色时，军用喷气式战斗机需要由加油机进行空中加油，加油机是“使能系统设施”元素。

示例 8.7　作为部件安装使能系统设施的机翼

飞机的机翼结构充当在飞机上安装供应商所开发飞机的飞行控制系统

（FCS）作动器的“使能系统设施”元素。

8.6.2　系统元素描述

基于前文对相关系统任务系统和使能系统的系统元素的介绍，我们来界定每一个元素所包含的内容。

8.6.2.1　“人员”系统元素

“人员”系统元素包括根据标准操作规程和程序（SOPP）执行任务系统运行所需的所有人员角色。它对完成高阶系统分配的任务目标负有全面责任：

（1）任务系统人员角色包括操作任务系统并完成其任务目标直接需要的所有人员。一般来说，这些人员通常被称为系统操作人员，如飞行员/副驾驶等。

（2）使能系统人员角色包括执行维护、供应支持、培训、出版、安全和其他活动等任务的系统维护人员。

8.6.2.2　“设备”系统元素

“设备”系统元素包括所有物理、多级、机电、光学或其他类型的物理系统。设备示例包括如图 8.4 所示的产品、子系统、组件、子组件和零件。注意，通常认为“设备”系统元素是物理硬件，但这并不准确。“设备”元素包括硬件，但不一定包括软件，如简单的园艺铲（硬件）就不需要软件。

任务系统的最终成功需要“任务”元素在操作时可用（第 34 章），并完全能够保证系统任务及人员的安全，确保一定程度的成功。因此，可靠性、可用性、可维护性、脆弱性、可生存性、安全性、人为因素等专业工程学科成了“设备”元素的关注重点。根据应用的要求，“设备”元素的物理要求可能需要具备：①固定或永久结构，如建筑物；②可运输性，如重型施工设备；③机动性，如汽车或飞机；④移动性，如拖车或手推车；⑤便携性，如智能手机。

为了更好地理解“设备”元素的组成，我们接下来讨论其硬件和软件组件。

8.6.2.3　“硬件”系统元素

“硬件”元素包括根据系统架构集成的多级部件（机械、电气/电子或光学）。尽管“硬件”元素对于任务系统和使能系统都是通用的，但其部件的类别有所不同：

（1）任务系统硬件部件进行物理集成，提供完成任务目标所需的运行能力。

（2）使能系统硬件部件包括部署、支持、退役或处置任务系统所需的工具（系统和设备），如军事组织将工具分类为通用保障设备（CSE）和专用保障设备（PSE）。

8.6.2.3.1 通用保障设备

通用保障设备包括部署、支持、维护和退役系统或部分系统所需的，但同时不直接参与系统任务执行的项目。一般市场出售或用户自有的通用保障设备包括锤子、螺丝刀、诊断设备、数据记录器、分析仪等。工作分解结构（WBS）元素中固有的总体规划、管理和任务分析功能，以及系统工程/项目管理不包括在内。

8.6.2.3.2 专用保障设备

MIL－HDBK－881 中对专用保障设备的描述是，“……当系统不直接参与任务执行时，支持和维护系统或部分系统所需的可交付项目和相关软件的设计、开发和生产，且不是通用保障设备”（MIL－STD－881C：240）。

专用保障设备如下：

（1）用于提供燃料、维修、运输、提升、修理、大修、组装、拆卸、测试、检查或以其他方式维护任务设备的车辆、设备、工具等。

（2）交付给购买者用于维护系统的复制或改进后工厂测试或工装设备的任何产品（最初由承包商在生产过程中使用，但随后交付给购买者的工厂测试和工装设备将作为生产项目的成本包括在内）。

（3）维护或改进系统软件部分所需的任何其他设备或软件（MIL－STD－881C：240）。

8.6.2.4 通用保障设备和专用保障设备的通用部件

通用保障设备和专用保障设备采用两者通用的两类设备：①测试、测量和诊断设备（TMDE）；②保障和装卸设备。

8.6.2.4.1 测试、测量和诊断设备

MIL－HDBK－881 中将 TMDE 描述为“……包括允许操作员或维护功能通过执行设备保障的组织、中间或基地级特定诊断、筛选或质量保证工作来评估系统或设备的运行条件的专用或独特测试和测量设备”（MIL－STD－881C：

228）。

例如，测试和测量设备如下：

（1）用于所有维护级别的TMDE、精密测量设备、自动测试设备、手动测试设备、自动测试系统、测试程序集、适当互联设备、自动加载模块、接头以及相关软件、固件和保障硬件（电源设备等）。

（2）能够实现使用自动测试设备进行外场或内场可更换件、印刷电路板或类似项目诊断的软件包（MIL－STD－881C：228）。

8.6.2.4.2　保障和装卸设备

保障和装卸设备包括用于保障任务系统的可交付工具和搬运设备。这包括“……地面保障设备（GSE）、车辆保障设备、动力保障设备、无动力保障设备、弹药物资装卸设备、物资装卸设备和软件保障设备（硬件和软件）”（MIL－STD－881C：228）。

8.6.2.5　“软件”系统元素

“软件”系统元素包括所有软件代码（源代码、目标代表、执行代码等）和“设备”元素安装、操作和维护所需的文件。你可能会问为什么有些组织把“软件”元素和“设备”元素分开。有以下几个原因：

（1）“设备”元素的“硬件”和“软件”可以单独开发或从不同的供应商处采购。

（2）假设当前设计满足需求，就无须对“设备”元素“硬件”进行物理修改，利用“软件”就可以灵活改变系统能力和性能（决策、行为等）。*

“设备”元素的“硬件”和“软件”可以单独采购。基本原理是：软件作为系统元素应予以隔离，以适应修改，而不必修改硬件。

只要已经分配并从高层次“设备”元素规范要求衍生得出软件要求规范（SRS），应用专用软件就可以作为独立项目采购，而不需要考虑其在系统结构

* 有以下两个关键点：

（1）本文将“设备”元素定义为包括集成硬件和作为从属支持元素的软件。

一些组织将“软件”元素与“设备”元素相提并论（认为“设备”元素是硬件）。这从技术上看是不正确的。在这种情况下，如果没有“软件”，“硬件”也就毫无用处，反之亦然，可以说是二者的综合能力构成了“设备”元素。

（2）工程师通常在做出更高层次的相关系统决策（即“设备”元素要求）之前，就会关注硬件和软件细节（见图2.3）。通过“设备”元素决策，可以得出低层次的“硬件”和“软件”用例与决策。然后又通过这些决策进行关键系统权衡：硬件应该实现哪些能力，软件又应该实现哪些能力？

中的位置如何。随着应用专用软件新版本的发布，用户可以在不修改“设备”的情况下采购。但是也有例外，受外部驱动的企业绩效目标、产品过时、新技术和优先事项顺序不可避免地迫使企业升级计算机硬件能力和性能来满足需求。

8.6.2.6　“过程资料”系统元素

“过程资料”系统元素包括规定如何安全操作、维护、部署和存储“设备”元素的文件。一般来说，“过程资料”元素代表的是程序或制造商说明，如用户指南或操作手册，规定为了达到要求运行环境下的预期性能水平而进行的设备安全操作。

“过程资料”元素包括企业角色和任务、运行限制、参考手册、操作指南、SOPP、检查表等项目。*

请记住，检查表包含了能让你远离麻烦的经验教训和最佳实践。检查表是一种心理状态，你可以把检查表视为执行行动的“回马枪”（memory jogger），或者作为“思考可能忽略事项”的“提醒”。正如一位同仁所言，当飞机着陆时，如果检查表上说着陆时“放下并锁定起落架”，你可能至少要考虑在着陆前放下起落架！不管是不是官僚主义，不合规的情况都可能引起严重后果！

8.6.2.7　“任务资源”系统元素

“任务资源”系统元素包含驻留在各种介质上的实时和非实时任务数据、油液、润滑剂、材料、能量等，例如任务执行达到特定成功水平所必需的元素。“任务资源”按任务期间支持任务系统或使能系统所需的耗材和消耗品分类。

8.6.2.7.1　任务资源——耗材

耗材任务资源如下：①摄入、转换或输入处理机制（如内燃机、太阳能转换器等）来转换为能量的物理实体；②用于补充现有资源的物理实体。举例如下：

（1）“人员”元素的食物、水、药品。

（2）“设备”元素的燃油、水、润滑剂和油液。

8.6.2.7.2　任务资源——消耗品

消耗品任务资源包括在任务过程中或任务结束后使用、读取和处置的物理

* **检查表（checklist）的价值**
遗憾的是，人们通常认为检查表是官僚主义，认为其毫无意义，尤其是对于组织流程而言。

实体。举例如下：

（1）汽车——空气过滤器、油滤和变速箱滤网，风挡玻璃雨刮片，灯泡，轮胎。

（2）军用飞机——导弹。

（3）数据资源——使人员和设备能够根据“明智”决策成功规划和执行任务的硬盘或电子版任务信息，如任务、战术计划、任务事件时间线（MET）、载货清单、情报、先前记录的任务数据、命令、数据消息、导航数据、天气状况和预报、形势评估、电信、遥测和同步时间。

8.6.2.8　“系统响应”系统元素

作为刺激—响应机制，每个自然和人工系统都会在其运行环境中对来自外部系统的刺激、激励或提示做出内部或外部响应。响应可能如下：

（1）明确响应，如报告、函件和行为改变。

（2）隐式响应，如思维策略、经验教训和行为模式。

系统响应以多种形式出现，我们将其描述为系统在任务前、任务中和任务后运行阶段的行为模式、产品、服务和副产品。那么，我们所说的系统行为、产品、副产品或服务是什么意思呢？

（1）系统行为包括按照行动计划或针对物理刺激和视听提示（如威胁和机会）的系统响应。刺激、激励或提示会引起可分为攻击性、良性、防御性和介于两者之间的任何类型的系统行为模式或行动。行为行动包括战略战术和对策。

（2）系统产品包括对计划内和计划外事件、外部提示或刺激的任何类型物理输出、特征或行为响应。

（3）系统副产品包括任何类型的物理系统输出，如热量、废气排放、热信号以及不被视为系统、产品或服务的行为。

（4）系统服务包括帮助其他实体执行其任务系统角色的任何类型的系统行为，但不包括物理产品。

8.6.3　系统元素交互的概念化

确定系统元素交互的方法之一是创建简单矩阵，如图 8.10 所示。为了便于说明，矩阵的每个单元代表行和列系统元素之间的交互。对于你的系统，采用这种方案并将交互记录在系统架构描述中，然后，基线化并发布这个文档，促进系统元素开发和决策团队成员之间的沟通。

通过图 8.10 所示的矩阵，我们可以简单地确定系统元素中谁与谁在交互。凭借技术和经验，人们可以利用创建架构框图（ABD）来说明交互。难度在于浪费宝贵的时间在页面中调整文本框和线条，而不是专注于实质内容并和同事达成一致。

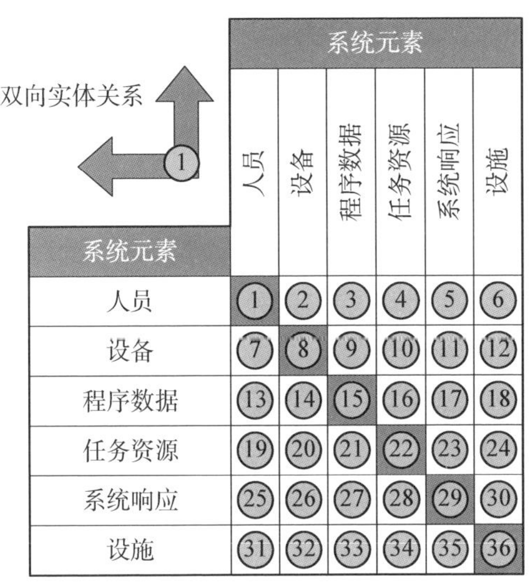

图 8.10　确定系统元素间实体关系的简单矩阵方法

克服这种情况的一个方法是引入一种工具，即 N2 图，如图 8.11 所示。N2 图是实体集 $N\times N$ 矩阵的一种非常有用但又很简单的图形表示。兰诺（1977：244－271）在 1977 年的一篇论文中介绍了这种工具。该工具由虚拟行—列矩阵组成，实体从左到右对角分布。对角线很容易容纳外部输入［可接受和不可接受输入（见图 3.2）从图左侧进入任何实体］和输出［可接受和不可接受输出（见图 3.2）从右侧退出］。

有些人基于图 8.12 所示的功能建模集成定义（IDEF0）构造来扩展概念。该构造（IDEF0，1993：12，图 3）说明了从每个实体的顶部向下进入的限制和从实体底部进入的资源。

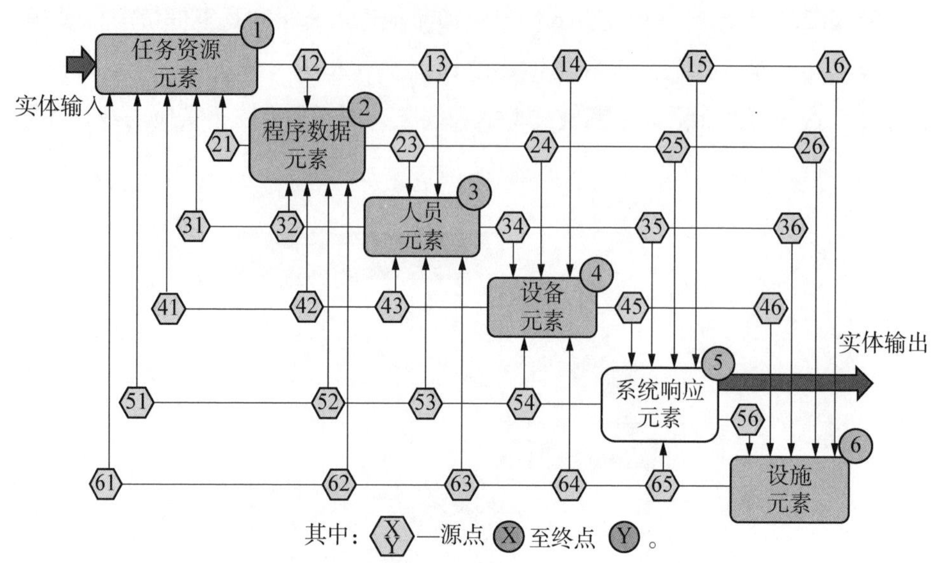

图 8. 11　说明系统元素实体关系和接口标识符的 $N \times N$（N2）图

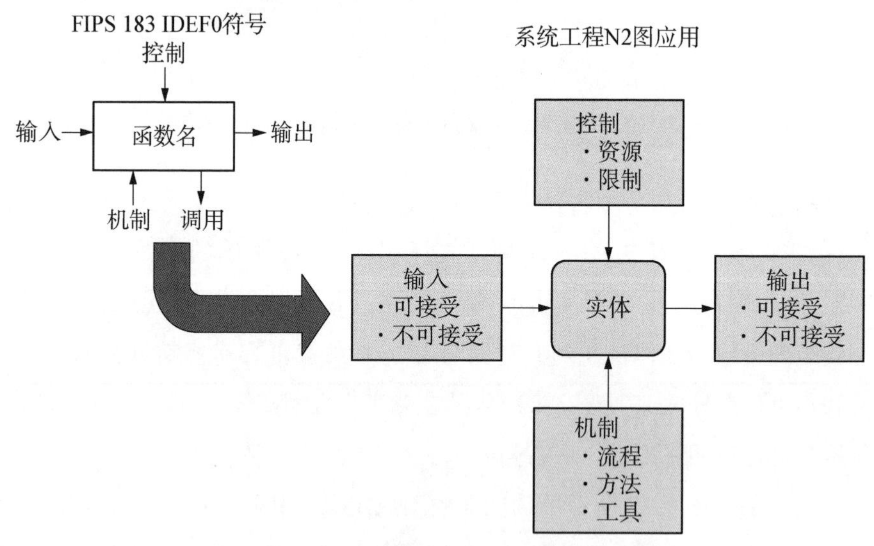

图 8. 12　功能建模集成定义（IDEF0）构造

（资料来源：IDEF0，1993：12，图 3）

可以使用电子表格或有这项功能的工具作为演示文稿的一部分来创建 N2 图。工程师经常创建高度复杂的系统的大型 N2 图。这些图中字体很小，需要办公室一整面墙来张贴，而且识读起来非常困难。为了管理这种复杂性，基于管理“控制范围”概念的经验法则是，限制给定抽象层次架构的实体数量，最多 6~8 个。这样不仅更容易管理，而且每个人都能集中注意力。

在办公室的墙上张贴 N2 图这种方法有时是合理的，但由于信息量太大，会导致“只见树木，不见森林”。这就违背了集中在实体关系和架构的实质性审查上这一意图。

N2 图通常用作分析工作文件，为创建图 8.13 所示实体的系统元素架构（SEA）构造提供基础。

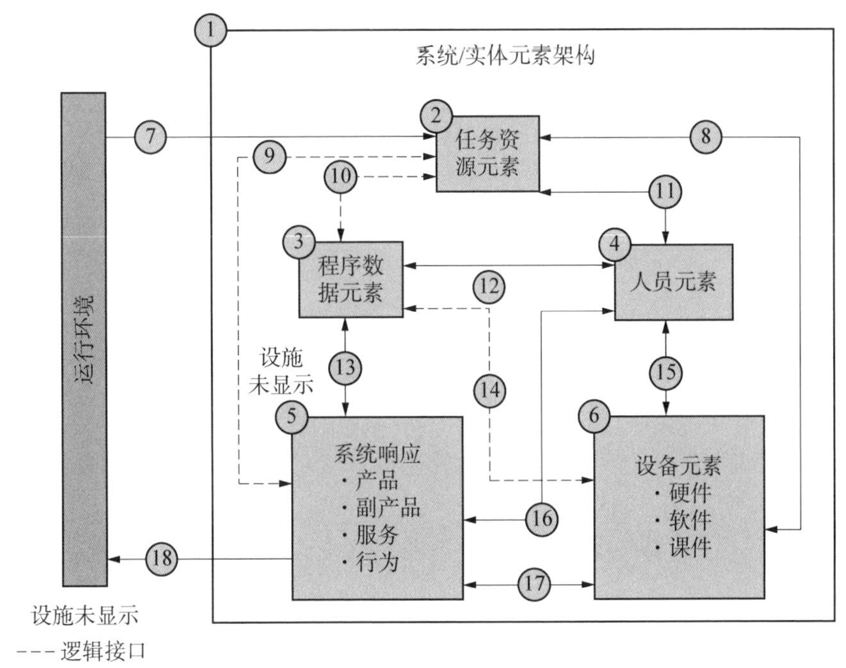

图 8.13　系统元素架构构造

8.6.4　系统元素概念的重要性

系统元素概念分类（见表 8.1 和表 8.2）很重要，原因有以下三个：

表 8.2　系统实体分解和集成指南

级或层	术语	实体分解/集成指南（见图 8.7）
0	用户系统层次	用户系统受企业或组织任务的约束，包含在系统运行环境内完成任务所需的一个或多个相关系统
1	系统层	系统的每个实例至少包括两个或更多个区段、产品、子系统、组件、子组件或零件层实体或其组合的实例
2	区段层实体	如果区段抽象层或类别适用，每个抽象层实体至少包括两个或更多个产品、子系统、组件、子组件或零件层实体或其组合的实例
3	产品层实体	如果产品抽象层或类别适用，每个产品层实体实例至少包括两个或更多个子系统、组件、子组件或零件层实体或其组合的实例
4	子系统层实体	如果子系统抽象层次或类别适用，每个子系统层实体实例至少包括两个或更多个组件、子组件或零件层实体或其组合的实例
5	组件层实体	如果组件抽象层或类别适用，每个组件层实体实例至少包括两个或更多个子组件或零件层实体或其组合的实例
6	子组件层实体	如果子组件抽象层或类别适用，每个子组件层实体实例必须至少包括两个或更多个零件层实体的实例
7	零件层实体	零件层是系统的最低层次的分解元素

（1）第一，系统元素使我们能够组织、分类和界定系统和实体抽象层次及其交互。也就是说，这是区分系统中包含什么和不包含什么的一种方法。

（2）第二，系统元素架构建立了开发系统层次内各实体逻辑和物理系统架构的通用框架。

（3）第三，系统元素是分配多层性能规范要求的初始起点构造。

尽管有很强的技术和分析能力，但工程师有时并不善于组织信息。这是“系统工程”面临的一个基本问题。能够理解、构建和组织问题就具备了成功解决问题的一半能力。图 8.13 中的系统元素架构构造框架为定义系统及其边界提供了框架。

分析和解决系统开发和工程问题的挑战是：要能够以通俗易懂的方式识别、组织、定义和阐明问题的相关要素（目标、初始条件、假设等），使工程师能够概念化和制定解决方案策略。建立标准分析框架及其接口，然后分解和细化架构，使得传统工程能够应用“代入求出”的数学方法和科学原理，是

工程教育和培训的核心优势。

8.6.5 创建系统元素架构

基于对图 8.10 所示矩阵中系统元素之间交互的分析，我们可以创建如图 8.13 所示的系统元素架构构造。这种构造是开发系统、产品或服务的“源头”模板。尽管大多数自定义架构都反映个人经验，但你可以从这个简单模板开始。第 10 章将讨论系统元素架构在运行环境下，在相关系统和外部系统中的应用。

8.6.6 综合系统抽象层次和系统元素概念

前文对系统元素的讨论暗示了相关系统的任务系统和使能系统包括“人员”“设备”“任务资源”“程序数据”“系统响应”和“设施”这些系统元素。从系统需要什么的角度来看，这无疑是正确的。但是，有些系统可能不需要“人员”。举例说明如下。

示例 8.8

有些系统，如履行任务系统角色的商用飞机，需要机上“人员”要素，即由飞行员、乘务员等组成的飞行机组。

而其他系统，如将行星空间探测器和探测车作为任务系统发送到火星，需要“人员”元素。这里的人员不是在航天器上，而是在地球上，作为探测车使能系统的一部分。

当需要“人员”元素时，其可能是在系统、产品、子系统等较高的抽象层次。某些企业（系统层），如电视台，由控制室（子系统层）组成，控制室由许多集成“人员—设备”元素工作站（组件层）组成，每个工作站作为执行实体，完成各自的任务。

注意，我们所说的控制室“子系统和组件”层的“人员—设备”工作站。不要被系统层或组件层的内涵所误导，认为子系统层或组件层仅仅是硬件。并非如此！“设备”及其构成硬件和软件和人工（“人员”元素）集成，并在操作时作为执行实体，也可被指定为子系统或组件。

8.6.6.1 执行实体概念

原理 8.2

各系统抽象层（系统、产品、子系统等）表示一组执行实体的集合，执行实体包括设备（硬件和/或软件）、资源、过程数据、系统响应，也可能包括或可能不包括“人员”或“设施”元素。

系统工程师面临的挑战是，如何知道是否需要“人员”元素？答案在于理解仅需设备元素、仅需“人员”元素或需“人员—设备”组合元素的执行实体的概念。第24章将讨论对系统实现决策［“人员”元素最擅长什么，“设备”最擅长什么（见图24.14）］以及运行成本考量进行关键权衡。关键决策是：以最低开发成本和生命周期总拥有成本（TCO）实现所需性能的“人员—设备”任务的适当组合是什么？

为了说明如何确保在任何抽象层都有执行实体，图8.14说明了系统抽象层和系统元素之间的关系。图左侧的系统层可能给出任务系统或使能系统的层次分解。各抽象层次的各个实体可以包括一个或多个系统元素。

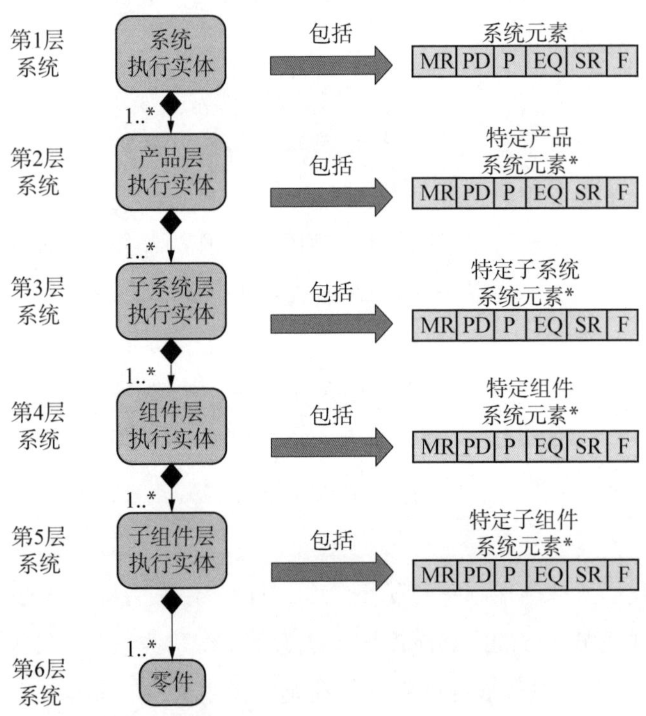

图8.14　说明各层系统元素组成的系统抽象层次

分析图 8.14 可以得知，每个抽象层的实体可能包括部分或全部系统元素。但一般而言，“人员”元素通常仅限于产品或子系统层，尤其是在取决于复杂性的控制中心的应用中。*

结合上一段文字，原理 8.2 可能还没讲清楚，我们来进一步说明：

（1）组织系统。

需要所有的系统元素，即任务资源、程序数据、人员、设备（硬件，可能还有软件）、系统响应和设施。“设备”元素（自有、租用或租赁）可以简单到办公室桌椅、办公室复印机、传真机、电话、台式计算机等。

（2）工程系统。

a. 需要任务资源、过程数据、设备和系统响应。机械加工或批量生产的手动工具等设备不需要软件，但计算机需要软件。

b. 通常依赖于使能系统来提供“人员”和“设施”元素。回顾前文对图 8.1 的讨论，描述是否认为用户（操作人员或维护人员）构成系统一部分的重要性。

示例 8.9　赛车—驾驶员任务系统和后勤维修人员使能系统作为综合执行实体

为了更好地说明执行实体的概念，请思考图 8.15（Christie，2014）所示的内容。图中出现了两个高层执行实体：①赛车—驾驶员任务系统；②后勤维修人员使能系统。赛车—驾驶员系统的维修任务事件时间线共 3.5 秒（Kolwell，2013），包括在 3.5 秒或更短时间内顶起车辆、更换轮胎、检查和补充润滑剂和冷却液、给车辆加油、清洁车窗等。这不仅仅是培训后勤维修人员更快地工作，同时赛车的设备设计最终会限制后勤维修人员执行预防性和纠正性维护行动的速度（第 34 章）。

车辆的系统工程师应将赛车机器部件（车轮、举升点、装置等）的设计纳入任务事件时间线中，确保在 3.5 秒内完成维护任务。人员（换胎人员、举升人员等）、设备（千斤顶、气动扳手等）、任务资源（绑带、空气等）、过程数据

---

* 对各系统层次执行实体概念的认识是第 21 章的讨论重点，如有不同的解决方案空间填充方法，例如：①仅自动设备；②仅人员；③手工操作设备的人员；④操作自动设备或半自动设备的人员。规定系统性能规范（SPS）或实体开发规范（EDS）时，将执行系统/实体视为对象（见图 3.2 和图 20.4），避免规定（如前面①~④项所述）解决方案空间的物理实现方案。

图 8.15 赛车后勤维修人员—执行实体示例

［资料来源：布莱恩（2014）］

(赛车规则)、设施（有界工作安全区)、系统响应（及时完成的维护行动）之间的交互是成功的关键。图 8.15 是图 8.14 中描述的执行实体概念的实例。

8.7 本章小结

总之，本章对第 3 章介绍的系统元素进行了详细说明。具体如下：

(1) 定义、确定并提供了各系统元素（任务资源、过程数据、人员、设备、系统响应和设施）的细节。

(2) 介绍了逻辑和物理关系的概念，作为克服自定义、无限循环的“代入求出”……定义—设计—构建—测试—修复（SDBTF）—设计过程模型（DPM）工程范式（第 2 章）的基础。

(3) 介绍了矩阵和 $N \times N$（N2）图方法，方便定义系统元素之间的逻辑和物理关系。

(4) 介绍了系统元素架构构造的概念，作为构建相关系统、任务系统、使能系统或“设备”元素的起点。

(5) 介绍了作为抽象概念的执行实体的概念，而不考虑通过“人员”“设备”或“人员—设备”组合系统实现执行实体。

在此基础上，我们接下来将准备讨论更高层次的系统——相关系统任务系统和使能系统的集成，以及在运行环境中与外部系统的交互。

8.8 本章练习

8.8.1 1级：本章知识练习

回答“你应该从本章中学到什么”一节中列出的每个问题：

(1) 什么图形工具使我们能够描绘出系统、产品或服务边界范围内的内容？

(2) 什么图形工具使我们能够研究系统实体之间的相互关系？

(3) 什么是环境图？使用它的目的是什么？如何使用？

(4) 假设你的任务是向不熟悉环境图的人描述环境图，简要说明环境图中的元素，如何构建，以及应该描述哪些信息。

(5) 什么是系统元素？

(6)“设备”元素的关键组成部分是什么？请举例说明。

(7)“任务资源”元素的关键组成部分是什么？请举例说明。

(8)“过程数据”元素的关键组成部分是什么？请举例说明。

(9)“人员”元素的关键组成部分是什么？请举例说明。

(10)“设施”元素的关键组成部分是什么？请举例说明。

(11) 什么是通用保障设备？请举例说明。

(12) 什么是专用保障设备？请举例说明。

(13) 什么是测试和测量设备？请举例说明。

(14) 什么是保障和装卸设备？请举例说明。

(15) 系统元素与系统架构有什么关系？

(16) 什么是系统元素架构（SEA）构造？它起什么作用？具体在什么情况下应用？

(17)“软件”元素应该与“设备”元素分开吗？为什么？

(18) 什么类型的系统包含相关系统？

（19）相关系统任务系统的关键系统元素是什么？

（20）相关系统使能系统的关键系统元素是什么？

（21）什么是 N2 图？使用它的目的是什么？如何使用？

（22）使用图 8.11 作为模板，创建以下各任务系统的 N2 图，创建各接口的标识符。每个文本框中都加带项目符号的内容进行注释。

a. 快餐店。

b. 台式计算机系统。

c. 企业组织。

（23）使用上一题中的信息，按照接口标识创建一个按字母顺序排列的列表，通过标识符描述每个接口上发生的交互。

（24）使用练习（22）中的信息，用图 8.13 所示的系统元素架构构造，以图形方式创建每个系统的架构。注意将 N2 图的接口和标识与系统元素架构进行交叉检查。

（25）参考图 8.15，描述基于执行实体组的赛车—驾驶员任务系统和后勤维修人员使能系统。

（26）利用抽象层次将两个系统分解为组的图形分层结构，确定各组的系统元素（包括“人员”角色），指定各组的特定任务目标（维护行动），并描述行动顺序，以及在 3.5 秒内准备好赛车返回赛场所需的概念性任务事件时间线。

8.8.2 2 级：知识应用练习

参考 www.wiley.com/go/systemengineeringanalysis2e。

8.9 参考文献

Christie, Bryan (2014), *Illustration: Formula One (F1) Pit Stop,* New York: Bryan Christie Designs.

IDEF0, (1993), *Integrated Definition for Function Modeling (IDEF0). Draft Federal Information Processing (FIPS) Standards Publication 183,* 1993 December 21, Figure 3, p. 12.

KSC (2009), *Lightning Strike on Launch Pad 39A,* KSC-2008-3940, NASA Photo, July 10,

2009, Kennedy Space Center (KSC), FL: NASA. http://mediaarchive.ksc.nasa.gov/detail.cfm?mediaid=42077. Accessed 3/19/13.

Kolwell, K. C. (2013), *"Anatomy of an F1 Pit Stop: 0.03 Is the Magic Number," Car & Driver,* Ann Arbor, MI: Hearst Corporation http://blog.caranddriver.com/anatomy-of-an-f1-pit-stop-003-is-the-magic-number/. Access 3/17/14.

Lano, Robert J. (1977). *"The N2 Chart," TRW-SS-77-04, Reprinted:* System and Software Requirements Engineering. New York, NY: IEEE Computer Society Press, 1990.

MIL-HDBK-1908B (1999), *DoD Definitions of Human Factors Terms,* Washington, DC: Department of Defense (DOD).

Warwick, Graham and Norris, Guy (2010), *"Designs for Success: Calls Escalate for Revamp of Systems Engineering Process",* Aviation Week, Nov. 1, 2010, Vol. 172, Issue 40, Washington, DC: McGraw-Hill.

9　相关系统的架构框架及其运行环境

工程师，尤其是系统工程师，经常坐在计算机前，创建由子系统、组件、子组件和零件层部件随意组合而成的自定义的、不连贯的系统层次架构。是的，零件层部件!

当有人创建了一个复杂的系统层次架构，且其中包含一个带有零件号和用于接线的引脚的模拟—数字集成电路器件时，你就知道有麻烦了。

遗憾的是，这一现实反映了工程教育的不足，不一定是工程师的问题。当工程师未接受过真正的系统工程与开发课程教育时，他们自然而然地倾向于模仿别人的所谓架构，因为他们认为别人知道他们在做什么。尽管与其他项目有相似之处，但试图创建和其他项目一致的系统架构通常会转化为“重造轮子”的头脑风暴会议。结果往往是不可预测的，这是因为在头脑风暴会上，在对知情和不知情的人进行“民意调查”并试图达成共识时，会存在不同的观点。

第 8 章中介绍的系统元素架构（SEA）提供了一个简单的“源头”模板，用于创建适用于任何抽象层次的任何实体的架构。由于该结构反映了许多不同类型架构的主要系统元素，因此它可以作为特定系统定制的信息起点。

本章将系统元素架构结构作为一个“构件”。该构件可集成到不同的层次，从而提供一个更加一致的架构。因此，我们可以为相关系统、任务系统、使能系统和由实体组成的抽象层次以及相关系统运行环境中的外部系统创建多层次系统架构框架。由此产生的多层次架构使我们能够识别、定义和控制接口，并指派项目团队，如集成产品团队、产品开发团队等。

9.1 关键术语定义

（1）实体关系（ER）——参见第 8 章“关键术语定义”。

（2）层级相互作用（hierarchical interactions）——自然的和专制的命令和控制系统之间引导、指导、影响或约束任务系统和使能系统行动、行为和性能的活动。为了便于分析，我们将这些命令和控制系统聚合为一个单独的抽象实体，称为“高阶系统”。

（3）高阶系统（higher-order systems）——对受自然力和物理力，以及与科学相关规律支配的人工系统或自然系统有命令和控制权力的系统。

（4）人工系统（human systems）——由人类创建的执行特许任务以实现特定结果和绩效目标的系统，如企业、组织或工程系统（机器人、遥控设备等）。

组织或组织系统包括那些对相关系统及其任务或相关系统运行环境中的外部系统（合作、良性、攻击或敌对系统）负责的系统。这些系统通过“命令链”式权威机构、政策、程序和任务分配、宪法、法律和法规、公众接受和意见等，在较低层次的系统上执行层级命令和控制。

（5）诱导环境系统（induced environment systems）——自然现象和事件发生时，或人类系统与自然环境相互作用时产生的不连续性、扰动或干扰，如雷暴、漏油、电磁干扰（EMI）等。

（6）自然环境系统（natural environment systems）——由地球和其他天体组成的所有自然、非人类、生物、大气和地球物理实体。

9.2 引言

本章重点讨论创建一个全方位、多层次的系统架构，使我们能够分析表示相关系统及其与运行环境的相互作用。图 9.1 为我们将要讨论的内容的分析框架的图形模型。请注意，该图包括

（1）由高阶系统和相关系统组成的组织系统，相关系统包括任务系统和使能系统。

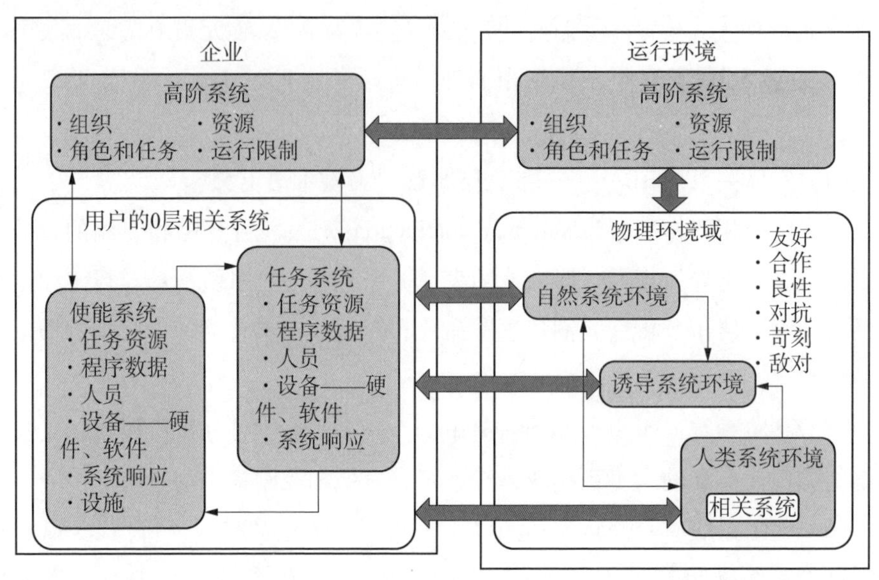

图 9.1 相关系统的任务系统—使能系统在其运行环境中与外部系统相互作用的分析视角

(2) 由高阶系统域和物理环境域组成的运行系统，物理环境域由自然系统、诱导系统和人类系统环境组成。

本章首先讨论相关系统及其架构。由于相关系统的运行环境中有各种类型的带有外部系统的实体关系，因此我们先介绍逻辑和物理实体关系的概念。在本章最后我们将讨论运行环境的架构。

9.3 相关系统架构简介

系统、产品和服务存在于用户的 0 层系统的边界内。用户的 0 层系统的背景可以是分部、部门、计划或项目级别。

在用户的组织中，有高阶系统对各种相关系统资产进行命令和控制，每个相关系统由一个或多个使能系统支持的一个或多个任务系统组成。根据这一说法，我们首先来建立相关系统的任务系统和使能系统的架构。

9.3.1 创建相关系统架构

创建相关系统的架构时，相关系统的背景可以是：①相互作用的任务系统和使能系统；②系统元素之一——人员、设备等；③系统元素中任何抽象层次的实体。回顾前文，每个系统承担两种情景角色（见图 4.1）：任务系统（生产商）角色和使能系统（供应商）角色，作为使能系统执行任务的“供应链”。

我们也已经知道如下信息：

（1）系统、产品或服务由一组集成的系统元素组成。这些元素共同作用使系统、产品或服务能够作为执行实体运行。

（2）图 8.13 所示的系统元素架构结构以图形方式将这些系统元素集成到架构框图（ABD）中，作为所有类型的人工系统（组织或工程系统）的架构“构件”。

因此，我们使用系统元素架构的结构作为一个架构构件来表示任务系统及其使能系统的架构，如图 9.2 所示。

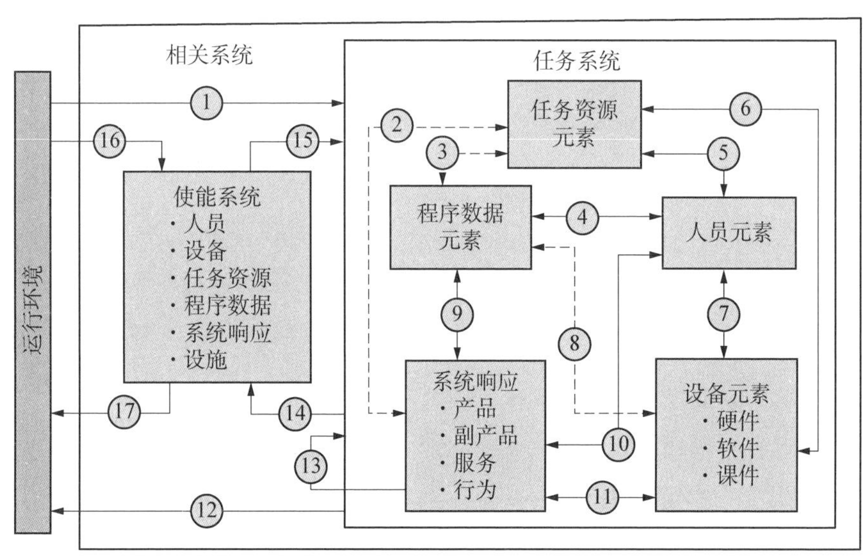

其中：—— 表示物理接口；---- 表示逻辑接口。请注意，一些组织错误地将“软件”视为“设备”的对等元素。

图 9.2 描述任务系统、使能系统及其运行环境之间相互作用的相关系统架构的分析视角

同任务系统一样，相关系统的使能系统架构也采用系统元素架构作为其架构起点。由于空间有限，我们将图 9.2 中的使能系统架构抽象为这些系统元素的列表。

总之，相关系统的任务系统和使能系统利用系统元素架构结构创建一个分析框架。该框架一致、连续，更容易理解，提供了开发架构的简单方法，并且覆盖范围比自定义的“代入求出”……SBTF工程范式更加全面。

任务前、任务中和任务后操作期间，任务系统和使能系统集成到图9.1左侧所示的相关系统中相互作用，并与构成相关系统运行环境的自然系统、诱导系统和人类系统环境相互作用。

9.3.2 运行环境架构的概念

系统工程（SE）的一个重要方面是认识并充分理解、分析和界限任务系统或使能系统运行环境相关部分的必要性。因而系统工程师和系统分析师必须能够做到如下方面：

（1）充分了解用户的组织系统任务、目标和最有可能的用例应用。

（2）对运行环境中与任务相关的部分进行分析、组织、提取并分解成可管理的问题空间和解决方案空间。

（3）有效开发系统解决方案，确保在成本、进度、技术、支持和风险因素的限制下，成功完成任务。

工程师、科学家和分析师始终在学术层面分析系统运行环境的问题空间——这种情况称为“分析瘫痪”。然而，系统的成功最终取决于基于关键事实做出明智的决定，在资源有限的现实中工作，借鉴丰富的系统设计经验，进行良好的判断。面临的挑战在于，大多数复杂的大问题需要大量的学科专家来解决，这些学科专家对运行环境的看法往往是不同的，而不是趋同的。

作为系统工程师或系统分析师，你的工作是促进所有关于系统运行环境定义的观点达成一致并形成共识。必须实现趋同和一致的三个关键领域如下：

（1）运行环境中与任务相关/无关的是什么？

（2）运行环境特征对任务的重要性、意义或影响有多大？

（3）这些重要项目出现的概率是多少？

那么，你如何促进观点的趋同并达成一致的决策呢？

作为领导者，系统工程师和系统分析师必须有一个策略和方法来快速组织和引导关键利益相关方就运行环境达成一致和共识。没有策略，就会优柔寡断和造成混乱。你需要具备能够为运行环境定义决策建立分析框架的技能。

作为专业人士，你对自己、你的企业和社会负有道德和伦理义务，在涉及系统操作时，要确保用户和公众的安全、健康和幸福。如果你和你的团队忽略或选择忽视运行环境中影响人类生命和财产的关键属性，则可能会造成严重的后果。因此，为你和你的团队建立通用的分析模型，在你的业务应用中使用，确保你已经彻底识别和考虑了影响系统能力和性能的所有运行环境实体和元素。

9.4 理解运行环境架构

原理 9.1 运行环境域原理

系统的运行环境由两类域组成：高阶系统域和物理环境域。

从分析上来说，影响系统任务的运行环境可以通过几种不同的方式抽象出来。为便于讨论，运行环境可视为由两个高级域组成：高阶系统和物理环境，如图 9.3 所示。

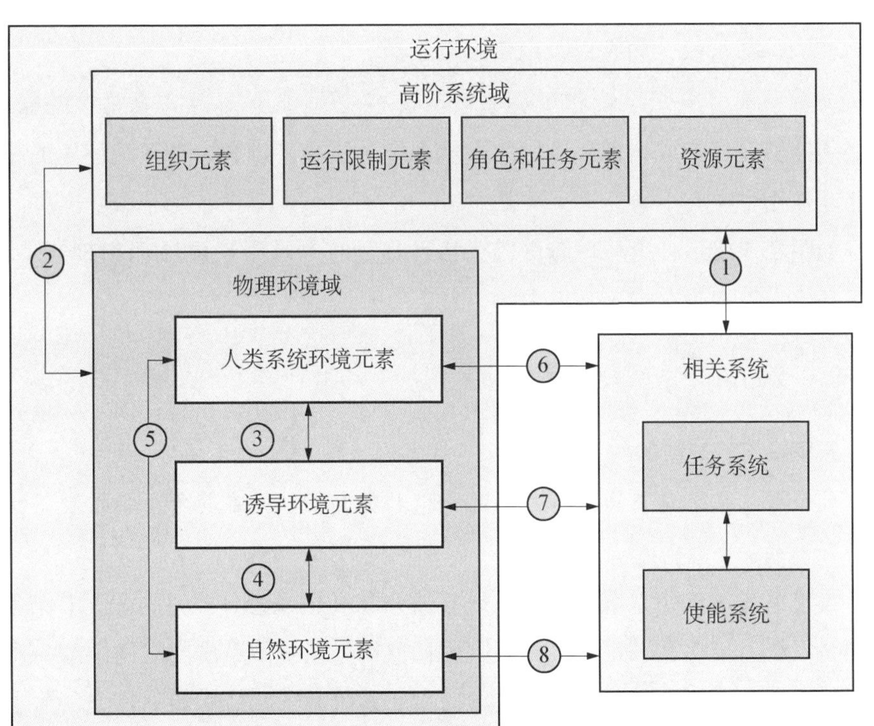

图 9.3 相关系统运行环境架构的分析视角

9.4.1 运行环境域和系统元素简介

当想到系统的运行环境时，人们自然而然地会关注天气状况。事实上，运行环境由系统边界之外的任何东西组成。这就引出了一个问题：我们在哪里划定系统的边界？

（1）系统、产品或服务的外部？

（2）使用系统的组织的外部？

答案取决于系统的“参照系”。包括：①自然系统环境，如天气条件和大气条件；②在其他人工系统的命令和控制下的工程系统，如企业内部和外部；③工程系统与产生诸如污染和电磁干扰等影响的自然系统环境相互作用的后果。

组织系统是分层的，服务于高阶系统，如执行管理层和股东。对于项目等组织系统，运行环境如下：

（1）组织内的多级组织（如营销、会计和制造）和高阶系统（如执行管理层、股东、行业和政府）。

（2）外部组织，如客户、用户和供应商。

人工系统（组织系统和工程系统）不仅必须能够支持完成要求的任务，还必须能够在与构成物理环境域的自然系统、诱导环境和人类系统环境的相遇和相互作用中生存下来。

如图 9.3 所示，运行环境可以分析性地划分为高阶系统域和物理环境域。接下来将一一探索、定义和界定每个域。

9.4.2 高阶系统域架构

原理 9.2 高阶系统原理

每个人工系统都在高阶系统域的命令和控制下，并在其命令和控制下执行任务。

人工系统（组织系统和工程系统）在层次化的系统体系（SoS）中作为单个相关系统运行存在。每个更高层次的抽象都是系统体系层次结构中的一个高阶系统，具有自己的权限范围和操作边界。高阶系统的特性如下：

（1）组织目的或任务。

（2）组织目标。

（3）组织结构。

（4）组织法规文件，如规则、政策和操作程序。

（5）资源分配。

（6）对嵌入式系统实体施加运行限制。

（7）完成增值任务的责任和客观证据。

（8）系统、产品和服务的交付。

对于大多数人工系统来说，我们把垂直高阶系统到相关系统的相互作用称为“权威命令和控制”。军事系统称为“C4I”——指挥、控制、计算机、通信和情报。

原理 9.3　高阶系统元素原理

高阶系统由四个分析系统元素组成：①组织元素；②角色和任务元素；③运行限制元素；④资源元素。

若观察高阶系统的行为并分析它们的相互作用，可以推导出四种类型的系统元素：①组织；②角色和任务；③运行限制；④资源。接下来定义每个系统元素类：

（1）组织系统元素——层次化的命令和控制报告结构、权限及其承担的组织角色、任务和目标的责任。

（2）角色和任务系统元素——分配给高阶系统并由其执行的各种角色，以及与这些角色和实现企业或组织愿景的目标相关联的任务，如战略和战术计划、角色和任务目标。

（3）运行限制系统元素——管理和约束相关系统行动和行为的国际、联邦、州和地方法律、法规、政策和程序以及自然法则和原理，如资产、能力、耗材和消耗品、天气状况、教义、伦理、社会和文化因素等。

（4）资源系统元素——分配给物理环境和相关系统以维持任务（即任务部署、运行、支持和处置）的自然和物理原材料、投资和资产，如时间、资金和专业知识。

9.4.2.1　高阶系统背景

高阶系统有两个应用背景：①人工系统，如权威命令和控制或社会结构模型；②科学的物理规律或自然法则。

(1) 人工系统背景——企业和政府通过“命令链”结构、政策、程序和任务分配、宪法、法律和法规、公众接受和意见等，在较低层次的系统上执行层级权威命令和控制。

(2) 物理或自然力和法则背景——对人工系统（组织和工程系统）及其任务产生影响、与其相互作用和对其进行控制的物理和自然力。

根据这个高阶系统域的结构框架，接下来定义它的对应部分——物理环境域。

9.4.3 物理环境域架构

人工系统通常需要与物理环境域中的外部系统进行某种程度的交互。我们通常用友好、合作、良性、对抗或敌对等术语来描述这些交互作用。

原理 9.4 物理环境域的构成原理

系统的物理环境域由三类分析系统元素组成：自然系统环境、人工系统环境和诱导环境。

自然和人类环境系统相互作用；诱导环境代表交互作用的时间相关结果。

若观察物理环境域并分析它与相关系统的相互作用，可以确定三类系统元素（见图 9.3)：①自然系统环境；②人工系统环境；③诱导环境。接下来简单地定义每个元素：

(1) 自然环境系统元素——构成地球上的所有生物、大气、水和地球物理实体，这些实体在天体中的含量各不相同。

(2) 人工系统元素——由人类创建的，在任务前、任务中和任务后的任何阶段与相关系统及其任务系统和使能系统相互作用的外部组织或工程系统。

(3) 诱导环境系统元素——自然现象和事件发生时，或人类系统与自然环境相互作用时产生的不连续性、扰动或干扰，如雷暴、战争和石油泄漏。

以上是运行环境系统元素定义的宏观介绍和识别方法，接下来介绍运行环境架构的结构。首先介绍物理环境域。

9.4.3.1 物理环境域抽象层次

物理环境域由三种类型的系统元素组成，每种元素有三个抽象层次，如图 9.4 所示。例如，人工系统环境由三个分析抽象层次组成：①周围局部环境；②全球环境；③宇宙环境。

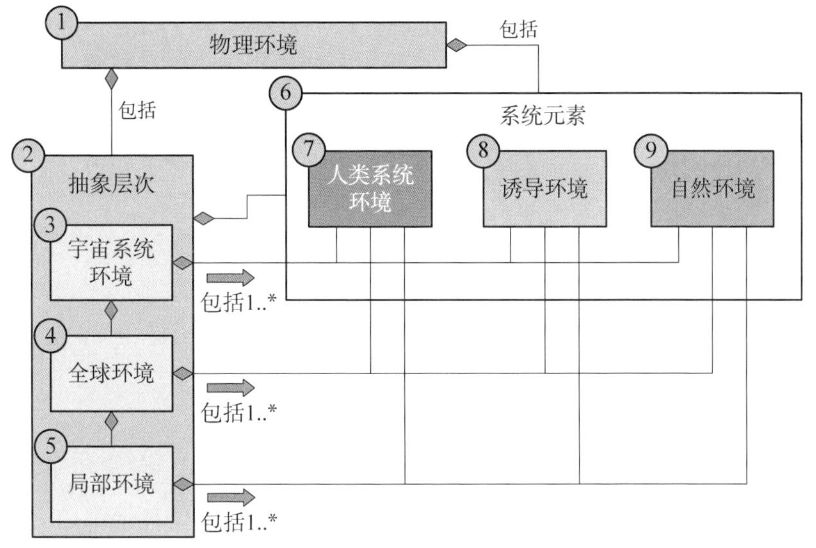

图 9.4　描述物理环境域及其系统元素、抽象层次及其实体关系的分析框架

（1）人工系统（地球局部环境抽象层次）包括影响相关系统或与相关系统相互作用的任何人和物，如汽车、道路、动物等。

（2）人工系统（地球全球环境抽象层次）包括影响相关系统或与相关系统相互作用的任何人和物，如二氧化碳排放、空间碎片等。

（3）人工系统（宇宙环境抽象层次）包括航天器、空间碎片等。*

9.4.3.1.1　自然环境系统元素

自然环境系统元素包括所有非人类创造的自然存在的实体。这些实体实际上是在不稳定的势力均衡中共存的环境“系统”。一般来说，这些系统代表地球物理和生命形式的对象类别。

9.4.3.1.2　宇宙环境抽象层次

宇宙环境是一种分析抽象，代表人类所理解的宇宙的整体性。从分析角度来说，宇宙环境由无数的全球环境组成——恒星、行星、卫星和小行星。

---

* 物理系统环境的分析表示你可能会认为其他一些系统抽象层次更适合你的业务领域。没关系。重要的是，你和你的团队使用一个简单的方法将物理环境域的复杂性抽象成可管理的片段。这些“片段”必须支持有意义的分析，确保涵盖与你的问题和解决方案空间有关的所有方面。请记住，为分析限定抽象类似于将一个馅饼切成 6 块、8 块或 10 块。只要考虑到整体，你就能创造尽可能多的合理和实用的抽象。但是，保持简单！

你可能会问为什么宇宙环境与系统工程相关。想想那些飞越太阳系边界的太空探测器吧。划定运行环境边界的系统工程师和物理学家必须确定对空间探测器任务有潜在影响的星球实体（global entities）。显然，这些星球实体并没有脱离探测器的任务路径。系统工程师和物理学家必须清楚地知道：

（1）在任务中可能会遇到怎样的已知实体。

（2）每个星球实体的性能特征是什么。

（3）如何在整个任务中，在这些星球实体之间导航和机动，且不会产生不利或灾难性的影响。

9.4.3.1.3 全球环境抽象层次

全球环境是一种分析抽象，代表天体周围的物理环境，包括恒星、行星、卫星等实体。从分析的角度来说，我们认为任何天体的全球环境都是由无数个局部环境组成的，每个局部环境都是相对于一个相关系统观测者的参照系而言的。例如，当你驾驶汽车在高速公路上行驶时，一个局部环境（球体）围绕着你的汽车。挑战在于，如何根据边界条件（天气、尺寸等）来划定局部环境边界，以便进行分析。若你经营一家航空公司，那么公司的每架飞机都被地球全球环境中的局部环境球体所包围。相比之下，NASA 发射的星际空间探测器在整个任务过程中经历了无数的局部环境和全球环境——即地球、行星和卫星。虽然全球环境可能共享一组共同的物理属性，如重力和某种程度的大气，但它们的物理量可能有很大的不同。因此，运行环境可能要求系统工程师在遇到的全球实体范围内限定最差情况参数的范围。

作为人类，我们观察的参照系是地球。因此，我们通常把全球环境和地球及其大气层联系起来。有些人简单地称之为“地球环境”。将同样的方法应用于火星，我们可以称之为“火星的全球环境”。

系统工程师需要回答的挑战性问题是：如何界定和模拟天体之间变化的连续体，如电磁场、大气或重力？

从系统工程师的角度来看，一种方法是通过提出一个问题来描述这两种环境，即：低于或高于某个任意阈值的哪些特性是“全球”相关系统唯一或“固有”的特性？如果两个或两个以上实体的边界条件重叠，那么目标将是确定与任务有关的边界条件的标准。

作为一名系统工程师或系统分析师，你代表项目技术边界的技术方进行下面的讨论。因此，你有专业的技术义务确保这些决策的完整性得到以下方面的支持：

（1）在实际可行的范围内，客观、真实的数据。

（2）经得起同行和利益相关方审查的有效假设。

（3）最有可能的运行场景和条件。

请记住，你在这里所做决策的分析相关性可能会对你的系统的设计、成本、可靠性、可维护性、脆弱性、可生存性、安全性和风险考虑因素产生重大影响。这些决策可能会对人类生命、财产和环境产生不利影响。

从分析的角度，我们可以将自然环境的全球和局部抽象层次划分为四个子元素：

（1）大气系统环境。

（2）地圈系统环境。

（3）水圈系统环境。

（4）生物圈系统环境。*

9.4.3.1.4　大气系统环境

大气系统环境是一个抽象概念，代表从行星体表面向外延伸到空间的不同密度的气体层连续体。

9.4.3.1.5　地圈系统环境

地圈系统环境是一个分析抽象概念，代表恒星、卫星或行星的物理陆地。从地球科学的角度来看，地球的地圈系统环境包括岩石圈系统环境，即地球的刚性外壳层。一般来说，岩石圈包括主要出现在地球顶层的大陆、岛屿、山脉和丘陵。

9.4.3.1.6　水圈系统环境

水圈系统环境是一个分析抽象概念，代表所有不属于大气系统环境的水系统，如池塘、湖泊、河流、溪流、瀑布、地下蓄水层、海洋、潮汐池和冰块。一般来说，水圈系统环境中的组成实体包括雨水、土壤水、海水、地表盐水、地下水和冰。

* **自然环境的分析划分**

这里讨论的重点不是提出物理科学的观点。我们的目的是说明系统工程师如何对自然环境进行分析。最终，系统工程师，你必须界定并规定该环境中适用于你的相关系统的部分。你和你的团队选择使用的方法应准确甚至精确地代表你的系统的运行域以及驱动任务系统能力和性能水平的相关因素。你应经常咨询主题专家，他们可以帮助你和你的团队对正确的环境进行抽象。

9.4.3.1.7　生物圈系统环境

生物圈系统环境是一个分析抽象概念，代表地球或天体表面所有生物组成的环境。一般来说，地球生物圈由所有能够支撑地球表面和海洋上下生命的环境组成。因此，生物圈覆盖了一部分大气层、大量水圈和部分岩石圈，如植物、昆虫、鸟类、两栖动物和哺乳动物系统。一般来说，生物圈系统在两个代谢过程中发挥作用——光合作用和呼吸作用。

9.4.3.1.8　局部环境抽象层次

局部环境是一个分析抽象概念，代表包含系统当前地球物理位置的物理环境。例如，如果你正在驾驶汽车，局部环境则由车辆周围的运行环境条件组成，此时的局部环境包括其他车辆和驾驶员、道路危险、天气以及任何时候你和你的车辆周围道路上的任何其他情况。作为系统工程师，你面临的挑战是引导系统开发人员在以下方面达成共识：

(1) 局部环境的相关系统观察者的参照系是什么？

(2) 在任何时间点，局部环境*的界限（初始条件、实体等）是什么？**

9.4.3.1.9　人类系统元素

我们对自然环境的讨论忽略了一个关键实体——人类。由于工程一般侧重于通过系统、产品或服务的开发来造福社会，因此，我们在分析上将人类分离并抽象为一个称为人类系统环境元素的类别。人类系统包括影响和控制影响地球势力均衡的人类决策和行为的子元素。

如果观察人类系统并分析这些系统是如何组织的，可以确定七种类型的子元素：①历史或遗产系统；②城市系统；③文化系统；④商业系统；⑤教育系统；⑥交通系统；⑦政府系统。下面我们将进一步探讨这七种以及更多的子元素。

9.4.3.1.10　历史或遗产系统

历史或遗产系统作为一个抽象概念，包括所有与过去人类存在相关的人工

* **原子级环境**

如果你是一名化学家或物理学家，那么你可能会考虑添加第四个原子级环境，假设它与你的相关系统有密切关系。

** **讨论总结**

你从前面的讨论中得到的“收获”不是创建五种自然环境抽象，并为你分析的每个系统详细记录每种抽象。相反，你应该将这些元素视为一个清单，提示对相关性和重要性的心理考虑，并确定哪些是与你的系统相关的物理环境实体，然后界定并指定这些实体。

制品、遗迹、传统和地点，如民俗和历史记录。

你可能会问，为什么历史或遗产系统与系统工程相关。请思考以下示例。

示例 9.1

假设我们正在开发一个系统，比如一个建筑，它对一个具有历史意义的土地使用区域有影响。

建筑施工可能会干扰遗留文化中的文物和遗迹，这可能会影响与系统物理位置相关的技术决策。一种观点可能是在历史区域和我们的系统之间提供物理空间或缓冲区。但是，如果我们的系统是一个与考古发现相关的博物馆，那么物理位置可能是建筑设计的一个组成部分。

从另一个角度看，军事战术规划者可能面临规划一项任务，并且目标是避开具有历史、文化或宗教意义的地区。为了评估环境影响，通常需要有可能影响环境资源的系统，如含水层、河流、溪流和各种生命形式。在这些情况下，就需要环境影响研究（EIS）以及其他辅助信息。

注意 9.1

请咨询你的律师和法律组织，了解可能施加特定环境合规约束的法律法规。

9.4.3.1.11　城市系统

城市系统包括所有与人类如何聚集或组合成社区并在不同组织层次（邻里、城市、州、国家和国际）互动相关的实体。

示例 9.2　城市系统基础设施

城市系统包括支持商业系统环境的基础设施，如交通系统、公共设施、城市服务、购物、娱乐、医疗、电信和教育机构。

从城市系统的角度出发，系统工程师提出了一些关键问题。这些问题在某种形式上依赖于对未来运行需求的预测性假设。系统工程师应如何在一定程度上洞察未来的资源限制范围内规划和设计道路系统，从而便于增长和扩张？

9.4.3.1.12　文化系统

文化系统是一个分析抽象概念，代表由人类和公共特征组成的多面实体，以及人类如何互动、消费、繁殖和生存，如音乐和其他娱乐的表演艺术、公民活动和行为模式。正如商业市场所证明的那样，文化系统对社会接受系统有重大影响。

9. 4. 3. 1. 13　商业系统

商业系统是一个分析抽象概念，代表与人类如何组织成以经济为基础的企业和商业的，以生产产品和服务来维持生计相关的实体。商业系统包括研发、制造、产品和市场服务。

9. 4. 3. 1. 14　能源系统

能源系统是一个分析抽象概念，代表石油、天然气、太阳能和风能等能源产品的勘探、钻探、开采和交付相关的实体，包括研发、制造、产品和市场服务。

9. 4. 3. 1. 15　通信系统

通信系统是一个分析抽象概念，代表参与准备、广播和向市场传输信息的实体，包括研发、制造、产品和市场服务。

9. 4. 3. 1. 16　教育系统

教育系统是一个分析抽象概念，代表一个作为相关系统，致力于通过正规和非正规学习机构教育和改善社会的机构。

9. 4. 3. 1. 17　金融系统

金融系统是一个分析抽象概念，代表支持个人、商业和政府金融交易的机构，如银行和投资实体。

9. 4. 3. 1. 18　医疗系统

医疗系统是一个分析抽象概念，代表管理公众医疗需求的医院、医生和治疗实体。

9. 4. 3. 1. 19　运输系统

运输系统是一个分析抽象概念，代表使人类能够安全、经济、高效地从一个目的地旅行到另一个目的地的陆地、海洋、空中和太空运输系统。

9. 4. 3. 1. 20　政府系统

政府系统是一个分析抽象概念，代表与治理人类有关的国际、联邦、州、县和市等社会法律实体。

9. 4. 3. 1. 21　诱导环境元素

前面的讨论集中在作为抽象体的自然环境和人类系统。虽然这两个元素使我们能够分析性地组织运行环境实体，但它们是动态的，并且在物理上是相互作用的。事实上，人类和自然环境系统都会在另一个系统中造成入侵、干扰、扰动和不连续性。

对这些相互作用的分析会变得非常复杂。我们可以通过创建第三个物理环境域元素——诱导环境元素来缓解复杂程度。诱导环境使我们能够分离代表依赖于时间的入侵、中断、扰动和不连续性存在的实体，直到它们减少或不再重要，或与系统的任务或运行不再相关。诱导环境实体的重要程度可能是暂时的、永久的或随时间而减弱的。例如，当一架飞机着陆时，它会产生涡流、热梯度等，这些都会随着时间的推移而减弱。根据它们的物理尺寸，空中管制员会对飞机间隔距离进行控制，确保着陆的飞机不会产生影响后续飞机着陆的干扰。

9.4.3.1.22　其他架构框架

运行环境对相关系统的能力和性能水平施加了各种因素和限制，从而影响了计划使用寿命内的任务和生存。作为系统工程师或系统分析师，你的职责是：

（1）确定并描述所有关键运行环境条件。

（2）界定并描述表征运行环境的技术参数。

（3）确保将这些描述纳入用于采购相关系统的系统性能规范（SPS）。

确定相关系统运行环境要求的过程采用了简单的方法，如图 9.5 所示。一般来说，该方法实现了物理环境抽象层次和前面描述的环境类别中所反映的逻辑。

该方法由三个迭代循环组成：

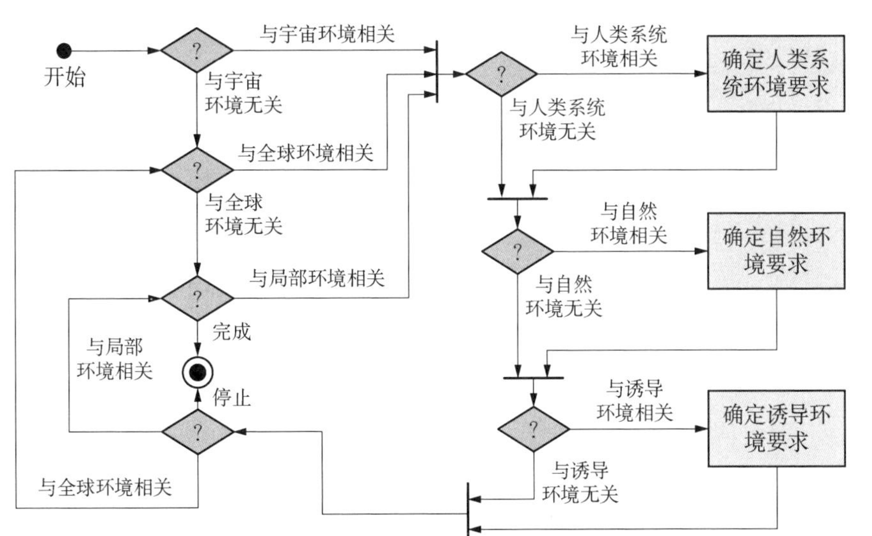

图 9.5　确定物理环境域要求的示例

（1）循环 1——宇宙级要求。

（2）循环 2——全球实体级要求。

（3）循环 3——局部层次的要求。

当这些迭代中的每一个都适用于相关系统时，人类系统逻辑就分支到了第四个循环。该循环研究三类环境（人类系统、自然环境或诱导环境）中的哪一类与相关系统有关。对于每一种适用的环境类型，确定与该类型相关的要求——人类系统、自然环境和诱导环境。当第三个循环完成其环境类型的决策过程时，返回到适当的抽象层次，并以局部层次的需求结束。

9.4.3.1.23　实体运行环境参照系

前面的讨论针对的是相关系统参照系中的运行环境。然而，根据定义，系统中较低层次的抽象是集成实体的自包含系统。运行环境必须根据实体的参照系建立，如图 9.6 所示。例如，构成组件层实体运行环境的是什么？运行环境是组件边界之外的任何东西，如其他子系统。请思考以下示例。

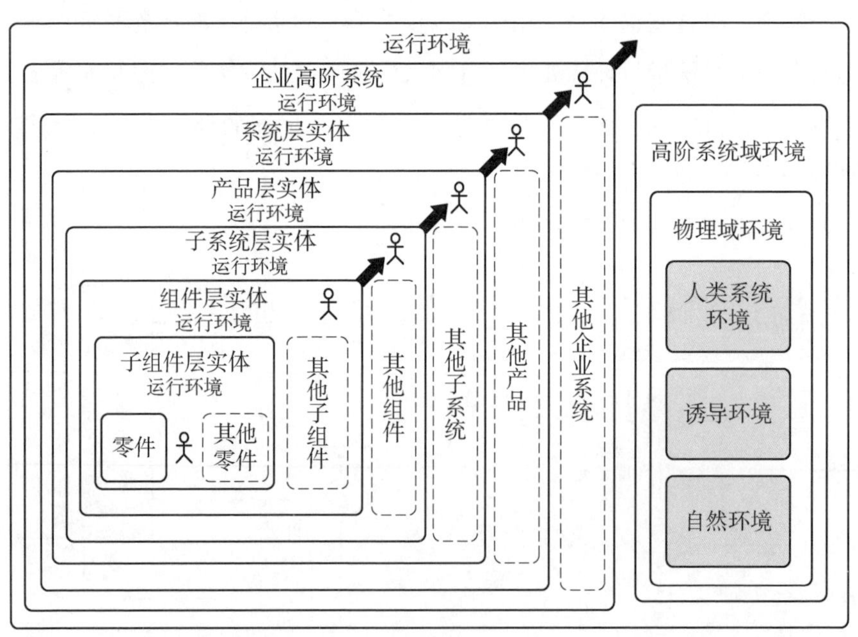

图 9.6　了解相关系统运行环境相对于观察者参照系的背景

示例 9.3

在台式计算机机箱中，处理器板的运行环境由主板、直接与之连接的其他电路板、来自电源的电磁干扰、开关设备等组成。

9.4.3.1.24　结论

你可能会问：高阶系统域不是物理环境域的一部分吗？

你可以质疑这一点。图 9.1 代表一个分析视角，主要关注直接、对等及命令和控制交互。你可以选择以任何方式对系统进行分析划分——只要你涵盖了所有方面。从分析的角度来说，相关系统是特许的、有资源的，并且响应企业或组织的权威。因此，我们从人类权威或监督命令和控制的角度来描述高阶系统。

高阶系统（人类）高于物理环境吗？不，事实上，人们可以争辩说，人类在生理上是受其幻想支配的。然而，正如我们在关于全球变暖的辩论中所看到的，我们的集体行动会对地球气候产生长期的负面影响，进而影响我们的生活。

9.4.3.1.25　小结：运行环境概念

我们在本章的讨论中提供了运行环境的方向、抽象层次和环境类别。确定了这些运行环境元素后，我们引入了图 9.4 来描述物理环境域抽象层次及其系统元素之间的分析实体关系。接下来，我们将介绍运行环境架构的概念，作为连接运行环境系统元素的框架。

9.5　其他架构框架

本章提供理解系统架构框架的基础知识。有关特定域架构框架的更多信息，请参考 ISO -架构（2014）。

9.6　了解系统威胁环境

一些组织可能认为，投机取巧会对一个企业或组织的维持和生存构成威胁。无论是增加市场份额、保卫国家边界还是开发安全的互联网网站，都必须确保系统能够自我维持并长期生存。

长期生存取决于对潜在威胁环境有透彻和全面的了解，并有系统能力来应对构成任务成功障碍的威胁。那么，这与系统工程有什么关系呢？当规定系统

需求时，必须考虑需要哪些能力和性能级别来应对威胁。

9.6.1 威胁的来源

系统威胁包括已知威胁和未知威胁，也有人指的是“未知事物”。识别潜在系统威胁的一种方法可以从物理环境域（人工系统、诱导环境和自然系统环境）中推导得出。

9.6.1.1 人工系统威胁来源

外部人工系统（组织和工程系统）威胁来源主要包括人员和设备元素。外部系统的动机和行为表现出友好、竞争、对抗或敌对的意图。

9.6.1.2 诱导环境威胁来源

诱导环境威胁来源包括污染的垃圾填埋场泄漏到地下含水层、电磁干扰、空间碎片对航天器的高速撞击、较小船只上的船只尾流以及飞机上的飞机涡流等。

9.6.1.3 自然系统环境威胁来源

根据观点的不同，自然系统环境威胁的来源包括闪电、冰雹、风、啮齿动物和疾病。例如，松鼠经常啃咬未受保护的电缆，啄木鸟破坏某些房屋的木质壁板等。

9.6.2 系统威胁的类型

系统威胁以多种形式出现，具体取决于环境——人工系统、诱导系统和自然系统环境。

一般来说，大多数人工系统环境和自然系统环境的侵略威胁属于战略威胁或战术威胁的范畴，与势力均衡、动机和目标有关。

其他自然威胁是影响系统固有能力和性能的自然系统环境的属性，如温度、湿度、风、盐雾、闪电、光线和啮齿动物。虽然这些实体并不反映有预谋的攻击者特征，但它们只是存在于环境中，无论是否看似友好，就会对系统能力和性能产生不利影响。

9.6.3 威胁行为特征、行为和反应

威胁会表现出对抗、竞争、敌对和良性的特征及行为。有些威胁可能被视

为“侵略者”。在很多情况下，威胁通常是良性的，只有当有人“进入他们的空间”时才会采取行动。请思考以下示例。

示例 9.4　未经授权侵入主权领空

一架未经授权的飞机有意或无意地侵犯另一个国家的领空，引发紧张局势。防御系统的响应行动过程可基于协议，或基于有度量的报复性打击或口头警告。

一般来说，威胁通常表现为三种类型的行为模式或其组合：攻击性、隐蔽性和良性。威胁表现为哪种模式通常取决于环境。请思考以下示例。

示例 9.5　威胁行为模式

侵略者表现出侵略行为。

除非被激怒，否则良性威胁可能“倾向于管好自己的事”。

隐蔽或潜伏威胁可能看起来是友好的、良性的或伪装的，却可能意外地打击机会目标（TOO）。

威胁环境应以意识形态、理论等属性为特征，训练通常是威胁行动中的关键因素。

9.6.4　遭遇威胁

当系统与已知威胁发生交互时，应将交互（如相遇或交战）记录下来，并描述其特征，以供其他系统在类似遭遇中使用。这样做旨在探测另一个系统遭遇威胁时的防御反应。威胁交互可以用许多描述词来描述：攻击性、敌对性、合作性、好奇性、调查性、“遇到就跑”以及“猫和老鼠”。

当遭遇的威胁变成敌对的挑衅行动时，系统会采取各种战术和对策来确保生存。

9.6.4.1　系统战术

当系统与其运行环境相互作用时，通常会遇到威胁或机遇。系统和系统威胁通常采用或表现出一系列规避行为，旨在隐藏、欺骗或伪装机会目标。通常，当规避战术不起作用时，系统会采取对策来扰乱或分散敌对行动。下面我们将进一步研究这个主题。

9.6.4.2　威胁对策

为了应对威胁对系统的影响，系统通常采用威胁对策。威胁对策是系统为

阻止威胁行为或对抗威胁影响而执行的某种物理行动（即生存能力）。有时敌对系统会购买或开发技术，以对抗机会目标的系统对策。

9.6.4.3　威胁反对策

有时，威胁系统会通过部署威胁反对策来抵消机会目标对策带来的影响，从而危及已建立的安全机制。

9.6.5　小结

本节概述了系统威胁和机遇。从本章讨论中，你应该意识到你正在使用或开发的系统必须能够与运行环境中的威胁和机遇进行交互。更明确地说，你需要具备一定的技术知识储备和理解能力，使你的团队能够规定或监督与威胁和机遇相关的系统功能和性能水平规范。

我们已经了解了有合作机会的实体和潜在的敌对实体，接下来将研究一个系统如何在其运行环境中与外部**人工系统**交互，以及为执行任务如何均衡各方面力量。

9.7　相关系统接口

系统成功的关键因素之一是由其内部和外部接口的情况决定的。你可以设计出最简洁的算法、方程和决策逻辑，但是如果系统不能在接口上执行，那么“简洁”就没有任何价值。系统接口的特征包括：从与外部友好系统的协同互操作性，到最大限度地降低系统或实体对外部威胁（环境、敌对对手行动等）的敏感性和脆弱性的保护层和确保自身生存能力的结构完整性。

本节介绍系统接口、它们的作用、功能目标、属性以及如何实现它们，还将介绍决定接口失败和成功的因素。

9.7.1　什么是接口？

一般来说，大多数系统开发工作通常集中在以下方面，作为其系统工程主要活动：

(1) 创建物理系统架构及其部件。

(2) 开发与外部系统连接的物理系统接口。

接口表示某个抽象层次内两个或两个以上实体之间、系统元素之间、相关系统的**任务系统**与**使能系统**之间或相关系统与其运行环境之间的逻辑或物理边界条件的约束。

9.7.1.1 接口的作用

接口的作用是在实体（如系统、产品、子系统、组件、子组件或零件抽象层次）和其运行环境内的其他外部实体之间建立一个实体关系、逻辑关联和物理链接。一个实体可能与几个实体有逻辑和物理关联（见图 8.8 和图 8.9），但是，每个链接只代表一个单一的接口。如果一个实体有多个接口，则某个接口的性能可能会对其他接口产生影响，这是由于负载可能会影响系统或实体的性能，使其彻底改变、偏离或降级。那么接口是如何实现其功能的？

根据部件的应用，接口至少有一个或多个功能目标。接口的典型功能如下：

（1）功能 1：物理链接或绑定两个或两个以上系统元素或实体。

（2）功能 2：调整一个或一个以上不兼容的系统元素或实体。

（3）功能 3：缓解不兼容系统元素或实体的影响。

（4）功能 4：利用人员或设备的能力。

（5）功能 5：约束实体的使用。

接下来我们将进一步探讨每个功能。

9.7.1.1.1 功能 1：物理链接或绑定两个或两个以上系统元素或实体

有些系统链接或绑定两个或两个以上兼容的系统元素或实体，以固定、扩展、支持或连接相邻的接口。请思考以下示例。

示例 9.6

电视或广播电台通信塔上有在关键连接点的电缆，用于将塔垂直和水平地固定在地面上，以保持稳定。

9.7.1.1.2 功能 2：调整一个或一个以上不兼容的系统元素或实体

某些系统元素（如设备和人员或实体）可能没有兼容或可互操作的接口，但是它们可以调整成兼容的。使用可重用模型的软件应用程序可以在模型周围创建一个“包装器”（wrapper），使模型能够与外部应用程序通信，反之亦然。

9.7.1.1.3 功能 3：缓解不兼容系统元素或实体的影响

有些系统（如汽车）通常不发生交互。在发生意外交互的情况时，为了

用户的安全和健康，交互的影响必须最小化。考虑以下两种情况：

示例 9.7

(1) 一辆汽车对另一辆汽车的冲击可以通过减震保险杠和车身撞击缓冲区来减轻。

(2) 系统 A 需要向系统 B 传输数据。由于接口部件的传输速度有限，因此系统 A 包括一个用于存储通信数据的缓冲区，从而释放处理器来执行其他任务。

在接口的另一端，系统 B 可能无法立即处理所有传入的数据。为了避免这种情况，可以在系统 B 中创建一个缓冲区来存储传入的数据，直到其处理器能够处理这些数据为止。

为此，系统工程师分析接口，并采取合理的措施在系统元素或其实体之间创建了一个“边界层”或缓冲区。于是，每个系统都被缓冲，最大限度地减少了对系统或环境的影响，保证了操作者或公众的安全（如适用）。

9.7.1.1.4　功能 4：利用人员或设备的能力

人类利用接口来扩展自身的技能和能力。早期人类已经认识到，简单的机器可以作为接口设备来扩展或利用自身的物理能力，从而完成困难或复杂的任务，如杠杆和支点、轮子、弓箭和长矛。

9.7.1.1.5　功能 5：约束实体的使用

某些接口作为约束，确保系统元素的安全级别。

示例 9.8　接口安全约束示例

(1) 法律规定，拖车在公共道路和高速公路上行驶时，必须使用安全链作为备用安全机制，防止拖车挂接装置发生故障时从车辆上脱离。

(2) 在高压配电箱上加一把锁，防止未经授权的人打开和篡改。

(3) 一家制造工厂的某台机器出现了故障。为了保证安全，关闭电源，锁上电源断路器箱，并在电源断路器箱上贴上安全标签，直到机器完成维修。

以上示例都展示了如何通过接口来实现有目的的操作。根据系统应用的情况，可能需要其他功能。那么，对于相关系统中的每个接口，其目的和基于性能的预期结果是什么？你应该知道！

9.7.2 互操作性：终极接口挑战

任何接口的最终成功都在于它能够按照用户的设想、系统购买者的规定、系统开发商设计，在其预期运行环境中，与友好的或敌对的各种系统进行交互。一般来说，互操作性（第3章）是指系统或实体相互交换、理解和处理所传达的信息并在适当的情况下以类似方式提供响应的能力。这就出现了另一个问题：理解所传达的信息是什么意思？要实现互操作，实体必须能够接受、解码、解释、处理、操作和编码数据，以进行重新传输。

9.7.3 接口类型

接口有三种类型：主动、被动或主动/被动。

9.7.3.1 主动接口

主动接口以友好、良性或合作的方式与外部系统或部件交互。

示例 9.9 主动接口示例

无线电台作为主动“空中”系统，以指定的载波频率通过某种模式向特定覆盖区域辐射信号。

主动接口也可能产生负面影响。例如，当一部雷达被激活来扫描一个区域或“描绘”一个目标时，这些动作可能被雷达试图照射和识别的威胁目标检测到。

9.7.3.2 被动接口

与外部部件的被动接口交互只需接收或接受数据，无须响应。

示例 9.10 被动接口示例

当汽车收音机通电时，被动接收调谐频率上的信号。收音机通过在指定频率为车内乘客发送信号，提供主动音频接口。

9.7.3.3 主动/被动接口

主动/被动接口在人工或自动命令和控制机构（如人和/或计算机硬件和软件）的控制下运行。

示例 9.11 主动/被动接口

当用户按下“一键通”按钮向在规定传输范围内和规定工况下以相同频率收听的其他人发送音频信息时，双向手持式收音机有一个主动接口发挥

作用。

当“一键通”按钮关闭时，该设备有一个被动接口。监视输入的无线电信号，以便用户控制音频处理和放大。

9.7.3.4 非活动或休眠接口

某些接口在特定阶段或操作模式要求之前处于休眠或非活动状态。

示例 9.12 非活动或休眠接口

前往火星的太空探测器可能由航天运载飞船、着陆器或探测车组成。在从地球飞往火星的过程中，航天运载飞船提供了一个通信链路，能够被动地接收任务数据和命令、软件更新指令等，并主动地将任务数据传回地球的地面控制器。

到达火星后，航天运载飞船可能会着陆并部署探测车，或者环绕火星并部署着陆器。在飞行过程中，着陆器或探测车可能设计为断电，导致通信、摄像机和其他接口不活动或休眠，直到被通过航天运载飞船传送的地面命令激活。

9.7.4 物理接口类型

如果我们分析接口是如何在物理环境域中实现的，就会发现：接口以机械、电气、光、声、核、化学和自然形式以及这些形式的组合出现。对于以上所有类型的物理接口，都有专门的解决方案，必须以某种形式的接口控制文件（ICD）进行记录。为了进一步了解这些接口解决方案的特殊性，接下来我们逐个探讨每种解决方案。

9.7.4.1 机械接口

机械接口由存在于两个物理对象之间的边界组成，包括形式、匹配性和功能（form fit function）等特征。机械接口的特征有如下特性：

（1）尺寸特性包括长度、宽度和深度等参数。

（2）质量特性包括材料和成分、重量、密度、重量和平衡、惯性矩和重心（CG）等参数。

（3）结构特性包括延展性、硬度、剪切强度和拉伸强度等参数。

（4）空气动力学特性，如阻力和流体流动。

（5）热特性，如导热率、绝缘和膨胀/收缩系数。

（6）热力学特性包括与压力—体积—温度（PVT）相关的参数，如比热容。

9.7.4.2 电气接口

电气接口包括直接电气或电子连接以及自由空间中的电磁传输。电气接口的属性和特性包括电压、电流、电阻、电导率、电感、电容、介电常数、接地、屏蔽、衰减和传输延迟等参数。

9.7.4.3 光接口

光接口包括可见光波长和不可见光波长的传输和/或接收。光接口的属性和特性包括强度、频率、特殊范围、分辨率、对比度、反射率、折射率、散射、透射率、滤波、调制、衰减、偏振、反照率和日照等参数。

9.7.4.4 声接口

声接口包括创建、传输和接收人类听得见或听不见的频率，其属性和特性包括音量、频率、调制、衰减、吸声和空气或水密度等参数。

9.7.4.5 自然系统环境接口

自然系统环境接口由自然发生的元素组成，其属性和特性包括温度、湿度、气压、海拔、风、雨、雪和冰。

9.7.4.6 化学接口

化学接口由化学物质有意或无意地引入，或与其他化学物质混合时发生的相互作用，或其他类型的接口组成，其属性和特性包括耐腐蚀性、黏度、酸碱度和毒性等参数。

9.7.4.7 生物接口

生物接口由生物体之间的接口或其他类型的接口组成，其属性和特性包括五种感官——触觉、感觉、嗅觉、听觉和视觉。

9.7.4.8 核接口

核接口由放射性物质源、系统、人类和环境之间的接口组成，涉及遏制、保护、脆弱性和生存能力等问题。

9.7.5 标准接口与专用接口

接口使我们可以通过一个公共、兼容且可互操作的边界在系统元素之间建立逻辑或物理关系。若分析最常见的接口类型，将发现两个基本类别：标准模块化接口和唯一专用接口。接下来定义这两种类型的背景。

（1）标准模块化接口——系统开发人员通常同意采用符合“标准”的模块化、可互换接口方法，如 RS－232、Mil－Std－1553、以太网和通用串行总线（USB）。

（2）唯一专用接口——如果由于接口的唯一性，标准接口可能不可用或不适用时，系统工程设计人员可以选择创建唯一的专用接口设计，目的是限制与其他系统元素或实体的兼容性。例如特殊的外形和对数据加密，可以使接口独一无二。

9.7.6 电子数据接口

当用户的逻辑接口在系统或实体架构中被识别时，要做的决定之一是确定如何实现接口。关键问题如下：

（1）每个接口都需要离散的输入和输出吗？

（2）接口执行什么功能（数据输入/输出、事件驱动中断等）？

（3）数据是否是周期性的（即同步还是异步）？

（4）要传输或接收的数据量是多少？

（5）发送或接收数据的时间限制是什么？

电子数据通信机制采用模拟或数字技术来传递信息。

9.7.6.1 模拟数据通信

模拟机制包括调幅（AM）麦克风和基于扬声器的输入/输出设备，如电话和调制解调器。

9.7.6.2 数字数据通信

数字机制包括采用特定传输协议封装编码信息内容的同步和异步信号。数字数据通信包括三种类型的数据格式：离散、并行或串行。

9.7.6.2.1 离散数据通信

离散数据由专用的、基于独立实例状态的“开”数据或“关”数据组成，使设备（如计算机）能够监控状况或状态条件或启动远程设备的操作。数字离散数据代表各种条件或物理配置状态的电子表示，如开/关、启动、完成和打开/关闭。

离散数据通信还包括事件驱动中断。在这些应用中，一条独特的专用信号线连接到一个开关，如硬件复位装置或检测阈值条件的外部设备。当检测到条件时，设备设置、切换或转换离散信号线，通知接收设备发生了条件事件，如中断。在其他情况下，可以使用具有高优先级的特定命令对数据消息进行编码。该命令可以使处理立即过渡到满足特定目标。

9.7.6.2.2 并行数据通信

有些系统需要电子设备之间的高速数据通信。在这种情况下，可以采用并行数据通信机制，通过在离散线路上同时传输同步数据来提高系统性能。

示例 9.13

输出设备可配置成设置所有 8 位离散二进制数据的任意一个或任意组合，以打开/关闭单个外部设备。

并行数据通信机制包括计算机地址、数据和控制数据总线。

9.7.6.2.3 串行数据通信

一些系统要求以可使用串行数据通信带宽实现的速率向外部系统传输数据。在适用的情况下，串行数据通信方法可最大限度地减少零件数量，从而影响印刷电路板的布局、质量或复杂性。

根据应用，串行数据通信机制可能是同步的（周期性的）或异步的（零星的）。串行数据通信通常符合多种串行数据通信协议标准，如 RS－232、RS－422 和以太网。

9.7.7 了解逻辑和物理接口

本书反复出现的一个主题是需要将复杂性分解成一个或多个可管理的层次。为此，我们首先确定逻辑/功能接口。首先提出以下几个问题：

（1）谁与谁互动？

（2）交换、转移和转化什么？

（3）转移或转化是在什么时候发生的？

（4）转移或转化在什么条件下发生？

（5）预期的结果是什么？

然后，我们将逻辑/功能连接转换为物理接口解决方案。该解决方案表示接口将如何以及在何处实施，如人员、设备硬件和软件或其组合。

从分析上来说，系统接口提供了点对点连接的机制。我们将从两个层面描述接口连接的特征：逻辑和物理。

（1）逻辑接口——表示两个实体之间直接或间接关联或关系。逻辑接口确定以下事项：

a. 谁（A 点）与谁（B 点）通信。

b. 在怎样的情景和条件下通信。

c. 在何时何地通信。

逻辑接口又称为“通用”接口。

（2）物理接口——表示两个接口系统或实体之间的物理交互。物理接口表示设备或部件（盒子、电线等）将如何配置以使 A 点能够与 B 点通信。物理接口又称为“专用”接口，因为它们依赖于实现接口所需的特定机制（电子、光学等）。

示例 9.14

互联网为用户（如配备适当硬件和软件的计算机）提供了与外部网站通信的机制。在这种情况下，无论计算机如何通过光纤、座机、卫星连接等进行物理连接，用户和网站之间都存在一个逻辑接口或关联。

前面的讨论强调了连接的两个“层次”。这一点很重要，尤其是从涉及人类的系统设计角度来看。采用“代入求出”……定义—设计—构建—测试—修复（SDBTF）工程范式的企业文化有一种倾向，即在任何人决定接口通常要完成什么任务之前，先定义物理接口（见图 2.3）。因此，你必须：

（1）确定哪些系统元素或实体必须关联或交互。

（2）了解为什么“需要连接”。

（3）确定关联或交互何时发生。

（4）确定基于性能的结果——系统响应——每一侧接口的实体希望从另一侧得到的。

9.7.8 接口的定义方法

原理 9.5 逻辑—物理接口原理

逻辑接口与基于性能的结果（如要实现的目标是什么）建立关联关系。物理接口确定如何实现逻辑接口。

前面的讨论使系统工程师能够建立识别和表征接口的基本方法，具体如下：

（1）第 1 步：确定每个实体的逻辑接口。当设计系统时，逻辑接口使我们

能够认识到需要一种关联或关系。这种关联或关系仅涉及要完成什么，而不是如何完成。逻辑接口是每个实体的关系图和逻辑能力架构的关键部分。

(2) 第 2 步：确定并定义每个实体的物理接口。逻辑接口或通用接口的物理实现需要在一系列受技术、工艺、成本、进度和风险约束的候选解决方案中进行选择。系统工程师通常会进行一项或多项权衡研究，以选择最合适的实施方式。

(3) 第 3 步：标准化接口。每个独特的接口都需要专业知识，并且增加了维护的总拥有成本（TCO）。因此，在可行的情况下，应选择广泛接受的接口协议和标准。

原理 9.6 接口复杂性降低原理

在可行的情况下，应尽量减少接口数量，并通过标准化采用广泛接受和验证的协议和标准来降低复杂性、技术风险，增加可靠性和降低可维护性成本。

9.7.9 了解接口性能和完整性

接口作为系统的入口点、门户或访问点，容易受到内外部威胁和故障的影响。根据物理接口交互的程度和导致的损坏或故障，判断接口能力或性能是否可能会受到损害或终止。本节重点了解接口设计的性能和完整性。首先定义接口故障的背景。

9.7.9.1 限制系统接口的访问

某些接口要求对仅供授权用户可访问的设备进行访问限制。一般来说，这些接口包括了用户支付访问费的应用程序、基于“须知”原则的数据安全、发布决策用的构型数据等。

系统访问可以通过多种机制来实现和限制，例如：①授权登录账户；②数据加密/解密设备和方法；③浮动访问密钥；④个人身份证；⑤个人身份证扫描仪；⑥“须知”访问级别；等。

授权用户账户——由网站或内部计算机系统使用，需要用户 ID 和密码。如果用户忘记了密码，一些系统允许用户设置一个与密码相关的问题。该问题将作为“记忆唤醒词”。用户可以通过个人身份信息向计算机系统进行身份验证，并回答预先设置的安全问题，还必须重置密码作为应急措施。

通信安全（ComSec）——防止竞争对手或对手拦截和利用的通信方法和

技术（如加密/解密、屏蔽等）的物理规划、实现和协调。

数据加密方法和技术——用于在传输过程中加密/解密数据，防止未经授权的泄露。这些设备使用数据“密钥”来限制访问。从台式计算机通信到高度复杂的银行和军事设施，加密应用范围很广。

浮动访问密钥——网络上的软件应用程序，允许在任何给定的时间点由总人数的子集同时使用。由于一些组织不想为未使用的许可证付费，因此会根据预计的峰值需求购买浮动许可证。当用户登录到应用程序时，其中一个许可证密钥或令牌将被锁定，直到该用户注销。由于一些用户常常忘记注销，但锁定了密码，导致其他用户不能使用，因此系统可能包含自动注销用户并使队列中的其他人可以访问该密钥的超时功能。

作战安全（OpSec）——识别关键信息以确定敌方情报系统是否能观察到友军的行动，确定敌方获得的信息是否能解释为对他们有用，然后执行选定的措施以消除或减少敌方对友军关键信息的利用（AcqNotes，2014）。

个人身份证——分配给人员的磁条或射频身份徽章或卡片，允许通过保安进入设施或通过徽章或卡片读取器和密码进入封闭设施。

个人身份验证扫描仪——通过光学扫描仪扫描眼睛的视网膜或拇指指纹，并将扫描的图像与授权人员先前存储的图像进行匹配，从而对个人进行认证，实现有限制的访问。

物理安全（PhySec）——地面、海上、空中或太空基于资产的物理规划、实施和协调，防止系统被物理进入或入侵。

“须知”访问——基于个人“须知”的受限访问。在这种情况下，可能需要额外的身份验证。这可能需要将数据划分为不同的访问级别。

9.7.9.2　接口延迟

延迟对于某些系统来说是一个关键的接口问题，尤其是当一个接口部件需要在规定的时间范围内做出响应时。作为一名系统工程师，你需要领导确定和规定接口响应时间限制的工作。如果响应时间限制至关重要，那么整个系统运行的时间预期值会是多少呢？

9.7.9.3　什么构成接口故障？

什么构成接口故障，包括故障的程度，故障发生的不同背景。在一般情况下，系统工程认为一个实体或接口在其规定行为之外运行时就处于故障状态

（第 34 章）。因此，作为整个系统任务的一部分，如果一个接口不能在需要时提供所需的规定性能水平的能力，则该接口可被视为故障。接口故障可能会危及系统任务。

9.7.9.4　接口故障类型

导致接口出现故障的情况有多种。一般来说，物理接口至少在五种情况下会出现故障：①服务中断；②入侵；③应力加载；④物理破坏；⑤监控。

（1）服务中断可能是由自然、动物、部件可靠性、工作质量差、缺乏适当维护和破坏造成的，例如：①部件故障；②电缆断开；③动力损失；④数据传输不良；⑤缺乏安全性；⑥机械磨损、压缩、拉伸、摩擦、冲击和振动；⑦光学衰减和散射；⑧信号阻塞。

（2）入侵包括：①未经授权的电磁环境影响（E3）；②通过监控、窃听或监听获取数据；③计算机病毒；④寄生信号的注入；等。入侵的来源包括电风暴和间谍活动。入侵的防御解决方案包括物理、操作和通信安全以及适当的屏蔽、接地和加密。

（3）应力加载包括安装加载、阻碍、疲劳化或降低接口质量或性能的设备。

（4）物理破坏包括意外的物理威胁接触或外部系统（如人类系统）有目的的行动，故意对系统、实体或其某种能力造成物理伤害、损害或破坏，或啮齿动物的入侵。

（5）监控由外部威胁通过监听设备执行。

9.7.9.5　接口漏洞

接口的完整性可能会因固有的设计缺陷、错误、瑕疵或漏洞而受损。接口完整性和漏洞问题涉及接口设计的电气、机械、化学、光学和环境等方面。如今，大多数接口漏洞倾向于关注安全的语音和数据传输以及网络防火墙。漏洞解决方案包括安全语音和数据加密、特殊的屏蔽设施、装甲板、坦克的隔间化、电缆布线和物理邻近性以及作战战术。

9.7.9.6　接口故障事件和后果

在设计系统接口时，有许多方法可以减小接口故障或结果的发生概率。一般来说，解决方案的内容覆盖范围很广。系统工程师通常只关注接口设计的硬件和软件方面。

示例 9.15　光接口缓解示例

车辆上的后视镜为车辆驾驶员提供了一个重要的接口。后视镜通过光学方式“弯曲”操作员的视线，从而使操作员能够在靠近其他车辆或结构时操纵车辆。带有从驾驶室伸出的侧视镜的车辆特别容易受损或毁坏。

假设，一种解决方案是设计带有偏转器的外后视镜，保护后视镜免受损坏。然而，由于车辆前后移动，因此后视镜前侧的偏转器可能会限制操作员的视线。为了最大限度地减少与外部系统或物体碰撞的损坏影响，后视镜设计成可以简单地折叠起来。这样，在保持系统性能的同时，最大限度地降低了设备元素成本。

9.7.9.7　接口故障事件、后果、检测、遏制和缓解

原理 9.7　接口故障缓解原理

每个接口都应规定和设计为：①检测故障；②遏制在源头，防止传播；③减轻对任务性能的影响。

前面的讨论说明了第 1 章中介绍的传统“思维定式工程设计”与“系统工程设计”的概念。现实情况是：故障不一定是静态的、独立的事件；它们可以产生持久的影响和后果，如小型案例研究 1.1 中所述的“阿波罗 13 号”事故。

接口故障可能导致系统命令和控制丢失和/或关键数据中断或丢失；系统操作员、维护人员和其他人员的身体伤害；以及设备、财产、公众或环境的物理损坏。接下来分析接口故障是如何发生的。

当一个接口出现故障时，会产生多种后果。例如：电气短路或高压电弧；减压、内爆或爆炸；喷气发动机压气机叶片分离，穿透飞机舱室造成伤亡或导致液压系统和飞行控制丧失，最终导致坠机（联合航空 232 号班机）；溢油等。这里重要的不仅是系统工程师必须处理接口的丢失，而且还包括如何检测和控制故障，防止传播到其他附近的系统（见图 26.8）并产生灾难性的后果。

可通过以下方法防止和控制接口故障的影响。

(1) 第一步就是系统性能规范（SPS）。

制定规范的人员往往倾向于为理想的运行条件编写规范要求，而忽略了检测、控制和减轻故障的要求（原理 9.7）。

（2）第二步是在系统设计流程中，根据选定的物理设计解决方案，而不是功能解决方案，进行失效模式和影响分析（FMEA）（第 34 章）。对于任务关键型应用，FMEA 应扩展到失效模式、影响和危害性分析（FMECA）。

请记住——以上两个步骤的结果与执行任务的工程师或系统分析师的能力、经验和勤奋程度紧密相关。

9.8 本章小结

在讨论系统接口实践时，我们确定了接口的关键目标，确定了各种类型，并强调了系统接口完整性的重要性。

我们对逻辑和物理实体关系的讨论应该使你能够在不同的详细级别上描述系统元素如何进行交互。反过来，逻辑和物理实体关系应该使你能够将这些关系同化到一个架构框架中。为了方便决策过程，我们通过逻辑架构表示建立了系统元素之间的逻辑实体关系或关联。一旦建立了逻辑能力架构，我们就将决策过程推进到物理架构表示或物理架构。

本章最后重点讨论了相关系统接口——故障类型、故障影响、检测、缓解和遏制。

9.9 本章练习

9.9.1 1 级：本章知识练习

（1）任务系统的系统元素架构与使能系统的系统元素架构有何不同？

（2）如何确定任务系统及其使能系统的系统元素。

（3）任务系统和使能系统的系统元素有何不同？

（4）接口的作用是什么？

（5）什么是逻辑接口？

（6）什么是物理接口？

（7）在物理实体关系解决之前开发逻辑实体关系会出现什么问题？

（8）运行环境域有哪两个类别？

(9) 什么系统元素构成系统的高阶系统域?

(10) 什么系统元素构成系统的物理环境域?

(11) 请以图形方式描述包含高阶系统和物理环境域详细交互的运行环境架构。

(12) 人类系统环境威胁及其来源的例子有哪些?

(13) 自然系统环境威胁及其来源的例子有哪些?

(14) 诱导环境威胁及其来源的例子有哪些?

(15) 运行环境的边界与怎样的参照系有关?

9.9.2 2级：知识应用练习

参考 www. wiley. com/go/systemengineeringanalysis2e。

9.10 参考文献

AcqNotes (2014), Operations Security, Washington, DC, Department of Defense (D0D), Retrieved on 1/18/13 from http://www. acqnotes. com/Career% 20Fields/Operations% 20Security. html.

ISO-Architecture (2014), *Survey of Architecture Frameworks* website, Geneva: International Organization of Standards (ISO). Retrieved on 12/13/14 from http://www. iso-architecture. org/42010/afs/frameworks-table. html.

10　任务系统和使能系统操作建模

每个自然系统和人类系统环境都会表现出基本激励——响应行为模式。例如，系统会对好消息做出积极响应，对威胁做出消极响应，并采取防御策略、先发制人或报复性的打击手段。响应最终取决于系统的设计和训练方式，在特定类型的运行条件和限制下，对各种类型的输入（激励和信息）做出响应。

本章以第 8 章和第 9 章中的系统架构概念为基础，讨论每个相关系统与构成其运行环境的外部系统（人类系统、自然系统和诱导环境）如何共存、交会、结合和交互。

开发能在这些环境中运行并成功生存的系统、产品或服务需要系统开发人员——系统工程师、分析师、设计人员和专业工程师——了解这些系统如何在其运行环境中与外部系统交互并对外部系统的刺激、激励或提示做出响应。响应包括行为模式、产出系统、产品或服务以及副产品。

本章的内容是基于模型的系统工程（MBSE）的基础。

10.1　关键术语定义

（1）结构（construct）——可用于表示实体、架构、操作和能力的图形模型或模板。

（2）模型（model）——架构框架、刺激、激励或提示、操作序列和决策逻辑、实体处理通信、存储、命令和控制以及性能能力的图形和/或数学表示。

（3）基于模型的系统工程（MBSE）——建模方法的形式化应用，以使建模方法支持系统要求、设计、分析、验证和确认等活动，这些活动从概念性设计阶段开始，持续贯穿设计开发以及后来的所有寿命周期阶段（INCOSE，2007：15）。

（4）传递函数（transfer function）——一种数学表达，表示系统输出和行为响应随一系列有限的限制或约束内的输入变化而变化的关系。

10.2 引言

本章首先讨论系统行为的基础原理。我们建立描述相关系统如何与其运行环境交互并做出响应的基本系统行为模型。我们引入六个行为交互模型来展开讨论。这些模型说明了常见类型的系统交互模式，例如开环和闭环命令和控制系统、对等数据交换交互、状态和状况信息传输交互、问题仲裁和解决以及敌对交会与交互。

然后，我们通过简单的汽车—驾驶员系统模型介绍端到端任务操作建模的基本概念。为了扩展基本建模概念以涵盖模型中实体之间的交互，我们引入了控制流程和数据流的概念，作为图形化建模规则。我们讨论的内容包括：①任务系统和使能系统的综合化人员—设备交互的建模；②独立系统的建模。

基于对系统建模的基本理解，我们引入了一系列多层次建模结构或模板。通过这些结构或模板，我们能够对用户的 0 层组织系统、相关系统和人员—设备用例（UC）任务序列模型建模。大部分人只是把一种功能看作一个抽象对象，而没有意识到一种操作功能可以是手动的、半自动的或全自动的，并且由三个操作阶段组成：功能前操作、功能中操作和功能后操作（见表 6.2）。这一不足反映在规范能力要求中。针对这一问题，我们引入了系统能力结构。该结构具有基于阶段的操作序列和适应错误条件的异常处理机制。

在本章结尾，我们将对 MBSE、其在建模中的应用、对它的误解以及如何确保其成功应用进行一般性讨论。

10.3 系统行为响应模型

我们讨论运行环境架构时，将图 9.3 作为一个高级模型来说明相关系统与其运行环境的交互。为了了解这种交互是如何发生的，首先研究简单的行为响应模型。

原理 10.1 系统响应原理

每个系统都通过行为动作、产品、副产品、服务或它们的组合来响应其运行环境中的刺激、激励或提示。

如果将图 9.3 所示的相关系统视为一个刺激—响应体，我们就可以创建简单的模型来表示相关系统如何对其运行环境做出响应，如图 10.1 所示。系统模型由物理环境域（见图 9.4）和相关系统组成，两者都受高阶系统的控制。高阶系统提供组织，分配角色和任务，施加运行限制，并向相关系统提供资源。物理环境域的元素（如人工系统环境、诱导环境和自然系统环境）为相关系统提供输入刺激，并影响其运行能力和性能。

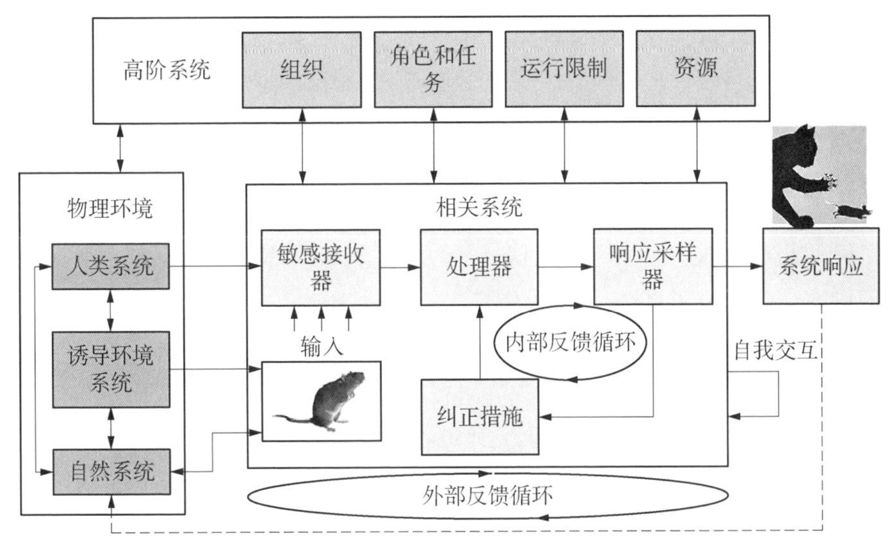

图 10.1 系统行为响应模型

刺激、激励或提示是相关系统的敏感接收器的输入，如信息、数据、中断和动作。敏感接收器对刺激和信息进行解码，并将它们作为输入提供给处理器。处理器通过执行用户定义的动作来增加数据的价值。

响应采样器对增值处理的结果进行采样，并将这些结果与高阶系统建立的运行限制（即任务分配）做比较。根据比较结果，作为反馈（内部反馈循环），启动对处理器的纠正措施。当处理相对于运行限制可接受时，就会产生系统响应。然后，系统响应又反馈到运行环境中，从而完成外部反馈循环。

可以用这种模型表示的示例包括机电发动机、核电站发电机、喷气发动机和电力系统等相关系统。同样，我们也可以创建数学模型来表示相关系统执行的输入/输出传递函数。

10.3.1 关键点

图 10.1 展示了关于系统与其运行环境交互的关键点：

（1）输入数据——外部激励或数据可能作为触发事件（如通信数据、观察值或信息传输）出现，或者随着时间的推移，作为“趋势数据”出现。

（2）实测的或调理后的系统响应——内部控制循环，产生适应刺激、激励或提示的实测响应。

（3）系统传递函数——敏感接收器、处理器、响应采样器和纠正措施构成影响系统响应的系统传递函数关系。

（4）系统延滞——从相关系统响应外部刺激和信息到产生系统响应所需的时间称为系统响应、系统响应时间或系统吞吐量。

（5）系统交互——由提示、信息和行为组成的刺激或数据以及系统对其运行环境的响应形成了系统交互的闭环。

前面的讨论重点在于简单的吞吐量模型，该模型表示相关系统与其运行环境（包括人工系统环境、诱导环境和自然系统环境）的交会和交互。如前文所述，这些交会和交互可以描述为友好的、合作的、防御的、良性的、攻击性的、不友好的或敌对的。

这引出了另一个关键概念——系统行为交会（encounters）和交互（interactions）的示例结构。

10.4 系统命令和控制交互结构

如果我们观察并分析人工系统之间的交互模式，就可以确定存在一些主要的交互结构。大部分友好系统的常见交互包括以下示例。

10.4.1 开环命令交互结构

图 10.2 所示的开环命令交互结构代表一个简单的系统，在这个系统中，高阶系统向相关系统发出命令和控制任务刺激，从而执行任务并对其运行环境做出响应。注意，这里没有关于任务完成或成功的反馈。

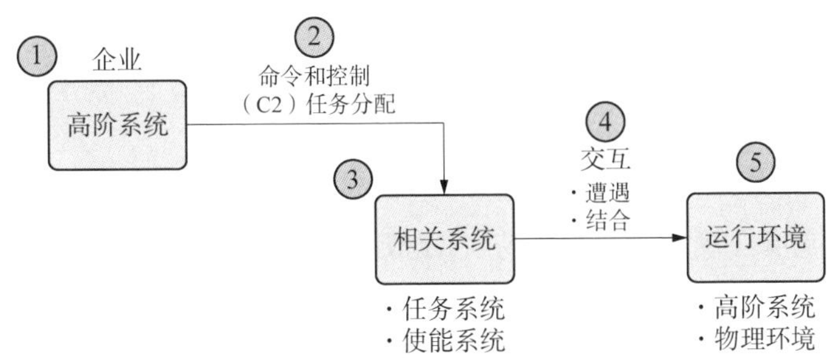

图 10.2 开环命令和控制系统示例

10.4.2 闭环命令和控制交互

图 10.3 所示的闭环命令和控制交互结构改进了开环命令系统的反馈缺陷。在这种情况下，相关系统通过对任务进度、完成和成功情况进行连续行为监控来响应高阶系统任务分配。

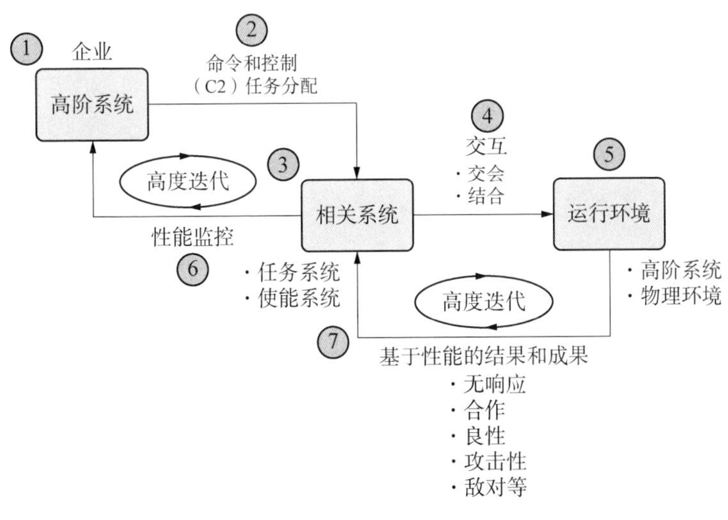

图 10.3 闭环命令和控制系统示例

作为该过程的一部分，相关系统监控运行环境的响应，并将响应反馈给高阶系统，这是行为监控的一部分。该结构的示例应用如下：

（1）组织系统命令和控制——组织间和组织内任务分配。

（2）组织对相关系统的命令和控制——任务分配。

（3）任务系统和使能系统命令和控制——人员—设备交互。

（4）设备命令和控制——子系统间的交互。

10.4.3 运行状态和运行状况信息广播系统交互结构

图 10.4 所示的运行状态和运行状况信息广播系统交互结构展示了仅向高阶系统提供同步（周期性）或异步（随机）数据的简单系统。高阶系统可能会也可能不会确认收到数据。示例如下。

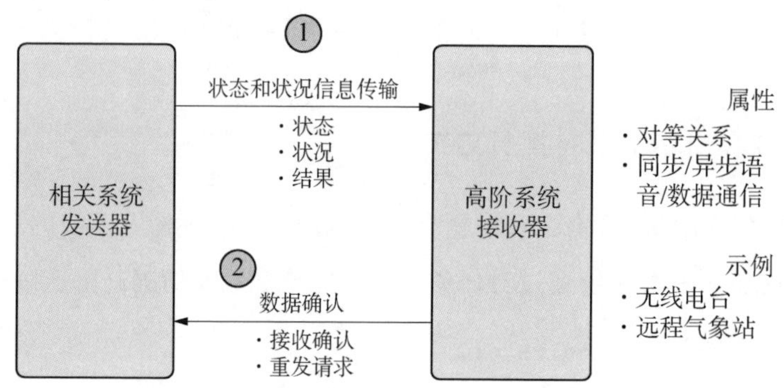

图 10.4　状态和状况信息传输系统交互示例

示例 10.1　远程气象信息传输系统

在机场附近安装远程气象数据采集系统（相关系统），7×24 小时按 1 Hz 的速率将同步气象数据传输到机场高阶系统，然后机场高阶系统进行处理并传输给飞机。

示例 10.2　人员—设备状况评估

部分监控、命令和控制需要不断更新数据，从而对系统性能、运行状态和运行状况以及运行环境条件进行状况评估。用户——操作人员或维护人员——“需要知道”来自设备的状况评估信息，以执行任务分配。同样，设备的内部监控、命令和控制要求来自子系统组件、子组件部件（如传感器）的状况评估信息，报告给用户，以便监控、命令和控制设备。

10.4.4 对等数据交换系统交互

图 10.5 所示的对等数据交换系统交互结构表示两个对等层次的协作系统之间的数据交换。下面来看一个假设交会和交互的场景：

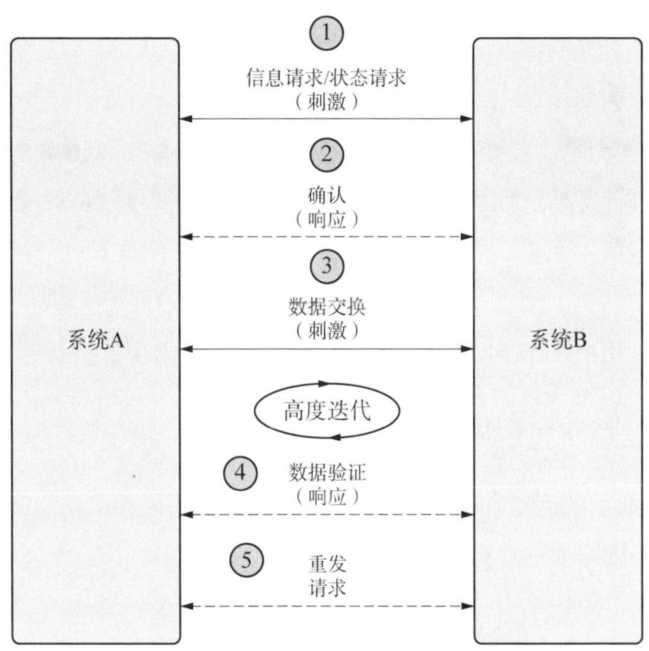

图 10.5 对等数据交换交互结构

（1）系统 A 向系统 B 发出信息请求/状态请求。

（2）系统 B 可能会也可能不会（虚线）发出确认接收请求的信息。

（3）系统 B 向系统 A 传输数据。

（4）系统 A 可能会也可能不会发出确认接收数据的信息。

（5）如果系统 A 没有收到响应或由于出错而确定数据无效，那么它可能会发送重发请求。

这里需要指出的是，要认识到可能或可能不确认是因系统而异的。如果你认为你的系统应该确认请求和接收，那么就把它当作一个要求设置到系统中。下面来看一个对等系统交互的示例。

示例 10.3　银行卡交易示例

银行卡用户来到自动柜员机（ATM）旁。ATM 显示欢迎信息，并指示用户插入银行卡。ATM 读取银行卡信息。如果账户有效，ATM 向用户发出信息请求，要求用户输入密码，以访问账户信息。

验证用户密码——确认密码正确后，授予账户访问权限。ATM 向用户发出信息请求，询问用户需要执行哪种类型的交易。用户选择交易选项，并输入交易金额——数据交换。当用户选择或输入数据时，ATM 重复显示屏上的数据，确认用户的响应。

ATM 处理交易，提供交易和/或金额收据，并询问（请求信息）用户是否需要进行其他交易。如果不需要，则 ATM 感谢用户使用——数据交换，要求用户再次返回主页面，并将银行卡退给用户，然后向下一个用户显示欢迎信息。

请注意，用户—ATM 对等信息和数据交换中的出现了一系列确认动作。

10.4.5　问题仲裁/解决系统交互结构

图 10.6 所示的问题仲裁/解决系统交互结构说明了相关系统提交给高阶系统的冲突。下面来看一个假设交会和交互的场景：

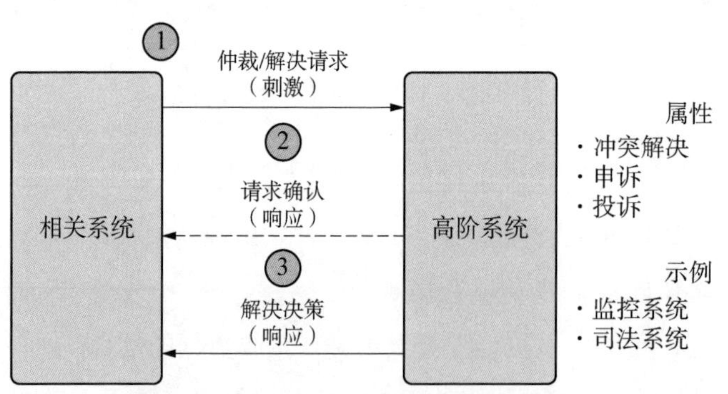

图 10.6　问题仲裁/解决系统交互结构

（1）相关系统向高阶系统发出仲裁/解决请求。

（2）高阶系统可能会也可能不会确认该请求。

（3）高阶系统的响应是做出决策，作为解决问题的纠正措施。

示例 10.4 冲突解决示例

(1) 在企业内部，员工可能会遇到与其他人、工作时间等相关的冲突。因此，该员工将问题报告给经理——高阶系统。

(2) 一个系统可能需要三台冗余计算机来做出决定。轮询其中两台计算机的结果，并将结果用于验证第三台计算机的决定。如果两台轮询计算机的结果存在冲突，则第三台计算机必须做出可能确定其中一台计算机出现故障的决策。问题是：如果来自另外两台计算机的结果不存在冲突，并且监控计算机是出现故障的那台计算机，那么结果会怎样？此时必须确定体系结构的决策控制逻辑来应对这种情况。

10.4.6 敌对交会交互结构

图 10.7 所示的问题仲裁/解决系统交互表示运行环境中的相关系统和外部系统之间的敌对交会。下面来看一个假想的交会和交互的场景：

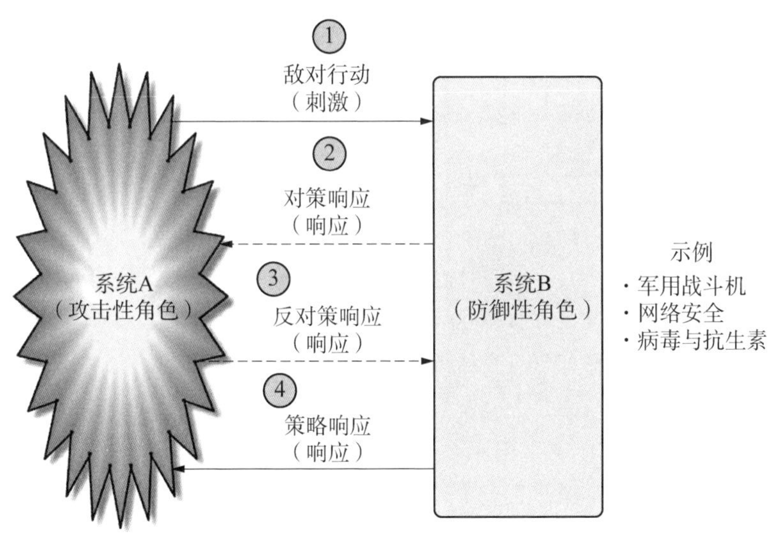

图 10.7 敌对交会交互结构

(1) 扮演攻击性角色的系统 A 对系统 B 发起敌对行动。

(2) 扮演防御性角色的系统 B 用对策做出警告响应。

(3) 系统 A 用对抗对策（CCM）响应来响应系统 B 的对策。

(4) 感知到攻击后，系统 B 变成攻击性角色，并做出战术响应，迫使系统

A 退避。

10.5 系统控制流程和数据流操作建模

建模的第一步是创建简单的高级模型版本。我们以对每天要上下班的汽车驾驶员建模为例。具体示例图形如图 10.8 所示。

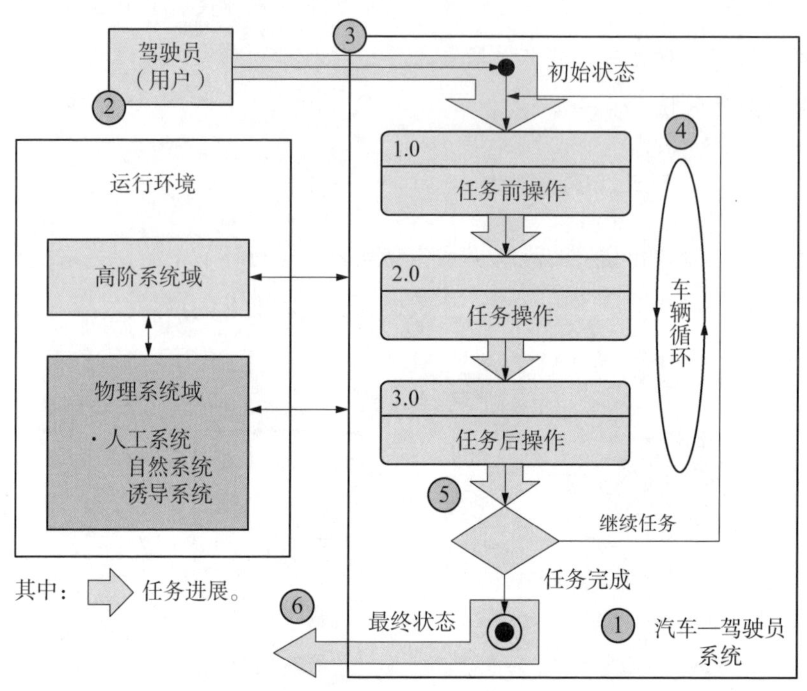

图 10.8 高级汽车—驾驶员系统操作模型

(1) 驾驶员在汽车处于初始状态时坐进车内，从而创建车辆—驾驶员系统。驾驶员执行任务前操作，检查车辆，确认一切正常。

(2) 在完成任务前操作后，控制流程将确认代表行驶到任务目的地的任务操作序列。

(3) 在驾驶过程中，汽车—驾驶员系统会进行防御性驾驶，并与运行环境（高阶系统域和物理环境域）交互。

(4) 到达目的地后，驾驶员下车，锁上车门。准备回家时，再次执行操作 1.0—3.0。

这个示例给出了一个简单的操作模型。然而，它并没有展现驾驶员和汽车之间发生的交互，也没有展现驾驶员正在执行的和汽车正在执行的能让二者进行交互的任务。这就引出了下一个话题：操作控制流程和数据流概念。

10.5.1 操作控制流程和数据流概念

分析系统时，会有两种流程：①控制流程或工作流程；②数据流。

(1) 控制流程或工作流程使我们能够理解系统操作是以何种次序运行的。

(2) 数据流使我们能够对电气、光学或机械实体之类的系统实体之间的信息、数据或能量交换进行建模。

为了说明这些要点，我们首先来深入探讨控制流程和数据流。

图 10.9 左侧的交叉箭头表示控制流程和数据流的图形化规则；自上而下的垂直箭头表示控制流程；水平箭头表示实体之间的数据流交换。

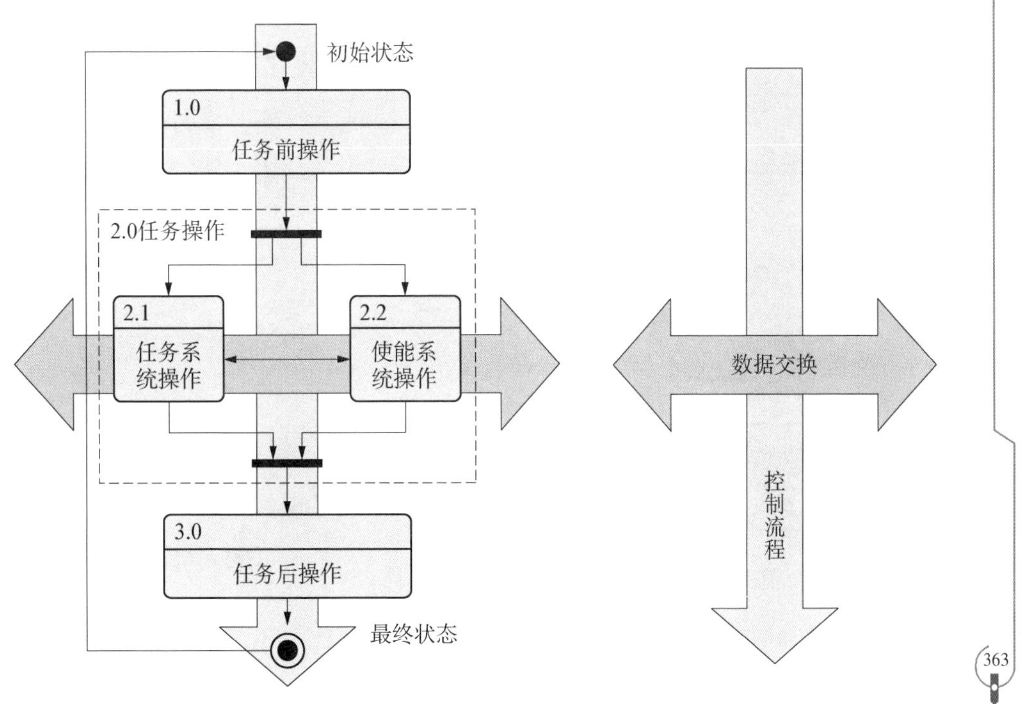

图 10.9 控制流程—数据流图形化规则

将控制流程或工作流程应用在图 10.8 中：

(1) 从初始状态到操作 1.0（任务前操作）的序列。

（2）操作 2.0（任务操作）的序列。

（3）操作 3.0（任务后操作）的序列。

（4）最终状态的序列。

循环系统——不停地工作——电子设备等启动后，可以采用从最终状态决策块返回到初始状态的线所示的反馈循环。从数据流的角度来看，操作 2.1（任务系统操作）和操作 2.2（使能系统操作）之间进行信息交换，这是操作 2.0（任务操作）的一部分。

如果我们扩展任务系统和使能系统操作交互到操作的所有阶段——任务前阶段、任务中阶段和任务后阶段——都包括在内，就会出现图 10.10 所示的情况。每个操作阶段都扩展到并行任务系统和使能系统操作中。*

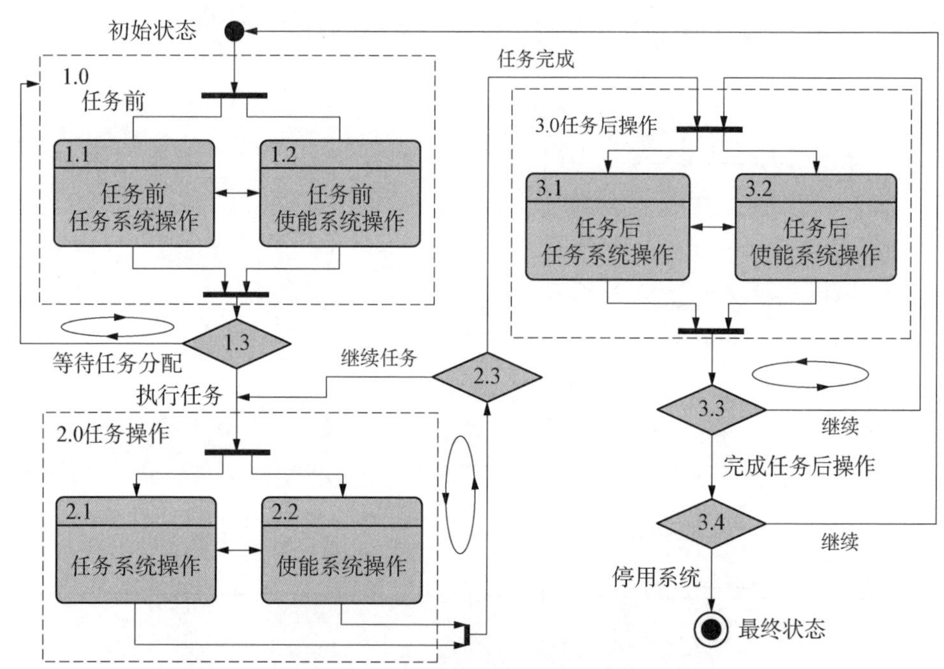

图 10.10　并行多阶段操作模型

* 参照图 10.10，看看任务 2.0 中任务系统与使能系统之间的操作交互情况。这种交互表示图 6.2 中的操作 10（执行任务操作）和操作 11（提供任务监控和支持）。就航空公司而言，将乘客运送到另一个城市的飞机（任务系统）处于空中交通管制员（使能系统）的监控、命令和控制（见图 10.3）之下。

10.5.2 多个并行操作建模

前面的讨论集中在执行端到端顺序控制流程的相关系统，这些控制流程因出现常见的超时、资源耗尽或故障而终止。我们扩展这一概念来说明更复杂的系统。这种系统有多个相关系统一起工作，完成组织的总体任务。餐馆、汽车销售商店或航空公司就是这方面的例子。示例如图 10.11 所示。

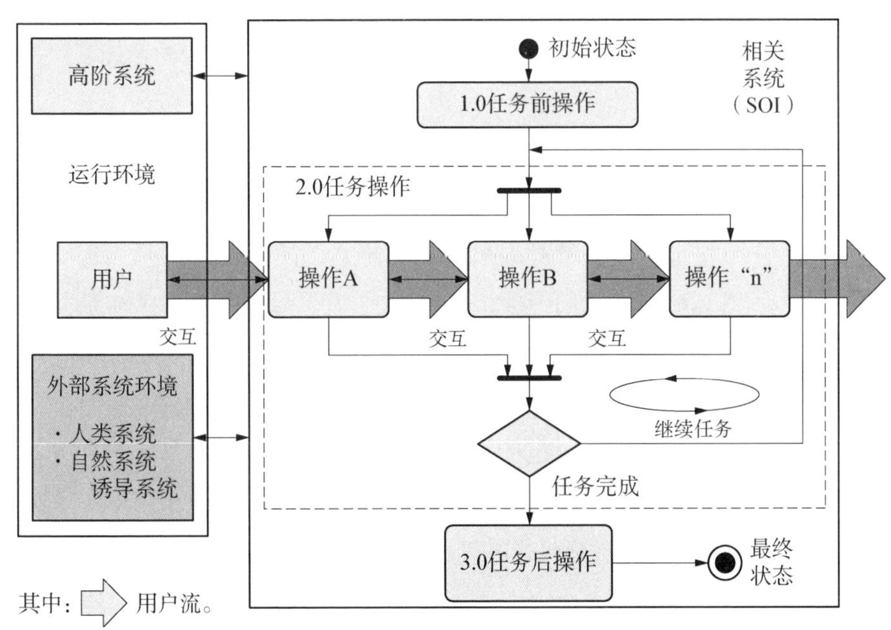

图 10.11 任务中操作阶段：多用户结构

示例 10.5 客户—零售企业示例

假设商场内的零售商店（任务系统）等的正常营业时间（任务操作阶段）是 10:00~21:00。

为下一个工作日做准备时——企业的任务前操作阶段，可能需要补充、摆放商品。

10:00，商店开门营业——企业任务操作阶段。此时，商店的每个部门都配备了训练有素的销售人员（使能系统人员），帮助客户（任务系统）购买商品。

客户的工作流程包括前往商店（任务前操作阶段）、购买商品（任务中操

作阶段)、离开商店（任务后操作阶段)。

作为任务系统，客户从进入商店到在离开商店之前，完成从操作 A 到操作 B 到操作 N 的水平控制流程购物体验。注意商店垂直控制流程与客户水平控制流程的相交点——客户和商店任务操作阶段的相交点。

21:00，商店完成企业任务操作阶段，关门，开始任务后操作（如打扫卫生)，并在下一工作日重复任务前操作阶段。

上述示例说明了汽车销售商、餐馆、航空公司、医院、学校和其他类型组织的运营过程。你需要理解这一概念，因为它是接下来要讨论的系统、产品或服务建模的基础。

上述任务系统—使能系统交互的例子说明了开发系统时要记住的关键考虑因素——客户交互和满意度。卡尔松（1989）在他的《关键时刻》一书中强调，利益相关方（如用户或最终用户）与系统、产品或服务的每一次交互都是“关键时刻”，会给客户留下深刻印象。这一概念说明了如图 4. 1 所示的任务系统—使能系统供应链及其适用性标准（商品）和客户接受标准。

示例 10. 6　系统、产品或服务关键时刻

• 用户与你的系统或产品交互，例如与计算机交互——打开电源、尝试加载软件、在操作手册中找到答案、创建报告，这些都是关键时刻。

• 同一用户联系计算机制造商寻求服务——回答问题，属于关键时刻。你是否与现场技术支持人员交谈过，或者你是否收到过“按下按钮”的提示信息，或向无署名的社区博客提交问题——这也是关键时刻。

这一连串的事件都是关键时刻，会给客户留下深刻印象，影响其未来购买意向。当你销售产品时，想想这些交互和它们带来的后果。将硬件和软件部件安装到你的系统中或你通过 E-Mail 联系客户时，尤其如此。这就引出了下一个概念——系统兼容性和互操作性。

10. 5. 3　系统交互兼容性和互操作性

原理 10. 2　系统交会和交互原则

系统在运行环境中与外部系统结合时，它们的交会和交互可能是合作性的、友好的、良性的、竞争性的、对抗的、敌对的或兼而有之。

当两个或两个以上的系统交互（interact）时，我们称这种交互为“结合”

(engagement) 或“交会”(encounter)。结合可以用许多术语来描述。根据系统角色、任务和目标，结合的效果或结果可以描述为积极的、良性的、消极的、破坏性的或灾难性的。一般来说，这些效果或结果可以简化为一个关键问题。从每个系统的角度来看，结合是否具有兼容性和互操作性? 下面我们来探讨这两个术语的使用背景。

原理 10.3 兼容性和互操作性原理

接口在形式（form）和适合性（fit）方面必须是兼容的。在适用的情况下，它们必须是可互操作的，以便能够简单明了地编码/解码、解读、处理和交换数据。

兼容性通常有不同的语境含义。我们通常在物理能力（形式和适合性）中使用兼容性这个术语，如机械连接、电信号、电流容量、存储装置和货物。注意我们使用了能力这个术语，具备一种能力并不意味着结合或接口是可互操作的。

当接口需要信息或数据交换时，为了支持接口的两侧能够互相通信并理解正在传递的内容，兼容性是必要但不充分条件。这就需要互操作性。

下面以国际航空语音通信和电子数据通信为例来说明兼容性和互操作性的应用。

示例 10.7 语言兼容性与互操作性

来自不同国家、说不同语言的两个人可能会尝试通信——系统实体之间的交互或交会。我们可以说他们的语音通信是兼容的——发送和接收。然而，由于缺乏互操作性，他们无法解码、处理、同化或“连接”正在传递的信息。鉴于公共飞行安全的重要性，国际民用航空组织（ICAO）大会于 2013 年 10 月通过了第 38/8 号决议——“无线电话通信中使用英语的能力”。该协议要求将英语作为空中交通管制员和国际航班飞行员之间通信的标准语言（ICAO, 2015）。

示例 10.8 电子通信兼容性与互操作性

两个系统之间的 RS－232 数据通信接口使用标准电缆和连接器来传输和接收数据。因此，接口在物理上是兼容的。但是，数据端口可能无法启用，或者接收系统的软件无法解码和解读信息——不具备互操作性。

10.5.4 系统交互综合

作为一名系统工程师，你必须学会从整体系统解决方案的角度来综合考虑这些交互。相关说明如图 10.12 所示。

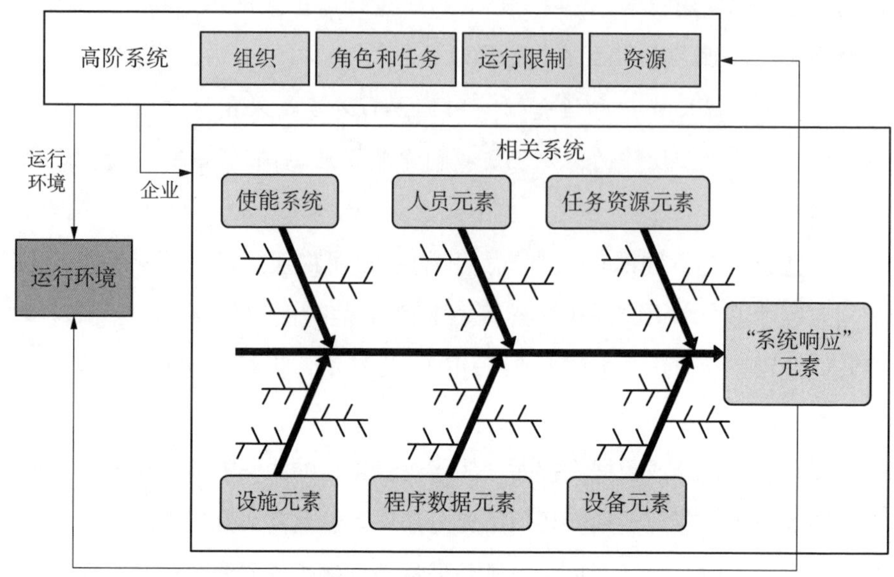

图 10.12　系统元素对整体系统性能影响的石川图

图 10.12 说明了相关系统、高阶系统和运行环境之间的高级交互。我们通过石川图或“鱼骨”图来说明相关系统。该图包含系统元素——这些元素是必须协调整合以实现任务目标的性能效应因素。组合起来后，相关系统元素产生由行为、产品、副产品和服务组成的系统响应元素。

在运行过程中，相关系统响应来自高阶系统元素的命令和控制指导和指示；高阶系统元素包括组织、角色和任务、运行限制和资源系统元素。在此基础上，相关系统元素与运行环境交互，并向运行环境和高阶系统域元素做出系统响应。

10.5.5 操作建模小结

当讨论系统与其运行环境的交互时，我们通过行为响应模型描述了系统交互。系统响应受与环境中的机会和威胁相关的战略和策略交互驱动。系统通常与合作、友好、竞争性或攻击性系统交互。基于这些响应，我们介绍了一个系统如何使用对策和反对策来干扰、迷惑、防御其他系统或与其他系统交互。最后，我们从相关系统的角度出发重点说明了运行环境的背景。

10.6 任务系统和使能系统操作建模

人们常常错误地认为系统工程和开发仅仅是确定功能并将功能分解成任意的体系结构，并认为完成了这些工作，奇迹就发生了。这两个方面导致组织工程系统定义—设计—构建—测试—修复（SDBTF）工作陷入自定义的无止境循环。并且组织工程系统往往不符合规范要求，存在潜在缺陷——设计瑕疵、错误和不足等等。有时，不知情的系统购买者和系统开发商会提出不合理或不切实际的进度和预算要求，从而导致出现此类情况。如果决策切合实际且合理，那么会有更好的方法来构建系统，而不会出现不合规、成本超支和错过进度的情况。

系统工程与开发（SE&D）的一个关键原则是针对多层次规范性能要求和多层次系统架构开发做出合理的、基于事实的决策。支持合理决策的机制是通过经验证的模型对相关系统的任务系统、使能系统及其运行环境的行为交互建模（第 33 章）。

一些组织会对系统行为建模。这给客户留下深刻印象！仔细观察后，你会发现建模师自成一派，不与软件工程师为伍。由于系统的软件建模涉及系统的数学、逻辑和物理表示等算法模型，根据常识，在适用的情况下，在可交付系统或产品中运行的实际软件应该使用相同的模型。遗憾的是，情况往往并非如此。可能的一分为二现象是：（系统工程师）使用建模软件做出系统工程的技术性能决策；（软件设计师）在很少或没有协作的情况下独立开发可交付软件。这听起来像是合理的工程做法吗？

我们先浏览一下行为模型概念的介绍性概述，然后再深入探讨一些细节。尽管系统建模的方法有很多种，但是我们仍使用简单的方法来介绍这一主题。请记住，我们是在创建实际的、多层次的系统模型，而这个系统是不断变化的。

我们创建的实际系统模型是基于情景的。下面以系统操作情景为例对此加

以说明：

（1）操作阶段——任务前、任务和任务后操作模式：操作模式包含用例。

（2）用例由运行任务执行，每个运行任务代表一种运行能力：运行能力受允许动作和禁止动作的限制。

（3）运行能力转化为规范要求。

每个行为建模情景都适用于相关系统、任务系统和使能系统。基于这一框架，首先介绍如图 10. 13 所示的通用相关系统交互结构。

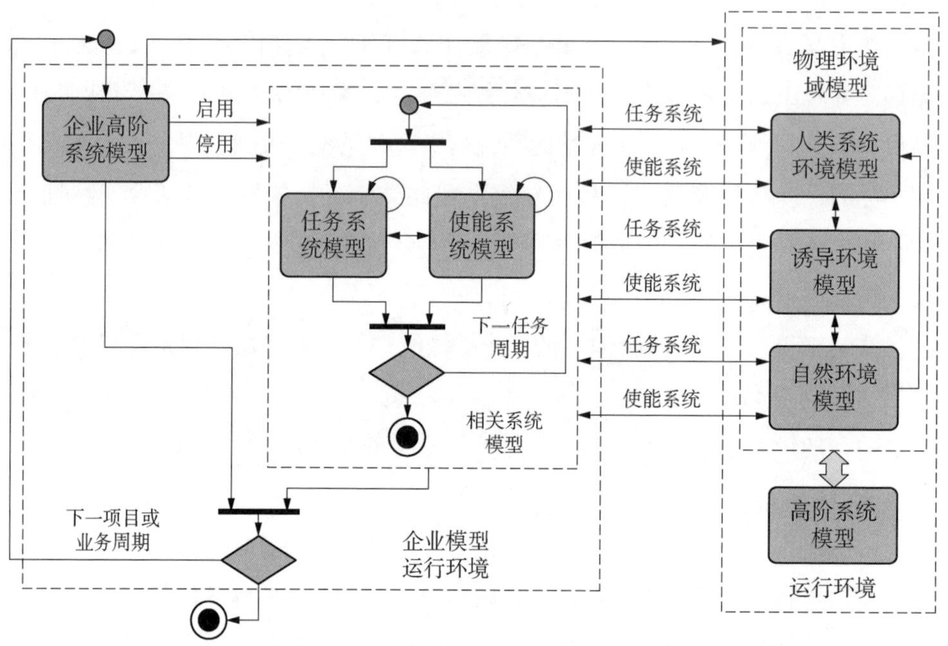

图 10. 13　通用相关系统交互结构

10. 6. 1　行为建模细节

系统、产品和服务可以在任何情景下和抽象层次上建模。接下来讨论四种类型的模型：

（1）通用用户多模式模型（见图 10. 13）。

（2）系统元素架构（SEA）模型（见图 10. 14）。

（3）基于用例的人员—设备任务序列模型（见图 10. 16）。

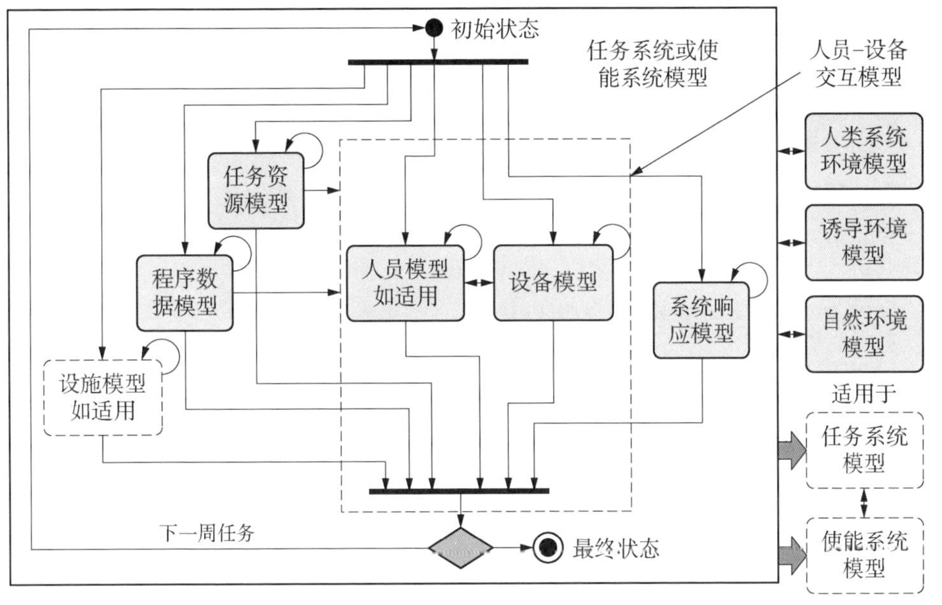

图 10.14 通用系统元素架构

(4) 系统能力结构（见图 10.17）。

下面我们将逐个深入探讨。

10.6.2 通用用户 0 层生命周期阶段模型

相关系统的任务系统和使能系统运行建模的第一步是在用户的 0 层企业系统中建立情景，如图 10.13 所示。该模型是一个可用于相关系统的任务前、任务和任务后操作以及任务系统、使能系统及其运行环境之间交互的结构。

如图 10.13 所示，组织级模型由高阶系统域和相关系统组成。作为一项组织资产，相关系统由高阶系统域启用和禁用。启用是指高阶系统根据其系统元素（角色和任务、运行限制和资源）授权分配任务或发布任务命令以执行任务。

相关系统启用后，其任务系统和使能系统模型从初始状态——灰色圆圈——开始，并在当前任务中连续循环，直到完成任务。模型一角呈 270°的弧形箭头表示任务完成之前的各任务前、任务中和任务后操作阶段循环。任务完成后，控制流程转换到最终状态——中心为灰色的双圆圈。

在任务运行期间，相关系统模型在其运行环境（人工系统、诱导系统和自然环境系统模型）中与外部系统交互。每个物理环境域模型都在运行环境的高阶系统模型的授权下运行。*

回看图 10.13，我们需要思考下面这个问题：任务系统和使能系统模型的结构是怎样的？这就引出了下一个模型：通用系统元素架构模型（generalized SEA model）。

10.6.3 通用系统元素架构模型

在图 8.13 中，我们已经介绍了说明任务系统或使能系统元素之间的关系的系统元素架构。该架构是图 10.14 所示的通用系统元素架构模型的基础架构。该模型用作任务系统和使能系统模型的模板。

系统元素架构模型由并行的六个系统元素组成。每个元素模型之间的数据流均发生在水平层次中。

注意观察包含人员元素和设备元素的虚线边界。作为一个执行实体，人员—设备交互与大多数人工系统紧密关联。其他系统元素——任务资源、过程资料、系统响应和设施元素模型——是支持实体。由于空间限制，该图偏离了标准的 SysML™ 实践，仅使用交会方框的箭头来表示与外部操作环境（人工系统、诱导系统和自然系统环境）的交互。

回看图 10.14，我们需要思考下面这个问题：人员—设备模型的结构是怎样的？这就引出了下一个模型：人员—设备交互模型。

10.6.4 人员—设备用例任务序列模型

图 7.4 所示的操作概念的任务中阶段强调了在任务的所有阶段，任务系统和使能系统之间需要发生的交互，特别是它们各自的人员和设备系统元素之间需要发生的交互。

我们知道，由于设备设计的独特性，人员—设备交互需要某种程度的同步。具体来说，必须进行权衡，以平衡成本、性能和人为因素，这些因素涉及人最擅长的与设备最擅长的内容（见图 24.14）。因此，每个用例都需要将人

* 请注意，由于空间限制，与相关系统虚线边界交会的双向相关系统—运行环境交互箭头表示与任务系统和使能系统模型的连接。

员和设备元素之间的一系列交互协调地结合起来（见图 10.15 和图 10.16）。

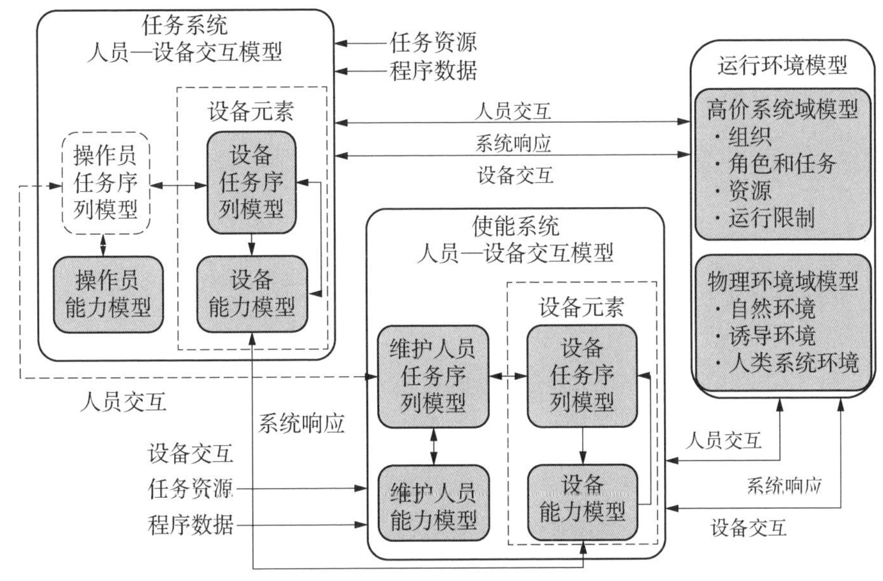

图 10.15　人员—设备交互示意图

在任务前、任务中和任务后操作阶段，任务系统和使能系统有自己的一系列人员—设备交互。在每次交互中，人员和设备利用各自能力执行自己的运行任务。实际上，如图 10.15 所示，人员—设备交互代表了任务用例和系统用例。

在执行用例时，人员元素模型（操作人员）执行命令和控制任务，命令和控制任务通过接口（键盘、触摸屏、鼠标、轨迹球等）启动设备元素模型任务（物理模型）。当设备元素执行其任务（功能命令和控制）时，产生基于行为的结果和行为响应，而这些结果和响应通过物理模型（显示器、指示灯、声光警告、报警等）反馈给人员元素模型（操作人员）。

图 10.15 的几个关键点如下：

（1）除了使能系统设施元素的适用性之外，任务系统和使能系统具有相同的通用交互模型（见图 10.14）。

（2）一般来说，每个交互模型都有基于执行用例和对任务系统或使能系统特有的场景作出响应的操作人员。

（3）要执行用例，用户（操作人员或维护人员）必须接受培训，具备理

解如何执行用例和操作设备的能力。

(4) 一般来说，任务系统和使能系统设备元素具有任务序列模型；该模型处理用户输入，为用例配置设备，并利用设备能力模型。

(5) 设备能力模型代表基于时间和行为的传递函数；传递函数向任务序列模型提供结果和反馈——结果、完成、警告、报警等。

因此，我们创建了图 10.16 所示的人员—设备任务序列模型模板。对于规定的用例，任务系统和使能系统内的人员—设备元素交互以及两者之间的人员—设备元素交互必须同步到一个集成模型结构中。

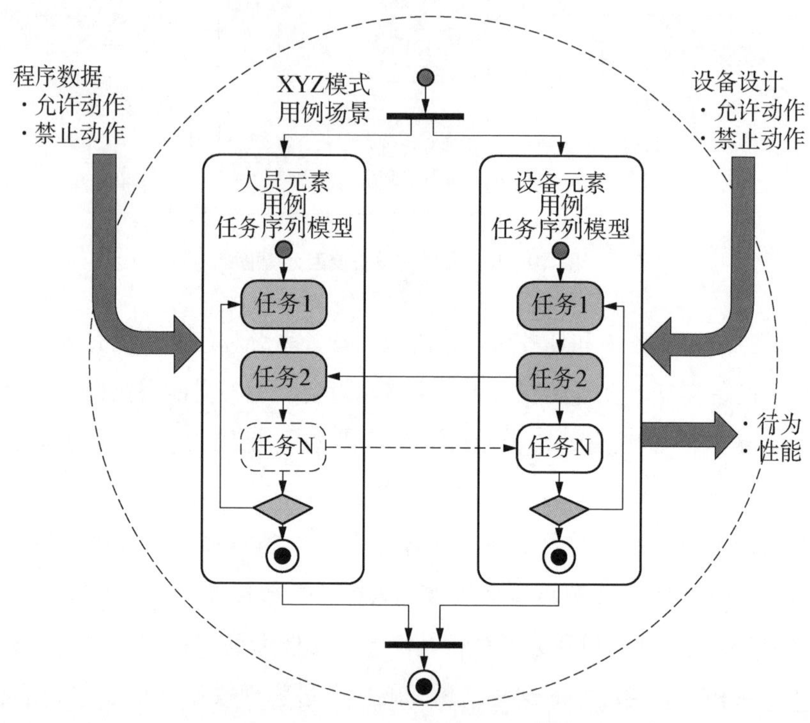

图 10.16　人员—设备任务序列模型

要注意以下几点：

(1) 注意该模型具有针对任务阶段和用例的情景。回想一下我们在第 5 章中讨论的内容，模式控制配置状态——架构配置，并包含针对利益相关方的用例。每个用例由一系列自动化或半自动化的操作任务组成，这些操作任务由系统的用例参与者、人员和设备系统元素执行。模型代表这些任务的规定流程。

就飞机而言，飞行员偏离按照特定顺序执行这些任务所需的检查表可能会导致灾难性后果。

（2）每个基于用例的任务代表人员元素和设备元素为完成用例必须具备的能力。

（3）这里提出的设备元素模型代表基于计算机的系统，该系统能够执行手动、半自动或自动的预定义操作序列。就执行维护的使能系统而言，人员元素（用户）可能需要命令和控制只能提供读数而不能执行自动任务序列的测试仪器。

10.7 操作功能建模

当工程师、经理、高管和其他人谈起功能时，就好像它们是销售展示或规范中的抽象对象一样。然而，功能不仅仅是一个没有生命的抽象对象，还是满足系统性能规范或实体开发规范要求的机制，也是成功完成任务的促成因素。为了更好地理解这一点，我们首先介绍操作功能结构。

10.7.1 理解操作功能结构

原理 10.4 系统功能操作原理

每种操作功能都是一个综合体系，至少包括三个操作阶段：

（1）功能前操作。

（2）功能中操作。

（3）功能后操作。

原理 10.5 异常处理和恢复操作原理

每种功能都需要安全或应急机制来检测异常、采取缓解措施并尝试恢复，从而恢复正常运行，且不会造成任何损害。

从场景上讲，功能是一种体系，执行至少由三个操作阶段组成的任务：功能前操作、功能中操作和功能后操作。相关说明见图 10.17。当发生异常场景、紧急场景和灾难性场景等意外事件（称为“异常”）（见图 19.2）时，启动异常处理和恢复操作，以实现恢复、恢复正常运行并安全完成操作任务。

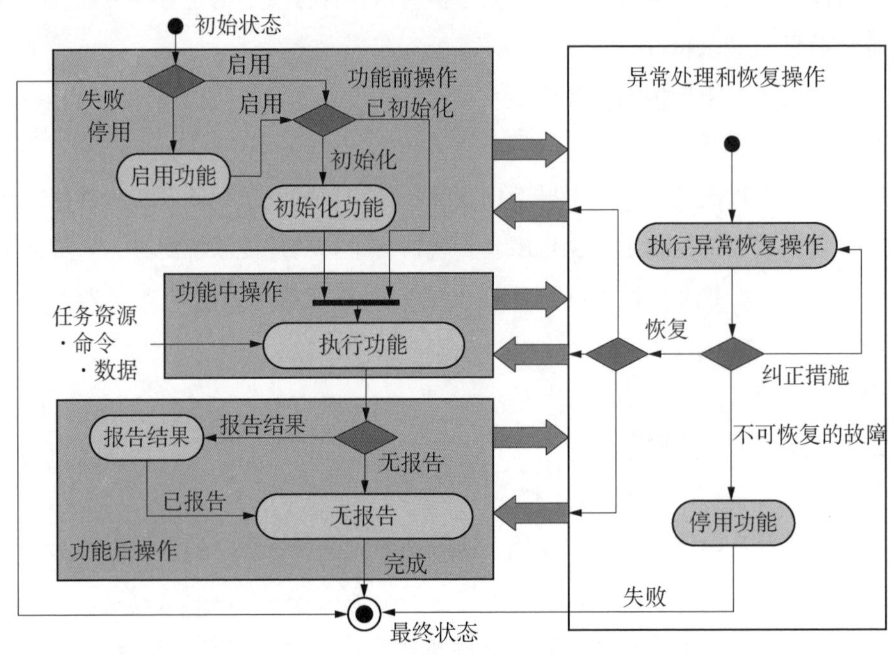

图 10.17　含异常处理的系统能力结构

原理 10.6　功能启用原理

每种操作功能都需要外部触发事件启动其基于行为的结果处理，如刺激、激励或视觉提示。

为了更好地理解功能不仅仅是抽象对象这一观点，我们参考图 10.17 中的图形展开讨论。注意，一般的控制流程序列是从功能的初始状态开始的。当外部刺激、激励或提示命令执行某项功能时，控制流程将确定功能前操作的序列。

10.7.1.1　功能前操作

与通过用户开/关灯启动的简单室内照明功能不同，一些系统需要更复杂的功能，而这些功能需要在启动前做出一系列决策，包括以下内容：

(1) 能量状态决策——功能的当前能量状态是怎样的——通电还是断电？例如：①直接使用电能、动能、太阳能、风能、水能、液压能和其他形式的能量？②有备用电源可立即提供执行功能所需的电力？

(2) 启动状态决策——功能的当前启动状态是怎样的——启用、禁用、待机还是休眠？以运载探测车的母飞行器执行的火星任务为例。为了节约能源，探测车在从地球飞往火星的过程中，可能不需要完全运行。但是，它可能需要低能量以保持温度，或收到询问时定期报告运行状态和状况，或者接收软件上传。

（3）稳定状态决策——通电后，功能是否需要一段稳定期，如预热、冷却、电气控制或机械控制，以达到适合执行测量等任务的规定水平？

（4）可用性状态决策——功能在操作上是否可以按需运行？系统是完全可运行，还是表现出性能下降，还是出现故障——超出标准或被销毁？

（5）初始化状态决策——功能是否需要初始化，例如：①机电或光学部件标定或校准；②引力常数、π或磁北极移动等软件参数的初始化。

要解决这些问题，需要进行运行状况和运行状态检查，查询功能，以确定上述状态。例如，运行状况和运行状态检查可能就像通过评估一系列软件“标志”轮询开关或电池的硬件配置一样简单。这可能需要：①每次使用功能时，评估运行状况和状态；②每天日常运行和准备测试、每小时或连续在后台进行全面的运行准备测试（ORT）。

能量状态、启动状态、稳定状态、可用性状态和初始化决策状态取决于系统/产品和应用程序，应专门确定，从而以最佳状态满足能力需求。系统及其应用程序的具体功能可能需要某种程度的决策状态。

功能前操作完成后，控制流程确定功能中操作的序列。如果在功能前操作期间出现异常，控制流程确定异常处理和恢复操作的序列。

10.7.1.2 功能操作

功能操作表示产生一个或多个基于行为的结果所需的核心处理。操作可能是异步的（不定时），也可能是同步的（周期性）。示例如下：

（1）传输功能——以1 Hz的速率传输传感器数据测量值。

（2）命令和控制推进装置——根据用户命令和控制，启动、命令和控制推进装置。

功能中操作通常包括处理、存储、导航、命令、控制、转换、转化、编码/解码、打开/关闭、评估等任务。注意每个动作都有“进行中”的状态。回想一下我们在第7章讨论的内容，这些动作表示一种功能的运行状态。这是一个非常关键的点，会在第22章（原理22.8）中有关编写规范要求说明的内

容中用到。

因命令终止、超时或资源耗尽结束功能操作时，控制流程确定功能后操作的序列。如果在功能中操作期间出现异常，控制流程确定异常处理和恢复操作的序列。

10.7.1.3 功能后操作

原理 10.7 结果报告原则

在完成所需活动后，每项功能均应给出任务成功完成情况报告。

功能后操作表示在下次启动功能之前必须完成的由物理实现驱动的“管理”任务。举例如下：

(1) 完成该功能是否需要通知用户、外部系统或进行内部记录保存？若需要，应采用怎样的形式？音频、视频或简单的事件数据记录？

(2) 对机械硬件而言，是否有机械操作臂，如 NASA 的航天飞机货舱操作臂或需要在安全模式下“停放”——定位和锁定——的机器人操作臂（见图 25.7），以防止自身或外部系统损坏？例如，办公室复印机扫描文件进行复印，然后将扫描传感器“停放”在预设位置进行复印。

(3) 对于光电系统，是否需要关闭保护镜头盖——NASA 的哈勃太空望远镜——或者关闭光圈，防止高强度光损坏敏感的传感器？

(4) 功能是否已完全运行，并为下一次应用做好准备？

要解答这些问题，需要执行特定的运行任务，如图 10.17 所示的任务。

在功能后操作完成后，控制流程将进入到最终状态序列。如果在功能后操作期间出现异常，控制流程将进入异常处理和恢复操作的序列。

10.7.1.4 异常处理和恢复操作

前三个操作（功能前操作→功能操作→功能后操作）的控制流程序列代表考克伯恩提出的“主成功场景”（第 5 章）。在功能执行的过程中不可避免地会出现干扰或中断，原因可能在于：

(1) 运行环境中人工系统的外部系统接口故障；

(2) 接口断开、故障传播（见图 26.8）或部件故障导致的内部系统故障。

后文的原理 19.22 会说明这些情况。

一些故障可能是致命的，尤其是对计算机操作而言。例如，丧失外部电源可能需要备用电源系统，以使软件应用程序能够在丧失备用电源之前保存关键数据并关闭应用程序。那么，功能如何适应这些异常呢？异常处理和恢复操作这一概念可以给出解答。

异常处理和恢复操作的目的是将系统操作恢复到能够恢复功能从而完成任务的水平。异常处理和恢复操作是一种纠正性维护措施，第 34 章会对此展开讨论。*

出现异常时，面临的挑战是：在什么情况下恢复降级或失败的功能是徒劳的？因此，需要回答以下关键问题：

(1) 在决定放弃前，复原和恢复功能前操作、功能操作和功能后操作需要多长时间或多少次尝试？

(2) 如何安全地禁用、停用或关闭功能？

(3) 某项功能出现中断、故障且不再可用时，需要通知哪些人员和系统？

(4) 故障是否是暂时的情况，如过热或冻结，当情况改变时，需要定期进行后续恢复尝试吗？

(5) 为了节约能源，功能出现故障的设备是否需要断电？

在计算处理中，出现导致异常的场景很常见。例如“零除”，应用程序已损坏，或者接口断开。当处理器进入无限循环状态时，唯一的恢复方法是重置处理器。对于太空飞行等应用，用户无法轻易重置处理器，除非处理器具有远程重置功能。如果发生通信中断，就成了远程通信挑战。

为了解决硬件重置功能问题，一些系统采用了“看门狗计时器”。计时器会自动执行硬件重置，以重新启动计算机系统，除非计算机在规定的超时窗口（如 1 秒）内重置计时器。当计算机在无限循环中循环时，显然它不会在规定的超时窗口时间内重置计时器，必然会导致系统重置，这也是缓解问题的唯一可用方法。

作为系统任务后分析活动的一部分，应分析任务数据日志，以了解导致异常事件的真实原因。请思考以下示例。

---

* **分配异常处理和恢复操作要求**

人们本能地认为只有设备——硬件和软件——是实现功能恢复的机制。这一点说明采用 SDBTF-DPM 工程范式的组织直接将系统性能规范或实体开发规范的异常处理和恢复操作要求直接分配给硬件和软件是错误的（见图 2.3）。现实情况是，所有的系统元素（人员、设备、任务资源、过程资料、系统响应和设施）都对异常处理和恢复操作有一定的影响和责任，就如后面图 24.1 所示的瑞森“瑞士奶酪模型”说明的那样。例如，驾驶时无法保持对汽车的控制是驾驶员——人员元素的问题，本质上并不是设备元素——硬件或软件的问题。

示例 10.9　事件数据恢复示例

俗称“黑匣子”的飞行数据记录器记录重要的飞机系统信息，如飞机性能、事件顺序和飞行环境条件。记录器记录的数据提供事件的历史记录，例如人员行动和设备行为，这些事件可能导致特殊事件，通过升级、培训、操作程序更新等在以后的任务中得到缓解。

如果异常可恢复，则应将恢复记录为事件，并进行更正，控制流程返回到构成异常源头的功能前操作、功能操作或功能后操作，以便继续处理过程。如果异常不可恢复，功能将被禁用和停用，进入最终状态。

10.7.2　系统运行能力分析规则

为了说明在人员—设备交互中如何应用系统能力结构，我们来回顾一下图 10.8 所示的汽车—驾驶员系统。我们知道，集成的汽车—驾驶员系统可以用系统能力结构表示。同样，如图 10.18 所示，系统能力结构可以用来分别表示汽车和驾驶员。

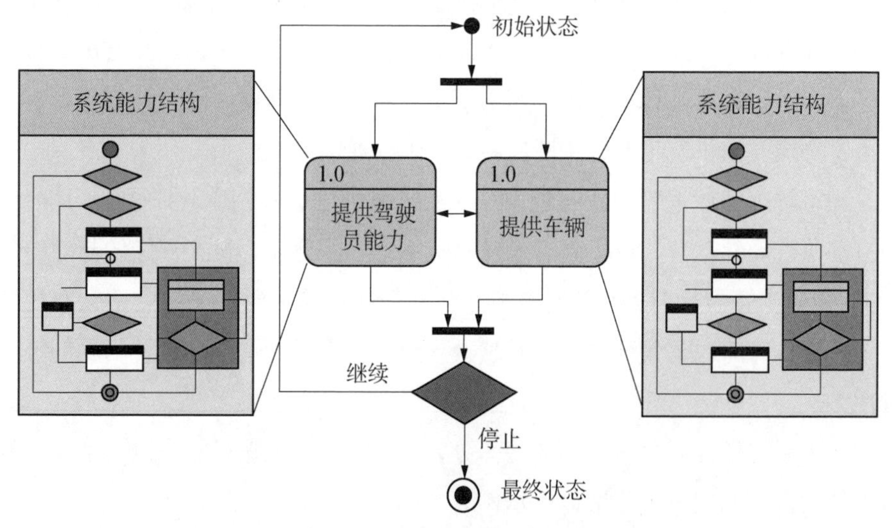

图 10.18　系统能力结构在汽车—驾驶员系统中的应用

在汽车和驾驶员能力建模中，我们从初始状态到最终状态始终同步它们各自的任务前、任务中和任务后操作。

在这些交互过程中，驾驶员可以命令和控制各种汽车能力，如图 10.19 所示。注意，驾驶员可以通过 *N* 种能力命令和控制发动机、车灯和无线电。该图代表图 7.14 中所示的汽车—驾驶员系统模式矩阵的模型。

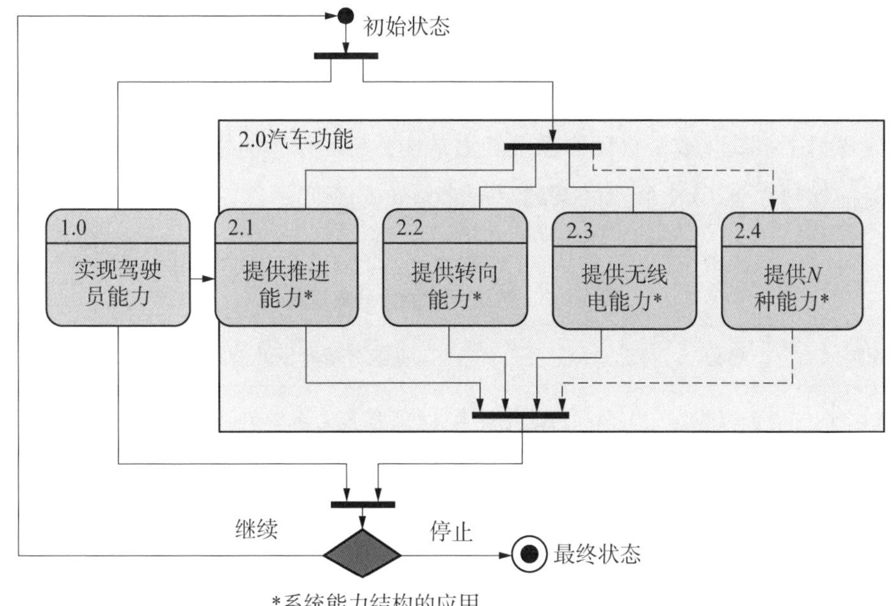

图 10.19　驾驶员能力对汽车功能的命令和控制

如果你问一些工程师他们如何定义系统的能力，他们中的大部分会回答"我们编写需求手册"。尽管这种回答在一定程度上是正确的，但需求手册仅仅是记录和传达在交付时用户要求验收什么的途径。系统工程师应该给出的正确回答是："我们定义系统能力和性能水平，以实现用户要求的特定结果。"

当工程师专注于编写需求陈述（以需求为中心的方法）而不是规定能力（以能力为中心的方法）时，你将得到需求陈述。当你尝试分析用以需求为中心的方法编写规范时，会遇到"愿望清单"域；该域以随机想法、稍有条理的想法，重叠、冲突、重复和缺失的需求（见图 20.3）、需要解释的模糊说明、复合需求、工作说明书任务、目标和需求的混合物为特征。

相比之下，系统工程师采用根据一致的系统能力结构推导出的基于模型的需求编写的规范通常会形成消除或减少缺陷的数量和类型的文档。这些规范往往还能减少修订次数，并且有助于在项目的系统集成和测试阶段进行验证。

如果对以需求为中心的方法的工作成果进行分析和描述，会发现下面几个问题：

（1）对最终成果——定义系统能力——及其与运行环境交互缺乏理解。

（2）缺乏如何识别和推导基于能力的需求方面的培训和经验。

（3）对需求陈述的关键要素理解不充分。

我们将在第 11 章讨论后面两点。本章着重探讨第一项——理解系统能力。

探讨了自动化或半自动化系统能力结构并将其作为通用模板的应用后，我们就能够建立表 10.1 所示的系统运行能力分析规则。

表 10.1　系统运行能力分析规则

规则	名称	系统分析和设计规则
CAP_ 1	多阶段操作	每项自动化或半自动系统能力至少包括三种类型的操作：任务前操作、任务操作和任务后操作
CAP_ 2	能力启动	必须启用或启动各项能力，以执行其计划任务。否则，在下一个循环中重新考虑决策之前，能力保持停用或禁用
CAP_ 3	能力初始化	启动或启用时，各项自动化或半自动化系统能力可能需要初始化，以建立一系列该功能执行其任务的初始条件。如果不需要初始化，则工作流程将进入下一个循环——执行功能
CAP_ 4	执行能力	各项自动化或半自动化系统能力必须执行一项侧重于实现基于行为的结果的主要任务。基于行为的结果在系统性能规范或实体开发规范（EDS）中被记录为一项需求
CAP_ 5	异常处理	各项自动化或半自动化系统能力都应提供识别、记录和处理异常和错误的机制
CAP_ 6	异常恢复操作	各项自动化或半自动化系统能力都应提供异常处理机制，以便能够从异常和错误中恢复，而不需要重新启动系统，也不会给系统、生命、财产或环境带来破坏性后果
CAP_ 7	异常恢复尝试	尝试各项恢复操作时，系统必须决定是否有理由进行其他恢复尝试
CAP_ 8	完成通知	各项自动化或半自动化系统能力都可能需要向内部和外部实体自动或手动通知能力任务的完成情况和结果
CAP_ 9	能力安全	各项自动化或半自动系统能力都可能需要一系列操作或动作来安全地存储或保存该能力，以保护其免受外部威胁或自身威胁
CAP_ 10	能力循环	一项能力完成其计划操作循环后，它可以：继续循环——循环——直到因外部命令、定时完成或资源耗尽序列而终止。当出现上述任一情况时，按序列进入最终状态

10.7.3 系统能力结构的重要性

在本章开头，我们对比了传统、自定义、无限循环的“代入求出”……SDBTF－DPM 工程范式。这些范式侧重于根据随机想法和个人经历“推导和编写”规范要求。对系统能力结构讨论的内容提供了令人信服的客观证据，证明了构建和定义能力以及将能力转化为需求陈述为何如此重要。结构中的操作可作为规范要求的图形化检查表，也就是说，要完成什么以及性能如何，而不需说明如何实现。

正如我们讨论的那样，一种能力由一系列操作任务、决策、输入和结果组成。每项操作都转化为规范能力需求陈述，并纳入一系列规定所有能力的需求中。如果不以能力为中心，那么规范只不过是一系列随机的、关联松散的文本说明，缺失对能力结构中被忽视的操作的要求。

这是否意味着必须对结构中的每项操作都进行需求陈述？并非如此，但你必须做出正确的判断，并确定在能力实现期间哪些操作需要设计师给予特殊考虑。*

我们介绍了自动化或半自动化系统能力的概念。我们描述了如何将系统能力结构作为模板对大部分人工系统能力建模。该结构提供了描述定义和界定能力的需求的初始框架。

10.8 嵌套的操作循环

虽然在组织层面，业务日复一日地循环进行，但业务内部的实体可能迭代循环。如果分析任务系统的应用背景，就会发现有若干嵌入或嵌套操作循环。让我们来看一个这种类型的例子。

假设有这样一个城市公共汽车运输系统：公共汽车每天环绕城市运行几圈，一周 7 天，每天如此。每条路线运行的一部分是，公共汽车在指定的

* **界定和定义能力**

记住这条古训：如果你不告诉人们你想要什么，那么你就不能抱怨他们交付的东西。如果你忘了规定某项能力的具体操作，系统开发商会很乐意接受价格要求，在某些情况下，价格还会非常高。因此，你只能做好本职工作，并确保所有的能力要求是完整的。能力结构为此提供了一种实现方法，但是这种方法只能在你尽力确定它的情况下才会有效。

乘客上下车地点按计划停靠，乘客上车，投币，乘车到达目的地，然后下车。

在每条路线的终点，公共汽车回到维修厂进行日常预防性维护。如果需要额外的纠正性维护，车辆将停止使用，直到完成维护操作。在维护期间要进行评估，确定是否更换车辆：

（1）如果可修复，则车辆恢复正常使用。

（2）如果不可修复，则需要更换一辆新车。

当前车辆在退役前保持非现役状态，这可能也可能不与新车辆的投入使用有关，具体取决于业务需求。

图10.20给出了本例的操作模型，说明了循环中的嵌套操作循环。图中分配有参考标识符的六个操作循环包括车辆生命周期、每日计划循环、驾驶员轮班循环、路线循环、乘客循环和维护循环。根据业务结构，第七个循环——车队循环可能适用。飞机、送货车、出租汽车、警车也是这种情况。虽然创建该图的方法有很多，但本图的主要目的是学会如何识别嵌入操作循环，包括在不同循环内任务系统与使能系统的集成。

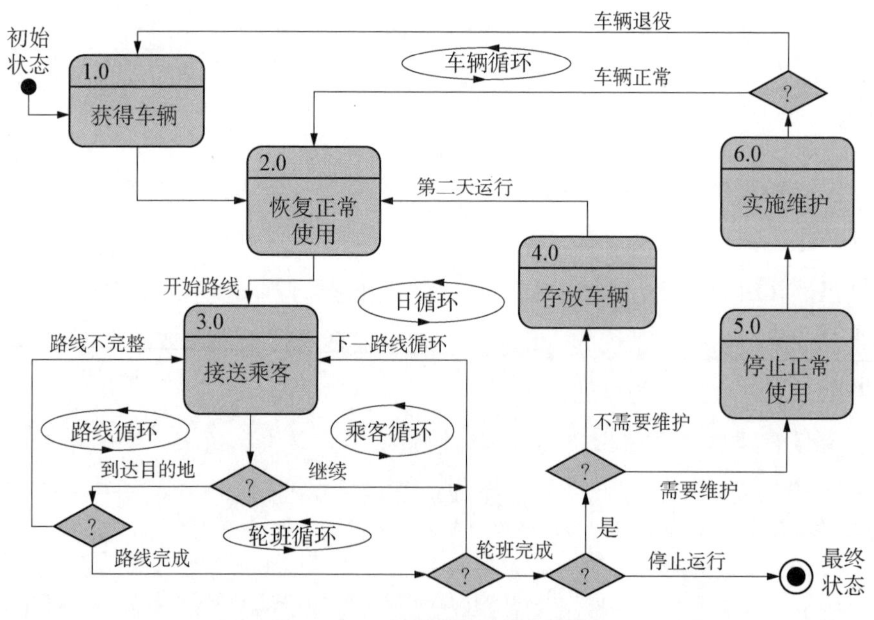

图10.20　循环中的业务操作循环

10.9 基于模型的系统工程

早在20世纪50~60年代，系统能力和性能的建模和仿真概念就已经出现，用于确定、界定、定义系统能力、评估和解决关键技术问题（CTI）和关键运行问题（COI）等等。它面临的部分挑战在于计算机硬件技术的成熟程度和性能。然而，计算机硬件技术性能只是系统问题空间的一个方面。其他问题空间涉及系统工程和软件开发教育和培训的发展程度和成熟程度、过程和方法、对描述系统特征的统一描述语言的需求、跨平台和操作系统兼容性、互操作性以及系统建模和仿真设计和数据的可移植性。

在20世纪70—90年代这几十年间，计算机硬件和软件技术和方法的成熟度显著提高。在20世纪80年代，美国国防部等一些组织开始创建建模和仿真标准。人们需要一种统一的描述语言来描述建模和仿真软件的系统和数据标准。因此，20世纪90年代，Rational Software公司开始研究适用于软件密集型系统的统一建模语言（UML™）。然而，由于系统、硬件和软件工程之间存在关键的、紧密的联系，行业界和政府认识到，UML™需要额外的特征，以用作系统工程应用的描述语言。

2001年，系统工程国际委员会（INCOSE）启动了SysML™计划，为系统工程应用开发定制的UML™。随后，这促进了系统建模语言的发展——这种语言是UML™的子集。2006年9月，对象管理组织（OMG）发布了OMG SysML™ 1.0版——该版本到2007年9月成为可用规范。面向SysML™的OMG标准建立后，工具供应商开始按照OMG UML™和SysML™标准开发和认证MBSE工具。

由于以上这些发展，原始问题空间中的一个方面仍然存在。在撰写本书时，我们强调并对比了许多组织依旧坚持使用的传统、自定义、无止境的“代入求出”……SBTF工程范式。这种情况受这一错误观念的驱动：由于系统工程过程是迭代和递归的（见图12.3和14.2），SBTF工程范式也是如此，因此它一定是系统工程。并非如此！

沃森（2011）指出，由于有宣传称MBSE是改善组织和合同绩效的下一个“灵丹妙药”，MBSE概念获得了客户的关注，因此一些拒绝学习系统工程

方法的 SBTF 组织将 MBSE 工具视为确保业务安全的促销“小册子”宣传。这些组织匆忙购买 MBSE 工具，并认为如果使用了 SysML™ MBSE 工具，他们就是在做系统工程。这种推论就像“如果你有一把画笔，那你一定是一个艺术家”一样。

事实是，UML™ 和 SysML™ 通过经认证的 MSBE 工具为建模系统提供了描述语言。但是，它们没有提供分析和定义系统/实体、任务、操作、架构、能力和规范概念所必不可少的系统工程师知识和方法，而这些概念是用户使用 UML™ 和 SysML™ 在工具中适当创建、组织和构建系统信息所必需的。这些知识是本书的重点。

由于缺乏必要的知识，MBSE 工具变成了非相关系统的非专业“拖放”图形。遗憾的是，当杂乱的“代入求出”……SBTF 企业因为缺乏系统工程知识和学习意愿而失败时，系统工程、MBSE、MBSE 工具、UML™ 和 SysML™ 就成了不良宣传的牺牲品，尽管这并不是它们的错。正如沃森（2011）所言，MBSE 需要尽职调查研究、成功的战略和策略规划、培训、推广和实施以及长期管理承诺和支持。

总之，MBSE 是一种非常强大、有用的和有益的方法，用于对系统架构和接口、操作、能力等建模和仿真。你可以在你的企业中应用这种方法，但要使用得当。做好成功计划；MBSE 不是“风靡一时”的活动。

10. 9. 1　简单的 MBSE 示例

为了说明 MBSE 的本质，以图 10. 15 所示的图形为例，我们对给定操作模式下各人员—设备元素之间的任务系统或使能系统内的交互建模。

从前一操作模式进入时，模式具有初始状态，该状态通过 SysML™ “分叉”确定人员元素和设备元素操作的序列。人员元素操作和设备元素操作从初始状态开始，通过一系列基于允许动作和禁止动作的任务确定序列。每个处理循环通过一个控制点或阶段性点决策块确定序列，直到该循环因刺激、激励或提示而终止。每个元素的并行任务处理以 SysML™ 的“加入”而终止，如其最终状态所示，随后的控制流程通过 SysML 的“加入”和最终状态所示的终止返回到初始模式。

10.10 本章小结

概括起来，本章介绍了任务系统和使能系统操作建模的概念。我们讨论介绍了如下内容：

（1）一种简单的行为系统响应模式，说明了系统如何响应其运行环境中的刺激、激励或提示以及产生行为响应、系统、产品、副产品或服务的整体概念。

（2）大部分系统通用的六种行为交互结构。

（3）确定系统运行模型序列和模型内实体间数据交换的图形化控制流程和数据流概念。

（4）一系列自上而下的 SysML™ 模板，说明如何对任务系统和使能系统与其运行环境的交互进行建模。

（5）系统能力结构，说明准备、执行和完成单次使用或循环应用的功能所需的内容。

（6）MBSE 的概念及其在任务系统和使能系统操作建模中的应用。

最后，本章的讨论内容为第 11～15 章“系统规范概念”奠定了基础，这些概念将基于用例的任务和能力转化为规范要求说明，解决了制定多级规范的问题。

10.11 本章练习

10.11.1 1 级：本章知识练习

（1）什么是模型？

（2）模型如何表示系统或实体？

（3）什么是传递函数？

（4）什么是 MBSE、其目的、描述语言以及在系统工程中的应用如何？

（5）如果 MBSE 是一个满足系统工程解决方案空间的工具，请定义它要填补的问题空间。

（6）如何为系统开发一个简单的行为响应模型？

（7）行为交互结构有哪六种基本类型？

（8）如何对多阶段系统操作建模？

（9）如何定义、描述和表示用于任务系统建模和使能系统操作建模的多层次建模结构或模板。

a. 系统行为响应模型（见图 10.1）的目的是什么？

b. 模型的关键元素和接口是什么？

（10）什么是系统兼容性？

（11）什么是系统互操作性？

（12）如何确定并描述系统与其运行环境的六种交互？

（13）系统的控制流程是什么？

（14）系统的数据流是什么？

（15）控制流程和数据流之间有怎样的关系？

（16）用户的 0 层企业模型是什么？

（17）什么是系统元素架构模型？

（18）什么是人员—设备交互模型？

（19）什么是系统能力结构？

（20）以图表形式描述、标记和说明系统能力结构（见图 10.17）中的操作。

（21）将系统能力结构（见图 10.17）作为模板，对其在平板电脑、智能手机或其他设备上的应用进行文本和图形描述。

（22）什么是系统运行循环？

10.11.2 2 级：知识应用练习

参考 www.wiley.com/go/systemengineeringanalysis2e。

10.12 参考文献

Carlzon, Jan (1989), *Moments of Truth: New Strategies for Today's Customer-Driven economy*, New York, NY: Harper Business.

ICAO (2013), Resolution A38/8 – Proficiency in the English language used for radiotelephony communications, 38th Session of the ICAO Assembly (September 24 – October 4, 2013), Montreal: CA: International Civil Aviation Organization (ICAO). Retrieved on 5/19/15 from http://www.icao.int/safety/lpr/Pages/Language-Proficiency-Requirements.aspx.

INCOSE (2007), *Systems Engineering Vision 2020,* version 2.03, TP – 2004 – 004 – 02, San Diego, CA: International Council on System Engineering (INCOSE). Retrieved on 1/17/14 from http://www.incose.org/ProductsPubs/pdf/SEVision2020_ 20071 003_ v2_ 03.pdf.

Wasson, Charles S. (2011), *Model-Based Systems Engineering (MBSE): Mirage or Panacea,* 5th Annual INCOSE Great Lakes Conference, Dearborn, MI, November 2011, http://www.incose.org/michigan/2011INCOSEGLRegionalPresentations.zip.

11 分析性问题求解和解决方案开发综合

在第Ⅰ部分中，我们通过一系列章节分析了如何对系统进行概念设计、分析、组织和描述。我们探讨的这些内容为第Ⅱ部分奠定了基础，根据该部分的内容，我们能够将利益相关方的愿景转化为可交付的系统、产品或服务，可以验证和确认可交付的系统、产品或服务是否满足利益相关方的需求。

11.1 关键术语定义

（1）综合（synthesis）——对规范规定的操作、能力和接口要求进行分析并同化为候选架构解决方案，在环境、设计和构建、技术、预算、进度和风险约束内，评估、选择和开发最佳解决方案。

（2）综合（synthesis）——将需求（性能、功能和界面）转化为可选择的解决方案的创造性过程，形成由人员、产品和流程解决方案组成的“价值最佳”设计解决方案的物理架构，用于需求的逻辑、功能分组［FAA（2006），第3卷：B－12］。

注意 11.1

请注意，以上综合定义总结了第1～10章的内容。定义属于抽象层面，并没有纠正图2.3所示的SDBTF－DPM工程范式的直接转变问题。本章介绍一种规避SDBTF－DPM范式陷阱的新方法，该方法称为“四域解决方案”，如图2.3所示。

11.2 系统工程和分析概念综合

第Ⅰ部分涵盖系统工程师、系统分析师、管理人员和执行领导在开发组织、系统、产品或服务时需要理解的几个关键主题。在第2章，我们重点说明了自定义、低效和无效的“代入求出”……定义—设计—构建—测试—修复（SDBTF）—设计过程模型（DPM）工程范式的谬误，这些谬误在科学方法中有着根深蒂固的起源。尽管SDBTF－DPM范式可能适合作为研发模型和教育教学模型，但是系统工程与开发需要不同类型的问题解决和解决方案开发模型。

系统工程与开发意图用于基于知识的成熟技术的应用，而不是研发。当个人和组织采用SBTF－DPM范式时，设计缺陷、错误和不足等潜在缺陷就会增加。

遗憾的是，这些个人和组织经常错误地认为他们在应用系统工程方法，而他们的客户也诚心诚意地相信他们。

然而，还有一种更有效和高效的方法可以用于系统工程与开发。我们可以采用这种方法来克服如图2.3所示的从需求直接跳到物理解决方案这一问题。*

我们来回顾一下第Ⅰ部分提到的分析性思维过程的关键问题：

（1）用户需要通过新系统开发或升级来解决哪些问题空间，以实现其组织任务绩效目标？

（2）在规定的运行环境中，系统购买者根据任务所设定的对系统、产品或服务设定的边界条件和约束（操作、企业和监管层面的条件和约束）是什么？

（3）根据一系列边界条件和约束，用户如何设想以下问题：

a. 系统、产品或服务的部署、运行、维护、维持、退役和处置。

* **转变工程范式**

我们先对这里提出的系统工程与开发范式有清楚的认识。当组织和个人接受了深植于组织文化中的范式时，由于非我所创综合征，转变范式可能是一个挑战。当存在这些条件时，心智模型——地球是平的——趋同思维拒绝接受有更好的方法这一观点。他们承认SDBTF－DPM工程范式自定义、混乱、低效、无效，并且对于不同规模的系统是不可扩展的……“但我们一直都是这么做的”。你可以引进新技术、新设计方法等，但如果组织范式拒绝接受变化，就需要有执行力和前瞻性眼光的领导来改变工作范式，虽然这种转变需要一段时间。

b. 在特定的时间和资源限制内执行任务。

(4) 根据部署，运行、维护和维持以及退役/处置约束，用户需要怎样的行为响应和基于行为的结果来成功完成任务?

(5) 根据这些行为响应和基于行为的结果，如何以物理和成本效益可接受的方式生产可交付系统，并在可接受的风险下执行这些任务?

11.3 转向新的系统工程范式

SDBTF－DPM 工程范式的特点是专用、混乱、不一致、低效和无效。这种范式是一种过程不明显结束的无止境循环，通常会导致成本超支和进度超期，增大技术风险，并且不可预测。其中一个问题是，工程师们在不理解中间步骤的情况下，过早地完成了从需求到物理解决方案的飞跃或走捷径（见图 2.3）。

项目经理反对进一步、退两步和不断重新设计以及返工造成的这种无止境循环。我们需要的是一种解决问题和开发解决方案的方法，这种方法应该以一种合乎逻辑的、富有洞察力的方式做出技术决策。按这种方法，应只需最少的重新设计和返工就可以做出决策。如何做到这一点呢?

如果我们提炼并分析第 11 章引言中的要点，就会得出新方法的关键步骤:

- 步骤 1——了解用户的运行需求、问题或问题空间。
- 步骤 2——界定并规定用户的问题空间和解决方案空间。
- 步骤 3——了解用户计划如何使用系统。
- 步骤 4——对系统操作及与其运行环境的行为交互进行建模。
- 步骤 5——确定经济高效、风险可接受的物理实施。

11.3.1 步骤 1——了解用户的运行需求、问题或问题空间

边界条件和约束是由拥有或获得系统、产品或服务的组织提出的，目的是完成具有一个或多个基于绩效的结果目标的任务。以下章节介绍了理解用户组织角色和任务、用户故事、用例和用例场景的基本概念:

- 第 4 章　用户组织角色、任务和系统应用
- 第 5 章　用户需求、任务分析、用例和场景

11.3.2 步骤2——界定并规定用户的问题空间和解决方案空间

理解了用户的运行需求后，需要定义和规定问题空间的边界。然后，将问题空间划分为一个或多个更实用、更经济、风险水平可接受的解决方案空间。这些概念在第4章和第5章中也已经讨论过了。

- 第4章　用户组织角色、任务和系统应用
- 第5章　用户需求、任务分析、用户故事、用例和场景

第2部分的后半部分，第19~23章将阐述如何使用规范来界定和规定系统、产品或服务的解决方案空间。

11.3.3 步骤3——了解用户计划如何使用系统

了解了用户的运行需求、问题或问题空间后，就需要了解用户对系统部署、操作、支持、维护和退役/处置的设想。这样我们就能在运行环境中构建用户、系统、产品或服务与外部系统之间交互的分析框架。基本概念见以下章节：

- 第5章　用户需求、任务分析、用户故事、用例和场景
- 第6章　系统概念的形成和发展
- 第7章　系统命令和控制—运行阶段、模式和状态

11.3.4 步骤4——对系统操作及其运行环境的行为交互进行建模

通过表示用户计划如何使用系统、产品或服务的分析框架，我们能够对在运行环境中与外部系统进行协同和行为交互所需的基于能力的行为和响应结果进行构建和建模。接下来的章节将说明系统、产品或服务及其结合和行为交互的框架和建模。

- 第8章　系统抽象层次、语义和元素
- 第9章　相关系统的架构框架及其运行环境
- 第10章　任务系统和使能系统操作建模

11.3.5 步骤5——确定经济高效、风险可接受的物理实施

了解并定义系统的行为响应和与外部系统的交互之后，需要回答的问题是：如何从物理上实施经济高效、风险可接受的解决方案来执行任务？以下章

节为理解如何从物理上实现系统、产品或服务提供了物理架构框架基础：

- 第 8 章　系统抽象层次、语义和元素
- 第 9 章　相关系统的架构框架及其运行环境

在第 1 章中使用“可接受风险”这一说法定义了系统工程。这一说法比较抽象，可接受风险的真正含义是什么？看看下面的小型案例研究 11. 1。

小型案例研究 11. 1　可接受风险——“阿波罗 12 号”雷击案例

“阿波罗 12 号”宇宙飞船于 1969 年 11 月 14 日美国东部时间上午 11: 22 从佛罗里达州肯尼迪航天中心 39A 发射场发射升空。在 36. 5 秒和 52 秒，雷电造成了一次大的电气干扰。结果发现运载火箭和宇宙飞船经历了许多暂时性影响。在宇宙飞船中还发现了一些永久性影响，包括损失了 9 个非必要仪器传感器。发现的所有影响都与固态电路有关，说明固态电路最容易受到放电影响。

分析表明，雷电可能由宇宙飞船及其排气羽流在电场中产生的长电长度引发，否则不会产生自然雷电。具有足够电荷触发雷电的电场可以用来控制天气状况，如“阿波罗 12 号”运载火箭发射时所经过的冷锋相关的云层。发射之前从未考虑过阿波罗宇宙飞船可能引发雷电的可能性。

在阿波罗宇宙飞船的设计中，轻微触发雷电的风险是可接受的。在接受未来飞行的这一最低风险的同时，对与潜在危险电场相关的天气条件下的操作设定了发射规则限制（NASA，1970：1）。

通过观察可以发现，这些主题范围涵盖了从抽象概念、具有想象的概念到实际实施。这并不是巧合。这一发展过程旨在说明一种让系统工程师和系统分析师能够开展下列工作的方法：

（1）将系统设计解决方案从抽象概念转化为物理实现。

（2）规避如图 2. 3 所示的从需求直接跳到物理解决方案或走捷径的陷阱。

这些步骤构成了下一主题“问题求解和解决方案开发的四域概论”的基础。

11. 4　四域解决方案方法

原理 11. 1　四域解决方案原理

无论抽象级别如何，系统或实体的设计都由四域解决方案组成，它们在逻

辑工作流程中按顺序排列——需求、运行、行为和物理——基于决策相关性，以最大限度地减少重新设计和返工。

如果简化和减少这些主题分组，我们会发现它们代表了逻辑问题求解和解决方案开发活动的四种解决方案域的依赖关系。表 11.1 给出了第 I 部分的系统工程和分析概念主题与四域解决方案之间的映射。

表 11.1 将第 I 部分“系统工程和分析概念”主题引入第 II 部分“系统设计和开发实践”

步骤	主题目标	结果
1.	了解用户的运行需求、问题或问题空间	问题定义
2.	界定并规定用户的问题空间和解决方案空间	需求域解决方案
3.	了解用户对系统部署、运行、维护和维持以及停用/处置是如何计划的	运行域解决方案
4.	对系统与其运行环境的逻辑/行为交互进行建模	行为域解决方案
5.	确定经济高效、风险可接受的物理实施	物理域解决方案

四域解决方案代表了一种合乎逻辑的问题求解和解决方案开发方法，用于“弥合”用户的抽象愿景和系统、产品或服务的物理实现之间的差距。如图 11.1 所示，每个域的解决方案都详细阐述了根据其前一解决方案制定的决策，并提高了不断演进的系统设计解决方案的详细程度。

总之，借助系统工程问题求解和解决方案开发方法，我们能够将抽象任务细化为连续的细节层次，从而选择最佳的物理域解决方案。采用这种方法，我们能够避免自定义 SDBTF－DPM 范式从需求到物理解决方案的“飞跃”（见图 2.3），这种“飞跃”低效，甚至无效，并且往往导致项目成本超支和进度超期。

这样，随着时间的推移，我们可以对系统工程和开发工作流程做以下观察：

（1）根据机会/问题空间定义的任务构成用户制定、界定和规定需求域解决方案的基础，在该解决方案中，需求、技术、开发成本和进度以及风险处于平衡状态。

（2）随着需求域解决方案的发展和成熟，它为运行域解决方案的概念设

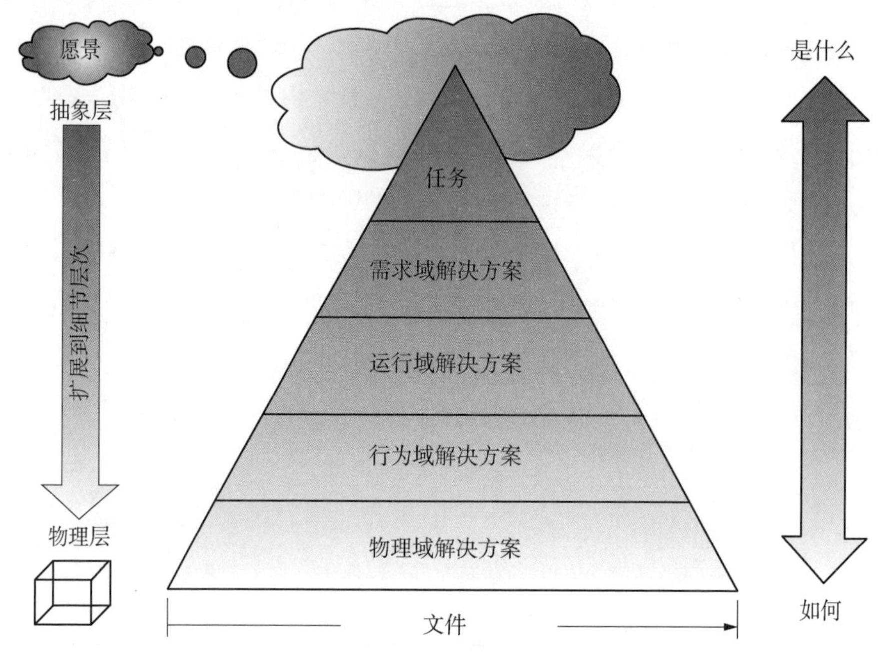

图 11.1　系统/实体解决方案域的发展和演变

计、开发和成熟奠定了基础。该解决方案在与用户合作的基础上开发，用于收集、定义和审查用户故事、用例和场景，而用户故事、用例和场景用于推导系统能力和规范要求。

（3）随着运行域解决方案的发展和成熟，它为行为域解决方案的概念设计、开发和成熟奠定了基础。该解决方案定义如何设想系统与其运行环境中的系统结合和交互。

（4）随着行为域解决方案的发展和成熟，它为基于物理部件的物理域解决方案的开发和成熟奠定了基础，并且它们的技术和应用知识随时可用。

从工作流程的角度来看，随着时间的推移，系统设计解决方案的设计和开发——由需求域解决方案、运行域解决方案、行为域解决方案和物理域解决方案组成——从抽象层发展到物理层。然而，工作流程包括至先前解决方案的反馈循环（见图 14.2）的多次迭代，以协调关键运行问题（COI）和关键技术问题（CTI）。因此，我们用符号表示系统域解决方案的迭代循环，如图 11.2 左侧所示。

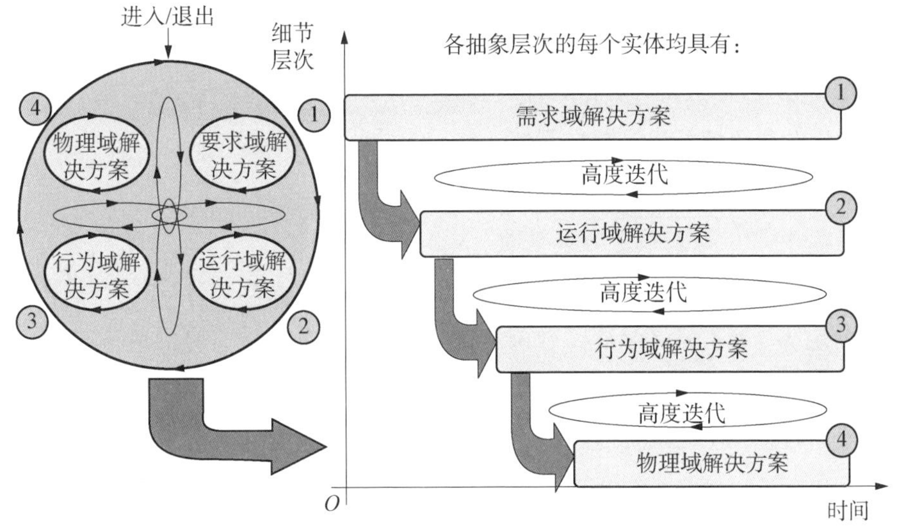

图 11.2　系统设计解决方案域基于时间的实现

11.4.1　系统域解决方案的工作流程排序

图 11.2 显示了系统域解决方案是如何随着时间的推移而发展、演变和成熟的。需求域解决方案首先以合同约定系统性能规范或实体开发规范（EDS）的形式启动。顺序如下：

（1）当需求域解决方案得以理解并足够成熟时，启动运行域解决方案的开发。包括

a. 构思系统运行概念（ConOps）——部署、运行、维护、维持、退役和处置。

b. 根据一系列可行候选方案制定、评估并选择最佳运行架构。

（2）当运行域解决方案足够成熟时，根据一系列可行候选方案制定、评估并选择最佳行为/逻辑解决方案。

（3）当行为/逻辑域解决方案成熟时，根据一系列可行候选方案制定、评估并选择最佳物理域解决方案。

（4）启动后，作为完全集成的系统设计解决方案，需求、运行、行为和物理域解决方案同时发展、成熟和稳定。因此，前面提到了注意 11.1。

11.4.2　四域解决方案的实施

图 14.2 说明了如何实施四域解决方案方法及其从抽象层到物理层的工作流程，以及每个域解决方案之间的迭代反馈循环的相互依赖性。该图构成了系统工程流程的框架。

目标 11.1　四域解决方案原理

四域解决方案的方法流程杜绝了如图 2.3 所示的从需求到物理实现的“飞跃”问题。这就引出了系统工程的关键点——第 2 章介绍的阿彻设计过程模型是如何发挥一定作用，但在误导接受了“代入求出”……SDBTF－DPM 工程范式的工程师、管理人员和执行领导错误地认为该模型是系统工程的概念方面是存在缺陷的。现在我们把重点转移到解决这些缺陷上。

原理 11.2　基于任务的结果和回报原则

如果因活动奖励工程师，你就会得到……活动。如果为工程师提供正确的流程、工具和方法来实现基于行为的结果，你将获得基于行为的结果。

有人也许会问：阿彻设计过程模型作为一种问题求解和解决方案开发方法时有何不足？工程是高度迭代的，这就是执行工程的方式。从概念上讲，的确如此。然而，阿彻设计过程模型（见图 2.9）是一个抽象的观测模型，在开发每个四域解决方案的过程中迭代。与错误的解释相反，设计过程模型是一个无止境的循环分析模型，有效且与系统工程相关，但对需要它解决的问题空间或解决方案空间无法终止。

重新审视图 2.9 中阿彻设计过程模型，分析其包含的内容。你观察到了什么？答案是数据收集、分析、综合、开发和沟通。这些活动的共同点是什么？这些是工程活动，不是结果！在“代入求出”……SDBTF 工程范式中考虑设计过程模型的反馈循环，你得到了什么？“代入求出”……SDBTF－DPM 范式（见图 2.8）。

你是否想知道为什么系统和项目会因为技术合规性、成本和进度问题而失败？因为企业、组织、项目和工程师沉浸在他们的任务中——“执行活动”！

编写规范，设计印刷电路板，订购部件，测试硬件或软件等项目进度表项等客观佐证了这一范式。诸如此类的抽象活动说明了为什么系统购买者提出挣值管理系统（EVMS）要求来衡量进度，作为评估预算内按时完成项目的风险的基础。挣值管理系统的主要工具包括综合主规划（IMP）及支持性综合主进度（IMS），这些都是以结果为导向的进度衡量工具。综合主进度是基于结果的任务和依赖关系的综合网络，提供状态、进度、完工和风险及其对总进度发展产生影响的衡量“快照”。

工程师常常因为各种各样的原因而反对综合主规划和综合主进度，其中一些原因是有根据的。简而言之，综合主规划和综合主进度的前提是责任分明。工程师需要提供客观证据，证明正在做出及时且实质性的技术决策，这些决策实际上按计划产生基于结果的成果。如果你所做的只是“执行活动”，就很难产生成果并在预算内按时交付系统或产品。要认识并理解其中的差异！

四域解决方案如何纠正阿彻设计过程模型的“活动”范式？相关说明如图 11.3 所示。

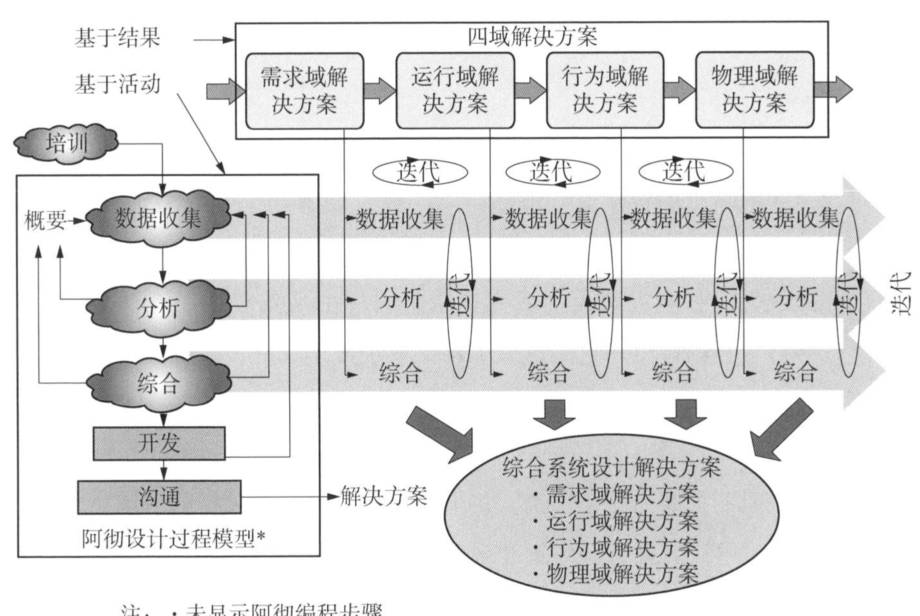

图 11.3　阿彻设计过程模型与四域解决方案的关系说明

阿彻设计过程模式是一个高层次抽象概念，从每个四域解决方案中执行的相关联活动的角度来看，它是有效的。例如，需求、运行、行为和物理域解决方案都有自己的嵌入数据收集、分析和综合活动，这些活动支持四域解决方案的顺序流程。然而，阿彻设计过程模式不适合作为一种基于系统工程与开发结果的整体问题求解和解决方案开发方法。基于这种解释，在关注活动而不是结果的基础上，"代入求出"……SDBTF-DPM 工程范式的谬误显而易见。它还说明了一个影响工程在项目经理和执行领导中的声誉的主要因素（不管是不是罪有应得），即在项目进度或预算限制内无法完成系统或产品的设计，即使假设了这些在项目开始时是切实可行的。

11.5 本章小结

第 11 章综合了第 I 部分"系统工程和分析概念"的讨论内容，并为第 II 部分"系统设计和开发实践"奠定了基础。本章总结了需求、运行、行为和物理解决方案域概论，以及每个域的章节参考，概括了关键的分析概念，能够让系统工程师和系统分析师思考、交流、分析和组织针对系统工程与开发的系统、产品或服务。

注意如下内容：

(1) 四域解决方案提供了一种合乎逻辑的决策依赖关系方法，将根据阿彻设计过程模式推断出的自定义、混乱、不一致、低效和无效的 SDBTF 工程范式转变到新层次的系统思维（第 1 章）。

(2) 四域解决方案方法由一系列逻辑上有序的决策依赖关系组成——需求→运行→行为→物理——它们形成了每个系统或实体的设计解决方案，并最大限度地减少了重新设计和返工。

图 11.4 说明了系统工程的本质。请注意，图 11.1 和图 11.2 介绍的四域解决方案自上而下扩展为四个层次。每个运行阶段的分析包括以下解决方案：

(1) 需求域解决方案——界定和规定每个任务阶段或操作子阶段要实现的基于行为的目标、结果和成果。所有抽象层次的需求必须可以追溯到用户任务需求。

(2) 运行域解决方案——用户执行完成任务所需的基于用例的运行任务 (OT)。每项运行任务要求用户监控、命令和控制系统、产品或服务的运行模式。

运行和运行任务必须可追溯到并符合需求域解决方案。

(1) 行为域解决方案——对于规定的运行模式，描述实现特定用例和场景行为结果所需的刺激—响应行为。这需要通过用户和系统命令和控制配置一系

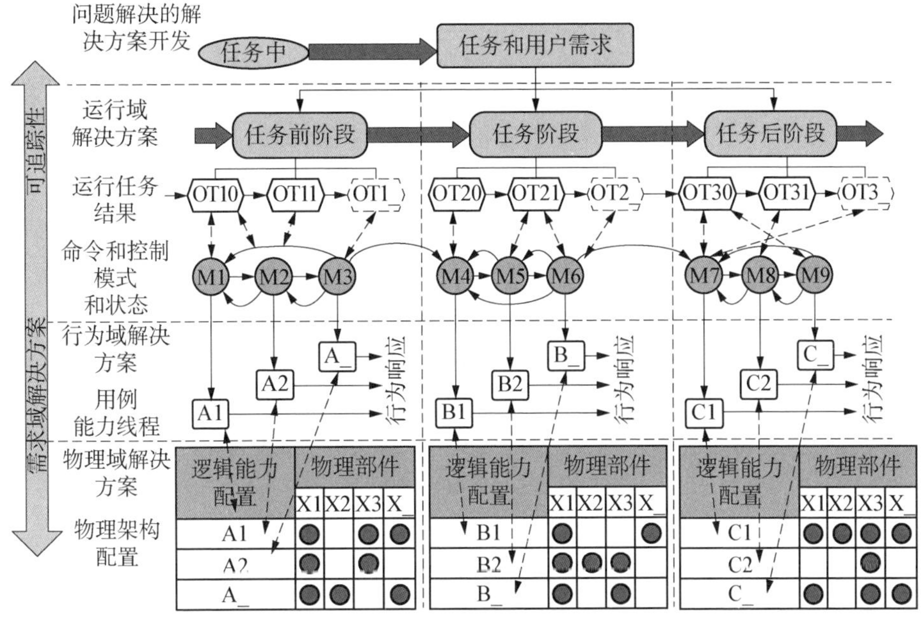

图 11.4　系统工程和分析综合概念概述

列系统、产品或服务的逻辑功能集，以实现用例和场景。我们通过 MBSE 等方法和工具来表示行为域解决方案。逻辑能力和基于行为的结果必须可以追溯到运行域解决方案，并符合需求域解决方案。

（2）物理域解决方案——物理域解决方案由选择用来实施行为域解决方案的物理部件组成。这些部件必须可追溯到行为域解决方案，并符合需求域解决方案。

作为一种真正的问题解决和解决方案开发方法，四域解决方案是将在第 14 章中介绍的系统工程过程模型（见图 14.1）的“引擎”。

从概念上讲，随着系统设计解决方案的发展，我们可以使用图 11.5 所示的矩阵来概述系统或产品的系统设计解决方案。图中每个气泡标识符链接可定制为适用于或不适用于特定系统或产品的技术要求、描述、决策等。*

* **图 11.5 及其应用**

请注意，仔细观察图 11.5 后，你可能会说没有人会有时间解决图中的所有气泡标识符。现实情况是，每个 SDBTF-DPM 范式项目常常以一种自定义、低效和无效的方式花费时间对每个域做出技术决策。这些时间会累积起来。所以，不会有什么新东西产生。请记住，该图应针对每个具体的系统或产品定制。许多气泡标识可能不适用特定的相关系统。该图只用作高层次的可视化审核检查表，确保关照到系统开发的各个方面。

	阶段			系统元素						运行环境				设计与构建约束	架构配置
										人造系统					
运行模式	任务前	任务中	任务后	任务资源	程序数据	设备	人员	设施	系统响应	友好输入/输出	系统威胁	诱导系统	自然系统		
关机	1	2	3	4	5	6	7	8	9	10	11	12	13	14	15
开机/初始化	16	17	18	19	20	21	22	23	24	25	26	27	28	29	30
配置	31	32	33	34	35	36	37	38	39	40	41	42	43	44	45
标定/校准	46	47	48	49	50	51	52	53	54	55	56	57	58	59	60
培训	61	62	63	64	65	66	67	68	69	70	71	72	73	74	75
正常运行	76	77	78	79	80	81	82	83	84	85	86	87	88	89	90
异常运行	91	92	93	94	95	96	97	98	99	100	101	102	103	104	105
安全	106	107	108	109	110	111	112	113	114	115	116	117	118	119	120
分析	121	122	123	124	125	126	127	128	129	130	131	132	133	134	135
维护	136	137	138	139	140	141	142	143	144	145	146	147	148	149	150
断电	151	152	153	154	155	156	157	158	159	160	161	162	163	164	165

其中：Ⓧ参考所需运行能力；■基于场景的运行能力。

图 11.5　总结任务系统和使能系统设计综合的矩阵

图 11.5 所示的矩阵有两个目的：

（1）提供技术决策和解决方案的分析框架，这些决策和解决方案需要在系统工程和开发知识创建过程中解决。

（2）用作检查表的分析框架，在各种审核中审核技术项目行为，识别缺陷。

第二点至关重要。你不会希望在系统集成、测试和评估（SITE）期间发现这些缺陷，也不希望让用户在运行、维护和维持阶段发现这些缺陷。正如我们将在第 13 章中讨论的那样，在系统开发阶段，纠正潜在缺陷的成本在下游几乎成指数增长。

该矩阵根据运行模式和阶段、系统元素能力、运行环境条件、设计和构建约束以及物理架构配置之间的关系，说明了系统或产品的整体命令和控制。举例如下：

（1）是否在任务前、任务中或任务后各阶段标定/校准模式？

（2）如果允许：

a. 对于给定的一系列运行环境条件，每个系统元素需要哪些能力？

b. 有无独特的设计和构建约束含义或影响？

c. 需要怎样的行为和物理架构配置以及允许/禁止动作？

为了得到这些问题的答案，我们假设图 11.5 中的每个气泡标识代表技术决策信息的知识库。举例如下：

（1）气泡标识符 110 定义过程资料要求和解决方案，以支持安全（小号大写字母）运行模式。

（2）气泡标识符 86 识别正常运行模式的系统威胁要求和解决方案。

基于对什么是系统、谁是系统用户以及用户计划如何部署、运行、维护、维持、停用和处置系统的基本分析知识，我们进入第Ⅱ部分“系统设计和开发实践”学习。

11.6 参考文献

FAA SEM (2006), *System Engineering Manual*, Version 3. 1, Vol. 3, National Airspace System (NAS), Washington, DC: Federal Aviation Administration (FAA).

NASA (1970) - R. Godfrey, et al., *Analysis of Apollo 12 Lightning Incident*, N72 - 73978, February 1970, Washington, DC: NASA. http://klabs. org/history/ntrs_ docs/manned/apollo/19720066106_ 1972066106. pdf. Retrieved on 3/19/13.

第 Ⅱ 部分

系统设计和开发实践

12 系统开发战略简介

将系统开发合同授予系统开发商或服务提供商，或启动商业产品开发的项目任务书，标志着系统开发阶段的开始。本阶段包括为了满足合同规定、生产可交付的最终产品以及将交付物调配或分发到指定的合同交付地点所需的全部活动。

合同授予或启动项目任务书后，项目从提出的组织转移到系统开发商或服务提供商组织。选定的系统开发商所面临的挑战是要“无愧于他们建议的提案”。他们建议的提案使他们能够获得系统开发工作。这要求系统开发商或服务提供商组织证明他们能够按照合同规定和购买者所理解的风险，在预算范围内按时交付提出的系统。

本章着重于讨论如何根据合同、项目任务书或任务，开发所建议的系统并交付给用户，探索系统开发商或服务提供商如何通过系统开发的不同阶段来推演出有远见的、理论上的利益相关者需求集合，以便最终创造出可交付的系统、产品或服务。这里的“系统”可能是航天器、智能手机、群发邮件服务、卡车运输公司、医院、研讨会或其他。*

对于系统服务提供商合同、项目任务书或任务，系统开发阶段可能需要开发或调整可重复使用的系统操作、流程和程序，以支持用户的任务以及系统操作、维护和支持阶段的技术支持服务。例如，计算机服务提供商可能赢得合同或任务，为组织的计算机维护程序提供“外包”支持服务。其交付的服务可以是“定制的”，类似于承包商向其他组织提供的项目。

---

* 此处描述的系统开发阶段，连同系统采购阶段（第 3 章），在最终系统投入使用之前可能会重复几次。例如，在某些业务领域，选择系统开发商时可能需要一系列的系统开发的阶段性合同，以分阶段扩展和完善系统需求，并在一大批合格的承包商中“向下选择”一家或两家承包商。

系统成功开发的关键始于技术战略的制定与发展，技术战略使系统开发商或服务提供商能够将用户的操作需求转化为物理系统设计解决方案。作为介绍性概述，本章为构成系统开发战略系列的第 13—18 章提供了高层次基础架构。

12.1 关键术语定义

（1）纠正措施（corrective action）——纠正规范内容中潜在的缺陷、错误或遗漏，设计缺陷、错误或不足，部件工艺和有缺陷的材料或零件；或纠正测试程序中的缺陷、错误或遗漏所需的一系列任务。

（2）差异报告（DR）——指出文件或者测试结果不符合性能或项目开发规范中规定的能力和性能要求的情况的报告。

（3）开发测试与评估（DT& E）——为以下目的而开展的测试和评估：

a. 识别正在寻求的替代概念和设计方案中的潜在操作限制和技术限制。

b. 支持成本效益权衡的识别。

c. 支持设计风险的识别和描述。

d. 证实已达到合同技术性能和制造工艺要求。

e. 支持认证决策，认证系统可以用于运行测试和评估（MIL - HDBK - 1908B：12）。

（4）设计需求（design requirements）——通过图纸、原理图、接线表、注释或工程材料清单（EBOM）等文件规定的关于部件和连接配置的需求及说明。

（5）开发构型（developmental configuration）——在开发过程中对构型项的构型演变进行定义的承包商设计和相关技术文件。受开发承包商的构型控制，描述设计的定义和实施。构型项的开发构型包括在正式的产品基线建立之前，承包商给出的硬件和软件设计以及相关的技术文件［MIL - STD - 973 (1992)，取消条款 3. 30］。

（6）首件（first article）——首件包括预生产型别、初始批生产样品、测试样品、首批、试产型别和试产批产品等；按合同规定，获得批准前，需要测试、评估首件在初始生产阶段之前或过程中是否符合规定的合同要求（MIL - HDBK - 1908B：12）。

包括预生产型别、初始批生产样品、测试样品、首批、试产型别和试产批产品；按合同规定，获得批准前，需要测试、评估首件在初始生产阶段之前或过程中是否符合规定的合同要求［DAU（2012）：B－85］。

（7）功能构型审核（FCA）——为验证构型项的开发已成功完成，该构型项已达到功能或分配的配置标识中规定的性能和功能特性，且其操作和支持文件完整且符合要求的审核［SE－VOCAB（2014）第132页－IEEE 2012版权所有，经许可使用］（来源：ISO/IEC/IEEE 24765：2010）。

（8）独立测试机构（ITA）——购买者雇用的独立组织，代表用户的利益，评估经过验证的系统在现场运行条件下，其运行效用、适用性和有效性等方面满足经确认的用户运行需求的程度。

（9）运行测试与评估（OT&E）——由用户或独立测试机构在实际运行环境条件下执行的现场测试和评估活动，旨在根据经确认的用户运行需求，评估系统的运行效用、适用性、可用性、可获得性、易用性和有效性（原理3.11）。这些活动可能包括培训有效性、后勤保障能力、可靠性和可维护性演示以及有效性等因素。

（10）物理构型审核（PCA）——验证已构建的配置项是否符合定义该配置项的技术文档［SEVOCAB（2014）第221页－IEEE 2012版权所有，经许可使用］（IEEE 828－2012系统与软件工程中的配置管理2.1）。

（11）问题报告（PR）——确定不符合、差异、矛盾或问题，以及描述包括可能导致问题的配置和执行步骤的顺序等事件特征的文件。问题报告不能确认或推测问题的根源或根本原因以及相关的纠正措施。使用调查、取证和分析方法，将根本原因的确定和纠正措施作为单独的任务来完成。

（12）产品开发团队（PDT）——负责特定系统或实体（如产品、子系统、组件或子组件）开发的多学科团队。产品开发团队的领导和成员随着综合决策所需的关键专业的不同而不同，而综合决策又随系统开发流程的不同而不同（见图12.2）。

（13）概念验证（proof of concept）——验证和确认某项战略可以达到既定结果，如创建一个可以检测问题并无中断地重新路由消息或信号的通信网络。

（14）原理验证（proof of principle）——验证和确认某个想法是现实可行的。例如，数百万辆汽车能被设计成同时在安全地空中飞行，并安全到达目的

地吗？

(15) 技术验证（proof of technology）——验证和确认某项新技术或现有技术在尺寸、重量、强度和性能（准确性、精密度、可靠性、环境和批量生产）方面足够成熟和坚固，可在具体应用中使用，或用于系统实施。

(16) 质量记录（QR）——作为计划的任务行动、事件或决策已经完成的客观证据的备忘录、电子邮件、报告、分析、会议纪要和任务项等。

(17) 源需求或原始需求（source or originating requirements）——由系统购买者发布的需求，具体说明利益相关方的运营需求，作为购买系统、产品或服务的参考框架。

12.2 引言

系统、产品或服务的成功开发需要深入实施基于成熟的过程、方法和工具的系统开发战略。该战略需要回答以下关键问题：一个项目是如何在可用资源、专业技术和可接受风险等条件下从授予合同到实现交付且被系统购买者或用户验收合格的？在投标邀请阶段，该问题有两个关键点：

(1) 系统购买者和/或用户希望能保证合格的系统开发商或服务提供商报价人了解用户的问题空间和解决方案空间，并且能够在预算范围内按时开发可交付的系统、产品或服务，以达到投标邀请书和后续合同的要求。

(2) 每个系统开发商或服务提供商都面临着这样的挑战：如何应用自身的组织能力，在预算和可接受的风险范围内，利用当前技术及时高效地开发系统、产品或服务，同时将系统的总拥有成本（TCO）降至最低。

为了应对这两点，有能力的系统开发商建立多方面的技术策略，使他们能够将一组抽象的用户需求转化为系统、产品或服务的具体实现。

你会发现，在那些过时的、故意限制系统工程师与客户（利益相关方用户和最终用户）互动的企业“烟囱”中实施系统工程方法，不一定会让客户满意。因此，系统工程师通常被置于一个保守的响应系统购买者投标邀请要求或合同系统性能规范（SPS）要求的环境中。如果这些要求没有准确、完整地记录客户的按优先级排列的需求、需要或要求，那么该怎么办？

传统系统工程基于系统购买者或用户将提供一系列基本要求［如国防部

目标陈述（SOO）或投标邀请系统需求文件（SRD）］的假设。你需要了解用户的真实想法。从技术上来说，赢得许多系统开发工作的组织应该理解激发这些需求的潜在经验教训，并且能够在他们的投标书中清楚地表达和传达这种理解。

如图 12.1 所示，第 12 章是对由第 12～18 章构成的“系统开发战略”的简介。作为这些章节的中心焦点，第 12 章通过“系统开发工作流程战略”建立了基础和基础架构。这就提出了一个问题：如何建立一个强大的、可以提高成功概率，并在用户约束条件（技术、成本、进度和风险）下实现目标的系统开发工作流程战略？答案在于以下章节中讨论的几种支持战略：

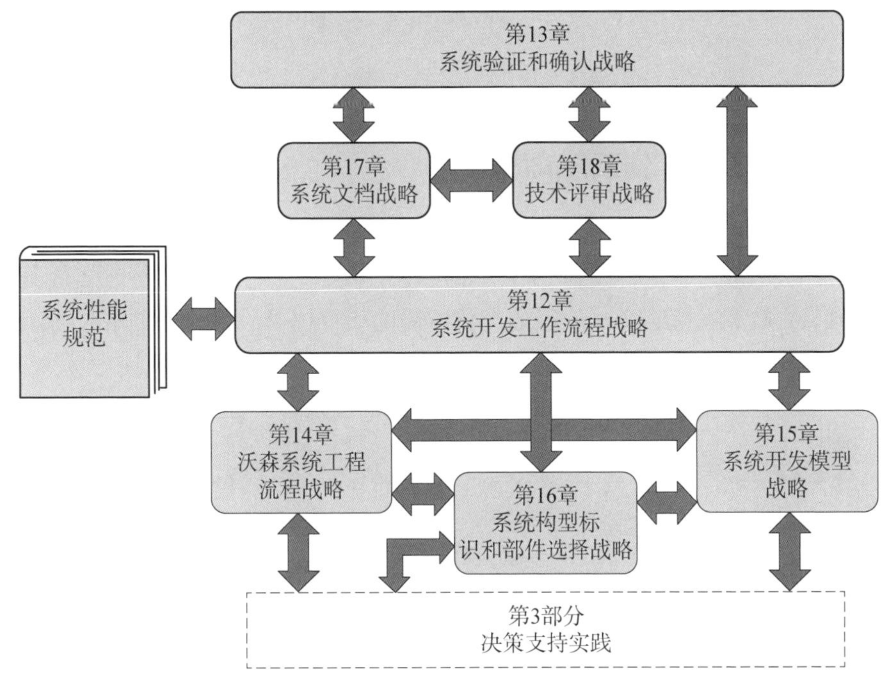

图 12.1　系统开发战略概览图

（1）第 13 章讲述验证组件符合规范、设计和测试程序，确认这些组件和最终系统将满足用户的操作需求的战略。

（2）第 14 章讲述了用作每个抽象层次开发实体的多层次问题求解和解决方案开发方法的软件工程过程模型。该模型是问题求解和解决方案开发的核心方法，旨在：

a. 纠正由 SDBTF－DPM 工程范式产生的工程效率和有效性问题。

b. 避免从需求到单点设计解决方案的巨大“飞跃”（见图 2.3）。

（3）第 15 章阐述了各种类型的系统开发模型，这些模型代表了项目如何进行系统、子系统、组件、子组件等的设计和开发的战略。

（4）第 16 章介绍了系统构型标识和部件选择战略，用于实际实施系统各实体的系统设计解决方案。

（5）第 17 章阐述了用于捕获关键技术决策工件的文档战略——规范、设计、图纸等——以促进系统设计解决方案的制定。

（6）第 18 章确立了在系统开发的不同决策阶段或控制点审查和评估进行中的系统设计解决方案及其各个多层部件的进度、状态、成熟度和风险的战略。

12.3 系统开发工作流程战略

图 12.2 所示的系统开发工作流程战略建立了从合同授予或项目任务书开始到系统验收和系统、产品或服务交付所需的项目技术活动的主要路线图。总

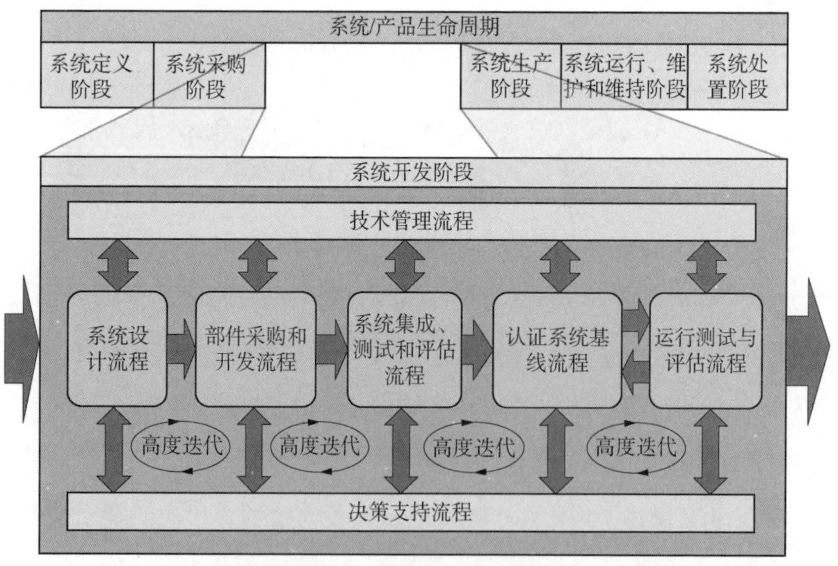

图 12.2　系统开发工作流程

的来说，讨论中实现了第 3 章中提供的一般系统开发阶段描述。

系统开发阶段包括一系列将合同约定的系统性能规范转化为可交付系统设计解决方案所需的工作流程。系统工程和开发工作流程策略的主要基础架构源于一般工程实践：

（1）从系统开发商的角度来看，他们的任务是：①设计系统；②采购和/或研制系统部件；③整合、测试和评估系统；④在最终验收和交付之前，向购买者和用户证明系统符合其系统性能规范和文档要求（如系统验证）。

（2）从用户的角度来看，他们的任务是确认（系统确认）系统是否满足用户的运行需求。

（3）从系统购买者的合同角度来看，用户确认是可选项，除非合同中有明确规定。

考虑到上面几点，包括提供确认选项的需要，建立了如图 12.2 所示的由五大连续流程组成的系统开发工作流程，其中包括如下流程：

（1）系统设计流程。

（2）部件采购和开发流程。

（3）系统集成、测试和评估（SITE）流程。

（4）认证系统基线流程。

（5）（可选）运行测试和评估（OT&E）流程。*

系统开发工作流程由两个使能流程支撑，即技术管理和决策支持：

（1）技术管理流程的主要目标是为产品开发团队（PDT）开展计划、组织、配备人员、提供资源、协调和控制工作。产品开发团队负责在技术、工艺、成本、进度和风险约束范围内交付指派需完成的实体产品（产品、子系统、组件等）。

（2）决策支持流程的主要目标是提供有意义的数据，通过开发和使用分析及权衡研究，如替代方案分析（AoA）、原型、模型、模拟、测试、概念验证或技术演示或方法，支持在各工作流程中做出明智的决策。第Ⅲ部分“分析决策和支持实践”第 30~34 章讨论了决策支持流程活动。

---

* **系统开发工作流程方向**
尽管在图 12.2 中，从左到右的工作流程看起来通常是连续的，但是有高度迭代的反馈循环（见图 13.6）可以返回到更早的流程，以启动改进和纠正措施。

当系统开发阶段完成后，工作流程将进入系统生产阶段或系统运行、维护与维持阶段，具体视适用情况而定。

总之，系统工程和开发工作流程战略作为高阶技术项目管理流程，为系统、产品或服务的开发提供了基础架构。挑战在于：如何利用该基础架构将系统性能规范要求转化为系统设计解决方案（图纸、零件清单等），并足以进行内部开发和/或外部部件采购？为了应对这一挑战，需要建立一个合理的技术战略，能够对系统（包括其所有组成部分）进行“工程设计”。这就引出了多层次系统设计和开发战略。

12.4　多层次系统设计和开发战略

如果将系统工程设计流程、部件采购和开发流程和图 12.2 所示的系统集成、测试和评估流程扩展为更低层次的战略，就得到了图 12.3。

请注意，图 12.3 描述了多层次系统架构的分解、部件开发和系统集成、测试与评估战略。这一战略代表了在不考虑时间因素的情况下必须完成的任务，因为有不同的系统开发模型可用于系统开发工作流程战略层以及系统内的特定实体（产品和子系统）的实施。关于该问题的讨论将在第 15 章中进行。

分析图 12.3，可以得到如下结论：

(1) 图左侧显示了系统工程设计流程是如何完成的。系统工程分析和设计、概念、原则和实践被用来将系统性能规范要求分解和划分为结构性抽象层次实体，如产品、子系统、组件等。系统性能规范要求通过各自的实体开发规范（EDS），如子系统实体开发规范或/和组件实体开发规范，分配并向下传递到较低的层次，并垂直追溯到购买者的源需求或原始需求。

(2) 底部中心表示部件采购和开发流程如何使用设计、图纸、接线清单、零件清单等系统工程设计流程工作成果来获得或开发组件。

(3) 图右侧表示如何实施系统集成、测试和评估流程，以验证实体在不同抽象层次对其各自的实体开发规范以及最终对系统性能规范的技术符合性。

看图发现，图 12.3 左侧的自上向下分解可能看起来简单一些。对于采用自定义的“代入求出”……SDBTF 工程范式的企业，这是通过“黑进”他们的系统设计解决方案来实现的。尽管从上到下看起来很简单，但是在各抽象层

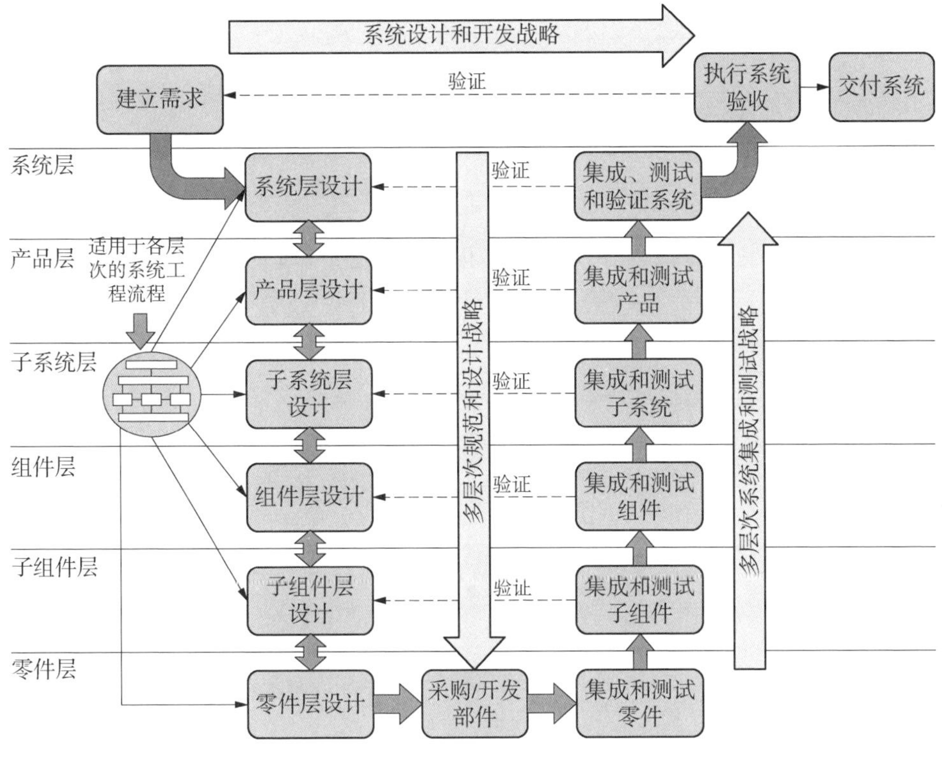

图 12.3 多层次系统设计和开发战略

之间和内部都有大量的协作和交互。那么，如何建立一种战略来避免特定的“代入求出”……SDBTF，并能够有效地处理多层次的协作和迭代？毕竟任何抽象层次内的任何实体都代表一个问题空间，需要通过分解或划分到较低层次的解决方案空间来解决。当然，可采用一种公用的问题求解/解决方案开发方法。答案是肯定的，如第 14 章中详细描述的图 12.3 左侧中心的椭圆形图标“系统工程流程战略”所示。

12.4.1 架构分解战略

原理 12.1 系统设计原理

系统设计是一个高度迭代的、协作的、多层次的过程，各抽象层次都依赖于更高层次的规范要求和设计决策的成熟、稳定性和完整性。

为了更好地理解我们期望一种系统工程问题求解和解决方案开发方法能实现什么目的，请参考如图 12.4 所示的例子。图中有如下几个关键点：

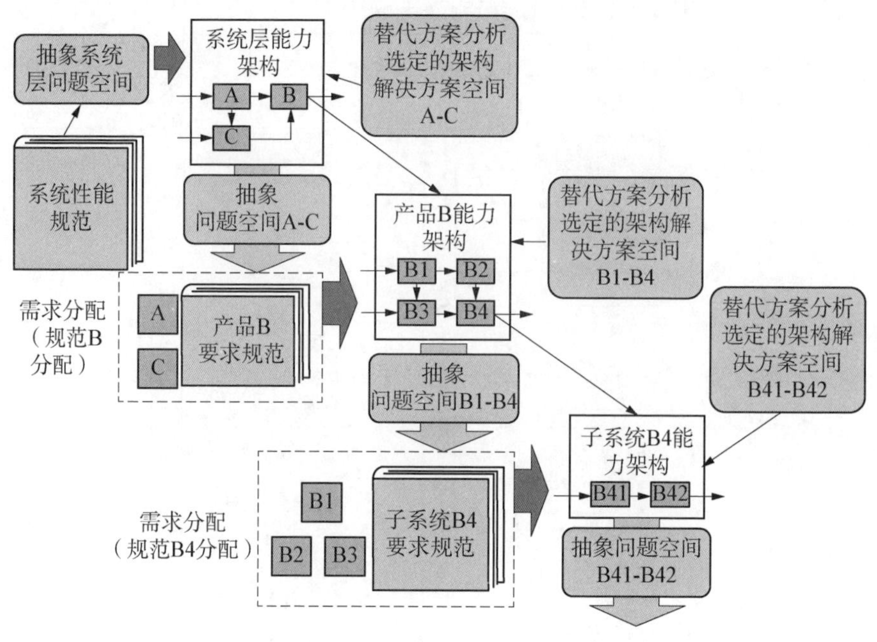

图 12.4　多层次系统工程问题解决和解决方案开发战略

（1）每个抽象层次的实体规范都代表了一个需要解决的抽象问题空间。

（2）多学科系统工程师分析各问题空间，制定几个可行的候选解决方案空间，通过替代方案分析评估方案（第 32 章），并选出最佳解决方案。

（3）多层次分解基于能力，而不是物理实体。最终，架构能力需求将被分配给物理系统实体。

随着系统工程设计流程战略不断促进系统设计解决方案的成熟和发展，图 12.5 展示了需求分配、向下传递和可追溯性的典型成果。请注意，所有抽象层次（系统、产品和子系统）的工程设计如下：

（1）源自：①对其各自的系统性能规范或实体开发规范的分析；②架构的制定和选择，该架构在结构上作为将需求分配到较低层次的基础。

（2）可追溯到更高层次的实体开发规范和系统性能规范要求，并在之后追溯到购买者源需求或原始需求。

（3）抽象层次内部及层次之间的高度迭代。

（4）验证是否符合各自的系统性能规范和实体开发规范要求。

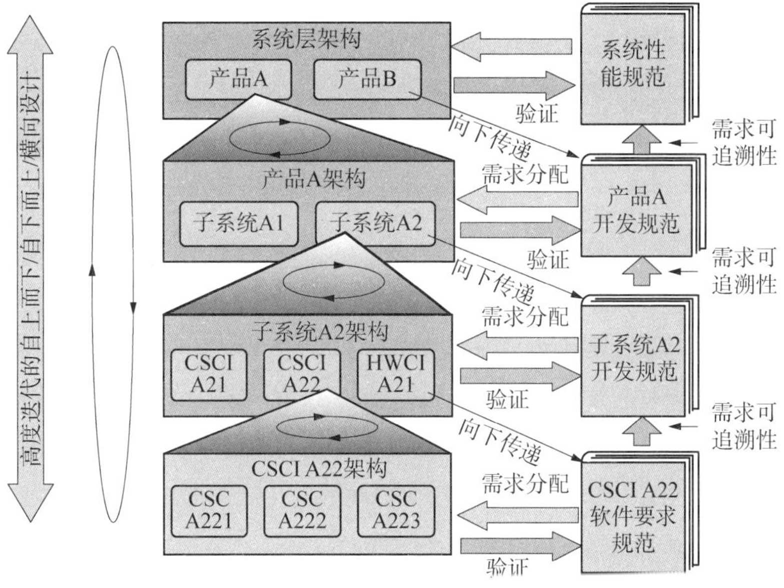

其中：CSC—计算机软件部件；CSCI—计算机软件构型项；HWCI—硬件构型项。

图 12.5　多层次系统设计战略

12.4.2　多层次系统集成、测试和评估技术战略

随着内部开发的、分包商和供应商提供的部件的就绪，需要一种战略使我们能够自下而上地将零件集成到子组件中，将子组件集成到组件中，将组件集成到子系统中，将子系统集成到产品中，将产品集成到可交付系统中。挑战在于：如何确保将实体集成到无潜在缺陷（设计缺陷、错误和不足）的更错综复杂的层次中，并符合相关实体开发规范或系统性能规范的要求？这就需要系统集成、测试和评估战略，如图 12.6 所示。

观察系统集成、测试和评估是如何在一个通用的、自下而上的、在不同的抽象层次上集成了部件的工作流程中完成的。各集成步骤均包括验证各实体是否符合其实体开发规范要求，最终系统层次验证是否符合其系统性能规范。

12.4.3　开发测试与评估战略

原理 12.2　开发测试与评估原理

系统开发商开展开发测试与评估目的如下：

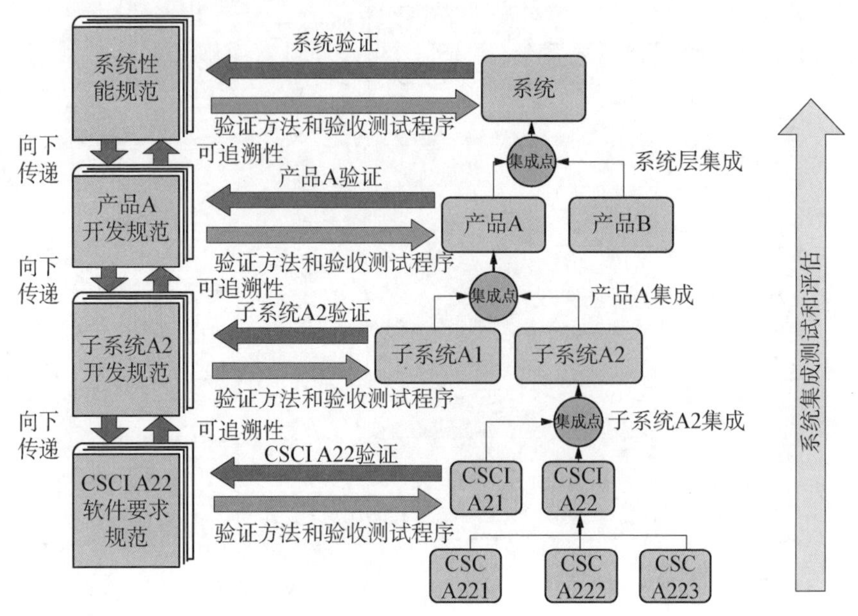

图 12.6 系统集成、测试和评估（SITE）战略

（1）减轻产品开发构型的技术、设计和其他风险。

（2）深入了解，保证不断演进的系统设计解决方案符合其系统性能规范要求。

开发测试与评估是一种技术风险缓解战略，旨在确保不断发展和成熟的系统设计解决方案（包括其部件）符合其系统性能规范要求。那么，什么是开发测试与评估？它又是如何应用于系统开发工作流程战略的？

例如，《国防采办大学测试与评估管理指南》（2005：B－6）指出，开发测试与评估的目标如下：

（1）确定潜在的运行和技术能力以及所寻求的替代方案概念和设计方案的局限性。

（2）通过分析替代方案的能力和局限性，支持对成本效益权衡的确认。

（3）支持设计技术风险的识别和描述。

（4）评估在满足关键运行问题（COI）、降低采购技术风险、实现制造过程要求和系统成熟度方面的进展。

（5）评估替代方案分析中假设和结论的有效性。

(6) 提供数据和分析，以支持对认证系统可用于运行测试和评估的决定。

(7) 如果是自动化信息系统（AIS），在处理机密或敏感数据之前支持信息系统安全认证，并确保标准一致性认证。

在图 13.6 所示的系统设计、部件和采购以及系统集成、测试和评估流程中，持续进行开发测试与评估。使用供应链概念（见图 4.1），各流程都要验证正在发展和成熟的系统设计解决方案的开发构型是否符合系统性能规范和较低层次的实体开发规范要求。这是通过过程评审和项目评审、原理验证/概念验证/技术验证演示、工程模型/模拟、实验性试验和原型试验来完成的。

12.4.4 系统设计解决方案何时完成

原理 12.3 系统设计解决方案完成原理

从合同规定来讲，系统设计解决方案只有在系统购买者正式验证其符合系统性能规范（SPS）或用户认可后，才能被视为完成。

从技术层面来说，系统设计解决方案只有在所有潜在的缺陷（如设计缺陷、错误和不足）被消除后才算完成；即使在部署之后，大多数系统也存在于这两个极端之间。

组织和工程师倾向于认为系统设计解决方案在关键设计评审（CDR）中获得批准时已完成。从技术上来说，系统设计解决方案在关键设计评审中具有一定的成熟度，在正式的系统验收完成之前，该成熟度尚待验证。在此之前，在关键设计评审之后被置于正式构型管理之下的不断发展的系统设计解决方案，受正式基线变更管理程序的约束。

在关于这一点的讨论中，提出了一个通用的系统开发工作流程策略。事实上，采用“代入求出”……SDBTF－DPM 工程范式的企业认为这就是他们要做的事情。然而，请记住，SDBTF－DPM 范式的谬误之一是自定义的无止境循环，似乎永远不会完成。由于系统开发的主要挑战之一是在用户接受和现场使用之前消除潜在的缺陷，因此 SDBTF－DPM 项目倾向于在时间不足时将他们的“发现”随意推迟到系统集成、测试和评估阶段。这将在第 13 章重点讨论。

这一讨论与系统开发工作流程战略有什么关系？事实是：系统集成、测试和评估流程是用户接受之前的最后一道防线。花费在系统/产品测试上的时间越多，发现和纠正的潜在缺陷就越多。然而，这就将导致具有挑战性的问题：有多少测试是必要且充分的？永远无法消除所有的缺陷，尤其是在大型复杂的系统上，但是，需要确保尽最大可能消除所有关键任务缺陷。*

测试的最佳数量是多少？没有神奇的答案，这取决于你的系统及其复杂性、设计师/制造人员/测试人员的能力、材料和部件的完整性以及许多其他因素。作为一般的经验法则，有人建议至少40%的项目总时间是名义上的起点，也可能低至20%或需要60%。这就到了一个关键的区别点上，即把SDBTF-DPM范式和系统工程和开发进行比较。下面来进一步探讨。

图12.7由两条平行的“轨迹”组成：上面的是针对自定义的SDBTF-DPM范式企业，下面的是针对系统工程和开发组织。这两条轨迹都源于相同的模糊的、不充分的、不完整的用户需求和要求。

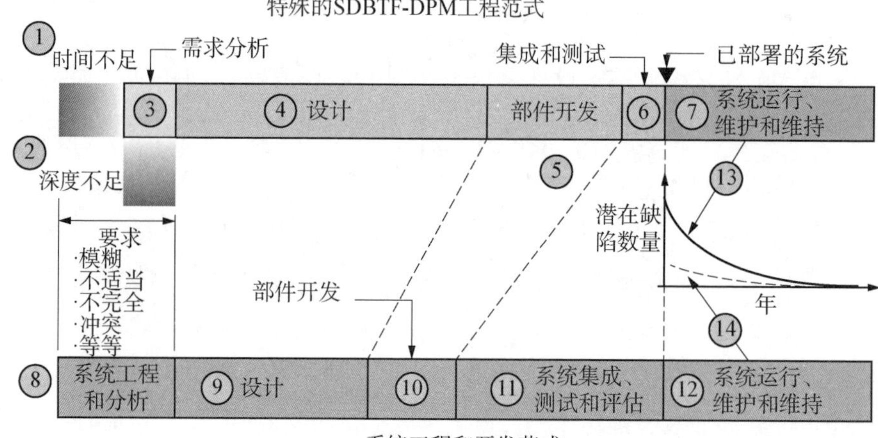

图12.7 潜在缺陷-自定义的SDBTF-DPM工程范式与系统工程和开发范式

总的来说，由于缺乏可通向集成系统设计解决方案的基于结果的问题求解和解决方案开发方法，SDBTF-DPM企业会采用各自特殊的无止境循环方法。设计没有很好地集成、接口定义不清等，导致进度计划开始超出完成日期。最后，出于挫败感，项目将设计推进到部件采购和开发环节，然后进入系统集成、测试和评估阶段。还记得之前讨论过的图2.2（小型案例研究2.1）和处

* 关于这一主题的有趣观点，请参考喷气推进实验室（JPL）总工程师布莱恩·缪尔海德的观察结果。

理潜在缺陷的重新设计吗?

由于系统设计流程超出了相关计划，SDBTF－DPM 系统集成、测试和评估的时间大大缩短，才能确保“按时交付”交付时，系统/产品存在大量潜在的未知缺陷，如图 12.7 右侧曲线所示。为发现和消除重大缺陷，用户可能被要求签发维护合同，这将需要几个月甚至几年的时间。复杂性的另一个维度因此而增加：谁负责为消除缺陷的纠正措施付费。

现在来看看采用基于第 14 章所述系统工程过程模型的问题求解和解决方案开发方法的系统工程和开发组织。尽管系统工程和开发设计阶段可能相同或稍长，但会按时完成设计。当系统/产品进入系统集成、测试和评估时，项目活动适当地聚焦在它们应该聚焦的地方，即验证与规范要求的符合性，测试设计的稳健性以排除薄弱部件，并消除任何剩余的潜在缺陷。系统/产品验收完成后，可能仍然包含一些潜在的缺陷。然而，与图 12.7 右侧的 SDBTF－DPM 范式相比，数量上应该少一些。用户满意，企业的业绩和信誉会得到高度评价。

12.5 本章小结

本章：①概述了第 12—18 章中涉及的系统开发战略；②介绍了系统的中心框架：系统开发工作流程战略。

总的来说，系统/产品开发流程在整个行业和政府部门都很常见。这两种类型的组织都规定、设计、构建、集成和测试系统/产品。但是，如图 5.1 所示，商业产品开发和合同约定系统开发之间存在明显的差异。

本章还定义了系统开发工作流程，并确定了用于开发系统/产品的五大关键流程的序列（见图 12.2），五大关键流程如下：

（1）系统工程设计流程。

（2）部件采购和开发流程。

（3）系统集成、测试和评估流程。

（4）认证系统基线流程。

（5）（可选）运行测试和评估流程。

为了执行系统工程设计流程，建立了全面的多层次系统工程技术开发策略

(见图 12.3)，该策略包括系统设计和系统集成、测试和评估。为了开展系统设计和多层次系统集成、测试和评估技术策略（见图 12.6），创建了多层次问题解决和解决方案开发策略（见图 12.4 和图 12.5）。由于系统工程和开发的一个关键方面是风险缓解，因此建立了全面的开发测试与评估策略，将在第 13 章中讨论。

最后提出了以下问题：系统设计解决方案何时完成？组织和工程师通常认为，当系统设计在关键设计评审中获批时，它就已经完成。系统设计解决方案只有在经过验证和确认（如果需要）并被系统购买者接受后，才算正式完成。从技术层面来说，在所有潜在的缺陷被消除之前，系统设计都不能算完成。

12.6 本章练习

12.6.1 1 级：本章知识练习

(1) 系统开发阶段的工作流程步骤是什么？
(2) 什么是开发构型？
(3) 什么时候启动开发构型？什么时候完成？
(4) 什么是首件系统？是否只有一例首件系统？
(5) 什么是开发测试与评估？
(6) 开发测试与评估的目标是什么？
(7) 在系统开发阶段什么时候开展开发测试与评估？
(8) 谁负责开展开发测试与评估？
(9) 什么是运行测试和评估？
(10) 在系统开发阶段，什么时候开展运行测试和评估？
(11) 运行测试和评估的目标是什么？
(12) 谁负责开展运行测试和评估？
(13) 系统开发者在运行测试和评估中的角色是什么？

12.6.2 2 级：知识应用练习

参考 www. wiley. com/go/systemengineeringanalysis2e。

12.7 参考文献

DAU (2005), *DAU Test and Evaluation Management Guide*, 5th ed. , Ft. Belvoir, VA: Defense Acquisition University (DAU) Press.

DAU (2012), *Glossary: Defense Acquisition Acronyms and Terms*, 15th ed. Ft. Belvoir, VA: Defense Acquisition University (DAU) Press. Retrieved on 6/1/15 http://www. dau. mil/publications/publicationsDocs/Glossary_ 15th_ ed. pdf.

MIL - HDBK - 1908B (1999), *DoD Definitions of Human Factors Terms*, Washington, DC: Department of Defense (DOD).

MIL - STD - 973 (1992, Canceled 2000), *Military Standard: Configuration Management*, Washington, DC: Department of Defense (DoD).

SEVOCAB (2014), *Software and Systems Engineering Vocabulary*, New York, NY: IEEE Computer Society. Accessed on 5/19/14 from www. computer. org/sevocab.

13　系统验证和确认战略

原理 13.1　工程真理原理

如果工程部门未能很好地完成工作，那么系统用户（人员、设备、公众和环境）可能会处于危险之中。

正如原理 13.1 所指出的，工程有一个简单的真理。你可以创造最“简洁”的工程设计；然而，如果它失败和/或伤害了别人或客户不喜欢它，简洁与否就无关紧要了。

有一个故事：NASA 阿波罗太空计划期间，宇航员前往现场中心与工程师、设计师会面，讨论运载火箭、太空舱和部件开发的进展、现状和问题。在会面前，介绍宇航员的人向其他人做了一个简短的发言：如果你们不做好自己的工作，那么站在你面前的宇航员就会死。

这些人与宇航员见面并握手，对他们来说，是一次非常令人警醒的经历。无论你的工作有多大或多小，与一个完全依赖于你的工作表现的人握手意义都非比寻常。当然，不是每个项目都是阿波罗项目。但是，作为具有专业知识的人，对工程完整性的责任心是不可或缺的。

本章讨论多级系统验证和确认。总的来说：

(1) 验证旨在回答以下问题：正在开发的系统或产品是否符合其合同、规范和要求?

(2) 确认旨在回答以下问题：正在开发的系统、产品或服务是否能满足用户的运行需求?

一直以来，组织一直认为并执行的是：验证和确认是在交付环节之前，开发系统、产品或服务环节之后进行的活动。这种方法会导致许多问题，包括成本增加、预算超支、进度延误、风险和其他问题。更糟糕的是，正如前面

NASA 的例子提到的，如果工程执行不当，人们可能会处于危险之中、受伤或死亡。本章将要揭示的是，为了确保系统、产品或服务的技术有效性和完整性，验证和确认必须由每个成员从第 1 天开始执行，并贯穿整个系统开发阶段。当部署系统、产品或服务时，验证和确认转移给用户继续执行。

13.1 关键术语定义

（1）分析（analysis）（验证方法）——在规定条件下使用分析数据或模拟来显示理论上的符合性。在无法根据实际情况进行测试或测试不具有成本效益的情况下使用（INCOSE，2011：129）。

使用数学建模和分析技术，根据计算数据或从较低系统结构最终产品确认中获得的数据，预测设计是否符合其需求（NASA，2007：266）。

（2）认证（certification）——产品或物品已经开发出来并能按照法律或行业标准履行其分配功能的书面保证。开发评审和验证结果构成认证的依据；然而，认证通常由外部机构执行，没有关于如何验证要求的指示。例如，某种方法通过欧洲的 CE 认证以及美国和加拿大的 UL 认证用于电子设备（INCOSE，2011：130）。

（3）缺陷分类（classification of defects）——根据严重性对装置或产品可能存在的缺陷进行分类列举。缺陷通常分为关键类、主要类或次要类。当然，它们也可以分为其他类，或这些类中的子类（MIL－STD－105E：2）。

（4）关键阶段性点或控制点（critical staging or control point）——一个关键里程碑，如编入项目时间表的技术评审或审查，以评估不断发展的系统设计解决方案的状态、进度、成熟度或风险，作为批准项目继续开发的依据，包括资源承诺。该术语在概念上可与商业行业的门径管理（stage-gate）审查相提并论。

（5）缺陷（deficiency）——运行需求减去现有和计划的能力，无法成功完成一项或多项任务或无法完成一个任务或任务区所需功能。缺陷可能源于不断变化的任务目标、对立的威胁系统、环境的变化、过时或现有军事资产的折旧。在合同管理中——提案中未能满足政府要求的任何部分（DAU，2011：B－64）。

缺陷包括两种类型：

a. 任何组件（item）中与当前批准的构型文件不一致的条件或特征。

b. 组件构型文件不充分（或错误），导致或可能导致组件不符合要求（MIL－STD－973，1992：10）。

（6）演示（demonstration）（验证方法）——功能性能的定性展示，通常在没有或只有最少仪器的情况下完成（INCOSE，2011：130）。

功能性能的定性展示，通常在没有或只有最少仪器的情况下完成（NASA，2007：275）。

（7）开发设计验证（developmental design verification）——通过收集和展示性能结果和数据作为设计符合其规范或设计要求的客观证据，使用一种或多种验证方法评估系统或实体的严谨过程。设计验证只需进行一次。对已经设计验证过的生产产品的验证，请参阅产品验证。

（8）偏差（deviation）——参考第19章“关键术语定义”。

（9）差异（discrepancy）——记录观察到的或测量到的与规定要求之间性能差异的陈述。

（10）独立验证和确认（IV&V）——由不负责开发被评估产品或执行被评估活动的组织对软件产品和活动进行系统评估［SEVOCAB（2014）第149页- IEEE 2012版权所有，经许可使用］（资料来源：ISO/IEC/IEEE 24765：2010，2010）。

（11）检验（inspection）（验证方法）——对组件（硬件和软件）和相关描述性文件进行目视检查，将其适当特性与预定标准进行比较，确定是否符合要求，无须使用特殊实验室设备或过程［改编自DAU，2012：B－108］。

对照适用文件对项目进行检查，确认是否符合要求。检验可以用于验证适合通过检查和观察确定的性能（如油漆颜色、重量）（INCOSE 2011：129）。

（12）产品验证（product verification）——一种验证类型，其中系统或实体的每个物理实例（如型号和序列号）是：①根据先前验证的开发或生产设计实施的；②验证未按要求运行的；③被认为没有潜在的工艺和材料缺陷。

（13）需求验证追溯矩阵（RVTM）——将需求和相关验证方法相关联的矩阵。RVTM定义了如何验证每个需求（功能、性能和设计）、验证的阶段以及适用的验证水平［FAA SEM（2006），第3卷：B－14］。

（14）相似性（similarity）（验证方法）——通过对源文件的追踪，证明先前开发和验证的系统工程设计或应用于新程序的组件符合相同的要求，从而消除设计及再验证需要的过程。

（15）测试（test）（验证方法）——执行正式或非正式的脚本程序，测量记录数据和观察结果，并与预期结果进行比较，以评估系统在具有一组约束和初始条件的指定环境中对特定刺激的响应。

当受真实或模拟的受控条件影响时，验证项目的可操作性、可保障性或性能能力的一种行为。这些验证通常使用特殊的测试设备或仪器来获得非常准确的定量数据进行分析（INCOSE，2011：130）。

（16）测试台（testbed）——由实际硬件和/或软件和计算机模型或原型硬件和/或软件组成的系统模拟设备（DAU，2012：B 229）。

（17）记录确认（validation of records）（验证方法）——通过展示经认证过的验证数据，证明先前验证的设计符合其规范和设计要求（即图纸），从而取消系统层或实体层设计重新验证的过程，前提是没有对产品基线进行任何更改。

（18）确认表（validation table）——所有要求的列表，应描述需求是否已确认、在哪里可以找到需求、确定的来源、必要时要采取的纠正措施，以及纠正措施的负责人［FAA SEM（2006），第 3 卷：B－14］。

（19）验证（verification）——参考第 2 章“关键术语定义”。

（20）验证和确认（V& V）——确定系统或部件的要求是否完整和正确，每个开发阶段的产品是否满足前一阶段的要求或条件，以及最终系统或部件是否符合规范要求的过程［SEVOCAB（2014）第 347 页－IEEE 2012 版权所有，经许可使用］（资料来源：ISO/IEC/IEEE 24765：2010，2010）。

（21）弃权（waiver）——参考第 19 章“关键术语定义”。

13.2 引言

第 12 章确定了一个技术战略或路线图，从逻辑上将用户抽象的运行需求和愿景转化为了可交付的系统、产品或服务。然而，实施这一战略只有一定的成功概率。这是为什么呢?

总的来说，任何战略成功的概率都取决于项目人员的教育、培训、纪律、所使用的过程、方法和工具。即使在最好的情况下，人类也很容易因为解释偏差、错误沟通等而犯错。如果没有强大的检查和交叉检查战略来消除或减少潜在缺陷（设计错误、缺陷和不足），成功的概率就会明显变小，并随着系统复杂性和项目规模的增加而降低。如果向用户交付的系统、产品或服务存在潜在缺陷，就可能会危及用户的任务。最终结果可能会对用户（操作人员、维护人员和公众）造成伤害或死亡，或者对设备、财产或环境造成损害或破坏。

从系统购买者和用户的角度来看，有三个关键的技术成果决定了系统的成功：①符合规范要求；②在运行效用、适用性、使用性、可用性、有效性和效率方面满足用户的运行需求（原理 3.11）；③系统没有潜在缺陷、工艺和部件完整性问题。

本章介绍系统工程与开发的验证和确认战略，重点就是确保实现上述三个关键技术成果。系统购买者、用户和开发商需要解决的关键问题如下：

（1）正在开发的系统、产品或服务是否符合合同、项目任务书、任务订单的规范或设计要求？

（2）正在收集哪些客观证据来证明其符合要求？

（3）采用哪种对成本最低和进度影响最小的方法来证明这种合规性？

（4）如何保证可交付系统或产品符合要求且无潜在缺陷？

关于系统验收和交付：

（1）在解决一个或多个问题空间方面，购买者和用户如何知道系统、产品或服务将满足其运行需求？——关键运行问题（COI）/关键技术问题（CTI）。

（2）购买者和用户如何知道交付的系统或产品将完全匹配其要求并方便维护？

（3）如何确保系统或产品易于维护？

多年来，系统开发都遵循简单的两步法：

第 1 步——设计、开发和测试系统或产品。

第 2 步——验证其是否符合要求。若不符合要求，返回到第 1 步重新来过，直到符合要求为止。

这体现了自定义的、无限循环的“代入求出”……定义-设计-构建-测试-修复（SDBTF）设计过程模型（DPM）工程范式（第 2 章）。上述的两步骤方法一直有效运行，直到在全球竞争和利润的驱动下，组织有了新的认识。而此时低效和无效的系统开发，尤其是导致大量返工或报废的工程设计，已经变得极其昂贵。

在商业化的生产环境中，堆满不可用部件的仓库正是这些方法的典型后果。根本原因分析［如五问法分析（第 5 章）］揭示了由不良的工程设计方法和质量控制导致的潜在缺陷是一个重大的技术问题。在 20 世纪 80 年代，为了最大限度地减少浪费和提高盈利能力，企业相信通过“记录”过程可以解决这个问题。他们也确实纠正了一些浪费问题。然而，如第 2 章开头所述，改变的过程中并没有纠正不良 SDBTF－DPM 工程范式中的潜在缺陷。

潜在缺陷应如何迁移到多层次系统设计解决方案中？美国国防采办大学（2005）在图 13.1 中非常简洁地说明了这一点。观察图 13.1 中的错误如何在系统开发阶段扩散，关注两个关键点：

（1）错误源于：编写不正确和不适用的规范要求，潜在缺陷——对规范要求、设计错误、设计瑕疵和缺陷的误解，不足、边缘或薄弱的部件或材料，不良制造工艺和工艺实践，不良测试程序，测试不充分。

（2）错误发生时未能及时纠正会导致下游的错误扩散。反过来，下游的错误扩散会转化为不必要的成本浪费和进度延迟，影响交付时间、盈利能力和客户满意度。*

注意图 13.2 左侧的分析时间不足和深度不足的注释。可以说，这些是潜在缺陷进入系统工程与开发的“源头”。后文介绍的沃森的任务重要性原理 23.1 非常简洁地阐述了 SDBTF－DPM 范式的管理人员和执行领导如何天真地对这些关键分析强加不切实际的时间限制。最后，当发现用户的问题空间被理解得非常差时，还表现得非常惊讶。

＊ **潜在缺陷的扩散**

请注意，图 13.1 说明了在系统工程与开发的“激流”中，潜在缺陷是如何随着时间的推移而增加的。在本书中，图 13.1 仅涉及潜在缺陷的技术层面。纠正潜在缺陷的成本也同样会增加。原理 13.2 和表 13.1 阐述了这一点。为了进一步说明消除潜在缺陷的挑战，请研究图 13.2 所示的图形：潜在缺陷进入用户需求分析，系统设计流程，部件采购和开发流程，以及系统集成、测试和评估战略。未发现的潜在缺陷随着可交付系统、产品或服务迁移到用户。除非这些潜在缺陷在部署、运行、维护和维持阶段被用户发现，否则它们可能作为危险因素处于休眠状态，当特定条件出现时，就会导致系统事故（见图 24.1）。

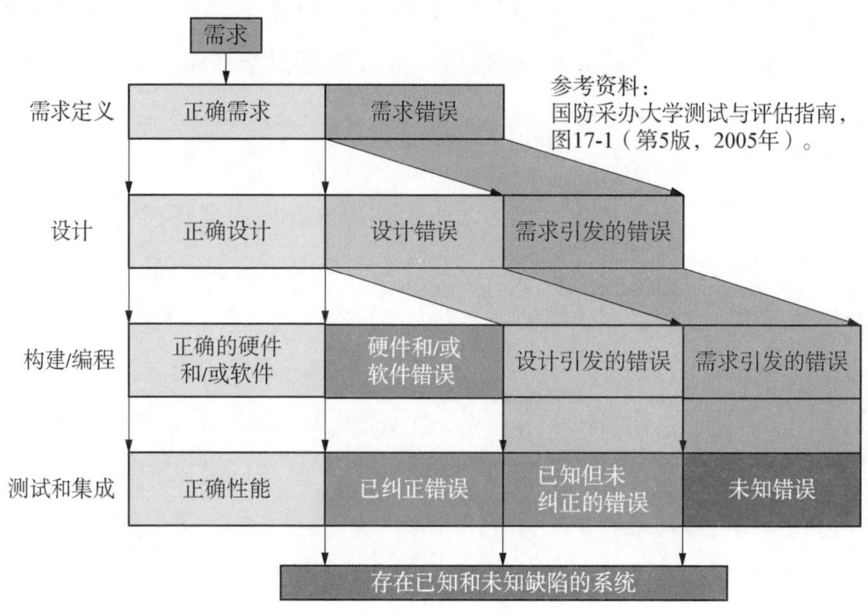

图 13.1　错误"雪崩"

［资料来源：美国国防采办大学（2005：17－3，图 17－1）］

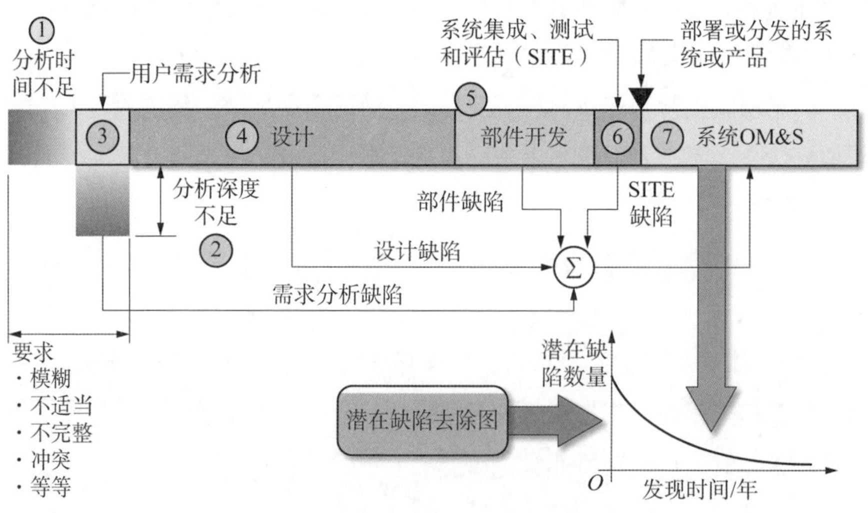

图 13.2　未发现的潜在缺陷的累积效应

原理 13.2　潜在缺陷成本原理

应立即识别并纠正潜在缺陷。根据潜在的缺陷进入系统开发阶段的时间，随着系统集成、测试和评估的执行，纠正的成本可能会增加上百倍。

随着软件开发的复杂性和费用的不断增加，巴利·玻姆博士（1981：39－40）在其1981年的《系统工程经济学》一文中发表了研究结果，根据系统开发阶段流程量化了纠正潜在软件缺陷的成本。一些人将纠正成本概念称为软件的“100倍成本规则”。如表13.1所示为NASA 2004年的一项研究结果（Stecklein等，2004）。该研究结果比较了纠正软件和系统中潜在缺陷的成本。

玻姆博士（1981：41）指出，反映了一种顺序的方法的数据：需求设计→代码→开发测试→验收测试→运行，它有一个权衡曲线，表明使用“初步”原型方法而不是用更多的时间定义需求时，成本更低。关键是你可以选择：①尽早纠正潜在缺陷，如设计错误、设计瑕疵或缺陷；②在每个系统开发阶段，成本呈指数级增长（见图12.2）。

表13.1　软件和系统纠正潜在缺陷成本系数的比较

生命周期阶段	软件成本系数	系统成本系数
要求	1X	1X
设计	5X～7X	3X～8X
构建	10X～26X	7X～16X
测试	50X～177X	21X～78X
运行	100X～1 000X	29X～1 615X

资料来源：Steckleinet等，2004：10，表13。

在2006年之前的几十年里，“100倍成本规则”在整个行业、政府和教科书中都得到了推广。玻姆博士（Shull等，2006）和他在经验软件工程中心（CeBASE）的同事在一篇名为《我们在对抗缺陷方面学到了什么》的论文中提供了以下指导：

（1）第1项：在交付后发现并修复一个严重的软件问题通常比在需求和设计阶段发现并修复它贵100倍。

（2）第1.1项：交付后发现并修复非严重软件缺陷比交付前发现这些缺陷约贵两倍（CeBASE，2006：3）。

大多数工程师很少或没有接受过系统的工程教育，也很少接受避免、最小化和消除潜在缺陷的培训。毕竟，工程师花了四年时间获得学位，学习创新和

创造简洁的设计，而不是消除潜在缺陷，除非输出不能达到要求的性能值！因此，已部署系统或产品中的缺陷数量（见图 13.2）可能需要数年才能被发现、隔离和消除，如图 13.2 右下角所示。希望已发现的缺陷对任务和系统性能的影响被控制到最低程度，不会造成灾难性的伤害或生命损失！

考虑到交付没有潜在缺陷的系统、产品或服务的重要性这一背景，我们首先介绍系统验证和确认的概念。

13.3 系统验证和确认概念概述

原理 13.3 验证原理

验证回答利益相关方和开发商的下面问题：我们开发的系统、实体或任务是否符合其特定要求？

原理 13.4 确认原理

确认回答用户的下面问题：我们是否购买了合适的系统、实体或工作成果来满足我们的运行需求？

图 13.3 所示为验证和确认概念的系统层说明。一般来说，系统验证旨在

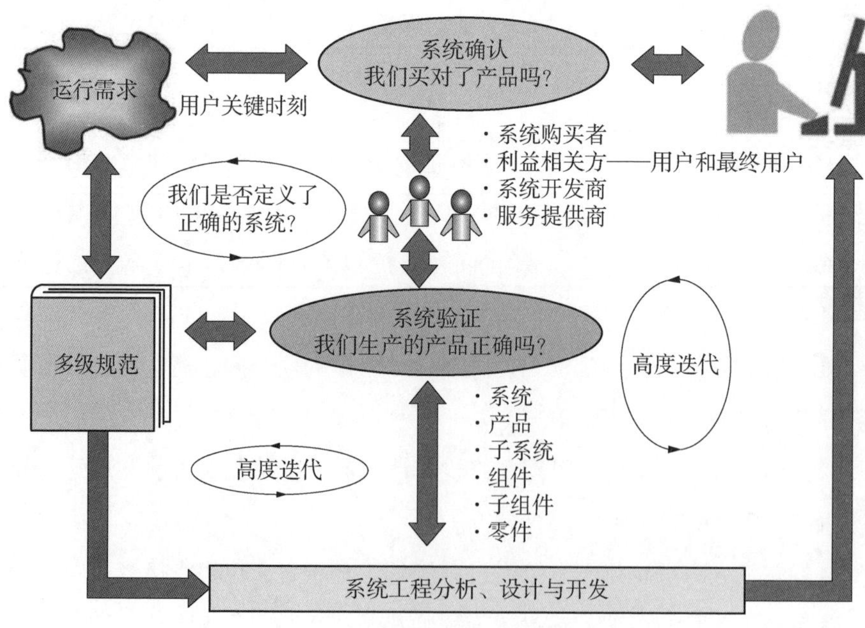

图 13.3 系统验证和确认概念概览

回答以下问题：

- 系统、产品或服务的开发是否符合其多层次规范？*

验证不仅包括正确构建，还包括遵循系统工程和系统、产品或服务的开发以及证明合规性所需的一切。从最实际的意义上来说，验证是一种需要独立评价、比较和评估的方法。“你说过你要这么做。证明这一点的客观证据（质量记录）在哪里？它是否符合（满足或超过）规定的要求？”

回到图 13.3，注意关注符合多层次规范。这里隐含的假设是，系统购买者将用户的运行需求（问题空间）转化为一组定义明确的系统需求文件（SRD）需求。这些需求根据其准确性、精确性和完整性来指定和限定投标邀请书（RFP）解决方案空间。**

一旦系统、产品或服务完成系统层验证，系统购买者或用户可以选择执行系统确认，并提出以下问题：

- 系统、产品或服务是否满足我们的运行需求？

如果在系统或产品交付时，这个问题的答案是否定的，那么关于原始系统需求文件和其后的系统性能规范在解决问题空间方面指定和限定解决方案空间的隐含假设就是有缺陷或不正确的。***

除非需求被完整地记录下来，否则人类倾向于调整满足的阈值，尤其是当他们发现自己购买了无法满足运行需求的错误系统或能力时。“看到就会知道”是一个常见的表达。用户基于行为结果的运行需求文件（ORD）、能力开发文件（CDD）、目标陈述（SOO）、测试与评估主计划（TEMP）［包括关键性能参数（KPP）、有效性度量（MOE）和适用性度量（MOS）］是确定运行需

---

* **验证的口语化表述**

前文将验证表述为“系统构建正确吗？”，这句话所指的问题如下：

（1）“构建”是指每个单独部件的制作、装配、集成和测试（FAIT）验证及更高层次的集成。

（2）什么是“正确”？在旁观者眼中，有没有可接受的被视为“正确”的东西？是否使用合理的工程实践？是否符合标准？是否符合用户规范要求？还是以上全部？

** **系统购买者规范**

很多时候，系统购买者的 RFP 会包括系统需求文件。报价人会提交一份包含 SPS 草案的建议书。然后，对报价人的建议书（包括系统性能规范）进行评估。若中标，则报价人的 SPS 要求将作为合同要素的一部分进行协商并最终确定。

*** **确认的口语化表述**

同样，口语问题通常是：我们是否购买了“正确的”系统来满足我们的运行需求？“正确”是指什么？系统、产品或服务要么满足需求，要么不满足需求。“正确”意味着有一些神奇的比较阈值。核心问题就变成了：定义“正确”的文件中的“阈值”在哪里（原理 13.3）？

求阈值的关键，用于确定用户所认为的系统、产品或服务成功的构成要素。

基于本章的概述性介绍，我们基本了解了系统验证和确认概念。

组织和工程师经常散布不真实的关于系统验证的流言。接下来我们将“揭穿以系统工程文件为中心的流言”。

13.3.1 揭穿验证和确认流言*

一些 SDBTF－DPM 组织和工程师错误地认为验证和确认仅在系统验收前对已完成的系统执行。这是真正的错误和误导！验证和确认在系统/产品生命周期的每个阶段都由系统购买者、用户、系统开发商、服务提供商和分包商组织执行。

不幸的是，当对验证和确认了解有限的不知情人士创建类似于图 13.4 所示的 A 部分中的图形时，这个流言就会扩散。注意 A 部分中带有“验证”和“确认”方框的 V－模型（见图 15.2）。这是部分事实；然而，问题出在背景上。如 B 部分所示，这些方框应标有“系统层验证”和“系统确认”。A 部分中的不正确标签经常出现在演示文稿以及万维网发布的文档中。然后，同样不知情的其他人无意识地传播这些不正确的形式（错误信息）。要学会认识并理解其中的差异！

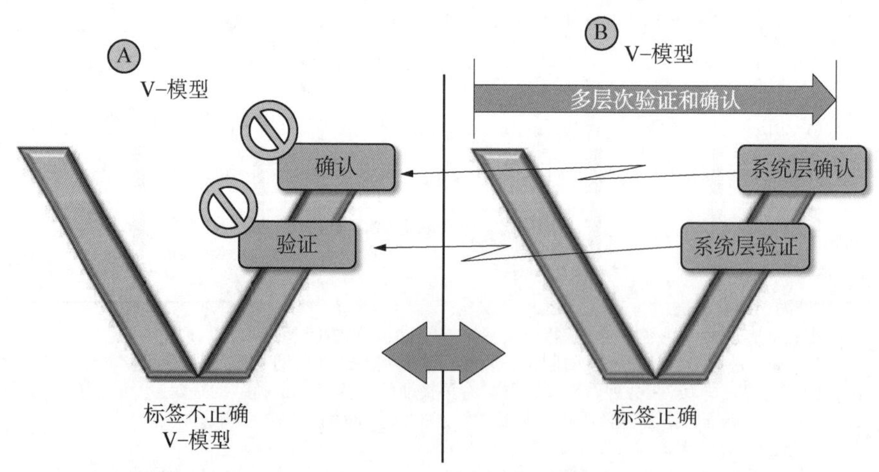

图 13.4 标签错误的验证和确认图形如何无意中助长了错误信息

---

* **生命周期验证和确认原理**

在系统/产品生命周期的每个阶段、合同/分包合同、项目任务书或任务中，都要持续不断地进行验证和确认。

总之，重要的是要记住，系统开发商验证和确认是从发布系统购买者的投标邀请书（RFP）、合同授予、项目任务书或任务订单批准（以适用者为准）开始，同时、持续、不懈地执行，直到系统交付且系统购买者验收。在系统验收时，系统购买者/用户接受在系统/产品生命周期的剩余时间内进行验证和确认的责任。

13.3.2 整个系统/产品生命周期中的验证和确认活动

原理 13.5 验证和确认适用性原理

验证和确认适用于系统开发的每个阶段，从提交建议书阶段开始，在合同授予后继续，直到系统交付和验收完成。

原理 13.6 缺陷消除原理

已部署系统、产品或服务中潜在缺陷的数量取决于：①避免和消除这些缺陷的意愿和承诺或提供的资源；②人员能力（经验、知识和培训）；③使用正确的工具、过程和方法；④正确执行工作所需的时间。

验证和确认活动贯穿整个系统/产品生命周期：

（1）在整个合同、项目任务书或任务订单期间执行。

（2）针对任何类型的工作活动及其工作成果（如提案、合同、演示、原型、模型和模拟）进行。

（3）作为正式和非正式会议、技术评审、审查演示和测试进行。

（4）在关键阶段点、控制点或关口点评审决策工件质量记录时进行，评估不断发展的系统设计解决方案对技术计划、规范和任务的符合程度。

（5）定期进行，从以下方面评估不断发展和成熟的多层次系统设计解决方案的质量和完整性：

a. 技术符合要求。

b. 用户源需求或原始需求的可追踪性。

c. 解决用户问题空间的解决方案的有效性。

d. 指导系统工程与开发的决策制品的一致性和完整性。

（6）识别潜在缺陷，如设计错误、瑕疵和缺陷时进行。

注意，第 4 项符合 ISO 9001 要求，但不评估系统设计解决方案的有效性。第 5 项评估系统设计解决方案的技术有效性。进行技术评审和审查时，应同时

处理第 4 项和第 5 项。

13.3.3 验证和确认标准

从系统工程的角度来看，以下三个关键标准为组织和项目验证和确认活动提供了指导：ISO/IEC 15288：2008、能力成熟度模型集成（CMMI）和 ISO 9001：2008。接下来简单探讨一下这三个标准。

13.3.3.1 ISO 15288：2008 验证和确认要求

ISO/IEC 15288：2008 在以下章节中规定了验证和确认过程的要求：

(1) 6.4.6 验证过程。

(2) 6.4.8 确认过程。

13.3.3.2 CMMI 验证和确认要求

第 2 章介绍了卡内基梅隆大学 CMMI 研究所管理的几个 CMMI 模型的作用。这些模型包括 CMMI 服务模型（CMMI-SVC）、CMMI 开发模型（CMMI-DEV）和 CMMI 采购模型（CMMI-ACQ）。CMMI-DEV 制定了在两个关键领域建立和改进其组织验证和确认能力的指南（CMMI-DEV，2010）：

(1) 过程领域 21 确认（成熟度等级：3）。

(2) 过程领域 22 验证（成熟度等级：3）。

13.3.3.3 ISO 9001：2008 验证和确认要求

验证和确认应是任何企业组织标准流程（OSP）的组成部分。对于那些已经获得或计划获得 ISO 9001 认证的企业来说，验证和确认是组织质量管理体系（QMS）的关键要素。例如，ISO 9001：2008 为质量管理体系验证和确认活动做了以下规定：

(1) 第 7.2.2 节 产品相关要求的评审。

(2) 第 7.3.5 节 设计和开发验证。

(3) 第 7.3.6 节 设计和开发确认。

13.3.3.4 标准要求什么

原理 13.7 系统开发验证和确认战略原理

系统开发验证和确认战略需要三个要素：

(1) 路线图，包括从合同授予到系统、产品或服务交付和验收的渐进验证和确认活动。

(2) 基于任务的行动计划，用于实施与里程碑驱动的事件、成果和标准同步的验证和确认战略。

(3) 任务完成的书面客观证据，即质量记录，证明你完成了计划的结果。

一般来说，这些标准要求企业和项目采取三种行动：

(1) 计划将要执行的具有可衡量的工作成果的活动。

(2) 执行计划的活动。

(3) 编制质量记录，如工作制品，作为你完成计划的客观证据。质量记录包括工作制品，如会议记录、演示、文档、图纸和电子邮件。

接下来从系统验证实践开始深入探讨每个主题。

13.4 系统验证实践

原理 13.8 系统验证原理

系统验证评估工作产品的属性、特征和基于行为的结果对一个或多个合同、项目任务书、规范或任务要求的符合性。

13.4.1 系统验证概述

验证包括评估以下各项符合性的活动：

(1) 项目工作产品，如计划、进度、预算、技术决策、规范、设计、原型和测试结果，符合合同或任务要求的一致性、充分性、完整性和可追踪性。

(2) 可交付系统、产品或服务符合其规范要求。

当识别出系统结果和行为中的潜在缺陷或差异时，应采取纠正措施，并进行再验证，确保消除潜在缺陷或差异。

系统购买者和系统开发商对验证和确认有两种观点：

(1) 系统购买者验证和确认观点——持续验证系统开发商工作制品是否符合合同或规范要求。

(2) 系统开发商验证和确认观点——持续验证工作产品是否符合合同、项目任务书和规范要求，包括分包商、供应商和服务提供商在外部开发的工作产品。

参考图 13.3，用户或其系统购买者技术代表将用户的运行需求转化为一

组系统需求文件，构成了开发系统、产品或服务的依据。

每个行业都使用各种类型的文件来捕获和记录客户或用户的需求。从系统验证的角度来看，在整个系统开发阶段，确保不断发展和成熟的系统设计解决方案的技术完整性得到保护，并且不会因为潜在缺陷的引入而受到损害，这一点至关重要。作为验收的条件之一，代表用户的系统购买者将证明系统开发商交付了满足用户或客户市场运行所需的内容（通过合同）或要求的内容（通过市场调查或证明）。

注意，符合性验证并不能确保可交付的系统、产品或服务是利益相关方（用户和最终用户）为满足其运行需求而实际需要的；这属于系统确认。验证仅证明系统、产品或服务产生符合规范要求的基于行为的结果，这可能反映也可能不反映用户的实际运行需求。这些规范要求取决于规范制定人员如何将系统、产品或服务规定和界定为解决方案空间，或满足用户问题空间的多个解决方案空间之一。

如果我们拓展图 13.3 所示的系统验证和确认概述来说明验证和确认是如何应用于系统工程与开发的，那么就会得到图 13.5。注意，该拓展：

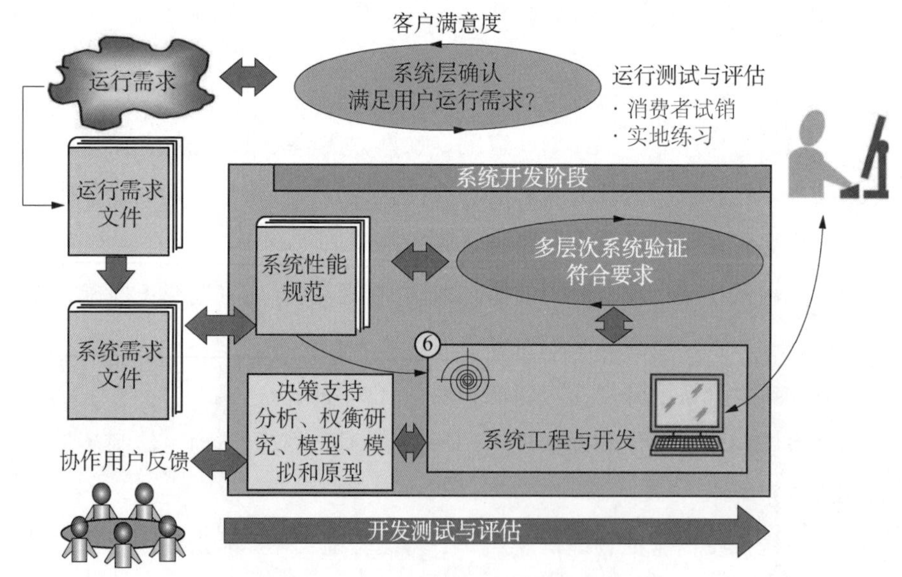

图 13.5　系统验证和确认：过程视角

（1）强调了用户/最终用户协作和反馈、决策支持、系统工程与开发和一系列技术评审的重要性。

（2）引入了本节稍后要讨论的开发测试与评估（DT&E）、运行测试和评估（OT&E）两个概念。

在系统开发阶段，对不断发展和成熟的系统设计解决方案进行原型化、建模、模拟和测试，以降低风险，并收集性能数据来确认设计决策。这些活动称为开发构型的开发测试与评估（第 12 章和第 16 章）。目的是逐步验证系统设计解决方案：

（1）技术上符合规范和设计要求。

（2）可追溯到用户的源需求或原始需求。

（3）具有可以接受的风险。

完成系统验证后，用户可以对系统、产品或服务进行系统确认评估。系统确认可能是合同要求的，若是消费产品可通过试销进行确认。合同约定的系统由用户进行现场试用（见图 5.1）。

13.4.2 系统验证目标

由于系统工程与开发需要将抽象的用户运行需求转化为规范，从而形成系统设计解决方案，还需要进行部件选择以及系统集成、测试和评估，因此人们需要一种机制来表达和传达系统或产品将如何开发，以确保思想一致。

工作成果记录技术决策制品——规范、图纸和测试程序。在工作原型和实际可交付系统实际可用之前，文档是唯一稳定的知识表达形式，真实地代表了系统开发商组织内部或与用户的一致意见。因此，验证依赖于这些工作成果，作为确保符合规范和消除潜在或非潜在缺陷的参考框架。

自定义的 SDBTF - DPM 范式（第 2 章）所宣扬的一个错误流言是，组织和工程师认为系统工程的重点是生成文件。这绝对是错误的！系统工程的重点是开发符合要求的系统设计解决方案，而文档只是记录决策过程工作制品的一种方式。在系统设计解决方案以物理部件的形式展现之前，评估和验证决策和设计的唯一客观证据就是文档。要认识并理解创建文档和记录决策工作制品之间的区别！

根据系统验证的概述，接下来我们简要探讨验证的一些类型。

13.4.3　系统验证类型

开发系统验证战略需要的不仅仅是执行活动。有两种类型的验证用于回答特定的问题。

(1) 设计验证回答以下问题：如果系统、产品或服务的部件是理想的，那么设计构型中部件的架构安排和彼此之间的互连性是否确保产生了所需的行为响应和基于性能的结果？

(2) 产品验证回答以下问题：如果一个系统或产品的设计构型已经过验证，能够产生所需的行为响应和结果，那么系统或产品的实物的工艺、材料组成和完整性是否能够可靠和可预测地产生相同的结果？

13.4.3.1　开发构型设计验证

设计验证包括原型制作，如实验板和模拟板，并使新系统或产品经受一系列功能和环境运行条件，以证明其适应性和稳健性，容许故障存在并继续运行。

我们知道验证每个系统、产品或服务是否符合其规范要求是非常昂贵和耗时的。事实上，对一个已经证明符合要求的设计进行再验证是不切实际的，也是没有意义的。那么，我们如何解决这个问题呢？

13.4.3.2　开发构型或生产件验证

系统思维（第1章）帮助我们认识到，一旦我们验证了一个新系统或产品的设计，在做出改变设计和生产新型号的决策之前，设计永远不会从一个可交付实例变化到另一个。因此，如果设计已经过验证（设计验证），那么剩下需要验证的唯一变量就是工艺和材料缺陷的检测和纠正。这就引出了第二类系统验证，即产品验证。

产品验证根据在室温环境下执行的有限数量的测试，验证每个可交付系统或产品是否完整并工作正常。

产品验证的举例说明如下。

示例 13.1　产品验证：便携式电子设备

便携式电子设备设计为在通电时自动执行自检诊断。如果自检结果表明所有功能都已完全运行，则以正常显示结束。如果不是，则显示屏通过指示灯或错误代码提示问题。在生产过程中，通常每台设备都要通电，以确保完全运行，然后包装好交付给用户。

13.4.3.3　产品设计验证

一旦系统或产品已经投入使用一段时间，用户就可以决定签订小批量到大批量生产的合同。请记住，仅仅因为开发构型符合其系统性能规范要求并不一定意味着它可以经济高效地生产。这需要另一种形式的系统开发项目来使它具有可生产性和成本效益。通常需要另一个合同来修改在系统验收交付时基线化的开发构型。

当生产系统设计完成后，生产设计验证将根据生产系统性能规范要求进行。一旦生产设计得到验证，并决定大规模生产系统或产品，生产单元将通过生产设计验证的一个子集以与原始开发构型系统相同的方式进行验证。该子集称为“产品验证”。

接下来我们研究一下如何执行验证和确认。

13.4.4　验证方法

原理 13.9　验证方法原理

验证方法包括检验、检查、分析、演示、测试或这些方法的组合；有些组织允许相似性对比。

验证多层次系统工程设计是否符合系统性能规范或实体开发规范（EDS）的过程需要标准的验证方法。这些方法必须定义明确并易于理解。验证包括五种公认的方法：①检验；②检查；③分析；④演示；⑤测试。在某些业务领域还允许使用第六种验证方法，即通过对记录的确认实现验证。

在我们描述每种验证方法之前，请注意每种验证方法在人工和时间方面都有成本。因此，你应该使用最少的验证方法来证明合规性。

首先讨论检验验证。

13.4.4.1　检验验证

NASA（2007：86）将检验验证定义为：

对已实现的最终产品的目视检查。检验通常用于验证物理设计特征或特定的制造商标识。例如，如果要求安全保险销有一个红色标志，标志上用黑色字母印刷有“飞行前移除”字样，则可以通过目视检查保险销标志来确定是否满足该要求。

检验验证的举例说明如下。

示例 13.2　检验验证：金属板孔模式布局

图纸规定，金属板由 6 个直径为"1.0±0.1"的孔组成，每个孔按图纸所示的尺寸模式布置。检验验证包括验证（但不限于）：

(1) 孔的模式和中心符合图纸要求。

(2) 按照图纸规定，在板材上钻 6 个孔。

(3) 1 号孔直径为"1.0±0.1"。

(4) 2 号孔直径为"1.0±0.1"。

13.4.4.2　检查验证

检查验证包括对部件或样品进行详细的目视检查，确定其工艺完整性、材料成分或缺陷。检查验证有许多情形是由运行环境决定的。请思考以下示例。

示例 13.3　检查验证：人类经验和判断因素

人类进行微观和视觉分析，是因为他们对特定类型的异常具有卓越的检测和基于经验的判断能力。例如，与机器相比，人类检测喷气式发动机压缩机叶片断裂或裂纹的能力或乳腺癌的乳房 X 射线摄影分析的能力要优于机器。人类只是利用机器最擅长的事情来锻炼自己的能力。举例说明如图 24.14 和原理 24.13 所示。

示例 13.4　检查验证：恶劣环境条件

装有一系列摄像头和传感器的机器人被送到火星、下水道和核反应堆建筑中，报告恶劣环境中可能不利于人类健康或生存的情况。

示例 13.5　检查验证：人类健康状况

将射频发射器或手术工具插入人体的非侵入性摄像设备，使操作者能够观察和评估肠道或心血管等通路的健康状况。

13.4.4.3　演示验证

演示验证通常在没有仪器的情况下进行。系统或产品进行各方面的操作，以便见证人观察和记录结果。演示通常用于涉及可靠性、可维护性、人体工程和正式验证后的最终现场验收的操作场景。

例如，NASA 的《系统工程手册》（2007：86）对演示验证的描述如下：

表明最终产品的使用达到了某项规定的要求。这通常是对性能能力的基本确认，与测试的区别在于缺乏详细的数据收集。演示可能涉及物理模型或实体模型的使用；例如，要求飞行员能够触及所有控制装置，可以通过让飞行员在驾驶舱模型或模拟器中执行与飞行相关的任务来验证。演示也可以是由高度专业的人员（如试飞员）对最终产品进行实际操作。他们执行某个一次性事件，展示在系统性能极限下运行的能力。这种操作通常不代表操作飞行员预期的操作。

演示验证的举例说明如下。

示例 13.6　演示验证：组织表单的可访问性

规范要求规定，操作人员最多点击三次鼠标即可访问网站上的工程表单。系统开发商开发了一个网站的快速原型。他们与用户合作，获取设计反馈。通过演示来验证是否满足要求。

13.4.4.4　测试验证

测试验证是一种验证方法，用于收集系统或产品的性能符合其规范或设计要求的仪表测量数据和结果。测试要求创建一套规定的运行环境条件，并根据经过批准的基线测试程序进行测试。

例如，NASA 的《系统工程手册》（2007：86）对测试验证的描述如下：

使用最终产品来获得验证性能所需的详细数据，或通过进一步分析提供足够的信息来验证性能。测试可以在最终产品、实验板、模拟板或原型上进行。测试在受控条件下在离散点上为每个规定的需求生成数据，是最耗费资源的验证技术。

测试可能非常昂贵。当检验、分析和演示（单独或集体）不足以产生证明符合性所需的客观证据时（见图 22.1），可能需要进行测试。请记住，目标是以最少的验证方法（包括测试）证明符合性。为了说明这一点，请注意下面的测试验证示例如何为我们的下一个主题“分析验证”提供依据。

示例 13.7　测试验证：电动机转速和扭矩

小型电动机规范包括在给定的负载和运行环境条件下达到规定转速和扭矩的要求。系统开发商将被测单元（UUT）放置在测试夹具中，测量 UUT，并进行一次测试，收集转速和扭矩测量值。测试期间，记录电动机的转速和扭矩数据。将测试结果与规定的电机转速和扭矩性能要求进行比较，以验证符合性。

13.4.4.5　分析验证

与效率、有效性、时间相关性和特性等性能参数相关的一些规范要求的验证，可能不能通过测试直接测量。但是，这些参数可以从测试测量数据中推导得出。若不能，为什么是要求?

例如，NASA 的《系统工程手册》（2007：86）对分析验证的描述如下：

使用数学建模和分析技术，根据计算数据或从较低系统结构层级产品确认中获得的数据，预测设计是否符合利益相关方预期。当物理工作原型、工程模型或制作、装配、集成和测试（FAIT）系统或产品不可用时，通常采用分析方法。分析包括使用建模与仿真作为分析工具。模型（在本文中）是系统或产品的数学表示，模拟是对模型的操纵。

分析验证通常记录在正式的技术报告中，置于正式的配置控制之下，可能是也可能不是可交付的。为了举例说明分析验证，我们继续来看示例 13.7 中的电动机。

示例 13.8　分析验证：电动机效率

示例 13.7 中的小型电动机要求在特定的负载和环境条件下具有等于或大于 80%的效率。基于先进的验证计划，系统开发商提取记录的电动机转速和扭矩测试数据，并计算电动机效率。结果记录在分析中，作为符合效率要求的客观证据。

13.4.4.6　记录确认验证

如原理 16.7 所述，当所有其他方案（现有内部或遗产设计和供应商目录项目）在满足规范要求方面已经用尽时，新系统设计应是最后的手段，如考虑遗产设计。如果原始设计验证为符合等于或超过当前规范要求的规范能力要求和环境性能要求，并且没有对原始设计进行修改或未计划对原始设计进行修改，则可以选择记录确认验证。

记录确认验证只需要提供原始设计规范要求、验证数据和符合性的客观证据，作为新系统或产品验证的条件。

示例 13.9　记录确认验证：处理器板

某系统开发商签订了一份为飞机开发传感器系统的合同。由于传感器系统的复杂性，概念架构需要一个处理器板作为传感器的控制器。进行工程分析后，确定在以前的系统上使用的处理器板：①完全符合新的系统性能规范要求；②已经过验证。决定在不修改新设计的情况下重新使用处理器板，检索原始设计的验证记录，并将这些记录作为符合新规范的客观证据。*

13.4.4.7　验证方法选择

原理 13.10　验证方法选择原理

选择证明符合单一要求所需的数量最少的验证方法。

每种验证方法都会对以下方面产生影响：①验证要求的数量；②人工成本和进度持续时间；③风险。一般来说，执行这些验证方法的成本差异很大。验证方法的相对成本有：

（1）检验（最低成本）。

（2）记录确认（低成本）。

（3）检查（低成本）。

（4）分析（低至中等成本）。

（5）演示（中等成本）。

（6）测试（中等到高成本）。

当设计一个新系统时，努力找出成本、进度和风险最低的方法，提供令人信服的客观证据，证明已经满足要求。如果可以通过分析（低到中等成本）验证一个要求，为什么要承诺将测试（中等到高成本）作为验证方法，并抬高报价，从而有可能失去合同?

13.4.5　验证符合性战略

人们通常认为必须验证每一个规范或设计要求……你确实做到了！但是，这里有两个不同的概念：①收集验证数据以证明符合性；②证明符合性的过程。我们从后往前来进一步探讨这一点。

13.4.5.1　规范符合性验证战略

正式的评审，如国防部系统验证评审（SVR）（第 18 章）要求提供质量记录——测量结果、数据记录等。这些项目可作为验证结果的客观证据。这些验证结果已由见证人验证，并符合规范和设计要求。系统验证评审根据合同条款和条件、规范要求、用户或项目批准的规定测试程序以及法律、伦理和道德

* 请注意，记录确认和验证说起来容易做起来难，特别是如果企业在维护过去的记录方面表现很差的话。当做出这样的决定时，应该立即开始搜索记录的副本。避免出现这种专业尴尬：进行正式验证时，却找不到记录！然后不得不承担重新验证遗产设计的费用。

原则审查收集的数据。

那么，你是如何收集数据的？这就引出了“验证数据收集战略”。

13.4.5.2　验证数据收集战略

原理 13.11　符合性测试原理

利用每个测试收集尽可能多的数据，使你能够验证尽可能多的要求的符合性。

我们可以为每个规范要求执行单独的验证任务。但是，这可能会非常昂贵和耗时。那我们后退一步，运用系统思维。

我们知道，规范规定并限制了运行需求（综合能力需求集）和离散能力需求。当系统或实体处于运行状态时，系统架构会通过允许和禁止操作（见图7.13）对能力组合进行物理配置，产生基于行为的结果。换句话说，系统架构配置用例（use case）能力的“链”。

例如，每个能力都是通过基于模型的系统工程（MBSE）从这些用例结果中派生出来的，并转化为规范要求。因此，我们应努力在特定的测试点测试系统或实体的能力，收集数据，证明其符合多个规范要求。利用单一测试来验证某项要求。

鉴于我们已经深入了解了系统验证实践，接下来将重点转移到系统确认实践。

13.5　系统确认实践

验证询问我们是否按照特定要求正确构建了工作产品，而“确认”回答购买者的以下问题：我们是否购买了满足经过用户确认的运行需求的正确系统？“确认”采用了许多系统开发商与用户协作的方法。接下来将对“确认”进行概述。

原理 13.12　系统确认原理

系统确认评估利益相关方对工作产品的基于行为的结果对其已记录在案的运行需求和期望的满意度。

13.5.1 系统确认概述

与验证一样，确认发生在整个系统开发阶段，从合同授予或项目任务书开始，一直持续到系统验收和交付。然而，确认不限于外部利益相关方，也适用于系统开发商组织内部的利益相关方。

随着内部利益相关方将系统分解或划分到更低的抽象层次（系统到产品、产品到子系统等），每个抽象层次中的每个实体代表一个利益相关方问题空间，需要一个或多个更低层次的解决方案空间（见图4.7）。

解决方案空间团队，如内部开发团队、分包商或供应商，负责开发系统或产品，满足或有助于满足更高层次的问题空间需求。与外部利益相关方一样，内部利益相关方也必须提出以下问题：我们购买的解决方案空间实体能否满足运行需求？

参考图13.3，系统验证完成后，用户在系统层的问题变为：我们是否购买了满足运行需求的正确系统？

接下来定义确认要实现的目标。

13.5.2 系统确认目标

与验证一样，确认适用于系统或其任何较低层次的实体和工作产品。因此，确认目标是为所有场景下的通用应用制定的。确认目标如下：

（1）在系统开发期间评价和评估多层次系统设计解决方案或其实体之一，确定是否能够满足用户的运行需求。请记住，用户可以是外部用户，也可以是系统开发商的系统工程师、工程师、设计师或测试人员。

（2）与实际用户一起进行现场试用。这些实际用户已接受过运行交付系统、产品或服务的培训，能执行相关任务。

13.5.3 确认方法

确认采用多种方法，如用户访谈、原型制作、演示、资格测试、试销和现场试验。一般而言，确认由任何协作方法组成。这些方法使系统、产品或服务的购买者（情景角色）能够提供明确的、建设性的反馈，即一个不断发展的工作产品将满足他们记录在案的运行需求。两个要点如下：

（1）请注意前文系统购买者（角色）的用法。这里有两种场景：

a. 系统采购（角色）场景——系统开发商外部的系统购买者，代表通过合同购买系统、产品或服务的用户的技术利益。

b. 实体采购（角色）场景——系统开发商项目中的个人或团队，将规范要求分配给较低层次的团队，或根据规范发布分包合同来开发实体——产品、子系统和组件。

（2）请注意“记录在案的运行需求”的使用。人们常常改变他们说过的或打算说的话。为避免任何一方的误解：

a. 在合同授予之前，记录双方对用户运行需求达成的谅解。

b. 在合同中记录构成系统验收的标准。

13.5.4 系统确认：系统开发商场景

确认采用用户反馈机制，将产生工作产品的活动集中在对客户呼声（VOC）及其满意度等至关重要的关键因素上。敏捷开发用户故事和质量功能配置（QFD）（第5章）分析是挖掘用户运行需求、用户偏好和基于行为的性能需求的例子。

确认的范围不只包括用户功能。系统性能规范提供了将高层次问题空间分解为低层次解决方案空间的依据（见图4.7），即使在系统开发商组织中也是如此。在这种情况下，用户（角色）是分配到产品、子系统、组件和子组件问题空间的更高层次的团队。随着低层次解决方案空间“设计”的发展，高层次用户必须确认不断发展和成熟的项目是否能够满足他们的需求。举例说明如下。

小型案例研究 13.1 项目内部确认

负责制定控制站性能规范的产品开发团队（PDT）有一个需要解决的问题空间。综合产品组分析问题空间，并将其分解成几个潜在的解决方案空间（见图4.7）。计算机软件构型项（CSCI）#1 的要求在 CSCI #1 的软件要求规范（SRS）中进行分配和记录，并分配给 CSCI #1 产品开发团队。

随着 CSCI#1 设计的制定，产品开发团队采用迭代快速原型法，如螺旋开发（见图15.4），生成用于评估的示例操作员显示和转换。通过购买者合同协议邀请用户参与演示，以进行评审并提供反馈。评估的结果是确认不断发展的显示设计和转换是否满足用户的运行需求。演示结果记录为一份质量文件，用于支持系统开发商的决策。

示例 13.10 系统工程师的任务是进行利益相关方的需求分析。系统工程师通过与用户对话或任务源来执行确认，从而：

（1）充分理解要解决的关键运行问题或技术问题。

（2）确定调查领域、目标和限制。

（3）了解如何记录结果，确保可交付的工作产品满足任务源的需求。

最后提醒：系统确认在工作产品（如产品和子系统）交付后继续执行，直到满足用户的预期运行需求。除此之外，“差距”分析成为评估系统、产品或服务能力差距的重点。

13.5.5 系统确认：用户背景

系统确认的最终证据在于用户群体。如何实现这一点通常取决于业务领域和用户。举例如下：

（1）商业产品开发商在开发过程中尝试推销其理念和新产品，并纳入其反馈。产品对外发布后，采用调查、销售、访谈等方法收集顾客满意度数据。

（2）军事和政府系统购买者和用户由独立测试机构（ITA）提供服务。独立测试机构依赖系统开发商培训的用户人员确认该系统。在确认过程中，系统或产品会受到实际现场运行环境条件和场景的影响。这称为“运行测试与评估”，将在本章后面讨论。

13.6 将验证和确认应用于系统开发工作流程

前文简单介绍了验证和确认的概念和技术方法。在此基础上，让我们将注意力转移到将验证和确认战略应用到第 12 章“系统开发战略简介”中的流程上。

为了充分理解验证和确认是如何应用到这些流程中的，列举一个严格的例子，你可以将其用作定制适合项目需要的更简单模型的依据。图 13.6 为我们的讨论提供了参考。提供气泡标识符作为我们讨论的导航辅助工具。

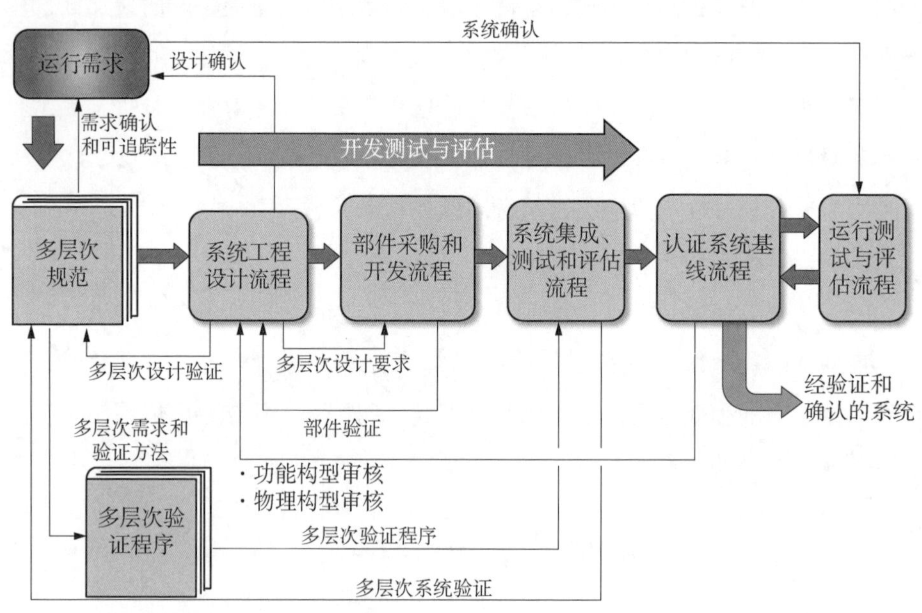

图 13.6　系统工程设计流程验证和确认战略应用于系统开发工作流程（图 12.2）

13.6.1　系统规范流程：验证和确认战略

系统规范验证和确认战略的主要目标如下：

（1）了解购买者或用户需要解决的问题空间——关键运行问题（COI）/关键技术问题（CTI）。

（2）了解购买者的系统性能规范如何规定和限制用户的解决方案空间，从而解决任务或现有系统的关键运行问题或关键技术问题。

（3）确保购买者的系统性能规范准确、充分地界定和规定系统、产品、服务或能力升级所要填补的解决方案空间的基本要求。

在用户的系统/产品生命周期——系统采购阶段，由用户和系统购买者确定的运行需求记录在系统性能规范中。这是关键的一步。原因是此时系统购买者与用户协作，将组织问题空间（见图 4.3）（如与当前能力相关的关键运行问题或关键技术问题）划分为一个或多个将由系统、产品、服务和升级填补的解决方案空间。然后，根据系统、产品或服务要完成什么任务以及如何完成而不是如何设计，对每个解决方案空间进行限定和规定。

如果工程判断中的人为错误是关于限定和规定解决方案空间的，那么这些错误会在系统性能规范中记录的要求中显示为潜在缺陷。例如，问题空间是否被准确识别，或者它是更大的问题空间的症状（原理 2.1）？因此，系统购买者、用户以及最终的系统开发商面临的挑战是：我们是否规定了正确的解决方案空间（系统或实体）来满足一个或多个用户运行需求（问题空间）？如何回答这个问题？

系统性能规范要求须根据运行需求进行确认，确认系统性能规范是否简洁、准确和完整地界定了正确的解决方案空间描述。

注意 13.1

请注意，与购买者和用户就系统性能规范要求确认进行的任何讨论都需要圆滑的专业精神和外交手腕。实际上，你是在确认购买者是否正确完成了他们的工作。

一方面，他们可能会感谢你在他们的评估中发现了潜在的不足，并提醒他们注意。另一方面，你也可能会冒犯他们！

请以一种圆滑、深思熟虑、专业的方式来处理所有讨论。在采购行动之前，与系统购买者/用户建立密切的关系，从而取得信任并使对方接受你的建议。

13.6.2 系统工程设计流程：验证和确认战略

系统工程设计流程验证和确认战略的主要目标如下：

（1）验证多层次系统设计解决方案正在发展、成熟、可追溯并符合其规范或任务要求。

（2）确认系统设计解决方案将满足利益相关方的运行需求。

（3）验证设计要求（图纸和零件清单）对于物理部件的采购是准确、合规且成熟的。

接下来我们研究一下系统设计流程验证和确认战略是如何应用于系统开发工作流程的（见图 12.2）。

当通过分析和与用户的访谈确认了系统性能规范要求后，系统性能规范将作为系统设计流程的源需求或原始需求输入。在整个系统设计流程中，通过将分配的需求追溯到系统性能规范和原型设计领域，对不断发展的系统设计解决方案进行设计验证，以降低风险并解决关键运行问题/关键技术问题。进行设计确认活动，确认用户和系统购买者作为用户的技术代表，同意不断发展的系统设计解决方案将满足其运行需求。*

设计验证和确认活动在整个系统工程设计流程中进行：

(1) 用于酌情根据原型、模型和技术演示，获取系统购买者和用户的确认反馈、接受和批准。

(2) 通过第 18 章将要提到的主要技术评审（如系统设计评审、软件规格评审、初步设计评审和关键设计评审）完成。

系统工程设计验证和确认战略以系统层关键设计评审（CDR）告终，评估项目资源投入到部件采购和开发流程的状态、成熟度和风险。

13.6.3 部件采购和开发流程：验证和确认战略

部件采购和开发的验证和确认战略的主要目标是验证内部开发或外部采购的部件完全符合其设计要求——图纸、零件清单和接线清单。接下来探讨部件采购和开发验证和确认战略（见图 13.6）是如何实施的。

在部件采购和开发过程中，系统工程设计流程的设计要求是采购、制造、编码和组装系统部件的依据。每个内部开发或外部采购的零件层硬件或软件部件都要经过部件验证，确保符合其设计要求，如图纸、零件清单、原理图、接线清单和软件设计等。

部件采购和开发验证活动有以下几种方式：

(1) 在部件制作、装配、集成和测试后，供应商或内部开发验证。供应商对部件的验证可在系统开发商现场见证下完成，或由供应商质保人员见证，并通过与部件一起交付给系统开发商的合格证进行验证。

(2) 根据采购“适用性”标准（见图 4.1），通过对外部供应商产品（如部件和原材料）的验收检查，进行系统开发商验证。

(3) 系统开发商验证内部生产或修改的部件。

外部采购的部件和材料接受检验验证，确保部件符合其采购或产品规范。

---

* 请注意，尽管系统设计流程位于工作流程序列中，但在用户根据合同、项目任务书或任务要求通过系统购买者验证、确认并合法接受系统之前，设计验证和设计确认活动（即设计验证和确认）被视为尚未完成。

验证可通过以下方式完成：

（1）随机选择用于分析和测试的部件样本。

（2）检查供应商质量保证（QA）组织颁发的合格证书。

（3）每个部件抽样测试或100%测试。

在所有情况下，部件材料和性能差异，如缺陷、不正确的质量特性和不符合标准的工作质量（工艺）都记录为差异报告（DR），并在适当的情况下进行处理，以便采取后续的纠正措施。

随着内部开发的部件得到验证，外部采购的部件通过验收检验，这些部件将被存储起来，直到需要集成到更高层级的实体中，如子组件、组件、子系统、产品或系统。准备就绪后，零件被集成到更高层级的实体中，如子组件，以便进入系统集成、测试和评估验证。

13.6.4 系统集成、测试和评估流程：验证和确认战略

系统集成、测试和评估的验证和确认战略的主要目标是验证部件和多个层级的集成实体（产品、子组件、组件和子系统）：

（1）使用记录在案并在配置管理控制下的测试构型进行了测试。

（2）兼容且可互操作。

（3）性能符合其规范要求。

（4）准备好在更高层级的实体上进行集成（视情况而定）。

接下来探讨系统集成、测试和评估验证和确认战略（见图13.6）是如何实施的。

系统集成、测试和评估战略（见图12.6）提供了验证不同集成层级（如零件、子组件、组件、子系统、产品和系统层）上每个实体的依据：

（1）在符合规定的操作和运行环境条件之前、之中和之后，执行并产生符合其规定的基于行为的能力要求的结果。

（2）与系统架构内的内部实体和外部系统实体兼容且可互操作（如需要）。

为了实施系统集成、测试和评估流程，使用系统性能规范中规定的验证方法和要求来制定系统验证程序。检验、分析、演示、测试和相似性（有条件的）等验证方法被规定为每个系统性能规范要求的验证要求。每个系统测试

程序都规定了测试环境配置、运行环境（初始和动态）、数据输入和产生符合性数据所需的预期测试结果，支持每个系统性能规范或较低层级规范要求的验证。

在系统集成、测试和评估期间，系统开发商使用预先批准的测试程序正式验证系统，质保人员、软件质量保证（SQA）人员、系统购买者、用户和系统开发商代表作为见证人出席。多层级验证活动将实际测试数据和结果与系统验证程序进行比较。系统集成、测试和评估以正式的系统验证测试（SVT）告终，评估整个系统是否符合系统性能规范要求。如果发现系统性能规范要求的性能和实际性能结果之间存在差异，则记录并提交差异报告，以便采取纠正措施。

13.6.5 认证系统基线流程（第一轮）：验证和确认战略

认证系统基线流程的验证和确认战略的主要目标是确保系统或其部件：

（1）符合系统性能规范或更低层级的规范要求。

（2）完全匹配其装配图、设计图、电缆接线清单、零件清单和文件。

接下来探讨认证系统基线流程验证和确认战略（见图 13.6）是如何实施的。

完成系统验证测试后，工作流程将进入“认证系统基线流程”，这是潜在两轮流程中的第一轮：

（1）第一轮——在系统开发合同、项目任务书或任务结束时，系统验证测试后，立即评估系统设计解决方案开发构型结果。

（2）第二轮——根据合同要求，评估第一轮结束之后、系统验收和交付之前，用户系统确认期间可能发生的开发构型的任何“差异”变化。

该流程包括构型管理（CM）（第 16 章）审核，随后是系统验证评审，旨在评估配置管理审核的结果。系统验证评审旨在审查功能构型审核（FCA）和物理构型审核（PCA）的质量记录。功能构型审核和物理构型审核旨在验证系统设计解决方案文档基线（如开发构型）的准确性、完整性和与实际验证系统的一致性：

（1）功能构型审核旨在审查并确认系统性能规范和实体开发规范要求符合性验证中通过认证的质量记录，如基于行为的能力（功能）测试结果。在功能构型审核期间，系统性能规范或较低级别规范要求与测试结果之间的差异（如不符合）会在差异报告中注明，并在功能构型审核会议纪要中引用，以便采取纠正措施和关闭差异报告。

（2）物理构型审核旨在审查并确认实体（如零件、子组件、组件、子系统、产品和系统）在物理上符合设计要求的质量记录，如尺寸图、零件清单、示意图和接线清单。由于物理构型审核可能需要“事后”拆卸经过验证的系统来执行确认，因此在每个集成点（IP）执行增量物理配置审核可能更具成本效益。在物理构型审核过程中，设计要求之间的差异（如不符合）会在差异报告中注明，并在物理构型审核会议纪要中引用，以便采取纠正措施和关闭差异报告。

系统验证评审的进入条件要求成功完成功能构型审核和物理构型审核，以便安排评审活动。系统购买者合同可能要求也可能不要求进行功能构型审核、物理构型审核或两者都审核。但是，无论合同是否要求，出于法律记录的目的，建议组织法规应要求至少进行一次功能构型审核，也可能需要进行一次物理构型审核。无论如何，系统验证评审标志着开发测试与评估的完成。

此时，系统购买者和用户可选择以下几种方案之一，并由合同确定：

（1）方案#1——系统购买者可以在指定的设施（如系统开发商或指定的现场）对系统或产品进行最终验收。

（2）方案#2——系统开发商的合同可能要求在最终系统购买者和用户验收之前，将系统或产品交付到用户指定的地点进行安装、集成和检验。

（3）方案#3——系统购买者可能要求将系统或产品交付至用户指定的地点，由独立测试机构进行运行测试与评估。

方案#3 要求系统购买者和用户建立系统运行测试与评估确认战略。

13.6.5.1 运行测试与评估：确认战略

原理 13.13 运行测试与评估原理

运行测试与评估使用户能够评估一个系统、产品或服务在多大程度上满足了他们的运行需求，这是独立的现场试验，由训练有素的用户人员在真实的运行环境中操作。

运行测试与评估的确认战略的主要目标是使用户能够：

（1）在现实运行环境中，使用系统、产品或服务进行代表性任务的现场试

验；确认部件完整性问题；确认制造过程和工艺问题。

（2）评估系统、产品或服务：

a. 满足他们的运行需求。

b. 从用户的角度解决关键运行问题/关键技术问题。

c. 找出任何与运行、维护和维持相关的潜在缺陷，如设计错误、瑕疵或缺陷。

运行测试与评估活动通常在大型复杂系统上进行，如飞机和军事购买者活动系统。运行测试与评估的主题是：用户是否购买了正确的系统或产品来满足运行需求？运行测试与评估包括由用户组织的操作人员对测试物品进行实际现场环境条件测试。通常由购买者或用户指定的独立测试机构负责测试。为确保独立性和避免利益冲突，合同禁止系统开发商直接参与运行测试与评估；但是，如果需要，那么系统开发商可以提供维护支持。

由于运行测试与评估取决于用户在操作开发构型系统或产品方面的表现，系统开发商通常会培训用户的相关人员安全地操作和维护系统、产品或服务。在运行测试与评估期间，独立测试机构根据实际现场运行环境条件下的运行用例和场景，监督用户的相关人员任务操作和系统使用。用例和场景的结构是为了评估系统的运行效用、适用性、可用性和有效性。

独立测试机构人员会监测和测量系统，从而

（1）评估系统、产品或服务在多大程度上解决了利益相关方（用户和最终用户）的激发系统、产品、服务或升级需求的关键运行问题或关键技术问题。

（2）观察人与系统的互动和反应、效率、有效性等。

接下来探讨系统确认战略（见图 13.6）是如何实施的。

原理 13.14　确认独立性原理

为了确保独立性和避免利益冲突，运行测试与评估通常由独立测试机构与经过培训能够在基于脚本场景的实际现场运行环境条件下操作和维护系统的用户人员执行。

系统确认活动（见图 13.6）称为运行测试与评估，旨在评估部署系统在用户最初设想的规定运行环境中执行任务的情况。

在运行测试与评估期间，系统开发商通常不能参与。一般来说，用户或系统购买者的合同官员（ACO）会随时向系统开发商通报运行测试与评估的进展。认证测试应由用户代表在现场条件下进行，不仅要评估系统（设备元素性能），还要评估整个人类系统集成（HSI）（人员元素）的有效性，包括有效性度量、适用性度量、关键运行问题和关键技术问题（第5章）等的评估。

有些运行测试与评估确定的记录在案的缺陷未在原始合同的系统性能规范中规定，这对系统购买者和用户来说是一个关键问题。例如，用户或购买者是否忽略了作为运行需求的特定能力，并且未能通过其系统需求文件（SRD）中的需求对其进行记录？

这一点强调了在合同授予之前或之后立即执行可靠需求确认活动（见图13.6）的必要性，以避免在系统验收期间出现意外。如果缺陷不在合同范围内，系统购买者可能会面临修改合同和资助额外的设计实施和纳入变更以纠正缺陷的工作。系统确认过程中发现的任何潜在缺陷都记录为问题报告（PR），并提交给对应的决策机构进行处置和采取纠正措施（如需要）。

原理 13.15　验证系统修改原理

在运行测试与评估期间，未经事先授权，对经过验证的物理系统开发构型进行任何未经协调、未经批准和未经验证的修改，都将使开发构型系统验证评审结果无效。

如果在运行测试与评估期间发现缺陷，系统开发商可能需要根据其现有合同或修改后的合同执行需要对物理系统进行返工的纠正措施。如果发生这种情况，系统可能会返回到系统开发商的设施，进行系统集成、测试和评估，以获得新版本验证的系统。

实际情况是，可能必须在运行测试与评估期间对部署的系统、产品或服务进行些许修改。当这种情况发生时，独立测试机构、系统购买者和系统开发商必须有“开放”的沟通和决策渠道。由于任何修改都可能会对所有权、责任、角色和权限产生法律影响，因此联系合同组织寻求指导。

从法律上来说，挑战性的问题是：经确认的系统是否已被独立测试机构、用户或系统开发商根据其系统验证评审认证基准（第一轮）更改或修改？如果发生这种情况，那么物理系统可能不再符合其已验证的系统文件。这就将我们带回到“认证系统基线流程——第二轮”。

13.6.6　认证系统基线流程（第二轮）：验证和确认战略

认证系统基线的验证和确认战略（第二轮）的主要目标是验证对系统、产品或服务基线的任何更改是否已经更新和认证。接下来探讨认证系统基线验证和确认战略（第二轮）（见图 13.6）是如何实施的。

在认证系统基线流程（第二轮）期间，验证和确认活动将根据其系统设计解决方案文件来评估经确认的系统。如果在运行测试与评估期间进行了修改，可能需要进行再一次物理构型审核。这里的假设是，运行测试与评估期间，任何变更在部署系统上安装和检验之前都进行了验证。成功完成物理构型审核之后，应考虑后续的系统验证评审：

(1) 以便解决任何悬而未决的运行测试与评估后的功能构型审核/物理构型审核问题。

(2) 必要时，重新认证运行测试与评估后的功能配置审核和物理配置审核的结果。

(3) 评估最终验收的系统准备情况。

在成功完成认证系统基线流程（第二轮）后，已验证和确认的系统应准备好由作为用户代表的系统购买者进行正式地系统验收，并随后交付给用户。

13.6.7　系统验收

代表用户的系统购买者对系统、产品或服务的最终验收是根据合同、项目任务书或任务要求完成的。

注意 13.2　翻新和交付物

如果经过确认的系统是在运行测试与评估活动之后交付，则有可能存在瑕疵，如在现场环境中运行时产生的划痕。问题是合同允许什么级别的翻新，如现场喷漆？一些用户可能接受首件系统，假设它们已经翻新以满足特定标准。请务必查阅你的合同、项目任务书或任务以获得指导。

13.7　独立验证和确认

由于与大型、复杂、昂贵的系统相关的风险、互操作性、安全和健康等技术问题，因此美国国防部、能源部和美国国家航空航天局等政府机构可能会在系统开发阶段签发独立验证和确认合同来评估系统开发商的工作。独立验证和确认承包商的任务是向系统购买者提供一份独立评估，确保系统开发合同的条款得到正确实施。

13.7.1 独立的必要性

独立验证和确认可以成为系统购买者预防这些问题的重要支持。可能存在的硬件和软件潜在缺陷，如设计瑕疵、缺陷或人为错误，有时会因为人员可用性和技能有限、不正确的要求或硬件或软件平台的变化而被忽略。严重的缺陷会导致成本超支，甚至灾难性的任务失败，给公众和自然环境带来安全风险。

13.7.2 独立程度

一个常见的问题是：独立验证和确认企业必须有多“独立”？ISO/IEC/IEEE 24765（2010）将独立验证和确认组织描述为“技术上、管理上和财务上独立于开发组织”［SEVOCAB（2014）第 149 页- IEEE 2012 版权所有，经许可使用］。

13.7.3 独立验证和确认的好处

用户和系统开发商经常会问，为什么他们要承担通过合同或内部评估执行独立验证和确认的费用？投资回报（ROI）是多少？有几个原因：有些是客观的，有些是主观的。一般来说，独立验证和确认：

（1）提高系统或产品的安全性。

（2）提高系统开发流程的可见性。

（3）确定非必要的需求和设计特征。

（4）评估规范和性能之间的符合性。

（5）识别潜在的风险领域。

（6）减少潜在缺陷的数量，如设计瑕疵、错误、有缺陷的材料或部件以及工艺问题。

（7）有助于降低开发、运行和支持成本。

当成功执行且基本结果得到积极的报告时，独立验证和确认对购买者和系统开发商都有好处。根据购买者分配给独立验证和确认承包商的角色，在系统开发流程中增加另一个承包商可能需要系统开发商计划和获得补充资源。系统开发商面临的挑战可能是在这样一种环境中进行处理，即购买者认为，除非发现许多微观缺陷，否则独立验证和确认承包商不会“赚取利润”，即使工作成果在技术、专业和合同方面都绰绰有余。

示例 13.11　NASA 独立验证和确认

例如，软件在日常生活中扮演着越来越重要的角色。对于每个成功执行的NASA任务或项目来说，软件必须在设计参数范围内安全运行。在NASA的任务中，一个任务关键软件单元的故障可能会导致生命、金钱和/或数据的损失。独立验证和确认是一个强调软件安全重要性的机制，有助于确保NASA任务的安全和成功。

13.7.4　独立验证和确认是帮助还是阻碍?

人们通常将独立验证和确认活动视为不必要的任务，消耗关键技能、成本和时间资源，而这些资源本可以更好地用于额外的系统或产品功能。与这种目光短浅的思维方式相反，独立验证和确认活动应该产生更高质量的产品，并通常减少昂贵的返工——独立验证和确认工作的成本与返工的成本相比。项目经理（PM）、技术总监、项目工程师、系统工程师和其他对技术项目绩效和客户验收负责的人必须承担他们决策的后果。

有些人采用独立验证和确认，并将其视为通向成功的途径；而其他人认为这是不必要的阻碍。项目绩效往往与这两个视角相关联。底线如下：预先投资纠正缺陷，如设计瑕疵、错误、差异和不足等，或者在更高的集成级别上花更多的钱来纠正问题。*

* 确保建立制衡机制，以验证系统开发工作将产生符合合同要求的系统、产品或服务。独立验证和确认活动是实现这一目标的一种选择。独立验证和确认能保证成功吗？绝对不能！像大多数人类活动一样，独立验证和确认工作的质量只取决于执行人员的能力、使用的方法和工具以及分配给活动的资源。进行尽职调查，选择合格且有能力提供良好价值的独立验证和确认供应商。

13.8 本章小结

在我们讨论系统验证和确认实践时，我们定义了验证和确认（目标）验证和确认是如何、何时、何地完成的（谁负责）开展验证和确认活动的方法。为了支持这一概述，第 18 章将介绍支持关键决策控制点的特定验证活动。讨论的要点如下：

（1）验证（原理 13.3）提出了以下问题：我们开发的系统是否符合规定的要求？

（2）确认（原理 13.4）提出了以下问题：我们是否购买了满足运行需求的正确系统？

规定验证和确认要求的标准期望项目：①为他们想要完成的工作定义基于绩效的工作计划和任务；②执行计划；③产生工作成果和质量记录，作为工作绩效和每项任务完成的客观证据。

质量记录包括会议和技术评审记录、技术审查结果、分析、权衡研究报告以及建模与仿真结果等项目。

每个合同、项目任务书或任务从开始到完成的过程都要进行验证和确认。认为验证和确认只在项目结束时执行的想法（见图 13.4 左侧）事实上是一个不正确的流言。作为证据，参考图 13.6 关于验证和确认在系统开发工作流程中的应用（如实施得当）。

系统验证有三种类型：①开发设计验证；②产品验证；③生产设计验证。

（1）开发设计和生产设计验证证明技术符合规范或设计要求。

（2）一旦开发设计和生产设计得到验证，剩下的唯一技术合规问题是检测制造过程和工艺问题，以及每个实际产品中的材料缺陷。

主要验证方法包括：①检验；②检查；③分析；④演示；⑤测试；⑥记录确认。

对每一项要求的符合性验证都要求将质量记录作为从一种或多种验证方法中获得的客观证据。由于每种验证方法都有执行所需的成本和时间，因此请只选择数量最少的方法，以最低的成本证明符合性。

系统购买者批准哪些验证方法是可接受的。

验证和确认是由项目人员（专业人员）每天坚持不懈地执行的活动，他们负责消除或减少缺陷，如设计瑕疵、错误和不足。验证和确认并不是专门为某人日程安排的活动保留的。

独立验证和确认是系统购买者在大型复杂项目中使用的一种方法，利用专门从事验证和确认的外部企业的服务来评估系统开发商的工作。

13.9 本章练习

13.9.1 1级：本章知识练习

（1）什么是验证？它的主要目标是什么？什么是验证成功？

（2）验证何时开始？何时结束？验证和确认在什么抽象层次上执行？

（3）谁负责执行验证？

（4）说出六种验证方法，定义每种方法，并确定完成验证方法所需的活动范围。

（5）什么是确认，它的主要目标是什么，什么是确认成功？

（6）确认何时开始？何时结束？

（7）谁负责执行确认？

（8）验证和确认有什么不同？

（9）什么是100倍软件规则？它对系统开发有什么影响？

（10）为什么100倍软件规则对潜在缺陷很重要？

（11）什么是独立验证和确认？它是如何应用的？

（12）如何在内部使用独立验证和确认？

13.9.2 2级：知识应用练习

参考 www. wiley. com/go/systemengineeringanalysis2e。

13.10 参考文献

Boehm, Barry W. (1981), *Software Engineering Economics*. Englewood Cliffs, NJ: Prentice-

Hall.

CMMI-DEV (2010), *Capability Maturity Model Integration (CMMI) for Development*, Version 1. 3, Pittsburgh, PA: Carnegie-Mellon University-CMMI Institute.

DAU (2012), *Glossary: Defense Acquisition Acronyms and Terms*, 15th ed. Ft. Belvoir, VA: Defense Acquisi-tion University (DAU) Press. Retrieved on 6/1/15 from http://www. dau. mil/publications/publicationsDocs/Glossary_ 15th_ ed. pdf.

FAA SEM (2006), *System Engineering Manual*, Version 3. 1, Vol. 3, National Airspace System (NAS), Washington, DC: Federal Aviation Administration (FAA).

INCOSE (2011), *System Engineering Handbook*, TP – 2003 – 002 – 03. 2. 2, Seattle, WA: International Council on System Engineering (INCOSE), Version 3. 2. 2.

ISO 9001: 2008(2008) *Quality management sys-tems-Requirements*, International Organization for Standardization (ISO). Geneva, Sweden.

ISO/IEC 15288: 2008 (2008), *System Engineering-System Life Cycle Processes*, Geneva: International Organization for Standardization (ISO).

ISO/IEC/IEEE 24765: 2010 (2010), *Systems and software engineering—Vocabulary*, International Organization for Standardization, Geneva: ISO Central Secretariat.

MIL – STD – 105E (1989), Military Standard: *Sampling Procedures and Tables for Inspection by Attributes*, Washington, DC: Department of Defense (DoD).

MIL – STD – 973 (1992, Canceled 2000), Military Standard: *Con-figuration Management*, Washington, DC: Department of Defense (DoD).

Stecklein, J. (NASA); Dabney, J. (NASA); Dick, B. (Boeing); Haskins, B. (Boeing); Lovell, R. (Northrop Grumman); and Moroney, G. (Wylie Labs) (2004), *Error Cost Escalation Throughout the Project Life Cycle*, Table 13, NASA Tech-nical Reports Server (NTRS), Washington, DC: NASA. http://ntrs. nasa. gov/archive/nasa/casi. ntrs. nasa. gov/2010003 6670. pdf. Retrieved on 1/17/14.

NASA SP 2007 – 6105 (2007), *System Engineering Handbook*, Rev. 1., Washington, DC: National Aeronautics and Space Administration (NASA). Retrieved on 5/1/13 from https://acc. dau. mil/adl/en-US/196055/file/33180/NASA% 20SP-2007-6105% 20Rev% 201% 20Final%2031Dec2007. pdf.

SEVOCAB (2014), *Software and Systems Engineering Vocabu-lary*, New York, NY: IEEE Computer Society. Accessed on 5/19/14 from www. computer. org/sevocab.

Shull, Forrest; Basili, Vic; Boehm, Barry; Brown, A. Winsor; Costa, Patricia; Mikael; Lindvall, Dan Port; Rus, Ioana; Tesoriero, Roseanne; and Zelkowitz, Marvin (2003), *What We Have Learned About Fighting Defects*: NSF Cen-ter for Empirically Based Software Engineering CeBASE. Retrieved on 4/9/14 from http://www. cs. umd. edu/%7Emvz/pub/eworkshop02. pdf.

14 沃森系统工程流程

如果我们研究组织是如何开发系统的，答案包括从传统自定义的“代入求出”……定义—构建—测试—修复（SBTF）设计过程模型（DPM）范式方法到真正基于系统工程的模型。沃森（2012a）指出，由于什么是或不是系统工程的争论对系统工程学科的稀释，大多数采用 SBTF 范式的组织错误地认为他们正在执行系统工程，并大胆地向错误地相信并接受该方法为系统工程的购买者宣布他们的能力。然后，双方都无法理解为什么项目会失败。不幸的是，双方都指责系统工程是罪魁祸首。

第二次世界大战被认为是现代系统工程的开端，自那时起，美国陆军、美国空军、国防部和电气与电子工程师协会等组织开发了各种系统工程流程，帮助推进了系统工程实践。对这些模型演变过程的研究揭示了系统工程是如何进步的，更新的模型是如何试图纠正以往模型和当时组织实践中的缺陷的。例如，出于国家安全和生命危险的考虑，航空航天和国防（A&D）需要大量的严格性和可追踪性，而商业领域错误地给系统工程贴上了官僚文书的污名。

自 20 世纪 80 年代以来，高度竞争的全球市场和经济迫使许多商业企业重新思考其工程、系统开发和质量体系范式。在提高系统/产品性能、客户满意度和盈利能力以求生存的需求驱动下，他们逐步发现系统工程为实现他们的业务目标提供了一个关键的解决方案。

从本质上讲，人类通常谴责结构化方法，并会在不理解它们存在的原因和人们是如何从中受益的情况下尽可能避免使用这些方法。尽管传统的、自定义的 SBTF 范式工程方法可能在简单、小型的系统和产品上取得成功，但它们缺乏一致性和可扩展性，无法应用到大型、复杂、需要数十或数百人参与的项目中，因为应用的结果可能会导致以无序和混乱为特征的非正常项目。对现有系统、产品或服务的升级开发也是如此。所以，是否存在一种简单的方法，它是明确的、容易理解的、可扩展的，并且可以应用于任何类型业务领域中的所有规模的项目？答案是肯定的！

14.1 关键术语定义

（1）行为域解决方案（behavioral domain solution）——一种多方面的技术设计，描述了系统或实体与来自其运行环境中外部系统的刺激、激励或提示交会、交互以及对其作出反应的行为响应。决策制品包括逻辑能力和架构、SysML™ 序列和活动图、设计说明和需求追溯矩阵（RTM）。

（2）假设（hypothesis）——一个为了得出其逻辑或经验结果并检验其与已知或可能确定的事实的一致性而暂时假设的命题（Merriam-Webster, 2013）。

（3）迭代特征（iterative characteristic）——描述每个系统工程流程模型元素之间交互的属性。

（4）运行域解决方案（operations domain solution）——系统或实体的多方面技术解决方案，描述系统开发商如何与用户和系统购买者合作，设想系统的部署、运行、维护、维持、退役和处置。决策制品包括包含运行架构和运行概念描述（OCD）的运行概念文件、建模与仿真和需求追溯矩阵。

（5）物理域解决方案（physical domain solution）——系统或实体的多方面技术设计，描述其选定的物理实现。决策制品包括设计说明、需求追溯矩阵、会议和评审记录、装配图、原理图、接线清单、零件清单、测试案例和程序。

（6）点设计解决方案（point design solution）——通过阅读规范要求并立即跳转到单个物理设计而选择的解决方案，没有适当考虑：①用户计划如何使用系统；②期望它在运行环境中如何与其用户和外部系统交互或对其作出行为上的响应；③在做出这些决策时的替代方案分析。

（7）递归特征（recursive characteristic）——系统工程流程模型的一个属性，使其能够应用于系统内的任何实体，无论抽象层次如何。

（8）需求域解决方案（requirements domain solution）——一个层次化的需

求框架，可追溯到用户的原始需求或源需求，这些需求约束并规定了描述待开发系统或实体特征的能力、性能、接口、环境条件、设计和施工约束、质量因素和验证方法。决策制品包括利益相关方识别、用户故事、用例和场景、规范、设计标准列表（DCL）、需求追溯矩阵、分析、权衡研究、建模与仿真、关键决策制品、用于得出需求及其性能水平的会议和评审会议记录。

(9) 系统工程流程模型（SE process model）——从高度迭代、解决问题的解决方案开发方法中衍生出来的一种结构，可以递归地应用于系统设计的多个层次。

(10) 解决方案域（solution domain）——可追溯到用户源需求或原始需求的独特需求、运行、行为或物理解决方案，表达了系统、产品或服务是如何被限制和规定、设想如何运行、与外部系统交互并对其做出行为响应以及如何物理实施的。

14.2 引言

本章介绍沃森系统工程流程模型，其内在的问题求解和解决方案开发方法，以及在系统或实体设计开发中的应用。为了更好地理解什么是系统工程流程：

(1) 本章提供一个简短的背景讨论，讨论系统工程流程的演变，如何使系统工程作为一门学科得以发展。

(2) 本章强调了当前系统工程流程范式中的缺点，这些缺点促使我们需要将系统工程的性能提升到一个新的水平。

(3) 本章说明了科学方法如何促进和影响自定义的“代入求出”……SBTF 范式。

为了满足对新水平系统工程流程性能的需求，介绍了沃森系统工程流程模型作为解决方案。本章提供了模型的图形和文本描述，并说明了其两个特征：高度迭代和递归。另外本章还说明了模型高度迭代的内部活动是如何进行迭代的，以及模型如何被递归地应用于图 12.4 和图 14.9 所示的系统设计流程中的多个抽象层次。

在理解了沃森系统工程流程模型的基础上，本章提供了一个高级示例，说

明如何将该模型应用于平板电脑系统的开发。

本章最后总结了沃森系统工程流程模型的优点。

14.3 系统工程流程的演变

自第二次世界大战以来，已经演变出多种类型的系统工程流程。美国国防部（DoD）、电气和电子工程师协会（IEEE）、系统工程国际委员会（INCOSE）等组织已经编制了一系列系统工程流程。具体的例子包括 AFSCM 375－5（1966）、美国陆军 FM 770－78（1979）、国防部 MIL－STD－499B 草案（1994）和 IEEE 1220－1994。这些系统工程流程方法中的每一种都强调了其编制人员认为在特定时间对系统工程实践至关重要的关键点。

14.3.1 常用系统工程流程模型

当今常用的系统工程流程之一源自 AFSC 375－5（1966）。该流程经过多年演变，成了美国国防部 MIL－STD－499B 草案（1994），这一流程也在该草案于 1994 年批准前取消。该草案流程的主要活动如下：

（1）需求分析。

（2）功能分析和分配。

（3）综合。

（4）系统分析与控制。

这个流程的创建推进了系统工程思维。然而，系统工程的新手认为其主要特性（需求分析、功能分析和分配以及综合）过于抽象，难以理解。此外，其中两个特性（需求分析和功能分析）是相关的，但不足以满足当今社会对工程系统、产品或服务的需求。具体来说：

（1）需求分析——推断需求存在并且可以分析。也许对于电气、机械和系统工程来说，在多学科系统工程团队将印刷电路板的规格要求向下传递，设计软件模块之后，情况就是这样。实际情况是，需求以抽象、有远见的用户任务目标、用例和场景的形式开始，最终将转化为基于能力的需求。尽管采用 MIL－STD－499B 草案流程的经验丰富的系统工程师可能理解需求分析的背景和范围，但这并不意味着它的标题明确传达了系统工程师需要理解的内容或需

求分析所包含的内容。

(2) 功能分析和分配——尽管本主题与定义系统行为相关，但在满足当今的系统工程需求方面存在不足。在第3章中，说明了一项功能确定了为实现结果而要执行的行动。然而，一个行动并不代表性能这个独立的属性。相比之下，能力包含功能和性能。

当系统工程师和其他人说他们将执行功能分析和分配并识别功能时，这些活动是最简单的工作。面临的挑战通常是在系统和用户优先级以及成本和进度影响的背景下量化性能水平。

此外，将规范需求分配向下传递到更低的层次不仅仅是"功能分解"。与"功能需求"相关的性能分配通常是一个主要问题。将性能值分配给功能需求可能很困难，将性能值分配给较低级别的部件更具挑战性。需要同时分配和向下传递功能和性能的现实说明了将功能分析作为主要系统工程活动存在不足。

尽管上面提到的系统工程标准提高了系统工程的实践水平，但在笔者看来，没有一个单一的系统工程流程能够捕捉到系统、产品或服务工程中执行的实际步骤。

多年来，系统工程师和组织经常制定自己使用的标准系统工程流程变体。面临的挑战是：许多组织和系统工程师相信或认为系统工程流程的实现实际上是一个自定义的、无限循环的范式，沃森（2012a）称之为"代入求出"……SDBTF范式。该范式旨在作为问题求解和解决方案开发方法，反映科学调查方法和阿彻设计过程模型（1965）的"卷积"。

为了更好地理解最后这一点并作为沃森系统工程流程模型的背景，我们简要地探讨科学方法和工程师使用的工程设计流程之间的关系。

14.3.2 阿彻设计过程与工程设计科学方法的比较

图2.9所示的阿彻设计过程模型（1965）和科学方法为一般的问题求解和解决方案开发方法提供了关键基础。虽然科学方法中的关键词是"科学"，但它并不是科学所独有的，而是普遍适用于任何需要科学调查或探究的问题。如前面第2章和第11章所介绍的，工程师带着一种根深蒂固的文化进入劳动力市场，而这种文化体现在被认为是系统工程的传统SDBTF-DPM工程范式中。

为了更好地理解这是如何发生的，我们探讨并比较了阿彻设计过程模型

(1965)、科学方法和传统工程设计流程之间的相似性。具体比较说明如表 14.1 所示。

表 14.1 传统工程设计流程、阿彻设计过程模型（1965）和科学方法之间的相似性比较

顺序	科学方法	阿彻设计过程模型（1965）	传统工程设计流程
第 1 步	陈述你需要回答的问题、议题或难题	数据收集	确定和分析需求
第 2 步	进行与问题、议题或难题相关的背景研究	数据收集和分析	研究遗产设计和供应商部件目录，寻找潜在的解决方案
第 3 步	提出一个假设	综合	假设系统或实体设计解决方案
第 4 步	设计实验来确认假设	综合与开发	开发原型、模型或模拟相关领域或风险
第 5 步	制定实验测试程序	开发	制定测试程序
第 6 步	进行实验并记录结果	开发	测试原型、模型或模拟并记录结果
第 7 步	分析实验结果	分析	分析实验室测试结果
第 8 步	就假设的有效性得出合理的结论	综合	重新设计、返工或调整系统或实体设计
第 9 步	根据需要重复第 2~8 步	根据需要重复第 2~8 步	根据需要重复第 2~8 步。
第 10 步	传达结果	沟通	评审、批准和发布设计

注意传统工程设计流程中的几个关键点：

第 1 步：确定和分析需求。

第 2 步：研究遗产设计和供应商目录。

第 3 步：假设系统或实体设计解决方案。

第 4 步：开发原型、模型或模拟相关领域或风险。

第 5 步：制定测试程序。

第 6 步：测试原型、模型或模拟并记录结果。

第 7 步：分析实验室测试结果。

第 8 步：重新设计、返工或调整系统或部件设计。

第 9 步：重复第 2~8 步（无限循环）。

第 10 步：评审、批准和发布设计。

前面几点展示了一些组织和工程师正在采用的自定义的、无限循环的 SDBTF－DPM 范式。其中有什么奇怪的吗？

（1）由于缺乏工程教育，团队在如何执行系统工程设计方面缺乏共识，因此团队经常运转不良且混乱。

（2）在系统集成、测试和评估阶段，工程师总是不得不重新设计系统或实体的某些方面，原因如下：

a. 从需求到点设计解决方案的“巨大飞跃”（见图 2.3），导致返工和重新设计，成本高昂（第 12 章－Boehm）。

b. 不兼容和互操作性问题导致成本超支和进度延误问题。

（3）项目经理抱怨工程师给他们的设计“镀金”，项目预算超支和进度延误就是证明，且必须告知他们何时停止设计工作。

原理 14.1　问题求解—解决方案开发原理

从需求到点设计解决方案的“巨大飞跃”并不反映问题求解或解决方案开发。

系统开发的成功只能取决于所采用的流程及其人文知识、实现和对流程的坚持。由于人的决策是由政治复杂化的，因此没有一个系统工程流程是完美的。但是，系统工程可以为一个项目建立一个流程，并对其性能进行“智能控制”（McCumber 和 Sloan，2002：4）。这就把我们带到了这一章的主题：沃森系统工程流程模型是将当前系统工程范式转换到一个新性能水平的解决方案。

14.4　沃森系统工程流程模型

鉴于科学方法是科学调查和探究的通用问题求解和解决方案开发方法，沃森系统工程流程模型使系统工程师、工程师、系统分析师等能够：

（1）理解用户需要在任何抽象层次上解决的问题空间或机会空间。

（2）在任何抽象层次（系统、产品、子系统）分析、界定和规定任何背景下的问题空间，并将其分解为一个或多个解决方案空间。

（3）制定、开发、评估和选择系统/实体的四域解决方案。

（4）平衡系统/实体的技术、工艺、开发和生命周期成本、进度和支持解决方案和风险。

这些要点说明了沃森系统工程流程模型为系统工程与开发所做的工作。此外，该模型还提供了与前面第 2 章的讨论相关的额外好处：

（1）它提供了一种通用的问题求解和解决方案开发方法，该方法独立于工程学科，可供多学科团队使用。

（2）它克服了与自定义的、无限循环的 SBTF－DPM 工程范式有关的从需求到单点设计解决方案（见图 2.3）引发的“巨大飞跃”问题。

我们首先讨论该模型基于方法的结构。

14.4.1 沃森系统工程流程：基于方法的结构

沃森系统工程流程的概念基础源于第 11 章介绍的四个解决方案域——需求域解决方案、运行域解决方案、行为域解决方案和物理域解决方案。尽管四域解决方案提供了一个战略路线图来开发和描述系统/实体的需求、运行、行为和物理实现，但挑战在于它们需要与以下方面相关的额外步骤：

（1）理解系统/实体对用户问题空间的促进作用。

（2）确保整体系统设计解决方案是满足用户的任务需求性能最佳方案。

该模型的基本方法包括以下步骤：

（1）第 1 步：了解问题/机会和解决方案空间。

（2）第 2 步：制定、选择和开发需求域解决方案。

（3）第 3 步：制定、选择运行域解决方案，并使其成熟。

（4）第 4 步：制定、选择行为域解决方案，并使其成熟。

（5）第 5 步：制定、选择和开发物理域解决方案。

（6）第 6 步：评估和优化系统的总体设计解决方案。

图 14.1 所示为沃森系统工程流程模型的图形表示。在该模型中，工作流程活动包括许多迭代依赖关系，如图 14.2 所示，以及分阶段的验证和确认和必要的纠正措施。

作为一种问题求解和解决方案开发方法，沃森系统工程流程模型适用于任何抽象层次的系统和实体或具有一定层次的实体。因此，基于角色的术语（如系统购买者、用户和系统开发商）是与情景相关的。请思考以下示例。

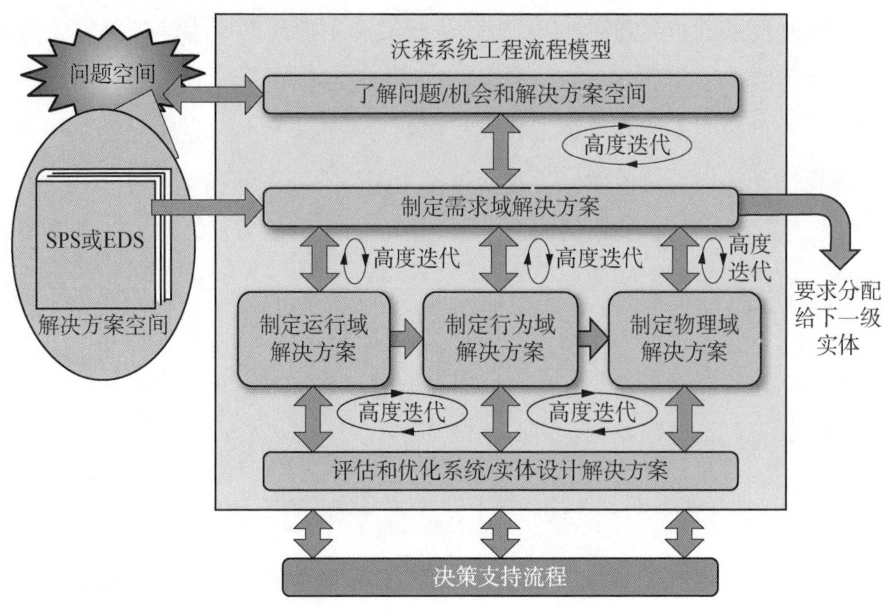

图 14.1　沃森系统工程流程模型

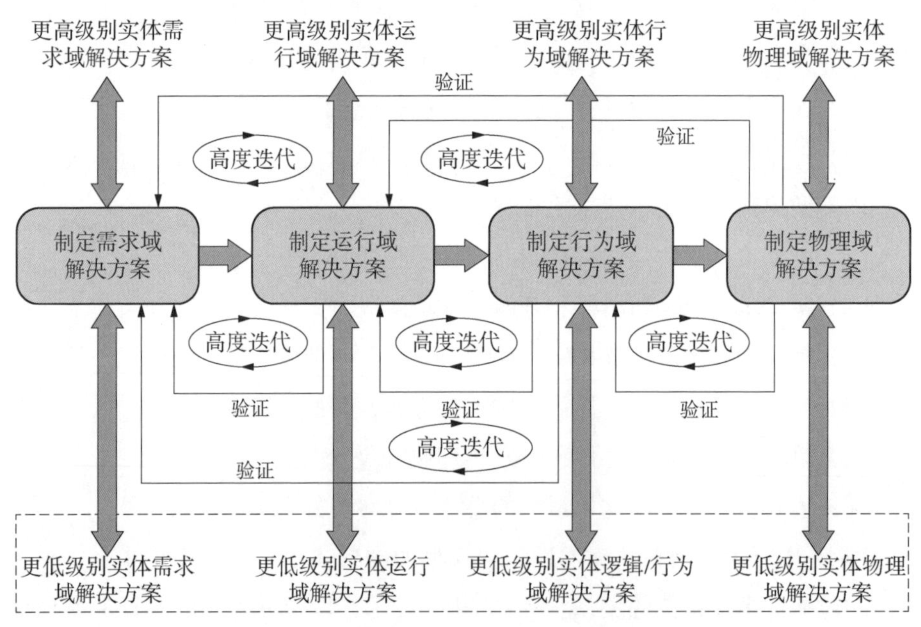

图 14.2　沃森系统工程流程模型中的迭代依赖关系

示例 14.1　系统购买者、用户和系统开发商情景角色

系统购买者（角色）与系统开发商（角色）组织签订开发系统的合同。

在系统开发商的项目组织中，产品级团队（购买者角色）将开发子系统的需求分配给内部子系统产品开发团队（PDT）或执行系统开发商（情景角色）开发和交付子系统任务的分包商。

1）第 1 步：了解问题/机会和解决方案空间

沃森系统工程流程模型的第一步是简单地理解用户的问题/机会和解决方案空间。系统工程师和系统分析师需要理解和确认用户如何设想使用该系统来实现基于行为的结果，从而实现任务目标。这需要理解：

（1）系统/实体在用户 0 级系统中的角色。

（2）用户计划如何部署、运行、维护、维持、退役并处置系统/实体——其用例和场景。

（3）系统/实体与外部系统的接口和相互作用，如人类系统、自然系统和诱导环境（第 9 章）。

（4）在运行环境中，与外部系统交互的预期基于行为的行为响应和结果。

（5）与任务前、任务中和任务后操作相关的系统/实体任务事件时间线（MET）。

了解问题/机会和解决方案空间的工作成果如下：

（1）用户问题陈述的识别（第 4 章）。

（2）用户任务和基于行为的目标和结果的定义（第 5 章）。

（3）说明系统在其运行环境和接口中场景的环境图（见图 8.1）。

（4）将问题/机会空间划分为一个或多个解决方案空间（见图 4.7）。

（5）关键性能参数（KPP）、有效性度量（MOE）和适用性度量（MOS）的识别（第 5 章）。

（6）技术限制。

（7）成本限制。

2）第 2 步：制定、选择和开发需求域解决方案

随着对系统或实体的问题/机会和解决方案空间的理解的发展和成熟，下一步是制定、评估、选择需求域解决方案并使其成熟。

如图 14.3 所示，需求域解决方案由从用户源需求或原始需求派生的一组分层需求组成。这些需求通常记录在市场分析文件和合同文件中，如目标陈述（SOO）和系统需求文件（SRD）。我们的目标是将需求派生到一个更低的层

次，这个层次明确地足以将每个需求直接分配给一个并且只有一个架构实体。

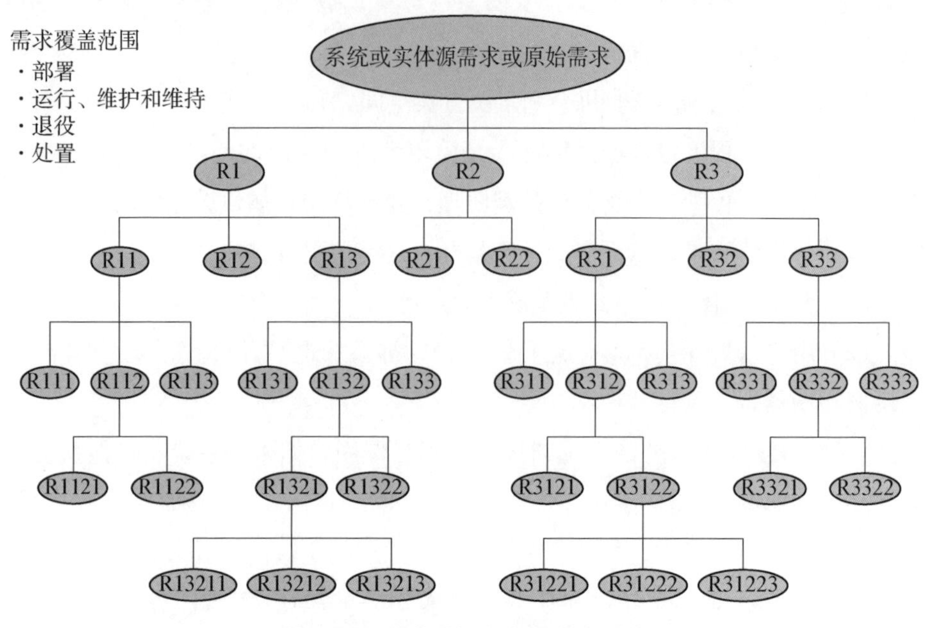

图 14.3　需求域解决方案结构示例

需求域解决方案由需求架构表示。该架构由可追溯到用户源需求或原始需求的多级需求框架组成。当需求被划分为规范时，比如系统性能规范和更低层次的实体开发规范，规范的框架称为一个规范树（见图 19.2）。一些系统可能包含成千上万个需求，规范树提供了需求域解决方案的更简单的表示。

需求域解决方案不仅包含规范树及其规范，还包括用于创建规范，尤其是需求性能值的分析、权衡研究、模拟与仿真等。

参考图 14.1 和图 14.2，系统/实体需求域解决方案活动如下：

（1）理解、分析、界定和规定系统/实体的解决方案空间、运行能力、接口、环境和其他约束。

（2）迭代理解实体的问题/机会和解决方案空间，以协调关键运行问题/关键技术问题。

（3）将系统性能规范或实体开发规范需求推导至文件中的较低级别，以便直接分配并向下传递给更低级别的架构实体。例如，产品实体开发规范到子系统实体开发规范，子系统实体开发规范到组件实体开发规范。

(4) 确保可追溯到更高级别的规范（如系统性能规范），或更低级别的规范（如产品、子系统或组件层实体开发规范）。

需求域解决方案工作成果如下：

(1) 记录技术决策工件、用户设计标准列表（DCL－第17章）、会议和评审记录、分析和技术报告的质量记录。

(2) 由系统性能规范和较低级别实体开发规范组成规范树。

(3) 支持分析、建模和模拟。

3) 第3步：制定、选择运行域解决方案，并使其成熟。

随着系统/实体的需求域解决方案的发展和成熟，系统开发商开始从一组可行的候选解决方案中制定、评估、选择系统/实体的运行域解决方案，并使其成熟（第32章）。一般而言，系统层运行域解决方案捕获用户设想如何部署、运行、维护、维护、退役和处置系统。每项活动的运行概念都记录在系统/实体的运行概念文件或运行理论中，作为指导系统设计解决方案早期开发的着眼点。

运行域解决方案是表达概念系统设计的关键步骤。通常，运行概念文件就是为了达到这个目的。运行概念中的一个关键主题是运行架构，如图14.4所示。

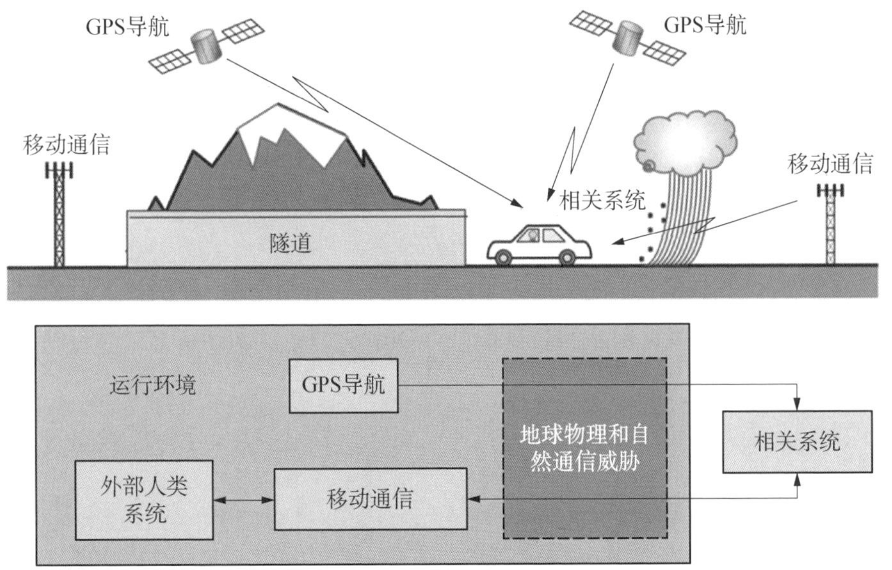

图14.4 运行架构示例

运行架构可以用多种形式和媒介来表达。运行架构需要表达和传达的两个关键点如下：

（1）类似于图 6.1 和图 6.2，部署、运行、维护和维持、退役和处置系统、产品或服务需要什么。图 14.4 描述了“系统生命周期中的一天”以及“系统任务生命周期中的一天”。

（2）预算巨大的大型系统通常会创建艺术或架构效果图或卡通插图，用来描绘系统在其运行环境中与外部系统交互的真实图像，如图 14.4 所示。这些插图增强了对系统及其在运行环境中与外部系统交互的理解。例如，将页面底部的系统框图（SBD）与页面顶部包含相同信息的卡通图形进行比较。

参考图 14.1 和图 14.2，系统/实体运行域解决方案活动如下：

（1）持续监控系统/实体的需求域解决方案的更新。

（2）建立 0 级用户运行架构，描述系统/实体与其运行环境中友好、良性或敌对系统和威胁之间的交互。

（3）制定端到端（任务前→任务中→任务后）组成系统/实体任务周期的运行和任务序列，并对其进行建模。

（4）确定系统/实体要实现的基于行为的结果。

（5）将运行任务与任务事件时间线同步。

（6）验证覆盖范围、一致性、完整性以及对相应需求域解决方案规范要求的符合性。

（7）协调关键运行问题/关键技术问题与需求和行为域解决方案。

（8）将解决方案集成到下一个更高级别（见图 14.12），如用户的 0 级系统或项目的系统、产品、组件和子组件运行域解决方案。

（9）响应需求、行为和物理域解决方案发起的变更。

运行域解决方案工作成果由记录在案的决策制品组成，举例如下：

（1）记录技术决策制品的质量记录（QR），如会议和评审记录、分析和技术报告。

（2）为系统/实体的部署、运行、支持、维持、退役和处置提供运行概念描述（OCD）的运行概念（第 6 章）。

（3）确定系统/实体任务周期的其他运行架构，包括与其运行环境内的外部系统（SysML™ 参与者）的交互。

（4）系统或产品开发构型基线（第 16 章）的建立，包括已审查、批准和发布的需求域解决方案工作成果。

（5）任务事件时间线。

（6）系统阶段、模式和运行状态（第 7 章）。

4）第 4 步：制定、选择行为域解决方案，并使其成熟

随着每个实体的运行域解决方案的发展和成熟，系统开发商开始从一组可行的候选解决方案中制定、评估、选择行为域解决方案，并使其成熟（第 32 章）。一般来说，行为域解决方案依据进行逻辑交互和生成期望的基于行为的结果所需的基于能力的任务序列来描述必须完成什么。

参考图 14.1 和图 14.2，系统/实体行为域解决方案活动如下：

（1）对整个任务周期内系统/实体内部能力转移功能以及与运行环境中外部系统的交互进行建模，如图 14.5 所示。

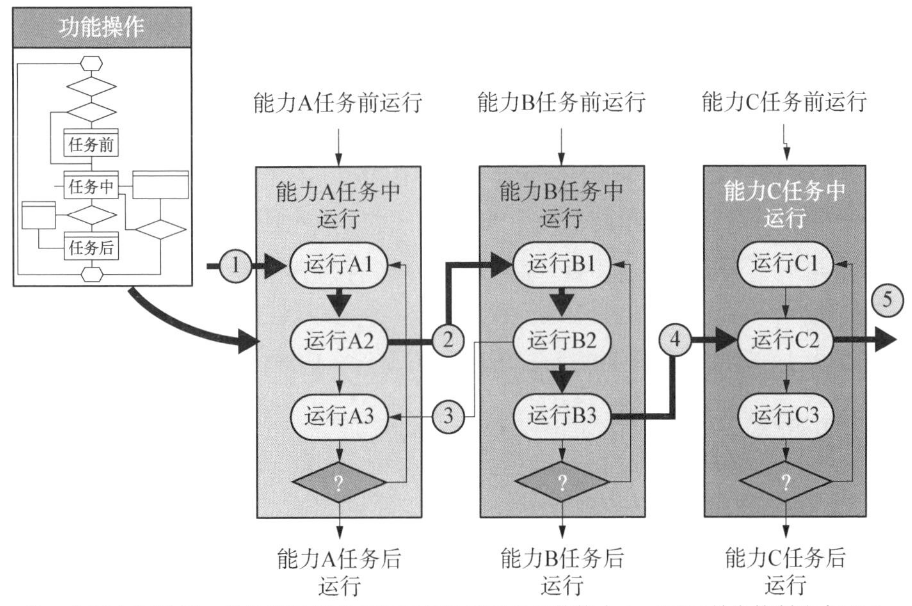

注：由于空间限制，任务前运行之前和任务后运行之后的能力A、B和C并发控制流未显示。

图 14.5　说明运行顺序控制流和数据流交互任务阶段的行为能力架构

（2）将系统/实体运行与任务事件时间线同步，如图 14.6 所示。

（3）协调关键运行问题/关键技术问题与需求、运行和物理域解决方案（见图 14.2）。

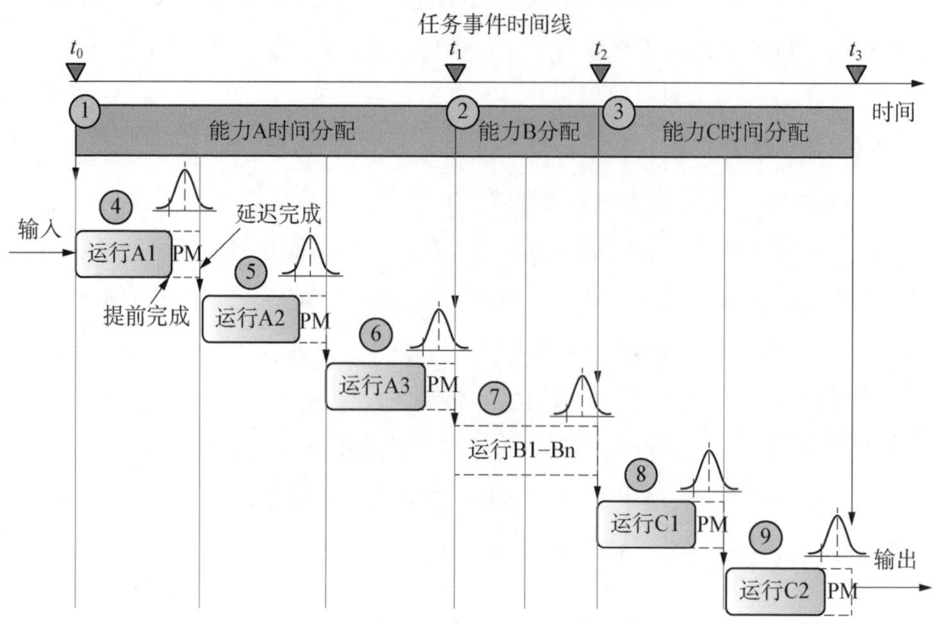

其中：PM性能裕度（包括设计安全裕度）；统计分布可以是正态分布或对数正态分布。

图 14.6　任务事件时间线时间性能分配与基于用例的行为能力的同步

（4）确保：

a. 和需求以及运行域解决方案的水平一致性和可追踪性（见图 14.2）。

b. 与下一个更高级别的行为域解决方案的垂直一致性和可追踪性（见图 14.12）。

（5）响应在评估和优化系统设计解决方案过程中的引起的变化。

行为域解决方案工作成果由以下决策工件组成：

（1）记录技术决策工件的质量记录（QR），如会议和评审记录、分析、权衡研究、建模和模拟。

（2）描述系统/实体能力的构型和彼此交互的逻辑能力架构。

（3）系统/实体行为模型，由 N2 图（见图 8.11）和 SysML™ 序列和活动图（见图 5.10、图 5.11 和图 14.5）组成。

（4）更新系统或产品的开发构型基线（第 16 章），纳入已审查、批准和发布的行为域解决方案工作成果。

5）第 5 步：制定、选择和开发物理域解决方案随着实体的行为域解决方案的发展和成熟，系统开发商开始从一组可行的候选解决方案中制定、评估、选择物理域解决方案，并使其成熟（第 32 章）。一般来说，该解决方案通过物理部件实现行为域解决方案。这些物理部件已经过构型配置和挑选，具备完成用户任务所需的能力。

参考图 14. 1 和图 14. 2，系统/实体物理域解决方案活动如下：

（1）持续监控系统/实体的需求、运行和行为域解决方案的更新。

（2）基于一组可行的候选架构，通过替代方案分析计算、评估和选择最佳物理架构。

（3）将行为域解决方案能力与物理架构部件相关联，如图 14. 7 所示。

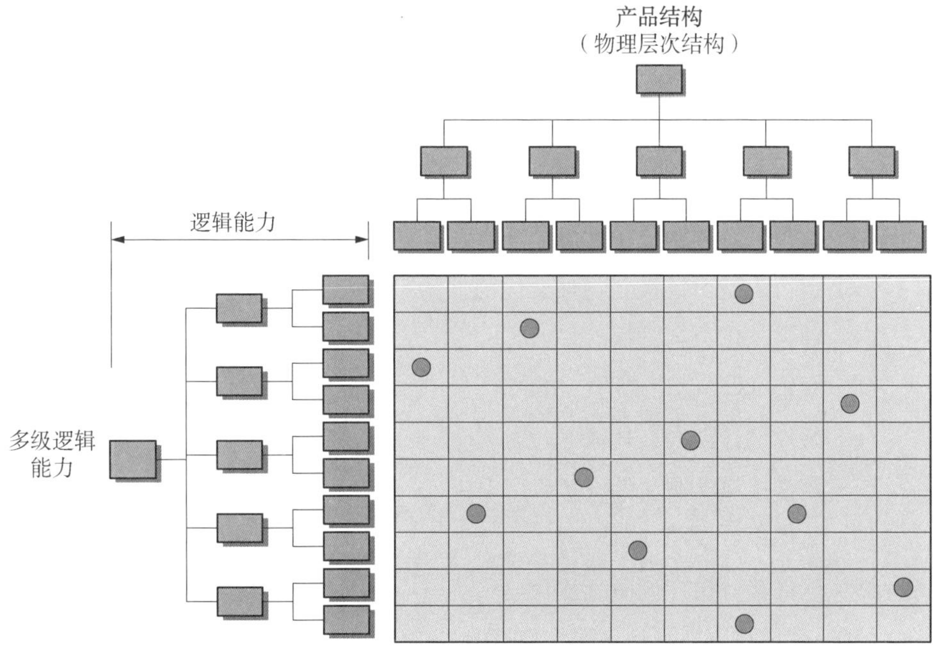

图 14. 7　将行为域解决方案能力与物理域解决方案的产品结构联系起来

（4）为电力、尺寸和重量等物理属性建立性能预计和设计安全裕度。

（5）通过“自制或外购”和“外购—修改”决策（第 16 章）最终确定物理部件的选型，获得架构内部件的最佳组合，从而实现技术和项目性能、成本、工艺、进度和风险目标。

（6）将物理架构转换成详细的系统设计解决方案，包括硬件装配图、原理

图、接线图和软件设计，满足采购和/或开发的必要和充分标准。

(7) 评估解决方案在其运行环境中与外部系统的兼容性和互操作性。

(8) 与需求和行为域解决方案协调关键运行问题/关键技术问题。

(9) 将解决方案集成到下一个更高级别（见图 14.12），如项目的系统、产品、组件和子组件物理域解决方案。

(10) 确保与运行域解决方案的一致性和完整性。

(11) 确保与需求域解决方案的可追踪性。

(12) 响应评估和优化系统设计解决方案过程中的变更。

(13) 更新系统或产品的配置构型（第 16 章），纳入已评审、批准和发布的物理域解决方案工作成果。

参考图 14.1 和图 14.2，每个物理域解决方案由工作成果中记录的决策工件组成，例如系统/实体的：

(1) 记录技术决策工件的质量记录，如会议和评审记录、分析、权衡研究、建模和模拟。

(2) 物理系统架构（第 8 章）。

(3) 将行为能力链接到物理架构部件的矩阵（见图 14.7）。

(4) 项目工作分解结构（PWBS）。

(5) 系统/区段设计说明（SSDD）。

(6) 硬件设计说明（HDD）。

(7) 硬件接口控制文件（ICD）。

(8) 软件设计说明（SDD）。

(9) 软件接口设计说明（IDD）。

(10) 软件数据库设计说明（DBDD）。

(11) 部件采购规范。

(12) 设计要求，如装配图、零件清单、原理图、布线图和布线清单。

(13) 硬件和软件测试案例（TC）以及验证物理域解决方案的程序。

6) 第 6 步：评估和优化系统的总体设计解决方案

随着物理域解决方案的发展和成熟，评估和优化系统设计解决方案流程会持续评估运行、行为和物理域解决方案。请注意，我们所说的系统设计解决方案包括了开发构型，随着时间的推移，最终将包括所有抽象层次。因为我们从顶层开始，开发构型的第一个实例从系统层到产品和子系统层，如图 8.4 所示。

这一步的目标是审查和响应来自不同抽象层次的产品开发团队的请求，以提供有意义的数据，在以下领域支持相关人员作出明智的决策：①实现规范要求的性能；②分析关键运行问题/关键技术问题；③评估可行的候选解决方案。*

在他们的多学科角色中，产品开发团队使用决策支持提供的数据来做出反应系统工程定义的明智决策：

（1）在系统设计解决方案的技术性能和合规性方面实现适当的平衡。

（2）使用正确的技术。

（3）尽量降低开发成本和生命周期成本。

（4）确定可接受的风险。

第 30~34 章将重点介绍决策支持实践。

你会遇到这样的人，他认为优化一个系统、产品或服务以满足不同的运行场景和条件是不切实际的——只能是最优的。对于一组规定的用户优先级和运行环境条件，你可以利用数学方法来优化系统。挑战在于，这些条件在运行环境中是数十个独立的且在统计上随机的事件，系统、产品或服务性能可能无法在所有随机变量条件下得以优化，如图 14.8 所示。因此，人们认为系统的性能仅在涉及某些随机变量时是最佳的。**

14.4.2　退出条件

由于系统工程流程模型高度迭代，并且受实体开发时间的限制，因此，退出条件通常由关键设计评审（CDR）（见图 14.9）中评估的准备投入资源进行

---

* **组织决策支持**

这里需要注意的是产品开发团队和决策支持之间的组织关系。决策支持：

（1）可由项目中的系统分析团队执行，也可由项目外部的独立企业组织执行或由分包商执行。

（2）提供产品开发团队可能不具备专业分析方法、工具、专业知识、建模和模拟以及制作原型的能力。

** **系统设计解决方案技术责任**

开发需求、运行、行为和物理域解决方案只是实现了一个技术战略。任何流程的成功都是由执行工作的人的知识、经验和纪律决定的。最终必须有人负责。因此，需要分配开发和维护项目整体系统设计解决方案及其多层次需求、运行、行为和物理域解决方案的责任。在每个产品、子系统和组件产品开发团队［如综合产品团队（IPT）］中，为实体级设计解决方案及其需求、运行、行为和物理域解决方案分配责任。最终，由项目工程师、首席系统工程师（LSE）和综合产品组主管负责。

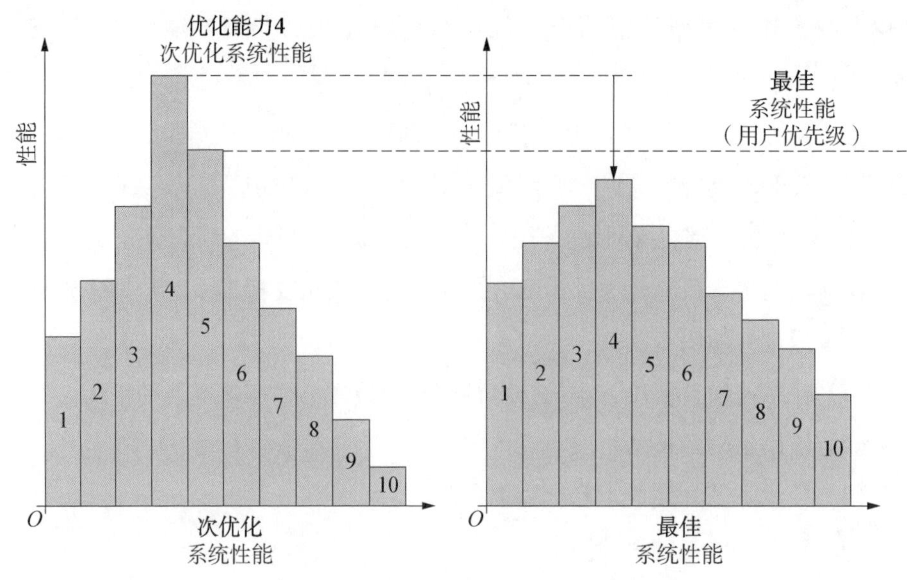

图 14.8　优化与最佳性能示例

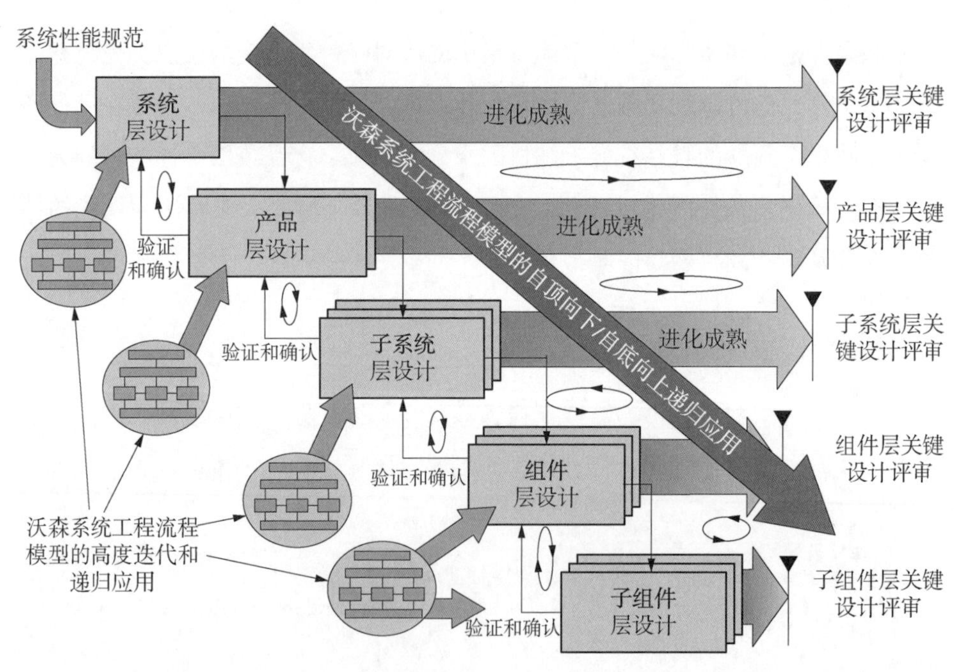

图 14.9　沃森系统工程流程在多层次系统设计流程中的递归应用

部件采购和进入开发阶段（见图 12. 2）的成熟度和风险水平决定。风险因素包括纠正潜在缺陷的紧急程度和纠正的信心。更确切的答案请参考原理 12. 3。

14.4.3 系统工程流程模型：工作成果和质量记录

沃森系统工程流程模型支持许多系统/产品生命周期阶段工作成果（可交付系统或产品）和质量记录的制定。当应用于系统或实体开发时，系统工程流程模型为每个实体生成四类工作成果：①需求域解决方案；②运行域解决方案；③行为域解决方案；④物理域解决方案。

工作成果和质量记录一般包括规范、规范树、经过验证和确认的模型和模拟、架构、分析、权衡研究、技术报告、图纸、验证记录和会议纪要等。*

系统工程流程模型的目的是建立一个问题求解—解决方案开发方法，以解决问题并产生一个满足技术、工艺、成本、进度和风险约束的合同要求的最佳解决方案。工作成果和质量记录只是技术决策过程的产物。它们只是达到目的的手段，而不是目的。

应用原理 11.2 可以得到如下结论：

（1）如果你奖励制作文档的人员，那么你将获得文档和可能满足或可能不满足规范要求的系统设计解决方案。

（2）如果你奖励生成系统工程流程模型四域解决方案的人员，那么结果应是系统/实体符合并可追溯到其规范或设计要求，并由提供解决方案完整性和有效性客观证据的文档工件支持，从而满足用户的运行需求。

14.5 沃森系统工程流程模型的特征

作为一种适用于任何抽象层次系统或实体的问题求解和解决方案开发方法，沃森系统工程流程模型具有高度迭代和递归的特征。为了更好地理解这些描述词的背景，接下来进行一一探讨。

14.5.1 高度迭代特征

当沃森系统工程流程模型应用于抽象层次中的一个特定实体时，将具有高

* **系统工程流程的目的**

人们经常混淆系统工程流程的目的。他们认为建立系统工程流程是为了创建文档。这实际上是不正确和容易误导他人的！

度迭代特征，如图 14.2 所示。尽管方法中的步骤顺序有一个工作流程，但每个步骤都有反馈循环，当遇到关键运行问题或关键技术问题时，允许返回之前的步骤重新评估决策。因此，通过四域解决方案及其反馈循环（见图 14.2），水平从左到右的工作流程随着时间的推移而向前，说明了系统/实体内的高度迭代特征。

14.5.2 递归特征

原理 14.2 决策稳定性原理

尽快使高层决策成熟、稳定，从而使后续低层决策成熟、稳定。

参考图 14.9，注意沃森系统工程流程模型是适用于每个抽象层次的。我们将其称为“递归特征”，意味着无论抽象层次如何，问题求解—解决方案开发方法对系统中的任何实体都具有普遍适用性。

为了更好地理解沃森系统工程流程模型如何应用于系统开发，图 14.9 给出了系统工程设计流程的 V—模型实现。在每一个抽象层次上由系统工程流程椭圆图标应用代表递归特性。需要提醒的是，图 14.9 中所示的多级系统工程设计流程说明了需要强调的两个关键点：

（1）一般来说，系统开发流程的每一层都会比较低层提前成熟（见图 11.2）。首席系统工程师有责任使高层决策成熟和稳定，以使系统设计解决方案的较低层次逐步成熟和稳定（原理 14.2）。

（2）多层次系统设计解决方案在所有抽象层次的实体都成熟并经过符合性和工程最佳实践以及已完成的纠正措施的审查之前是不完整的（见图 14.9）。如果在任何抽象层次发现了影响规范要求符合性或设计及其接口的关键运行问题/关键技术问题，那么纠正措施可能会产生一种高达系统抽象层次的涟漪效应。

为了说明沃森系统工程流程模型的高度迭代和递归特征，我们将其建立在图 11.1 和图 11.2 所示的四域解决方案概念之上。图 14.10 提供了一个起点。注意用符号标注的四个交替的灰色象限。这些符号代表四域解决方案之间的交互——R（需求）、O（运行）、B（行为）和 P（物理）（ROBP）。

现在，假设图 14.11 所示的系统由产品 1 和产品 2 组成。产品 1 是一个大型复杂的设计，由子系统 11 和 12 组成；产品 2 由子系统 21 和 22 组成。如

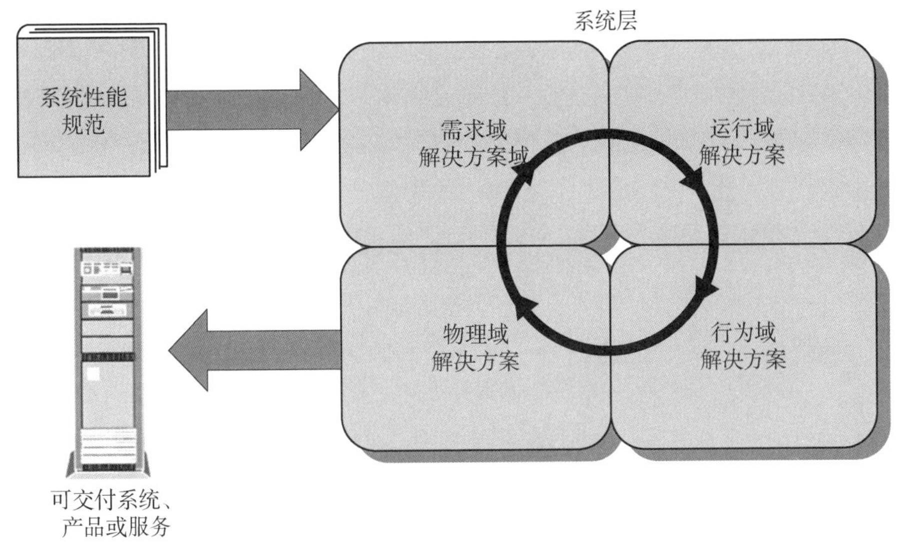

图 14.10 表示沃森系统工程流程模型中四个解决方案域顺序依赖关系的象限表示法

ROBP 循环迭代所示，我们将系统工程流程模型应用于每个实体。每个实体应用沃森系统工程流程模型将持续到更低的抽象层次，直到系统设计解决方案成熟并准备好实施。请注意，由于空间限制，产品 1 和 2 的外部接口没有显示至实际发生物理交互的子系统 11 和 22。

图 14.12 表示系统设计解决方案完成时的状态。图中，我们看到了一个多层次的框架，描述了水平工作流程随时间的进展。在纵向上，ROBP 域解决方案被分解成不同的抽象层次。总的来说，该框架以图形方式表示该系统，顾名思义，该系统是多层次能力的集成，以实现比其个别能力更高层次的目的——突现。

系统开发商利用沃森系统工程流程的高度迭代和递归特征，随着时间的推移，将系统设计解决方案从系统性能规范发展成一系列通过每个抽象层次的工作流程，直到开发构型成熟。图 14.13 说明了整个系统设计解决方案是如何通过四域解决方案迭代和发展的，最终在图中心以关键设计评审（CDR）告终。

象征性地说，螺旋的内环代表了工程设计细节在较低层次上不断增加的层次，直到执行关键设计评审。螺旋的每一个循环都以一个技术评审告终，该评审作为评估系统/实体状态、进度、成熟度和投入资源启动下一个抽象层次风险的关键阶段性点或控制点。每个循环还包括一个分解点，允许循环迭代和来

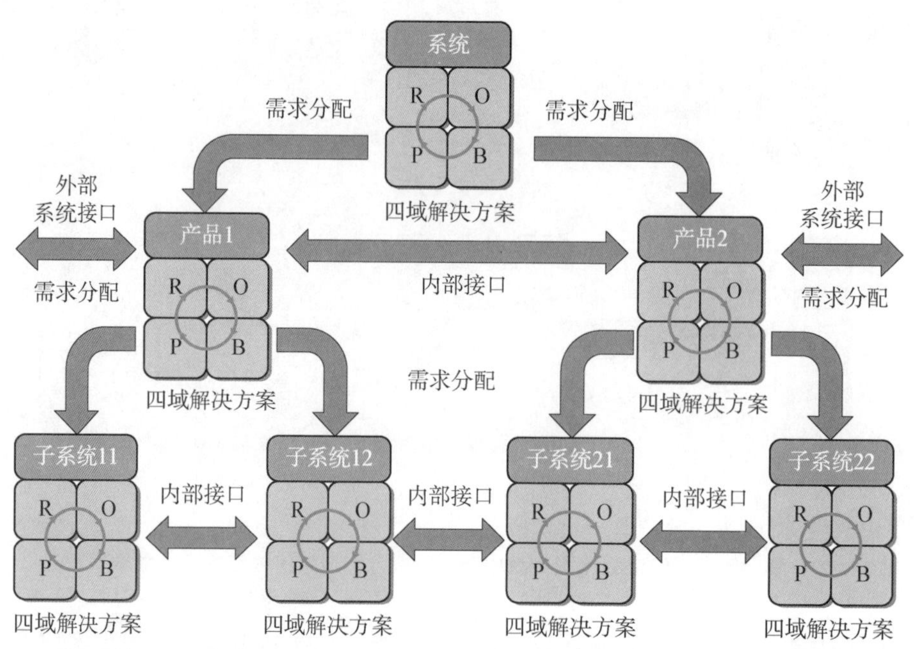

其中：R—需求解决方案域；O—运行解决方案域；B—逻辑解决方案域；P—物理解决方案域。

图 14. 11　沃森系统工程流程在系统抽象层次和每一层中实体的递归应用

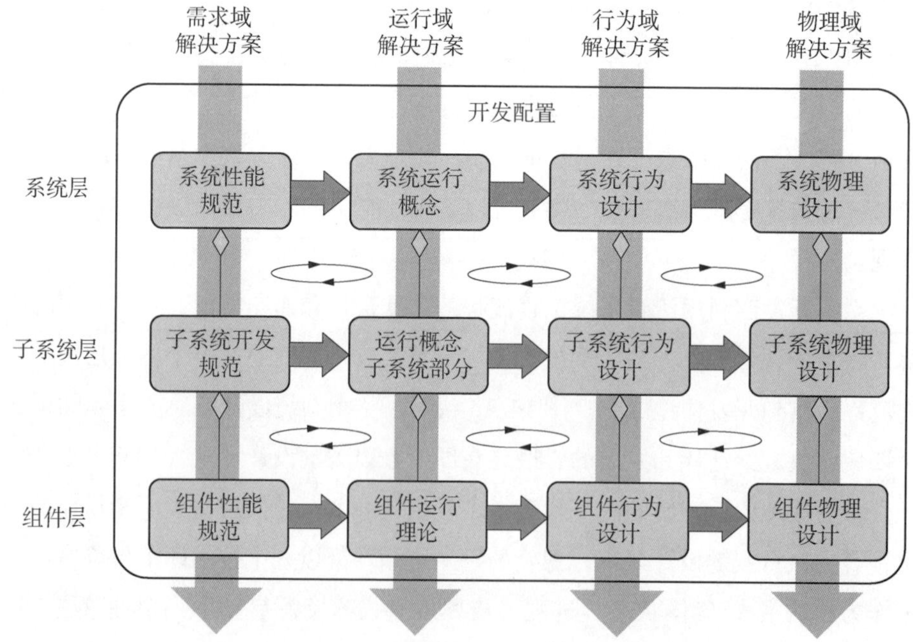

图 14. 12　说明四域解决方案集成的系统设计解决方案框架

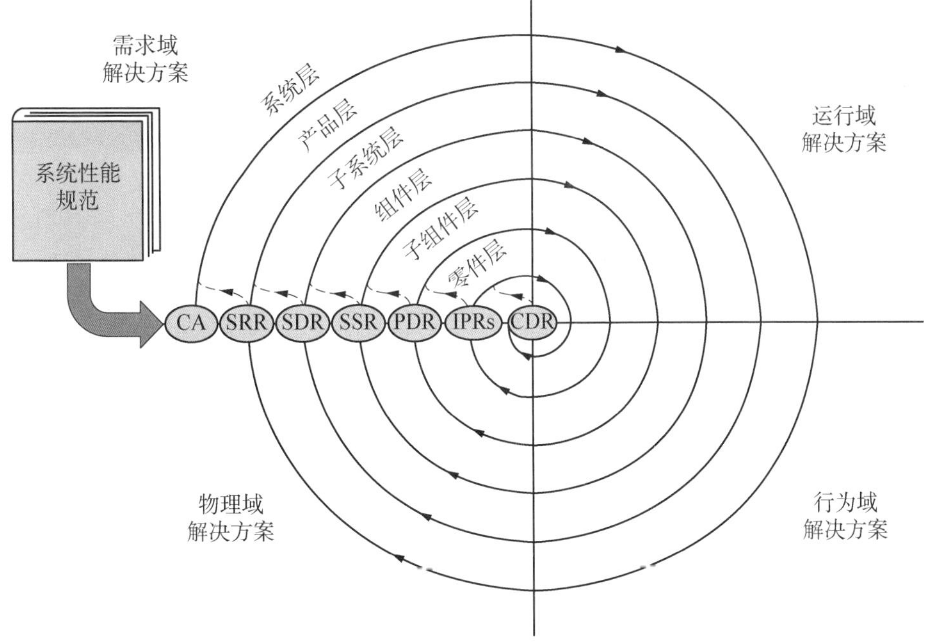

图 14.13 多层次系统设计流程螺旋以及每一层的分解点

自较低层次的关键运行问题/关键技术问题的协调。*

14.6 沃森系统工程流程模型的应用

为了更好地理解沃森系统工程流程模型的应用，下面举一个简单的平板电脑系统的例子。

14.6.1 了解用户的问题/机会和解决方案空间

问题陈述：如果我有一台小巧便携的平板电脑，那么我就可以研究互联网，收发电子邮件，并在偏远的地方工作。

一旦了解了利益相关方的意图，系统工程师和系统分析师就会与用户进行

---

* **系统设计解决方案的最终确定**

图 14.13 反映了图 12.4 和图 14.9 所示的系统工程设计流程的迭代。这是当整个系统设计解决方案从合同授予到关键设计评审、获得批准并发布到部件采购和开发流程时的系统设计流程（见图 12.3）的特征。但是，请注意，在首件系统或产品集成、测试、验证、确认（可选）并被购买者或用户正式验收之前，系统设计解决方案不会以合同形式最终确定。

面谈。这些讨论的目的是在投标邀请书（RFP）或其他采购发布之前，了解用户关于如何部署、运行、维护、维护、退役和处置新系统的设想。对于每个系统/产品生命周期阶段，系统工程师确定并记录它们的用例、预期的基于行为的结果、优先事项、估计频率和潜在场景。

接下来，系统工程师与用户协作制定问题陈述，界定问题空间并将其划分为一个或多个解决方案空间（见图 4.7），制定带有外部接口的系统环境图（见图 8.1），并描绘出哪些是/不是平板电脑系统的一部分。

14.6.2 开发平板电脑的需求域解决方案

在分析问题陈述的基础上，我们使用环境图清楚地描述平板电脑系统相对于其运行环境的背景，以及与系统的组成部分/非组成部分有关的边界。我们分析用户用例和场景，并推导出一组基本的系统能力，然后将其转化为系统性能规范要求。例如，要求如下：

（1）物理特征：

a. 尺寸——6″×9″×1/2″。

b. 电源——内置可充电电池，带外部 110 V、60 Hz 交流电适配器。

c. 显示器——8″LED 背光、触摸屏，1 024×768 分辨率。

d. 无线通信——802. 11*a*/*b*/*g*/*n* Wi-Fi。

e. 蜂窝通信——蓝牙。

f. 内存容量——16 GB，可扩展至 64 GB。

g. 质量——最大 0. 5 磅。

（2）通用用例：

a. 进行网络搜索。

b. 发送/接收电子邮件。

c. 做个人笔记。

d. 保存预约安排。

e. 确定 GPS 位置。

f. 下载软件更新。

g. 下载电子书、报纸、音乐和游戏。

h. 外部各方实时视频会议。

i. 照相和存储图像，制作电影。

j. 将实时视频链接到其他用户。

k. 创建相册。

l. 创建、检索、保存和删除文本文档、演示文稿和电子表格类型的应用程序。

m. 打印文件。

(3) 环境限制。

14.6.3 开发平板电脑的运行域解决方案

在分析系统性能规范要求的基础上，我们从一组可行的候选方案中，通过替代方案分析（第 32 章）来制定、评估和选择一个运行架构。举例说明如下。

示例 14.2 运行域解决方案场景示例

假设用户的任务是去免费上网的 Wi-Fi 热点处享用咖啡和进行研究。用例最初的叙述性描述如下：

关闭平板电脑电源，将其放在背包中。开车去咖啡店，从背包中取出平板电脑，打开电脑电源，访问本地无线网络；开始研究，创建和保存文件，关闭电脑电源并打包，开车回家；打开电脑背包，打开电脑电源，打印文件，阅读电子邮件。

使用示例 14.2 等内容，开始填充运行概念文件（第 6 章）。

14.6.4 开发平板电脑的行为域解决方案

根据运行域解决方案，我们需要定义平板电脑系统应如何与用户互动并对用户的指令做出响应。例如，用户打开平板电脑，按下电源按钮，平板电脑启动、初始化并显示桌面。如果用户想要搜索网络，那么他们会选择一个互联网图标，启动一个网络浏览器应用程序等。电子邮件等其他类型的应用程序也是如此。

从系统工程的角度来看，我们使用 SysML™ 等工具来模拟参与者（计算机、用户、设施电源、设施无线网络和外部系统）之间的交互。请注意，这里的重点是必须完成什么以及如何做好，而不是如何设计物理系统。

我们还更新了描述逻辑/行为架构、部件、接口详情和性能分配的系统设计说明。

14.6.5 开发平板电脑的物理域解决方案

根据行为交互模型形式的行为域解决方案，我们通过替代方案分析从一组可行的候选架构中制定、评估和选择最佳的物理域解决方案。方案包括：平板电脑的系统、子系统和物理架构，机械、电气、数据、协议的接口，以及重量和功率等性能分配。

然后我们将行为域解决方案的逻辑架构中确定的能力映射到物理架构部件，如图 14.7 所示。映射可以通过简单的电子表格或工具实现。

然后，我们将系统性能规范或更低层次的规范要求分配并向下传递至物理部件，并将需求追溯到用户的源需求或原始需求。

最后，我们更新了描述物理架构、部件、接口详情和性能分配的系统设计说明。

14.6.6 启动平板电脑的决策支持流程

运行、行为和物理域解决方案的选择需要通过替代方案分析从一组可行候选方案中评估和选择。系统工程师和系统分析师作为通才和通才专家，需要电气、机械和软件工程学科、人为因素、可靠性、可维护性和可用性（RMA），以及安全性方面的系统分析和专业工程支持，从而支持产品开发团队作出知情决策。

在需要专业知识的地方，我们启动决策支持流程来分析、原型化、建模和模拟计算机的概念设计。决策支持流程提供分析和基于性能的反馈，如系统有效性、关键运行问题/关键技术问题、计算机规格要求的性能值和时间。这些输入有助于系统工程流程的运行和技术决策，而这些决策可能会影响规格和性能分配。

14.6.7 评估和优化平板电脑的系统设计解决方案

原理 14.3 次优化原理

避免仅仅为了优化较低层次的特定方面而降低或次优化整个系统或实体的

技术、成本或风险性能。

由于所有抽象层次的决策都会影响整体系统性能，系统工程师需要确保整体系统设计解决方案针对用户及其运行需求进行了“优化”。请记住，这样做的目的是为了避免一种被称为次优化的情况。例如在这种情况下，子系统和组件是以牺牲整体系统层性能为代价进行优化的。

以平板电脑系统为例，我们可以增加电池容量，以延长运行时间，但以用户不受欢迎的因素为代价，如增加了物理产品重量和尺寸，而用户期望的性能却没有得到改善。

14.7 沃森系统工程流程模型的优点

请注意，沃森系统工程流程模型提供了一个逻辑的、逐步的问题求解和解决方案开发模型。该模型排除了从需求到图 2.3 所示的点设计解决方案的“巨大飞跃”。模型中的每一步都侧重于实现特定结果的趋同决策。这确保了技术依赖性决策的顺序是正确的，不走早熟的设计捷径。整体系统设计解决方案集成得到改进，从而减少了系统集成、测试和评估的不兼容性和互操作性问题。潜在缺陷的数量应该减少，确保在预算范围内按时交付。

相比之下，传统的、自定义的、无限循环的“代入求出”……SDBTF－DPM 工程范式在低效和无效的“执行活动”中徘徊。当系统进入系统集成、测试和评估时，不兼容性和互操作性问题会因设计集成不佳而出现。此外，潜在缺陷的数量更多，这会导致需要纠正大量成本超支和进度延误的问题。

14.8 本章小结

本章介绍了作为问题求解—解决方案开发方法的沃森系统工程流程模型。该模型：

（1）以易于理解的明确标记的活动为特征。

（2）适用于任何类型的业务领域——医疗、能源、航空航天和国防、交通和通信。

（3）克服了特定的 SDBTF－DPM 范式的谬误。

我们讨论描述了沃森系统工程流程模型是如何将抽象层次的 ROBP 域解决方案集成到一个高度迭代的多层次框架中的（见图 14.12）。系统工程流程模型的强大之处在于它对任何抽象层次的递归特征应用。

综上所述，沃森系统工程流程模型：

(1) 是一种分析性问题求解—解决方案开发方法，可应用于任何类型的用户问题、议题或关注点，而不仅仅是系统工程和分析，甚至是在政府、医疗保健、交通、能源等本身不需要工程的领域。

(2) 可扩展到任何类型或规模的系统或项目。相比之下，自定义的“代入求出”……SBTF－DPM 范式被认为是不可扩展到任何规模的项目，属于劳动密集型，易陷入混乱，并容易出现潜在缺陷，如设计瑕疵、错误和不足。

(3) 迭代地和递归地应用于任何抽象层次或每一层次中的实体。

(4) 包括多个控制点或阶段性点，在投入到系统/实体设计活动的下一阶段（需求到运行、运行到行为、行为到物理）之前，验证和确认决策。每个活动的分解点有助于对以前的活动采取纠正措施。

(5) 是一个以技术决策为中心的聚合过程，以工作成果（如规范和设计）的形式捕获决策工件。与特定的 SBTF－DPM 工程范式企业发布的流言和错误看法相反，重点是做出及时和知情的技术决策，而不是生成文件。要学会识别差异!

(6) 建立问题求解—解决方案开发的分析联系。不可避免的是，进度可能不允许全面执行。因此，要学会应用系统工程知识、经验和真知灼见，通过简化手续来定制流程，同时保留基本的方法——需求—运行—行为—物理。请注意，我们说的是“通过简化手续来定制流程”，定制和简化手续并不意味着走捷径。

14.9 本章练习

14.9.1 1级：本章知识练习

(1) 什么是沃森系统工程流程模型?

(2) 现有工程范式有哪些问题需要纠正?

(3) 系统工程流程模型的关键要素是什么?

(4) 系统工程流程模型中的顺序、相互依赖和关系是什么?

(5) 系统工程流程模型基本方法的步骤是什么?

(6) 系统工程流程模型的高度迭代特征是什么意思?

(7) 系统工程流程模型的递归特征是什么意思?

14.9.2 2 级：知识应用练习

参考 www. wiley. com/go/systemengineeringanalysis2e。

14.10 参考文献

AFSCM 375 - 5 (1966), *Systems Engineering Management Procedures*, Wright-Patterson Air Force Base (WPAFB), OH: Air Force Systems Command.

Archer, L. Bruce (1965), *"Systematic Methods for Designers," Design*, London: Council on Industrial Design.

FM - 770 - 78(1979), *US Army Field Manual: System Engineering Fundamentals*, Washington, DC: Department of Defense (DoD).

IEEE Std 1220TM - 2005 (2005), *IEEE Standard for the Application and Management of the Systems Engineering Process*, New York: Institute of Electrical and Electronic Engineers (IEEE).

Merriam-Webster (2013), *Merriam-Webster On-Line Dictionary*, www. Merriam-Webster. com, Retrieved on 6/8/13, 2013 from http://www. merriam-webster. com/dictionary/hypothesis.

MIL - STD - 499B Draft (1994), *Military Standard: Systems Engineering*, Washington, DC: Department of Defense (DoD).

McCumber, William H. and Crystal Sloan (2002), *Educating Systems Engineers: Encouraging Divergent Thinking*, Rockwood, TN: Eagle Ridge Technologies, Inc.

Wasson, Charles S. (2012a), *System Engineering Competency: The Missing Course in Engineering Education*, American Society for Engineering Education (ASEE) National Conference, San Antonio, TX. Accessed on 6/12/13 from http://www. asee. org/public/conferences/8/papers/3389/view.

Wasson, Charles S. (2012b), *Formulation and Development of the Wasson Systems Engineering Process Model*, American Society for Engineering Education (ASEE), Southeast Section Regional Conference, Mississippi State University. Accessed on 5/12/13 from http://se. asee. org/proceedings/ASEE2012/Papers/FP2012was181_ 589. PDF.

15 系统开发过程模型

第 12 章定义了系统工程师面临的挑战，将用户的抽象愿景转化为系统、产品或服务的物理实现。我们强调了开发一个集成、多层级的系统开发战略作为应对措施的重要性。这就带来了新的挑战：系统工程师应该如何计划、组织和协调该战略的实施？

最初的观察发现传统的管理方法认为系统工程师需要分析性地将系统“分解”成更小的部分，这些部分可以分配给多学科团队来完成开发工作。然而，人们很快就发现，传统管理中分配任务给每个人的“分工”方法并不总是高效和有效的。例如，“分解”系统或产品的概念总是有一个特殊的含义不能准确地表示系统工程师实际做了什么。我们可以进行以下操作：①任意限定理论上的问题空间，问题空间通常是动态的并将其划分为一个或多个潜在解决方案空间；②重新调整边界以找到最优解决方案；③通过连续的较低层次来导出、分配和向下传递需求。适用于某个系统的方法不一定适用于另一个系统。系统开发模型就是这种情况。

如果你研究多种类型的项目，你会发现多种独特的情形和机会：

（1）一组不同的利益相关方，他们有已知或未知的需求，这些需求可能是稳定的也可能是动态变化的。

（2）探索性技术、新技术或现有技术。

（3）从简单到高度复杂的部件。

因此，系统工程师面临的问题是：他们用什么方法来处理这些情况？有没有万全之策？

为了回答第一个问题，在过去的几十年中，系统工程的发展演进了一系列系统开发模型来开发系统、产品或服务。然而，将项目组织视为“开发系统”，有其自身的性能、有效性和效率水平，这些水平是由技术领导、文化、教育培训、经验、工具及设施等因素决动的。一些系统开发模型的应用在需求众所周知且稳定的情况下运行良好，其他模型则适用于需求未知且可能不稳定的情况。因此，一种模型可能只适用于一个项目，其他项目可能需要各自的模型。

本章介绍并研究主要的系统开发模型。这些模型代表开发系统、产品或服务的方法。模型包括如下几个：

（1）瀑布开发模型。

（2）V-模型。

（3）螺旋开发模型。

（4）演进开发模型。

（5）增量开发模型。

（6）敏捷开发模型。

本章将描述每个模型，确定每个模型是如何演变的，强调模型的缺陷，并提供说明性的真实案例。

你可能会问，为什么这样的主题值得在一本系统工程书里讨论？这不是项目管理吗？原因有两个：

（1）第一，系统工程师需要一个系统开发方法工具包，使其能够应对各种需求定义、风险和成熟度挑战。

（2）第二，系统工程师需要充分理解每个模型、它们的起源、属性和缺陷，使其能够选择正确的方法来应对特定类型的系统开发挑战。

作为一名系统工程师，你需要充分理解一些模型是如何演变并应用于各种类型的系统开发场景历史的。

15.1 关键术语定义

（1）敏捷开发（agile development）——一种开发方法，重点是通过一系列增量产品开发周期对不断变化的用户需求做出快速反应。这些增量产品开发周期由称为“sprint”的短迭代开发周期组成。敏捷开发由下面几个支持术语组成：

（2）每日站会（daily scrum）——每天 15 分钟的站立会议，敏捷开发或 scrum 团队成员回答三个问题：①上一个工作日我完成了什么？②还有哪些问题需要解决？③今天我打算完成什么？

（3）探索因子（EF）——对软件项目或实体的需求或技术不确定性或风险的评估，等级为 1（低）~10（高）（Highsmith，2013）。

（4）特性（feature）——系统、产品或服务的某个值得注意的显著特征，如其可用性、能力、性能、兼容性、互操作性或非功能性属性（如用户认为有益的尺寸或重量）。例如，交流供电的数字时钟的一个关键特性是它能够在断电时通过内部电池保持行走。

（5）特性限制（feature-boxed）——一个表示用户能力或要交付特性的有界集合的术语，不考虑能力和特性在集合内的相对优先级。未完成的特性返回到产品待办事项中，以便重新分配给下一个或以后的 sprint。特性限制与时间限制相对应。

（6）产品待办事项（product backlog）——一个用户能力或特性需求库。用户已经将这些需求划分为一些类别，如强制性的、必须具备的和最好具备的。

（7）产品待办事项燃尽图（product backlog burndown chart）——用于跟踪产品待办事项中记录的用户能力需求数量随时间减少的图表。

（8）产品增量（构建）[product increment（build）]——代表增量交付的可选步骤，包括在特定时间段内交付的一组有优先次序的用户故事、能力需求或特性。产品增量有时称为软件开发中的“构建”，由若干个按顺序或并发执行的 sprint 组成。

（9）产品增量（构建）待办事项［product increment（build）backlog］——分配给产品增量或软件“构建”的有优先次序的用户故事或功能需求的可选库。

（10）scrum——一个基于已定义的理论、实践和规则集，管理用户故事或需求的开发和增量交付的结构化框架。参见施瓦布和萨瑟兰（2011）。

（11）sprint——scrum 中一个短的、迭代的、增量开发周期，从 7~14 天不等，在这个周期中，敏捷开发或 scrum 团队：分析一组从产品待办事项中分配的优先用户故事或需求；增量地设计、编码和测试软件；每天进行站立评审或

scrum，评估前一天的活动和当天计划的进度、状态和问题；评审和批准产品发布；向客户或用户演示每个新发布产品；继续进行下一个产品增量 sprint。

（12）sprint 待办事项——已分配给 sprint 的用户故事、功能或特性需求库。sprint 待办事项能力或特性需求数量的减少是通过 sprint 待办事项燃尽指标来跟踪的。

（13）sprint 迭代周期——将分配给 sprint 的一组用户能力或特性转换成一个或多个可交付工作成果发布所需的一系列迭代和增量开发（IID）活动。

（14）sprint 发布——交付符合 sprint 待办事项中登记的一个或多个用户能力或特性需求的 sprint 工作成果。

（15）时间限制（time-boxed）——一个表示对 sprint 的时间限制的术语，按照既定的优先次序交付一组用户能力或特性。优先级较低的未完成能力或特性将返回到产品增量待办事项中，以便分配给下一个或以后的 sprint。时间限制与特性限制形成对比。

（16）用户故事（user story）——客户、用户或最终用户基于角色的业务或任务运行需求的简短陈述，通常使用“作为（角色）、我们需要（什么）……以便（原因）”的句法（Cohn，2008）。用户故事范围的一个约束标准是它必须在 sprint 的限制时间内完成。两个或两个以上用户故事可以构成“史诗”（epic）。

（17）主题（theme）——客户或用户的一组满足各种运行需求的系统、产品或服务的愿景或总体目标。

（18）史诗（epic）——一组客户或用户的用户故事的抽象表示。

（19）演进开发战略（evolutionary development strategy）——一种用于开发“构建中的系统的开发战略，其与增量战略的不同之处在于，它承认用户需求没有被完全理解，并且不能预先定义所有需求。在这个战略中，用户需求和系统需求被部分地预先定义，然后在每个后续的构建中细化”（MIL－STD－498：37）。

（20）全面运行能力（FOC）——在指定时间范围内实现一组计划的增量开发能力，满足用户的运行需求和基于行为的目标。从背景来看，FOC 可以指特定的系统、产品或服务，或者将系统或产品部署到组织的所有元素。

（21）总体设计发展战略（grand design development strategy）——一种

“本质上是一次通过、一步一个脚印”的发展战略。简单地说就是：确定用户需求、定义需求、设计系统、实现系统、测试、修复和交付（MIL－STD－498：37）。

（22）增量方法（incremental approach）——确定用户需求并定义整体架构，然后以一系列增量（软件构建）交付系统。第一次构建包括总计划能力的一部分，下一次构建添加更多的能力，以此类推，直到完成整个系统（DAU，2012：B－205）。

（23）初始运行能力（IOC）——一般来说，初始运行能力是当部队组织机构中计划接收系统的一些单位和/或组织已经接收到系统并有能力使用和维护系统时所获得的能力。特定系统初始运行能力的细节在该系统的能力开发文件（CDD）和能力生产文件（CPD）中定义（DAU，2012：B－107）。

（24）概念验证（proof of concept）——参考第 12 章“关键术语定义”。

（25）原理验证（proof of principle）——参考第 12 章“关键术语定义”。

（26）技术验证（proof of technology）——参考第 12 章“关键术语定义”。

（27）质量功能配置（QFD）——一种以客户（利益相关方用户和最终用户）为中心的综合业务、营销和技术战略，旨在捕获和了解他们的运行需求、优先事项、偏好和期望，以此为依据来规定系统、产品或服务的能力和性能特征，从而实现预期的客户满意度。

（28）螺旋方法（spiral approach）——一种风险驱动的受控原型方法，在开发过程的早期开发原型，专门解决风险领域，然后评估原型结果，进一步确定原型的风险领域。原型化领域通常包括用户需求和算法性能。原型开发一直持续到高风险领域得到解决并降低到可接受的水平（DAU，2012：B－205）。

（29）V－模型（V-model）——一个图形模型，说明了基于时间的多层次战略：①分解规范要求；②采购和开发物理部件；③集成、测试、评估和验证每组集成部件。V－模型是最常用的系统开发模型之一。该模型的提出者福斯伯格和莫斯（1991：4）又称其为“Vee”模型。

（30）瀑布方法（waterfall approach）——开发活动按顺序进行，可能有少量重叠，但活动之间很少或没有迭代。确定用户需求，定义需求，设计、构建和测试整个系统，以便在某个时间点最终交付。这种文件驱动的方法最适合具有稳定需求的高度优先系统（DAU，2012：B－205）。

15.2 系统开发模型简介

启示 15.1 系统开发改进

系统开发改进需要明确四个目标：①了解你曾经在哪里；②知道你现在在哪里；③决定你想去哪里；④利用你的优势来导航和避开障碍。

上面的启示是本章内容结构的指南。人们通常认为新模型是创新。在一般情况下，这种看法是正确的。然而，新模型不仅仅包含创新，还用来纠正过去的不足和错误。

大多数系统开发模型都是前所未有的，因为每一个新模型都试图纠正系统开发方法中的现有缺点，同时建立在以前模型的主要优势之上。例如，许多人认为敏捷开发在名称和实现方面是一个新的创造。然而，敏捷开发却是建立在先前模型的选择性属性之上，如本章所述的迭代和增量开发（IID）、演进开发、V－模型和螺旋开发。因此，了解这些模型的背景非常重要，它们是理解和评价当前模型在系统或产品开发中的状态和应用的依据。本章首先简要介绍推动系统开发模型需求的背景。*

由于我们使用了教授基本方法的图形模型，因此我们将同时使用这两个术语。

本章介绍用于系统开发的主要模型类型。这些模型包括：①瀑布开发模型；②V－模型；③演进开发模型；④迭代和增量开发模型；⑤螺旋开发模型；⑥敏捷开发模型。这些模型可能看起来非常类似但它们有各自特定的系统开发应用。事实上，系统开发可能需要应用几种不同类型的模型，这取决于系统或产品、风险级别等。

在 20 世纪 80 年代中后期，随着系统复杂性的增加和软件密集程度的提

* **系统开发方法与模型**

行业、学术界和政府经常提到系统开发方法和系统开发模型。这两者有什么区别?

（1）方法是一个高层次的、基于假设的概念性路线图，描述了为实现预期结果而要执行的一系列行动。

（2）模型采用逻辑和/或数学传递函数的方法，将一组可接受的输入转化为一组特定的可接受的输出——结果（见图 3.1、图 3.2 和图 20.4）。

高，行业、学术界和政府开始认识到，系统工程的决策需要在多学科集成中更紧密地耦合。在那之前，系统工程和软件工程将他们的“烟囱式”方法和流程限制在他们自己的活动上。玻姆（2006：8），当今软件工程思想领袖之一，曾发表以下评论：

传统上（甚至最近对于某些形式的敏捷方法来说），系统和软件开发流程是独立“烟囱式”系统的方法，具有与其他“烟囱式”系统互操作性不足导致的高风险。经验表明，这种“烟囱式”系统的简单集合会导致无法接受的服务延迟、不协调和冲突的计划、无效或危险的决定以及无法应对快速变化。

系统开发模型的历史暴露了对多学科系统工程的更多需求。这些模型必须得到通用多学科问题解决和解决方案开发方法的支持，如沃森系统工程流程模型（见图 14.1）。

本章首先讨论瀑布开发模型。由于它的方法有缺陷，因此大多数组织已不再使用。也许有人会问：如果不再使用，那么为什么要在这里讨论，特别是因为教育和知识是由学习新概念和新方法驱动的？的确如此。然而，教育和知识需要根据项目和系统的失败原因和以前方法的错误来理解系统工程作为一门学科是如何发展到现在的，以避免将来重复错误。要了解你需要去哪里，必须先了解你去过哪里（启示 15.1）。瀑布模型是一个小型的案例研究，有助于更好地理解系统开发模型是如何演变的。

15.3 瀑布开发战略和模型

图 15.1 所示的瀑布开发模型代表了早期试图用模型来描述软件开发的一种尝试。该模型是基于其类似瀑布的层叠外观而命名的。

本宁顿（1983：1）指出，瀑布模型是于“1956 年 6 月在华盛顿特区由海军数学计算咨询小组和海军研究办公室主办的一次关于数字计算机高级编程方法的研讨会上”所作的一次演讲中提出的。

一些文献错误地认为瀑布模型是温斯顿 · W. 罗伊斯博士提出的。事实上，罗伊斯（1970）在 1970 年 8 月的 IEEE WESCON 上做了一个题为“管理大型软件开发项目”的演讲。在演讲中，他提出了一篇后来与瀑布模型相关联的论文，作为指出当时的软件开发范式谬论的依据（Royce，1970：328 – 329）。

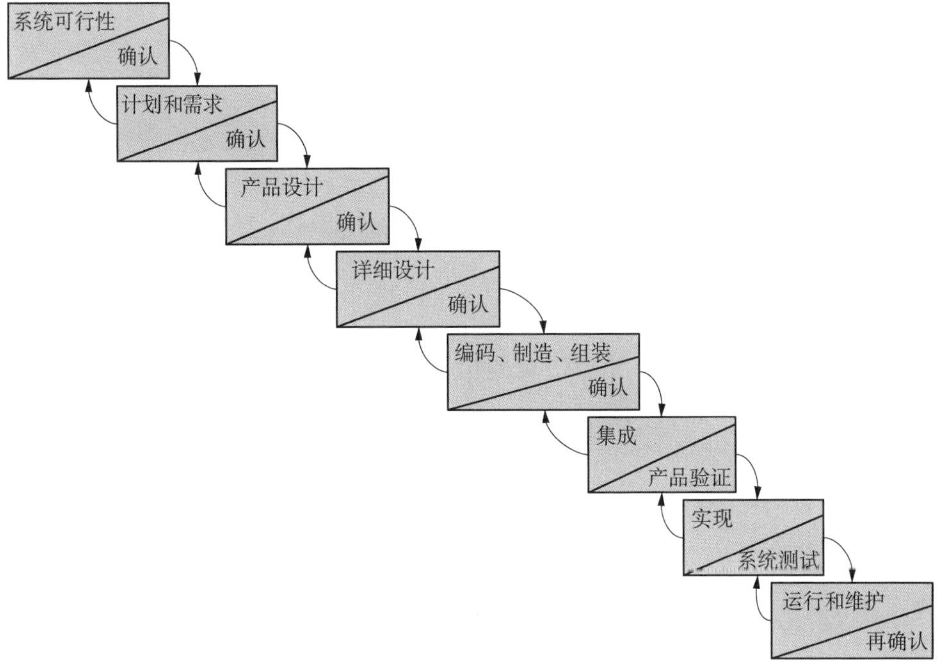

图 15.1　软件生命周期的瀑布模型

［资料来源：Boehm，1988：62，图 1，改编自 Royce（1970：330，图 3）。经许可使用］

不幸的是，瀑布模型经常被错误地认为是罗伊斯的创新。图 15.1 只是一个说明性的图表，代表了罗伊斯对当时软件开发状态的言论。拉尔曼和巴西利（2003）指出，罗伊斯（1970）只是简单地提出了他当时关于政府承包的观点——严格按需求分析→设计→开发的顺序。事实上，罗伊斯的方法是“做两次”。他的演讲最终导致将这幅图命名为“瀑布”。尽管罗伊斯从未在论文中提及“瀑布”一词，但他的名字却被错误地与“瀑布”联系在了一起。事实上他只是以观察者而不是创新者的身份陈述自己的观点（Larman 和 Basili，2003：3）。

瀑布模型通常被描述为一个前后互锁的、连续的线性过程，基本上没有重叠或者返回到上一步的机会。这也是它的突出缺点。

玻姆（1985：63）将瀑布模型描述为“1970 年对阶段模型的高度影响的改进”，因为它增强了阶段模型的两个主要方面：

（1）阶段间反馈回路的识别和提出将反馈回路限制在连续阶段之间的指南，以最大限度地减少多个阶段反馈导致的昂贵返工。

（2）通过与需求分析和设计并行运行的“两次构建”步骤，在软件生命

周期中初步整合原型设计："瀑布模型的方法有助于消除以前在软件项目中遇到的许多困难……瀑布模型的一个主要困难来源是它强调充分阐述的文档作为早期需求和设计阶段的完成标准。"

在将瀑布模型与迭代和增量开发模型进行比较时，拉尔曼和巴西利（2003：2）引用了沃克·罗伊斯的一篇论文，指出沃克的父亲温斯顿·W.罗伊斯博士将瀑布模型描述为"最简单的描述，但它不适用于所有项目，除非是最简单明了的项目"。

参考 更多关于瀑布模型历史的信息，参考维基百科（2014）、温斯顿（1970）和玻姆（1988）。

15.4 V-模型开发战略和模型

第 12 章确定了一系列高度相互依赖的流程，描述了将用户需求转化为系统设计解决方案的工作流程。在一般情况下，该战略提供了一个端到端的框架：

（1）验证是否符合系统性能规范要求。

（2）确认可交付系统、产品或服务满足用户经确认的运行需求。

图 12.3 给出了一个"U"形战略，用于：①将抽象问题空间分解和细化为多个层次的解决方案空间系统；②集成多个层次的系统。这为 V-模型提供了基础。在开始讨论 V-模型之前，我们先转移到更高层次的讨论。

我们将图 12.2 作为一个包含这些主要流程的通用系统开发工作流程进行了介绍。对于 V-模型，系统设计、部件采购和开发以及系统集成、测试和评估流程构成了图 12.3 的基础。具体来说：

（1）系统设计流程通过图左侧向下的箭头实现。

（2）部件采购和开发流程在图底部中心由"采购/开发部件"框表示。

（3）系统集成、测试和评估流程通过图右侧向上的箭头实现。

尽管图 12.3 中的结构是"U"形的，但随着时间的推移，这些活动会产生一个"V"形结构，如图 15.2 所示。

V-模型最初是由福斯伯格和莫斯（1991）在一场正式的演讲中描述的。从外观上看，有些人会说 V-模型是瀑布模型的另一个实例。鉴于它是逐步向下的形式，确实可推断出一个瀑布形状。然而，V-模型中的图形是高度迭代

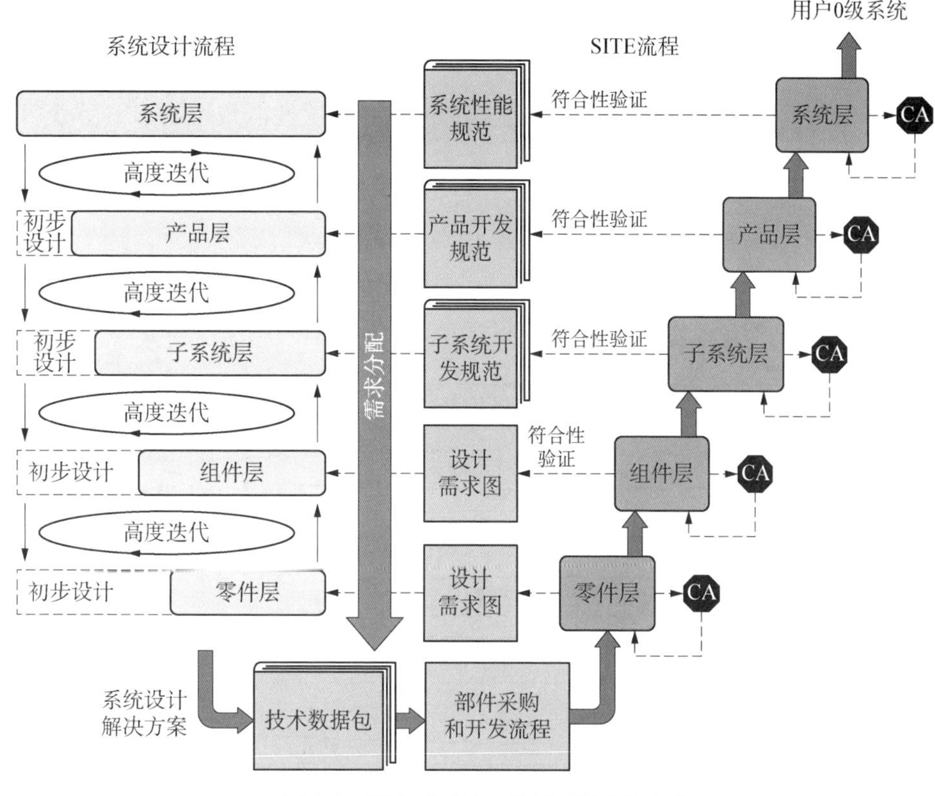

图 15.2　沃森对系统开发 V-模型的改进

的。为了说明这一点，让我们描述一下如何将 V-模型应用于实现图 12.2 所示的系统开发工作流程。

15.4.1　系统开发流程：V-模型实现

如图 15.2 所示，V-模型是一种高度迭代的、基于伪时间的门径管理模型。一般来说，工作流程随着时间的推移从左到右进行。但是，系统工程设计流程（第 14 章）的高度迭代特性和系统集成、测试和评估的验证纠正措施允许在时间上回到前序步骤。纠正措施可能需要重新评估较低级别的关键运行问题或关键技术问题、规范、设计和部件。因此，随着纠正措施的不断实施，工作流程从左到右一直进行到系统、产品或服务的交付和验收。

为了更好地理解 V-模型是如何应用的，让我们将系统开发的关键活动按照它们所代表的流程联系起来。

15.4.2 系统设计战略：V-模型实现

随着时间的推移，系统设计流程需要将高级系统性能规范要求（系统开发商问题空间）派生、分配和向下传递（分解）到多个抽象层次（解决方案空间），形成如图 15.3 所示的整体系统设计解决方案。

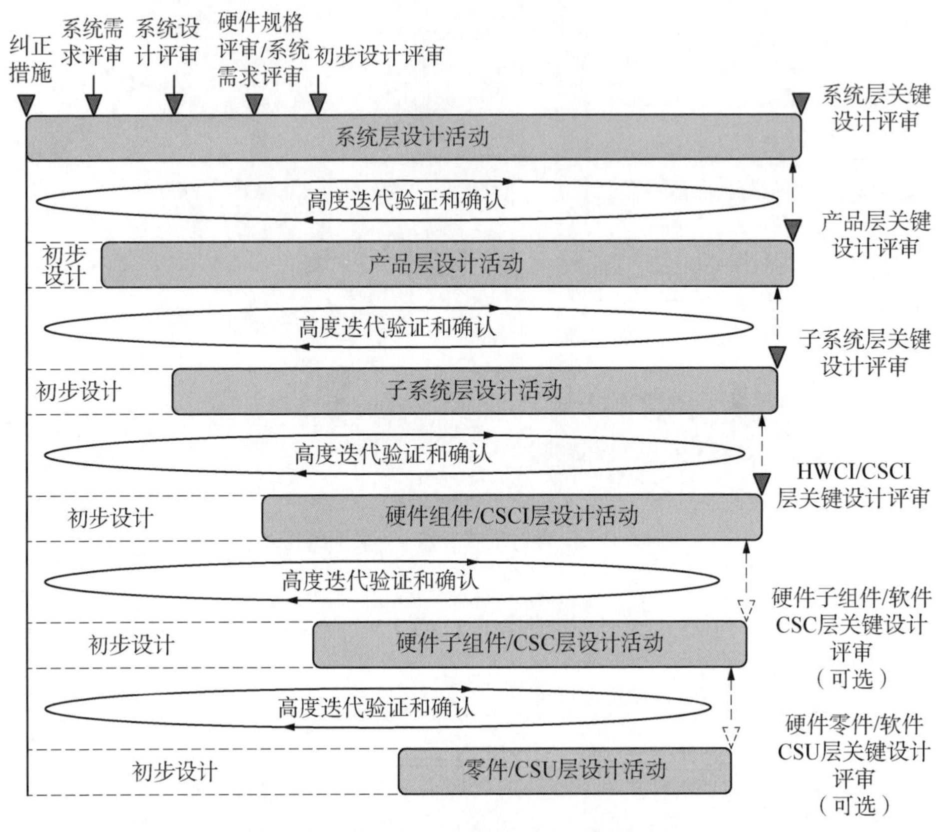

图 15.3 沃森对 V-模型系统设计活动的改进

注意在图 14.9 中开发活动最初交错的平行轨迹：每条轨迹的持续时间都会延伸到右侧，并以关键设计评审告终。轨迹持续时间符号代表了每一个抽象层次成熟的设计解决方案。如原理 12.1 所述，首席系统工程师（LSE）的工作是将成熟度和稳定性提升到更高的水平，使较低的水平层次能够最终确定其设计决策。参考原理 12.3，当系统设计解决方案完成时，轨迹持续时间表示，如果在较低层次发现关键运行问题或关键技术问题，则任何层次的设计解决方案都会发生变化。

另外注意图 14.9 左下方的椭圆形图标。这些图标表示将系统工程流程（第 14 章）应用到每个抽象层次和每个层次中的实体。因此，系统工程流程为每个实体创建了需求、运行、行为和物理域解决方案。

现在，让我们回顾图 13.4 所示的“V”形。为图简单方便，企业和工程师随意将 V-模型描绘成倾斜的、面向底部连接条形图的镜像。不知情的管理者和工程师常常错误地将 V-模型的左侧描述为瀑布模型（见图 15.1）。实际上这并不正确。如图 15.2 和图 15.3 所示，V-模型在其每个抽象层次之间随时间迭代，以便能够解决大部分（若非全部）关键运行问题和关键技术问题，直到对其进行关键设计评审。

15.4.3 部件采购和开发流程：V-模型实现

V-模型部件采购和开发流程依据系统设计流程中做出的部件“自制或外购”和“外购—修改”决策实施技术数据包。主要活动如下：

（1）从分包商或供应商处购买/采购外部硬件和软件部件。

（2）制作、装配、集成和测试（FAIT）以及验证组织内部根据新设计或传统设计开发的硬件和软件部件。

（3）对随附供应商合格证书的采购部件进行验收。

（4）已验证的部件在可用时转移到系统集成、测试和评估流程。

15.4.4 系统集成、测试和评估战略：V-模型实现

V-模型的系统集成、测试和评估流程包括自下而上验证部件并将其集成到完全符合图 15.2 所示系统性能规范和较低层次规范要求的工作系统中所需的关键活动，主要包括如下内容：

（1）如图 12.6 和图 15.2 所示，将部件集成到一个实体中，如子组件、组件、子系统和产品。

（2）使用测试案例（TC）和测试程序验证不同抽象层次集成实体集是否符合其规范要求。

（3）数据采集和验证符合性结果的认证（第 13 章）。

（4）评估验证结果是否符合规范要求，作为满足每个要求的条件。

15.4.5 V-模型的应用和软件开发：批评

软件开发活动一边试图与V-模型同步开发软件部件，一边抱怨它根本不可行。他们认为有更好的方法，比如本章后面讨论的敏捷开发，可以产生更好的软件。那么，使用V-模型进行软件开发存在什么问题?

V-模型本质上是一个硬件驱动的门径管理范式流程。例如，由于开发物理系统费用高风险大，在完成系统设计、部件采购和开发以及系统集成、测试和评估流程时，V-模型纳入了三个高级阶段和控制门（见图12.2和图12.3)。系统开发项目中的所有内容都在这些阶段中循序渐进地进行。为了说明这一点，注意表15.1中所示的工作成果示例，这些工作成果通常是每个系统开发战略流程中所需要的。

表15.1 同步进行的硬件和软件工作成果示例：V-模型流程实现

领域	系统设计流程 CDR门径管理 工作成果示例	部件采购和开发流程 检验和验证门径 管理工作成果示例	系统集成、测试和评估 SVT门径管理 工作成果示例
系统	• 系统性能规范 • 系统架构 • 系统测试案例 • 系统测试程序 • 系统层图纸 • 系统设计说明		• 系统测试和符合性结果
硬件	• 实体规范 • 硬件规范 • 硬件图纸 • 硬件设计说明 • 硬件测试案例 • 硬件测试程序	• 材料和部件采购 • 部件制作、装配、集成和测试	• 硬件测试和符合性结果 • 经过验证和集成的硬件和软件部件
软件	• 软件规范 • 软件设计 • 软件测试案例 • 软件测试程序 • 软件测试说明（STD）	• 计算机软件单元（CSU）代码和单元测试（CUT） • 代码走查	• 软件测试和符合性结果 • 单元和部件层测试和集成

也许有人会问：为什么 V -模型要分阶段？答案是“风险”。每个流程阶段都要评估不断发展的系统设计解决方案的状态、进度、成熟度和风险，以及在进入下一个流程之前投入资源的技术符合性、工艺、预算和进度风险。因此，V -模型是作为一个风险缓解流程分阶段进行的，侧重于组成系统的物理实体的多级集成。

工程最佳实践表明：①创建符合规范要求的设计；②原型化技术风险领域；③通过会议记录、图纸和零件清单等记录设计决策制品，以供评审和批准；④根据图纸制作、装配、集成和测试部件；⑤测试和验证集成部件的层级。零件必须成形或加工，印刷电路板必须组装和焊接，复杂的线束必须制造，所有这些都必须集成到非常紧凑的空间中。这些实际工作成果的实施消耗了宝贵的资源（时间和金钱），同时带来了一定的风险。你是否观察到在 V -模型中基本的硬件决策门径管理流程?

如果我们研究硬件或软件部件的演进，尤其是原型，请考虑以下几点：

（1）当发现加工部件有缺陷时（设计缺陷、公差问题、材料成分问题或工艺问题），可能需要返工、报废或更换。

（2）当印刷电路板组件未通过符合性测试、有长周期项目部件故障或有工艺问题时，要么返工、等待更换零件的长时间交付，要么报废。

（3）当软件代码失败或发现缺陷时，假定不存在结构或逻辑问题，“当场”重新编码和编译。

因此，当软件开发人员认为 V -模型不可行时，硬件范式的反应是：他们有什么问题？他们设计软件、原型化风险领域、对部件编码，并像硬件一样进行集成、测试和验证。这就是问题所在。

软件确实是执行了这些活动。但是，导致软件反应有几个原因：

（1）虽然硬件实验室原型通常是不可交付和一次性的，但原型算法和代码是可以重复使用的，并且可以从遗产设计中重用、改进、验证和交付。

（2）假设系统设计流程持续时间为 8 个月，那么是否真的有必要“搁置”原型软件代码，并等待计划的系统层关键设计评审完成后再开始将可交付软件编码为部件采购和开发流程的一部分？应该有更好的选择。

（3）硬件和软件，作为人类决策和协作的工作成果，由于在系统集成、测试和评估流程中发现较晚，因此存在设计缺陷、错误和不足等固有潜在缺陷。

开发工具、验证/确认和技术评审有助于在系统集成、测试和评估流程之前发现并减少缺陷。

软件开发人员倾向于拒绝所有系统开发的 V -模型任务。V -模型的各阶段无意中推迟了可交付软件部件的编码，直到部件采购和开发流程。在该流程中，潜在缺陷发现较晚，增加了风险，从而影响了进度和成本。

自 20 世纪 80 年代末以来，软件开发人员一直积极创新模型，以使他们能够更高效地工作。模型和方法更符合他们工作环境的本质——设计、编码和单元测试、集成、测试和验证软件。如果你现在问软件开发人员将使用什么模型，一个普遍的回答是螺旋开发或敏捷开发。这将在本章后面讨论。

为了正确理解使用 V -模型开发软件的批评，以及提升对螺旋和敏捷开发的兴趣，我们首先介绍这些开发模型。

目标 15.1

前面的 V -模型讨论从项目和技术的角度为系统、产品或服务的开发提供了通用基础。系统开发模型有两个背景：

- **背景#1**——多学科系统工程师用来将抽象的利益相关方问题空间转化为系统、产品或服务的物理实现以满足该需求的模型。这些模型包括 V -模型、螺旋模型、敏捷开发模型和沃森系统工程流程模型（见图 14.1）。
- **背景#2**——多学科系统工程师使用的是利益相关方能够应对可负担性和市场驱动问题的模型，如迭代和增量开发（IID）模型和演进开发模型。

由于迭代和增量开发模型和演进开发模型对螺旋和敏捷开发模型有影响，因此我们按照这个顺序来对它们进行一一探讨。

15.5 螺旋开发战略和模型

由于演进开发模型中固有的缺陷，加上未能提前了解系统需求以及成熟度和风险问题，因此巴利·玻姆博士引入了螺旋开发模型，如图 15.4 所示。

虽然玻姆博士的原始论文发表于 1985 年，但拉尔曼和巴西利（2003）提到，大多数引用都是指 1986 年的版本（Larman 和 Basili，2003：6）。

螺旋开发采用一系列高度迭代的开发活动，其中每个活动的可交付工作成果可能并不是可交付系统。相反，导致可交付系统或产品开发的不断发展的知

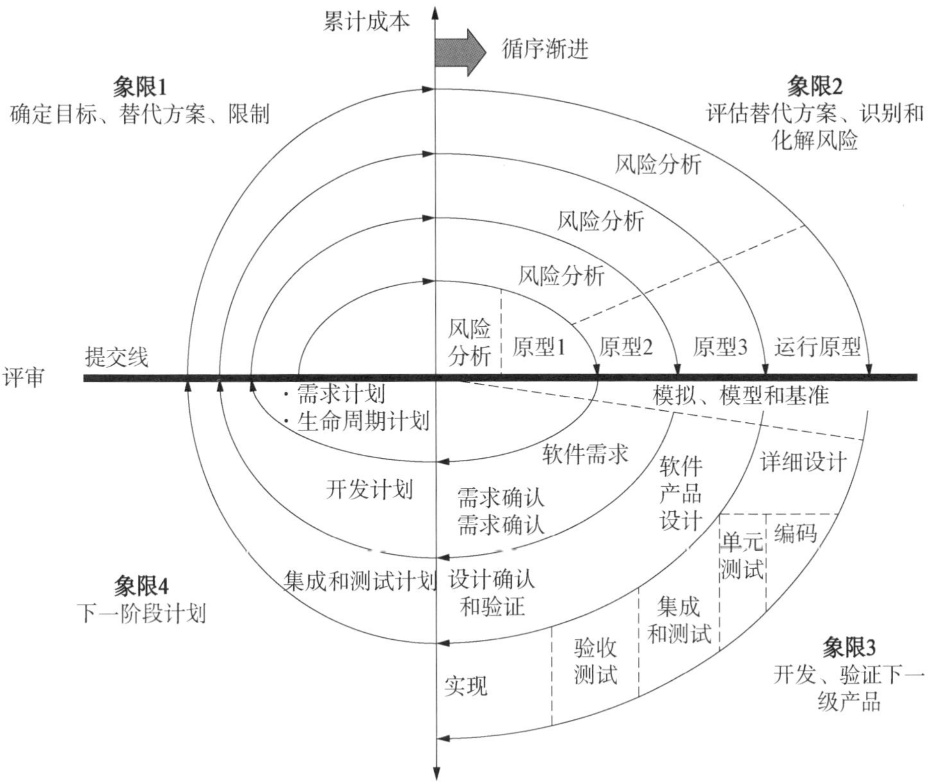

图 15.4　螺旋开发模型

（资料来源：Boehm，1988：62，图 2。经许可使用）

识集和随后的系统需求有助于产生成熟的系统设计解决方案。知识集将通过概念验证或技术验证演示发展到一个成熟的水平，值得引入市场，并从可接受的风险角度进行生产投资。

DSMC（2001）将螺旋开发描述如下：

螺旋方法也在构建中开发和交付系统，但是不同于增量方法，它承认用户需求在开发开始时没有完全形成，所以不是所有的需求都是最初定义的。最初的构建基于开发开始时已知的需求交付一个系统，随后的构建是在额外需求已知时，在满足额外需求的基础上交付（通常根据用户对初始构建的体验来确定额外需求和定义需求）。

开发螺旋由四个象限组成，如图 15.4 所示。

（1）象限 1：确定目标、替代方案和限制。

（2）象限 2：评估替代方案，识别和化解风险。

（3）象限 3：开发、验证下一级产品。

（4）象限 4：计划下一阶段。

虽然螺旋开发起源于软件开发，但是这个概念同样适用于系统、硬件和培训等。举例说明如下。

示例 15.1 发现前所未有的系统需求

假设一个组织对一个不存在的商业产品（即一个前所未有的系统）有运行需求。系统需求可能是未知的，或者可能在科学上缺乏运行环境的明确特征。那么，如何解决这个问题呢？

答案可能包括一系列使用螺旋开发的项目。每个项目都开发原型系统，产生一组规范要求。每一组项目规范要求都会不断发展，直到最终成熟，形成前所未有的系统。

在这个未定义需求的例子中，我们研究一下螺旋开发是如何用于确定可开发系统、产品或服务的需求的。

15.5.1 象限 1：确定目标、替代方案和限制

在该象限中执行的活动如下：

（1）了解系统或产品目标，即性能、功能和适应变化的能力（Boehm，1988：65）。

（2）调查实施替代方案，即设计、重用、采购和采购/修改。

（3）调查对替代方案施加的限制，即工艺、成本、进度、支持和风险。

一旦理解了系统或产品的目标、替代方案和限制，开发就进入象限 2（评估替代方案，识别和化解风险）。

15.5.2 象限 2：评估替代方案，识别和化解风险

在该象限中执行的工程活动选择一种可选的方法，该方法最能满足技术、工艺、成本、进度、支持和风险限制。这里的重点是缓解风险。为了降低与开发决策相关的风险，对每个替代方案进行了研究和原型化。玻姆（1988：65）将这些活动描述如下：

这可能涉及原型制作、模拟、基准测试、对照检查、管理用户问卷、分析建模或这些和其他风险解决技术的组合。

评估结果决定下一步行动。如果性能和互操作性（即外部和内部）风险等关键运行问题/关键技术问题仍然存在，在进入下一个象限之前，可能需要增加更详细的原型制作。玻姆（1988：65）补充说，如果所选的替代方案在运行上有用且可靠，足以作为低风险的未来产品进化的基础，随后的风险驱动步骤将是一系列朝右（见图 15.4 右侧）发展的演进原型……将介绍但不会实施编写规范的方案。这就将我们带到象限 3。

15.5.3　象限 3：开发、验证下一级产品

如果确定先前的原型工作已经解决了关键运行问题/关键技术问题，则执行开发、验证下一级产品的活动。因此，可以采用基本的方法，如 V-模型或其他模型。如适当，则增量开发方法也可能适用。

15.5.4　象限 4：计划下一阶段

螺旋开发模型有一个所有模型共有的特征——在关键阶段性点或控制点需要先期技术规划和多学科评审。螺旋的每个周期均以技术评审结束。该评审评估到目前为止开发工作的状态、进度、成熟度、优点和风险，解决关键运行问题/关键技术问题，评审计划并确定螺旋下一个迭代中要解决的关键运行/技术问题。

螺旋的后续实现可能涉及遵循相同象限路径和决策考虑的较低层螺旋。

参考　关于螺旋开发模型的更详细的描述，请参考玻姆（1988）或他的任何一本书。

15.6　迭代和增量开发模型

有时，系统和产品的开发受到多种因素的约束，举例如下：

（1）资源可用性（专业知识）。

（2）缺乏接口系统。

(3) 不断演变的接口。

(4) 缺乏资金来源。

(5) 技术风险。

(6) 后勤支持。

当面临这些限制时，用户、购买者和系统开发商可能会面临制定迭代和增量开发战略的问题。迭代和增量开发的起源可以追溯到 20 世纪 30 年代沃尔特·谢哈特在贝尔实验室提出的质量改进方法（Larman 和 Basili, 2003：2）。

该战略需要建立初始运行能力（IOC），然后是一系列增量开发“构建”，以增强和完善系统或产品的能力，从而在未来某个时间点实现全面运行能力。图 15. 5 展现了增量开发是如何分阶段进行的。

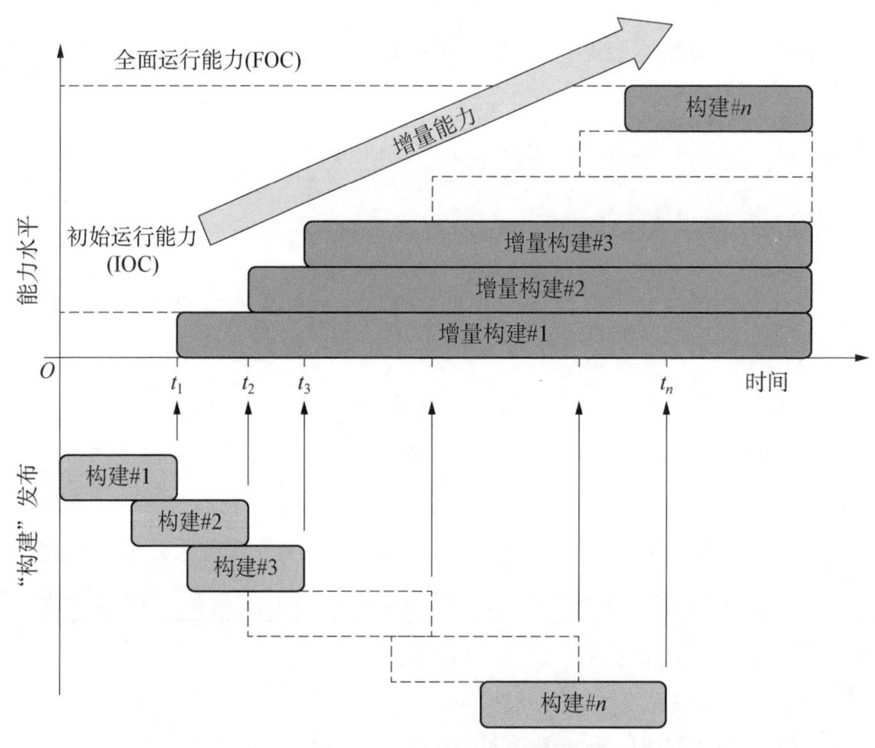

图 15. 5　增量开发模型

美国国防采办大学（2012：B－205）将增量开发描述如下：

增量方法确定了用户需求并定义了整体架构，但随后以一系列增量（即软件构建）交付系统。第一次构建包含总计划能力的一部分，下一次构建添加更多的能力，以此类推，直到整个系统完成。

玻姆（1981：41）将增量开发描述为简单的“对两次构建完整原型方法和逐级自顶向下方法的改进”。

15.6.1 实现

当前增量开发模型的实现需要“预先”建立一个健全的“构建”战略。随着每个构建周期的开始，开发团队通过单独的规范，或者通过系统性能规范的指定部分为每个构建建立独特的系统需求。每个构建都是通过一系列重叠开发模型来设计、开发、集成、测试和验证的，如图 15.6 中所示的 V -模型。

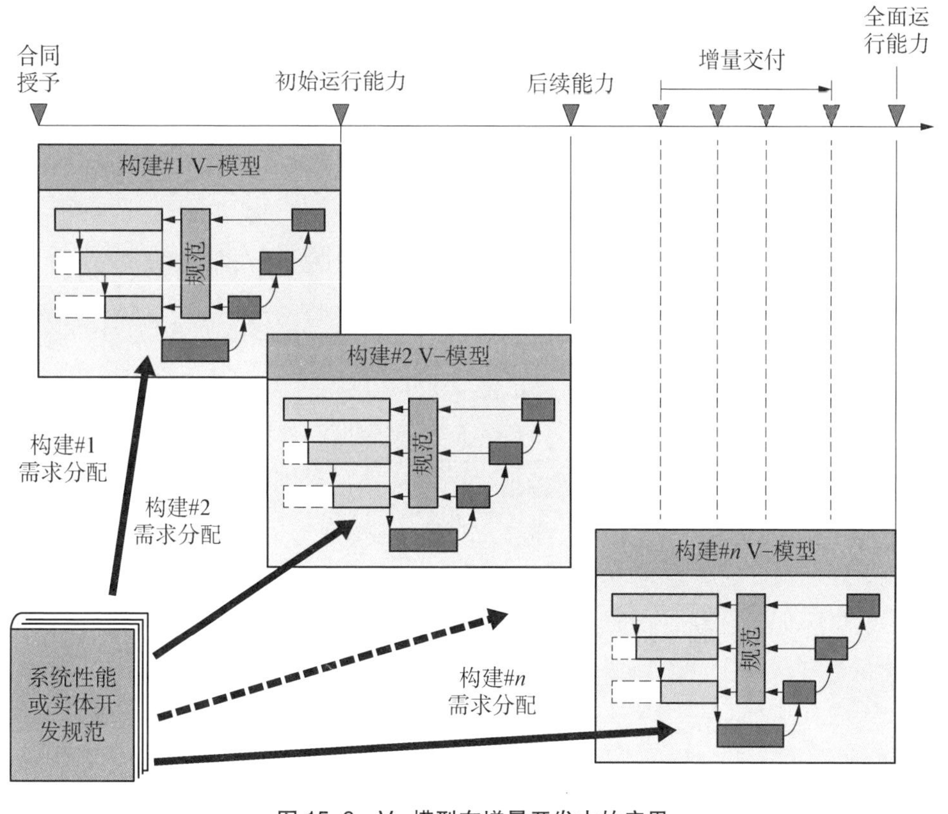

图 15.6 V -模型在增量开发中的应用

参考 有关迭代和增量开发历史的更多信息，请参考拉尔曼和巴西利(2003)。

15.6.2 系统工程挑战

在实施增量开发模型方法时，系统工程师必须与其他学科人员合作完成以下事项：

(1) 使用系统性能规范，彻底分析它并将能力集划分为多个“构建”。

(2) 根据时间安排“构建”以反映用户的优先事项次序，如能力差距、紧急程度、可用资源和计划等。

(3) 向下传递并分配需求——系统—产品—子系统—组件。

增量“构建”可能包括将较新的部件集成到系统中并升级现有部件。系统工程师面临的挑战是确定如何在不中断现有系统运行或不降低其性能的情况下，建立和划分初始能力集，并随着时间的推移集成其他能力。需要进行深入地接口分析，确保“构建”集成按正确的顺序进行，并且支持工具可用。

15.7 演进开发战略和模型

玻姆（1988：63）指出，演进开发模型基于一个前提，即“阶段由一个可运行的软件产品的扩展增量组成，演进的方向由运行经验决定”。这个概念的基础是一系列通过预先计划产品改进（P3I）的系统发布或产品开发的演进战略。演进开发为购买者、用户和系统开发商提供了一个潜在的解决方案，随着时间的推移和需求的细化，演进出一个系统设计解决方案。如第 20 章将要讨论的，一些系统或产品是一次性的，其他是长期的、多用途的。对于某些任务和系统应用，通常在系统采购时就知道需求是什么。在其他应用中，你可能只能定义几个“预先”目标和能力。随着时间的推移，部署的系统/产品需要新的能力，因为组织的问题/机会空间会因为竞争或安全威胁的存在而不断发展。

有些系统，如计算机，会很快过时，然后被淘汰和处置。从商业角度来看，升级和维护设备的成本令人望而却步，如升级现有计算机的硬件和软件相对于购买新计算机的边际效用和投资回报率。

相比之下，一些用户在预算减少和外部环境变化的缓慢驱动下，使用的系统和产品可能会远远超出其最初的预期使用寿命。举例如下。

示例 15.2 B－52“同温层堡垒”轰炸机使用寿命

美国空军 B－52 轰炸机的服役寿命预计持续到 21 世纪（全球安全——B－52“同温层堡垒”轰炸机使用寿命，2011 年）。在其生命周期中，通过能力升级，轰炸机的系统和任务已经从 1955 年首次引进时的初始作战能力发展到现在的状态（全球安全——B－52 轰炸机历史，2011 年）。B－52 轰炸机的预计使用寿命远远超过了其创造者的设想。

15.7.1 演进开发模型的谬论

从概念上讲，演进开发模型可能适合某些应用。然而，它也有它的谬论（玻姆）：

（1）谬论 1：演进开发通常很难从旧的“边写边改”（code-and-fix）模型中定义出来，其“面条式代码”（spaghetti code）和缺乏规划是瀑布模型的最初动机（Boehm，1988：63）。

（2）谬论 2：演进开发也基于通常不切实际的假设，即用户的运营系统将足够灵活，以适应非计划的演进路径（Boehm，1988：63）。

关于谬论 2，玻姆（1988：63）指出，这一假设在三种重要情形下是不适用的：

（1）几个独立演进的应用程序随后必须紧密集成。

（2）信息固化，即针对软件缺陷的临时解决方案日益固化为对演进的不可改变的约束。

（3）桥接，即新软件将逐步取代现有的大型系统。如果系统模块化程度很低，那么很难在旧软件和新软件的扩展增量之间提供一系列良好的“桥梁”。

任何类型的迭代开发（如螺旋开发）都面临的一个挑战是需要收敛和关闭系统设计解决方案。也就是说，避免与似乎永远不会完成的自定义、无限循环 SDBTF－DPM 工程范式相关的属性。这就引出了敏捷开发模型。

15.8 敏捷开发战略和模型

原理 15.1 敏捷增量产品发布原理

基于每个产品对用户的价值和优先次序，使用称为 sprint 的短迭代开发周期增量地开发和及时（JIT）交付产品发布。

15.8.1 什么是敏捷开发？

当人们认为某事是“敏捷”的时候，其内涵是指一个人能够灵活地做出决定并做任何他们喜欢的事情，“只是为了完成工作”。事实是，每个从事项目的人都不能随心所欲，否则将导致混乱。然而，这个术语的意图源于组织或项目提供快速响应客户需求（通常是动态的）的能力和灵活性的需要。在这种情况下，考虑以下定义：

敏捷开发——团队采用的高度迭代、基于方法的开发过程，其目的是：①响应不断变化或发展的客户、用户或市场需求和优先事项的环境；* ②与客户合作，了解、澄清和确定运行需求的优先次序；③灌输团队成员的日常互动和责任感；④以增量方式准时生产和交付高价值—高回报的系统、产品或服务，以满足需求。**

15.8.2 为什么系统、硬件或软件开发需要“敏捷”？

2004 年，国际商业机器公司开始对“世界各地的首席执行官和公共部门领导人进行每半年一次的调查，了解他们对新趋势和新问题的看法”（IBM 2012：3）。例如，2012 年国际商业机器公司的调查提出了以下问题：

> 首席执行官如何应对日益相互关联的组织、市场、社会和政府（我们称之为互联经济）的复杂性？
>
> ——（IBM 2012：13）。

自 2004 年到 2010 年，首席执行官每年都将市场因素排在优先级的第 1

---

* **客户与用户**

注意客户和用户术语的选择。敏捷软件开发人员通常使用“客户”。然而，“客户”是一个抽象的术语，有许多含义。在系统工程中，我们区分用户、最终用户和系统购买者作为用户采购和技术代表的角色。在本节后面的内容中这将成为一个非常重要的点。

** **产品发布背景**

注意术语“发布”的使用。“发布”可能有两个背景：

(1) 背景#1——项目内部分发。

(2) 背景#2——向现有客户的外部分发，如由于新的计算机病毒导致的紧急安全更新。

位。相比之下，技术因素的优先级从2004年的第6位提高到2006年、2008年和2010年的第3位。在2012年的调查中，技术因素取代了市场因素，市场因素的优先级降至第3位（IBM 2012：13）。

要注意国际商业机器公司研究的重点是互联经济，这里有一个重要的教训要吸取。注意短语“应对……的复杂性”。计划在未来几年开展业务的企业必须根据客户、市场和竞争力（如上市时间）改变其系统开发范式。否则，它们可能无法生存或者被竞争对手吞噬。响应变化是敏捷开发方法的一个重要组成部分。

15.8.3 敏捷开发起源

许多人错误地认为敏捷开发的概念是一种新的创新，起源于软件开发。这一说法部分正确，但也导致了许多广为流传的误解。现实情况是敏捷软件开发这个头衔有两个来源：

（1）1991年内格尔和达夫在理海大学艾科卡研究所进行的敏捷制造研究。

（2）一系列迭代和增量软件开发框架的“打包”（Highsmith，2013），尤其是从20世纪80年代到90年代的框架，这些框架从20世纪60年代甚至更早就开始演变。

下面我们来进一步探讨这两个来源。

15.8.4 1991年敏捷制造研究

敏捷开发的概念和命名受美国国防部长制造技术办公室（MANTECH）项目委托在理海大学艾科卡研究所进行的一项研究的影响。内格尔和达夫（1991）在标题为《21世纪制造企业战略：以行业为导向的观点（第1卷）和基础设施（第2卷）》的两卷报告中公布了研究结果。在报告中，“跨越门槛：敏捷制造企业愿景”确立了敏捷制造文化的愿景。这个概念和敏捷名称的意义为敏捷软件开发作为一种理念提供了基础名称。

15.8.5 敏捷软件开发的起源

从软件开发的角度来看，“敏捷”属性起源于与迭代和增量开发方法演变相关的早期模型。拉尔曼和巴西利（2003：2）指出，迭代和增量开发方法可

以追溯到20世纪50年代。他们还指出，敏捷开发实践从20世纪60年代就存在于美国国家航空航天局的“水星计划”中。“水星计划”是“有时间限制的”，类似于极限编程实践。软件开发人员采用“测试优先”的开发方法，在每一次“微增量”之前都做计划和编写测试。

在20世纪80年代和90年代，软件开发方法继续推动早期的迭代和增量开发方法向前发展，发展重点是将软件原型化作为一种风险缓解方法。玻姆（1988）的螺旋模型就是一个例子。

20世纪90年代，各种思想领袖创造了各种软件开发原型方法，如适应性软件开发、极限编程、crystal light和scrum。这些思想领袖中有许多人撰写了关于这些软件开发方法的书籍。

海史密斯（2013）指出，从20世纪90年代末开始，许多创新者开始认识到他们方法的相似性，并开始了一系列对话，寻求利用他们工作成果的方法。在几次初步会议之后，小组决定在2001年召开一次会议，为软件开发创造一种新的理念。2001年，创建了诸多软件概念（如极限编程、scrum、DSDM、适应性软件开发、crystal、特性驱动开发、实用编程，以及赞同需要一个文档驱动、重量级软件开发过程替代方法的其他概念）的组织的17名代表参加了会议（敏捷宣言：2001a）。

会议的决策结果之一是一个称为“敏捷软件开发”宣言的框架。作为一种新的软件开发理念，宣言指出：

我们正在通过实践和帮助他人的方式来发现开发软件的更好方法。通过这项工作，我们得出了相应的价值观：

（1）个人和交互重于过程和工具。

（2）可用的软件重于完备的文档。

（3）和客户协作重于合同谈判。

（4）响应变化重于遵循计划。

也就是说，虽然右边的项目（纯文本）有价值，但左边的项目（黑体）价值更高。

——（网页——敏捷软件开发宣言：2001c）。

经过考察，大多数人本能地（而且错误地）将上面四个陈述中的每一个悖论都解释为相互排斥。海史密斯（2013）承认这是一个沟通问题。不过，请重新阅读以上陈述。首先，注意词语“重于”。他补充说，这些陈述并没有说明个人和交互比过程和工具更重要。这些陈述只是作为自相矛盾的选择来呈现。如果给你一个选择，你会选择哪一个：

（1）（优秀的）个人和交互，还是（平庸的）过程和工具？

（2）可用的软件，还是完备的文档？

（3）与客户协作，还是合同谈判？

（4）响应变化，还是遵循计划？

现实情况是，系统开发项目需要某种程度自相矛盾的选择。但是，不管使用怎样的开发过程——V-模型、螺旋开发模型还是敏捷开发模型，客户都希望与这样的开发人员合作：知道如何思考和响应他们的需求，不会被僵化的计划、过程和文档实践而压倒。

会议的另一个关键方面是与会者确定了一套关键原则。后来这些原则被称为“敏捷软件的十二条原则”（敏捷宣言：2001b）。

随着软件开发新理念的出现，决策挑战变成“我们该给它取什么名字?”海史密斯（2013）表示，该团队在个人便笺上确定了一些描述性术语，并贴在墙上进行评审和讨论。在此过程中，几个熟悉内格尔和达夫（1991）敏捷制造概念的团队成员将名字描述为所提出的软件宣言中的表达方法的最佳描述词之一。结果，新的理念就称为“软件开发的敏捷宣言”。

结合敏捷开发起源的背景，我们来探讨一下敏捷软件开发是如何执行的，目的是概述敏捷开发的基本概念。

参考　鼓励你阅读敏捷软件开发宣言网站（敏捷宣言：2001c）中列出的作者的作品。

15.8.6　敏捷软件开发概述

敏捷软件开发的重点是向客户或用户交付具有“最高价值——最高回报”和优先级别的系统、产品或服务的增量版本发布。传统的系统开发任务侧重于基于任务的最终可交付物。这些任务通常以周或月为单位进行衡量。相比之下，敏捷软件开发的重点是以天为单位，而不是以周、月或年为单位进行衡量的增量发布的短开发周期。

尽管采用挣值管理（EVM）方法的传统 V -模型和螺旋开发模型具有任务里程碑，这些里程碑可能相隔几周到几个月，会导致效率低下，但每日敏捷会议（称为“每日站会”）可确保有条不紊地专注于收敛和关闭，实现特定的基于行为的结果。有些人认为这是微观管理方式的系统开发，而另一些人则认为它通过排除不必要文档、步骤和浪费，提高了工作效率，类似于六西格玛设计（DFSS）。

从概念上讲，如果你基于对日常任务结果（而不是几周或几个月）的责任感和向客户交付“高价值—高回报”的版本发布来关注和衡量进度，那么在实现相同的最终结果（即在风险可接受的情况下，在预算内按时交付产品、系统或服务）方面，你应该更高效且更有效。*

为了更清楚地了解敏捷软件开发是如何执行的，我们首先进行了概述性描述，然后介绍了一些详细信息。图 15.7 所示为敏捷产品开发周期的通用示例。

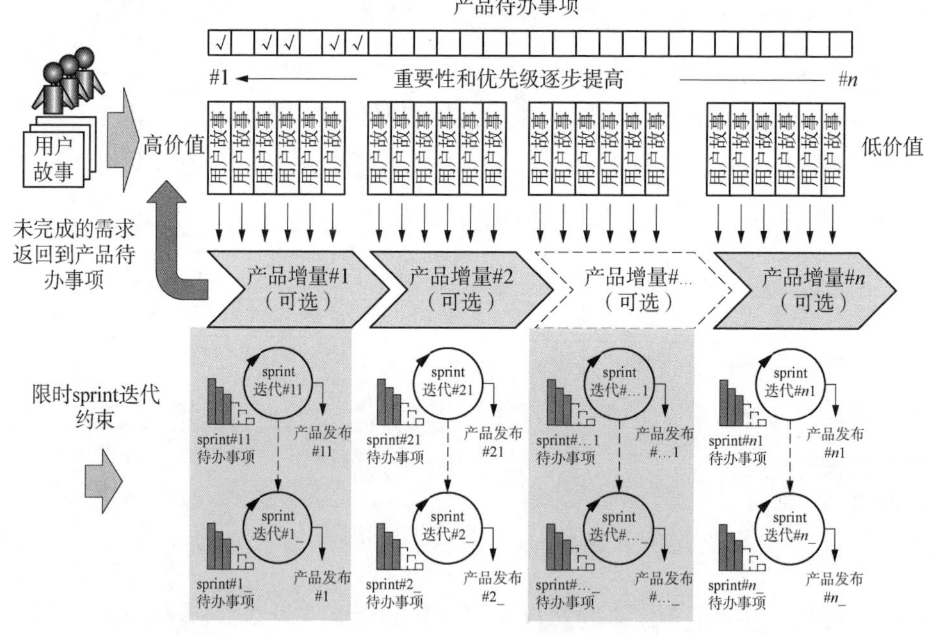

图 15.7　敏捷产品开发周期

* **责任、效率和有效性**

请注意，我们说的是“从概念上讲”。最后一句话在纸面上听起来不错，但对各种类型的市场、业务领域和合同等不同的背景来说有着不同的含义和影响。

敏捷软件开发始于软件开发人员和他们的客户之间的协作。协作产生了一系列用户故事。这些用户故事是表达每个客户角色特有运行需求或要求的简短陈述。软件开发人员分析用户故事，并与客户一起跟进：

（1）阐明他们对运行需求和语义的理解。

（2）根据高价值需求和交付顺序确定客户的优先事项。

然后，软件开发人员与客户一起对需求集进行优先排序和评审，最终确定优先事项集。优先库称为“产品待办事项”。

作为一个性能跟踪工具，产品待办事项中的客户需求是通过一个称为“燃尽图”的图形来跟踪的，如图 15.8 所示。产品待办事项的状态代表通过一系列产品增量开发周期或 scrum 待实现的优先需求库。

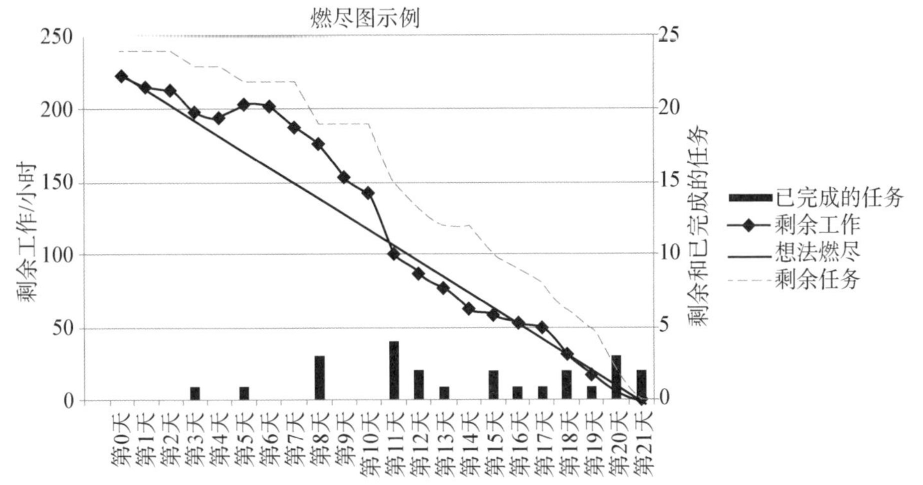

图 15.8　产品燃尽图示例

［资料来源：Straub（2009），维基共享资源——公共领域使用］

15.8.7　主题、史诗和用户故事

原理 15.2　用户故事创作原理

每个用户故事都应该由用户从基于特定角色的系统、产品或服务使用的角度，用自己的语言编写。

原理 15.3　用户故事组成原理

每个用户故事都由两部分组成：①需求陈述；②满足条件（COS）

（Cohn, 2008）。

原理 15.4　用户故事优先级原理

根据发起人的角色、需求、价值以及对组织或任务的优先级来表达每个用户故事。

敏捷软件开发使用主题、史诗和用户故事等术语来描述与客户的协作。组织和开发商对于哪一个是有价值的也有不同的观点。用户故事往往是首选。为了更好地理解每个术语的范围，我们从用户故事开始，将用户故事与主题和史诗联系起来。

每个用户故事都由两部分组成：

（1）需求陈述——客户或用户的个人需求陈述。

（2）满足条件（Cohn, 2008）——客户或用户计划如何确认可交付产品是否满足需求陈述。

通常，用户故事的每一部分都是由客户或用户手写在索引卡或便利贴的正面，可以很容易地钉在或粘在墙上。索引卡或便利贴的一面是运行需求；另一面则是需求的确认。由于敏捷开发的一个关键方面是客户或用户对“高价值—高回报”需求的确定，因此在墙上模拟时可以四处移动便利贴或索引卡。让我们从需求陈述开始介绍。

15.8.7.1　需求陈述

原理 15.5　用户故事语法

每个用户故事的语法格式是“作为<用户类型>，我想要<目标>，以便<原因>”（Cohn, 2008）。

科恩（2008）建议使用标准格式，例如：

“作为<用户类型>，我想要<目标>，以便<原因>”。

为了说明科恩的标准格式，请思考以下示例。

示例 15.3　用户故事捕获

作为一名商务旅行者（用户角色），**我想要**一个带无线连接的便携式设备（目标），**以便**我可以从互联网上下载当前和未来的天气情况，从而根据天气规划户外工作任务（原因）。

科恩（2008）认为，用户故事通常“更具信息性，可以让特定的用户更容易执行动作。”他还提到，人们经常质疑用户故事模板中“原因”属性的价值。

科恩（2008）引用了“**以便**”结构的两个优点，即它有助于确定：

（1）即使在写了很久以后一个故事的意义和相对重要性。

（2）确定潜在的替代解决方案。

其他人则指出，“以便”结构可以洞察用户的动机。

一旦收集了用户故事，一些组织会将它们保存在电子表格或数据库中，并为用户角色、目标和原因分别设置单独的列。这提供了一种快速分析和挖掘数据集的方法，尤其是在识别一组用户故事、客户和用户的共性需求方面。

每个用户故事都有其作为用户（管理员、操作人员、维护人员、培训师或最终用户）角色所特有的个人背景，以及能够对过去的经历提供一些改进或者克服某些问题的预期结果。因此，每个用户故事都应：

（1）根据建立故事背景的创作者的角色，而不是名字来编写。但是，你仍然需要根据需求确定用户名和联系信息，以便进行后续协作。

（2）加盖日期戳。

（3）向用户表达重要程度（如 1~10）。

另外一个示例如下。

示例 15.4　用户故事——计算机病毒检测程序更新日期：XX/XX/XX

作为一名对我企业的计算机网络完整性负责的经理（用户），**我需要**一个即时的快速修复程序（目标），**以便**我们能够隔离病毒并防止它们进一步扩散（原因）。

个人价值：10 分，从 1 分（低）到 10 分（高）。

敏捷软件开发人员将用户故事视为用自己的语言记录用户对实际或感知运行需求的观点的一种手段。

一旦对最初的一组用户故事进行了评审和分析，它就为敏捷软件开发人员提供了一个依据，以便跟踪每个用户故事创作者，讨论需求的实现。请注意，最后一句中提到的需求并不是表示规范要求或能力需求——只是“需求”而已，至少在敏捷软件开发环境中是这样。

15.8.7.2　满足条件

由于一个系统、产品或服务的成功实现至少在商业上取决于客户的眼睛、头脑和经验，因此同样重要的是让他们用自己的语言描述他们期望如何确认满足了他们的需求陈述。科恩（2008）将这些称为“COS”。他指出，COS 不是可执行的测试，但它们确实说明了应该在高级别测试什么。每个 COS 都应写在索引卡或便利贴的一面，与另一面的用户故事相对。下面的例子说明了在示例 15.4 中，对于熟悉流程的熟练用户来说，COS 应该如何阅读。

示例 15.5　COS（索引卡背面）

我会打开设备，上网，输入天气网站的网址或选择一个书签网址，输入我的位置，查看、下载或打印当前天气状况或未来天气报告。

敏捷软件开发人员通常认为用户故事是与用户（客户）签订合同的一种形式。原则上说，这个比喻很贴切。然而，在其他业务领域，这是一个用词不当的表述，除非需求被正式记录在一个规范中，而且该规范通过被引用并入了一个具有法律约束力的合同中。

允许用户故事随着时间演变和改变的概念意味着软件开发处于不断变化的状态。软件更新不仅包括增量更新，还包括对以前交付产品的修订。在一个商业化产品的敏捷软件开发环境中，一个产品的许多迭代都是以内部费用进行原型化和试销的，这是可以接受的。但是，在其他环境中情况并非如此，尤其是基于固定价格（FFP）合同的大型系统的开发环境。如果允许用户故事随着时间的推移而演变和改变，那么签署成本加固定费用（CPFF）合同或签署一系列演进和成熟化用户需求合同可能是适应不断演变的用户故事的合理解决方案。

最后，主题和史诗与用户故事的关系简单陈述如下：

（1）史诗是代表用户故事集合的抽象。科恩（2008）建议，尽可能长时间地保持包含大量依赖关系的用户故事的大型史诗。

（2）主题是客户对涵盖多种用户故事的一类产品的总体描述，如医疗输液设备或雷达技术。

主题和史诗这两个术语的观点、相关性使用和用法因组织而异。

以上我们基本上了解了用户故事、主题和史诗，接下来讨论如何通过敏捷产品开发周期实现用户故事。

15.8.7.3　用户故事与用例的对比：有什么不同？

用户故事和用例的概念有时会让工程师、分析师、项目经理、职能经理和高管感到困惑。用户故事是敏捷软件开发人员语义中的一个关键术语。敏捷软件开发人员倾向于在一个术语与另一个术语的偏好上两极分化。这两者的区别如下：

（1）用户故事只是简单的个人陈述，用用户自己的话表达了他们基于角色的运行需求。用户故事和其他工具，如质量功能展开，在执行用户需求分析（第5章）时很有用。

（2）用例只是表示用户期望系统、产品或服务响应一组刺激、激励或提示而生成的基于行为的能力（如打印报告）。

用户故事记录了表达的需求（need）、需要（want）或愿望（desire）。用例阐述了用户如何与系统开发商合作，设想一个系统、产品或服务来满足用户的需求，然后将用例分解为一系列操作任务（主要用例流）和场景驱动的替代任务（替代流），每个任务都要完成基于行为的结果。尽管两者有所不同，但都是与用户合作编写的，使用的语言都易于理解、审阅和反馈评论。*

认真想想，如果用户故事确定了“基于使用”的需求，那么下一个逻辑步骤就应是确定各种用例和使用场景。简单地说就是确定：①为了产生满足用户需求的结果，期望系统、产品或服务完成什么？②可能出现的问题是什么？

敏捷软件开发人员对用户故事和用例偏好的两极分化通常围绕着两个关键论据，这两个论据取决于个人能力。例如，以下是他们观点的论据：

（1）用户故事偏好论据——当我们可以根据用户故事与用户协作时，为什么要编写一个正式的××页的系统用例文件。如果故事改变了，我们可以改变软件来满足用户的需求，并不需要太多的“纸上谈兵”。

（2）用例偏好论据——用户故事没问题，但是我不能把一组用户故事交给经验不足的人员。否则他们会不断向我提出要求，要求澄清和解释如何执行这些高级陈述。这就是为什么用例文件提供了明确的信息，系统开发商和用户企业可以使用这些信息，而无须考虑是否有经验。

然而，争论不仅仅只是用户故事与用例的偏好，还有其他方面。最后一点说明了敏捷软件开发人员之间的两极分化：

（1）有人说用户故事源自用例。这些人认为，用户故事代表模拟用户交互

* **用例的误用**

系统工程师、工程师和分析师经常会将用户故事和用例等术语的用法复杂化。由于使用不当，因此像有用（无用）案例这样的注释很常见。例如，不专业的系统工程师和其他人员试图利用用例（一点点知识）来确定用户的运行需求，一旦遇到困难，就会怪罪于用例。再一次强调：

（1）用户故事有助于确定用户“基于使用”的运行需求。

（2）用例简单地阐述了一个概念，说明这些需求如何使我们能够定义主要和替代流任务（能力），成为界定和规定系统、产品或服务规范要求的依据。

和系统行为响应的用例 SysML™ 活动图的片段或分支。

（2）其他人则认为用例源自用户故事。科恩（2008）在提到敏捷软件开发时指出，一些人把用户故事和用例混合使用。他们从大型史诗作为用户故事开始，然后使用用例提供额外的细节。最终，组织演变成了用户故事。

一些人认为用户故事对于缺乏经验的人来说过于抽象，用户故事到用例的转换可能反映了这种情况。目前尚不清楚，随着时间的推移，用户故事的演变是否是组织人员成熟到用户故事足以匹配其经验和技能水平的结果。

那么，这一讨论与系统工程师有什么关系？敏捷开发方法如何让系统工程师受益？答案是，用户故事和用例对系统工程师都有相关性和重要性。这将我们带到下一个主题：了解用户故事、用例和规范要求。

15.8.8 敏捷开发周期

敏捷开发周期通常称为“scrum”。scrum 的概念是由施瓦布和萨瑟兰（2011）在 20 世纪 90 年代提出的。作为一个基础概念，scrum 是对软件开发新敏捷宣言理念的一个重要贡献。

施瓦布和萨瑟兰（2011：5）对 scrum 的描述如下：

> scrum 是一个支持复杂产品开发的框架。scrum 由 scrum 团队及其相关角色、事件、工件和规则组成。框架中的每个组件都服务于一个特定的目的，并且对 scrum 的成功和使用至关重要。

scrum 一词：

（1）源自橄榄球比赛，与违规或比赛停止后重新开始比赛的队形相关（橄榄球 IRB 2013，第 20 号法律：134）。

（2）有时称为“开发周期”或“迭代”。

敏捷开发团队或 scrum 团队由产品负责人、开发团队和 scrum 管理员组成。对这些角色的简要概述如下（Schwaber 和 Sutherland，2011：5－7）：

（1）产品负责人——对完成工作负责的个人，充当客户代言人，最大化敏捷开发团队的价值，维护用户故事和任何变更的优先次序。

（2）开发团队——一个自组织的、可能是多学科的团队，负责执行工作，并逐步发布工作成果。

（3）scrum 管理员——作为 scrum 团队的“仆人式领导”的某个人，确保符合“scrum 理论、实践和规则”。

参考 关于 scrum 框架及其实现的详细描述，请参考施瓦布和萨瑟兰（2011）。

15.8.9 敏捷产品开发周期或 scrum

原理 15.6 用户故事库

创建由产品负责人管理的产品待办事项，作为一个存储和管理所有用户故事的库。

原理 15.7 用户故事范围原理

确定在 sprint 的规定时间内要完成的选定用户故事集的范围。

敏捷开发的目标之一是在一系列 7~14 天的短迭代（称为“sprint”）过程中向客户增量交付高价值的产品版本。最终目标是确定一组更高价值的需求或用户故事，可以由敏捷开发团队或 scrum 团队通过一系列 sprint 来实现。sprint 一直进行到产品待办事项中的所有用户故事在规定时间内实现为止。科恩（2008）表示，“好的产品待办事项”的 90%由用户故事组成，剩下的 10%“仅仅是东西”，且这些东西可能会转化为用户故事。

于是面临的挑战变成了：敏捷开发或 scrum 团队如何从产品待办事项中大量的具有优先次序的客户/用户故事或需求中得到一个可以在 7~14 天内实现和发布的小需求集？这是我们接下来讨论的重点。*

15.8.10 产品增量（可选）

原理 15.8 敏捷产品增量原理

根据一组用户故事创建可选的产品增量，这组故事形成了经过策划的软件“构建”版本。

* **增量发布背景**

敏捷开发增量发布的背景很重要。发布的两个背景如下：

（1）背景#1——项目内部分配给其他开发人员，如开发模型和模拟的系统分析师。

（2）背景#2——向现有客户的外部分发，如由于新的计算机病毒导致的紧急安全更新。

虽然《Scrum 指南》（Schwaber 和 Sutherland，2011）本身并没有介绍产品增量，但一些组织更愿意将其作为可选步骤，特别是在大型项目同时执行多个 sprint 的情况下。

参考图 15.7，敏捷开发或 scrum 团队将最高优先级的用户故事或需求划分为一系列产品增量，如产品增量#1 和产品增量#2。每个产品增量的范围是在规定的时间段或时间限制（如 30~45 天）内完成的。

原理 15.9　产品待办事项完成原理

按照已完成的、正在进行的和尚待实现的三种类型，跟踪产品待办事项中用户故事的计划和实际执行情况。

在敏捷软件开发中，产品增量待办事项需求库通常并不存在；但是，出于执行情况跟踪的目的，建议使用该需求库。最终，任何未在规定时间内完成的产品增量需求必须返回到更高级的产品待办事项需求库中，以便分配给后续的产品增量。

15.8.11　sprint 开发周期或 scrum

原理 15.10　sprint 待办事项完成原理

按照已完成的、正在进行的和尚待实现的三种类别，跟踪 sprint 待办事项用户故事的计划和实际执行情况。

从产品增量#1 开始分析客户需求，并将其划分为一系列 7~14 天的 sprint scrum，以便实施和增量交付。分配给每个 sprint 的产品增量需求分配并向下传递至 sprint 待办事项库，用于跟踪执行情况，如图 15.8 所示的燃尽图示例。

原理 15.11　每日站会原理

进行简短的每日站会，评估个人或团队对以下三个问题的责任：

（1）你昨天完成了什么？

（2）你今天需要解决哪些问题？

（3）你今天打算完成什么？

每个 sprint 都包含在每个工作日开始时进行的多个每日站会。每日站会为 15 分钟的“站立”问责讨论会，供敏捷开发团队成员回答三个关键问题（原理 15.11）。

（1）你昨天完成了什么？

（2）今天需要解决哪些问题？

（3）你今天打算完成什么？

原理 15.12　不完全用户故事原理

将在 sprint 限时结束时未完成的用户故事返回到产品增量待办事项（可选）或产品待办事项，以便重新安排优先顺序并重新分配给后续的 sprint。

随着每一个 sprint 增量发布产品需求及其实现，sprint 待办事项将减少。当 sprint 到达规定时间时，尚未实现的剩余需求将返回到更高级的产品增量待办事项（如适用），以便重新分配给下一个或后续的 sprint。

根据这一概述性讨论，接下来我们深入研究一个 sprint 方法的例子。

每个 sprint 迭代周期都是一个迭代的、基于方法的过程，如图 15.9 所示的例子。例如，sprint 方法中的关键步骤如下：

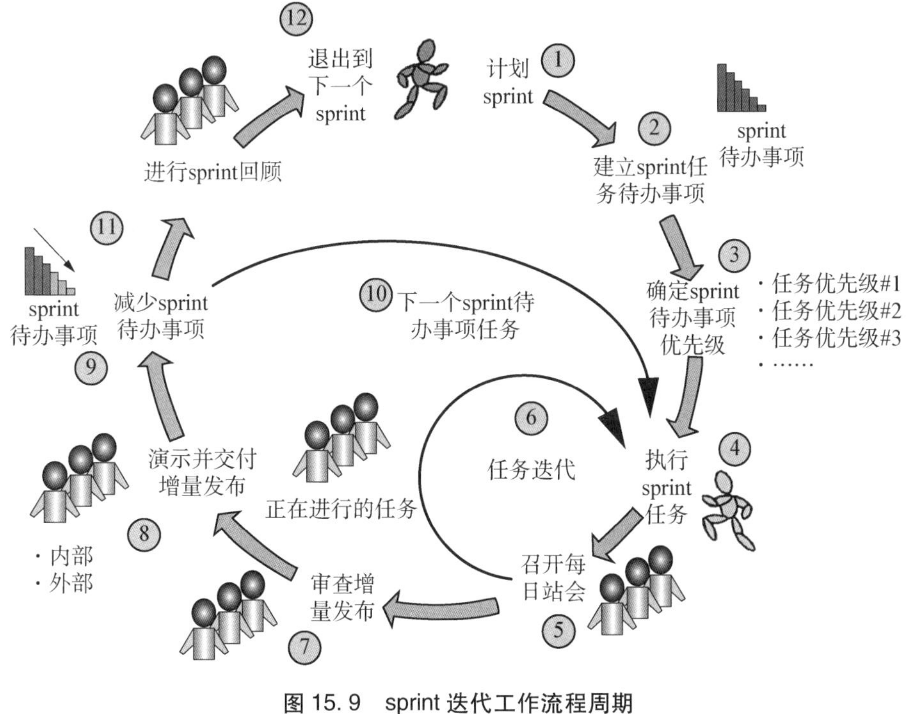

图 15.9　sprint 迭代工作流程周期

（1）计划 sprint。

（2）建立 sprint 任务待办事项。

（3）确定 sprint 待办事项任务优先级。

(4) 执行 sprint 任务。

(5) 召开每日站会。

(6) 任务迭代直至完成。

(7) 审查增量发布。

(8) 演示并交付增量发布。

(9) 减少 sprint 待办事项。

(10) 循环回到下一个 sprint 待办事项任务。

(11) 进行 sprint 回顾。

(12) 退出到下一个 sprint。

15.8.12　最少文档方法

敏捷开发团队将用户故事划分成更小的增量，以适应 sprint。需要注意的是，sprint 专注于用最少的文档开发产品。回想一下敏捷软件宣言中自相矛盾的陈述。索拉特（2012）提供了关于“最少”文档考虑的见解。

我们上面的讨论侧重于通过 sprint 实现有优先次序的用户故事。用户故事的实现需要两项工作同时进行：产品开发和文档。随着对增量产品交付的关注，文档有落后的趋势。关于这两个问题的询问常常会遇到一个自相矛盾的说法：“你想让我做什么？产品还是文档？由于我们的日程很紧，只能任选其一，你不能两个都要。”文档落后的程度是个问题。有些人建议将文档作为用户故事包含在产品待办事项中。我们将在本章后面更详细地讨论这一点。

15.8.13　敏捷软件开发：风险方法

原理 15.13　开发过程模型原理

根据产品（而不是项目）特有的需求、技术、团队技能和进度风险约束，选择开发过程模型。

在选择合适的开发过程模型时，海史密斯（2013）建议考虑他所说的探索因子（EF）。一般来说，EF 表示与新开发相关的不确定性或风险水平。例如，EF=1 表示需求众所周知的低风险开发。EF=10 表示需求和/或技术相对未知的高风险。例如，一个 EF 为 3~4 的项目可使用许多开发方法中的任何一种，如 V-模型、螺旋和敏捷。

大多数组织进行研发以满足对未来市场的预测，确保竞争优势。目标是启动新技术或技术应用的“流水线”，确保新技术或技术应用准时成熟，满足关键项目需求。这就引出了一个关键问题：如果这是组织战略，那么研发做了什么或没有做什么，会导致项目在客户可交付成果上敏捷开发工作的 EF 为 10？海史密斯（2013）提到：敏捷有许多不同的风格，这取决于 EF。如果 EF 低，那么迭代将会按照计划进行，即使是在发布计划的级别——6 个月以上。如果 EF 高，那么迭代将更像研发。即使当你认为你知道需求是什么的时候，短的迭代仍然是有价值的——因为通常情况下不是这样的。

原理 15.14 风险—成功预期原理

根据风险水平调整项目的成功预期（Highsmith，2013）。

海史密斯对 EF 项目提出了注意事项。当 EF 从 1 升到 10 时，你必须改变对成功的期望。EF 为 10 的高风险需求和技术项目的成功可能与 EF 为 1 的项目不同。

15.8.14 测试驱动开发

敏捷开发的关键方法涉及一个称为“测试驱动开发”的概念。测试驱动开发通常用于软件开发，包括在开发可交付产品（生产）代码之前，为能力或特性编写软件测试用例。

从概念上来说，测试驱动开发的意图是使用需求语句来建立一个阈值，表示“开发的代码不超过通过测试所需的数量”。这里的基本假设是：需求和测试都是有效的，并且准确地解决了要解决的能力问题空间。也许有人会争辩说，这样工作重点会从工程设计转移到无限循环的 SBTF 范式，以“通过测试”为目的。最终，结果取决于敏捷开发团队的文化和纪律。

考虑到测试程序通常是在硬件或软件部件设计完成之后编写的，因此被测装置（UUT）可能会被过度设计。此外，作为测试依据的规范要求有写得不好、不可验证或费用昂贵的风险（第 22 章）。因此，测试驱动开发的概念有其显著优势。

15.8.15 专题：系统工程和敏捷软件开发

前面对敏捷软件开发的概述引出了一个关键问题：系统工程如何利用敏捷

开发方法来提高整体系统工程和项目的效率和有效性？在这一点上，你可能已经注意到，敏捷软件开发采用了不同于本文其他地方的概念和语义。表 15.2 所示为系统工程与敏捷开发概念和语义差异的一般比较。

表 15.2　系统工程和敏捷开发语义对比

系统工程语义和概念	敏捷软件语义和概念
用户、最终用户、系统购买者	客户
运行需求	要求
用例和场景	用户故事、史诗、主题
系统抽象层次	多级 scrum
能力	特性
基本文档	最少文档
多级部件验证系统验收和交付	增量产品发布

15.8.15.1　多学科系统工程的敏捷应用

人们通常会问：敏捷开发如何应用于系统工程？一般来说，对于需要对具有各种类型的独特工作流程的多学科进行集成的中大型复杂系统来说，也许有一个更好的问题要问：系统工程是否有使用敏捷开发方法可以提高活动的性能的基于任务的活动？答案是肯定的。在我们列举一些例子之前，需要说明几点：

（1）敏捷开发根据客户的需求和优先次序产生增量、高价值的产品发布。注意术语“产品”或更恰当的“工作成果发布”的一般用法。对于软件，敏捷宣言强调可用的软件重于完备的文档——可用的软件。可用的软件可能是也可能不是可交付的最终形式——可能是算法原型。

（2）系统工程师和系统分析师本身不设计硬件或软件产品。系统工程师应用他们的多学科经验来协调、集成和促进开发硬件和软件团队的技术决策。系统工程师和系统分析师的工作成果捕获这些决策工件。将敏捷开发方法应用于软件开发的环境产生可用的软件，而将敏捷开发应用于系统工程和系统分析产生工作成果——如规范、架构、描述等。这些工作成果发布为 sprint 供应链（见图 4.1）提供了信息。

多学科系统工程活动如下：

（1）确定利益相关方（用户和最终用户）、他们的需求和优先事项。

（2）确定和开发系统或实体用例和场景。

（3）系统架构选择、替代方案分析选择等。

（4）运行概念（ConOps）及其运行概念描述（OCD）。

（5）规范要求制定。

（6）接口定义。

（7）系统测试案例。

在每种情况下：

（1）将根据供应链（见图 4.1）内部或外部客户的优先顺序来执行多学科系统工程活动。

（2）需求可能是未知和模糊的，至少最初是这样，并随着时间的推移逐渐发展和成熟。

（3）可以通过一系列多层级产品增量和 sprint，自上而下迭代得出细节。

有人也许会问：对这些没有开展的工作成果，敏捷开发有什么不同？举例说明如下。

示例 15.6　传统与敏捷规范制定

在某些业务领域，规范的制定、批准和发布可能需要三个月。为什么是三个月？

一般来说，系统工程师将被分配一个制定规范的任务。他们用 2 周~1 个月的时间收集利益相关方的需求，并制定文件的初稿。然后，再花 2 个月的时间对规范进行评审，解决问题并采取纠正措施，获得发布批准。为什么是 2 个月？

需要参与的多学科利益相关方认为，由于“更高”的优先事项，他们每周最多只能花 1 小时准备和 1 小时参与评审——这听起来像是管理绩效问题。因此，这个过程是零碎、分裂、低效和无效的，并且需要每周有一个学习曲线来使他们重新了解成熟度和当前问题以及已做出的改变。因此，可能需要最多 8 周的时间来完成评审并获得批准，除非客户、项目经理或项目工程师介入并更改评审者的优先事项。

现在，假设敏捷开发团队可以在 5 天而不是 3 个月的 sprint 迭代中交付同一文档完整版本的 90%。

15.8.15.2　系统工程投标邀请书制定的敏捷应用

鉴于敏捷开发侧重于增量产品开发的“高价值—高回报”战略，另一个应用例子就是投标邀请书的制订。组织有时有“必须取胜”的采购机会，需要外部投标邀请书顾问的帮助。投标邀请书通常有“时间限制”，如 30 天或 45 天。在一般情况下，投标邀请书战略依赖于快节奏、多学科团队。这些团队以高度激进的时间表去处理技术、管理、成本和数量方面的主题。

其中许多工作类似于敏捷开发活动。团队参加每天的强制性投标邀请书会议——每日站会。不同之处在于，投标邀请书顾问负责人处理小组层面的进度和状态、问题、计划、沟通和纠正措施。此外，通常会有针对单个团队的临时每日站会，解决团队进度和状态、问题、计划、沟通和纠正措施。整个活动的重点是满足投标邀请书制定的里程碑——团队之间高度迭代交互的增量开发、投标邀请书同行和独立评审以及投标邀请书的最终交付。

15.8.15.3　用户故事、用例和规范要求依赖关系

用户故事和用例提供了编制规范要求的逻辑路径。图 15.10 对此进行了说明。

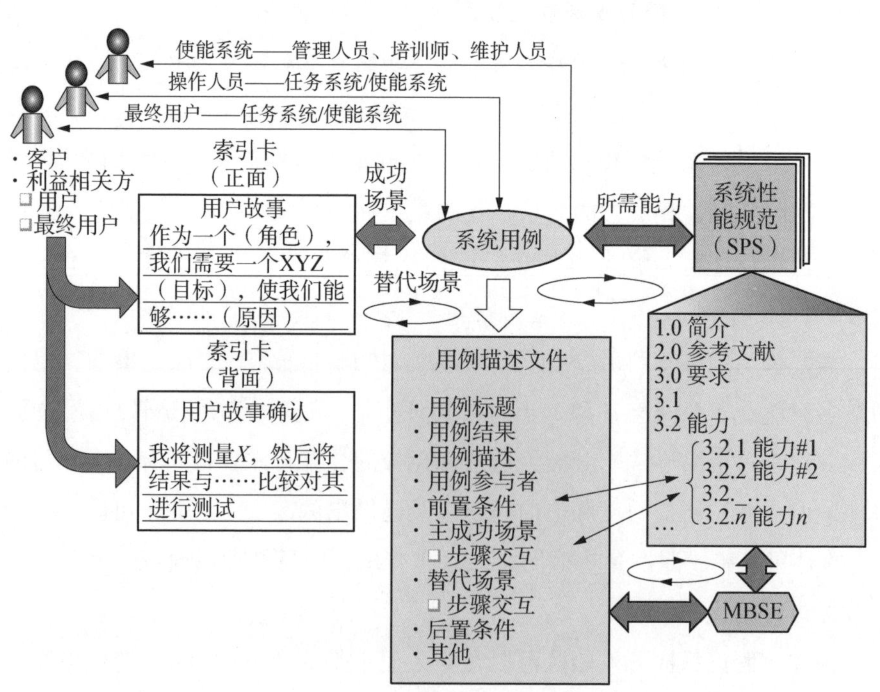

图 15.10　用户故事、用例和规范要求之间的关系

在图 15.10 中，一般是从左到右的工作流程，从用户故事到系统用例再到图下部的规范要求。注意，我们所说的是一般工作流程，这些步骤是高度交互的。客户（利益相关方、用户和最终用户）包括任务系统和使能系统操作人员、维护人员、培训师和管理人员，他们是撰写一个或多个用户故事的候选人。用户故事集应代表系统、产品或服务用户群体。系统工程师和系统分析师分析用户故事中的数据，并与用户进行后续合作，澄清和避免误解。*

用户故事为制定系统用例文件提供了依据。该文件将每个用例扩展或细化为一组刺激或激发系统、产品或服务产生所需的行为结果的用户操作任务和交互。

15.8.15.4 语义：将敏捷客户与系统工程利益相关方（用户和最终用户）联系起来

敏捷软件开发使用术语“客户”；系统工程师使用基于角色的利益相关方，如系统购买者、用户（操作人员和维护人员）和最终用户（第 3 章）。他们有什么不同？

软件开发人员有许多类型的原型工具，包括他们可以用来与“客户”就显示、布局、转换等进行协作的模拟，而不必有可交付的产品硬件。这使他们能够直接访问用户操作人员和维护人员并与之合作。然而，“系统”开发的范围不仅仅涉及“软件”开发。系统工程师和分析师必须考虑：用户操作，如部署；运行、维护和维持；硬件、软件和课件；专业工程集成，如人为因素、安全、可靠性、可维护性和可用性（RMA）；其他影响。举例说明如下。

示例 15.7　组织环境：内部和外部客户

从组织项目的角度来看，系统开发商有外部（客户）用户和内部（系统开发商）用户。例如，系统开发商有一个内部供应链，如图 4.1 所示。从上下文来看，内部用户（客户）由系统、产品和子系统抽象层次的高层系统开发项目团队组成，他们将需求进行分配并向下传递到下一个更低层次。作为系统购买者（角色）的产品层团队购买、集成、测试和验证子系统。子系统层团队将其子系统交付给高层（内部客户）团队，以便集成到他们的产品中。

为了更好地理解敏捷开发中外部和内部用户的背景和重要性，图 15.11 提

* **系统工程师参与客户运行需求会议**

关于用户故事的收集强调一点，即第一次接触后，系统工程师应始终陪同业务开发或营销代表。

供了一个例子。

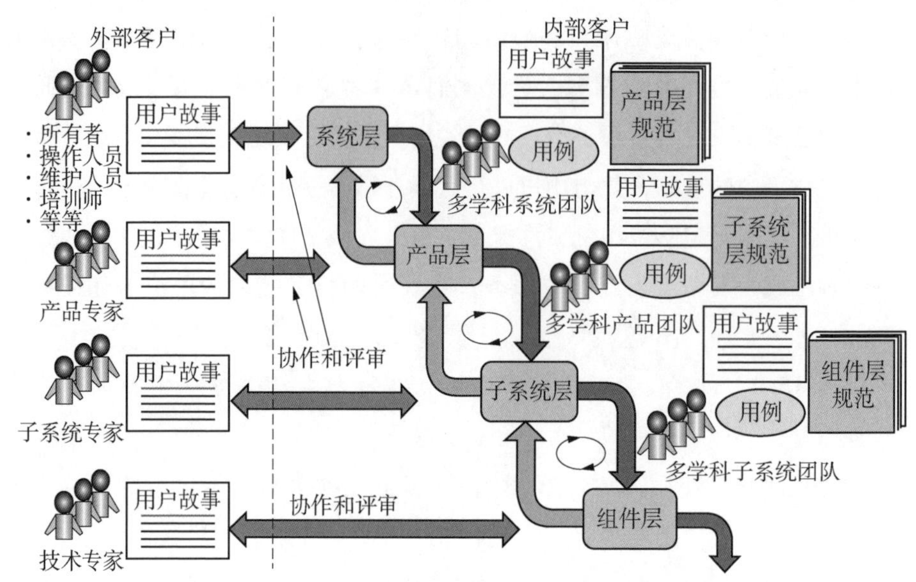

图 15.11 外部和内部用户故事在系统开发中的重要性

15.8.15.4.1 外部系统用户

注意系统开发商外部用户和内部用户的分界线。外部用户，如相关系统的任务系统和使能系统执行操作人员或维护人员角色的用户，为敏捷开发用户故事提供了主要输入。

随着系统设计解决方案的细节在较低的抽象层次上不断发展和成熟，外部客户专家与系统开发商进行协作。在产品、子系统和组件的开发过程中，通过非正式对话和技术评审（如初步设计评审和关键设计评审）进行协作。外部客户专家涉及的领域包括传感器、电子、推进、算法和医疗技术，石油、天然气、风能、太阳能和核能等能源，运输，航空航天和国防（如飞行器），船舶和宇宙飞船等领域的专家。*

相比之下，商业企业的特点通常是高度开放的合作，其中用户、业务开发

* **用户优先级**

对于从小到大的复杂系统开发工作，代表用户技术利益的系统购买者将声明，包括规范要求在内的合同要求具有相同的优先级。除非合同中另有规定，否则产品增量发布的概念（见图 15.7）完全是内部的。

人员或营销人员决定和推动产品增量待办事项的优先级。

15.8.15.4.2 内部系统用户

给定一组外部客户用户故事作为输入，系统开发商的系统工程师和分析师推导出系统层用例和系统性能规范（见图 15.11）。理论上，系统工程师根据系统、产品和子系统的规范要求，从一组可行候选方案中指定和选择架构，如图 20.4 所示。规范要求成为能力需求和约束的层次框架，最终将用于特定实体的验证，如图 15.2 所示的 V-模型的右侧。

现实情况是，派生、分配并向下传递到较低层次的规范要求受到每个更高层团队的用户故事（无论是否编写）的影响。相关说明如图 15.11 所示。每个需求陈述不仅反映了要向下传递的字面上的能力或约束，还反映了每个团队成员的经验、教训和措辞技巧方面的细微差别。需求来自用例能力线程，如图 21.6 和图 21.7 所示。每个用例线程扩展或细化一个用户故事。

作为分配和向下传递需求接收者的低层产品、子系统和组件团队是否了解高层用例线程？通常情况下不了解，除非提出了澄清具体需求的非正式请求。要求澄清可能是：①需求不完整、不明确或与另一个需求有冲突；②试图理解需求的基本原理，即具备什么能力适合更高层的用例线程。较低层次重复同样的过程。

15.8.15.5 *敏捷软件开发：系统开发模型*

原理 15.15 非规定性方法原理

作为一个过程，敏捷开发并没有规定用于创建系统、产品或服务的具体开发方法或模型。

在本章的前面我们提到，客户经常想知道一个项目使用的是什么类型的系统开发模型——也就是说，通用的系统开发模型。实际情况是，你选择的模型被应用于给定系统的任何抽象层次的实体（见图 8.7）。选择是基于风险相关的情况，如未知、模糊或定义不明确的需求、技术和企业应用模型的能力做出的。答案可能是一个模型或几个模型，具体取决于项目。整个项目可能决定使用整体系统开发的 V-模型，开发子系统#1 硬件或软件的螺旋开发，以及开发子系统#2 软件的敏捷开发。

与任何模型一样，敏捷开发是可以应用于任何实体（如子系统、组件和子组件或其硬件/软件）的几种方法之一。但是，也有一些注意事项。敏捷开

发方法可能更适合于特定的系统、硬件或软件开发任务、应用和可交付成果，为此分配了一个专门的团队，保证其外部干扰最少。在依赖于“每个人员多项任务”的开发环境中，敏捷开发可能并不实用。

由于敏捷开发在软件界的使用，人们经常错误地认为它是一种更快地编码软件的方法。实际上并不是，敏捷开发是一种将软件开发活动集中在“高价值—高回报”客户优先事项的方法。施瓦布和萨瑟兰（2011）称之为“框架”。

请记住，如原理 15.13 所述，敏捷开发并没有规定一个特定的系统开发模型。在本章前面讨论 V -模型和螺旋开发时，我们提到，软件开发人员认为，门径管理模型（如 V -模型）是高效生成可交付成果的障碍。具有讽刺意味的是，软件开发人员仍然需要定义、设计、构建、集成和测试每个 sprint 用户故事来“设计”产品。结果，他们兜了一圈又回到了一种缩小的开发过程模型的形式，如 sprint 中的 V -模型或螺旋模型，以产生增量软件交付，如图 15.7 所示。

15.8.15.6　系统工程必要文件与敏捷开发最少文件

原理 15.16　最少—基本系统工程文件原理

仅编制最少、必要的文件，这些文件对于以下各项是必要且充分的：

（1）开发人员定义、设计、构建、集成、测试、培训和维护（可选）产品。

（2）用户运行、维护和维持（如适用）系统、产品或服务以执行任务。

敏捷软件宣言中的一条陈述中有一个自相矛盾的选项：“可用的软件重于完备的文档”。“完备的文档”可能出现在航空航天和国防、医疗、核和其他由政府签发合同或受政府监督和管理的领域。需求源于：①操作人员、维护人员和公众的飞行、地面或医疗安全；②需要具有不同技能水平的维修人员，以便易于理解系统，并对其进行长年维护。

随着敏捷软件宣言的出现，挑战自己来确定“真理在哪里”是件好事。记录系统设计解决方案的成本最低、最少且最基本的方法是什么？答案取决于用户及其技能水平。敏捷开发人员认为，敏捷原则并没有说“没有文档”，而是只需要最少（尽管这个术语很抽象）的文档来帮助人们理解系统或产品是如何设计的。这一论断的谬论如下：

（1）对于软件开发人员来说，在他们的技能范围内理解一个设计决策是很容易的，而对于其他拥有不同技能的人来说则是很难的。

（2）系统、产品或服务需求的部署需要的不仅仅是理解其设计。你必须了解其部署、运行、维护和维持以及退役和处置，这些都是总拥有成本的促成因素。

注意 15.1　最少文档难题

人类本性的缺点之一是普遍不喜欢文档。当产品负责人和敏捷开发或scrum 团队的领导能力薄弱或缺乏经验时，“最少”文件的目标可以演变成一种使他们的决策合理化的文化——“没有文档是好的!”这与合理的工程实践恰好相反。诸如此类的评论表达的是个人观点，而不是系统工程用户倡导的价值观。富有洞察力、经验丰富且具有决策智慧的领导对于确保必要的基本文件水平至关重要。试问你自己和你的团队：如果我（我们）必须运行或维护这个系统或软件，是否有足够的信息使我们能够执行任务，而不必花费数小时来搜索它或试图找出最初开发人员的意图?

在系统工程中，我们强调只需要基本的文档——尽管这个术语很抽象。我们可以说，“基本”的意思是，有一定能力的设计人员和维护人员应能够阅读、理解或分析一个系统或产品的设计，了解作出了什么决定和权衡以及为什么，能够培训其他用户，并在现场维护该系统。因此，你可能希望看到决策工件，如规范要求；运行概念；架构、设计及性能权衡和选择；系统的设计说明，包括其设备（硬件和软件）；图纸、接线清单和零件清单；测试案例和程序。

面临的挑战是：什么级别的文档既必要又充分？将子系统、组件、计算机软件部件（CSC）或计算机软件单元（CSU）等实体的文档视为“系统”，需要了解谁是其利益相关方（用户和最终用户），以及他们各自基于角色的用例。只有到那时，你才能确定满足部件必要和充分文档标准的最少和必要文档。

15.8.15.7　集成硬件和软件开发的敏捷应用

关于将敏捷开发应用于系统或集成了硬件和软件产品的最初反应引起了人们的关注，特别是对于中大型复杂系统来说。有些人会争辩说，软件可以在几分钟内做出变更。相比之下，执行软件变更的机械和电气/电子硬件可能需要更多时间来修改，如几小时、几天、几周或几个月。

假设我们有一个紧密封装的机电设备（子系统、组件和子组件），如果不

分解整个包，就没有修改的空间。尽管软件变更可能很容易上传到设备上，但电子和机械硬件修改可能需要几天、几周或几个月的时间。但也要注意，如果设备是作为一个封装的机电设备进行物理组装的，那么敏捷开发的应用可能更适用于设备内的软件变更。请记住，转向软件密集型系统的动机之一是适应快速变更，避免昂贵、耗时的硬件变更，前提是这些硬件不会受到影响。

现在，思考一下敏捷开发方法在设备早期设计中的应用。

示例 15.8　敏捷开发在集成硬件和软件设计中的应用

假设一个多学科项目团队被指定负责开发一个基于微处理器的，带有输入/输出（I/O）端口的控制器设备。该团队制定并选择了一个架构设计，并使用电线缠绕或用其他技术创建了一个实验室实验板模型。

随着设计的发展和成熟，实验板模型可能会不时进行修改以适应不断变化的用户需求。在这种情况下，电子连接、端口地址以及输入/输出驱动程序软件的重新配置和修改可能需要 30 分钟~1 小时。

请记住，实验板原型是一个未打包的工作模型。因此，在这种情况下，多学科敏捷开发方法适用于硬件和软件设计以及部件（如组件或子组件层原型）的早期集成。

有人也许会问：机械部件呢？当今机械技术的变化也对不断变化的需求做出了响应。零件制造的 3D 打印就是这种情况，它可以利用激光或沉积来制造部件，否则需要几周或几个月的时间来加工，如立体光刻（SLA）、熔融沉积成型（FDM）、选择性激光烧结等技术。

15.8.16　敏捷开发总结

总之，敏捷开发方法为系统工程师提供了提高其效率和提升有效性的机会，特别是当专门的任务团队能够专心或者在中断最少的情况下工作时。但是，请注意！

注意 15.2　尽职调查决策

如同任何商业决策一样，组织在非专业地决定采用最新的市场方法之前进行尽职调查是至关重要的。根据个人教育和培训、根深蒂固的文化、管理和纪律，对一个组织或项目有效的方法可能对其他项目或企业无效。你需要从小型试点项目和团队开始对敏捷开发等概念进行“适用性检查”。第一次就决定在一个中到大型复杂的系统开发项目中使用敏捷开发或任何方法风险都很高，通常会失败。减轻风险、知情的决策与临时、不知情的决策是有区别的。

15.9 系统与部件开发模型的选择

原理 15.17 项目开发模型原理

选择系统开发过程模型，满足系统、产品、子系统、组件的需求开发、技术、风险、团队技能和开发限制。

原理 15.18 开发模型理由原理

记录每个开发模型选择，包括以下理由：

(1) 选择。

(2) 拒绝其他模型。

认识到根据系统或实体的不同，系统开发项目可能采用几种不同的开发战略。你可能会发现系统使用迭代和增量开发的情况，而其中一个或多个“构建”可能使用另一种开发战略，如螺旋开发。

如果分析大多数系统，你会发现有些子系统、组件和子组件：

(1) 有明确的需求。

(2) 采用成熟的技术和设计方法，这些技术和方法已经成熟多年。

(3) 由非常有能力和经验的开发人员开发。

其他子系统和组件可能是相反的情况。他们可能有：

(1) 不明确或不成熟的需求。

(2) 不成熟的技术和设计方法。

(3) 缺乏经验的开发人员。

(4) 以上所有。

在这种情况下，你可能需要选择一种特定的开发战略来降低开发风险。举例说明如下。

示例 15.9 多个开发过程模型

多年来，汽车技术不断发展，开发过程的复杂性不断增加。如今，我们可以享受到新技术带来的好处，如燃油喷射系统、防抱死制动系统（ABS）、前轮驱动、安全气囊约束系统、撞击缓冲区、GPS 地图等。多年来，汽车设计的各个方面都在不断发展。但是，为了便于说明，想象一下，在更高抽象层次上的基本汽车并没有发生剧烈的变化。大多数汽车仍然有四个车门、一个乘客舱、一个后备箱、一块风挡玻璃和一个方向盘。然而，前面提到的主要技术的成熟需要一些战略，如螺旋开发，使它们能够成熟和生成混合动力发动机或防抱死制动系统等技术，以便应用和集成到基本汽车的演进开发模型中。

15.10 本章小结

本章概述了各种系统开发战略实践。

系统和产品开发方法需要实施明智的战略，使你能够满足技术、成本和进度要求（风险可接受）以及用户运行需求。选择正确的系统或产品开发战略是竞争的关键步骤。从系统工程的角度看，要让自己和团队熟悉每种模型的基本属性，并了解如何应用它来满足你的特定应用需求。

15.11 本章练习

15.11.1 1 级：本章知识练习

(1) 什么是系统开发过程模型？

(2) 六种主要的系统开发过程模型是什么？

(3) 描述 V -模型以及它的优缺点。

(4) 描述瀑布开发模型以及它的优缺点。

(5) 描述演进开发模型以及它的优缺点。

(6) 描述增量开发模型以及它的优缺点。

(7) 描述螺旋开发模型以及它的优缺点。

(8) 描述敏捷开发模型以及它的优缺点。

(9) 系统工程流程模型是如何应用于这些开发过程模型的？

(10) 敏捷开发方法是否规定了特定的开发模型？如果是，是哪一个

(哪些)?

15.11.2 2级：知识应用练习

参考 www. wiley. com/go/systemengineeringanalysis2e。

15.12 参考文献

Agile Manifesto (2001a), *History: The Agile Manifesto* web-page. Retrieved on 7/19/13 from http://www. agilemanifesto. org/history. html.

Agile Manifesto (2001b), *Principles Behind the Agile Manifesto* webpage. Retrieved on 7/19/13 from http://www. agilemanifesto. org/principles. html.

Agile Manifesto (2001c), *Manifesto for Software Development* webpage. Retrieved on 7/19/13 from http://www. agilemanifesto. org.

Benington, Herbert D. (1956). "*Production of Large Computer Pro- grams*," ACR - 15 Proceedings of the Office of Naval Research (ONR), Symposium on Advanced Programming Methods for Digital Computers, U. S. Navy Mathematical Computing Advisory Panel, Washington, D. C: Office of Naval Research, Dept. of Navy, June 1956, pp. 15 - 27. (Also available in the *Annals of the History of Computing*, Oct. 1983, pp. 350 - 361, and *Proceedings of Ninth Int' l Conf. Software Engineering*, Computer Society Press, 1987.)

Benington, Herbert D. (1983), *Production of Large Computer Programs. IEEE Annals of the History of Computing*, New York: Institute of Electrical and Electronic Engineers (IEEE) Educational Activities Department. Retrieved on 6/20/13 from http://sunset. usc. edu/csse/TECHRPTS/1983/usccse83-501/usccse83-501. pdf.

Boehm, Barry (1981), *Software Engineering Economics*, New York: Prentice-Hall.

Boehm, Barry (1985), "A Spiral Model of Software Development and Enhancement," *Proceedings of the International Workshop Software Process and Software Environments*, ACM Press. (Also in ACM *Software Engineering Notes*, August 1986, pp. 22 - 42.)

Boehm, Barry (1988), *A Spiral Model of Software Development and Enhancement*, Figure 2, *IEEE Computer*, New York: Institute of Electrical and Electronic Engineers (IEEE).

Boehm, Barry (2006), "Some Future Trends and Implications for Systems and Software Engineering Processes", *Systems Engineering*, Vol. 9, No. 1, New York: Wiley.

Cohn, Mike (2008), *Advantages of the "As a user, I want" User Story Template*, Blog Post, Broomfield, CO: Mountain Goat Software. Retrieved on 9/12/13 from http://www. mountaingoatsoftware. com/blog/advantages-of-the-as-a-user-i-want-user-story-template.

DAU (2012), *Glossary: Defense Acquisition Acronyms and Terms*, 15th Edition Ft. Belvoir, VA: Defense Acquisition University Press. Retrieved on 3/27/13 from http://www. dau. mil/pubscats/PubsCats/Glossary%2014th%20edition%20July%202011. pdf.

DSMC (2001), *Glossary: Defense Acquisition Acronyms and Terms*, 10th Edition Ft. Belvoir, VA: Defense Acquisition University (DAU) Press.

Forsberg, Kevin and Mooz, Hal (1991), *The Relationship of Systems Engineering to the Project Cycle*, Chattanooga, TN: National Council on Systems Engineering (NCOSE)/American Society for Engineering Management (ASEM).

Global Security (2011), *B - 52 History*, Global Security Organization, Retrieved on 7/22/13 from http://www.globalsecurity.org/wmd/systems/b-52-history.htm.

Global Security (2011), *B - 52 Stratofortress Service Life*, Global Security Organization, Retrieved on 7/22/13 from http://www.globalsecurity.org/wmd/systems/b-52-life.htm.

Highsmith, Jim (2013), *Interview discussion* on 7/8/13.

IBM (2012), *Leading Through Connections: Insights from the Global Chief Executive Officer Study*, CEO C-Suite Studies, Armonk, NY: IBM Corporation, Accessed on 7/16/13 from http://www-935.ibm.com/services/us/en/c-suite/ceostudy2012/.

IRB (2013) *Laws of the Game-Rugby Union*, Dublin, Ireland: International Rugby Board (IRB), Retrieved on 6/17/13 from http://www.irblaws.com/downloads/IRB_ Laws_ 2013_ EN.pdf.

Larman, Craig and Basili, Victor R. (2003), "Iterative and Incremental Development: A Brief History," *Computer*, New York: Institute of Electrical and Electronic Engineers (IEEE) Computer Society.

MIL - STD - 498B (1994), *Military Standard: Software Development and Documentation.* Washington, DC: Department of Defense (DoD).

Nagel, Roger and Dove, Rick and (Principle Investigators) (1991), *21st Century Manufacturing Enterprise Strategy—An Industry-Led View* (Volume 1) and—Infrastructure (Volume 2). Eds: S. Goldman and K. Preiss. Darby, PA: Diane Publishing Company.

Royce, Winston W. (1970), "Managing the Development of Large Software Systems: Concepts and Techniques," *ICSE '87 Pro-ceedings of the 9th International Conference on Software Engineering*, Los Alamitos, CA, USA: IEEE Computer Society Press.

Schwaber, Ken and Sutherland, Jeff (2011), *The Scrum Guide—The Definitive Guide to Scrum: the Rules of the Game*, Retrieved on 6/1/13 from http://www.scrum.org/Portals/0/Documents/Scrum%20Guides/Scrum_ Guide.pdf.

Shewhart, Walter A. (1986 reprint from 1939), *Statistical Method from the Viewpoint of Quality Control*, Mineola, NY: Dover Publications.

Solarte, Kurt (2012), *Is "agile documentation" an oxymoron? Un-derstanding the role of documentation in an agile development environment*, Retrieved on 9/16/13 from http://www.ibm.com/developerworks/rational/agile/agile-documentation-oxymoron/index.html.

Straub, Pablo (2009), *Sample Burn Down Chart webpage*, Wikime-dia Commons, San Francisco, CA: Wikimedia Foundation, Inc. Wikipedia, Retrieved on 6/17/13 from http://en.wikipedia.org/wiki/File: SampleBurndownChart.

Wikipedia (2014), *Waterfall Model* webpage, San Francisco, CA: Wikimedia Foundation, Inc. Wikipedia, Retrieved on 7/17/13 from http://en.wikipedia.org/wiki/Waterfall_ model.

16　系统构型标识和部件选择战略

从系统创建的那一刻起，系统用户、购买者、开发商、维护人员和其他人员就开始制定系统开发决策，这些决策随时间的推移而不断变化。系统工程和开发就是如此——在三重项目约束条件下，即符合技术要求、成本限制、时间要求，交付经过验证的物理系统。这需要一种高度结构化、有组织和协调的方法来逐步测量和报告不断演进的系统设计解决方案的技术状态和成熟度。从计划的角度来看，有关不断演进的系统设计解决方案的状态和成熟度的责任、纠正措施和定期进度报告由项目工程师或首席系统工程师（LSE）在关键技术计划事件（如评审、技术状态报告等）中负责。

项目工程师或首席系统工程师的部分职责就是必须掌握不断演进的、反映技术决策的“实时快照”的系统设计解决方案的状态。示例包括利益相关方的运行需求、用例和最可能的场景、所需的运行能力、操作、行为、物理实现以及其他方面。这一系列主题还说明了在整个系统/产品生命周期的关键阶段点不断发展和成熟的依赖关系。由于人类必须依据客观的物理证据进行评审，因此文档（规范、架构、设计方案、图纸等）、原型、演示、模型和仿真是评估的基础。它们是一种“实时快照”，说明运行、行为或物理实体或部件的部署和按时间的交互。这些实体或组件需要唯一的构型标识、版本和时间戳，即配置 A、版本 1.1、年/月/日。

总的来说，这一系列构型是系统、产品或服务开发构型的一部分。随着技术评审在整个项目中进行，不断发展的开发构型成为衡量和报告不断发展的系统设计解决方案的进度、状态和成熟度的框架。

人类的弱点之一是有以下能力：①在需要时做出并承诺做出及时、明智的决策；②在这些决策的基础上做出其他决策，然后交付系统、产品或服务。威廉·麦坎伯和斯隆博士（2002：4）提出，系统工程师（和项目工程师）的工作是“保持对问题解决方案的睿智的控制”（原理 1.3）。否则，自定义、“代入求出”定义—构建—测试—修复（SBTF）—设计过程模型（DPM）范式工程就会盛行，导致混淆和混乱。

首席系统工程师或项目工程师与系统架构师、适当的团队领导或工程师、构型经理和其他人员合作，制定战略，以确定何时以及如何识别、获取、评审、批准、基线化、发布和控制不断发展的系统设计解决方案的开发构型及其低层次分层实体的构型。这些决策的规划及其准则是同步的，并记录在项目的系统工程管理计划（SEMP）和构型管理计划（CMP）中。

本章描述如何识别和明确系统架构构型的元素并进行构型控制和跟踪。我们首先讨论建立构型管理（CM）语义，并解释为什么这些术语常常混淆。我们探讨架构组件是如何从外部供应商的商用现货（COTS）产品或非开发项（NDI）或购买者提供的资产（AFP）中选择的，或者是如何根据遗产设计或在新开发项目中进行内部开发的。然后我们举例说明如何将项目分配给工程开发团队。最后，我们将讨论何时建立开发构型基线，并对比有关系统工程和构型管理的观点。

16.1 关键术语定义

（1）分配基线（allocated baseline）——规定组成系统的构型项（CI），然后在构型项之间分配系统功能和性能要求的文档（这就出现了分配基线这一术语），包括从高层构型项或系统本身分配的所有功能和接口特性、派生需求、与其他构型项的接口要求、设计限制以及证明实现规定功能和接口特性所需的验证。分配基线中每个构型项的性能在其项目性能规范中进行了描述（DAU，2012：B－10）。

（2）购买者提供的财产（AFP）——用户或其他组织根据购买者与系统开发商签订的合同提供的设备、任务资源、硬件、软件和设施等实物资产，用于修改和/或集成到可交付系统、产品或服务中。

（3）基线（baseline）——一个构型项或一组构型项的一系列构型控制、规范和设计要求文档，代表可用于决策的文档或数据项的现行、已批准和已发布版本。

（4）基线管理（baseline management）——在构型管理中，应用技术和行政指令来指定文档以及变更文档，这些文档是在构型项生命周期的特定时间被正式识别和建立基线的［SEVOCAB（2014）第 28 页- 2012 ISO/IEC 版权所有，经许可使用］（ISO/IEC/IEEE 24765：2010）。

（5）变更请求（CR）——提交给构型管理的正式文件，要求并规定对包含错误、不准确、缺陷、设计缺陷等潜在缺陷的开发构型基线文档的纠正措施。变更请求通常：①因问题报告（PR）引发的调查分析而启动；②由构型控制委员会（CCB）评审；③由构型控制委员会审批、驳回或搁置；④基于对纠正措施的成功验证，由构型管理跟踪直至完成。软件纠正措施的变更请求称为软件变更请求（SCR）。除了由软件构型控制委员会（SCCB）进行评审和批准之外，软件的变更请求与常规变更请求的流程相同。

（6）商用现货（COTS）——在商业市场上大量销售的商业产品，根据任何层级的合同或分包合同，以与市场上销售时相同的形式，在不做修改的情况下，提供给政府。该定义不包括大宗货物，如农产品或石油（FAR，2.101 子部分）（DAU，2012：B－34）。

（7）商用现货产品（COTS product）——通过目录或网站提供的产品，用于日常生活或工业运行环境。

（8）计算机软件构型项（CSCI）——满足最终用途功能并由购买者指定进行单独构型管理的软件集合。基于软件功能、大小、主机或目标计算机、开发商、支持概念、重用计划、关键程度、接口考虑、单独记录和控制必要性，以及其他因素之间的权衡来选择计算机软件构型项［MIL－STD－498（1994）：5］。

（9）构型（configuration）——组件的描述性和支配性特征的集合，可以用功能术语描述，即预计组件达到怎样的性能；用物理术语描述，即指在构建时，产品应该是怎样的以及由什么组成（DAU，2012：B－39）。

（10）构型基线（configuration baseline）——某一特定时刻的快照，表示系统、产品或服务的开发构型技术工作成果的当前状态，如规格、设计、图纸、示意图、零件清单、分析、权衡研究等。这些成果为新成果或者经过修订、评审、批准机构批准并发布，用于项目决策。

（11）构型控制（configuration control）——①系统化过程，确保已发布构型文档的变更得到适当的识别、记录、影响评估、适当级别机构的批准、合并和验证；②构型管理活动，涉及系统化建议、论证、评估、协调和提议变更的处置，以及对产品的适用构型、相关产品信息、支持和接口产品及其相关产品信息的所有已批准和已发布的变更的实施［MIL－STD－61A（SE）：第3－4和3－5页］。

（12）构型变更管理（configuration change management）——管理正式变更管理程序的构型管理流程。正式的流程活动包括接收和记录新的文档工作成果或当前基线的变更请求，协调和执行提议变更审查，批准机构批准变更，跟踪纠正措施，将变更纳入当前基线，以及正式发布项目决策。

（13）构型标识（configuration identification）——①选择产品属性、组织与属性相关的信息，以及陈述属性的系统化过程；②唯一标识产品及其构型文件；③包含选择构型文档、为产品及其部件和相关文档分配和应用唯一标识符以及维护文档修订与产品构型的关系的构型管理活动（MIL－STD－61A：第3－5页）。

（14）构型项（configuration item）——任何抽象层次的系统或实体，如设备、硬件、软件或课件项，已单独标识和指定用于：①正式的构型控制管理程序和版本控制下的开发；②型号和序列号的分配。

（15）构型管理（configuration management）——在产品的整个生命周期内，建立和维护产品性能、功能和物理属性与其要求、设计和运行信息的一致性的管理流程（MIL－STD－61A：第3－5页）。

（16）构型状态报告（CSA）——配置管理流程：①实施四种构型管理功能的其中一种；②正式记录系统或产品在特定时刻的开发构型状态；③维护和说明开发构型的当前构型状态及其任何基线文档；④记录购买者提供设备（AFE）和合同文档的当前处置；⑤存档和跟踪已批准的变更请求。

（17）数据（data）——以任何形式的媒介记录的信息，如文档、音频和视频记录、照片、图纸、个人笔记、测量记录等，包含组织、合同、安全、程序、技术和人员信息，这些信息可以被读取、解密、汇总、传输和分析，以供决策之用。

（18）开发构型（developmental configuration）：参考第12章“关键术语

定义”。

（19）有效性（effectivity）——定义特定产品的变更或差异受影响的时间点、事件或产品系列（如序列号、批号、型号、日期）的标识。零件/组件/装置等的特定构型的授权和记录使用点［FAA SEM（2006），第3卷：B－3］。

（20）固件（firmware）——硬件设备和计算机指令或计算机数据的组合，作为只读软件安装在硬件设备上。软件在程序控制下不容易修改（DAU，2012：B－85）。

（21）硬件构型项（HWCI）——满足最终用途功能并由购买者指定进行单独构型管理的硬件集合（MIL－STD－498第5页）。

（22）组件（item）——用于表示包括系统、材料、零件、子组件、套件、附件等在内的任何产品的非特定术语［MIL－HDBK－61A（SE）（2001）：3－8］。

（23）遗产系统（legacy system）——设计经过验证并投入现场使用的现有系统，可能可以也可能不可以运行。

（24）现场可更换单元（LRU）——可以在现场移除和更换的基本支持组件，使最终项目恢复到运行就绪状态（DAU，2012：B－144）。

（25）自制—外购—修改决策（make-buy-modify decisions）——决定是内部开发项目或低层级项目，按COTS/NDI或分包项从外部供应商处采购，还是从外部供应商处采购项目并在内部进行修改以满足实体开发规范（EDS）要求的技术决策。

（26）不合格（non-conformance）——装置或产品未能满足规定要求［MIL－HDBK－61A（SE）（2001）：3－8］。

（27）非开发项（NDI）——由开发商修改或调整（即客户化定制）的COTS产品，满足采购规范要求，可用于规定运行环境。

（28）开箱即用功能（out-of-the-box functionality）——供应商目录或生产规范中规定的COTS产品或NDI固有的特定功能和性能水平。

（29）外购（outsourcing）——基于成本规避、资源可用性或其他因素从外部组织采购系统、产品或服务的业务决策。

（30）产品分解结构（PBS）——系统、产品或服务的物理层级结构。

（31）发布（release）——通过正式信函和/或电子通知公布的正式构型管

理事件，声明组件已正式基线化并处于正式的构型管理控制之下，或者更新版本已批准用于制定决策。

(32) 技术数据包（TDP）——关于组件的能够以为战略、生产、工程和后勤提供充分支持的技术描述。该描述定义了确保组件性能充分性所需的设计构型和操作程序。包括所有的适用技术数据，如图纸和相关清单、规范、标准、性能要求、质量保证条款和包装细节［MIL－HDBK－61A（SE）(2001)：第3－10页］。

(33) 差异（variance）——不符合，如信息、设备、硬件、软件或课件等物理组件、材料成分等错误或不准确，或偏离了符合规范、图纸等标准参考的加工实践。*

16.2 构型项：系统的构件

原理 16.1 构型项原理

就构型管理而言，系统中的每个物理部件都是构型项。有些构型项是指为内部开发的构型项；其他构型项则指从外部供应商处采购的 COTS 产品或 NDI。

根据正在开发的系统或项目的规模和复杂性，综合产品团队（IPT）等产品开发团队（PDT）被分配了角色和职责，定义、设计、开发、集成和验证系统内的各种部件。这就带来了一些重大挑战：

(1) 如何将设备元素架构划分为具有多层级物理构型项的产品分解结构？

(2) 项目如何定义语义，使它们能够就内部开发或从外部供应商处采购的组件有哪些类型与其他人沟通？

(3) 项目团队如何就经历了从抽象的系统规范实体到用于构建系统的物理部件的各个阶段的系统组件的演变进行沟通？

解决方案在于被称为组件、构型项、HWCI 或 CSCI 的集成“构件”。每

* **构型项原理**

在之前的章节中，我们对语义使用了一些具有情景定义的术语，如实体（entities）和部件（component）。构型管理界使用构型项（item）这一术语表示物理实体，就像系统工程师称呼部件一样。在本章，我们将根据章节的上下文语境使用构型项。读到组件（构型项）一词时，可以将其视为实体或部件。

个构件代表了可以用于识别系统或产品中抽象实体，以及它们从系统性能规范或实体开发规范到可交付成果的演变过程的语义。

16.3 理解构型标识语义

大多数系统工程师往往从多年在会议上的口头讨论和在职培训（OJT）等非正式途径获得构型标识的知识。大多数工程师：

（1）很少或没有接受过构型管理四种活动（构型识别、构型控制、构型状态报告和构型审核）的正式培训。

（2）通过观察和了解一般构型管理标准和概念的经验知识自学成才。

因此，有些工程师认为自己是构型专家。

拥有这些基本技能，能够基本了解系统架构构型决策。技术负责人不是从有能力的构型经理那里寻求富有见地的指导意见，而是行使权力，做出决策，沿着自主决策这条路一直走下去，导致项目工程师、首席系统工程师或构型经理和其他人员浪费宝贵时间和资源与意外后果定律抗争，收拾不良决策造成的后果。因此，为了尽量减少困惑和混淆，我们先介绍一些关键术语。图 16.1 描述了支持讨论内容的实体关系。

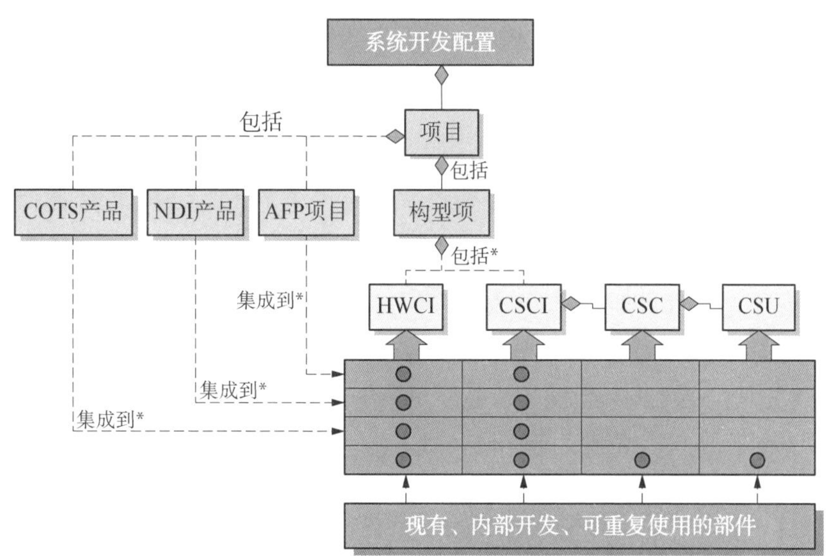

其中：*表示与系统/应用相关；---- 表示可能包括也可能不包括。

图 16.1 系统构型标识元素

16.3.1 构型项

当系统开发商决定在内部开发产品、子系统、组件或子组件等主要组件时，项目将该项（实体或部件）指定为构型项。由于该组件是新项目，有未经验证的设计解决方案，需要验证，因此该构型项通常需要定义和界定其功能和性能的规范。

构型项是主要组件，如产品、子系统或组件，集成低层级组件（实体或部件），这些低层级组件可能由 AFP、COTS 产品、NDI 和系统开发商内部开发的下列两种类型的组件组合而成：

（1）硬件构型项（HWCI）。

（2）计算机软件构型项（CSCI）。

16.3.2 HWCI 和 CSCI

HWCI 是主要的硬件组件，CSCI 是正式构型控制的主要软件应用程序。以汽车为例：

（1）HWCI 可能包括最终用途系统、产品或组件，如发动机、任务计算机系统、娱乐系统等。

（2）CSCI 可能包括在任务计算机、防抱死制动系统（ABS）分布式计算机等计算机上运行的最终用途软件。

参考图 16.1，HWCI 或 CSCI 可能包括 COTS 产品、NDI、AFP、内部开发的项目或遗产项目，或者是这些项目的组合。

（3）对于指定为 HWCI 的组件，其需求记录在 HWCI 的硬件要求规范（HRS）中。通常，每个 HRS 的范围只涉及一个 HWCI。

（4）对于指定为 CSCI 的项目，其需求通常记录在 CSCI 的软件要求规范（SRS）中。通常，每个 SRS 的范围只涉及一个 CSCI。

HWCI 和 CSCI 的这些指南可能会随着时间的推移而不断变化。请务必查阅合同和咨询项目工程师以获得指导。

注意 16.1　CSCI 和 HWCI 规范

习惯上，每个 HWCI 或 CSCI 都有一份单独的规范文档。在这种情况下，系统购买者很容易获得单个 HWCI 或 CSCI。由于一些奇怪的原因，现在有些组织会在一个规范（如 HRS 或 SRS）中记录多个 HWCI 或 CSCI。这对于严格的内部开发来说是可以接受的，尤其对软件而言。然而，当需要一个且只需一个 CSCI 时，你肯定不会将规定了所有 CSCI 的 SRS 透露给竞争对手——是的，竞争对手会一起合作。在决定在一个 SRS 中记录多个 CSCI 之前，请三思。传统的工程实践要求避免这样做！

16.3.3 构型项边界

原理 16.2 构型项边界原理

构型项受子系统、组件、子组件、HWCI、CSCI 或零件等物理边界的限制；当超出这些边界时，它们并不存在。

组件和构型项不应跨物理设备边界进行划分，这违反原理 16.2，后面会在图 27.8 中加以说明。一般而言，构型项：

（1）受 SPS、EDS、HRS 或 CSCI SRS 的约束。

（2）存在于系统、子系统、组件或子组件（如计算机系统、印刷电路板或软件应用程序）等物理组件的边界内。

（3）必须根据各自的 HRS 或 SRS 进行符合性验证。

下面我们以假想的例子进行说明。

示例 16.1 计算机文字处理软件应用程序示例

假设你的任务是为你所在的项目开发的设备元素——台式计算机系统（HWCI）和打印机（HWCI）开发一个文字处理软件应用程序。团队将文字处理器应用程序指定为 CSCI。如果正确安装，文字处理 CSCI 应位于台式计算机系统（HWCI）上，而不是位于打印机（HWCI）上。当文字处理器用户决定打印文档时，文字处理器 CSCI 调用台式计算机系统（HWCI）的操作系统服务，将文档传送到打印机 CSCI 进行打印。

16.3.4 固件

一些基于处理器的应用，如单板计算机（SBC），采用编码到集成电路（IC）中的软件，称为固件。固件是非易失性存储器件，可以是单次使用、只读或可重编程的器件，如图 16.2 所示。

最初将由 SBC 执行的软件程序开发成 CSCI 软件应用程序，并使用仿真器

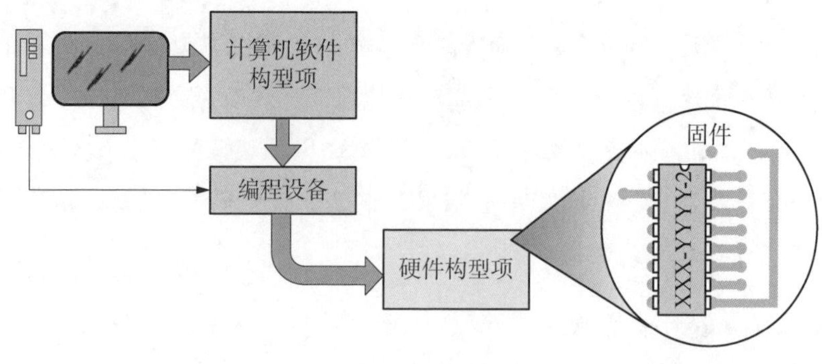

图 16.2　固件从软件到硬件的演变

和其他设备在实验室原型 SBC 硬件上进行调试。软件开发设备的仿真器硬件通常有一根带有连接器的电缆，该电缆插在微处理器所在的 PC 板上的插座中。因此，仿真器——仿真的实际处理器——可以作为软件调试过程的一部分，运行 SBC 的输入/输出、内存等。

当软件应用程序已经成熟并具备最终安装在 SBC 上的条件时，CSCI 代码以电子方式编程到固件器件中，该器件是独立的或者已经安装在 SBC 上。编程后，固件：

（1）指定为 HWCI。

（2）分配有零件号、序列号、版本和日期。

CSCI 和 HWCI 均按照正式的构型管理变更程序进行控制。

目标 16.1

前面讨论介绍了构型标识的语义。接下来的讨论将说明为什么有时在多级抽象层次应用构型标识语义的引用性质时，会导致混淆。

16.3.5　构型语义合成

为了理解构型识别语义与多层系统架构的关系，图 16.1 和图 16.3 描述了实体关系。表 16.1 给出了管理该图实现的构型语义实体关系规则列表。

表 16.1　构型语义实体关系规则

规则	名称	构型识别和开发规则
16-1	组件	系统中的每个物理部件，不管抽象层次如何，都称为组件
16-2	构型项	为内部开发选择的所有抽象层次的组件称为构型项

（续表）

规则	名称	构型识别和开发规则
16－3	构型项来源	组件有几种来源： (1) 从现有传统部件设计复制而来。 (2) 作为 COTS、NDI 或 AFP 部件或材料获得。 (3) 作为 COTS、NDI 或 AFP 部件或材料获得，并在内部进行修改。 (4) 作为新设计开发，如 HWCI 或 CSCI
16－4	构型项组成	构型项可以由一个或多个 COTS 产品、NDI、HWCI、CSCI、AFP 或它们的组合组成
16－5	HWCI 和 CSCI	为每个 HWCI 制定 HRS，为每个 CSCI 制定 CSCI SRS
16－6	构型项解决方案域	每个构型项、HWCI 和 CSCI 都有四域解决方案（第 11 章和第 14 章）——需求域、运行域、行为域和物理域
16－7	CSCI	每个计算机软件构型项的产品结构由至少两个或更多个计算机软件部件（CSC）组成，每个部件由至少两个或更多个计算机软件单元（CSU）组成
16－8	构型项所有权	每个构型项、HWCI 和 CSCI 必须分配给负责其设计、开发、集成和验证的个人或团队

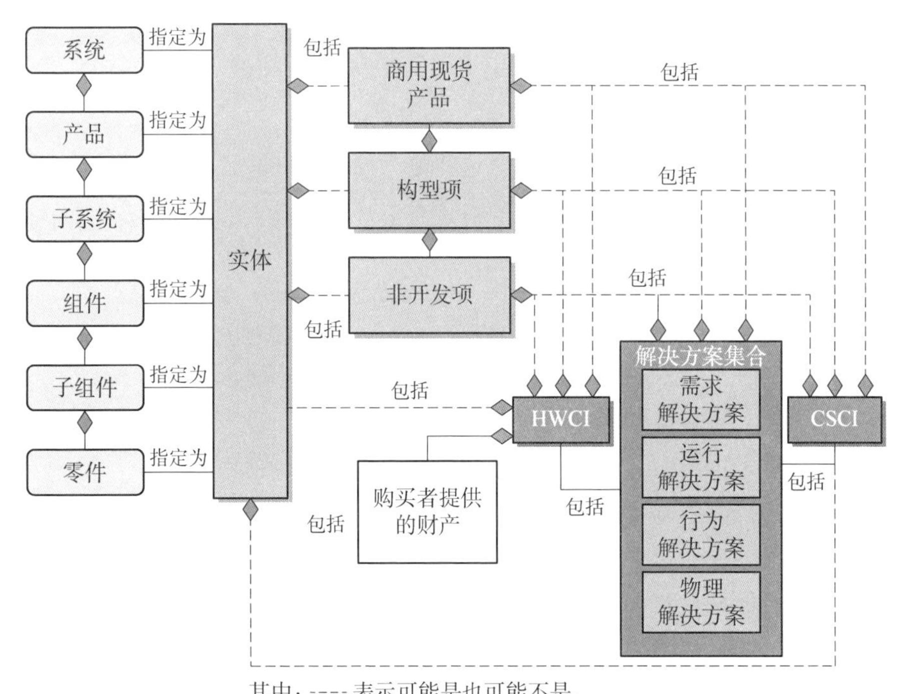

图 16.3 项目/构型项组成实体关系

目标 16.2

此时，我们已经建立了理解构型项所需的语义框架。问题是：我们如何确定哪些组件应该被指定为构型项？这就引出了下一个话题——选择构型项。

16.3.6 选择构型项

前面的讨论证实了构型项通常是系统开发商内部开发的组件，尤其是主要组件。虽然这是一项重要的标准，但对于构型项而言，往往需要考虑其他注意事项。选择构型项的最佳方法是简单地建立一套选择标准，然后执行合理性检查，以确保选择：

（1）合乎逻辑。

（2）提供关于技术、成本和进度绩效、风险和构型控制的适当可见性。

（3）在可用于评估风险的级别上展示一些开发活动。

一些组织建立了选择构型项的具体标准，而不仅仅是简单地决定在内部开发某一项目。这些决策应在与项目的构型经理合作的基础上做出。

构型项的选择通常因组织或业务域而异。为了规范选择构型项的思路，例如，MIL-HDBK-61A 为选择构型项提供了以下指南：

（1）组件是否实现了关键能力（如安全保护、防撞、人员安全、核安全）？

（2）构型项的指定是否会提高对这些能力的控制和验证水平的需求？

（3）组件是否需要开发新设计或对现有设计进行重大修改？

（4）组件是计算机硬件还是软件？

（5）组件是否包含未经验证的技术？

（6）组件是否具有与根据另一合同开发的构型项的接口？

（7）组件是否易于标记为独立的控制项？

（8）组件是否与由另一个设计活动控制的构型项接合？

（9）在组件的生命周期内，是否有必要准确记录组件的确切配置和变更状态？

（10）组件可以（或必须）独立测试吗？

（11）组件是否需要后勤支持？

（12）是否或有无可能指定为单独采购？

(13) 是否已经确定了不同的活动为系统的各个部分提供后勤支持?

(14) 项目是否处于政府配置控制的适当级别? (MIL-HDBK-61A: 第5-8页, 表5.2)

16.3.7 构型标识责任

构型标识是有依据的跨学科决策流程，需要与利益相关方合作。不同于大多数人的看法的是，它不是一个人在没有重要决策利益相关方提出意见的情况下行使酌情决策权做出的决策。随着多层系统或实体架构的发展，需要构型经理、软件构型经理、首席系统工程师、开发团队负责人和其他人员合作来共同确立识别组件和构型项的标准，以避免后续要采取代价高昂的纠正措施。

对此，我们建立了构型标识语义的基本集合并说明了如何将它们应用于多层系统架构。这些讨论内容强调了在内部开发过程中为每个构型项、HWCI 和 CSCI 制定实体开发规范的必要性。对于作为开发构型的组成部分的首件产品，这个过程非常简单。然而，存在两个关键问题:

(1) 随着新功能和改进作为新模型或新版本补充到已建立的设计中，生产系统如何维护这些规范?

(2)(以上工作) 如何影响已经部署但可能需要改造的系统或产品?

这就引出了下一话题——构型有效性。

16.3.8 构型有效性

随着新技术、新功能和改进补充到不断发展的系统设计解决方案中，生产系统或产品可能会在几年内演变。因此，能力和构型项可能会随之发生更改。问题就变成了: 我们如何描述给定构型项、HWCI 或 CSCI 的构型变更? 构型管理通过称为构型有效性的概念来解决这些构型问题。

每个构型项、HWCI 和 CSCI 都分配有正式且唯一的标识符，将其与其他构型项区分开来。型号和序列号就是这方面的示例。随着系统或产品的物理构型的演变，需要更改 SPS、HRS 或 SRS，因此有必要对这些组件与其前面的产品进行区分。一般来说，组织只使用序列号作为有效性控制的基础，有些组织会在型号后面加上“-X”，如型号 123456-1，表示特定的版本。大多数组织在构型项、HWCI 和 CSCI 上贴条码标签，以便于自动扫描版本或构型跟踪。

版本控制为系统开发商提供了几种方案：①允许在产品线的生命周期内对其进行演化跟踪；②提供了一种方法对交付给购买者的特殊定制版本进行说明。一些供应商也会以合同号、序列号和其他信息来指定和标记组件，而不是通过型号和版本控制。示例如下。

示例 16.2　系统或实体构型项标识

军事系统开发商可能需要按照 MIL－STD－130 的现行版本安装构型项标签。根据政府标准或行业标准，如保险商实验室（UL）标准可能需要商用产品标签。

变更通过新图纸、零件清单等方式进行版本控制并标记。但是，作为产品线的源需求或原始需求的 SPS、HRS 或 SRS 会发生什么情况呢？这就引出了下一话题——基于有效性的规范。

16.3.9　基于有效性的规范

在系统或产品开发过程中，多学科系统工程师针对产品或子系统、HWCI 和 CSCI 分别制定 EDS、HRS 和 SRS，这些规范构成了开发构型的一部分。尽管成本是一个关键性的约束，但由于存在进度约束和其他约束，大多数首件系统或产品可能并不代表最具成本效益的解决方案。首件只是符合规范要求的工程解决方案。通常，每个可交付产品都分配有合同号、型号和序列号。

如果系统计划进行生产，那么产品工程应关注通过设计改进、部件和材料选择及采购、制造方法等来减少重复产生单位生产成本。改进以制定修订版实体开发规范而结束，有效性从序列号开始。

生产开始后，构型项、HWCI 和 CSCI 会随着时间的推移而演变。而在最初的开发过程中，以上内容发生变更时，会发布开发构型规范的修订版本。因此，当生产项目发生变化时，不仅需要更新规范级别，还要修改序列号有效性的范围。

当出现这种情况时，系统工程师面临着抉择：是为特定构型有效性（模型和序列号）创建专属的新规范，还是更新原始规范，以描述要求适用于文档中的特定模型和序列号有效性？更新可以将需求保存在唯一的需求文档中，但随着时间的推移，该文档可能会变得混乱而难以管理。

16.4 构型项实施

16.4.1 使构型项与规范树匹配

标识了构型项后，接下来需要考虑的关键问题是：如何指定构型项在系统产品结构中的位置？答案是：构型项应根据它在系统架构的分层产品分解结构中指定的部件在规范树中明确标识，如图 16.4 所示。

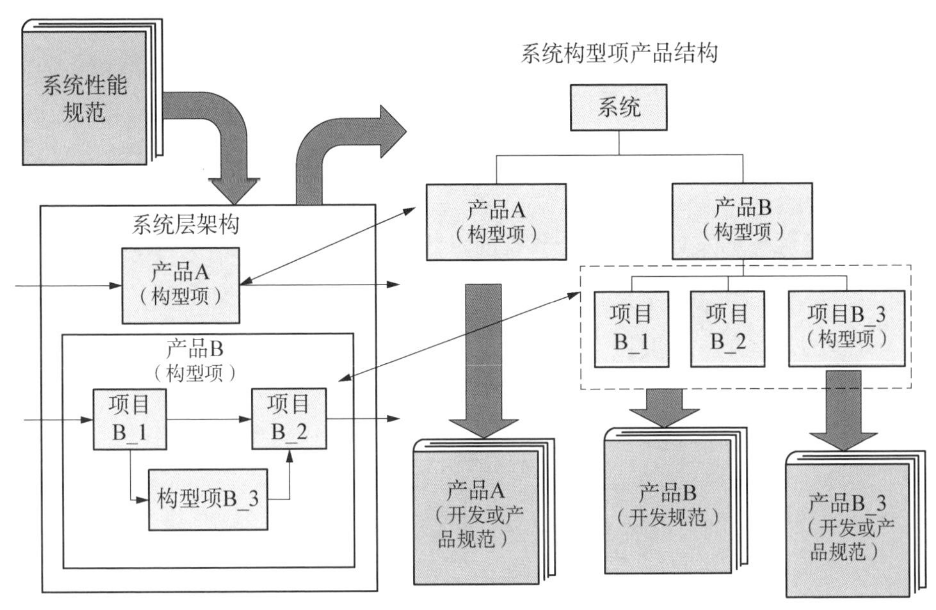

图 16.4 系统架构及其产品分解结构规范树构型文档

系统开发团队（SDT）分析系统性能规范要求，创建系统层架构，如图 16.4 左下角所示。架构由产品 A 和产品 B 组成。将在内部开发的产品 B 指定为由项目 B_1 至 B_3 组成的构型项。

随着系统架构不断发展，规范树也相应变化，如图 16.4 右侧所示。基于构型项和组件的确定，识别了以下实体开发规范：

（1）产品 A 的要求在产品 A 开发规范中加以规定。

（2）产品 B 的要求在产品 B 开发规范中加以规定。

随着产品 B 的架构演变，项目 B_1 – B_3 标识为架构部件。对每个部件

进行权衡研究，以确定它们是否可作为 COTS 产品，并能够通过内部开发、外部采购等方式获得：

（1）由于特定的产品 B 开发规范要求可以通过两个独立的 COTS 产品来满足，因此项目 B_1 和 B_2 标识为 COTS 产品，并从不同的供应商处采购。

（2）其他的产品 B 开发规范要求将暂时分配给项目 B_3。对需求进行分析，并决定将项目 B_3 作为构型项进行内部开发。因此，经过分配并从产品 B 开发规范向下传递至项目 B_3 的需求将增加到项目 B_3 的开发规范中。

16.4.2　分配构型项和组件的所有权

原理 16.3　构型项所有权和责任原理

每个构型项（CI）都应分配给负责其设计、实施、集成和测试、验证和确认的所有者。

随着规范树的发展，构型项开发的责任应分配给所有者，如项目开发团队或综合产品组。具体示例如图 16.5 所示。注意系统架构是如何沿产品分解结构线分解的。这是一个关键点，尤其是关键词产品。

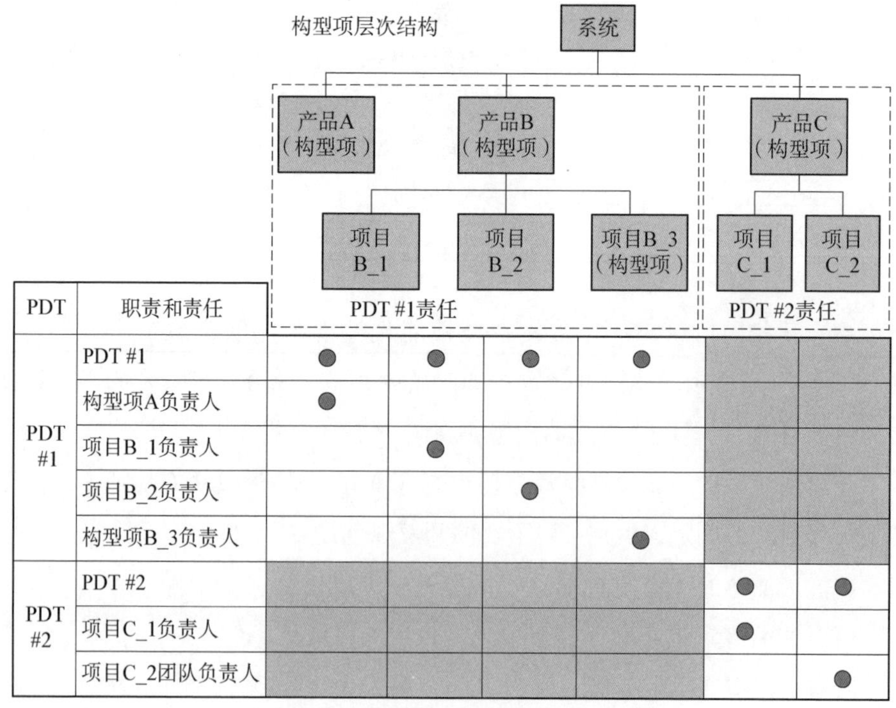

PDT	职责和责任						
PDT #1	PDT #1	●	●	●	●		
	构型项A负责人	●					
	项目B_1负责人		●				
	项目B_2负责人			●			
	构型项B_3负责人				●		
PDT #2	PDT #2					●	●
	项目C_1负责人					●	
	项目C_2团队负责人						●

图 16.5　构型项责任分配矩阵

对于采用项目开发团队或综合产品组形式的项目而言，每个综合产品组都专注“产品”开发，并与负责开发与其所分配产品接口的组件的综合产品组合作。例如，综合产品组#1 与综合产品组#2 在相互接口定义、设计兼容性和互操作性问题上进行合作。

开发一个产品的责任分配给一个且唯一的组件开发团队或综合产品组。如图 16.5 所示，根据多级组件的规模、复杂性和风险，综合产品组可能分配有多个组件责任。开发复杂度和风险程度为中等的产品 A 和产品 B 的责任分配给综合产品组#1。鉴于复杂性和风险，产品 C 的责任分配给综合产品组#2。这就引出了最后一点。

项目经常会陷入麻烦中，因为它们建立了职能性的项目组织团队架构——电子工程师、机械工程师、软件工程师等，而不是以系统架构为基础衍生出项目团队架构。除了系统工程师，项目职能组织在几十年前就已经显得不合时宜了。

示例 16.3　项目组织

如果先开发了项目的组织架构，那么具有完全不同的“最终用途”的产品 A 和产品 B 可能会以任意且不专业的方式捆绑在一起，并标记为产品或子系统。最终结果是：一个团队被指派为两个没有共同接口或者彼此之间没有任何关联的实体制定规范要求。

请记住，系统工程原则要求产品、子系统、组件等由一组集成的部件组成，以产生比单个部件所能实现的结果更大的结果，如涌现（第 3 章）。

实际情况是，项目开发的“最终用途”系统、产品、子系统等需要跨学科工程，而不是“烟囱”学科。因此，项目的组织架构通常沿可交付产品线建立。

16.4.3　识别架构组件边界的类型

工业革命带来了通过可重复和可预测的方法标准化、复制模块化部件和可互换部件的新概念。标准化让我们能够精简部件数量，进而降低库存成本，从而利用规模经济的优势。有关系统、产品、子系统、组件、子组件和零件抽象层次的讨论阐述了这些话题。

模块化概念很容易导致系统工程师有下面的思维定式：所有的组件和配

置项都要构建成模块化的即插即用的“盒子”。然而，有些系统需要跨越传统的“盒子”边界进行集成。我们的思维倾向于考虑由对等层子系统、组件等组成的纯粹层级结构。从层级上来说，这是正确的。然而，一些对等层子系统或组件是使能系统，为执行特定任务的其他任务系统对等体提供所需的能力。

一般来说，系统通常由两类产品或子系统组成：

(1) 特定于任务的产品或子系统——任务系统。

(2) 基础设施产品或子系统——使能系统。

图 16.6 说明了这种类型的架构。举例说明如下。

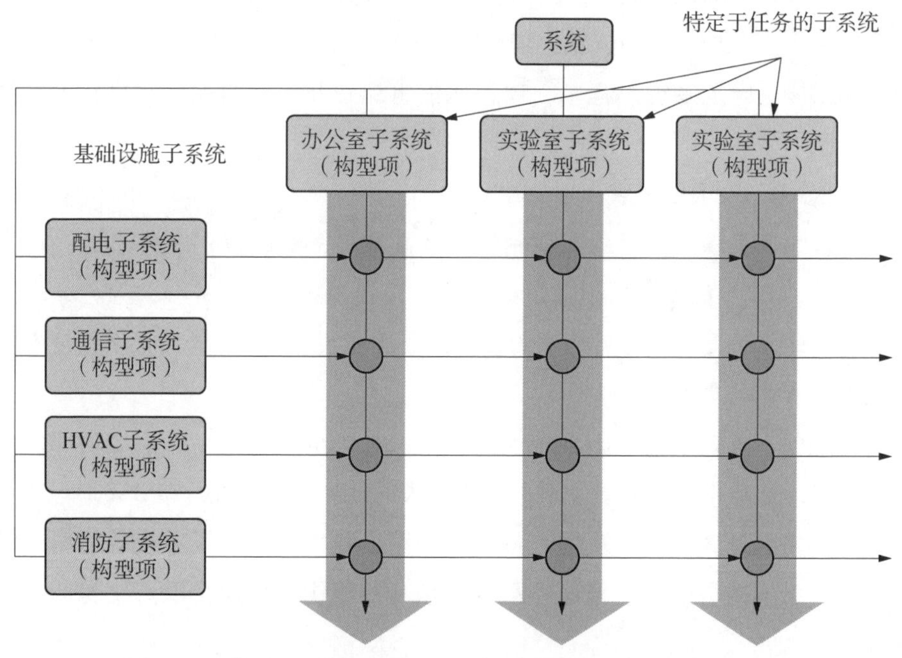

图 16.6　说明了线性与交叉型构型项的系统架构

示例 16.4　子系统与使能子系统

办公楼系统有界限清楚的架构“框”边界，这些边界由地板和专属于企业的办公区域构成，受管道和电气、暖通空调（HVAC）、通信子系统和其他代表办公楼基础设施系统的子系统的支持，如图 16.6 所示。图中基础设施或使能子系统超越并支持每个任务子系统。燃油、电气、通信和通风子系统贯穿飞机和汽车的整个结构，如推进装置、客舱和存储子系统。

16.4.4 构型项实施的多个实例

尽管我们倾向于认为系统中的每个组件都是唯一的，但是系统和产品通常在整个系统中有单个构型项的多个实例。系统工程师和系统工程和集成团队的作用之一是降低总拥有成本（TCO）——开发和生命周期成本、进度和风险。通过研究不断演变的系统设计解决方案并寻找标准化部件和接口的机会可以做到这一点。总之，通过创建利用通用构型项设计就可以满足的专用构型项设计，避免“重新发明轮子”。那么如何做到这一点呢？

设计重用标准化的一种方法是简单地执行系统或产品的域分析，以识别类似的设计需求，将其作为利用单一、多用途硬件或软件设计解决方案的机会。一个常见的例子是标准化接口，如通信数据协议、电信号和机械布局类型。

16.5 开发构型基线

系统开发需要将抽象的系统性能规范要求转化为可交付的物理解决方案。转化需要将抽象的复杂性分解或提炼成更易于管理的更低层级的细节。最终，详细设计形成并达到这样一个成熟度：图纸和软件设计等设计要求在细节上足以支持系统中所有项目的采购、制造和编码。

低层级设计决策是高层级决策的细化，完全依赖于高层级设计决策的成熟度和稳定性（原理 14.2）。否则，整个系统设计解决方案将演变成多层级的混淆和混乱。因此，随着高层级决策逐渐趋于稳定，捕获和控制被称为开发构型的不断发展的系统设计解决方案的状态是很重要的。

原理 16.4 主要构型基线原理

构型经理认为每个系统都有三个主要开发构型基线：

（1）系统需求或功能基线。

（2）分配基线。

（3）产品基线。

处于生产中的系统还有生产基线。

开发构型的特征是一系列构型“快照”。这些快照捕获处于战略上各个成

熟度阶段的不断发展的系统设计解决方案。开发构型的基线管理为系统工程师提供了一种机制，通过构型变更管理可以保持对不断发展和成熟的系统设计解决方案的“智慧控制”（原理 1.3—McCumber 和 Sloan，2002：4）。因此，开发构型的范围跨越从合同授予到系统或产品交付和验收或随后提交给生产基线的时间段。

原理 16.5　系统工程设计构型原理

任何抽象层次的每个系统或实体都有八种系统工程设计构型：定义构型、分配构型、设计构型、构建构型、验证构型、确认构型、维护构型和生产构型。这些构型必须是最新的且相互一致的。

从系统开发的角度来看，有一系列的系统/产品生命周期阶段的技术评审或事件，它们评估不断发展的系统开发构型的进度、状态和成熟度，作为投入资源开始下一阶段开发的条件。表 16.2 列明了关键阶段性点或控制点。

接下来概述每一种系统工程构型。通过正式的构型管理程序，对每个构型进行评审、批准、基线化、发布和控制。

表 16.2　取决于系统/产品生命周期阶段的关键开发构型阶段点

系统生命周期阶段	过程	开发构型系统工程基线	技术评审
系统开发	系统设计	“定义”	系统规范评审
	系统设计	“分配”	系统设计评审
	系统设计	“设计”	关键设计评审
	部件采购和开发	“构建”	部件验证
	系统验证	“验证”	系统验证评审
	系统确认	“确认”	
系统运行、维护和维持		“维护”	部署的系统
系统生产	生产过程	“生产”	生产就绪评审（PRR）

16.5.1　“定义”构型

原理 16.6　系统性能规范所有权原理

作为合同的元素之一，系统购买者拥有并控制合同系统性能规范；系统开发商根据采购承包人授权和提供的合同指导维护系统性能规范。

“定义”构型表示不断发展的系统、子系统、组件等规范要求的递增状态，它们共同或单独构成随时间推移而不断发展的开发构型的系统要求基线。“定义”构型的初始实例由一些组织根据系统购买者和系统开发商在系统规范评审（SSR）（第18章）中对系统性能规范进行的正式审批而建立为系统需求基线。

16.5.2 “分配”构型

“分配”构型表示不断发展的系统、子系统、组件等在各自架构内将规范要求分配给组件的不断演变的递增状态。举例如下：

（1）将系统性能规范要求分配给系统层架构中的子系统。

（2）将子系统规范要求分配给子系统层架构中的组件。

16.5.3 “设计”构型

“设计”构型表示不断发展的系统、子系统、组件等的根据系统需求基线内各自的规范推导出的详细设计文档的递增状态。“设计”构型的初始实例从一些组织在系统设计评审（SDR）（第18章）时对系统层架构的正式审批开始。

16.5.4 “构建”开发构型

“构建”构型表示任何物理实体的开发构型状态，举例如下：

（1）采购、修改和/或内部或外部开发的系统、子系统、组件等。

（2）以型号、序列号（S/N）和版本名称进行物理标记的系统、子系统、组件等。

（3）经过正式验证的系统、子系统、组件等，验证是否符合其系统性能规范、实体开发规范或设计要求，如工程图纸等。

16.5.5 “验证”构型

“验证”构型表示多级开发构型文件和物理系统在其正式系统验证评审（第18章）完成时的递增状态。在此阶段，“定义”“设计”和“构建”构型

应该一致且完整，并符合多级系统需求基线规范要求。

16.5.6 “确认”构型

“确认”构型表示用户或代表用户的独立测试机构（ITA）在规定的现场运行环境和条件下进行运行测试与评估时确认的开发构型文档和物理系统的状态。

16.5.7 “维护”或生产构型

“维护”构型表示用户或其指定代表维护的部署系统或产品的开发构型或生产构型的状态。从用户、系统工程师和构型经理的角度来看，不能使“维护”构型文档保持最新状态以及与物理系统或实体同步是一个主要风险域，尤其对计划生产的开发系统而言。*

16.5.8 “生产”构型

“生产”构型表示用于大批量生产系统或产品的生产基线的状态。“生产”构型的初始实例在生产就绪评审（第 18 章）时建立。

16.5.9 开发构型阶段点或控制点

随着开发构型演变，经过一系列设计和开发阶段，购买者、用户和系统开发商就不断发展和成熟的系统设计解决方案达成一致非常重要。根据合同类型和决策过程中的各方权限，通过阶段点或控制点可以做到这一点。

阶段点或控制点由主要的技术评审事件组成，旨在表示不断发展的系统设计解决方案的成熟度阶段，因为随着时间的推移，系统设计解决方案向更低层次的抽象或细节发展。通过一系列构型基线可以实现这一点。

从构型管理的角度来看，有以下四个构型基线：

(1) 系统需求或功能基线。

---

* **已部署的系统构型文档的维护**

“维护”构型是系统工程的重要阶段点。由于缺乏规则、管理或预算，因此用户放弃维护系统或产品文档的情况并不少见。结果就是物理系统或产品与其构型文档不完全匹配，这对系统开发商来说是一个主要风险因素。

（2）分配基线。

（3）产品基线。

（4）生产基线。

注意，讨论内容确定了不断发展和成熟的开发构型的两个视角：①系统工程构型视角；②构型管理视角。尽管语义不同，但两者是相关的，如表 16.2 所示。

16.5.10 开发构型基线小结

在构型标识讨论内容中：

（1）介绍了一系列构型管理术语，如项目、构型项、COTS、NDI 和 AFP。

（2）确定了开发组件和构型项的方案。

（3）强调了构型项作为物理实体受到自身边界的限制。

（4）探讨了与构型有效性的相关问题。

这就引出了下一话题——如何为组件和构型项选择部件。

16.6 部件选择和开发

将系统性能规范和实体开发规范要求分配给低层级项目是由部件选择决策驱动的高度迭代过程。一般来说，系统开发商必须回答以下问题：选择部件以满足合同要求时，什么是价值最佳、成本最低和风险可接受的方法？

（1）是否已有内部可重复使用的部件设计？

（2）是否从外部供应商处采购商用组件？

（3）是否商用组件只需要稍加修改就能满足需求？

（4）是从外部供应商处采购商用组件并在内部进行修改，还是让供应商修改？

（5）是否从用户处获得部件作为购买者提供的财产？

（6）是否在内部创建新开发的部件？

根据这些问题的结果和项目的特定要求，可能需要重新分配初始要求，以协调商用组件所提供的能力。

这一部分的讨论内容集中在驱动系统工程决策的部件选择和开发实践上。

简要讨论了系统开发的可选方案之后，介绍了 COTS 和 NDI 的概念。然后定义了一种方法，描述选择部件开发策略的决策方法。最后总结了影响 COTS/NDI 选择的驱动因素。

16.6.1 降低系统成本和风险

系统工程的关键目标之一是将总拥有成本（开发和生命周期成本）以及风险降至最低。实现这些目标需要有洞察力的策略，包括在所有抽象层次选择部件。

大多数工程师进入职场时怀有创新和创造“优雅”设计的崇高愿望。虽然这是事实，但也反映了人们对优先事项的误解。在尝试寻找满足规范要求的现有组件之后，才应诉诸新设计（原理 4.19）。

原理 16.7 设计是最后手段的原理

用尽所有努力，确定可重复使用的 COTS、NDI 或 AFP 部件的传统设计无法满足实体需求后，才应对新构型项进行系统设计。

那么，优先事项应该是什么？这就需要理解项目设计实施方案和优先事项。

16.6.2 组件设计实施方案和优先事项

从构型管理的角度来看，系统或产品中的每个组件或实体，无论抽象层次如何，统称为组件。至少有七个不同方案可以获得组件，用于设计物理部件开发：

方案#1：从外部供应商的目录中采购部件。

方案#2：采购供应商部件并内部定制。

从供应商的目录中采购部件，并在内部对其进行定制或调整，以符合工程图纸要求。

方案#3：从外部供应商处采购定制部件。

从供应商的目录中采购部件，并支付费用；如果修改或定制服务可用，则根据采购合同和规范对其进行修改或定制。

方案#4：重用遗产部件设计。

从外部供应商处采购零件、部件或原材料。然后，重复使用现有的遗产设计，在内部进行制作、装配、集成和测试。

方案#5：内部设计和开发新部件。

内部设计新部件；从外部供应商处采购零件、部件或原材料；按照工程图纸规定的新部件设计要求进行制作、装配、集成和测试。

方案#6：分包新部件开发。

内部设计部件，并从外部供应商处采购。

方案#7：分包新部件开发。

根据性能规范，从外部系统开发商处采购部件设计和开发。

注意 16.2　遗产设计重复使用问题

注意，重复使用现有或遗产设计可能会出现法律和合同问题，涉及用于开发产品的资金类型、数据权利等。请务必咨询组织的程序、合同、法律和出口管制组织，以获得指导。

基于这些设计/采购方案，系统或产品中任何抽象层次的任何组件的系统设计解决方案可能包括一个或多个实施方案的组合。因此，任何设计实施的COTS/NDI/新开发组合都依赖于应用，如图 16.7 所示。注意，设计实施有两个极端：100% COTS 和 100%新开发。因此，系统工程和集成团队和部件选择决策者面临的挑战是确定正确的方案组合，从而降低总拥有成本（开发和生命周期成本）和风险。*

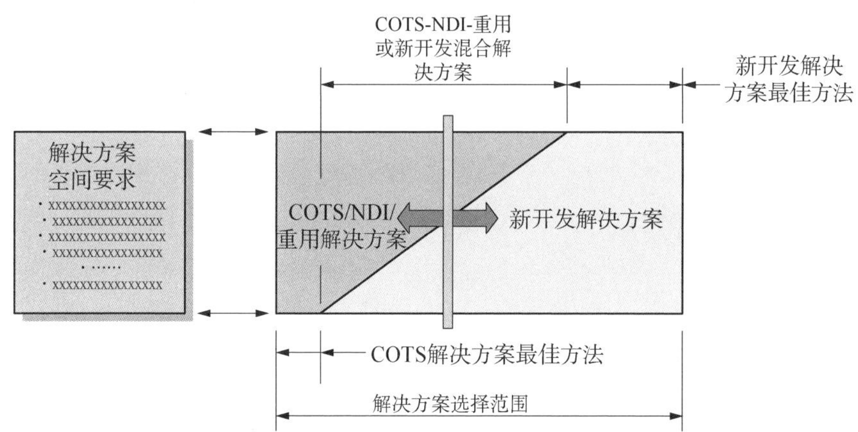

图 16.7　为满足构型项技术、总拥有成本、进度和风险因素，寻找最佳的 COTS/NDI/重用/新开发组件组合的决策

* 参考——有关“自制或外购”和“外购-修改”决策的其他信息，请参考最新版的项目管理协会（PMI）的项目管理知识体系指南（PMBOK ®）。

从供应商的目录中采购的组件称为“COTS 产品”。当 COTS 产品承包给供应商进行定制或修改并用于特定应用时，称为“非开发项”。当系统购买者提供的项目（财产）可用于设计，或者按照合同进行修改和/或集成到可交付系统中时，称为购买者提供的财产（AFP）。*

16.7 供应商产品类别

一般来说，商用供应商产品分为两个基本类别：COTS 产品和 NDI。下面首先确定每种类别的范围。

16.7.1 COTS 产品

COTS 产品表示可以按照零件号从供应商的目录中采购的一类产品。COTS 产品的采购通过采购订单或其他采购机制实现。通常，供应商提供合格证，证明产品符合其公布的产品规范要求。

16.7.2 NDI

NDI 代表经修改或定制以满足一系列采购规范要求的 COTS 产品。NDI 的采购通过采购订单完成；采购订单参考定义并界定了修改后 COTS 产品的能力和性能的采购规范。交付前，系统开发商以购买者的身份（角色），在购买者（角色）在场的情况下，验证 NDI 是否符合采购规范。

16.8 部件选择方法

选择满足实体开发规范要求的部件需要一种能使项目开发团队将技术、成本、进度和风险问题降至最低的方法。一般来说，选择部件时需要回答介绍本

* **购买者提供的财产**

当系统购买者以用户的合同和技术代表身份向系统开发商提供 AFP 时，每个项目必须根据合同条款和条件进行正式记录、标记、跟踪和控制。当计划修改 AFP 时，通常需要得到购买者合同官员的书面授权。确保合同条款和条件明确界定谁负责：

（1）提供一套完整的 AFP 文档。

（2）在系统开发商掌握下进行 AFP 维护和处理故障问题。

实践时提出的问题。那么，如何回答这些问题呢？

一种解决方案是建立一种有助于依据替代方案分析（第 32 章）选择部件的基本方法。创建这种方法的方式有很多，图 16.8 给出了典型示例。

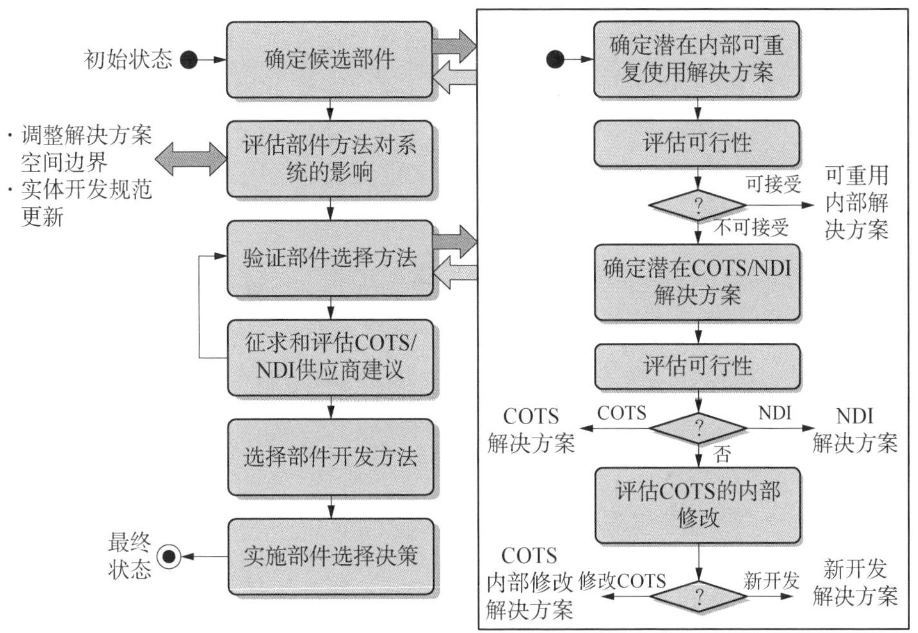

图 16.8　部件开发方法示例

16.8.1　COTS 选择方法

如图 16.8 所示，用于选择项目部件的方法可以描述为六步且高度迭代的流程。

(1) 第 1 步：确定候选部件。

a. 第 1.1 步：确定可重复使用的设计解决方案的潜在遗留问题。

b. 第 1.2 步：评估内部解决方案的可行性、功能和性能。

c. 第 1.3 步：确定潜在 COTS/NDI 产品解决方案。

d. 第 1.4 步：评估 COTS/NDI 解决方案的可行性、功能和性能。

e. 第 1.5 步：研究内部修改 COTS 产品的可行性。

(2) 第 2 步：评估部件方法对项目和系统性能的总体影响。

(3) 第 3 步：确认部件选择方法（重复第 1 步）。

(4) 第4步：征求和评估供应商对COTS/NDI的建议。

(5) 第5步：选择部件开发方法。

(6) 第6步：实施部件选择决策。

注意16.3　满足规范要求的COTS产品

不要认为可以轻易找到能满足规范要求的“现成的”COTS解决方案。你可能会发现存在这样的矛盾：选择基本合理或一定程度上符合规范要求的COTS产品，或者选择成本和/或进度可能令人望而却步的NDI产品或新开发。解决方案可能需要重新评估驱动的需求是否合理可行，以适应COTS产品的能力和性能水平。

玻姆（2006：10）指出：COTS经济学通常使连续流瀑式流程（其中预先确定的系统需求决定能力）与基于COTS的解决方案（其中COTS能力在很大程度上决定需求）不兼容；如果无法负担非COTS解决方案所能提供的能力，那么需要的能力就不是一种需求。

16.8.2　部件选择方法小结

当部件选择和开发决策流程完成时，多层系统架构层次结构和产品分解结构（PBS）中的每个项目都可能由满足分配给项目的规范要求的各种类型部件（如内部部件、COTS、NDI或AFP）组合而成。

以上已经建立了基本方法，下面来探讨一些影响COTS/NDI选择的驱动因素。

16.9　影响COTS/NDI选择的驱动因素

COTS/NDI产品可能适用于也可能不适用于你的合同应用。只有你、你所在的组织或项目以及购买者/用户（如适用）才能做出决定。我们来看在选择COTS/NDI产品时应该考虑的一些类型问题的例子。

注意16.4　购买时，有关COTS/NDI供应商的问题

下面的问题列表显示了每个类别的示例。购买者的每组要求、应用、COTS/NDI产品和看法都是独一无二的。咨询组织中的主题专家（SME），或聘请合格、可信的顾问提供服务，帮助制定问题清单。在做出决策之前，深入研究潜在的 COTS 产品解决方案并进行尽职调查。

COTS 产品线示例问题如下：

（1）COTS 产品线和系列的传统、成熟度和前途如何？

（2）供应商和母公司对 COTS 产品线和系列做出怎样的承诺？

（3）COTS 产品的用户群体有多大？

（4）哪些组织或行业是 COTS 产品的主要用户？

（5）相对于产品线方向，当前的技术趋势是什么？

（6）在成熟度周期和市场上，COTS 产品处于哪个阶段？

（7）该版本的 COTS 产品面市了多长时间了？

（8）COTS 产品是否处于 Alpha 和 Beta 测试阶段？如果不是，那么这些测试是在多久之前进行的？

客户满意度示例问题如下：

（1）供应商是否愿意提供一份客户对产品体验的参考清单？

（2）客户对当前 COTS 产品和先前版本的满意度如何？

（3）客户推荐、投诉和应用的使用之间有关联吗？

（4）客户满意度是否建立在按照供应商规定的运行环境使用产品的基础上？

公司对 COTS 产品稳定性的承诺示例问题如下：

（1）供应商以书面形式承诺生产和支持相关 COTS 产品版本的时间是多久？

（2）供应商和母公司的财务状况稳定程度如何？

（3）开发和支持 COTS 产品的供应商劳动力（即营业额）稳定程度如何？

（4）为了以后有据可查，供应商 SME 都有谁，他们在组织中工作了多长时间，从事 COTS 产品工作的时间有多久？

（5）他们与 COTS 产品相关的角色是什么？

COTS 产品设计示例问题如下：

（1）假设对供应商文档有一定的访问权限，那么 COTS 产品文档的质量和深度如何？

（2）对 COTS 产品进行了何种程度的验证和确认？

（3）产品验证和确认是由独立实验室内部执行的，还是供应商依靠用户群

体来“发现缺陷”的？

(4) COTS 产品是否在设计中记录了可访问的测试点、测试探针、进入/退出点？这些对开发商和维护人员开放使用吗？

(5) COTS 产品使用的行业标准接口是完全符合标准还是只符合标准子集？符合性的例外情况是什么？

(6) 供应商在实施标准时有哪些自由权，如解读和假设？

(7) 供应商是否愿意修改 COTS 产品界面以满足用户的系统或产品的界面？意愿程度如何？

(8) 供应商证明 COTS 产品与哪些系统或产品兼容并可互操作？例如，Microsoft Windows、MAC OS 以及其他系统。

(9) 现有 COTS 产品中有哪些目前已知的缺陷？是否有纠正这些缺陷的计划和优先顺序？

(10) 在当前的“最新和改进”产品版本中，还有多少已知的和潜在的缺陷？

(11) COTS 产品中还有多少未记录和未测试的“特性”，如不能或以后无法纠正的潜在缺陷？

(12) 哪些详细的设计信息和“随叫随到”支持可用于支持系统开发商将 COTS 产品集成到他们的系统或产品中去？这些支持需要付费吗？

(13) COTS 产品的未来版本是否会与正在研究的当前版本向前和向后兼容？

COTS 产品生产示例问题如下：

(1) 假设存在 COTS 供应商质量保证（QA）组织，那么该组织及其构型管理系统和版本控制的质量和规则是什么？

(2) COTS 产品是否进行序列化并跟踪，以进行升级和召回？

COTS 产品支持示例问题如下：

(1) 供应商愿意为 COTS 产品提供何种程度的 24/7 支持（即每天 24 小时/每周 7 天)？哪些国家、时区和可用时间可享受互联网在线技术支持和文档服务，以及“实时支持”或“阅读在线内容”？

(2) 供应商愿意提供什么级别的技术支持响应（4 小时、一周等)？

(3) 供应商愿意为 COTS 产品 SME 提供何种程度的可访问性？

（4）COTS 产品是否有运行和支持手册及技术手册？

（5）运行和维护手册和技术手册是否随 COTS 产品一起提供，是否可以在线免费获得，或者是否必须购买？如果需要购买，那么获得的容易程度如何？

（6）供应商对 COTS 产品有什么支持计划？时间为多长？

（7）标定和校准程序和数据是否记录在案并可供系统开发商使用？

（8）供应商是否提供现场服务支持？如何响应？有哪些限制（一周几天、节假日、小时数等）？

（9）如果购买了 COTS/NDI 产品，那么是否需要联系供应商在现场执行现场服务以进行“移除和更换、标定和校准”，或者系统开发商是否可以执行此操作？

（10）谁支付现场服务调用费用和相关费用？

COTS 产品保修示例问题如下：

（1）每个 COTS 产品都包含在明示或暗示保修范围内吗？供应商会提供副本吗？

（2）购买者的哪些行为或物理修改可能会使制造商的保修失效或无效？

（3）系统开发商对 COTS 产品的哪些可接受修改不会使保修失效？

（4）供应商愿意自行修改 COTS 产品还是推荐第三方修改？

（5）第三方修改产品会影响保修期限吗？修改产品和维护保修需要哪些授权？

COTS 产品采购示例问题如下：

（1）COTS 产品是否需要软件、硬件和出口管制的使用许可（第 18 章）？

（2）许可证基于每个平台吗？站点许可证是否受最大“浮动”用户数量限制？

（3）如果有站点许可证，如何限制用户数量（同时在线人数、总人数、可用“密钥”数量等）？

（4）COTS 产品中是否包含“其他捆绑”产品，或者必须以较低的额外成本购买这些产品吗？它们需要许可证吗？

（5）对 COTS 产品有最低购买量要求吗？

（6）如果有最低购买量要求，是基于每次的购买量、一年内累计的购买量还是几年内累计的购买量？

(7) 价格拐点阈值是多少?

(8) 有什么产品质量保证程序来保证 COTS 产品的质量?

(9) 关于产品及其材料的完整性，供应商愿意提供哪些认证?

(10) COTS 产品规格、工艺和测试程序是否可用于评审和检查?

原理 16.8　买者自慎原理

当购买 COTS/NDI 时，深入调查和了解 TCO（即开发和生命周期成本）和技术支持服务内容：

(1) 因为供应商只会回答你提出的问题，所以要经常询问一些你可能没有问过但必须了解的关于产品的问题。

(2) 最后，请买者自慎——买方负担风险!

总之，你及你所在的项目和组织对做出的决策负有全部且唯一的责任。在做出决策之前，对 COTS/NDI 产品或任何类型的系统、产品或服务使用(包括利益相关方——用户和最终用户）相关的所有因素进行深入的 360°调查。

16.10　本章小结

本章内容侧重于系统构型标识和部件选择。虽然是作为一个章节提出的，但它们是约束第 26 章提到的系统架构过程和架构开发的规则。

这与系统工程有什么关系呢?

系统构型识别和部件选择可以归纳为威廉·麦坎伯博士提出的三个词。系统工程师的一项工作是通过基线管理监督“保持对不断发展和成熟的系统设计解决方案的智能控制”（McCumber 和 Sloan，2002：4）（原理 1.3 - McCumber 和 Sloan，2002：4）。如果做不到这一点，就失去了对项目的控制。

另一项工作是确保选择、采购或开发的系统设计解决方案物理部件不仅符合规范要求，而且可以最大限度地降低 TCO——开发和生命周期成本——并在预算、进度和技术风险范围内使风险可接受。可从多种来源选择部件。

COTS/NDI 解决方案可能对你和你的应用是合适的选择；在其他情况下，它们可能不是合适的选择。作为引导选择流程的系统工程师，你必须根据以下几点做出明智决策：

（1）得到现场证据证实的事实。

（2）权衡，以满足需求、最大限度地降低开发和生命周期成本，并将风险降低到可接受的水平。

（3）其他用户的应用体验。

COTS 产品可以成为降低开发和生命周期成本的强大工具，也可能成为一个主要问题。也许使用海市蜃楼的类比是看待 COTS 的最佳方法：确保在实现产品时发现的东西与所感知的虚拟形象相匹配。无论做何决策，你都必须接受你的行为和后果。仔细研究部件选择和供应商，充分考虑应急计划的灵活性，做出明智选择。

16.11 本章练习

16.11.1 1 级：本章知识练习

回答本章引言中所列“你应该从本章中学到什么”的每个问题：

（1）什么是构型管理（CM）？

（2）构型管理的四大功能是什么？

（3）什么是构型标识？请举例说明。

（4）什么是构型状态报告（CSA）？请举例说明。

（5）什么是构型变更管理？

（6）如果想知道图纸的当前状态，四种构型管理功能中的哪种功能会提供信息？

（7）什么是开发构型，它何时以及如何演变，谁负责它的建立和维护？

（8）描述部件、实体、项目和构型项之间的差异及其实体关系（ER）？

（9）谁负责标识构型项？

（10）选择构型项时使用什么决策标准？

（11）构型项与规范树有什么关系？

（12）什么是 COTS 产品和 NDI，它们与项目和构型项有何关联？

（13）什么是构型基线？

（14）基线和开发构型之间有什么关系？

(15) 构型有效性是何意思？

(16) 请描述开发构型及其基线的演变。

(17) 什么是“定义”构型，何时建立？

(18) 什么是“设计”构型，何时建立？

(19) 什么是“构建”构型，何时建立？

(20) 什么是“验证”构型，何时建立？

(21) 什么是“确认”构型，何时建立？

(22) 什么是“维护”构型，何时建立？

(23) 什么是“生产”构型，何时建立？

(24) 任务系统和使能系统构型项之间有何区别？它们关系如何？以办公楼、汽车和飞机为例，说明这些关系。

(25) 基线管理和构型管理之间有什么区别？

(26) 开发部件的六种主要方法是什么？

(27) 什么是 COTS 产品？

(28) 什么是 NDI？

(29) 什么是 AFP？

(30) AFP 的来源是谁？

(31) 如何采购 COTS 产品？

(32) 如何采购 NDI？

(33) 部件选择方法的步骤是什么？

(34) 应该向可能拥有你正在考虑选择的产品或服务的供应商提出哪些问题？

16.11.2 2 级：知识应用练习

参考 www. wiley. com/go/systemengineeringanalysis2e。

16.12 参考文献

Boehm, Barry, (2006), “Some Future Trends and Implications for Systems and Software Engineering,” International Council on Systems Engineering (INCOSE), *Journal of Systems Engineering*, Vol. 9, No. 1, Malden, MA: John Wiley & Sons, Inc.

DAU (2012), *Glossary: Defense Acquisition Acronyms and Terms*, 15th ed. Ft. Belvoir, VA: Defense Acquisition University (DAU) Press. Retrieved on 6/1/15 from http://www.dau.mil/publications/publicationsDocs/Glossary_15th_ed.pdf.

FAA SEM (2006), *System Engineering Manual*, Version 3.1, Vol. 3, National Airspace System (NAS), Washington, DC: Federal Aviation Administration (FAA).

McCumber, William H. and Sloan Crystal (2002), *Educating Systems Engineers: Encouraging Divergent Thinking*, Rockwood, TN: EagleRidge Technologies, Inc.

MIL-HDBK-61A(SE) (2001), *Military Handbook: Configuration Management Guidance*, Washington, DC: US Department of Defense (DoD).

MIL-STD-498 (1994), *Software Development and Documentation*, Washington, DC: US Department of Defense (DoD).

SEVOCAB (2014), *Software and Systems Engineering Vocabulary*, New York, NY: IEEE Computer Society. Accessed on 5/19/14 from www.computer.org/sevocab.

17 系统文档战略

当开发系统、产品或服务时，记录关键决策事件及其结果的文档对于保持对技术项目的“智能控制”（原理 1. 3——McCumber 和 Sloan，2002：4）非常重要。文档，尤其是正式文档，可能需要花费巨大成本，并且其编制会消耗宝贵的项目资源。如果你是系统购买者，不可避免地，每份文档对用户都有一定的价值，其中包括投资回报，但必须用系统功能来换取这些价值。是否需要购买文档或系统功能，平衡点在哪里？

遗憾的是，组织通常认为系统开发和系统工程（SE）流程的作用是生成文档，以便交付。实际情况是，系统开发和系统工程流程的重点在于产生经验证的符合规定要求且经确认的满足用户运行需求的系统、产品或服务。与此形成鲜明对比的是，文档只是捕获和描述关键技术决策“工件”的一种机制。

假设你可以非正式地在每平方英寸的“餐巾纸背面”记录重要的决策“工件”。然而，这样的文档将缺乏组织、实质性内容和连贯含义，且存在需要解读等问题。构型管理（CM）版本控制（第 16 章）和变更请求（CR）审查和批准将是一场灾难！

当发布并提出技术项目投标邀请书（RFP）时，系统工程师需要回答以下 4 个关键问题：

（1）问题#1：在系统、产品或服务开发过程中，为了记录关键技术决策并满足开发、部署、运行、维护、维持、退役和处置操作需求，应该生成的必要、基本系统开发文档集（原理 15. 16）是什么？

（2）问题#2：如何定制文档要求以获得所需的基本文档？

（3）问题#3：有没有一种办法可以降低特定文档的正式程度以保证获取基本信息？

（4）问题#4：在系统、产品或服务开发过程中产生的所有决策文档中，如何才能获得库存列表以供将来购买时参考？这个问题提出了潜在的法律问题。

本章将探讨系统设计和开发项目中常用的文档类型，以支持制定总体系统设计文档战略。我们将介绍关键合同条款，如合同数据要求清单（CDRL）、数据访问列表（DAL）和设计标准列表（DCL），并描述每项条款及其与整体系统开发合同的关系。我们将确定四种类型的文档，如计划、规范、设计方案和测试文档，并提供它们的发布点的图表。

本章还将讨论编制系统工程和开发文档的通用规则。讨论内容强调对敏感数据、专有信息和技术的出口管制文件进行评估的重要性和关键性。最后的讨论主题将确定系统工程师需要准备解决的几种类型的文档问题。

17.1 关键术语定义

（1）授权访问（authorized access）——购买者或组织项目发布的正式批准，其表明需要了解信息的内部或外部个人或组织被授予在限定时间内对特定类型的数据进行访问的有限权限，并受合同或项目建立的处理和控制程序的约束。

（2）合同数据需求清单（CDRL）——合同附件，列明根据合同条款和条件应交付的文件。每个 CDRL 项均应参照交付说明，包括：①文件何时交付；②使用什么大纲、格式和媒介；③交付给谁以及数量是多少；④成熟度级别，如大纲、草案和最终方案；⑤纠正措施要求；⑥批准。

（3）数据访问列表（DAL）——根据请求提供的生成数据的索引（DI-MGMT-81453，2007）。

（4）设计标准列表（DCL）——描述外部系统或实体的能力、性能和运行环境边界条件的设计数据列表。

（5）工程发布记录（engineering release record）——项目构型经理编制的记录，公布正式发布的工程文件，如计划、规范、设计方案和图纸等，这些文件已经正式批准、基线化并被授权用于内部技术决策。

（6）发布的数据（released data）——项目文档的集合，包括合同授予、开发阶段开始或新版系统或产品之后，已正式批准、基线化和授权用于内部技

术决策的修订版本。

(7) 分包数据要求清单（SDRL）——分包合同要求的数据交付清单。参考 CDRL 定义。

(8) 技术数据（technical data）——技术数据是科学或技术性质的记录信息（无论记录的形式或方法如何）（包括计算机软件文档）（MIL-HDBK-61A：3-10）。

(9) 技术数据包（technical data package）——足以支持项目采购的技术说明，包括工程、生产和后勤支持。技术说明定义了确保项目性能充分性所需的设计构型和程序，包括所有适用技术数据，如工程图纸、相关清单、产品和工艺规范和标准、性能要求、质量保证条款和包装细节（MIL-HDBK-61A：3-10）。

(10) 工作数据（working data）——非正式工作文档（草案、初步文档等）、决策、设计方案、分析结果、权衡研究结果等数据，可能是也可能不是可交付的正式文档，并且视为持续完善的具有成熟度级别的文档。一些组织将技术决策所需的外部组织文档统称为工作数据。

17.2 质量体系和工程数据记录

系统开发是一个渐进的决策过程，要求将技术规范、计划、设计文档、测试程序和测试结果记录下来，以便交付和决策，并存档用作历史记录。文档数据的完整性需要进行验证和确认评审，以确保其准确性、精确性、一致性和完整性。

对于基于 ISO 9001 的质量体系，文档编制过程的每一步都会产生决策"工件"，作为数据记录，提供客观证据，证明完成了计划的工作。当策划技术项目时，必须制定和传达战略，以创建和获取关键决策、技术会议和评审会议记录、设计文档编制，以及测试、分析和权衡研究结果的数据记录。从项目/项目管理计划（PMP）开始，就应在各种计划中记录战略。规程的具体实施在技术管理计划（TMP）中予以规定，如工程管理计划（EMP）或系统工程管理计划（SEMP）、构型和数据管理计划（DMP）、质量保证计划（QAP）、风险管理计划（RMP）、硬件开发计划（HDP）、软件开发计划（SDP）、测试计划等。

首先从高层角度讨论项目通常产生的文档。*

17.3 系统设计和开发数据

系统数据分为以下六种基本类型：

(1) 合同应交付数据。

(2) 分包合同、供应商和供方数据。

(3) 运行、维护和支持数据。

(4) 工作数据。

(5) 组织法规。

(6) 工程人员数据记录。

下面我们将逐项探讨。

17.3.1 合同应交付数据

系统购买者通过合同条款和条件向系统开发商提出文档需求。组织发布包含 CDRL 的合同，其中列明具体文件，如计划、分析结果、会议纪要等，在整个合同期间交付。CDRL 项目分配有唯一的项目编号，如 A001，并包含有关文档格式和媒介的交付说明，以及提交条件、提交日期和分发清单。对于文档格式，一些组织使用数据项描述（DID）——提供特定类型的文档的详细说明，包括 CDRL 项目的大纲和内容。

17.3.1.1 CDRL 项目

CDRL 项目通常采用表单来标识唯一的项目编号、名称、数量、文档格式、编制说明、提交条件、提交日期、分发清单等。

17.3.1.2 数据项描述

大多数合同要求以特定格式提交 CDRL，如美国国防部采用数据项描述对关于可交付文件大纲和内容进行编制说明。一般来说，数据项描述只是对需交

---

* **文档名称**

本章介绍的文档确定了系统工程中常用的文档类型。你所在的组织或行业可能使用不同的名称。无论你所在的学科或行业采用什么名称，本章所提出的概念、原则或实践都普遍适用于医疗、运输、航空航天和国防、能源、电信等商业领域的系统、产品或服务开发。

付的特定类型文档的描述，其内容包括带特定内容说明注解的大纲。

17.3.2 分包合同、供应商和供方数据

购买者（角色）通过合同和分包合同对承包商提出数据要求。这些数据适用于：

（1）根据分包合同采购的构型项和组件，如商用现货项目和非开发项。

（2）合格证（CoC），表明采购的项目符合供应商的产品规格。

（3）支持系统工程设计活动的设计和管理报告数据。

分包合同包括确定了一系列数据交付物的 SDRL。在某些情况下，系统开发商可以通过 SDRL 直接向分包商传递 CDRL 要求，或者摘录特定的 CDRL 要求，并将其纳入 SDRL，作为支持交付给系统购买者的系统开发商 CDRL 文件的输入资料。

例如，通常按采购订单的一部分采购供应商和供方交付物和数据。订单可能要求供应商提供合格证，证明交付的项目符合或超出供应商或供方的产品规格要求。

17.3.3 运行、维护和支持数据

运行、维护和支持数据包括运行和维护系统、产品或服务所需的数据。标准操作规程和程序（SOPP）、安装指南和操作手册就是此类例子。系统的运行、维护和支持数据可以作为系统开发商合同或支持合同的一部分交付，或者由用户在内部开发。

17.3.4 工作数据

工作数据指系统设计、开发、集成和测试过程中产生的数据，如分析结果、权衡研究结果、建模和模拟结果、测试数据、技术决策和基本原理说明。除非根据合同条款和条件，且这些数据被明确标识为 CDRL 条目，否则它们仅供系统开发商在内部使用。

系统购买者和用户需要的文档通常需要付出较高的购买成本。面对购买正式文档还是系统功能的决策，他们通常会根据运行需求和可负担性选择附加功能。因此，购买者和用户可能要求有机会在系统开发商处查看这些数据，并明

确这些数据不是可交付的。项目产生的数据清单记录在数据访问列表（DAL）中。

有时，购买者可能会要求有机会在系统开发商处查看这些数据，并接受这些数据不是可交付的，而是需要购买的。

系统部署后，如果确定需要特定类型的数据作为正式文档，那么通过数据访问列表，购买者和用户可以在合理的时间段内购买这些数据，并遵守合同条款和条件规定的数据记录保留要求。

17.3.5 组织法规

另一类系统开发数据是策略、流程和程序等组织法规所需的工作成果。组织法规所需的数据可能包括计划、简报、图纸、接线表、分析结果、报告、模型和仿真结果等。除非合同明确规定了 CDRL 或 SDRL，否则这些数据应视为不可交付。

也许有人会问：如果合同不对文档做要求，为什么要消耗资源去编制文档呢？一般来说，答案在于拥有一定系统工程能力的组织知道并理解，不管 CDRL 或 SDRL 的数据要求如何，计划、规范和测试程序等特定数据对项目成功至关重要。在正式招标过程中，系统购买者可能忽视或负担不起 CDRL 和 SDRL 数据要求，或者在通常情况下，购买者决定不购买数据。如果确认在正式招标过程中遗漏了特定的数据项，应与投标邀请书负责人协商如何解决缺遗漏数据项事宜。

警告 17.1　不当使用采购承包资金

请注意，如果使用购买者资金编制组织法规要求但购买者合同不要求的文档，购买者实际上“拥有”该文档。更糟糕的情况是，用户还使用购买者项目资金来编制组织法规所需的文档，然后在数据访问列表中列出“可供购买”的文档。请务必与你所在的组织的项目管理和法律部门协商。

17.3.6 工程人员数据记录

最后一种类型的系统工程数据是属于日常任务一部分的工程人员数据记录。人员数据记录应保存在电子工程记事本或项目网络驱动器的指定文件夹中。人员数据记录包括计划、时间表、分析结果、草图、报告、会议、会议记录、行动项目、进行的测试和测试结果。技术报告以及进度和状态报告用来汇总这些数据类型。

17.4 数据访问列表和数据标准列表

作为 CDRL 或 SDRL 交付的一部分，合同和分包合同通常需要两种类型的文件：DAL 和 DCL。

17.4.1 数据访问列表

大多数系统和产品的开发涉及两种类型的文档：可交付数据和不可交付数据。购买者（角色）指定并协商需作为合同交付工作成果的一部分交付的文档。在合同期间，系统开发商或分包商可能编制额外的文档，这些文档不属于合同/分包合同的可交付物，但可能是购买者或用户以后需要的。

在这种情况下，购买者（角色）的合同/分包合同通常要求系统开发商（角色）编制并维护数据访问列表，列出合同或分包合同下所有可交付的和不可交付的文档。DI－MGMT－81453A（2007）指出，“数据访问列表的目的是提供一种媒介，用于标识承包商根据工作说明书（SOW）中描述的工作成果编制的承包商内部数据.......”这样，购买者就能够确定是否购买额外数据用来支持系统维护。如果需要购买，购买者可以与承包商或分包商协商，并修改原始合同以获得这些数据。

每份合同或分包合同都应要求系统开发商提供作为 CDRL/SDRL 项目的数据访问列表，以确定合同/分包合同项下产生的所有 CDRL/SDRL 和不可交付的文档，以供审查，并有机会在日后获得这些数据。

注意 17.1

请务必与项目的构型经理、项目工程师、项目经理和法律组织协商，以获得可交付文档、谁付费、谁拥有数据、与交付相关的数据权利等方面的具体指导。不同的资金来源可能会造成重大的法律问题。

17.4.2 设计标准列表

系统、产品或服务通常需要集成到高阶系统中。对于物理系统，可互操作的接口或型号至关重要。对于模拟和仿真，每个模型必须反映所模拟或仿真设备的精确形式、匹配和功能。

在任何情况下，物理系统、模型、模拟或仿真都必须符合特定的设计标准。源数据认证、验证和确认对确保系统工程决策工作的完整性至关重要。

如何确定支持系统工程设计工作所需的设计数据？获取这些数据的流程从设计标准列表（DCL）开始。编制并逐步完善设计标准列表是为了确定支持系统开发工作所需的特定设计文档。一般来说，系统工程师和产品开发团队（PDT）负责向数据经理提交外部文件的详细列表（如名称和文档标识），以便获取数据。收到请求的文档后，数据经理：

（1）将文档转发给构型经理进行处理和归档存储。

（2）通知设计数据请求者已收到文档。

每份合同或分包合同都应要求系统开发商公布数据访问列表，从而确定具体的文件来源。

17.5 系统工程和开发文档排序

系统工程师面临的一个挑战是确定何时编制、评审、批准、基线化和发布各种文件。尽管每份合同和项目要求因购买者而异，但仍有一些通用时间表可用来编制系统工程和开发文档。一般来说，我们可以将大多数系统工程文档分为以下四类：

（1）规划文档。

（2）规范文档。

（3）系统设计文档。

（4）测试文档。

17.5.1 规划文档

图 17.1 说明了作为编制和发布各种类型的技术计划的一般指南的基本时间表。这些文档如下：

（1）关键技术管理计划（TMP），如硬件开发计划（HDP）、软件开发计划（SDP）、构型和数据管理计划（DMP）以及风险管理计划（RMP）。

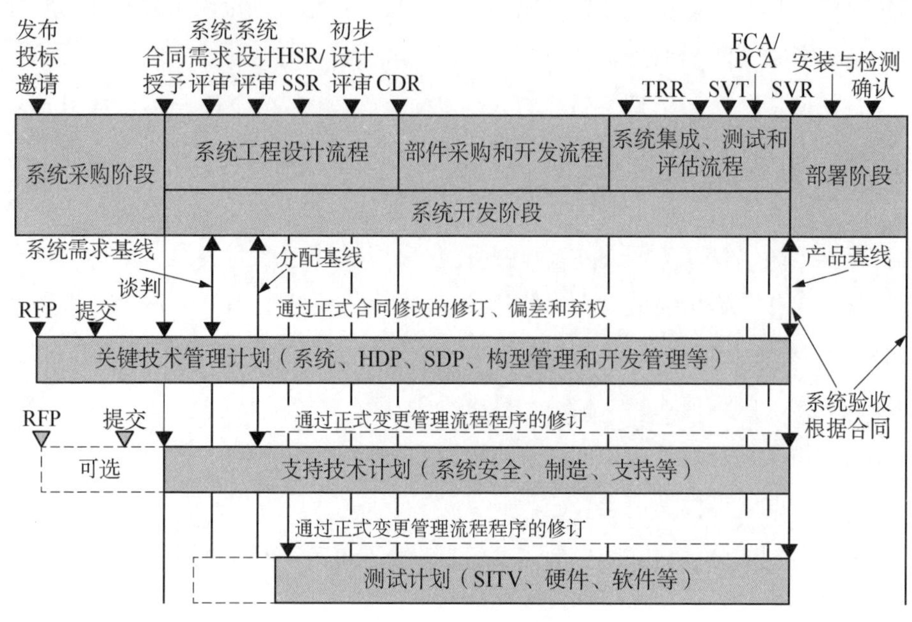

图 17.1　示例——规划文档编制和发布策略

（2）测试计划，如系统集成、测试和验证计划以及硬件测试计划（HTP）和软件测试计划（STP）。

（3）支持技术计划，如系统安全计划、采购计划、制造计划和系统维持计划。

17.5.2　规范文档

图 17.2 说明了作为编制和发布各种类型的规范的一般指南的基本时间表。这些文档如下：

（1）系统性能规范。

（2）产品/子系统实体开发规范（EDS）。

（3）硬件构型项/计算机软件构型项需求规范。

17.5.3　系统设计文档

图 17.3 说明了作为编制和发布各种类型的技术设计文件的一般指南的基本时间表。这些文档如下：

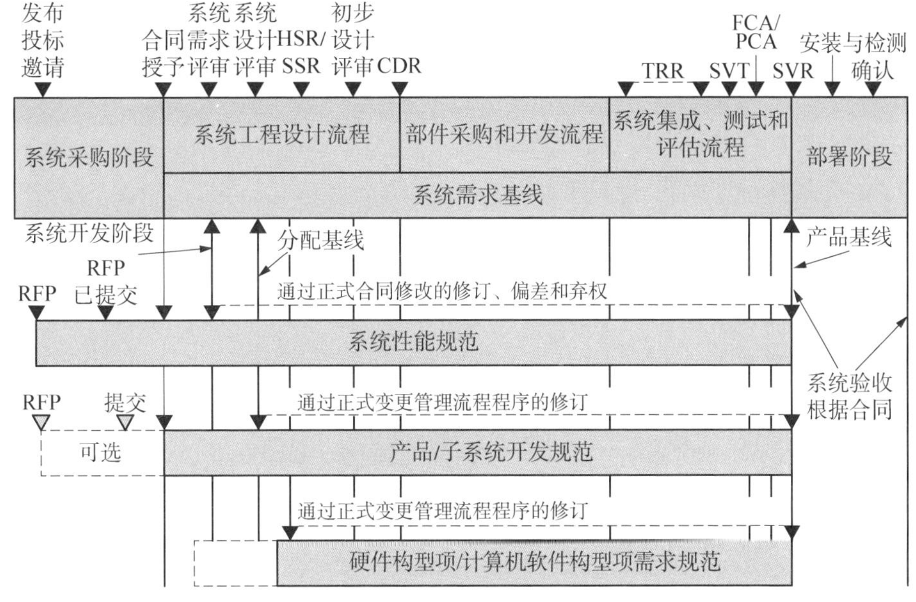

图 17.2　示例——规范制定和发布策略

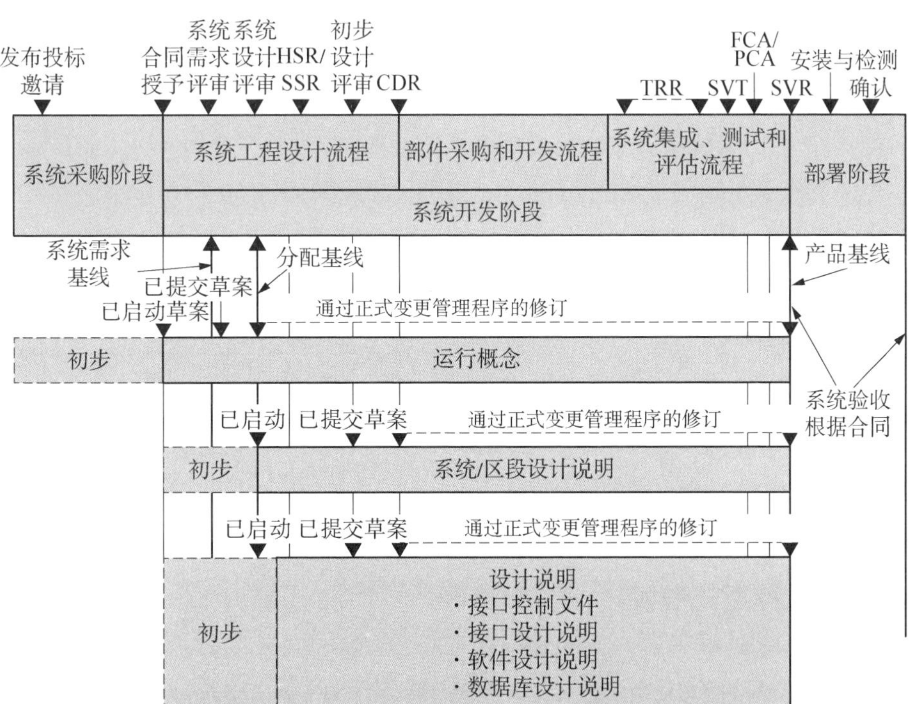

图 17.3　示例——系统设计文档编制和发布策略

(1) 运行概念（ConOps）。

(2) 系统/区段设计说明（SSDD）。

(3) 硬件项目的接口控制文件（ICD）和图纸。

(4) 软件接口设计说明（IDD）。

(5) 软件设计说明（SDD）。

(6) 数据库设计说明（DBDD）。

17.5.4 测试文档

图 17.4 说明了作为编制和发布测试文档的一般指南的基本时间表。这些文件包括不同级别的测试程序和测试质量记录。

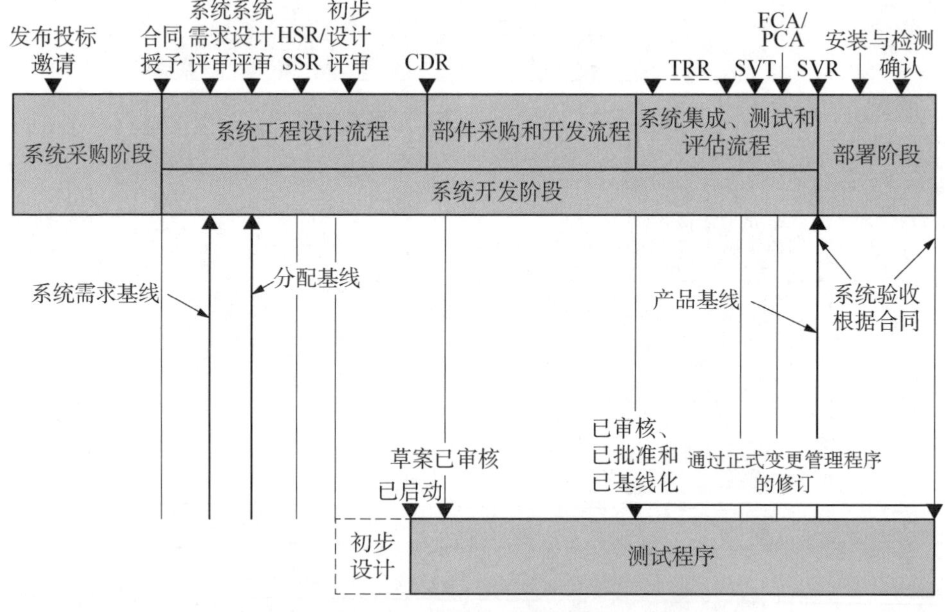

图 17.4 示例——测试文档编制和发布策略

17.6 文档正式程度

大多数人会回避文档编制任务。人们普遍认为文档编制是不具有附加值的繁文缛节。尤其是工程师，他们认为如果想专攻文档编制，就要把它作为一门课程来学习。这种态度与专业的工程开发环境背道而驰，专业的工程开发环境依赖于具有文件记录的数据的成熟度和完整性，从而做出明智决策。

系统工程文档编制涉及两个关键决策：

(1) 必须记录什么？

(2) 记录细节的正式程度如何？

前面已经讨论了应该记录什么。下面来进一步探讨第二点。

如果让工程师和分析师编制文档，他们会抱怨：不论要求何时完成，这都是一项不可能完成的任务。专业人士的知识深度和完备程度反映在个人能快速筛选大量数据、识别关键点以及总结结果的能力上。

原理 17.1　任务预期原理

在8小时内完成需要40小时才能完成的任务会得到8小时的要点总结。在40小时内完成同样的任务会得到包含要点和详细细节层次的总结。要认识到二者之间的差异！

当编制计划、规范和报告文档时，必须在文档大纲中列出与主题相关的要点。反过来，这些要点需要不同层次的细节。要点如下：

(1) 工程师需要知道确定需要沟通哪些信息——要点。

(2) 运用常识，根据可用的时间和资源，调整细节层次，以适应结果。*

17.7　敏感数据和技术的出口管制

如今，互联网为全世界的企业之间的即时数据通信和访问提供了一种机制。因此，互联网为合同项目寻求技术提供了巨大的机会，通过建立网站，可以让分散在各地的授权企业和个人发布和访问技术项目信息。

然而，如果这种环境不受控制，就会给信息访问增加新的维度和威胁。

人们经常将出口管制信息与安全分类系统混为一谈。虽然二者存在一定的关联，但出口管制信息包括敏感但不保密的数据。保密数据处理和程序另当

* **响应管理快速反应任务**

如果已经解决了关键点，那么剩下的就只是支持细节了。调整细节层次并在短时间内解决关键问题的能力取决于系统工程师的个人能力——知识储备、经验和成熟的决策能力。达到这一水平，就可以成为公认的称职专业人士。

别论。

警告 17.2　出口管制和安全信息保护

在采取可能违反出口管制或安全法律、法规和程序的行动之前，请务必咨询你所在组织的出口管制负责人以及安全、法律和合同组织，以便了解具体要求。这些法律会对违反者处以重罚。

许多人错误地认为，向外国公民、组织或国家出口的技术或信息是在信息实际转移到国外时发生的。事实并非如此。各个国家都有明确的法律法规来管理向外国公民、组织和国家出口技术和数据。这些法律会对违反者处以重罚。

事实上，在国内也会发生与外国公民的技术转让，无论是直接转让还是通过互联网转让。在美国，技术转让受出口管制法律和法规管辖，如美国《国际武器贸易条例》（ITAR）（美国国务院）。

一般来说，存在下列行为就是违反了出口管制条例：

（1）将出口管制技术或信息发布到不安全的网站。

（2）通过电子邮件或互联网传输出口管制技术或信息。

（3）未经许可，就将出口管制技术或信息转让给任何地方的外国公民、组织或政府，并未采取合理措施限制只有经授权的用户才能使用。

17.8　系统文档问题

原理 17.2　敏感信息保护原则

在组织内部建立敏感信息保护程序，确定中心接触点（POC），制定并发布指导原则和协议，进行人员培训，确保正确执行这些措施。

系统文档存在许多系统工程师必须解决的问题。以下是项目经常遇到的问题：

（1）问题 1：数据确认和认证。

（2）问题 2：在互联网上发布购买者和供应商文档。

（3）问题 3：专有信息（PI）、知识产权和保密协议（NDA）。

（4）问题 4：供应商拥有的数据。

（5）问题 5：电子签名。

问题 1：数据确认和认证

由于系统工程的技术决策以数据完整性为基础，因此面临的挑战是确定外部和内部数据是否有效和可信，以及它们的使用受到哪些限制，包括用于建模和仿真的设计标准列表项目、接口和测试数据。此外，生产合同可能要求使用原始系统开发商或供应商创建的系统工程文档。那么应如何确定数据的有效性和真实性？

需要严格调查数据的有效性和真实性。当原始系统开发商交付产品基线，并通过购买者将构型管理控制权转移给不维护文档的用户时，数据完整性变得特别棘手。挑战在于：“维护”系统或产品是否反映了“设计、构建、验证和确认”文档（第 16 章）？应深入调查原始系统开发商进行交付之后用户对系统及其文档的更改历史。

问题 2：在互联网上发布购买者和供应商文档

有些人天真地认为他们可以在项目网站上任意复制和发布购买者和供应商文档。

如果需要让项目人员访问这些数据，在得到购买者或供应商许可的情况下，只需提供从项目网站到购买者或供应商网站的链接就可以了。这样可以避免所有权、专有数据、并发性、版权和其他问题。

问题 3：专有信息、知识产权和保密协议

在任何企业与购买者、用户、分包商和供应商之间发生任何数据交换之前，应执行双方之间的专有信息协议（PIA）和/或保密协议。

问题 4：供应商拥有的数据

当购买者采购系统时，通常愿意用文档编制资金来换取系统能力，尤其是当预算有限时。之后，如果决定购买依赖于这些数据的系统升级项目，系统购买者会将获取数据的负担和风险转嫁给系统开发商。如果原始开发商和新的系统开发商是竞争对手，那么这对项目和系统工程师来说是一个非常具有挑战性的问题。

挑战在于成本与进度的对比。在激烈的市场竞争中，项目不可避免会低估获取其他组织拥有的文档所需的资源量。在构想阶段彻底调查这些问题，并在合同授予之前达成数据交换协议以及条款和条件。作为购买者，如果等到合同授予后才帮助所选的系统开发商获取这些信息，猜猜谁有控制谈判的权力？答案是供应商。可以肯定地说，拖延会让用户及其系统开发商付出巨大的代价，尤其是当供应商是在采购竞争中失败的一方时！

问题 5：电子签名

纸质系统已经被基于企业资源规划（ERP）工具的电子网络企业所取代，电子网络企业有时被称为集成数据环境。一般来说，集成数据环境使项目能够创建虚拟开发环境。在该环境中，分散在各地的企业及其拥有“须知”访问授权的人员可以通过桌面访问特定的信息，包括能够打开数据文件并查看信息。

在实施集成数据环境时，关键问题之一是为系统工程文档审查人员建立一种可以电子访问、审查、评论和批准文档的安全方法。建立“电子签名”标准、协议、方法和工具，以确保只有经过授权的审查人员才能批准用于决策实施的文档。

警告 17.3　未经授权发布系统购买者文档

尽管购买者的信息请求或投标邀请和其他数据可能发布供公众查阅，但除非企业获得了购买者或供应商的事先书面授权，否则请勿复制和发布这些资料。未经授权发布会造成构型管理控制、专有数据、数据并发和版权问题。

注意 17.2　专有信息协议和/或保密协议

请务必事先咨询项目经理和/或技术总监，以获得有关以下方面的适当协议和程序：

(1) 与外部组织交流和交换数据。

(2) 达成专有信息协议和/或保密协议。

(3) 获得企业合同、法律和出口管制官员的批准。

原理 17.3　合同问题原则

规则#1：务必查阅合同。

规则#2：出现合同问题时，回到规则#1。

17.9　本章小结

我们对系统文档战略的概述性讨论到此结束。总之，在构想阶段“提前”制定有关下列问题的项目系统工程设计和文档战略：

（1）谁为什么文件付费？

（2）谁需要什么类型的文件？

（3）谁拥有“须知”访问授权，可以访问特定类型的信息？

（4）谁拥有什么数据权限？

（5）项目将维护哪些质量记录（QR），包括谁负责、正式程度等，这些记录在哪里？

（6）如何保护敏感信息？

（7）不同成熟度的文件何时发布？

（8）对于哪些内容能够进入项目的设计标准列表和数据访问列表的基本规则是什么？

（9）要对 CDRL、SDRL 等建立哪些所有权和数据权利等？

一般来说，如果系统购买者的合同资金用于记录决策“工件”，则该信息属于购买者。在这种情况下，信息包括：①正式文档，如计划、会议纪要、规范、分析结果、权衡研究结果和图纸等；②不太正式的文档，如会议备忘录、分析结果、权衡研究结果、模型、仿真等。二者区别在于合同要求的正式交付文档。务必查阅合同；所有方式都失败时……查阅合同！

系统开发商可能有合同义务交付所有文档，但内部开发的或由第三方（如分包商、供应商）开发的专有信息除外。交付后，系统购买者可能会发现查阅他人的笔记、草图等并不容易或并没有用。系统开发商将不太正式的数据转换成连贯的、有意义的文档需要更多的程序，这就变成了成本和时间等可负担性的权衡。

最后，请充分了解所有法律法规，以及管理出口管制、专有信息、知识产权和版权的企业命令媒介、合同和协议要求。

17.10 本章练习

17.10.1 1级：本章知识练习

（1）什么是项目数据？

（2）什么是技术数据？

(3) 什么是合同数据要求清单?

(4) 系统工程文档的名义排序和发布是什么?

(5) 什么是分包数据要求清单 (SDRL)?

(6) 什么是数据项描述?

(7) 什么是数据访问列表?

(8) 什么是设计标准列表 (DCL)?

(9) 什么是产品数据?

(10) 什么是产品描述数据?

(11) 什么是产品设计数据?

(12) 什么是产品支持数据?

(13) 已批准数据和已发布数据有什么区别?

(14) 使用什么机制正式发布系统工程文档?

(15) 如何协调企业之间的敏感信息数据交换?

(16) 为什么出口管制对于企业非常重要?

17.10.2 2级：知识应用练习

参考 www. wiley. com/go/systemengineeringanalysis2e。

17.11 参考文献

DID DI - MGMT - 81453(2007), *Data Item Description (DID): Data Accession List (DAL)*, Washington, DC: US Department of Defense (DoD).

McCumber, William H. and Sloan Crystal (2002), *Educating Systems Engineers: Encouraging Divergent Thinking*, Rockwood, TN: Eagle Ridge Technologies, Inc.

18 技术评审战略

成功的系统开发需要在关键阶段点或控制点对不断发展的系统设计解决方案的状态、进度、成熟度和风险进行增量评估。这些里程碑事件作为“授权进入系统开发的下一阶段和投入项目资源的”决策门。在系统开发工作流程的不同阶段（见图 12.3），决策门旨在回答以下类型的问题：

（1）关键利益相关方（用户、最终用户、购买者及系统开发商）之间是否就系统、产品或服务要求的充分性、有效性和完整性达成一致？利益相关方对需求的理解和解释是否相同？所有需求问题是否都已解决？在计划的技术、工艺、成本和进度限制以及可接受风险范围内，需求是否现实可行、可测量、可测试、可验证？

（2）是否能够确认系统开发商从一组可行的候选解决方案中选择了一个系统设计解决方案，该解决方案是否代表了技术、工艺、成本、进度以及支持性能和风险的最佳平衡？

（3）是否已经推导出系统性能规范要求，并分配、分解到产品、子系统、组件及子组件抽象层次的实体？

（4）是否有一个必要且充分的初步系统设计解决方案，承诺满足技术、工艺、成本和进度性能要求，以便进行风险可接受的详细设计？

（5）系统设计解决方案是否足够详细，足以保证部件采购和开发流程（见图 12.2）在满足技术、成本和进度性能要求方面风险可接受？

（6）采购和/或开发的组件完成制作、装配、集成和测试后是否可以进入系统集成、测试和评估？

（7）系统或产品是否准备好接受作为用户/最终用户的合同和技术代表的系统购买者的正式系统层验证和验收？

（8）系统或产品是否满足用户经确认的运行需求——实用性、适用性、易用性、可用性、效率及有效性（原理 3.11）？

为了解决以上问题，技术评审使系统购买者能够验证不断发展和成熟的系统开发解决方案符合合同或任务规范要求，并在风险可接受和预算范围内，逐步推进，保证最终按期交付。

18.1 关键术语定义

（1）成果（accomplishment）——成果是在事件完成之前或完成时的预期结果，用于表示项目的进展水平［国防部 IMP-IMS 指南（2005）第 4 页］。

（2）会议纪要（conference minutes）——作为正式项目活动的书面总结，记录与会者、议程、讨论主题、决策、行动项目及讲义的质量记录。

（3）关键设计评审（CDR）由系统开发商与系统购买者和用户共同开展的项目主要技术活动，目的是评估每个构型项详细设计解决方案的进度、状态、成熟度、计划及风险。该事件是为系统开发阶段部件采购和开发流程授权和投入资源的关键阶段性点。

（4）准则（criteria）——为判定具体（综合主计划）工作确实已经完成提供明确证据。进入准则反映的是必须做好哪些准备才能开始评审、演示或测试。退出准则反映的是必须做什么才能清楚地确定事件已经成功完成［国防部 IMP-IMS 指南（2005）：第 4 页］。

（5）事件（event）——事件是发生在重大项目活动高潮时的项目评估点：成果和条件［国防部 IMP-IMS 指南（2005）：第 4 页］。

（6）门（gate）——是指作出项目“继续进行”决策时对应的检查点或时间点。“返回”前一阶段以获取更多信息或永久停止（DOE，2007：21）。

（7）决策门（gate decision）——由各门的把关者做出的项目决策；可能包括继续、停止、保持或返回（DOE，2007：21）。

（8）门评审（gate review）——就各门与把关者和项目团队举行的会议，目的是评审结果，根据准则评估结果，并做出项目决策（DOE，2007：21）。

（9）硬件/软件规格评审（HSR/SSR）——对每个独立的硬件构型项（HWCI）或计算机软件构型项（CSCI）要求规格的评估，以确定其是否足以授权初步硬件设计或初步软件设计，并投入资源支持这些活动。

（10）进程内评审（IPR）——在工作产品（如文件或设计解决方案）开发过程中对其进行的中期或增量评估，以提供“早期”利益相关方反馈，作为独立的、同级的评估，包括对解决关键运行问题和关键技术问题的指导和建议。

（11）综合主规划（IMP）——是基于事件的计划，由层次化的项目事件组成，且各事件由特定的成果支持，各成果都与完成该计划所需满足的特定标准相关［国防部 IMP-IMS 指南（2005）：第 4 页］。

（12）综合主进度（IMS）——是一个综合的、网络化的进度表，包含支持事件、成果和综合主计划标准（如适用）所必需的所有详细的离散工作包和规划包（或较低层次的任务或活动）。综合主计划中的事件、成果和标准在综合主进度中是一样的……［国防部 IMP-IMS 指南（2005）：第 5 页］。

（13）项目总进度表（MPS）——描述主要项目和技术活动、关键里程碑和事件的一份甘特图项目时间表。

（14）主要技术评审（major technical review）——由合同、任务或组织法规授权的正式评审，要求系统购买者和系统开发商利益相关方参与，以实现评审目标和结果。

（15）同行评审（peer review）——由资深的主题专家（SME）对系统工程师或综合产品团队（IPT）的工作成果进行正式或非正式的评审。

（16）性能度量基线（PMB）——代表记录当前项目资源预算分配、进度和技术要求的基准，这些要求已被评估为合理，可以使用挣值管理方法实现和衡量。

（17）初步设计评审（PDR）——由系统开发商与系统购买者和用户共同开展的一项重大技术项目活动，旨在审查系统的硬件构型项或计算机软件构型项设计，并授权和投入资源进行详细设计。

（18）生产就绪评审（PRR）——由系统利益相关方进行的正式评估，目的是验证当前产品基线和生产技术数据包（TDP）的就绪度”［前 MIL-STD-1521B（1992）：第 7/8 页］。

（19）装运就绪评审（RTSR）——由系统利益相关方进行的正式评估，其目的是确定系统拆卸和装运到用户指定地点的就绪度。

(20) 系统设计评审（SDR）——对不断发展的系统设计解决方案的评估，其目的是评估系统架构及其接口的完整性和成熟度、产品/子系统的识别、产品/子系统的系统性能规范要求分配以及风险。

(21) 系统需求评审（SRR）——“对系统性能规范要求的简洁性、完整性、准确性、合理性和风险的评估，以允许开始开发系统，避免误解、不一致和错误，特别是在系统验证、确认和验收期间。”

(22) 系统验证评审（SVR）——由系统利益相关方进行的正式评估，其目的是依据系统性能规范要求和验证方法验证功能构型审核（FCA）和物理构型审核（PCA）的结果。

(23) 技术评审（technical reviews）——一系列系统工程活动，通过这些活动，可以根据其技术或合同要求评估项目的技术进展。评审是在开发工作的逻辑转换点进行的，以便在问题可能干扰或延迟技术进展之前，识别和纠正已完成的工作所产生的问题。评审提供一种方法，通过执行评审活动和任务，确认构型项开发及其文档编制满足合同要求的概率是否很高（MIL - HDBK - 61A，2001：3 - 10）。

(24) 测试就绪评审（TRR）——对多项目/构型项各方面成熟度的评估，目的是确定其继续进行测试的就绪状态，重点关注环境、安全和健康问题，以及授权启动测试。

18.2 引言

技术评审是具有多种多样的理解和具体实现方法，且与组织密切相关的一个领域。商业领域的运行模式属于投机商业模式，能够预测、预期市场需求，并采用门径管理流程（见图 3.4）验证、授权和投入系统或产品开发的资源。政府机构通常通过招标的方式采购系统、产品或服务，而招标采购流程通常采用合同驱动的决策阶段门。

如果研究这些过程，会发现从系统工程与开发的角度来看，它们确实有共同之处。它们要求：

(1) 评估技术计划和资源的完整性、一致性、协调性和风险。

(2) 确认规定系统边界、接口、能力、性能水平以及设计和构建限制的规范要求的必要性和充分性。

(3) 概念视图，如运行概念——描述利益相关方（用户和最终用户）如何设想将系统、产品或服务集成到他们的组织资产中，将资产部署到现场或投放市场，运行和支持资产，以及处置资产。

(4) 评估不断发展的多层次系统设计解决方案的状态、进度、成熟度和风险，包括架构、接口、设计、专业工程学科——安全性、可靠性、可维护性、持续性及人为因素。

(5) 创建开发构型和生产基线（第16章）及纠正措施，并持续评估它们的完整性。

(6) 确认技术数据包的齐套性（completeness）、完整性（integrity）和一致性（consistency），以在整个采购过程中致力于部件采购和开发以及纠正措施评估。

(7) 系统集成、测试和评估的预先规划、协调和资源充足性。

(8) 评估系统或产品的验收和交付就绪度。

除此之外，实际实施范围因国家和业务领域而异，例如，医疗、航空航天和国防、交通、能源等。因此，我们的方法是从系统工程的角度强调技术评审需要完成什么。若需要具体政策和实施指南，建议参考所在业务领域的组织法规。为便于讨论，我们将使用美国国防部（DoD）采用的技术评审作为参考框架，来说明要完成的一些技术决策的类型。这些评审的内容对于系统开发来说是通用的，故其适用于医疗、能源、交通、通信和其他商业领域。

18.3 技术评审概述

系统开发高度依赖于整个系统开发阶段涉及系统购买者和用户的主动、高效技术决策。在关键控制点或阶段点及时进行建设性技术评估和利益相关方反馈有助于系统工程和集成团队将系统设计解决方案推进到成熟阶段，以确保其在资源限制内满足他们的要求。进行这些评估和做出关键技术决策的机制包括一系列技术评审。

原理 18.1 技术评审时间安排原理

在系统开发的关键控制点或阶段点安排技术评审，评估不断发展的系统设计解决方案的状态、进度、成熟度、合规性及风险，确保满足合同和规范要求——既不要早，也不要晚。

技术评审的目的是使关键利益相关方能够在关键阶段点或控制点评估不断发展的系统设计解决方案，确定进度、状态、成熟度、完整性、计划和风险，作为系统、构型项或非开发项的状态，以便决定是否为项目活动的下一部分或下一阶段投入资源。

18.3.1 技术评审的类别

技术评审包括正式进行的重点评审和不太正式的内部评审。一般来说，重点评审通常会在合同中列明，并且会将系统购买者和用户利益相关方代表列为参与者。

18.3.2 正式合同技术评审

合同评审，称为"项目事件"，是根据合同条款和条件正式进行的评审。合同一般会列明要求进行的评审，并规定适用于准备、进行和完成评审的指南。除了定义如何进行评审的合同指南之外，还会有一份协议提供评审过程指导和指南，如需要邀请的与会者及由谁邀请等。

原理 18.2 会议邀请协议原理

根据合同协议，系统开发商邀请系统购买者参加项目活动；系统购买者向用户和最终用户发出邀请，系统购买者已经授权系统开发商直接发送邀请的情况除外。

18.3.3 传统合同技术评审

多年前，合同将技术评审作为客户（系统购买者）了解承包商运行情况、评估工作进展情况的一个有限但重要的窗口。客户会根据合同规模、复杂性和优先级向承包商指派一名现场代表。现场代表的任务是监控日常进展，并向"总部"反馈承包商工作进展情况。一般来说，通过评审客户项目经理能够了解系统开发商的设计解决方案评审材料是否与之前与承包商电话沟通中描述的进展情况一致——承包商"出色"状态和进度报告等。

在技术评审前几周，系统开发商准备大型文档包，并提交给客户和用户审

查。在评审过程中，技术数据包的内容经过几天的详细讨论。因此，技术评审耗费大量时间，成本高昂，并且提供“反馈”的时间太晚，会导致返工并影响进度。鉴于这些问题，加之合同成本不断攀升、流程效率低，有时不得不要求以小时或天而不是以周或月为单位提供当前系统开发状态信息。

18.3.4 集成过程和产品开发

采购改革、精简、流程改进、减少返工等需求促使我们向集成过程和产品开发环境转变。集成过程和产品开发环境（包括作为“团队”组成部分的系统购买者）提供对产品开发工作的细节和细微差别的现场即时访问。

例如，由于美国国防部采办改革倡议，技术评审范式开始转变。以往技术评审花费几天的时间讨论文档细节，转变后的范式仅花费几个小时来解决关键运行问题和关键技术问题决策。这是为什么呢？如果用户和系统购买者是集成过程和产品开发团队过程的参与者，那么无论是现场的还是线上的，他们都应该非常熟悉设计细节。剩下的唯一议程主题应该是解决系统购买者和系统开发商之间的问题。

最后是从日期驱动到事件驱动的合同评审的转变。

18.3.5 日期驱动与事件驱动的评审

合同规定的技术评审通常有两种类型：日期驱动和事件驱动。

（1）日期驱动的评审要求在合同授予后的××天内进行评审——在特定的日历日期。

（2）事件驱动的评审是在开发工作达到特定的成熟度级别时进行——通常是在一个大致的时间范围内。时间框架可以指定为“合同授予后××天或××月内”。

18.4 技术评审的实施

根据合同、分包合同或相关协议的条款和条件进行技术评审。每份合同都应规定由谁、何时、何地、如何，以及为什么要完成技术和方案评审。否则，在合同的所有技术评审条款和条件已经清楚明确地说明、相互理解并得到各方同意之前，不能签字。

原理 18.3　技术评审进入/退出条件原理

避免签署技术评审进入和退出条件语言含糊的合同，这些语言可能有不同解释，尤其是在涉及收付款的时候。

技术评审不仅是用来做漂亮、有序演示的论坛，而且是一个向系统购买者和用户简要介绍自上次评审以来在完善系统设计解决方案方面取得的进展的机会，以供“备案”。评审为系统购买者提供了验证合同月度进度报告中记录内容的机会。

18.4.1　技术评审的阶段性和实施

专业、客观、建设性的技术评审以最真实的技术形式尽力确保不断发展的系统设计解决方案按计划走向成熟，产生满足利益相关方（用户和最终用户）运行需求且没有或只有有限潜在缺陷的最终系统、产品或服务，并采取纠正措施来实现这些结果。这需要系统购买者和系统开发商之间认真、积极和开放式合作。遗憾的是，技术评审有时会变成一种敷衍的“盛大表演”，就像敷衍的“勾选”事件，以满足合同支付标准等。在这种情况下，系统开发商会为系统购买者展示一系列演示文稿——就像游行彩车，然后询问他们对系统设计解决方案的满意度。

在没有充分事先评审的情况下，邀请系统购买者审查中度至高度复杂的系统设计解决方案，对于各方实现前述专业目标而言都是有问题的。对系统购买者来说，公平起见，理解系统设计解决方案的广度和深度通常是不切实际的，尤其是如果系统购买者评审团队缺少足够的人员和技术上合格且经验丰富的评审专家。

20 世纪 80 年代后期，随着“综合产品组”概念的引入，以上问题才有了解决办法。根据这种概念，系统开发商创建项目组织框架——综合产品组，全权负责开发特定的系统、产品、子系统组件等。系统购买者也拥有与系统部署、运行和支持以及处置的系统规划相关的综合产品组。在某些情况下，这些综合产品组讨论可能与系统开发商活动的范围密切相关，而在其他情况下，也并非由于购买者独特的组织协调和规划。

从概念上来说，目的是为购买者提供对系统开发商综合产品组的开放访问，以评审工作成果、状态、进度及风险。让系统购买者熟悉各系统、产品、子系统、组件和子组件层解决方案，可以避免花费项目资源，为不熟悉的详细设计演示而苦恼。因此，主要技术评审转移到重点解决关键运行问题/关键技术问题，从而减少了会议的时间。理想情况是，假设所有各方能够以积极和建设性的方式共同努力，综合产品组方法会产生积极的结果。

若要取得成功，则系统开发商综合产品组环境需要以下限制：

(1) 出席综合产品组会议的系统购买者人员不得提供技术决策或指导；只有系统购买者合同官员被正式授权提供合同指导。

(2) 双方必须认识到，会议工作成果、讨论和决策仅限于会议环境，不应进入“饮水机”八卦链，成为对事实、传闻等的无计划扭曲——意外后果定律。管理这些情况所需的项目资源要多于系统购买者公开参与综合产品组会议。当双方都非常职业化地尊重会议约束时，公开参与对各方都非常有成效，并有利于产生互利。

18.4.1.1 利益制衡

技术评审为系统开发商、系统购买者和用户提供相互制衡机会，对所有人均有好处。

18.4.1.2 系统购买者和用户角度

对于系统购买者和用户，技术评审提供以下机会：

(1) 评估产品开发工作的状态、进度、成熟度及风险。

(2) 将项目技术评审结果纳入用户部署计划中。

(3) 表达事项优先级和偏好。

(4) 根据合同条款和条件，提供法律技术指导。

18.4.1.3 系统开发商角度

对于系统开发商或服务提供商，技术评审提供以下机会：

(1) 清楚地展示产品开发的成熟度和进度。

(2) 处理和解决关键运行/技术问题。

(3) 确认系统购买者的优先级和偏好。

(4) 如果对合同类型适用，那么获取系统购买者协议、基线化系统文档作为未来讨论，界定技术指南的范围、技术方向的参考。

18.4.1.4 合同类型

一般来说，合同类型决定了评审如何完成，以及客户对所接受的信息的影

响或认可程度。在固定价格（FFP）合同情况下，系统开发商进行技术评审，目的是让系统购买者和用户了解截至当前的进展、现状和风险。

根据合同的类型*，系统购买者可以在不修改合同的情况下在一定限制范围内批准或拒绝系统开发商的解决方案。相比之下，成本加固定费用（CPFF）合同通常使系统购买者能够对承包商的决策施加大量控制，并对成本和进度进行调整，以适应合同技术方向的变化。

原理 18.4　合同协议原理

阅读并透彻理解合同。如果不清楚，请咨询所在组织的项目管理团队。项目管理团队可以咨询内部合同和法律组织，获得解释合同条款和条件的具体指导和专业知识。

18.5　合同评审要求

主要技术评审由系统开发商根据项目总进度表、综合主计划或综合主进度（视情况而定）作为合同事件安排。

18.5.1　技术评审地点

技术评审在合同规定的地点进行。一般来说，评审在项目系统开发商处进行，因为更接近用于演示的文档及实际硬件和软件。**

18.5.2　评审会议的规划和组织

主要技术评审通常被称为“会议”。每次会议由会前、会中和会后三个阶段组成，确保成功完成评审。

（1）会前阶段的活动包括系统开发商和系统购买者之间的协调，目的是确定评审日期、时间和地点，以及议程、受邀者、特殊设施访问和安排，例如安

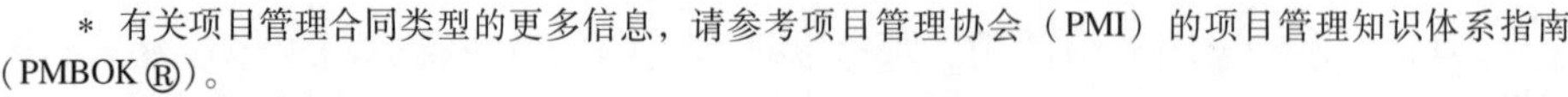

* 有关项目管理合同类型的更多信息，请参考项目管理协会（PMI）的项目管理知识体系指南（PMBOK®）。

** **“组件”上下文**

记住，前文中的“组件”代表系统、产品、子系统等（第 16 章）。例如，如果分包商正在开发子系统，则在分包商的设施中进行评审，包括邀请主系统开发承包商。主系统开发承包商可以选择邀请他们的客户——系统购买者。根据合同协议（原理 18.2），除非事先得到系统开发商的许可，否则系统购买者必须邀请用户参与。

保、停车和协议。

(2) 会中阶段的活动包括根据计划的议程、分类级别、行为/参与规则召开会议，记录会议记录和行动项。

(3) 会后阶段的活动包括解决会议行动项、准备和批准会议纪要、将更正纳入文件以及建立基线（如适用）。

原理 18.5　会议文档原理

会议纪要记录与会者、议程、讨论主题、会议及行动项。出色地完成任务，并通过购买者相关负责人获得系统购买者的认可。

原理 18.6　会议纪要原理

技术评审议程、与会者、讨论、决策及行动项通过会议纪要进行记录，并通过合同协议进行审查、批准和发布。

18.5.3　合同评审完成退出条件

一些合同要求完成技术事件，如评审，作为获得合同进度付款的先决条件。退出条件用于明确确定必须完成什么作为系统购买者接受的合同条件。

一些正式招标，如投标邀请书（RFP），要求确定退出条件。在这种情况下，报价人的建议可能成为合同的一部分。如果向系统开发商支付的合同进度款项与项目事件（如评审）相关联，确保在合同结束评审并向承包商付款时，退出条件用“不再需要使用”另做解释的语言明确说明。

注意 18.1　评审的进入和退出条件

表面上看，评审的进入和退出条件可能看起来很简单。然而，他们很容易由于误解成为主要障碍，特别是在付款进度“悬于一线”的情况下。

当声明软件设计已经完成时，要非常明确地说明“软件设计完成”是什么意思。值得强调的是，系统购买者将“软件设计完成”解释为“一切”：

(1) 想想这些说法！

(2) 在将意图写入提案和签署合同之前，要认识到意图的范围，尤其是在进度付款有风险的情况下。这包括综合主计划和相关说明表。

这是为什么呢？简言之，不遵守合同条款，就不能得到项目款！是谁议定合同条款？当然是组织和项目！

18.5.4 技术评审材料的张贴和分发

当今的合同环境通常涉及全国乃至全世界的合同团队，它们通过协作开发和评审环境实现整合。就技术评审而言，基于万维网的评审为进程中评审提供了机会，而不需要支付差旅费或中断手里的工作。但是，需要注意的是，这种媒介也存在与专有数据、版权法、安全密级和出口管制相关的重大数据安全问题。

警告 18.1　技术出口管制

美国《国际武器贸易条例》（ITAR）管理通过互联网等各种方式出口的关键技术和数据。参见出口管制警告（警告 17.2）。请务必向法律和合同组织以及出口管制相关负责人寻求这些方面的指导。

18.5.5 技术评审的合同指导

原理 18.7　正式合同指导原理

根据合同规定，只有系统购买者合同负责人经正式授权后，可以就技术评审意见、会议纪要、行动项、合同修改和合同文件接受与否等事宜向系统开发商发布技术指导。

合同技术评审的实施通常被视为一个因果事件。注意，尽管系统开发商的“我们很高兴你在这里”和系统购买者的“我们很高兴在这里”的客套话很温和，但活动带有非常严肃的政治和法律含义。请记住，只有购买者合同负责人经正式授权后，可以向系统开发商提供有关技术评审的合同指导。系统购买者的项目经理向购买者合同负责人提供项目和技术指导，合同负责人再正式传达给系统开发商。因此，经常会听到系统购买者项目经理在评审开始时做介绍性发言，并以免责声明开始：“我们在这里听会……我们说的或问的任何事情都不能推断或解释为技术指导……我们（系统购买者）的合同负责人是唯一经正式授权可以提供合同指导的人员。”

18.5.6 技术问题解决

技术评审面临的一个最大挑战是确保所有障碍——关键运行问题/关键技术问题都得到解决，让系统购买者和系统开发商组织均满意。

从实现任务目标到简单地打印一份报告，关键运行/技术问题往往具有深远的影响。关键运行问题影响一组或多组集成的系统工程系统元素——设备、人员、设施等。关键运行/技术问题影响范围较大——从系统性能规范要求到零件层设计要求，反之亦然。因此，必须在技术评审中引入、理解和解决关键运行/技术问题，以避免影响进度。

项目通常拒绝承认或公布关键运行问题/关键技术问题。具有讽刺意味的是，这些问题经常被忽视，直到项目最终不得不面对它们。人类有一种天生的倾向，假装并相信问题——如关键运行/技术问题——会轻易地“消失”。

有时，确实会这样；但是，在大多数情况下，这是“万灵药”。尽管有合理和切合实际的界限来解决问题，但迟早会学会“尽早”面对这些问题。历史经验表明，人们要么当下就付出代价，要么在更远的将来付出更大的代价（第 13 章“纠正成本”）来解决一个悬而未决的问题，假设从成本、进度、性能来看，一套潜在的解决方案在当下是可行的。

现实情况是，用户、系统购买者和系统开发商在解决关键运行/技术问题上拖拖拉拉。组织每年花费数以百万计的费用宣传他们如何通过减少人们使用铅笔和纸来削减开支。然而，与解决关键运行/技术问题决策效率低下浪费的金钱相比，这些费用往往微不足道。除用户、系统购买者、系统开发商、分包商等所有各方协同起来更好地应对这些挑战外，没有简单的解决方案或“速效对策”。那么，关键运行/技术问题的解决如何与技术评审相关呢？

技术评审一般是为有时间限制的“开放式技术讨论”提供论坛，目的是解决任何悬而未决或久久未决的关键运行/技术问题。当然，有些人的“讨论”只是为了发表自己的看法。此时需要的是一种环境——在这种环境中，参与者脱下他们的组织“帽子和徽章”，将所有精力集中在寻求替代途径上，确保问题以各方都满意的方式得到解决。难以完成？是的。有其他选择吗？有。可以选择“计划性指导方法”，通过这种方法，系统购买者或系统开发商的项目经理可以指定一种解决方案来满足进度要求。这从技术上或计划上讲都不是理想的路径。如果你不喜欢“计划性指导方法”，那就采取必要的步骤确保“技术方法”有效。

显然，你不想在技术评审中耗费宝贵的时间和资源来“争论”关键运行/技术问题，除非它们出乎意料地从未知……未知的未知中浮出水面。如果在评

审之前就已经知道关键运行/技术问题，则应在审查之前做出特殊安排——安排各方参与的“工作组”会议。会议必须就以下方面进行限制——必须有一个团队来解决问题，并利用评审提出建议和最终解决方案。

技术评审最容易被忽视的一个方面是管理顾客感知的心理学。从系统开发商的角度来看，评审是管理客户期望的机会。同样，系统购买者和用户在评审期间以及在整个合同履行过程中形成看法。对系统开发商合同执行情况的看法会影响未来的互动，无论是未来业务、后续业务还是合同中的可协商项目。虽然技术评审的主要焦点是当前的合同或任务，但用户和系统购买者可能会下意识地问自己：“我们还想和这个系统开发商做生意吗?”

尽管没有公开讨论，但评审使系统购买者能够确认他们在选择你所在的组织而非你们的竞争对手履行本合同时做出正确选择的自信度。请记住，成功履行合同会决定系统购买者以及他们的利益相关方、用户和执行管理层如何看待你所在的组织。

18.6 过程中评审

过程中评审是另一类技术评审，一般有下面两种形式：

(1) 系统开发商对其不断发展的工作成果的增量评估。

(2) 购买者对合同进行主要技术评审的就绪度评估。

接下来我们进一步讨论以上两种形式。

18.6.1 系统开发商过程中评审或同行评审*

系统开发商人员与内部利益相关方一起对他们不断发展的工作成果进行同行过程中评审。过程中评审有三个主要目的：

(1) 评估不断发展的和已成熟的工作成果是否符合系统性能规范和实体开发规范要求、合同要求和企业组织标准流程。

(2) 识别关键运行问题和关键技术问题，并为纠正措施提供协作建议。

(3) 确定纠正措施的行动项，并完成以前进程内评审行动项。

* 有关同行评审的更多信息，请参考美国国家航空航天局《系统工程手册》NASA/SP－2007－6105 第 1 版附录 N“技术同行评审/检查指南”第 312－314 页作为示例。

过程中评审主要评审不断发展的和已成熟的工作成果，如计划、规范、设计、测试程序等。如果项目组织基于产品开发团队，系统购买者和用户可能会被一直邀请参与评审。

与任何类型的评审一样，进程内评审应由组织规程（例如组织标准流程）规定。组织标准流程定义了如何进行过程中评审、邀请什么人、取消的条件、会议纪要、行动项和跟踪等内容。项目通常会发布内部组织标准流程，如项目备忘录——根据职能确定“前期”人员，如首席系统工程师、质保、安全以及需要受邀参加过程中评审的其他人员。由于过程中评审是有效利用资源的关键阶段点，因此同行的参与非常重要。因此，组织标准流程通常有取消过程中评审适用的基本规则，如果不满足特定的角色和参与水平要求，则需要重新安排评审。过程中评审参与者主要是项目内人员。但是，由于需要进行独立评估，所以也可以邀请项目外部组织的主题专家以及系统购买者参加，特别是在他们在系统开发商处设有驻场办公室的情况下。*

鉴于这一限制，系统购买者的参与就成为“提供反馈”，这点很好。然而，任何误解或误释都会演变成问题，而问题会因出于政治目的而失控。

从概念上讲，本着“开放的精神”，系统购买者参与过程中评审应该有益处。然而，考虑到意外和不必要的政治分歧风险，需要在单份合同的基础上决定。

18.6.2 合同过程中评审

主要技术评审耗资较大，尤其是在安排过早的情况下。一些合同可能要求系统开发商进行合同过程中评审，以评估项目是否具备进行正式技术评审的条件。合同过程中评审在重大技术评审前 30～60 天进行，以评估是否准备好“实施”系统设计评审、初步设计评审、关键设计评审等。由于参加评审活动的差旅费不断增加，这种方法提高了系统开发商在要求的日期准备就绪的信心水平，并大幅度地降低了重新安排不成熟或准备不充分的项目评审的成本。

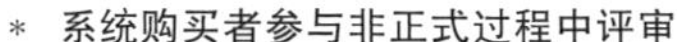

* **系统购买者参与非正式过程中评审**

系统购买者在参与系统开发商项目过程中评审有很多重要的影响。系统购买者有时会在无意中试图提供指导，这严重违反了合同协议。只有购买者合同负责人可以合法地提供系统采购承包指导（原理 18.7）。

18.7 合同技术评审

技术评审议程由以下两种类型的讨论主题组成：

(1) 程序性主题。

(2) 评审类型特有的技术主题。

一般来说，90%以上的评审时间要留给技术议程项。有时情况并非如此，系统购买者和系统开发商不得不解决程序性问题——这些问题可能会阻碍技术进步。

18.7.1 成功标准：技术评审

一般来说，技术评审应该是对不断发展的系统设计解决方案和开发构型的技术进展、状态和成熟度的冷静的评估。遗憾的是，当技术评审不能满足系统购买者对系统开发商的期望时，技术评审就变成了情感事件。技术评审的成功取决于对以下期望的管理：

(1) 进入条件——系统购买者和系统开发商通过合同或其他协议就哪些基于性能且对进行技术评审必要和充分的结果和目标达成了一致意见？

(2) 退出条件——系统购买者和系统开发商通过合同或其他协议达成了就哪些基于性能且对宣布技术评审“完成”或“结束”必要和充分的结果和目标达成一致意见？

18.7.2 进入条件：技术评审

原理 18.8 技术评审进入条件原理

至少要根据以下内容建立明确的技术评审进入条件：

(1) 待评审的工作成果的成熟度。

(2) 待解决的关键运行/技术问题。

(3) 未决行动项的关闭状态。

(4) 评估支持数据分析、权衡研究等的系统设计解决方案。

(5) 开发构型的构型状态报告（CSA）。

(6) 其他标准（如需要）。

一种管理系统购买者、用户和系统开发商技术评审期望的方法是建立一套“进入条件”作为合同工作说明书（SOW）的一部分。由于作为会议的技术评审在预算和安排方面会产生成本，因此双方会就期望进行协商。这并不排除系统购买者和系统开发商项目经理通过合同协议就其他讨论主题进行协调。

技术评审面临的一个挑战是它们对业务的效率和有效性。在通常情况下，讨论会陷入深层次话题，这些话题会耗费时间，而这些时间最好花在即使可能不会得到解决的更重要的话题上。因此，系统购买者和系统开发商必须共同管理。

18.7.3 技术评审的实施

有效的技术评审应尽量缩短时间，并侧重于待解决的关键问题，而不是针对系统购买者和用户人员的逐行或演示图式的“教育练习”。当系统购买者或用户决策者决定他们需要参加时，总会出现例外。我们应该如何解决这些问题?

（1）第一，假设项目采用了对系统购买者和用户人员开放的综合产品组，这些人员应在评审之前熟悉不断发展的系统设计解决方案和问题，包括让他们的管理层了解情况。

（2）第二，系统开发商应提前向系统购买者提供评审材料，以便系统购买者分发给他们的人员和用户，并有一定的准备时间。通常，许多工作说明书会要求提前提供评审材料。

18.7.4 退出条件：技术评审

原理 18.9 技术评审退出条件原理

至少要根据以下内容建立明确的技术评审退出条件：

（1）未决和新行动项结束。

（2）关键运行/技术问题得到解决。

（3）评估表明系统设计解决方案的成熟度合格且风险可接受。

（4）会议纪要获批。

（5）其他标准（如需要）。

技术评审退出条件只是简单地将评审定位为合格，但不能保证成功。这就

要求为要实现的成功结果设定目标。结果是将技术评审退出条件纳入工作说明书，并由系统开发商和系统购买者项目经理在评审前协商好。不同类型技术评审的预期结果类型示例如表 18.1—表 18.10 所示。

表 18.1　综合基线评审（IBR）目标/退出条件和预期决策示例

项目	IBR 目标/退出条件示例	预期决策
IBR－1	评估系统性能规范的充分性、完整性、一致性及风险	• 行动项 • 赞同/批准
IBR－2	评估合同和项目进度要素的充分性、完整性、一致性及风险： • 项目总进度表 • 综合主计划 • 综合主进度	• 行动项 • 赞同/批准
IBR－3	评估合同和项目成本要素的充分性、完整性、一致性及风险： • 合同工作说明书 • 合同工作分解结构 • 合同数据要求清单项 • 合同行项目编号 • 控制账户 • 工作包	• 行动项 • 赞同/批准
IBR－4	建立性能度量基线： • 技术性能基线要素 • 进度绩效基线要素 • 成本绩效基线要素	• 行动项 • 赞同/批准

表 18.2　SRR 目标/退出条件和预期决策示例

项目	SRR 目标/退出条件示例	预期决策
SRR－1	验证用户的问题空间和解决方案空间是否正确理解和界定（如哪些是/不是解决方案空间的一部分）	• 行动项 • 赞同/批准
SRR－2	验证要求是否完整、一致、准确、简明地阐明和限定系统的用户解决方案空间，以免被某些评审员误解	• 行动项 • 赞同/批准
SRR－3	验证是否消除了任何不明确、重叠、不完整、不一致或无限制的需求	• 行动项 • 赞同/批准
SRR－4	根据所需的能力和性能来评估需求的质量（如有界限的、可测量的、可测试的及可验证的）	• 行动项 • 赞同/批准

（续表）

项目	SRR 目标/退出条件示例	预期决策
SRR－5	确定是否所有利益相关方的要求都已根据合同成本进度约束得到充分满足	• 行动项 • 赞同/批准
SRR－6	验证各系统性能规范第 3. X 节要求（表 20. 1）至少有一种或多种第 4. X 节验证方法，如检验、分析、验证或测试或前述各项的组合	• 行动项 • 赞同/批准
SRR－7	验证第 4. 0 节资质规定（表 20. 1）验证方法代表证明符合要求的最低成本、进度和技术风险方法	• 行动项 • 赞同/批准
SRR－8	在适当的时候，就系统性能规范要求、解释和澄清、修改等达成共识，并经购买者合同官员批准	• 行动项 • 赞同/批准
SRR－9	在适用的情况下，获得建立系统需求基线的授权	• 行动项 • 赞同/批准

表 18. 3　系统设计评审目标/退出条件和预期决策示例

项目	系统设计评审目标/退出条件示例	预期决策
SDR－1	评估系统层设计解决方案的进度、状态、成熟度及风险——架构、接口等	• 行动项 • 赞同/批准
SDR－2	审查初步运行概念	• 行动项 • 赞同/批准
SDR－3	审查任务事件时间线的分配	• 行动项 • 赞同/批准
SDR－4	审查并批准（如适用）产品或子系统及其他部件的系统性能规范要求分配	• 行动项 • 赞同/批准
SDR－5	审查与系统设计评审决策相关的任何支持分析和权衡研究	• 行动项 • 赞同/批准
SDR－6	审查初期产品或子系统层实体开发规范	• 行动项 • 赞同/批准
SDR－7	解决与系统能力、性能、接口和设计标准（如数据）相关的任何关键运行/技术问题	• 共同解决 • 关闭
SDR－8	审查系统生命周期成本分析	• 行动项 • 赞同/批准
SDR－9	建立分配基线以及作为验收标准所需的任何纠正措施	• 行动项 • 赞同/批准

表 18.4 硬件/软件规格评审目标/退出条件和预期决策示例

项目	硬件/软件规格评审目标/退出条件示例	预期决策
HSR/SSR-1	评估硬件构型项或计算机软件构型项对其更高级项目开发规范的需求分配和可追溯性的充分性和完整性	• 行动项 • 赞同/批准
HSR/SSR-2	解决与硬件构型项或计算机软件构型项的能力、性能、接口及设计标准（如数据）相关的任何关键运行/技术问题	• 行动项 • 赞同/批准
HSR/SSR-3	建立硬件构型项或计算机软件构型项需求基线所需的标准和纠正措施	• 行动项 • 赞同/批准
HSR/SSR-4	审查各硬件构型项或计算机软件构型项，包括用例和场景、输入、处理能力和输出	• 行动项 • 赞同/批准
HSR/SSR-5	审查硬件构型项或计算机软件构型项的性能要求，包括执行时间、存储要求和类似限制	• 行动项 • 赞同/批准
HSR/SSR-6	审查构成硬件构型项或计算机软件构型项的每个实体之间的控制流和数据流交互	• 行动项 • 赞同/批准
HSR/SSR-7	审查硬件构型项或计算机软件构型项与其内、外部所有其他构型项之间的接口要求	• 行动项 • 赞同/批准
HSR/SSR-8	审查鉴定或验证要求，以确定构成硬件构型项或计算机软件构型项软件要求的适用测试级别和方法	• 行动项 • 赞同/批准
HSR/SSR-9	审查硬件构型项或计算机软件构型项的任何特殊交付要求	• 行动项 • 赞同/批准
HSR/SSR-10	审查质量因素要求： • 可靠性、可维护性和可用性 • 易用性 • 可测试性 • 灵活性 • 便携性 • 可重复使用性 • 安全性 • 互操作性	• 行动项 • 赞同/批准
HSR/SSR-11	审查该系统的任务要求及其与硬件构型项或计算机软件构型项相关的运行和支持环境	• 行动项 • 赞同/批准
HSR/SSR-12	审查硬件构型项或计算机软件构型项在整个系统中的能力和特点	• 行动项 • 赞同/批准
HSR/SSR-13	确定建立硬件构型项或计算机软件构型项需求基线所需的任何硬/软件规格评审纠正措施	• 行动项 • 赞同/批准

表 18.5 初步设计评审目标/退出条件和预期决策示例

项目	初步设计评审目标/退出条件示例	预期决策
PDR－1	简要评审系统层架构的任何更新	无
PDR－2	简要评审产品或子系统架构的任何更新	无
PDR－3	评审硬件构型项设计解决方案： • HWCI 规范要求和可追溯性 • HWCI 用例 • HWCI 运行理论 • HWCI 架构 • HWCI 需求分配 • HWCI 对系统运行阶段、模式和状态的支持 • HWCI 性能预算和利润 • HWCI 技术性能度量（TPM） • HWCI 分析和权衡研究 • HWCI 之间的互操作性 • HWCI 关键技术问题 • HWCI 与 CSCI 的整合	• 行动项 • 赞同/批准
PDR－4	评审计算机软件构型项设计解决方案： • CSCI 规范要求和可追溯性 • CSCI 用例 • CSCI 运行理论 • CSCI 架构 • CSCI 需求分配 • CSCI 对系统层运行阶段、模式和状态的支持 • CSCI 分析和权衡研究 • CSCI 性能预算和利润 • CSCI 之间的互操作性 • CSCI 与 HWCI 的整合 • CSCI 关键技术问题	• 行动项 • 赞同/批准
PDR－5	评审专业工程考虑因素： • 人因工程（HFE） • 后勤保障 • 可靠性 • 可用性 • 可维护性 • 可支持性 • 可持续性	• 行动项 • 赞同/批准

（续表）

项目	初步设计评审目标/退出条件示例	预期决策
	• 安全性 • 可生产性 • 环境 • 培训 • 脆弱性 • 生存性 • 敏感性	
PDR－6	评审硬件/软件/人类系统集成（HSI）问题	• 行动项 • 赞同/批准

表 18.6　关键设计评审目标/退出条件和预期决策示例

项目	关键设计评审目标/退出条件示例	预期决策
CDR－1	确定详细设计是否满足项目开发规范中规定的性能和工程要求	• 行动项 • 赞同/批准
CDR－2	评估项目内部和其他系统元素外部的详细设计兼容性和互操作性： • 设备（硬件和软件） • 设施 • 人员 • 任务资源 • 过程资料 • 系统响应（行为、产品、副产品或服务）	• 行动项 • 赞同/批准
CDR－3	评估已分配的技术性能预算和安全裕度的完成情况	• 行动项 • 赞同/批准
CDR－4	评估专业工程考虑因素： • 可靠性、可维护性和可用性 • 可生产性 • 后勤保障 • 安全性 • 生存性 • 脆弱性 • 环境 • 敏感性 • 人因工程	• 行动项 • 赞同/批准

（续表）

项目	关键设计评审目标/退出条件示例	预期决策
CDR－5	评估支持决策的任何详细分析、权衡研究、建模与仿真或演示结果等	• 行动项 • 赞同/批准
CDR－6	评估各组件的验证测试计划的充分性	• 行动项 • 赞同/批准
CDR－7	审查初步测试案例和程序	• 行动项 • 赞同/批准
CDR－8	冻结开发构型	• 行动项 • 赞同/批准

表 18.7　测试就绪评审目标/退出条件和预期决策示例

项目	测试就绪评审目标/退出条件示例	预期决策
TRR－1	评估测试件接受测试的就绪度（如破坏性或非破坏性）	• 行动项 • 赞同/批准
TRR－2	协调并评估所有测试件接口和资源的就绪度	• 行动项 • 赞同/批准
TRR－3	验证测试计划和程序经批准和沟通	• 行动项 • 赞同/批准
TRR－4	识别并解决所有关键的技术、测试、法律及监管问题	• 行动项 • 赞同/批准
TRR－5	验证所有安全、健康和环境问题均已解决，并且有足够的应急流程、服务和设备为测试的各个方面提供支持	• 行动项 • 赞同/批准
TRR－6	验证所有较低级别的差异报告纠正措施已经完成，并已针对硬件构型项和计算机软件构型项进行验证	• 行动项 • 赞同/批准
TRR－7	验证“已构建的”测试件与其“设计”文档完全一致	• 行动项 • 赞同/批准
TRR－8	测试实施、测量和报告责任的协调	• 行动项 • 赞同/批准
TRR－9	视情况指定测试安全员、靶场安全员（RSO）和安全人员	• 行动项 • 赞同/批准
TRR－10	获得进行特定测试的权限	• 行动项 • 赞同/批准

表 18.8　系统验证评审目标/退出条件和预期决策示例

目标	系统验证评审目标/退出条件示例	预期决策
SVR－1	审核并证明功能构型审核的结果	• 行动项 • 赞同/批准
SVR－2	审核并证明物理构型审核的结果	• 行动项 • 赞同/批准
SVR－3	识别任何突出的不一致或潜在缺陷，如设计错误、缺陷、瑕疵等	• 行动项 • 赞同/批准
SVR－4	验证所有经批准的工程变更建议（ECP）、差异报告等已得到处理且经过验证	• 行动项 • 赞同/批准
SVR－5	授权为已定义、设计、构建和验证的构型建立产品基线	• 行动项 • 赞同/批准

表 18.9　装运就绪评审目标/退出条件示例

项目	装运就绪评审目标/退出条件示例	预期决策
RTSR－1	验证已经收集、记录和认证所有符合性测试数据	• 行动项 • 赞同/批准
RTSR－2	验证所有电缆和设备均已清点并正确标识	• 行动项 • 赞同/批准
RTSR－3	验证与构型安装相关的所有内容均已记录在案	• 行动项 • 赞同/批准
RTSR－4	评估验证数据的完整性，以便系统拆卸、重新配置、包装、打包、装箱及运输	• 行动项 • 赞同/批准
RTSR－5	评估存储或部署现场场地是否具备系统交付验收、安装和集成条件： • 环境条件 • 接口 • “把关”决策机构的批准	• 行动项 • 赞同/批准
RTSR－6	在验证途中系统运输支持的协调： • 执照和许可证 • 路线选择 • 安全性 • 资源	• 行动项 • 赞同/批准

表 18.10 生产就绪评审目标/退出条件和预期决策示例

项目	生产就绪评审目标/退出条件示例	预期决策
PRR-1	验证当前产品基线的整体性（completeness）、充分性（adequacy）和完整性（integrity），并将其纳入构型控制	• 行动项 • 赞同/批准
PRR-2	验证已采纳、验证和确认为促进生产而进行的设计改进（如经批准的工程变更建议）	• 行动项 • 赞同/批准
PRR-3	解决任何供应商、生产、材料或工艺问题	• 行动项 • 赞同/批准
PRR-4	做出生产“继续”决策并确定生产范围	• 行动项 • 赞同/批准
PRR-5	建立生产基线	• 行动项 • 赞同/批准

18.7.5 标准评审工作成果和质量记录

前面的讨论强调了在评审中要完成的工作。在决策事件中，记录评审材料和结果对备案和参考非常重要。以下是每个主要技术评审至少应产生的工作成果和质量记录示例列表。

示例 18.1 技术评审工作成果和质量记录示例

技术评审工作成果和质量记录示例如下：

(1) 会议议程（如会议纪要和行动项）。

(2) 与会者名单。

(3) 演示材料。

(4) 讲义（分析、权衡研究、建模与仿真结果等）。

(5) 会议记录。

(6) 会议纪要。

(7) 行动项未清/保持/关闭。

(8) 其他必要的支持文件。

18.7.6 标准技术评审项

标准技术评审主题包括以下示例。

示例 18.2　技术评审主题示例

技术评审主题示例如下：

(1) 评审技术计划、方法或程序的更新情况。

(2) 评审风险缓解计划和方法。

(3) 评审当前进度状态和进度。

(4) 评审合同数据要求清单（CDRL）项状态。

(5) 评审合同行项目编号（CLIN）状态。

(6) 评审需求追溯审计（RTA）的结果。

(7) 如果对合同适用，则授权进行下一系统开发阶段流程部分并投入资源(见图 12.2)。

这些主题作为每次评审的标准议程主题，并以摘要的形式作为介绍性发言的一部分。除了标准评审主题之外，在随后的每次评审讨论中还有评审独有的主题。*

18.7.7　技术评审的常见类型

主要系统层技术评审的常见类型如下：

(1) 综合基线评审（IBR）。

(2) 系统需求评审（SRR）。

(3) 系统设计评审（SDR）。

(4) 软件规格评审（SSR）。

(5) 硬件规格评审（HSR）。

(6) 初步设计评审（PDR）。

(7) 关键设计评审（CDR）。

(8) 测试就绪评审（TRR）。

(9) 系统验证评审（SVR）。

(10) 生产就绪评审（PRR）。

* **美国国防部技术评审**

作为一个非常严格又规范的技术评审过程，通过美国国防部技术评审过程，可以深入了解评估不断发展的系统设计解决方案状态、进度、成熟度及风险时所需的评审和主题类型。在接下来的讨论中，我们将使用美国国防部流程作为示例参考模型。重要的是，如果开发的是商业系统、产品或服务，那么你和你所在的企业应该有适合你们的业务和行业的技术评审流程。

技术评审顺序如图 18.1 所示。

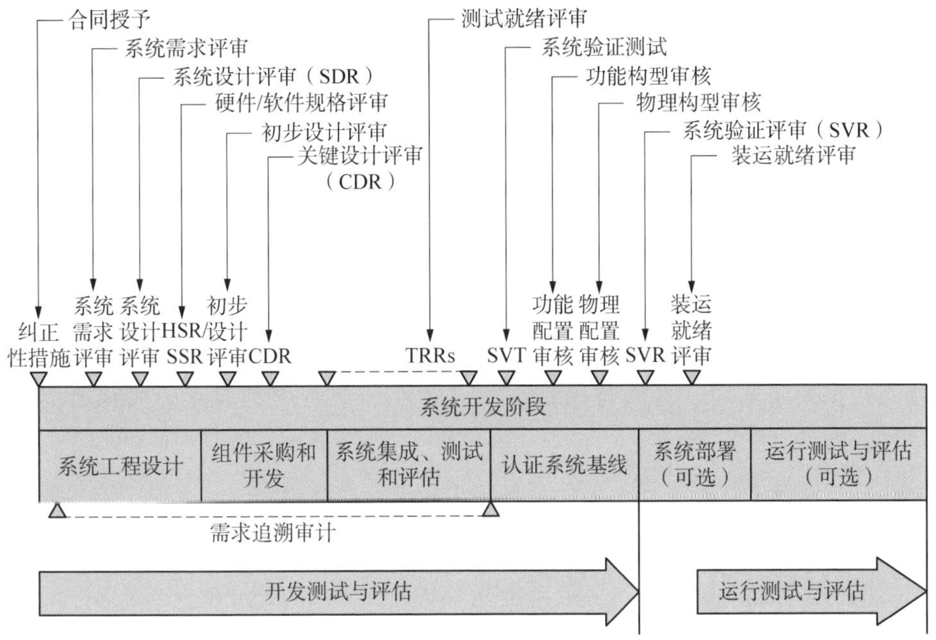

图 18.1 技术评审顺序

每个系统层技术评审都由对产品、子系统和组件层评估支持并形成各组件或构型项的基线。考虑到差旅费，一些评审可能通过音频电话会议、音频和视频电话会议（ATC/VTC）或现场会议进行，采用哪种形式具体取决于项目成熟度。某些情况下，几个产品、子系统或组件层评审可能会在同一地点（通常在系统开发商处）同一时间段内依次进行。请思考以下示例。

示例 18.3

子系统关键设计评审的成功完成作为系统层关键设计评审的进入条件，然后决定系统设计是否足够成熟，以便继续进行系统开发阶段的部件采购和开发流程。

18.7.8 综合基线评审

综合基线评审通常是系统开发项目进行的第一个评审事件。尽管大多数评审是一次性事件，但综合基线评审是一个在整个合同履行期间持续发生的过程。政府合同中经常涉及综合基线评审，但综合基线评审是适用于任何类型系统开发或服务合同的有用概念。

总的来说，综合基线评审的目标是在系统购买者和系统开发商之间建立一种相互理解，即可以用人员、设施等可用资源，在合同履行期和交付时间表规定时间内合理地完成任务以满足合同和技术要求。综合基线评审包括对所有关键合同技术、成本和进度文件的综合评估。因此，综合基线评审旨在评估和回答由谁建立、建立什么样的、什么时候建立、在哪里以及如何建立性能度量基线：

(1) 按合同工作说明书、工作分解结构、综合主计划、系统性能规范、合同数据要求清单、合同行项目编号、企业法规等中的规定，要执行哪些工作。

(2) 谁负责执行工作——如项目组织和综合产品组。

(3) 工作何时完成——如项目总进度表和综合主进度。

(4) 工作将在哪里进行——系统开发商处、分包商处或供应商处等。

(5) 如何为工作提供资源并对其实施控制——如控制与合同工作分解结构(CWBS) 相关的账户和工作包。

综合基线评审完成后，将建立性能度量基线，* 作为评估工作进度、绩效和风险的参考框架。**

综合基线评审主要目标的实现得到支持目标和退出条件的支持，最终将形成关键决策，目标/退出条件和预期决策示例如表 18.1 所示。***

成功达到综合基线评审退出条件后，项目控制账户和工作包被激活，系统开发阶段的系统工程设计流程（见图 12.3、图 15.2 和图 15.3）工作开始。

18.7.9 系统需求评审

系统需求评审通常是用户、系统购买者和系统开发商的技术代表第一次以论坛的形式聚在一起审查、解释、澄清和纠正（如适用）系统需求的机会。

---

* 更多信息请参考国防采办大学 (2015) 和国防工业协会 (2010)。

** 更多信息请参考 ANSI/PMI 99 - 001 - 2013 (2013) 项目管理协会的项目管理知识体系指南 (PMBOK ®)。

*** 表 18.1 最初源自 1995 年取消的前 MIL - STD - 1521B。该文件至今仍然是有价值的参考文件，正如 DAU 网站上的一则注释所述“如果追溯到军用标准，本标准是第一份”(DAU，2013a)。

系统需求评审的主要目标如下：

（1）审查、澄清、纠正及基线化一系列系统性能规范要求，确保决策者之间认知一致。

（2）建立系统需求基线。

主要系统需求评审目标的实现得到支持目标和退出条件的支持，最终形成关键决策，目标/退出条件和预期决策示例如表 18.2 所示。

18.7.10　系统设计评审

系统设计评审在系统需求评审之后，并根据合同工作说明书中的合同条款和条件、系统设计评审进入条件和项目进度表进行。系统需求评审后，系统开发商不断完善根据系统需求基线制定的系统设计解决方案。系统设计解决方案至少包括系统架构和接口需求、运行概念的开发和成熟，以及将系统性能规范要求初步分配到产品或子系统抽象层次。

系统设计评审的主要目标是建立系统层设计解决方案和分配基线，并将其作为开发构型的一部分。主要系统设计评审目标的实现得到支持目标和退出条件的支持，最终形成关键决策，目标/退出条件和预期决策示例如表 18.3 所示。

达到系统设计评审的退出条件后，重点将转移到制定和完善硬件构型项和计算机软件构型项的要求规范。

18.7.11　硬件/软件规范评审

初步设计评审中将产品或子系统层需求分配确定为分配基线后，就可以不断发展和完善产品或子系统层解决方案架构。每个解决方案都是从分析分配需求开始发展的。

按替代方案分析（第 32 章）方法进行权衡研究，从一组可行的备选解决方案中选择一个由组件、硬件构型项和计算机软件构型项构成的首选产品架构或子系统架构。接下来将产品或子系统开发规范要求分配给硬件构型项、计算机软件构型项（如适用）等组件。分配给硬件构型项、计算机软件构型项的需求分别记录在初步硬件构型项硬件要求规范（HRS）和初步计算机软件构型项软件要求规范（SRS）中。硬件/软件规范评审活动结果是 HSR 或 SSR

（如适用）。

除了标准评审项之外，硬件/软件规格评审的主要目标是为硬件构型项或计算机软件构型项的开发构型建立需求规范（HRS/SRS）基线，为同级和下级决策提供依据（原理 14.2）。

硬件/软件规格评审主要目标的实现得到支持目标和退出条件的支持，最终形成关键决策，目标/退出条件和预期决策示例如表 18.4 所示。

成功达到各硬件构型项的硬件规格评审或计算机软件构型项的软件规格评审退出条件后，重点转移到制定和完善初步系统设计解决方案，包括根据各自的硬件需求规范和软件需求规范进行硬件构型项和计算机软件构型项层次的设计。

18.7.12 初步设计评审

初步设计评审是系统、产品、子系统、部件等组件设计过程中的第四项主要技术评审。评审按项目事件安排，目的是评估细化至硬件构型项和计算机软件构型项的设计且不断发展完善的系统设计解决方案的充分性、成熟度、完整性、一致性及风险。

硬件/软件规格评审后，将不断发展和完善各硬件构型项和计算机软件构型项的架构解决方案。通过分析和权衡研究，选择一种优选的硬件构型项或计算机软件构型项架构，作为根据一系列预定义评估标准确定的最佳解决方案。随着各硬件构型项和计算机软件构型项解决方案达到一定的成熟度，再对各硬件构型项和计算机软件构型项进行初步设计评审。成功完成所有硬件构型项和计算机软件构型项初步设计及评审后，再安排进行系统层初步设计评审。

除了标准评审目标之外，初步设计评审的主要目标是审批下至硬件构型项/计算机软件构型项架构层次的初步系统设计解决方案。初步设计评审主要目标的实现得到支持目标和退出条件的支持，最终形成关键决策，目标/退出条件和预期决策示例如表 18.5 所示。*

---

* **可生产性**

可生产性一词很少使用，但该词有一项大多数人都明白的明确含义。你可以创造出最优雅的设计，但如果不能生产，则设计没有什么价值。因此，我们在此使用可生产性。

成功达到初步设计评审退出条件后，重点转移到制定和完善硬件构型项和计算机软件构型项特有的详细设计，以便在关键设计评审上展示。

18.7.13 关键设计评审

关键设计评审是产品、子系统、组件等开发中的第五项主要技术评审。评审按项目事件进行，目的是评估下至硬件构型项、组件、零件层次以及计算机软件构型项计算机软件部件（CSC）和计算机软件单元（CSU）层次且不断发展的系统设计解决方案的充分性、成熟度、完整性、一致性及风险。

除了标准评审目标之外，系统层关键设计评审的主要目标如下：

（1）审批、批准系统/构型项设计解决方案。

（2）做出决策，授权和投入系统开发阶段部件采购和开发流程（见图 12.2）所需的资源。

关键设计评审主要目标的实现得到支持目标和退出条件的支持，最终形成关键决策，目标/退出条件和预期决策示例如表 18.6 所示。

成功达到关键设计评审退出条件后，重点转移到实现详细设计要求的物理部件的采购和开发。这包括商用现货和非开发项的新开发或选择和采购（见图 16.7 和图 16.8）。*

18.7.14 测试就绪评审

在零件、子组件、组件或子系统等每一个抽象层次，均有一些系统需要进行测试就绪评审。测试就绪评审的形式包括大型复杂系统的重大项目事件和开发团队成员之间的简单团队协调会议。

测试就绪评审的主要目标如下：

（1）评估测试件、环境和团队进行测试或一系列测试的就绪度和风险。

（2）确保所有测试角色均已确定，责任到人。

（3）授权开始测试活动。

---

* **关键设计评审：长前置期项目计划冲突**

对于某些项目，关键设计评审的时间安排可能与满足合同交付所需的长前置期项目采购存在冲突。在这种情况下，系统开发商可能要承担风险——提前采购长周期项目，因为购买者尚未批准关键设计评审设计。

测试就绪评审主要目标的实现得到支持目标和退出条件的支持，最终形成关键决策，目标/退出条件和预期决策示例如表 18.7 所示。

成功达到测试就绪评审退出条件后，签发进行特定测试的授权书。

18.7.15 系统验证评审

系统层验证测试完成后，进行系统验证评审。系统验证评审的主要目标如下：

（1）验证系统验证测试（SVT）的结果，包括功能构型审核和物理构型审核的结果。

（2）建立产品基线。

系统验证评审主要目标的实现得到支持目标和退出条件的支持，最终形成关键决策，目标/退出条件和预期决策示例如表 18.8 所示。

成功达到系统验证评审退出条件后，工作流程进入装运就绪评审决策。

18.7.16 装运就绪评审

系统验证评审后，进行装运就绪评审。装运就绪评审的主要目标是确定系统拆卸和部署到指定交付地点的就绪状态。

装运就绪评审主要目标的实现得到支持目标和退出条件的支持，最终形成关键决策，目标/退出条件和预期决策示例如表 18.9 所示。

成功达到装运就绪评审退出条件后，系统可能需要根据合同或采购承包人的指示（原理 18.7）进行拆卸或重新配置、包装、打包、装箱并运输到指定的位置。

18.7.17 生产就绪评审

对于计划生产的系统或产品，会在授予生产合同后不久进行生产就绪评审。生产就绪评审的主要目标如下：

（1）验证生产基线构型。

（2）做出生产“继续”决策，开始初始小批量生产（LRIP）或全规模生产（FSP）。

生产就绪评审主要目标的实现得到支持目标和退出条件的支持，最终形成

关键决策，目标/退出条件和预期决策示例如表 18.10 所示。

成功达到生产就绪评审退出条件后，工作重点转移到初始小批量生产。后续的生产就绪评审主要针对全规模生产就绪度。

18.8 本章小结

本章介绍了各种类型的评审以及它们如何作为系统开发中关键控制点或阶段点出现。对于每一次评审，都确定了进行评审的关键目标和参考清单；强调了在开发各阶段进行基于成熟度的事件评审的重要性；最后提供了指导原则，供进行评审时考虑。

18.9 本章练习

18.9.1 1 级：本章知识练习

(1) 什么是技术评审？
(2) 为什么要进行技术评审？
(3) 什么人负责进行技术评审？
(4) 应该进行什么类型的技术评审？
(5) 如何记录技术评审结果？
(6) 技术评审和系统开发流程之间的关系是什么（见图 12.2）？
(7) 什么是过程中评审，过程中评审的目标是什么？
(8) 什么是性能度量基线？
(9) 什么是综合基线评审，综合基线评审的目标是什么？
(10) 什么是系统需求评审，系统需求评审的目标是什么？
(11) 什么是系统设计评审，系统设计评审的目标是什么？
(12) 什么是硬件规格评审，硬件规格评审的目标是什么？
(13) 什么是软件规格评审，软件规格评审的目标是什么？
(14) 什么是初步设计评审，初步设计评审的目标是什么？
(15) 什么是关键设计评审，关键设计评审的目标是什么？

（16）什么是测试就绪评审，测试就绪评审的目标是什么?

（17）什么是生产就绪评审，生产就绪评审的目标是什么?

18.9.2 2级：知识应用练习

参考 www. wiley. com/go/systemengineeringanalysis2e。

18.10 参考文献

ANSI/PMI 99 – 001 – 2013 (2013), *A Guide to the Project Management Body of Knowledge (PMBOK ®)*, 5th Edition, Newton Square, PA: Project Management Institute (PMI).

DAU (2015) *Integrated Baseline Review (IBR)*, ACQuipedia Website, Ft. Belvoir, VA: Defense Acquisition University (DAU). Retrieved on 7/31/15 from https://dap. dau. mil/acquipedia/Pages/ArticleDetails. aspx?aid=cf5eb839-0881-4044-9f23-2c675726b481.

DoD IMP-IMS Guide (2005), *Integrated Master Plan and Integrated Master Schedule Preparation and Use Guide*, Version 0. 9, Washington, DC: U. S. Department of Defense (DoD).

DOE (2007), *Stage-Gate Innovation Management Guidelines*, Industrial Technologies Program, Version 1. 3, Washington, DC: U. S. Department of Energy (DOE).

MIL – HDBK – 61A (SE) (2001), *Military Handbook: Configuration Management Guidance*, Washington, DC: Department of Defense (DoD).

MIL – STD – 973 (1992, Cancelled 2000), *Military Standard: Config-uration Management*, Washington, DC: Department of Defense (DoD).

MIL – STD – 1521B (1992-Cancelled 1995), *Military Standard: Technical Reviews and Audits for Systems, Equipments, and Computer Software*, Washington, DC: Department of Defense (DoD).

NASA SP – 2007 – 6105 (2007), *System Engineering Handbook, Rev. 1*, Washington, DC: National Aeronautics and Space Ad-ministration (NASA). Retrieved on 6/2/15 from http://ntrs. nasa. gov/archive/nasa/casi. ntrs. nasa. gov/20080008301. pdf.

NDIA (2010), *Integrated Baseline Review (IBR) Guide, Re-vision 1, Integrated Management Division*, Arlington, VA: National Defense Industrial Association (NDIA). Retrieved on 7/31/15 from http://www. ndia. org/Divisions/Divisions/IPMD/Documents/ComplementsANSI/NDIA_ IPMD_ IBR_ Guide_ Rev_ 090110-b. pdf.

19　系统规范概念

系统性能规范是一种正式机制，用于定义系统需要提供哪些能力，以及这些能力要执行到何种程度。系统性能规范确定了系统购买者（作为用户的合同和技术代表）与系统开发商所签署的合同中的正式技术要求。

有人错误地认为规范是在项目的“前端”用来设计系统的文件　　这种理解只是部分正确。规范是系统开发、部件采购和开发以及系统集成、测试和评估过程中决策的基础。规范：

（1）标识设计人员努力将用户描绘的解决方案空间转换、界定和表示为能力（即功能和性能）对应的文字和图形语言，能力指生产满足预期运行需求的物理系统、产品或服务所需要的能力。

（2）通过建立评估和验证技术符合性的阈值，作为最终系统或产品验收和交付的前置条件，规范可以用作决策的参考框架。

规范的制定需要多层次系统分析流程的支持。分析活动将有边界的解决方案空间能力分解为最终构成完整系统的可管理、较低层次的子系统、产品和组件的规范。

本章介绍系统规范实践——建立系统、产品或服务开发所需的多层次综合化的规范框架。本章将介绍各种类型的规范、规范内容以及与其他规范、标准和法规的关系。讨论内容包括可用作参考模型的通用规范大纲。

19.1　关键术语定义

（1）偏离（deviation）——一种特定的书面授权，据此可以在特定数量的制品或特定的时间段内，偏离某一组件当前已批准的构型文档的特定要求，以及据此可以接受已发现偏离规定要求，但仍被视为适合“按原样”使用或经认可方法修理后仍适合使用的组件（偏离不同于工程变更，因为已批准的工程变更需要对项目当前已批准的构型文件进行相应的修订，而偏离则不需要）（MIL - HDBK - 61A：第 3 - 6 页）。

（2）需求（requirement）——必须达到的，对于最终产品在必须运行的环境中执行其任务的能力至关重要的任何条件、特性或能力都属于需求。需求必须可验证（SD - 15，1995：9）。

需求（requirement）——系统或部件要满足合同、标准、规范或其他正式规定的文档所需要达到或超过的基本特性、条件或能力［FAA SEM（2006），第 3 卷：B - 11］。

a. 基本需求（essential requirement）——在不限制解决方案的情况下，定义和限制确保任务成功所需系统、产品或服务的关键能力的有关陈述。

b. 绩效需求（performance requirement）——通过行动要实现的结果的量化等级。

c. 源需求或原始需求（source or originating requirements）——公开发布的一系列需求，用作获取系统、产品或服务的基础。一般而言，正式的投标邀请书（RFP）、招标的目标陈述（SOO）或系统需求文件（SRD）均视为用户源需求或原始需求（第 12 章）。

d. 规范需求（specification requirements）——一组基本能力需求的陈述，定义和限定了系统、产品或服务实体（如系统、产品、子系统和组件）基于性能的能力。

（3）需求蠕变（requirements creep）——用户（或开发商）在系统仍处于开发阶段时增加原始任务和/或性能要求的趋势（DAU，2012：B - 192）。

（4）需求获取（requirements elicitation）——通过理解问题和解决方案空间（第 4 章）来识别和收集利益相关方需求的过程，如个人访谈和观察。

（5）需求负责人（Requirement Owner）——被指派负责实施规范或图纸中特定需求的个人或团队。

（6）需求利益相关方（requirement stakeholder）——在识别、定义、制定规格、优先排序、验证和确认系统能力和性能需求方面有利害关系或既得利益的任何人。需求利益相关方包括负责系统、产品或服务定义、采购、开发、生产、运行、维护、维持、退役以及处置的所有人员。

（7）规范（specification）——描述规定解决方案空间的组件、材料、工艺或服务的基本要求、实施要求所需的数据以及满足正式验收特定标准的验证方法的文件。

（8）规范负责人（specification owner）——被指派负责开发和控制规范或图纸中所有需求的个人或团队。规范的所有权属于拥有系统/实体架构的个人或团队，在该架构中，规范所指定的实体（包括其接口）均有表征。

（9）规范树（specification tree）——在从客户需求到满足这些需求的整套系统解决方案的过渡过程中，控制项目的开发、制造和集成所需的所有规范的分层描述［MIL－STD－499B 草案（已取消）附录 A 术语表第 39 页］。

（10）裁剪（tailoring）——对所选规范、标准和相关文件的个别要求（章节、段落或句子）进行评估以及修改这些要求的过程，目的是确定它们最适合特定系统和设备采购的程度，以确保每个要求在运行需求和成本之间达到最佳平衡（MIL－STD－961E：第 7 页）。

（11）弃权（waiver）——接受构型项或其他指定项的书面授权，即使该项在生产过程中或提交检查后，被发现偏离规定要求，但仍视为适合“按原样”使用或经认可方法返工后仍适合使用（DAU，2012：B－239）。

19.2 什么是规范?

任何类型需求的开发都需要你对以下方面建立牢固的理解：

（1）什么是规范?

（2）规范的目的是什么?

（3）规范如何实现特定的目标?

分析本章关键术语定义中对规范的定义，会发现该定义有三个关键部分。我们先对每一部分进行简要介绍。

（1）第一，“……组件、材料、工艺或服务的基本要求。”规范也针对服务和多层次部件、组成这些部件的材料以及将这些材料转换成可用部件所需的工艺流程而编写。

（2）第二，“实施要求所需的数据……”系统开发经常要受到“遵守其他合

同或任务文件”要求的约束，如目标陈述、设计标准、规范、标准及规定。

（3）第三，“……满足正式验收特定标准的验证方法。”规范建立系统购买者和系统开发商之间的正式技术协议，涉及如何正式验证每个需求，以证明物理系统/实体已经完全符合规定的能力和相关的性能水平。请注意，验证达到要求可能仅满足合同中关于购买者正式验收要求的增量部分。合同可能还要求其他标准，例如，现场安装和检验、实地考察和示范、运行测试与评估、潜在缺陷错误、设计瑕疵和缺陷等的解决和纠正措施等。请记住，系统性能规范是合同的从属部分，仅代表可交付系统验收和后续合同履约的部分标准。

根据以上关于规范定义的说明，我们一起明确规范的目标。

19.2.1 规范目标

规范的目标是记录和传达：

（1）组件（系统、产品和子系统）需要哪些基本运行能力？

（2）这些能力必须达到何种效果？

（3）何时执行这些能力？

（4）必须提供哪些外部接口，由谁提供？

（5）要在哪种规定运行环境下运行？

（6）设计和构建的限制是什么？

（7）如何验证能力符合性？

19.2.2 我们为什么需要规范？

原理 19.1 客观证据原理

一项分析、评审、决策、结果或事件等工作事项如果没有质量记录（QR）作为完成工作的客观证据，那只不过是道听途说。

一个常见的问题是：我们为什么需要规范？最好的回答可以从一句古老的格言开始：如果你不告诉人们你想要什么，那么你就不能抱怨他们交付的东西。我们常常听到“但这不是我们所要的”，这可能会带来反驳“我们按你们的文档交付……［什么也没有！］”

在任何情况下，如果技术争论持续不断，那么最终可能需要通过法律途径解决。法律界习惯通过“谁”“什么时候”“在哪里”以及“如何”等询问过程来寻求揭示事实和获得启发：

（1）你通过合同、会议纪要、官方信函和对话具体说明了什么？

（2）你和谁谈过？

（3）什么时候讨论的？

（4）是在哪里讨论这件事？

（5）如何记录双方同意的内容？

避免这些冲突的最好方法是在合同授予之前建立一个“预先”机制。该机制应获取购买者和系统开发商双方都满意和理解的技术协议。从技术角度来看，这一机制就是系统性能规范。

前面讨论的冲突是购买者和系统开发商/服务提供商或分包商之间接口的特征，并不仅限于组织之间。事实上，相同的问题会在系统、产品、子系统、组件、子组件及零件抽象层次之间，在系统开发商的项目组织中垂直发生。因此，需求从系统性能规范到较低层次的分配和分解需要系统开发团队之间达成类似的技术协议。当每个被分配的问题空间被划分（见图 4.7）到由基于规范性能的能力需求所限定的较低级别的解决方案空间时，就会出现这种情况。

总之，我们为什么需要规范？用一种语言清楚地表达和交流：

（1）采用购买者、用户和系统开发商利益相关方易于理解的术语。

（2）表达可交付系统、产品或服务的基本特征和特性。

（3）避免需要“开放”解释或进一步澄清，因为这可能导致最终系统、产品或服务验收中的潜在冲突。

19.2.3　什么使规范成为“好”的规范？

人们经常会问：什么构成“好”的规范？“好”是一个口语词。一个用户认为好的东西可能会被另一个用户判断为“差”。其他人称其为“写得好”的规范。但是这意味着什么呢？语法正确？语法正确并不意味着文件有实质性的内容。一个更好的术语可能“定义明确”。这就引出了一个问题：什么使得一个定义明确的规范“好”或“写得好”？

系统工程师通常会用下面的评论来回答这个问题：“这很容易处理”……“我们不需要做太多的改变就能把它做好”“我们对购买者验收没有任何问题。”然而，定义明确的规范有一些属性，可以将它们与其他规范区分开来并

成为范本。现在我们来看这类规范的一些共同属性。

19.3 定义明确的规范的属性

规范，作为具有潜在法律约束力的文件，是需要根据经验教训、最佳实践等制定的专业标准编制的正式文件。因此，其编制的基础是特定的技术属性。下文的属性列表代表规范编制的最低级别要求。建议用代表合同、项目、企业、业务领域和专业所要求的技术性能标准的附加属性来补充此列表。

19.3.1 属性1：规范所有权和责任

原理 19.2 规范制定人员原理

每一份规范都要求指定一个开发人员对其负责：开发、获得更高层次架构负责人的批准、实现、验证、合规性和构型控制的基线维护。

将定义明确的规范分派给系统或产品开发团队（SDT/PDT）负责并归其所有，团队负责规范要求的实施、维护、验证以及可交付系统、产品或服务的最终验收。

有一种观点认为规范一般归开发实体的产品开发团队“所有”。事实是规范应该由“拥有”并对其中指定实体以部件形式出现的架构负责的团队所有，如子系统实体开发规范由负责子系统所在系统层架构的系统开发团队“拥有”。这是为什么？如果实施子系统#1 实体开发规范的产品开发团队#1 在没有通知产品开发团队#2 的情况下单方面决定改变影响子系统#2 外部接口的要求，那么可能会出现重大问题。最佳实践规定，系统开发团队拥有子系统#1 的实体开发规范和子系统#2 的实体开发规范及其接口，以免出现前述情况。更多信息请参考图 27.1 的内容。

19.3.2 属性2：标准大纲

原理 19.3 规范大纲原理

每份规范均应基于与其他规范连贯、一致的组织标准主题大纲。

定义明确的规范是基于行业公认的最佳实践和经验教训的标准主题大纲。大纲应：

(1) 基于组织标准流程(OSP)。

(2) 涵盖利益相关方(用户和最终用户)工程主题,确保技术性能的所有方面都得到解决。

注意 19.1 合同要求指南

请务必查阅合同了解关于性能规范格式的指南,查阅合同数据要求清单(CDRL)了解实体开发规范(EDS)格式。如果没有提供指南,请与项目工程师协商(原理 18.7)。

19.3.3 属性 3:可行性和可负担性

原理 19.4 规范可行性和可负担性原理

每一份规范都应指定和限定一个对用户而言可行、可承受,且风险可接受的解决方案空间。

定义明确的规范必须是可行的,并且能够在现实可行的技术、技能、流程、工具和资源范围内实施,同时对系统购买者和系统开发商或服务提供商的技术、成本、进度和支持风险要在可接受的范围内。

19.3.4 属性 4:规格独特性

原理 19.5 规格独特性原理

每份规范都记录一个且只有一个系统/实体特有的能力要求,在系统中没有其他实例。

每个系统/实体都应该由一组独特并且不存在重复或冲突的规范要求来规定和约束。*

19.3.5 属性 5:解决方案独立性

原理 19.6 解决方案独立性原理

规范规定了要完成什么和做成怎样,而不是如何设计系统、产品或服务。

---

* 关于独特性语境的几句话。在安全、人为因素和安全等需求直接传递到较低层次实体的情况下(第 21 章),可能只有需求陈述的主语是需求措辞的唯一区别。例如,(实体)应根据 MIL-STD-XXX 第 X.X.X 段(标题)要求进行设计。尽管需求陈述在其他规范中的措辞相同,但主语使实体需求说明独一无二,这就形成了需求的上下文独特性。

定义明确的规范规定完成任务需要哪些能力，以及这些能力要达到何种效果。规定如何设计系统会带来限制，并降低系统开发商实现最佳系统设计解决方案的灵活性。

19.3.6 属性6：基本需求

原理 19.7 基本需求原理

一份规范只包含开发一项系统、产品或服务所必需和足够的基本需求，而不限制一组可行的解决方案选项。

定义明确的规范仅陈述了设计或采购系统、产品或服务所必需和充分的基本要求，而不需要额外的澄清要求或语言。

19.3.7 属性7：规范和需求责任

原理 19.8 规范和需求责任原理

分配：规范级和独立需求的责任给负责其分析、实施、验证、可追溯性及更新的个人。

取得系统开发成功的第一步是确保各规范及其要求都将在系统设计解决方案中实现。这要从职责和责任分配开始。组织会明确规范层次的责任，但独立需求的责任常常被忽视。即使分配了责任，受让人通常也不清楚自己的责任范围是什么——分析、实现、验证、可追溯性及更新。

19.3.8 属性8：基于结果的明确、无歧义要求

原理 19.9 单一解释原理

各规范要求必须以一种简洁、清晰、简明，只能产生一种解释的方式进行表述。

定义明确的规范要使用简洁、简明，基于结果的能力需求陈述来明确规定能力要求。

教育系统面临的挑战之一是形成“像写小说一样编制规范”这种理念。在系统集成、测试和评估过程中，需求陈述如果“可以有不同的解释”，那么验证将变成冲突——系统购买者对符合规范要求有一种解释，而系统开发商则给出另一种解释。

定义明确的规范要求各需求陈述必须以一种简洁、清晰、简明，只能产生一种解释的方式进行陈述。

19.3.9 属性 9：需求覆盖范围

原理 19.10 规范需求覆盖原理

各规范必须详细说明执行用户定义任务所需的一系列没有任何缺失的基本能力。

定义明确的规范：

（1）完整，无遗漏，无须进一步澄清。

（2）不包含任何未定义的性能值，如待确定（TBD）或待提供（TBS）的性能值。

（3）为每个需求陈述指定一种或多种验证方法，作为证明符合性的基础。

19.3.10 属性 10：需求一致性

原理 19.11 规范需求一致性原理

规范需求必须在语言、含义、语义、术语和单位标准方面与所有项目系统/实体规范保持一致。

定义明确的规范看起来就像是由一个开发人员编写的。因此，为了确保可读性和避免歧义，系统中的所有规范都应该在语言、含义、语义、术语和单位标准方面保持一致。

19.3.11 属性 11：语义和术语

原理 19.12 语义和术语原理

规范应使用读者熟悉的语义和术语。

定义明确的规范是用易于理解的术语编写而成。一般来说，具备相关资格的大部分人员应能独立阅读任何需求陈述，并对技术性能要求有相同的解释和理解。例如，应该使用对系统购买者/用户和系统开发商有意义的语义和术语来编写系统性能规范。较低层次的实体开发规范应该用系统开发商熟悉的语义和术语来编写。

19.3.12 属性12：需求可追溯性

原理 19.13 需求追溯原理

所有规范和需求必须可追溯到用户的源需求或原始需求。

规范不应是需求的随机的、随意的“愿望清单”。规范的有效性和完整性要求每一个需求最终都有助于实现任务目标的特定结果。由于每项要求都有实施成本和风险（原理 19.4），因此任何不能追溯到用户源需求或原始需求的规范需求都应作为非增值浪费予以消除。

19.3.13 属性13：需求性能度量追溯

原理 19.14 需求性能度量追溯原理

如要求，则规范需求性能度量必须可追溯到基线化和受控的有记录分析。

定义明确的规范可追溯到结构化分析——方法、方法论和行为模型，如基于模型的系统工程（MBSE）（第 10 章和第 33 章）。编制规范的一个挑战是需求陈述性能度量经常被非正式地导出并丢弃。几个月后，当项目经理和专业工程师（PE）发现没有人能够验证规范性能度量的有效性时，整个项目就处于危险之中……因为它的源分析被丢弃了。

19.3.14 属性14：利益相关方群体需求优先级

原理 19.15 基于价值的需求优先级原理

各规范需求对利益相关方群体来说都有一个基于价值的优先级。

当提出需求时，所有利益相关方都重视需求对他们实现组织任务的重要性。我们将价值大小作为确定优先顺序的依据。系统开发的现实是所有需求都涉及实现和交付成本。考虑到资源有限和利益相关方价值大小，限制解决方案空间需要协调实现期望需求的成本和可用资源。因此，需求应该按照优先顺序实现，尤其是敏捷开发（第 15 章）和商业产品开发（见图 5.1）。相比之下，合同系统开发（见图 5.1）通常将所有规范需求视为具有相同的优先级。

19.3.15 属性 15：利益相关方风险可接受

原理 19.16 规范风险原理

所有规范都有一定程度的开发与维护成本和技术、工艺及进度风险，这些风险必须在用户的可接受范围内。

定义明确的规范代表利益相关方（系统购买者或系统开发商）可接受的成本、技术、工艺或进度风险水平，不会带来额外的财务或进度风险。

19.3.16 属性 16：成熟度和稳定性

原理 19.17 规范基线原理

所有规范达到一定的成熟度和稳定性水平后，就应该对其进行评审、批准并置于构型控制之下，以使较低水平技术决策风险在可接受的范围内。

当所有利益相关方都同意规范的内容时，在战略阶段点或控制点对规范进行基线化。

建立基线后，通过利益相关方评审协商流程——构型控制（第 16 章）对规范进行更新和验证，确保文件正确反映利益相关方当前就要求达成的共识。

19.4 规范类型

当系统工程师指定支持系统、产品或服务开发所需的组件、材料和过程时，他们是如何完成工作的？这些工作成果是通过一组分层的规范来实现的，这些规范侧重于限制和定义以下需求：

（1）处于不同抽象层次的单个实体，如规范树。

（2）支持这些组件开发的材料和流程。

一系列有层次的规范是通过一种称为规范树的框架记录在案的（见图 19.2）。为了理解规范树中的层级结构，我们需要首先明确框架中可能出现的规范类型。

框架中可能出现的规范类型如下：

（1）详细规范——规定设计要求的规范，如使用的材料、如何达到要求或

如何制造或建造组件。包含性能和详细要求的规范同样视为详细规范。军用规范和项目特有规范都可以指定为详细规范（MIL－STD－961E：第4页）。

（2）开发规范——规定和限制系统层以下的实体或组件能力的文件，如产品、子系统、组件或子组件。

（3）材料规范——项目特有的一种规范，主要针对原材料或加工材料，如金属、塑料、化学制品、合成材料、织物及任何其他未制成成品零件或物品的材料（MIL－STD－961E：第5页）。

（4）性能规范——用所需结果陈述要求，并带有合规验证标准，但未说明实现所需结果所用方法的一种规范。……性能规范定义了项目的功能要求、项目必须运行的环境以及接口和互换性特征（MIL－STD－961E：第6页）。

（5）工艺规范——描述材料和组件制造或处理程序的一种项目特有的规范（MIL－STD－961E：第6页）。

（6）采购规范——为作为合同、子合同或采购订单的一部分而采购的系统、子系统、组件等实体指定和限定一系列功能需求的说明。

（7）产品规范——在开发和验证后，为子系统、组件或子组件等实体指定和限定性能特征的文档，如计算机系统的商业产品规范强调关键特性和性能。

本章在关键术语定义中提供了每种规范的描述性定义。

19.4.1 规范类型

现在我们用图19.1的示例说明以上各类规范。系统需求，如系统性能规范中所述的需求，分配并分解到一个或多个层次/组件（产品、子系统或组件）。这些组件的需求记录在各自的开发或采购规范中，这些规范记录了子系统、组件和子组件的“指定”开发构型（第16章）。

随着高度迭代、多层次和递归的系统工程流程和设计工作的开展，系统工程师开发一份或多份设计或制造规范用以记录待开发的物理部件的属性和特征。在设计工作中，开发一份或多份工艺规范和材料规范，可以为项目的采购、制造、编码、组装、检查及测试提供支持。一系列基线规范记录了如何开发或采购项目的“设计”开发构型（第16章）。

为每个组件或构型项生成的一组规范是其内部开发或通过外部分包商

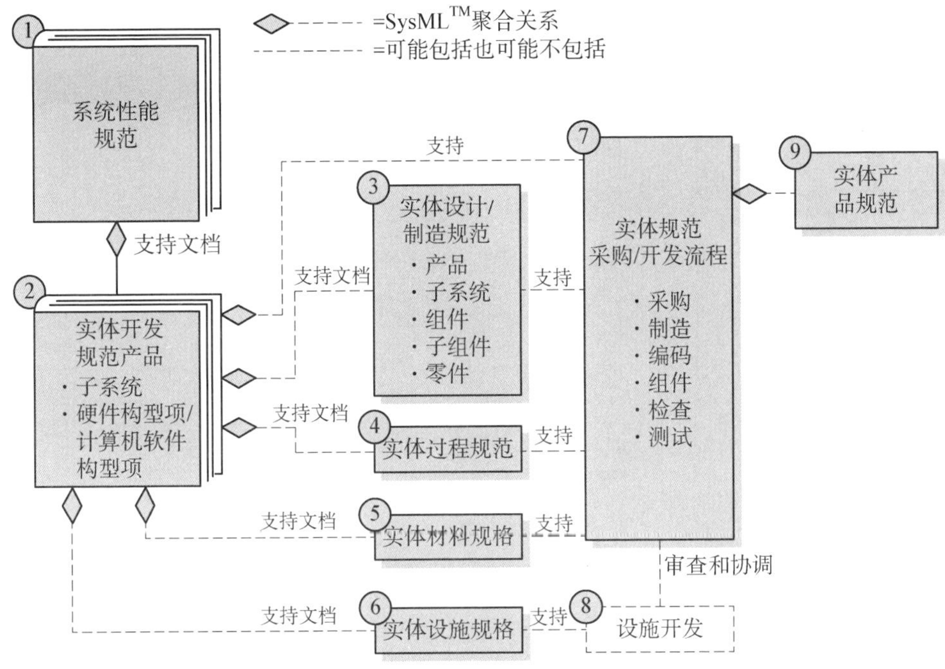

图 19.1　不同类型规范在系统/实体开发中的应用

（或供应商）开发的依据，同时也是相应设施的开发依据。当构型项完成包括系统验证在内的系统集成、测试和评估时，“已验证”开发构型被记录为产品基线（第 16 章），并作为构型项的产品规范记录在案。

19.4.2　规范树

原理 19.18　规范树原理

各系统、产品或服务都应该包含一个基于系统架构的规范树，作为可链接需求的层级结构。

需求的多层次分配和分解采用层级框架，该框架在逻辑上将系统实体垂直链接到一个称为“规范树”的结构中。图 19.2 的右侧为规范树示例。

19.4.2.1　规范树所有权和控制权

规范树通常由项目的技术总监、项目工程师、系统开发团队或系统工程和集成团队所拥有和控制。作为最高级别的技术团队，系统工程和集成团队也发挥构型控制委员会（CCB）作用，负责规范当前基线的变更管理。

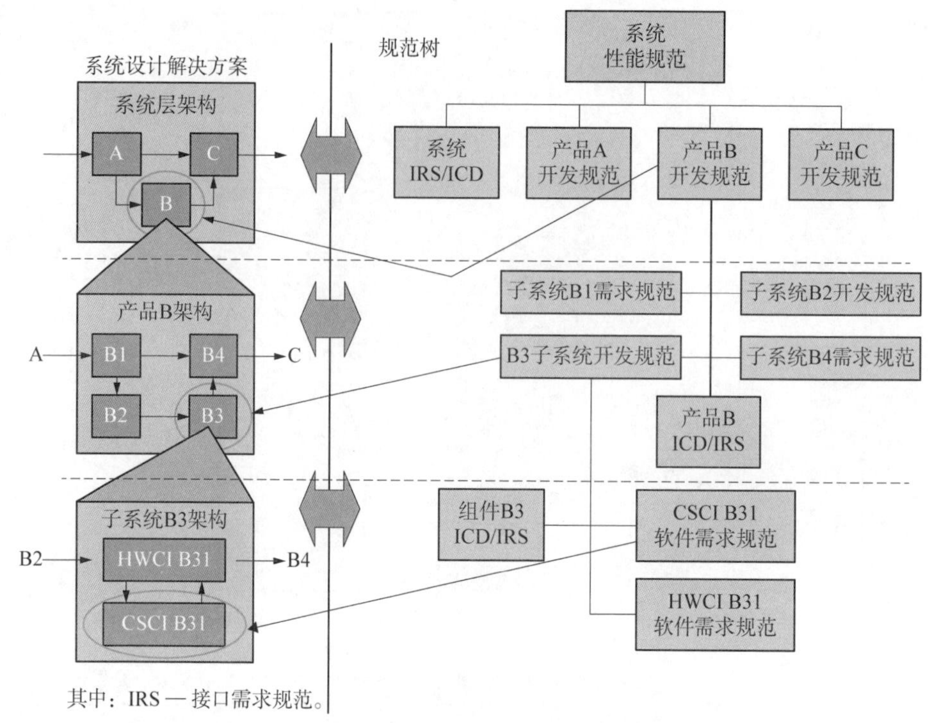

图 19.2　将系统的架构与其规范树相关联

19.4.2.2　将规范树链接到 CWBS 和系统架构

人们经常错误地将规范树开发作为与系统架构和 CWBS 无关的独立活动。这种理念严重错误！规范树和 CWBS 应该反映系统架构的主要结构，并有机地联系起来。为了说明这一点，请参考图 19.2 所示的图形。

目标 19.1

既然已经建立了规范树作为链接系统/实体规范的框架，接下来把重点转移到理解规范的内容上。

19.4.3　规范发展演变和排序

为了更好地理解规范的开发和排序，我们使用图 12.2 所示的系统开发工作流程进行说明。如果笼统地说系统开发流程，则可参考图 19.3 了解从合同授予到系统验证测试（第 18 章）过程中多层次规范制定是如何随着时间的推移而发生的。

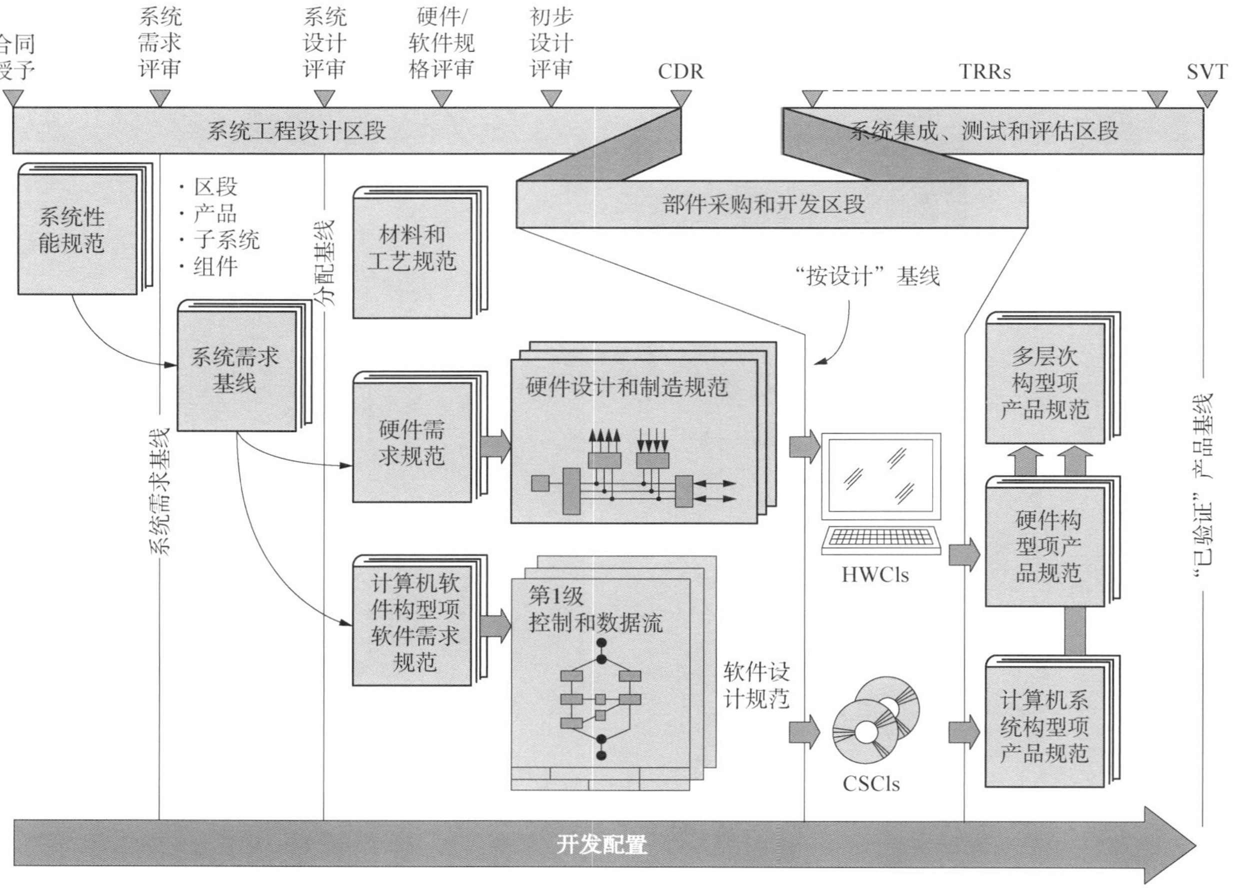

图 19.3 多层次规范制定顺序

19.5 规范的关键要素

对于大多数工程师而言，规范制定的学习过程是从规范大纲开始。然而，大多数工程师对规范大纲是如何产生的缺乏了解。为了消除这一差距，我们先从规范大纲的细节开始，了解规范应规定哪些内容。我们先了解图形化地描述系统/实体以及驱动其实现的关键因素。图 19.4 提供了参考。*

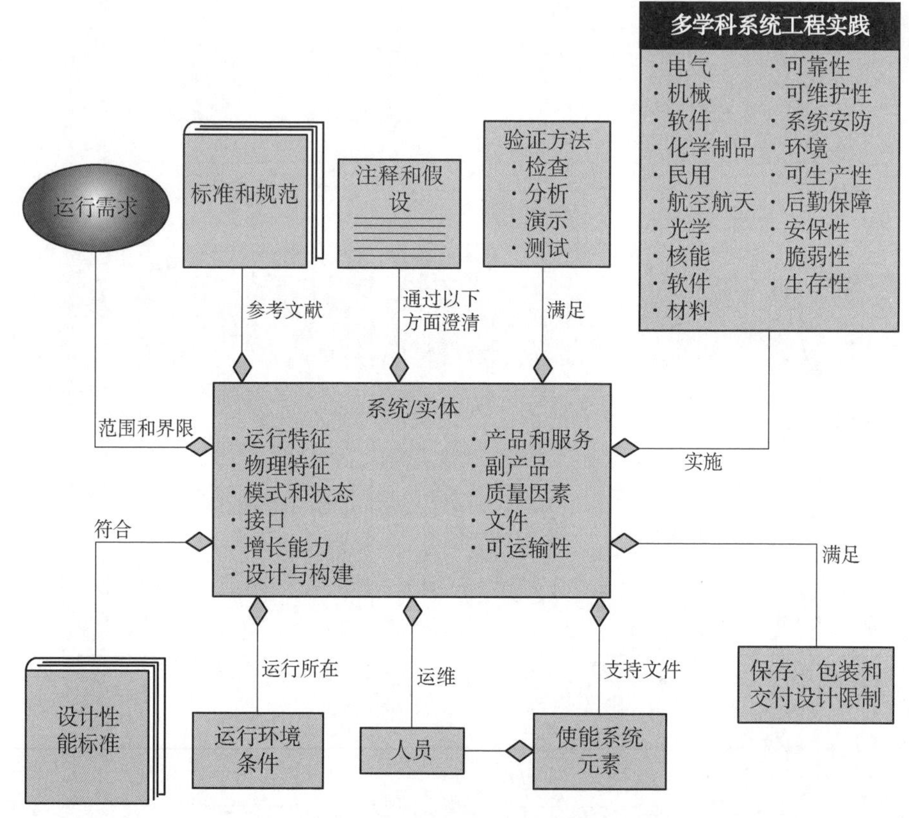

图 19.4 规范的关键元素

要为其编写规范的系统/实体显示在图的中央部分。如果分析系统，那么我们会发现系统实体或组件是通过几个关键要素进行表征的。此处旨在描述实

---

* 请记住，这里使用的术语系统/实体是一般意义上的系统/实体。根据定义，区段、产品、子系统、组件、硬件构型项及计算机软件构型项都是系统。因此，此处的讨论适用于任何抽象层次。

体的行为和物理特征及属性。问题是如何得到这组属性的？答案在于影响和约束实体的各种外部因素。

19.5.1 因素1：语境

规范应该从其在第1级系统中的语境的介绍性陈述开始（见图8.4）。

19.5.2 因素2：规范、标准和法定限制

任何系统/实体的设计通常要求严格遵守现有的规范、标准、法定及监管约束，包括接口系统、工艺和材料。

19.5.3 因素3：注释和假设

因为需求是用文本和图形表示，所以它们经常需要根据语境澄清。在某些要求未知的情况下，可能需要假设，尽管这并不可取。此外，图形化规则需要澄清。因此，规范可能需要一部分注释和假设来提供定义、语境和使用信息、术语和规则。

19.5.4 因素4：验证方法

定义系统实体关键属性的要求通常用系统设计师理解的语言和术语编写。问题是如何验证和确认物理实体符合要求？为解决这一难题，规范中会包含系统/实体验证和确认的相关要求（用户选项）。

19.5.5 因素5：系统工程实践

系统的成功开发，要求工程师应用从经验教训和工程学科中获得的最佳实践，这样才能使风险最小。因此，规范会应用系统工程实践来确保可交付产品达到系统性能规范要求。

19.5.6 因素6：设计和构造限制

原理 19.19 设计和构造限制原理

所有规范都应该规定限制系统/实体能力开发的设计和构造要求。

规范不仅传达系统/实体必须完成什么以及完成得有多好，它也传达与系

统运行和能力相关的系统和系统开发决策限制，我们称之为“设计和构造限制”。一般来说，设计和构造限制包括非功能要求，如尺寸、质量、颜色、质量属性、维护、安全限制、人为因素及工艺。规范还规定用于验证符合要求的验证方法（第13章）。

19.5.7　因素7：保存、包装和交付

在交付系统/实体时，必须确保其到达时完全有能力并能够支持运行任务。保存、包装和交付的要求规定了如何准备、运输和交付可交付系统/实体。

19.5.8　因素8：使能系统元素要求

任务系统在关键阶段性事件和区域需要有可持续的任务前、任务中和任务后保障测试设备（STE）。这可能需要使用现有的使能系统设备，如通用保障设备（CSE）或专用保障设备（PSE）和设施（第8章），或者需要开发这些项目。因此，规范大纲包括使能系统要求。

19.5.9　因素9：人员元素要求

在任务前、任务中和任务后运行中，系统通常需要人员元素“动手”命令和控制系统，还必须进行人机权衡以优化系统性能。这需要描述和明确人员元素最擅长什么与设备元素最擅长什么（见图24.14）。因此，规范会明确人员元素的技能和培训要求，确保人类系统集成成功（第24章）。

19.5.10　因素10：运行环境条件

原理 19.20　环境条件原理

所有规范都应规定系统/实体必须运行和生存的环境条件。

每个产品、子系统和组件都必须能够在规定的运行环境中以一定的性能水平执行任务，确保任务能够成功。因此，规范必须定义和限制驱动和约束实体能力和性能水平的运行环境条件。

19.5.11　因素11：设计性能标准

系统实体通常需要在性能包线内运行，尤其是在模拟物理系统的性能或与

物理系统接口时。当这种情况发生时，规范必须调用被描述为设计标准的外部性能需求。在这种情况下，会针对待模拟的接口系统或系统编制设计标准列表（DCL）（第17章）作为参考。

19.5.12 小结

在对规范实践的讨论中，我们确定了与开发系统规范相关的关键挑战、问题及方法。作为概念的最后一部分，我们介绍了通用规范的结构。在基本了解规范的基础上，接下来通过“理解规范需求”主题来探讨规范中记录的需求类型。

19.6 规范需求

规范建立了有关系统、产品或服务在规定的解决方案空间内完成其任务和目标所需的技术能力和性能水平的一致协议。因此，规范代表人们在定义和界定预计的解决方案空间方面所作的努力，目的是确保用户能够完成他们的组织任务和目标。

本节为定义系统、产品或服务的需求提供理论基础。我们研究各种类别和类型的利益相关方和规范需求，如运行、能力、非功能、接口、验证和确认需求。我们扩展了对运行需求的讨论，并将它们与正常、异常、紧急及灾难四种类型相联系，如图19.5所示。

限制解决方案空间的规范需求是分层级且相互关联的。我们讨论的是不同类型需求之间的层级结构和关系。我们说明了为什么采用自定义、无限循环的定义-设计-构建-测试-修复（SDBTF）——设计过程模型（DPM）范式编制的规范容易出现缺失、错位、冲突及重复要求的问题（见图20.3）。这些问题反映出系统工程师需要理解和认识的风险领域。

19.6.1 什么是需求?

规范的核心在于其中的需求。各需求陈述用于定义和限定要开发或修改的可交付系统、产品或服务能力和性能水平。定义需求的先决条件是确定需要什么能力。因此，首先需要了解需求如何分类。

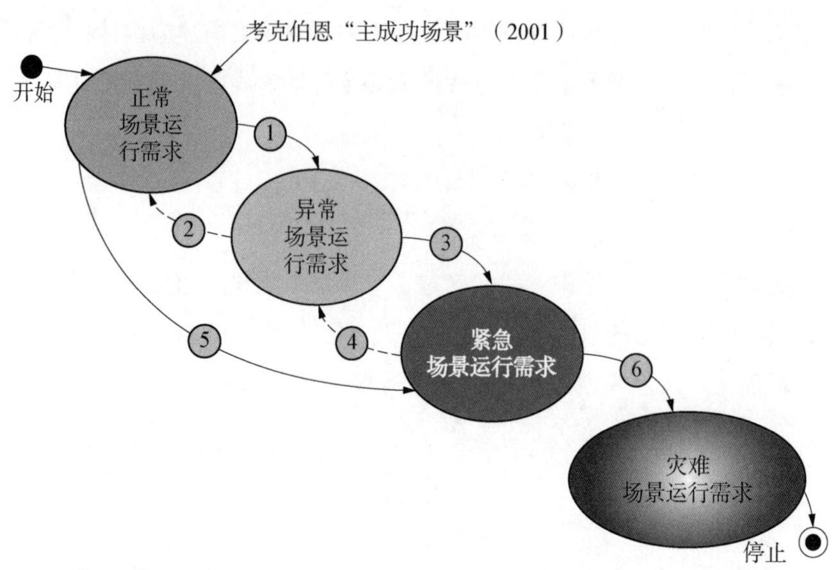

其中：①～⑥表示触发事件；-------表示可能/也可能不允许。

图 19.5　规范覆盖范围——四种运行类型：正常、异常、紧急及灾难

19.6.2　规范需求类型

人们对需求的认识常常停留在一般意义层面，并没有意识到需求也有特定的任务和目标。如果分析规范中所述的需求，你会发现需求可以分成不同的类别。本讨论旨在确定需求的类型，并描述有时会使应用变得复杂的某些术语的用法。

19.6.2.1　源需求或原始需求

当系统购买者正式发布指定和限定拟购系统/实体的需求文件时，规范通常被称为源需求或原始需求。这些需求可以包含一份或多份文件中多种类型的需求，如系统需求文件和目标陈述。

应用术语“源需求或原始需求”时存在的一个问题是它是“相对”的。相对于谁？从系统购买者的角度来看，用户的源需求或原始需求应可追溯到用户已确认和记录的运行需求。这些需求可能会通过一系列最终形成采购规范的决策文件不断加以调整。

作为一种范式，我们通常期望用所谓的规范文档来定义需求，并且也确实可以定义。但是，还有作为源需求或原始需求的其他文件，如合同、条款和条

件及工作说明书。

另一种类型的文档——目标陈述也规定需求，但却是以基于行为的结果目标的形式。目标陈述由非常简短的目标组成，这些目标表达了要实现的基于行为的结果。目标陈述的范围通常侧重于以有效性度量（MOE）和适用性度量（MOS）（第5章）为表征的关键运行和技术目标，但可能包括成本效益目标。简言之：

（1）在20××年前让两名宇航员登陆火星。

（2）开发一种能够在/小时以内，在/点和/点之间安全运送乘客的无人机。

尽管系统性能规范指定和限定解决方案空间，但目标陈述是更高的抽象层次，能有效地定义用户的问题空间，并引导具备相关资质的系统开发商分析目标陈述的问题空间，提出可能包括系统性能规范草案且具有成本效益的解决方案。当用户有一个抽象的问题空间需要解决时，目标陈述就可能会成为源需求或原始需求。

总之，系统购买者可能会发布由目标陈述或系统需求文件组成的投标邀请书。基于用户的源需求或原始需求，系统开发商使用拟用的系统性能规范响应投标邀请书。

19.6.2.2 利益相关方需求

规范涵盖符合用户技术、工艺、预算、开发进度及风险限制的利益相关方的所有基本和优先需求。

利益相关方需求的主要目标是确保：

（1）系统性能规范已确定、分析、记录对其任务域至关重要的所有需求。

（2）性能需求已准确、精确定义，并相对于利益相关方其他需求公平地赋予优先级。

原理 19.21　系统工程用户——最终用户拥护原理

系统工程师的一个项目角色是作为用户和最终用户的拥护者来维护他们需求的意图和完整性。

你会经常听到组织和工程师评论“如果一项需求是‘可以解释的’，我们将按照我们的方式解释它。”首先，基于本文中讨论的概念、原理和实践，你应该避免陷入“以你的方式解释需求”。相反，要求澄清也可能有潜在问题，而且不会如你所愿；在系统集成、测试和评估期间肯定也不会有任何异常。最好的解决办法是在签订合同之前处理好这些事情。

19.6.2.3 利益相关方需求获取和建立文档

由于利益相关方需求分别存在于合同接口边界的两边，各组织实体——用户、购买者和系统开发商——都有责任识别利益相关方的需求。那么这是如何发生的呢?

系统购买者通常负责在用户群体之间达成一致——最好是在授予合同之前。这包括利益相关方——用户和最终用户——在系统生产与部署，系统运行、维护和维持及系统处理阶段负责系统结果和性能（见图3.3）。*

警告 19.1 签约前充分了解合同要求

阅读、充分了解并理解签订合同时作出了哪些承诺。系统购买者和用户通常极不愿意修改合同，即使有正当理由要求其修改。

19.6.2.4 阈值和目标需求

表达和描述需求优先级的一种方法是建立阈值和目标需求。定义如下：

（1）阈值需求——“最低可接受运行值，低于该值时系统效用会出现问题”对应的要求（DAU，2011：B－274）。

（2）目标需求——目标值表示比每个项目参数的阈值大一个量值。该量值在使用上是有意义的，时间上是关键的而且费用上是有效的［DoD 5000.2R（2002）C1.2.2.2：第19页］。

示例 19.1 阈值和目标需求示例

用户可能要求最低水平的可接受系统性能——阈值要求——并明确表示希望达到指定的更高水平。更高层次目标要求的实现可能取决于技术的成熟度和供应商持续可靠地生产或实现技术的能力。

阈值和目标需求必须与运行需求文件（ORD）或能力开发文件（CDD）、系统需求文件（SRD）及测试与评估主计划（TEMP）一致。

在定义阈值和目标需求时，应明确地将其标识为阈值和目标需求。方法有以下两种。

* **系统开发商利益相关方需求**

系统开发商在澄清与合同的系统开发和系统生产阶段（如果适用）相关的任何内部利益相关方需求时，也有绩效和财务利益需要考虑。因此，必须在提交系统性能规范作为提案的一部分之前，以及在合同谈判期间协调处理好系统开发商内部利益相关方的需求。这包括与组织及其长期战略的相关性、投资回报、盈利能力和资源可用性达成一致。

（1）方法 1：用括号明确标记每个阈值或目标需求，如 XYZ 能力（阈值）和 ABC 能力（目标）。

（2）方法 2：在规范中“预先”注明，除非另有说明，否则所有需求都是“阈值需求”。当在文件中陈述目标需求时，可以使用以下标签“……ABC 能力（目标）……”

此外，应该始终在规范的需求部分（如第 3.0 节）定义术语（即阈值和目标）。选项 3 涉及阈值和目标需求的汇总矩阵。矩阵方法的一个缺点是矩阵在文件中的位置远离所述的要求。这种方法涉及在文本和矩阵之间来回切换，额外工作量大，可能会让读者感到困惑。应尽量简单并用适当的标签标记陈述（阈值或目标）。

19.6.2.5　需求、规范与设计需求

有些人习惯称“需求”，也有人习惯称“规范需求”。这两者有什么区别？答案取决于语境。

合同属于总体文件，可以确立包括规范需求、进度需求、符合性需求及成本需求在内的各种需求。为简单起见，人们通常避免说“规范需求”，而是简化为简单的“需求”。我们会发现，对于具有多层规范和层内规范的系统，术语“需求”的使用需要确认作为参考框架的规范。

19.6.3　规范需求类别

为最佳捕捉需求的预期用途和目标，可以将其归为不同的类别。典型类别包括：①运行需求；②能力需求；③非功能需求；④接口需求；⑤环境条件需求；⑥设计和构造限制需求；⑦验证需求；⑧确认需求。接下来一起简单探讨各类需求。

19.6.3.1　运行需求

运行需求是指在规定的运行环境和条件下实现系统任务目标和行为交互及响应所需的高级需求。这些需求回答以下问题：期望系统/实体满足的运行需求解决方案空间是什么？

19.6.3.1.1　运行需求类型

系统、产品或服务按阶段运行。因此，系统工程师必须确保表达利益相关方对每个阶段期望的需求得到充分满足。这至少包括任务前、任务中和任务后

运行阶段（见图5.5）。

每个运行阶段至少包括一种或多种运行模式，这些模式需要一组特定的能力来支持运行阶段目标任务的完成。如果调查和分析大多数任务系统运行的情况，会发现系统必须能够应对四种类型的运行环境场景和条件：正常、异常、紧急及灾难，如图19.5所示。

19.6.3.1.2　正常操作需求

正常操作由一组任务系统的活动和任务组成，这些活动和任务和在规定的性能限制和资源范围内的系统能力及性能相对应。

当规范制定人员推导和开发需求时，人类倾向会自然集中在理想条件下（也就是按规定）运行的系统/产品。例如，考克伯恩在提到“用例”时称这种情况为“主成功场景”（Cockburn，2001：87）或“快乐日案例”（Cockburn，2005：49）。大多数规范是针对任务成功的结果而编写的，不能满足所有用例场景的需求。

在理想情况下，这可能是真的，但在现实情况下，系统、产品或服务的可靠性和生命周期是有限的。因此，系统并非总是正常运行。鉴于此，在定义涵盖一组规定的运行环境场景和条件（如异常、紧急和灾难情况下运行要求）的系统性能规范要求时，用例和场景变得非常重要。

19.6.3.1.3　异常运行需求

原理19.22　基于情形的需求原理

所有规范必须规定处理以下三种异常运行情况的需求：

(1) 外部系统故障。

(2) 降级运行。

(3) 部件和接口等内部系统故障。

异常运行由一组系统操作和任务组成，重点是检测、排除故障、识别、隔离及纠正物理能力的健康状况。这些状况的性能水平已超出了标称任务性能的允许范围，但对人员、财产或环境的安全来说它们可能影响不大。

异常运行涉及解决外部系统故障、降级运行和解决内部系统故障所需的能力。举例如下：

(1) 图10.17将异常恢复操作需求确定为异常处理的一部分。

(2) 故障检测和遏制如图26.8所示。

19.6.3.1.4　紧急运行需求

紧急运行包括一组紧急的系统操作和任务，专门针对纠正、终止或消除威胁生命或危险的运行状况。这包括可能对人类、组织、财产或环境造成重大健康、安全、财务风险的安全、物理能力的状况。

19.6.3.1.5　灾难情况下运行需求

在灾难情况下运行指在发生重大系统故障事件后执行的一系列操作或任务，其中故障事件会导致系统故障，并对附近区域的人员、组织、财产和运行环境的生命和财产安全产生不利影响。

也许有人会问：系统或实体已经遭到破坏，为什么还会有灾难情况下的操作需求？因为这些需求（如合适）能解决组织级运营问题，让使能系统恢复系统/实体。在这种情况下，系统性能规范是为任务系统及其使能系统等相关系统编写的。

19.6.3.1.6　运行状况类别之间的关系

系统/实体运行环境状况需求不仅必须指定和限定用例场景或条件，还必须指定和限定促成这些条件的过渡模式和状态。为更好地理解这种说法，请参考图19.5。

如图19.5所示，系统为“正常运行”。系统工程师面临的挑战是获得可靠性、可维护性、可用性（第34章）和备件的需求，为在线的预防性和纠正性维护提供支持，进而维持系统的正常运行。如果在执行任务之前、期间或之后出现状况或事件，系统可能会被迫切换为异常运行状态。正常运行也可能会遇到需要立即切换到紧急运行状态的情况。根据分析，图19.5假设了切换到紧急运行状态之前的一些异常情况。

在异常运行期间，系统/实体或其操作人员启动“恢复”操作，希望通过这种方式纠正或消除异常状况，使系统恢复正常运行。系统异常运行期间，也可能出现紧急情况或事件，迫使系统进入紧急运行状态。根据系统及其紧急运行状态后的“健康”状况，系统可能回到异常运行状态。

如果紧急运行纠正措施不成功，系统可能会遇到灾难性事件，此时需要在灾难性状况下运行。

19.6.3.1.7　这些类别如何与系统需求相关?

根据系统及其应用任务，系统性能规范必须定义涵盖这些运行状况的操作和能力要求，确保人员、财产和环境的安全。可以在系统性能规范中找到名为正常、异常、紧急或灾难情况下运行的章节吗？答案一般是否定的。相反，由于普遍缺乏如何组织需求的相关知识，这四种状况的需求会分布在整个系统性能规范中。然而，作为一种正确做法，建议购买者和系统开发商保留某种类型的文档，将系统性能规范需求与这些条件联系起来，确保正确的覆盖和考虑。

19.6.3.1.8　未能定义这些类别的需求

历史记录中记载了大量说明系统或产品无法应对其运行环境中物理条件的事件。发生这些情况仅仅是因为物理条件和场景的要求被忽略或忽视，或者被认为发生概率极低。

19.6.3.1.9　将运行需求分配给系统元素

在制定系统性能规范时，请注意相关系统、任务系统或使能系统必须能够支持所有类型的场景和条件——正常、异常、紧急或灾难——且在预算的实际可行范围内。记住：一个系统包含所有的系统元素（第8章）。最终，在定义设备元素时，系统工程师还要将运行状况需求分配给满足安全要求的过程资料、人员、任务资源或使能系统元素。

19.6.3.2　能力需求

能力需求定义和界定了解决方案空间，其中每个系统/实体或项目必须有能力执行产生结果、产品、副产品或服务的功能/逻辑活动。这些活动通常被称为“功能需求”，并聚焦在要执行的功能上。然而，能力需求包括活动和活动的执行效果的相关性能要求。

19.6.3.3　非功能需求

非功能需求与物理约束相关，如系统/实体属性和特征——颜色、质量、安全性等。非功能需求不执行任何行为动作，但可能影响特定的运行结果或效果。例如，对亮黄色油漆的非功能需求能否提高系统的能力或安全性？答案是不能。但是从“可见的能力”角度，它又可以提高系统的安全性。如果油漆颜色被认为是“非功能”，那么为什么迷彩图案或覆盖物具有欺骗性？

19.6.3.4　接口需求

接口需求由那些指定和限定系统与其物理边界之外的外部系统的直接或间接连接，或者具逻辑关系的陈述组成。

19.6.3.5　环境条件需求

环境条件需求指定和限定系统、产品或服务的运行环境条件，如温度、湿度、海拔、风、冰、雪、盐雾等。需要注意的是：规范要求系统、产品或服务在暴露于这些环境条件之前、暴露期间和暴露之后都要按照要求执行。

19.6.3.6　设计和构造限制要求

设计和构造限制要求对系统/实体设计施加限制，如制造、人为因素（HF）、安全、安保等。

设计要求包括图纸、接线清单、零件清单或标准中规定的与规范要求的实现、设计和构造限制以及制造方法相关的任何要求。

请注意，航空航天、国防、商业等不同业务领域的工程师对规范需求有不同的用法。

（1）在大多数业务领域，如航空航天和国防（A&D），“规范”（specification）是系统、产品、子系统及组件等实体的文件——包含基于“应”（shall）的语法陈述，表达要提供的能力，包括其性能水平和证明符合性的验证方法。然后，规范要求被转化为多层次设计，包括图纸、接线清单、零件清单和所含信息的文件，称为“设计需求”。

（2）在某些商业领域，图纸被视为“规范”，图纸内容（如注释、零件号、电阻或电容值）被称为“规范要求”。

19.6.3.7　验证需求

验证需求规定评估系统/实体是否符合运行、能力、接口或非功能要求的方法。验证需求通常用验证方法来表述，如检验、分析、演示、测试和相似性（如允许）。

19.6.3.8　确认需求

确认需求包括面向任务的用例场景陈述，旨在描述必须执行什么，以清楚地证明已经建立了正确的系统来满足用户的预期运行要求。确认需求通常记录在用户或代表用户的独立测试机构（ITA）编制的测试与评估主计划或运行测试与评估计划之中。既然用例代表用户对使用系统的设想，用例文件就可以达到类似的目的。一般而言，确认应证明关键运行或技术问题，或者问题已得到解决或最小化。

19.7 本章小结

本章介绍了规范的制定，要点如下：

(1) 讨论了什么是规范及其目标和需求。

(2) 定义了“好的”规范和“定义明确的”规范是什么。

(3) 介绍了定义明确的规范属性。

(4) 介绍了可用于各种应用的规范类型及其开发时间。

(5) 概述了典型规范的主题内容。

(6) 介绍了什么是需求以及规范中各种类型的需求。

(7) 介绍了如何处理系统性能规范中以下四种系统运行要求的需求：正常、异常、紧急、灾难。

(8) 我们注意到，异常运行应解决三种类型的异常运行情况：①外部系统故障；②降级运行；③内部故障，如部件和接口及其可能的恢复（见图 10.17）。

19.8 本章练习

19.8.1 1级：本章知识练习

回答引言中所列“您应该从本章中学到什么”的每个问题：

(1) 什么是规范?

(2) 什么是定义明确的规范?

(3) 描述规范从最初的系统概念到系统性能规范的演变。

(4) 规范有哪些基本类型?

(5) 每种类型的规范如何应用于系统开发?

(6) 什么是规范树? 规范树构成如何?

(7) 谁“拥有”规范，他们实施变更的权限是什么?

(8) 大多数规范的通用格式是什么?

(9) 什么是需求?

（10）什么是源需求或原始需求？

（11）什么是利益相关方需求？

（12）什么是目标需求？

（13）什么是阈值要求？

（14）规范需求有哪些类别？

（15）什么是运行需求？

（16）什么是能力需求？

（17）什么是非功能需求？

（18）什么是设计需求？

（19）什么是接口需求？

（20）什么是验证需求？

（21）什么是确认需求？

（22）什么是需求优先级？

（23）运行需求的四种类型分别是什么？

（24）需求的四个常见问题分别是什么？

19.8.2　2级：知识应用练习

参考 www.wiley.com/go/systemengineeringanalysis2e。

19.9　参考文献

Cockburn, Alistair (2001), *Writing Effective Use Cases*, Boston, MA: Addison-Wesley.

Cockburn, Alastair (2005), *Presentation-"Writing Effective Use Cases" meets "Agile Development"*. Retrieved on 3/25/14 from http://Alistair.Cockburn.us.

DAU (2011), *Glossary: Defense Acquisition Acronyms and Terms*, 14th ed. Ft. Belvoir, VA: Defense Acquisition University (DAU) Press. Retrieved on 3/27/13 from http://www.dau.mil/pubscats/PubsCats/Glossary%2014th%20edition%20July%202011.pdf.

DAU (2012), *Glossary: Defense Acquisition Acronyms and Terms*, 15th ed. Ft. Belvoir, VA: Defense Acquisition University (DAU) Press. Retrieved on 3/27/13 from http://www.dau.mil/publications/publicationsDocs/Glossary_15th_ed.pdf.

DoD 5000.2 - R (2002), *Mandatory Procedures for Major Defense Acquisition Programs (MDAPS) and Major Automation Information (MAIS) Acquisition Programs*, Washington, DC: Department of Defense (DoD).

FAA SEM (2006), *System Engineering Manual*, Version 3. 1, Vol. 3, National Airspace System (NAS), Washington, DC: Federal Aviation Administration (FAA).

MIL - STD - 499B Draft (1994), *Military Standard: Systems Engineering*, Washington, DC: Department of Defense (DoD).

MIL - STD - 961E (2003), *DoD Standard Practice for Defense Specifications*. Washington, DC: Department of Defense (DoD).

SD - 15 (1995), *Performance Specification Guide*, Defense Standardization Program, Washington, DC: Department of Defense, Office of the Assistant Secretary of Defense for Economic Security.

20 规范制定方法

系统性能规范（SPS）和实体开发规范（EDS）为系统购买者（角色）、系统开发商（角色）或服务提供商提供了正式工具，以便：

（1）定义可交付系统/实体需要提供哪些能力。

（2）界定能力的执行程度。

（3）确定系统/实体必须适应的外部接口。

（4）对解决方案集施加限制。

（5）建立关于系统开发商如何证明符合性的标准，作为交付和验收的先决条件。

目标陈述或系统性能规范，或作为用户的技术代表的系统购买者与系统开发商达成的合同技术协议，是规范的最高层次。

20.1 关键术语定义

（1）基于架构的方法（architecture-based approach）——一种结构化分析方法，采用多层次逻辑能力架构框架和行为建模来定义系统能力和性能要求。

（2）特征（feature）——利益相关方（用户和最终用户）期望或感知到的关键能力，作为能够刺激利益相关方购买系统、产品或服务的一项产品优势。例如，电池供电和互联网就绪。

（3）基于特征的方法（feature-based approach）——一种随意的、头脑风暴式的方法，用于规范需求开发。由于其基于特征的本质，这种方法容易在需求层次中遗漏需求，并且高度依赖于评审者来接受和认识到存在遗漏，然后进行纠正。

(4) 基于行为的方法（performance-based approach）——一种规范制定方法，利用分析方法将系统或实体视为由可接受和不可接受的输入、外部接口的限制、可接受和不可接受的基于行为的结果、限制需求以及验证需求来定义和界定的一个“黑盒”。

(5) 基于复用的方法（reuse-based approach）——一种利用或重用可能适用或不适用于其他领域特定应用的某领域现有规范文本，并且改变语义来创建新规范的方法。这种方法通常容易出现错误和遗漏，高度依赖于规范作者和评审者的知识和专业知识来识别并纠正错误和遗漏。

(6) 规范评审（specification review）——由利益相关方、同行和主题专家（SME）进行的技术评审，评估规范及其需求的完整性、准确性、有效性、可测试性、可验证性、可生产性和风险。

20.2 引言

本章介绍规范制定实践，强调组织有必要建立组织标准流程（OSP），并建立在项目中应用的标准大纲。本章将介绍一个标准大纲，作为讨论的例子。

但是，建立标准规范大纲并不意味着就能够制定涵盖系统、产品或服务开发的基本需求的规范。我们讨论介绍四种常见的规范制定方法，并强调这些方法的优缺点。

然后讨论规范制定过程中的一些特殊问题。

最后讨论规范评审、如何执行规范评审、识别挑战以及评审规范的各种方法。

20.3 规范制定简介

有许多种定义规范大纲的方法。与其详细阐述常见的规范大纲，不如利用系统思维来思考究竟要描述什么规范。在讨论的基础上，将讨论的结果转换成最适合组织或应用的大纲标准格式。

20.3.1 规范大纲

如第 19 章所述，定义明确的规范的起点是标准格式的大纲（原理 19.3）。规范大纲一般源于系统购买者的合同要求，或源自组织内部法规，如标准工程实践。如果没有，请考虑在组织法规中建立。

启示 20.1 规范编写与制定（writing versus development）

编写一个在大纲的第三层次就提出最高层次需求的规范。

如果分析并实践了大多数规范大纲，会发现两件事：

（1）有时会将规范大纲的制定工作分配给经验不足的人员，或者规范大纲的制定工作可能游离于项目之间，需要下达专门任务。

（2）规范大纲通常按照主要标题组织。你可以组织一个由很多级抽象且深奥的主题组成的规范，在第四级、第五级甚至第六级才出现第一个有意义的需求。想象一下，最高层次的需求陈述出现在第 5 级第 3.X.X.X.X 节中会怎样？虽然大型复杂系统的规范通常需要 4~10 个细节层次，但是将第一个需求放在第 5 级会使文档难于阅读和使用。

20.3.2 规范大纲示例

图 19.4 给出了规范中的关键元素，说明了需要陈述的内容。表 20.1 给出了规范大纲的一个示例。

表 20.1 规范大纲示例

1.0	**简介**
	1.1 范围
	1.2 系统概述
	1.3 关键术语定义（可选）
2.0	**参考文件**
	2.1 用户文件
	2.2 系统购买者文件
	2.3 项目文件
	2.4 规范、标准和手册
	2.5 “应”“将”及“目标”的使用和定义（第 21 章）

（续表）

3.0	**需求**	
	3.1　任务	
	3.2　运行行为特征	3.2.1　有效性度量#1
		3.2.*n*　有效性度量#*n*
		3.2._　任务可靠性
		3.2._　任务可维护性
		3.2._　任务可用性
	3.3　能力	3.3.1　能力#1
		3.3.2　能力#2
		3.3.3　能力#3
		3.3.*n*　能力#*n*
	3.4　接口	3.4.1　外部接口
		3.4.1.1　外部接口#1
		3.4.1.*n*　外部接口#*n*
		3.4.2　内部接口（不推荐-见讨论部分）
	3.5　运行环境条件	
	3.6　设计和构造限制	3.6.1　制造标准
		3.6.2　工艺
		3.6.3　零部件
		3.6.4　人为因素（HF）
		3.6.5　系统安全
		3.6.6　安保和隐私
		3.6.7　计算机资源
		3.6.8　物理特性
		3.6.9　适配
		3.6.10　人员和培训
		3.6.11　专用测试设备
		3.6.12　运输性
		3.6.13　后勤保障
		3.6.14　维持
		3.6.15　技术文件
	3.7　需求的优先级和重要性	
4.0	**合格规定**	
	4.1　验证责任	

（续表）

	4.2　验证方法
	4.3　质量符合性检查
	4.4　鉴定试验
5.0	**交付准备（PHS&T）**
	5.1　包装
	5.2　搬运
	5.3　存储
	5.4　运输系统
6.0	**注意事项**
	6.1　缩略语
	6.2　定义
	6.3　假设
7.0	**附录**

20.3.3　规范大纲注释

示例给出的规范大纲模板只是一种参考建议。你应该调整这个大纲来更好地满足你所在组织和项目的需要。

本大纲中的主题与 DI－IPSC－81431A（FAA，2000）中的主题类似。后者的内容经过了数十年的验证。但从合理的角度看，二者在几个关键领域有所不同。

20.3.3.1　第 3.0 节“需求”

第 3.0 节“需求”的简介中应声明系统/实体：①在暴露于第 3.5 节“运行环境条件”中规定的环境条件之前、期间和之后，都符合本规范规定的要求；②根据第 3.6 节“设计和构造限制”进行设计；③根据第 4.0 节“合格规定”进行验证。

20.3.3.2　第 3.1 节“任务”

用户获取系统、产品或服务作为实物资产，供相关人员用于执行组织任务。这里重要的是获得适合执行特定类型任务的适当工具。第 5 章中介绍的适用性度量（MOS）量化了这一点。因此，系统开发商了解预期系统、产品或服务执行的用户任务类型是非常有用的。

参考图 20.1，作为对前一点的补充说明，利用有效性度量和适用性度量作为定义和采购系统、产品或服务的概念性基础，一些用户创建了运行需求文件（ORD）或能力开发文件（CDD）。系统购买者根据运行需求文件或能力开发文件得出能力需求，插入作为投标邀请书（RFP）一部分的系统需求文件（SRD）中。在这种情况下，这些主题在规范中可能不会出现。

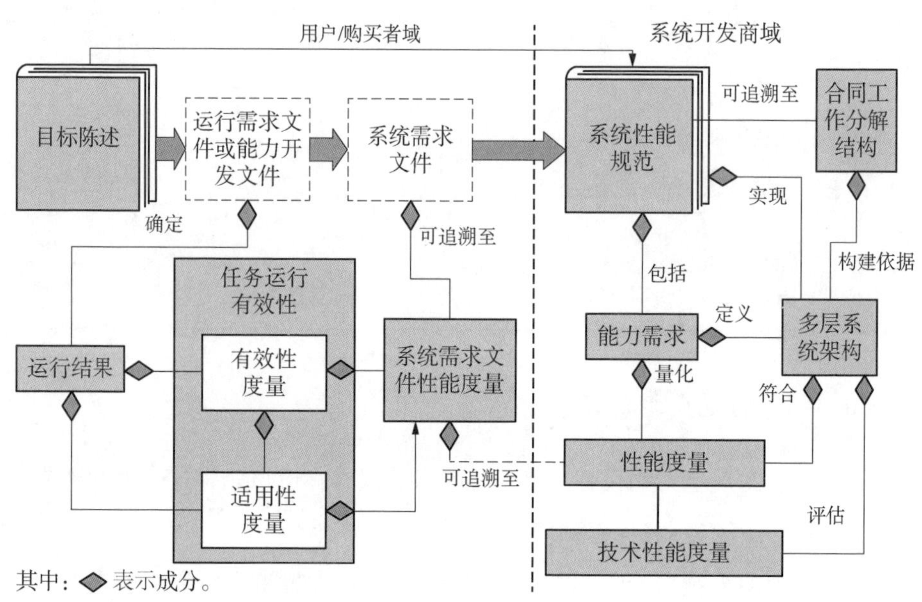

图 20.1　规范中的有效性度量、适用性度量、性能度量和技术性能度量实体关系

20.3.3.3　第 3.2 节“运行性能特征”

原理 20.1　性能度量原理

每一个规范要求应定义且仅定义一个性能度量（MOP），性能度量的特征包括技术性能参数（TPP）、量级和度量单位。

当利用系统、产品或服务来执行任务时，系统开发商需要从用户的角度理解什么是**任务取得成功**。

因此，本节规定了有效性度量（MOE）要求，说明用户期望完成什么。有效性度量量化了系统“运行”性能，其中系统或产品是执行任务的主体。图 20.2 所示为一个飞机任务生命周期，其中每个任务运行阶段和嵌入其中的飞行阶段都有一个有效性度量指标，据此可以得出性能度量（MOP）要求。

根据关键词“有效性”，度量应以诸如每加仑英里数（MPG）、货物的能

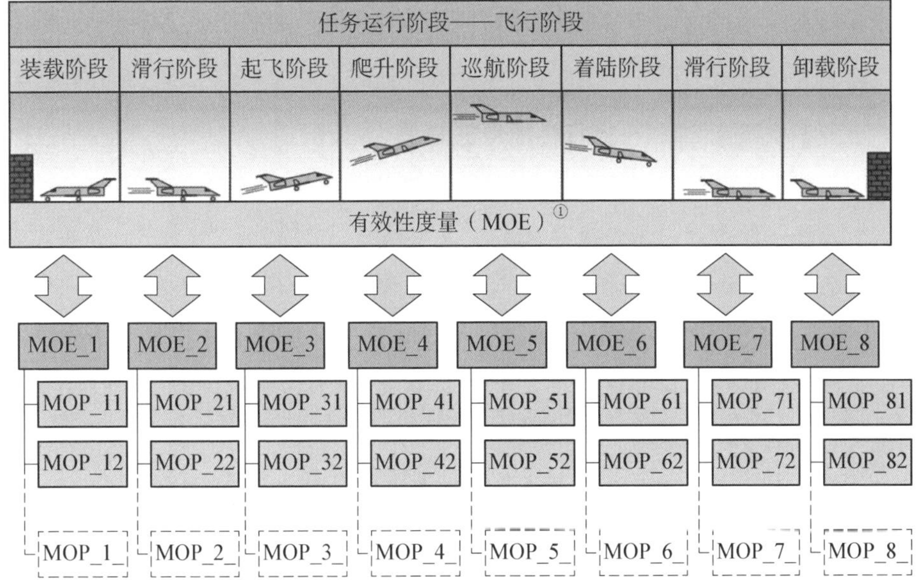

注：① 为了保持图形简单，每个子阶段只显示一个有效性度量。子阶段可能有几个目标和支持用例，每个都采用有效性度量评估。
② 着陆阶段未显示。

图 20.2　飞机任务周期有效性度量和性能度量

量/英里/磅（kg）等为参照系。例如，世界各地将 0~60（0~97 千米/小时或 0~27 米/秒）英里/小时或 0~100 英里/小时（MPH）用作汽车性能测量标准。因此，有效性度量为达到 60 英里/小时（97 千米/小时）或 100 英里/小时阈值所需的秒数。

20. 3. 3. 4　第 3. 2. X 节“任务可靠性、可维护性和可用性”

文件后面第 3. 6 节“设计和构造限制”中通常包含可靠性、可维护性和可用性。对于系统开发商来说，可靠性、可维护性和可用性要求很容易成为“项目障碍”。由于任务与可靠性、可维护性及可用性是相互依赖的（第 34 章），需要作为第 3. 2 节“运行性能特征”的一部分“预先”说明，而不是在文档后面说明。因此，将可靠性、可维护性和可用性的内容转入本节进行说明。

20. 3. 3. 5　第 3. 3 节“能力”

可能有人会问：第 3. 2 节“运行性能特征”和第 3. 3 节“能力”有什么

区别？如上所述，第 3.2 节阐述了“运行”有效性度量；第 3.3 节“能力”阐述了对特定逻辑能力的要求。这些逻辑能力是辅助的性能影响因素，如推力、转向、能源等。

小型案例研究 20.1　运行性能特征规范

假设你决定取消规范第 3.2 节“运行性能特征”章节，试图直接根据运行需求文件、能力开发文件或系统需求文件得出第 3.3 节“能力”，并指定推力、转向、能源等能力，你如何得知系统开发商交付的车辆会在 *X* 秒内完成 0~60 英里加速？指定发动机尺寸、马力（hp）等离散能力并不意味着汽车作为一个系统会达到相应要求。在 *X* 秒内从 0 英里/小时加速到 60 英里/小时的总体运行要求是什么？这个要求仅存在于用户的运行需求文件或能力开发文件中。根据合同，系统开发商仅有义务根据系统购买者或用户从运行需求文件或能力开发文件中推导出的系统需求文件来验证是否符合系统性能规范。

可能有人会质疑最后这句话，并认为根据用户的系统需求文件推导出的系统性能规范要求与系统开发商根据系统性能规范推导出的子系统实体开发规范要求没有什么不同，仍然是需求推导、分配并向下传递。原则上，这种说法是正确的，但还是有一定的区别。

系统购买者/用户推导出系统需求文件并签署合同来传达这些需求时，如果系统不能运行将会怎样？系统开发商会主张交付合同规定的系统。相反，假设系统性能规范包含第 3.2 节“运行性能特征”，则系统性能规范需求同样被推导、分配并向下传递至子系统。交付时，根据合同，系统开发商仍有法律义务交付符合第 3.2 节“运行性能特征”的系统。

20.3.3.6　第 3.4 节“接口”

一些规范大纲包括第 3.4.1 节“外部接口”和第 3.4.2 节“内部接口”。正如后文对规范制定方法讨论中介绍的那样，规范会规定要完成什么、完成得怎么样，而不是如何设计系统/实体。如果将系统层或更低层次的任何实体视为一个“黑盒”，则内部接口是未知且未定义的，直至根据本规范的要求确定了实体的架构。因此，建议考虑只指定外部接口，除非有令人信服的理由并根据基于事实的明智决策决定采用其他定义方式（不止定义外部接口）。

现在我们转移讨论重点——理解组织和工程师制定规范所使用的各种方法。

20.4 规范制定方法

原理 20.2 规范编写与制定原理

任何具有基本语法技能的人都可以“写”出一些随机的需求（“应”）陈述。但规范的“制定”需要更高层次的系统思维，需要理解、组织和模拟用户的运行需求和限制，并将这些运行需求和限制转化为一整套条理清晰的各种类型的系统/实体规范要求。

组织和系统工程师采用多种方法来制定规范，典型方法如下：

（1）方法#1——基于特征的规范制定。

（2）方法#2——基于复用的规范制定。

（3）方法#3——基于行为的规范制定。

（4）方法#4——基于架构模型的规范制定（MBSD）。

接下来我们从最为非正式的基于特征的方法出发，简要说明以上四种方法。

20.4.1 基于特征的规范制定方法

原理 20.3 规范要求缺陷原理

确保每个规范都没有遗漏、错乱、矛盾和重复的需求。

基于特征的规范本质上是临时的头脑风暴式的需求，这些需求捕获了利益相关方（用户或最终用户）的想象和关注点。以这种方式制定的规范通常只是形式化的，是简单合并在一起的愿望清单。

没有接受过规范制定正式培训的人通常会采用基于特征的方法。尽管基于特征的规范可能采用标准规范大纲，但是通常会条理不清，并且容易出现需求遗漏、错乱、冲突和重复的情况。图 20.3 给出了示例。

20.4.1.1 基于特征的方法的优点

原理 20.4 不合理逻辑原理

为了满足进度和预算限制，人们总是很容易将忽略了最佳实践和常识的错误逻辑合理化。

基于特征的方法使开发人员能够非常轻松地快速获取和收集需求输入。规

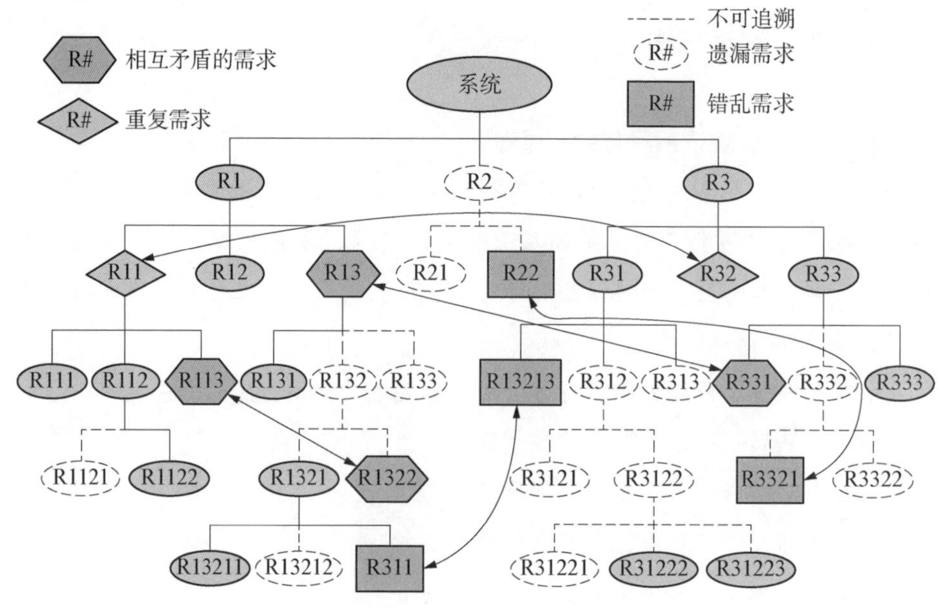

图 20.3　说明常见规范需求问题的需求层次树

范“作者”花时间“编写”需求，用很少的时间分析和理解这些需求的潜在含义和影响。当时间有限或可以通过对现有系统进行微小改动来开发新系统时，这种方法勉强可以接受。每个系统都不同，应该根据具体情况进行评估。

20.4.1.2　基于特征的方法的缺点

采用这种无序方法，基于特征的规范很容易出现许多潜在缺陷——错误、遗漏、缺陷等。如果不进行纠正，那么在整个系统开发阶段，纠正成本（见表 13.1）会随着时间的推移几乎呈指数级增长。图 20.3 给出了需求层次，说明了以下潜在缺陷类型：

（1）由于采用无序方法而被忽略的遗漏需求。

（2）以段落式散文风格写就的复合需求。

（3）与其他需求有冲突。

（4）需求重复。

（5）可以有不同解释的含糊不清的需求陈述。

在 SDBTF－DPM 工程企业中经常出现这样的潜在缺陷。

作为对原理 20.3 的说明，请思考图 20.3 中的 R31222 和 R31223。这些需

求在规范中以随机的特别“愿望清单”项的形式出现，而不是从被遗漏的更高层次需求（R3122 和 R312）中推导得出。因此，不可追溯至系统层需求。这一点说明了工程教育中系统工程课程的空白（见图 2. 11）是如何使外行的方法在工业界和政府中扩散的。

20. 4. 2 基于复用的规范制定方法

基于复用的方法只是简单地利用或抄袭现有规范，也可能从多个规范中集成“需求”。基本假设是，如果现有规范对于某些系统来说“足够好”，那么也应该适用于这个系统或实体。这可能是一个严重的错误！认真想想！计划用作起点的源规范可能质量欠佳，或者针对的是完全不同的系统或应用，以及不同的运行环境条件。

基于复用的方法可能是一个工程师唯一的经历，也经常以经济性（节约时间和金钱）为幌子被采用。规范“作者”没有认识到，在系统集成、测试和评估过程中，由于这种方法的缺陷（如被忽略的需求和不当需求）导致的返工、报废和重新设计导致的纠正成本通常比采用本章后面讨论的基于架构模型的方法成本要高得多。

规范复用通常发生在有类似于遗传系统的标准产品线或应用的情况下，是基于企业已经认可和不断改进的知名系统或实体开展工作。但规范复用的问题可能会发生在彼此不相关的产品域、系统应用和产品线之间，可能会导致重大的技术和项目风险。例如，尽管在某些功能上存在共性，但智能手机规范与台式计算机规范仍有很大的不同。

基于复用的规范方法通常是新手工程师的标准技能，尤其是在新手工程师没有接受过用正确的方法制定规范的正规培训的情况下。经理向工程师分派规范制定任务后，面对进度承诺，工程师决定联系可能拥有现有规范的人，简单修改现有规范来满足任务需要。毫不客气地说，这种方法几乎成了工程师的默认生存机制——为什么每次都要重新发明轮子——却从未学会正确的方法。不幸的是，大多数企业和管理者助长了这个问题的出现。他们由于自身知识水平不高，因此认识不到提供适当培训的必要性。

采用基于复用方法的风险是作为源规范或“模板”的规范可能是针对完全不同的系统、系统应用或任务制定的。不同应用之间的唯一共同点可能是规

范大纲的高级别标题。因此，规范可能包含两种类型的缺陷：

（1）引用可能已经更新为新版本、过时或废止的外部规范和标准。

（2）保留了不相关或不适用的需求。

即使需求是局部相关的，也可能遗漏或过多/过少地指定新系统现场应用所需的能力和性能水平。

目标 20.1

我们对基于行为和基于模型的方法的讨论提供了更好的规范制定方法。正如后文所述，基于架构模型的方法假定了一些有关系统/实体架构的知识，以使用架构定义实体。

20.4.3 基于行为的规范制定方法

基于行为的方法利用行为边界条件、增值传递函数和与外部系统交互等规定了系统/实体的能力需求。如图 20.4 所示，系统/实体被表示为简单的方框，用前面介绍的规范大纲来界定和定义系统/实体。

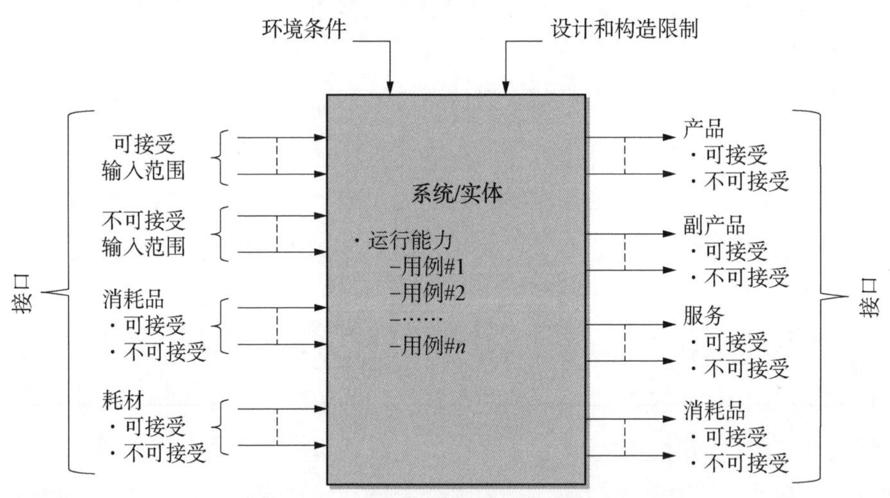

图 20.4 基于行为的规范的制定方法

基于行为的规范代表了许多应用（尤其是从未出现过的系统）规范制定的首选方法。通过避免给出特别指定设计的需求（原理 20.5），系统购买者使系统开发商能够在合同成本、进度和风险限制范围内灵活创新和创建任意数量的架构解决方案。系统开发商/分包商需要根据系统购买者的意图，依据基于行为的规范进行广泛的结构化分析和需求推导，从而选出首选系统架构。

开发**前所未有**系统的系统购买者倾向于以基于行为的规范方法作为多阶段购买策略的初始步骤。在这种策略中，需求可能是**未知的**或**不成熟的**，可能需要一系列采用螺旋开发模式（见图 15.4）的开发合同来**发展**和**完善**系统需求。举例说明如下。

示例 20.1　前所未有系统的规范制定

系统购买者计划开发一个前所未有的系统。经过适当考虑后，系统购买者决定建立多阶段购买战略。在购买战略的第 1 阶段，会授予基于行为规范的初始原型开发合同。初始原型用于测试、收集和分析行为数据，选择系统架构，并生成一系列需求，作为第 2 阶段后续原型或系统的工作成果。甚至可能还有多个其他螺旋开发（见图 15.4）阶段，都专注于降低最终系统开发风险。

20.4.4　基于架构模型的规范制定方法

基于架构模型的规范方法侧重于界定和定义与图 20.5 类似的高层系统/实体能力架构的能力和行为规范。这种方法最好是通过基于模型的系统工程（第 10 章和第 33 章）来实现。

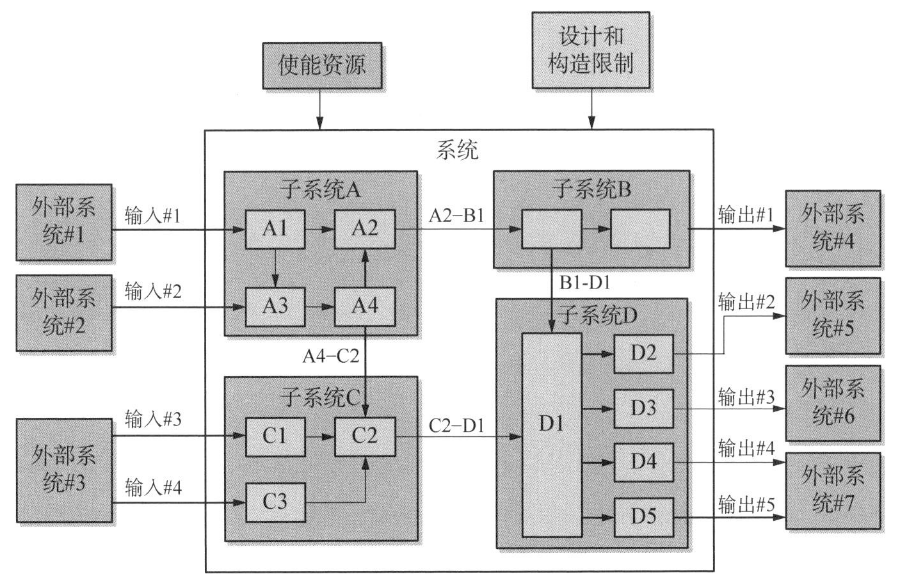

图 20.5　基于架构模型的规范制定方法

基于架构模型的方法的出发点是将系统视为与基于行为的方法类似的“黑盒”。系统架构是通过多次连续迭代中推导出来的，并根据系统用例和场景创建系统/实体能力的能力行为模型。要说明这个方法，请思考以下示例。

假设任务是制定陆基车辆的系统行为规范。规范制定人员建立了第 3.2 节“运行性能特征”。转到第 3.3 节“能力”，我们确定并列出了车辆的能力。

3.3　能力

3.3.1　车架子系统

3.3.2　车身子系统

3.3.3　推进子系统

3.3.4　燃料子系统

3.3.5　电气子系统

3.3.6　命令和控制（第 7 章和第 26 章）

3.3.7　态势评估（第 26 章）

3.3.8　冷却子系统

3.3.9　环境控制子系统

3.3.10　转向子系统

3.3.11　娱乐子系统

3.3.12　存储子系统

我们假设车辆是一个有先例的系统，因此可以认为汽车需要以上所列出的能力。例如，大多数汽车有四个车门。除非有令人信服的理由，比如是新车型，否则不必质疑“四个车门”的必要性。

鉴于这些能力，我们可以使用矩阵（见图 8.10）、N2 图（见图 8.11）等工具作为中间步骤，在架构框图（ABD）或类似于图 20.5 的模型的系统能力之间创建实体关系（ER）。

然后，对于第 3.3 节“能力”中的各项能力，根据父能力（第 3.3.1—3.3.12 节）以及基于系统/实体层用例和场景的与其他能力的交互推导出下一层次的能力需求。准备就绪后，绘制 SysML™ 用例图、序列图和活动图（第 5 章）来建立每个能力的行为模型。

20.4.4.1　实施基于架构模型的方法

为了说明基于架构模型的方法的应用，我们假设系统或产品开发团队

（SDT/PDT）创建了包括子系统 A 到子系统 D 的系统或产品的分析架构，如图 20.5 所示。

子系统 A－D 表示填充整个系统层问题空间（见图 4.7）的解决方案空间。总的来说，子系统 A－D 代表能力 A－D。为了简化模型，我们假设系统开发商已经定义这些为子系统，并准备好了推导和定义每个子系统的能力。

通过继续对各抽象层次的迭代细化，子系统 A 变成了语境问题空间（contextual problem space）（见图 4.7），并且已经决定由能力 Al 至 A4 组成的解决方案空间解决。由能力 B1 和 B2 解决方案空间组成的子系统 B 问题空间也是如此。团队构建了如图 20.5 所示的逻辑能力架构，说明了以下项目之间的关系：

（1）系统与外部系统#1 至#7。

（2）能力 A－D。

（3）能力 A1－A4、B1－B2、系统监控。*

基于以上分析，规范制定人员详细说明并定义了规范第 3.3 节“能力”。

3.3　能力（实体——系统、产品、子系统）

3.3.1　能力 A

3.3.1.1　能力 A1

3.3.1.2　能力 A2

3.3.1.3　能力 A3

3.3.1.4　能力 A4

3.3.2　能力 B

3.3.2.1　能力 B1

3.3.2.2　能力 B2

3.3.3　能力 C

3.3.3.1　能力 C1

3.3.3.2　能力 C2

3.3.3.3　能力 C3

---

* **架构模型**

注意术语“架构模型”的用法。规范制定团队创建由团队非正式或正式控制，专供团队使用的系统/实体的模型。

3.3.4 能力D

3.3.4.1 能力D1

3.3.4.2 能力D2

3.3.4.3 能力D3

3.3.4.4 能力D4

该模型表示支持系统或实体用例和场景的能力构型。这意味着，对于任何用例或场景，分析师可以追溯从输入到各能力的“线索”至产生基于行为的结果（见图21.6和图21.7）。

使用这种方法，规范制定人员将系统/实体需要提供什么能力转化为规范大纲中的文本语句。为了形成分析“工作文件”，考虑在恰当的图形化模型元素中插入对规范段落的引用。然后，将每个能力分解成多层子功能，构成基于结果的行为需求陈述的基础。

原理20.5 要点设计（point design）回避原理

规范并不指定要点设计解决方案，除非有令人信服的技术原因。

对于为系统开发商企业内部实现而制定的规范，如构型项（第16章），可以引用图20.5。但是，如果打算从外部供应商处采购系统或子系统，并强制使用特定解决方案，那么就违反了原理20.5。请记住：规范规定要完成什么，完成得怎么样，而不是如何设计系统。想一想其中的含义！如果在架构上：

（1）指定了错误的解决方案或不可行的解决方案，会怎么样？

（2）排除了有可能被证明是最佳的解决方案选项，会怎么样？

如果你或供应商在之后确定的图形中忽略了某个关键能力，那么你可能需要修改合同并支付额外的费用来添加遗漏的能力。弊端是，这为供应商“打开了一扇门”，提供了机会，让供应商能够通过由你支付费用的最初评估中忽略的其他能力来收回成本。

此外，如果系统开发商开发你在规范中以图形方式描述的系统/实体，并且系统/实体不能满足你的需求，那么系统开发商的回答可能是“我们构建了您外包给我们开发的系统”。

注意20.1 将架构图插入规范的风险

将架构图，尤其是系统/实体架构图插入规范时要注意，作为分析工作文件架构框图仅供内部使用，不要用于规范中。在特定条件下，架构框图可能适用于内部开发的内部规范。

需要认识到的是，当你创建架构（能力）模型（见图 20.5）和对模型系统运行建模（见图 10.13~图 10.16）时，模型结构中的每个“框”都代表了一个可以转换成规范需求陈述的能力。因此，系统性能规范的结构代表了基本需求的需求层次。由于架构模型是系统开发商内部分析使用的，因此系统性能规范是投标邀请书响应的一部分，而架构模型不是。

通过创建逻辑能力和关系的分析架构模型（见图 20.5）来支持规范制定，更有可能覆盖和表达各项能力，而无须强制使用特定解决方案或特定架构图。如果能够很好地进行分析，并将架构转化为基于能力的需求，那么具有一定洞察力的工程师应该能够“逆向设计”系统图。但不同的是，这样做并没有违反原理 20.5，也没有强制要求系统开发商如何设计系统。

20.4.4.2　基于架构模型的方法的优缺点

基于架构模型的规范非常适合有先例的和前所未有的系统应用。例如，人类系统通常需要命令和控制及态势评估（见图 24.12 和图 26.6），用于转向、推进、动力和通信（第 26 章）。但是，当规范制定人员指定主要架构组件时，可能会限制能够利用新技术和方法（如将两个传统组成部分合并成一个）的新架构和创新架构的潜力。

此外，总是存在这样的风险：指定子系统的需求可能会无意中限制了和其有接口关系的子系统的设计（原理 14.3），最终可能会影响成本和进度。可以简单地将架构组件能力描述为基于行为的实体。

20.4.4.3　工程建模范式

建立系统的模型时，要注意工程范式对模型的影响。举例说明如下。

示例 20.2　物理实体规范

传统上，商用飞机的飞行机组实际上包括一名飞行员、一名副驾驶和一名领航员。但随着技术的进步，加上降低运行成本的需要，取消了飞行工程师职位。因此，范式转变为将飞行工程师角色融入飞行员和副驾驶（大副）角色中，并设计了导航系统来支持这两个角色。

使用上面的例子，基于架构模型的方法会指定传统三名机组人员范式，而基于行为的规范方法只是通过系统开发商对系统行为规范的命令和控制分析来

确定“人员”元素角色。对比采用这两种方法制定的规范，会认识到这并不是基于架构模型方法的谬误。基于架构的方法仅仅是系统工程师所选择的一种错误地具现了其心中范式的方法，而这种范式最终必须要改变。

20.4.4.4　小结

要认识到基于行为的方法和基于架构模型的方法并不相互排斥。例如，如果系统购买者采用基于行为的规范方法，系统开发商可以采用基于架构模型的方法来推导出为响应投标邀请书而提交的系统性能规范。在系统开发阶段，系统开发商可能会选择采用基于行为的方法通过分包商等渠道获取子系统。

20.5　专题讨论

规范制定通常有很多细微之处需要我们学会识别。下面我们把其中一些作为专题来讨论。

20.5.1　制定规范与编写规范

人们经常错误地认为“写”规范需求就像在语言写作课（代码：101）上写作文一样，这也是工程师们被教育要做的。对于如何达到文件中规定的能力和性能水平（原理 19.14），工程师们并没有提供任何支持性的分析结论或实现原理。这种范式说明了为什么许多合同和系统开发工作从合同授予开始就“错了”。

规范制定是一项多层次、并发的系统分析、概念设计工作，需要决策工件和研究实现原理。一些组织和系统工程师说，“我们是这样做的：如果甲正在编写规范，并且有需要用数值替换的待定项，会向进行‘粗略计算’分析的乙寻求帮助，进入实验室运行仿真，然后返回一个性能值。问题就解决了!”但这不是我们要讲的重点。

重点是当你制定规范时，要采用结构化的分析方法，如基于能力架构的方法。此外，你还需要知道说服你就需求陈述中性能度量（MOP）的数值做出明智决策的决策标准和决策工件。

（1）怎样识别并推导出需求？

（2）如何避免出现规范需求遗漏、错乱、矛盾和重复情况（原理 20.3）？

(3) 如何推导出各需求的性能度量 (MOP) 的数值?

(4) 如何将需求合理地分配到低层规范?

相反，人们通常提到的“编写”规范要求，都是很随意的。基于特征的方法是人们根深蒂固的选择，要认识到需求制定和编写之间的区别。

20.5.2 描述规范和工作说明书

原理 20.6 规范范围原理

规范规定了期望系统或实体完成什么，以及完成得怎么样，而不是项目要执行和完成的工作任务。

原理 20.7 项目工作范围原理

项目合同的工作范围——合同工作说明书 (CSOW) 或项目任务书——规定了要完成的工作任务，而不是系统或实体的规范需求。

人们经常在根据工作说明书描述规范时遇到问题。我们通常会看到将活动、任务、工作成果等工作说明书语言写入规范中的情况，这就证明存在这种混淆情况。那么，这两类文件有什么区别呢?

工作说明书是购买者的合同文件，规定了系统开发商、分包商或供应商为履行合同条款要执行的工作活动及应交付的工作成果。相比之下，规范规定并界定了可交付系统、产品或服务所需的能力、特征及其相关性能水平。

要如何避免混淆的情况或减轻它们的影响呢? 在开始采购行动很久之前，就与客户建立融洽的关系并进行合作，获得他们对企业的信任。专业而委婉地提供建设性的反馈，说明确保合同文件内容符合最佳实践如何让各方受益。最佳实践的存在是有原因的——学会识别差异。

20.6 规范评审

当规范达到一定的成熟度时，应与利益相关方、同行、主题专家 (SME) 和其他人一起进行规范评审。规范评审为评估规范中基本能力、运行环境条件、设计和构造限制、一致性和接口实体兼容性的定义情况提供了宝贵的机会。

20.6.1 规范评审挑战

不幸的是，规范评审的实用性和价值经常是有限的。这是为什么？规范评审经常会变成语法纠错练习，很少有或根本就没有实质性的评审。评审者围坐一桌，或参加视频/音频会议：

(1) 由于评审者的日程安排，因此在评审之前只有有限的时间来审查文档。

(2) 尽量避免批评规范制定人员的工作，毕竟他们花了很多时间来分析系统或实体，他们肯定是专家。避免产生这种想法，以专业且委婉的方式提交实质性的评论。

(3) 如果别人发表评论，那么要避免激怒对方——这是管理问题。

有几种进行规范评审的方法。当我们讨论这些方法时，想一想如何将规范评审转化为增值工作，最后能得到只有最小变更或最少问题的规范。

20.6.2 规范评审方法

一些个人和组织逐行进行规范评审，这很耗费时间。如果必须要使用这种方法，请利用文字处理器的功能在文档的空白处添加行号。由于文档的某些章节可能要重新开始编号，因此整个文档应使用连续行号；避免重新开始章节行号编号。

另一种方法是以电子文档方式分发文件，并要求在有改动时以不同颜色字体插入注释并返回。审查意见，并纳入有效和适用的意见；对于需要澄清的意见，跟进利益相关方。

应与所有利益相关方一起进行规范评审。人们如果只是漫不经心地逐行“从前到后”阅读或按章节阅读规范，来检查语法是否正确、用语是否恰当，就会忽略或不能理解和识别出图 20.3 中所示的各种情形。

根据收集的评审意见，找出主要问题，并与利益相关方一起进行后续评审，目的是为了解决主要问题。根据评审结果，更新文档以供下次基线和版本发布的评审或审核。这种方法可避免利益相关方耗费大量时间逐行讨论语法，除非为避免歧义而必需逐行讨论。

无论最适合的是哪种评审方法，都应通过会议纪要记录利益相关评审者、出席者、批准的变更、决策和行动项目的列表，并分发给参与者和项目预先选择和批准的其他人员。

原理 20.8 规范基线原理

每个规范都应经过正式评审、批准、基线化、接受正式的构型管理和变更管理、发布和沟通，以便做出技术决策。

也许有人会问：规范应在何时基线化？请务必查看合同，了解具体要求。一般可以参考如表 20.1 所示基线化并发布规范。图 17.2 所示为按规范类型的规范发布序列示例。

如前文原理 14.2 所述，低层规范和设计决策取决于高层规范的稳定性。因此，一旦规范需求达到成熟的水平就要进行基线化，这一点很重要。相反，如果过早地对规范进行基线化，那么必须通过正式构型控制来批准变更，这既费时又费钱。基线化的时间安排最终由项目工程师、首席系统工程师（LSE）、构型经理和责任系统开发团队（SDT）或产品开发团队（PDT）做出决策。*

20.6.3 严肃认真的规范评审

认真的规范评审的成功标准是什么？下面列举一些评估规范评审是否成功的标准：

（1）规范是否指定并界定了会满足全部或部分用户问题空间的解决方案空间？这是解决方案还是问题现象？

（2）在必要性和充分性方面，这些需求是否是必需的，并且不会对解决方案集选项施加不合理限制？

（3）规范是否规定了基于任务的运行性能特征？

（4）需求是否完整并与其他项目规范一致？

（5）是否每个需求都能得到验证？如果能，如何验证？

（6）能否以系统购买者/用户和系统开发商可接受的风险水平在项目限制（成本、进度和技术）内开发系统/实体？

* **规范需求的更新**

一旦基线化并发布规范，在没有得到正式基线变更管理批准的情况下，不得在规范中添加需求，并且要经过协商并提供预算资源。请记住，通过硬件或软件实现每个需求都要花钱。在系统性能规范层，需求变更应作为合同修改项进行管理。在系统开发商组织中，任何附加需求都应考虑相应成本和进度修改。

标准应该作为评审重点，不只是在第一次规范草案评审时按照这些标准要求进行一次性评估，而是在每次规范评审时都进行评估。

20.7 本章小结

本章在对规范制定实践的讨论中，确定了与系统规范制定相关的关键挑战、问题及方法。作为概念的最后一部分，我们进行了规范编制的基本讨论。该方法提供了根据用户打算如何使用系统来定义规范的运行方法。

20.8 本章练习

20.8.1 1级：本章知识练习

（1）制定规范的常见方法都有什么？

（2）什么是“基于特征的”规范制定方法？

（3）什么是“基于行为的”规范制定方法？

（4）什么是“复用”规范制定方法？

（5）什么是“基于架构的”规范制定方法？

（6）比较四种规范制定方法。

（7）规范评审是如何进行的？

（8）如何知道规范何时可以发布？

20.8.2 2级：知识应用练习

参考 www. wiley. com/go/systemengineeringanalysis2e。

20.9 参考文献

DI－IPSC－81431A（2000），*Data Item Description（DID）: Sys-tem/Subsystem Specification (SSS),* Washington, DC: FAA. Retrieved on 2/26/15 from https: //sowgen. faa. gov/dids/DI-IPSC-81431A. doc.